MATHEMATIK
NEUE WEGE

ARBEITSBUCH
FÜR GYMNASIEN

6. Schuljahr

Herausgegeben von
Arno Lergenmüller
Günter Schmidt

Schroedel

MATHEMATIK NEUE WEGE 6
ARBEITSBUCH FÜR GYMNASIEN

Herausgegeben von:
Arno Lergenmüller, Prof. Günter Schmidt

erarbeitet von:
Armin Baeger, Lehmen
Aloisius Görg, Frechen
Dr. Nicola Haas, Essen
Johanna Heitzer, Korschenbroich
Arno Lergenmüller, Roxheim
Kerstin Peuser, Roetgen
Michael Rüsing, Essen
Prof. Günter Schmidt, Stromberg
Dr. Günter Todt, Altenholz
Thomas Vogt, Bad Kreuznach
Martin Zacharias, Molfsee

Druck A [2] / Jahr 2009
Alle Drucke der Serie A sind im Unterricht parallel verwendbar.

Redaktion: Dr. Klaus-Peter Schrage
Herstellung: Udo Sauter
Umschlagentwurf: Janssen Kahlert Design & Kommunikation GmbH, Hannover
Illustrationen: M. Pawle, München
techn. Zeichnungen: M. Wojczak, Butjadingen
Satz: CMS – Cross Media Solutions GmbH, Würzburg
Druck und Bindung: westermann druck GmbH, Braunschweig

ISBN 978-3-507-**85481**-9

Inhalt

Zum Aufbau dieses Buches

Grün – Weiß – Grün: Jeder Lernabschnitt ist in drei Ebenen unterteilt.

Die erste grüne Ebene

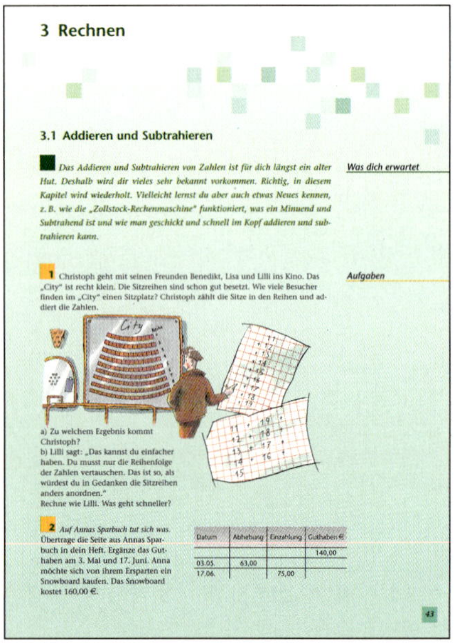
3 Rechnen

3.1 Addieren und Subtrahieren

Was dich erwartet

Das Addieren und Subtrahieren von Zahlen ist für dich längst ein alter Hut. Deshalb wird dir vieles sehr bekannt vorkommen. Richtig, in diesem Kapitel wird wiederholt. Vielleicht lernst du aber auch etwas Neues kennen, z. B. wie die „Zollstock-Rechenmaschine" funktioniert, was ein Minuend und Subtrahend ist und wie man geschickt und schnell im Kopf addieren und subtrahieren kann.

Aufgaben

1 Christoph geht mit seinen Freunden Benedikt, Lisa und Lilli ins Kino. Das „City" ist recht klein. Die Sitzreihen sind schon gut besetzt. Wie viele Besucher finden im „City" einen Sitzplatz? Christoph zählt die Sitze in den Reihen und addiert die Zahlen.

a) Zu welchem Ergebnis kommt Christoph?
b) Lilli sagt: „Das kannst du einfacher haben. Du musst nur die Reihenfolge der Zahlen vertauschen. Das ist so, als würdest du in Gedanken die Sitzreihen anders anordnen."
Rechne wie Lilli. Was geht schneller?

2 *Auf Annas Sparbuch tut sich was.* Übertrage die Seite aus Annas Sparbuch in dein Heft. Ergänze das Guthaben am 3. Mai und 17. Juni. Anna möchte sich von ihrem Ersparten ein Snowboard kaufen. Das Snowboard kostet 160,00 €.

Datum	Abhebung	Einzahlung	Guthaben €
			140,00
03.05.	63,00		
17.06.		75,00	

43

Was dich erwartet

„Das Ziel vor Augen"

In wenigen Sätzen, Bildern und Fragen erfährst du, worum es in diesem Abschnitt geht.

Einführende Aufgaben

In vertrauten Alltagsproblemen ist bereits viel Mathematik versteckt. Mit diesen Aufgaben kannst du interessante Zusammenhänge des Themas selbst entdecken und verstehen.

Dies gelingt besonders gut in der Zusammenarbeit mit einem oder mehreren Partnern.

In dem vielfältigen Angebot könnt ihr nach euren Erfahrungen und Interessen auswählen.

Die weiße Ebene

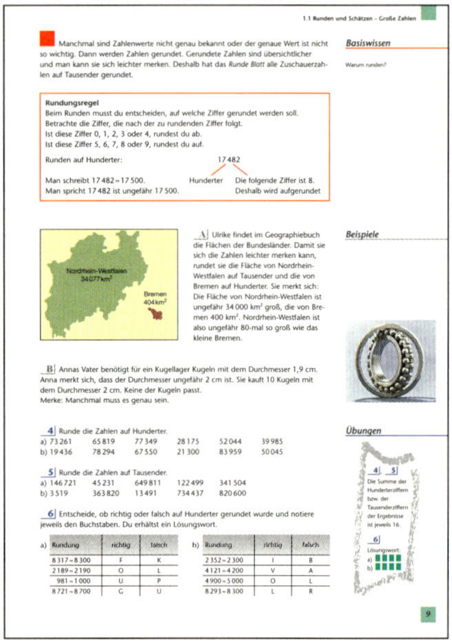
1.1 Runden und Schätzen – Große Zahlen

Basiswissen

Warum runden?

Manchmal sind Zahlenwerte nicht genau bekannt oder der genaue Wert ist nicht so wichtig. Dann werden Zahlen gerundet. Gerundete Zahlen sind übersichtlicher und man kann sie sich leichter merken. Deshalb hat das *Runde Blatt* alle Zuschauerzahlen auf Tausender gerundet.

Rundungsregel
Beim Runden musst du entscheiden, auf welche Ziffer gerundet werden soll.
Betrachte die Ziffer, die nach der zu rundenden Ziffer folgt.
Ist diese Ziffer 0, 1, 2, 3 oder 4, rundest du ab.
Ist diese Ziffer 5, 6, 7, 8 oder 9, rundest du auf.

Runden auf Hunderter: 17 482 (Hunderter; Die folgende Ziffer ist 8. Deshalb wird aufgerundet)

Man schreibt 17 482 ≈ 17 500.
Man spricht 17 482 ist ungefähr 17 500.

Beispiele

A Ulrike findet im Geographiebuch die Flächen der Bundesländer. Damit sie sich die Zahlen leichter merken kann, rundet sie die Fläche von Nordrhein-Westfalen auf Tausender und die von Bremen auf Hunderter. Sie merkt sich: Die Fläche von Nordrhein-Westfalen ist ungefähr 34 000 km² groß, die von Bremen 400 km². Nordrhein-Westfalen ist also ungefähr 80-mal so groß wie das kleine Bremen.

B Annas Vater benötigt für ein Kugellager Kugeln mit dem Durchmesser 1,9 cm. Anna merkt sich, dass der Durchmesser ungefähr 2 cm ist. Sie kauft 10 Kugeln mit dem Durchmesser 2 cm. Keine der Kugeln passt.
Merke: Manchmal muss es genau sein.

Übungen

4 Runde die Zahlen auf Hunderter.
a) 73 261 65 819 77 349 28 175 52 044 39 985
b) 19 436 78 294 67 550 21 300 83 959 50 045

5 Runde die Zahlen auf Tausender.
a) 146 721 45 231 649 811 122 499 341 504
b) 3 519 363 820 13 491 734 437 820 600

6 Entscheide, ob richtig oder falsch auf Hunderter gerundet wurde und notiere jeweils den Buchstaben. Du erhältst ein Lösungswort.

a)

Rundung	richtig	falsch
8 317 ≈ 8 300	F	K
2 189 ≈ 2 190	O	L
981 ≈ 1 000	U	P
8 721 ≈ 8 700	G	U

b)

Rundung	richtig	falsch
2 352 ≈ 2 300	I	B
4 121 ≈ 4 200	V	A
4 900 ≈ 5 000	O	L
8 293 ≈ 8 300	L	R

4, 5 Die Summe der Hunderterziffern bzw. der Tausenderziffern der Ergebnisse ist jeweils 16.

6 Lösungswort:
a) ■■■■
b) ■■■■

9

Basiswissen

Im roten Kasten findest du das Wissen und die grundlegenden Strategien kurz und bündig zusammengefasst.

Beispiele

Die durchgerechneten Musteraufgaben helfen dir beim eigenständigen Lösen der Übungen

Übungen

„Mathematik lernt man weniger durch Zuschauen als durch eigenes Tun"

Die Übungen bieten reichlich Gelegenheit zu eigenen Aktivitäten zum Verstehen und Anwenden. Zusätzliche „Trainingsangebote" führen zur Sicherheit.

Bei vielen Aufgaben findest du

hilfreiche Tipps und Lösungshinweise

Möglichkeiten zur Selbstkontrolle

Die zweite grüne Ebene

Aufgaben

„Mathematik ist überall"

Hier findest du Anregungen zum Entdecken überraschender Zusammenhänge der Mathematik mit vielen Bereichen deiner Lebenswelt und anderer Fächer.

Die Aufgaben hier sind meist etwas umfangreicher, deshalb ist oft Teamarbeit angesagt.

In eigenen Projekten gibt es Anregungen zu mathematischen Exkursionen oder zum Erstellen eigener Produkte. Dies führt auch zu Präsentationen der Ergebnisse in größerem Rahmen.

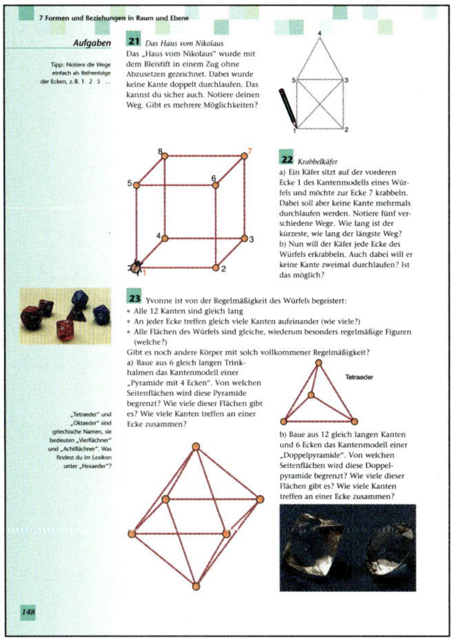

„Check-Up", „Mathekisten" und „Zum Erinnern und Wiederholen" – damit kannst du dein Wissen und Können gegen das Vergessen sichern.

Check-Up

„Alles klar?"

Nach jedem Kapitel findest du nochmals das Wichtigste übersichtlich zusammengefasst.

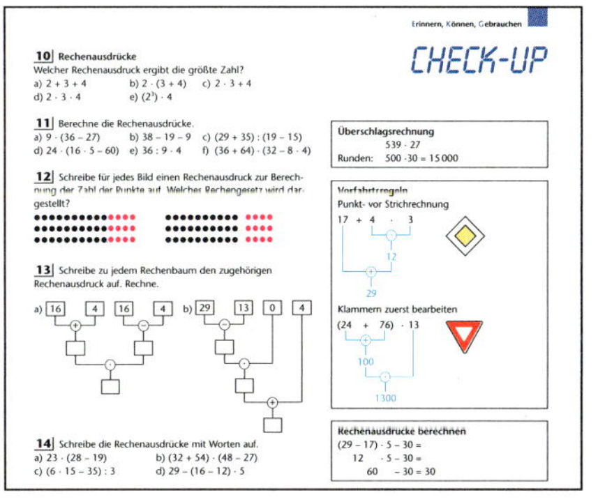

„Abschlusstraining"

Zusätzlich findest du passende Aufgaben, mit denen du dein Wissen festigen und dich für die Klassenarbeit vorbereiten kannst. Die Lösungen dieser Aufgaben findest du am Ende des Buches.

Mathekisten

„Vergessen ist menschlich!"

Deshalb kannst du in den eingestreuten Mathe-Kisten früher erworbene Kenntnisse wiederholen und auffrischen.

Zum Erinnern und Wiederholen

Hier wird Grundlegendes aus den vorhergehenden Jahrgangsbänden knapp und übersichtlich zusammengestellt.

Exkurse

„Informationen und Geschichten über Mathematik"

Auch im Mathematikbuch gibt es einiges zu erzählen, über Menschen, Probleme und Anwendungen oder auch Seltsames und Lustiges.

1 Ganze Zahlen

1.1 Negative Zahlen beschreiben Situationen und Vorgänge

Was dich erwartet

Negative Zahlen oder „Minuszahlen" kennst du bereits von der Temperaturskala, z.B. −5° Celsius. Auch in den Nachrichten, etwa bei Kursverlusten an der Börse, ist von ihnen die Rede. Bei welchen Vorgängen sind negative Zahlen außerdem nützlich? Gibt es noch mehr Situationen, in denen die negativen Zahlen in der Mathematik etwas bewegen? Dazu jetzt mehr.

Aufgaben

1 *Auf Schatzsuche mit der Sea Wolf*

Bei einer Tauchfahrt in einem Unterwasserlabyrinth muss man genau navigieren, damit das Boot nicht an den Felswänden beschädigt wird. Auf dem Tauchplan siehst du die verschiedenen Phasen der Tauchfahrt.

a) Was geben die Zahlen an den Pfeilen jeweils an?

b) Überprüfe anhand der Karte, ob du auch mit folgenden Tauchfahrten zum Schatz kommst:

(0 | −3)	(4 | −3)	(−3 | −5)	(−4 | 1)
(3 | 0)	(0 | −9)	(−2 | −3)	(−4 | 2)

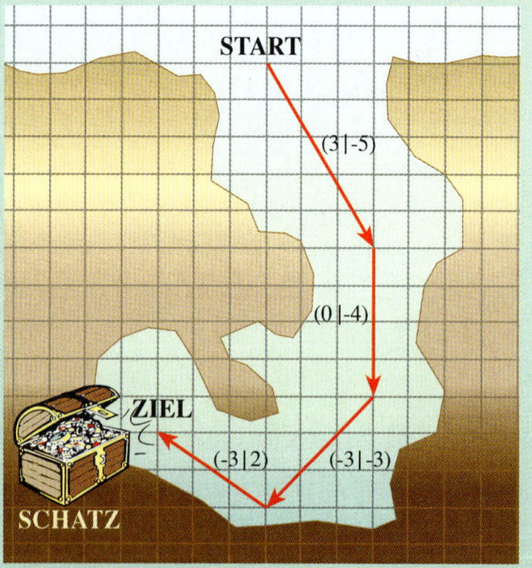

Finde anschließend eine weitere Tauchroute, die das Boot zum Schatz führt.

c) Max zählt an der Karte ab: „Die Zielposition des Bootes liegt 3 Einheiten links vom Startpunkt, 10 Einheiten unterhalb vom Startpunkt."
Cindy: „Das kann ich auch aus den Zahlen an den Pfeilen ermitteln."

d) Zeichne selbst ein Labyrinth auf kariertes Papier und finde einen Weg hindurch.

Aufgaben

2 *Geballte Informationen*

Betrachte eine Weile Familie Schüssels Bankauszug.

a) Wo haben sich hier negative Zahlen versteckt? Beschreibe, wie sie gekennzeichnet sind.

b) Wie viel Euro hatte Familie Schüssel, wie viel hat sie insgesamt ausgegeben, wie viel Geld kam in dieser Zeit dazu?

c) Wie könnte man Ausgaben und Einnahmen noch anders kenntlich machen? Schau auf einem Kontoauszug nach.

Sparkasse Oberbrömmel

Kontoinhaber: Ursula / Hans Schüssel — Konto: 4711007

Aktuelle Umsätze

Saldo vom 27.02. 967,00 H — Neuer Saldo: ? ? ?

Datum	Verwendungszweck	Wert	Betrag
27.02.	GEIER GmbH & CO.KG	28.02.	834,50 S
28.02.	Lohnüberweisung Personalnummer 12345678	01.03.	1672,30 H
02.03.	EC-Automat OB Am alten Bahnhof 15.26	01.03.	200,00 S
02.03.	TANTE GERTI (für die Kinder)	03.03.	40,00 H
02.03.	WOHNPARADIES Rechnungsnummer 77456 VIELEN DANK ! !	03.03.	499,00 S

L & P / 0299

3 *Der Clown im Koordinatenkreuz*

a) Übertrage das Koordinatenkreuz mit dem halben Clowngesicht in dein Heft. Beschrifte anschließend alle Punkte mit den zugehörigen Koordinaten. Für das Auge ist es schon vorgemacht.

b) Ergänze nun dein Punktemuster zu einem vollständigen Clowngesicht. Gib zu jedem Punkt die Koordinaten an.

c) Vergleiche die Koordinaten des linken und des rechten Auges, des linken und des rechten Mundwinkels. Was fällt dir auf?

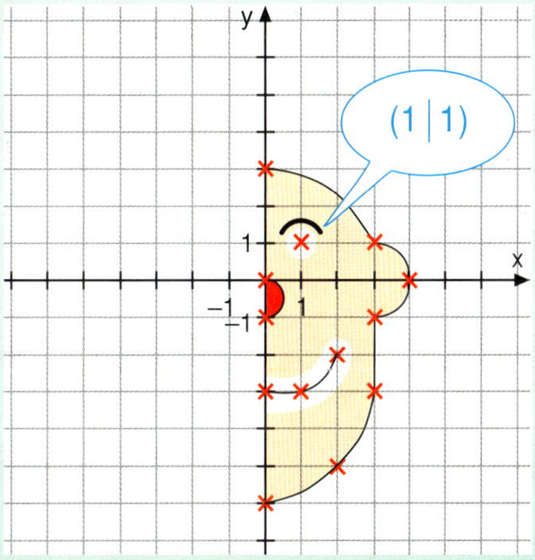

Negative Zahlen in den Naturwissenschaften

Dass tiefe Temperaturen durch negative Zahlen ausgedrückt werden können, ist für dich nichts Neues. Die Temperaturskala muss man aber nicht wie die negativen Zahlen beliebig weit unter Null fortsetzen. Es gibt eine tiefste Temperatur, an die sich Wissenschaftler mit aufwendigen Apparaturen immer weiter „herantasten", mit einem einfachen Kühlschrank ist es da nicht getan. Diese Temperatur, auch „absoluter Nullpunkt" genannt, beträgt −273,15 °C. Für ein Experiment, bei dem diese Temperatur fast erreicht wurde, erhielt 1996 ein Wissenschaftler den Nobelpreis für Physik.
In anderen Bereichen lassen sich mit negativen Zahlen Begriffe vereinheitlichen: Beim raschen Anfahren erlebst du, dass du durch die große Beschleunigung nach hinten in den Sitz gedrückt wirst. Bei einer starken Bremsung erfährst du das umgekehrte Phänomen: Du wirst nach vorne in die Gurte gepresst. Die Physik spricht daher bei Bremsvorgängen auch von negativer Beschleunigung.
Wie du von jeder Batterie her weißt, wird auch in der Elektrizitätslehre der Gegensatz negativ – positiv benutzt. So ist z. B. ein Körper elektrisch neutral, wenn sich in ihm ebenso viele positive wie negative „Ladungen" befinden.

Basiswissen

Ob auf dem Kontoauszug, in Statistiken oder auf dem Thermometer, in vielen Situationen erweisen sich negative Zahlen als sehr nützlich.

Negative Zahlen findest du als Beschreibung von **Zuständen** und von **Veränderungen** …

… auf *Skalen* und *Anzeigen:*

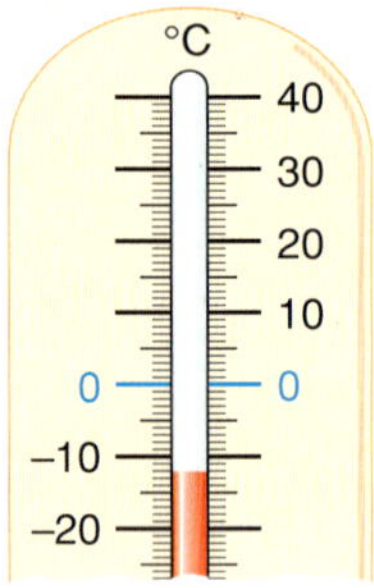

Temperatur: −12 °C

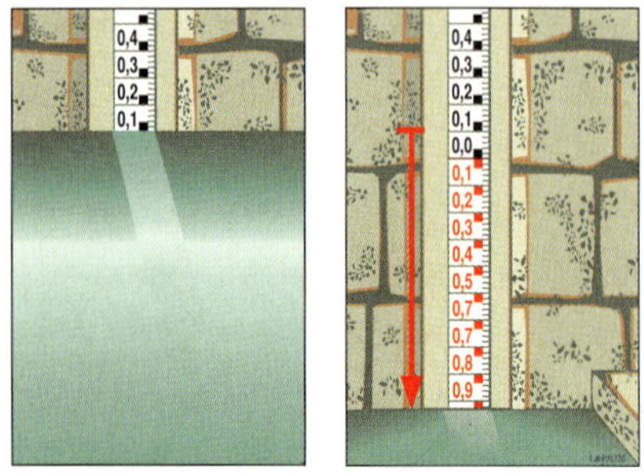

Wasserstandsänderung: −1 m

… auf *Kontoauszügen:*

Buchungstag/Wert/Vorgang		Soll	Haben
	Alter Kontostand EUR		252,75
03.10. 04.10. Möbelhaus Johann		355,00	
	Neuer Kontostand EUR	102,25	

Alter Kontostand: 252,75 €
Neuer Kontostand: −102,25 €

Kontostandsänderung: −355,00 €

… bei *graphischen Darstellungen:*

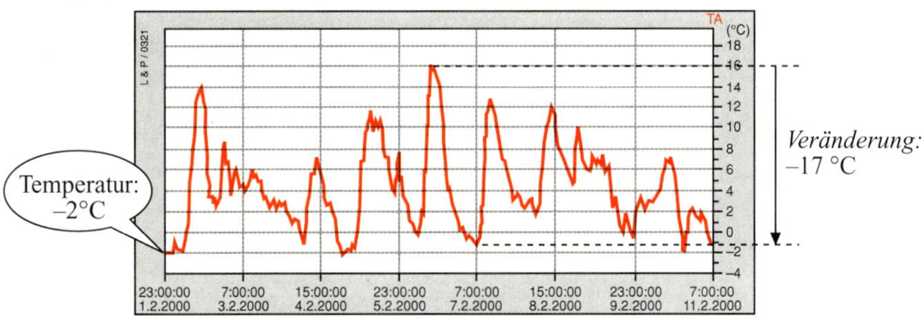

… bei *Koordinaten:*

Bei den Koordinaten ist es wie im Alphabet: zuerst kommt **x**, dann **y**.

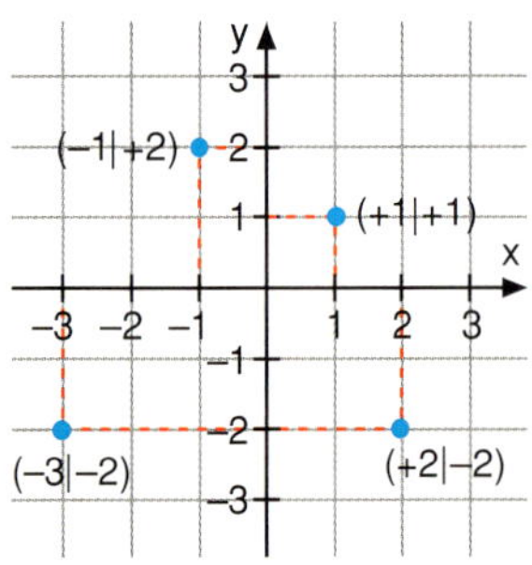

… bei *Verschiebepfeilen:*

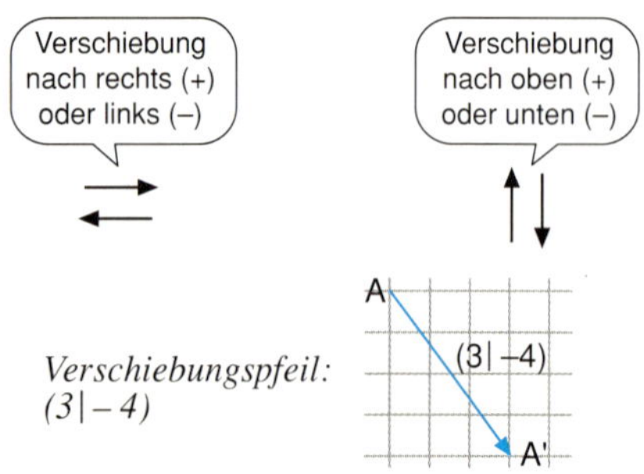

Beispiele

A Auf dem Girokonto sind noch 705 € Guthaben. Wie lautet der Kontostand nach folgenden Buchungen?

Datum	Verwendungszweck	Wert	Betrag
25.02.	Telefonrechnung 121276	26.02.	82,00 S
27.02.	Autoreparatur Meisterbetrieb	28.02.	823,00 S

Alter Kontostand: 705 €
Neuer Kontostand: –200 €

Abbuchungen: 905,00 €

B Erstelle aus dem folgenden Schaubild eine Wertetabelle für die Temperaturen vom 5. bis zum 10. Januar. Zwischen welchen Tagen fiel das Thermometer am stärksten, wie groß war diese Temperaturänderung?

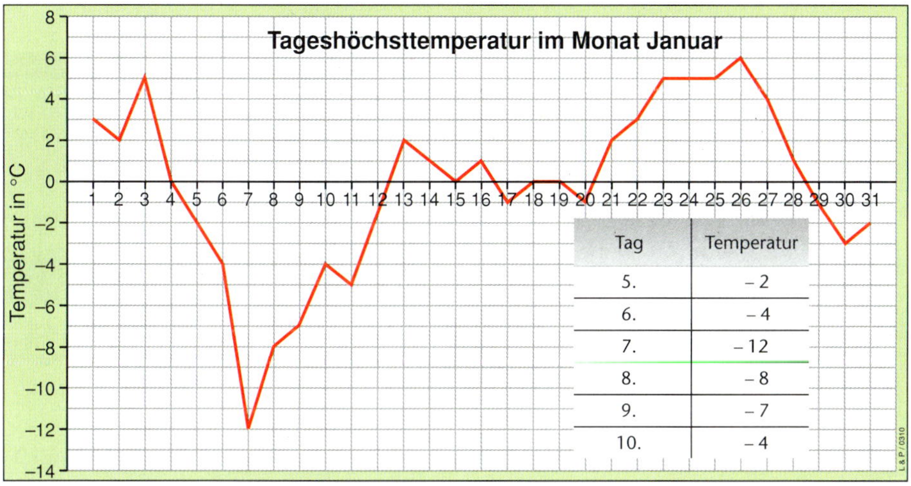

Tag	Temperatur
5.	– 2
6.	– 4
7.	– 12
8.	– 8
9.	– 7
10.	– 4

Das Thermometer fiel am stärksten vom 6. zum 7. Januar.
Die Temperaturänderung betrug –8 °C.

C a) Trage die folgenden Punkte in das Koordinatenkreuz ein.
A(2|–3) B(3|–1) C(–4|–3) D(–3|2)
b) Lies die Koordinaten der Punkte E, F und G ab.
Die Punkte E, F und G haben die Koordinaten.
E(–5|4) F(–6|–2) G(5|–3)

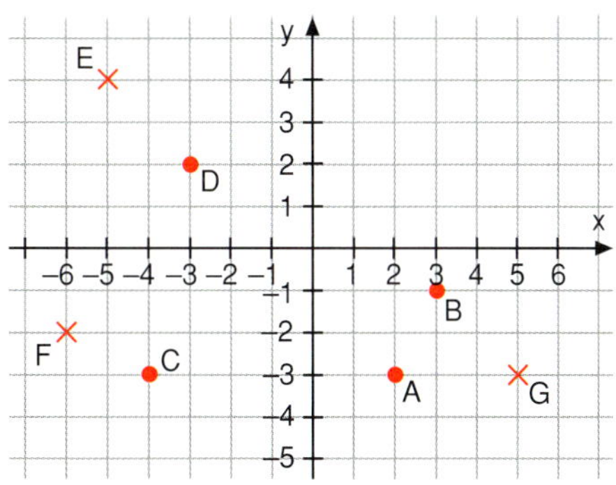

4 Celine nimmt einen Film auf. Die Abbildungen zeigen das Display des Videorecorders vor und nach der Aufnahme. Wie lang war der Film? Überschlage zuerst.

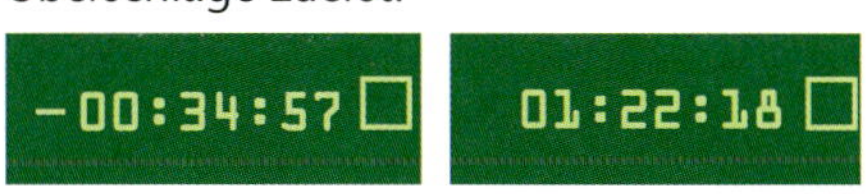

5 Ein U-Boot befindet sich auf Tauchfahrt in 275 m Tiefe. Das Sehrohr des Bootes kann 6,5 m ausgefahren werden. Wie viel Meter muss das U-Boot aufsteigen, damit das Sehrohr 2 m über die Wasseroberfläche hinausragt?

Übungen

4 Die richtige Lösung ist dabei:
2 h 13 min 12 s
1 h 8 min 45 s
1 h 57 min 15 s
58 min 55 s

Übungen

Wie viel Meter ein Ort über dem Meeresspiegel liegt (ü. NN) oder wie weit unter dem Meeresspiegel (u. NN), sagt dir die geographische Höhe. Frag deinen Erdkundelehrer, was NN bedeutet.

6 *Warum heißen die Niederlande so?*
Die Karte rechts gibt da einen Hinweis.
a) Zeichne eine senkrechte Skala und trage die holländischen Städte mit ihrer Höhe ein. Tipp: Überlege dir zuerst einen geschickten Maßstab.
b) Welche Lage ü. NN hat dein Wohnort? Gib den Höhenunterschied zu Rotterdam an.

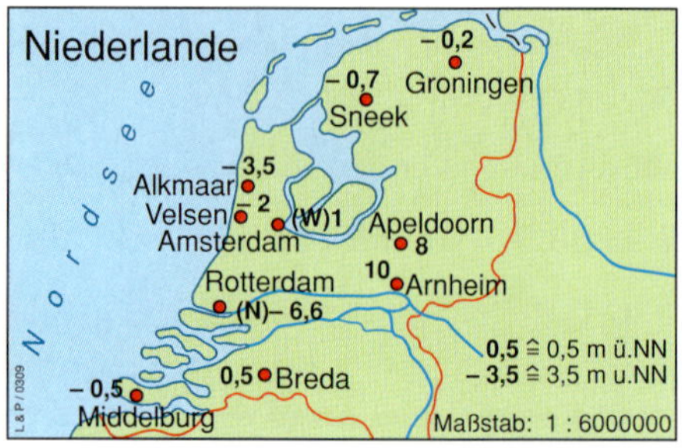

7 *Hoch hinauf und tief hinab*
a) Die Wasseroberfläche des Toten Meeres liegt 393 m unter dem Meeresspiegel, die tiefste Stelle 749 m unter dem Meeresspiegel. Wie tief ist dort das Tote Meer?
b) Der Titicaca-See im Hochland der Anden liegt 3 812 m über dem Meeresspiegel. Wie groß ist der Höhenunterschied zwischen Titicaca-See und Totem Meer?

8 Der amerikanische Tiefseeforscher Robert D. Ballard entdeckte 1985 das Wrack der 1912 gesunkenen Titanic in 3 890 m Tiefe. 1989 fand er das Wrack der Bismarck, die 1941 gesunken war, in einer Tiefe von 4 800 m.

a) Wie viel Meter liegt die Bismarck tiefer als die Titanic?
b) Wie viele Eiffeltürme (Höhe 322 m) müsste man mindestens übereinander stapeln, um von der Titanic (der Bismarck) wieder zur Meeresoberfläche zu gelangen? Wie weit würde der oberste Turm aus dem Meer ragen?

9 a) Finde einen geschickten Maßstab für eine senkrechte Skala, auf der du die Gipfelhöhen und Meerestiefen aus der Tabelle eintragen kannst. Tipp: Runde für das Einzeichnen auf 100 m.
b) Bestimme alle Höhenunterschiede.

Mount Everest	8,848 km
Mont Blanc	4 810 m
Zugspitze	2,963 km
Puerto-Rico-Graben	–9219 m
Kurillengraben	–10,542 km
Marianengraben	–11 023 m

10 Am 22. Januar 1943 stieg die Temperatur in Spearfish (Süd Dakota, USA) innerhalb von 2 Minuten von –20 °C auf 7 °C. Im Ort Tummel Bridge (Schottland) kletterte das Thermometer am 9. Mai 1978 von –7 °C auf 22 °C. Stelle die Temperaturanstiege auf einer geeigneten Skala dar: Um wie viel Grad Celsius stieg jeweils die Temperatur? Vergleiche.

11 *Astronomische Temperaturen*
In der Tabelle kannst du sehen, wie ungemütlich es auf anderen Himmelskörpern sein kann.

Himmelskörper	Höchsttemperatur	Tiefsttemperatur
Erde	+67 °C	–92 °C
Mond	+124 °C	–160 °C
Merkur	+490 °C	–190 °C
Mars	+29 °C	–137 °C

a) Trage auf einer senkrechten Skala (1 cm ≙ 50 °C) die Temperaturen ein. Runde falls nötig.
b) Um wie viel °C unterscheiden sich jeweils Höchst- und Tiefsttemperatur? Welche Spanne ist am größten, welche am kleinsten?
c) Wie unterscheiden sich die Tiefsttemperaturen der Himmelskörper? Lege eine Rangliste an, beginne mit dem kältesten.

12 Der Graph zeigt den Temperaturverlauf eines Tages in Peking.
a) Erstelle eine Tabelle mit Uhrzeit und Temperatur. Gib jeweils von Zeile zu Zeile die Temperaturveränderung an.

Uhrzeit	Temperatur
12.00	9 °C
13.00	10 °C
■	■

+1 °C

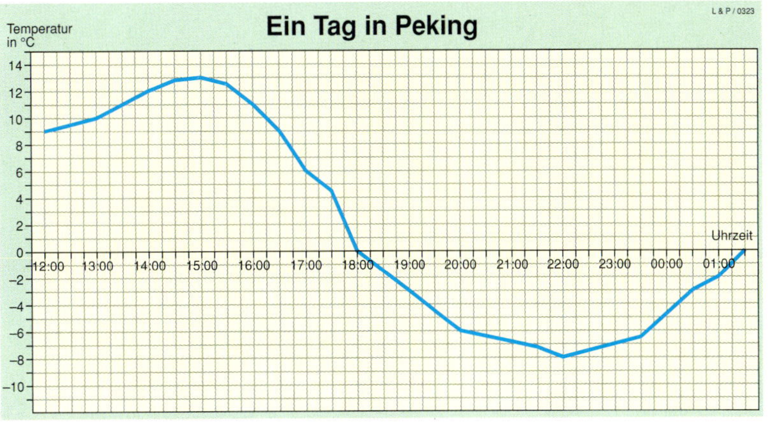

b) In welcher Stunde gab es den größten Temperaturanstieg, wann den stärksten Rückgang?

13 *Sieben-Fünf-Drei, Rom schlüpft aus dem Ei*
So kannst du dir merken, wann Rom (der Sage nach) gegründet wurde, nämlich 753 v. Chr.
a) In welchem Jahr konnte Rom den 1 000. (2 000.) Geburtstag feiern?
b) Wie alt wirst du sein, wenn Rom die 2 800-Jahr-Feier der Stadtgründung begeht?
c) Die Hauptstadt Armeniens, Eriwan, feierte 1968 ihren 2750. Geburtstag. Wann wurde sie gegründet? Wann feierte sie wohl 1 000-jähriges Bestehen?

Frage deinen Geschichtslehrer: Gab es das Jahr 0?

14 In der Karte siehst du, in welche Zeitzonen die Welt eingeteilt ist.
a) Herr Sumo lebt in Tokio und geht um 22 Uhr zu Bett. Welche Zeit zeigen die Uhren dann in New York an?
b) Mrs. Smith fliegt um 14.00 Uhr von London nach Mexico-City. Der Flug dauert genau $11\frac{1}{2}$ Stunden. Zu welcher Ortszeit landet sie in Mexico-City?
c) Sollte man aus Peking um 21.00 Uhr Ortszeit in Deutschland anrufen?

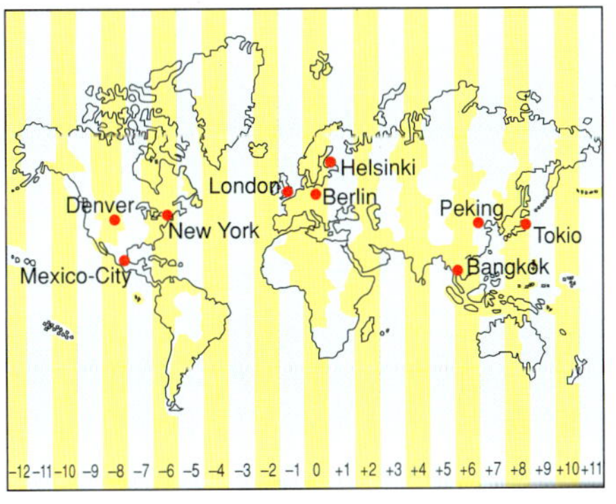

Stelle selbst ein Rätsel, z. B. mit einer Zeitverschiebung zwischen Denver und Berlin.

15 Entscheide durch Zeichnen im Koordinatenkreuz, ob
a) die Punkte A(−1 | −3), B(−0,5 | −1), C(0 | 1), D(0,5 | 2) auf einer Geraden liegen.
b) die Punkte E(−5 | 2), F(−3 | 2), G(2 | 2), H(−0,5 | 2) auf einer Geraden liegen.
c) die Punkte L(−3 | 3), M(−1 | 1), N(−3 | −1), P(−5 | 1) die Eckpunkte eines Quadrates sind.

Geometrische Probleme

16 *Ein Muster im Koordinatenkreuz*
Vera hat im Koordinatenkreuz eine eckige Schnecke entworfen. „Bei (0 | 0) habe ich begonnen, dann kam ich zum Punkt (0 | −1), von dort ging es dann mit (1 | −1) weiter …“ Übertrage das Koordinatenkreuz samt Muster in dein Heft und führe die Schnecke weiter. Gib die Koordinaten der Eckpunkte an, die du für die Fortsetzung der Schnecke benötigst. Kannst du die Koordinaten der nächsten fünf Eckpunkte angeben, bevor du sie zeichnest?

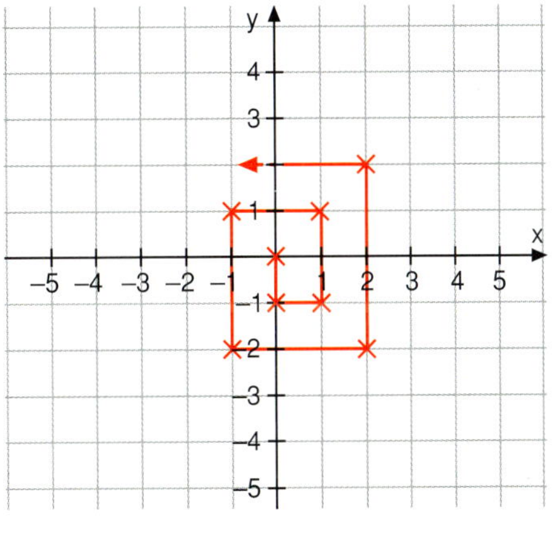

Projekt

Pfeilrennen

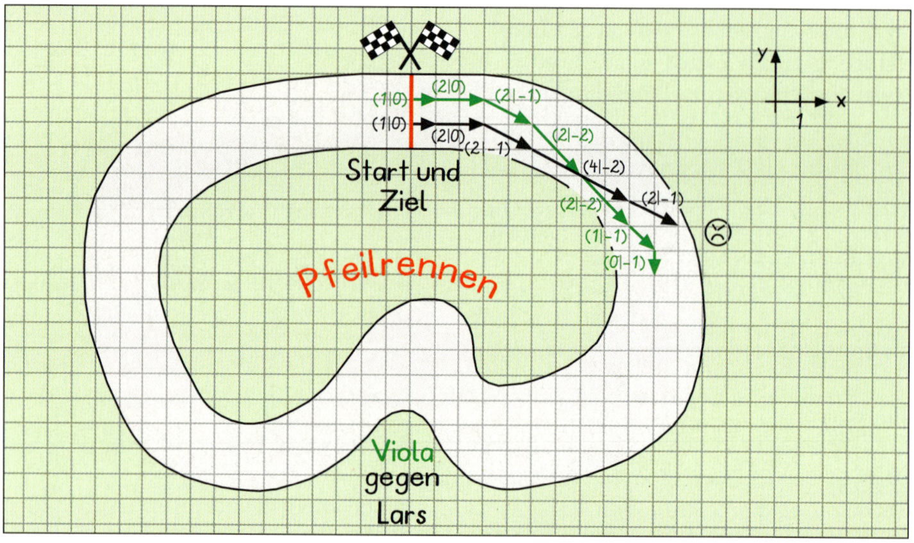

Benötigtes Material

1 DIN-A4-Blatt (kariert), Stifte, Lineal

Bau der Rennstrecke

Legt mit Bleistift den Verlauf der Rennstrecke fest. Achtet zunächst darauf, dass die Strecke nicht zu kurvenreich oder zu eng ist. Die Fahrbahn sollte mindestens 2,5 cm breit sein. Für die ersten Versuche reicht ein einfacher Rundkurs aus. Die Start- und Ziellinie liegt auf dem oberen Teil des Rennkurses, der im Uhrzeigersinn umfahren wird.

Ziel des Spiels

Wer als erster eine Runde auf der Rennbahn schafft, ohne von der Rennstrecke abzukommen, hat gewonnen. Wie in einem richtigen Rennen kommt es darauf an, an den richtigen Stellen zu beschleunigen, zu bremsen oder zu lenken.

Regeln des Spiels

Regel 1:
Begonnen wird mit dem **Pfeil (1 | 0)** nebeneinander an der Start-Ziel-Linie. Der oder die jüngere beginnt.

Regel 2:
In einem Spielzug darfst du **höchstens eine Aktion** durchführen. Du kannst
- **deinen Wagen lenken**, in dem du **eine Pfeilkoordinate** um **eine Einheit** verkleinerst oder vergrößerst.
- **deinen Wagen beschleunigen**, in dem du **beide Koordinaten** deines Pfeils **verdoppelst**.
- deinen Wagen **abbremsen**, in dem du **beide Koordinaten** deines Pfeils **halbierst**.
- den Pfeil beibehalten.

Regel 3:
Wenn der Pfeil eines Spielers über die Begrenzung der Strecke hinausgeht, so startet dieser wieder mit dem **Pfeil (1 | 0)** an der Startlinie.

Hier siehst du Beispiele:

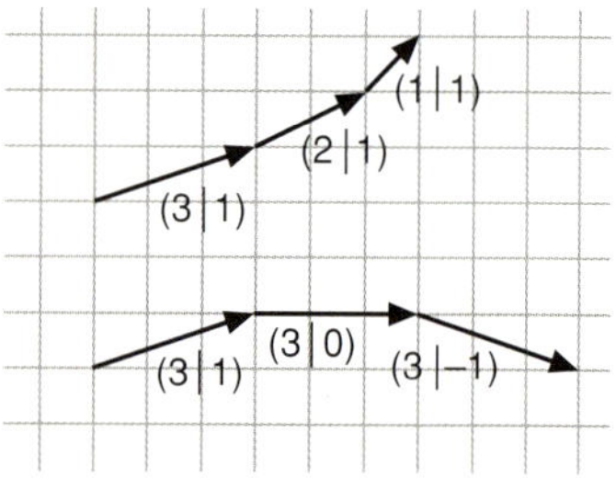

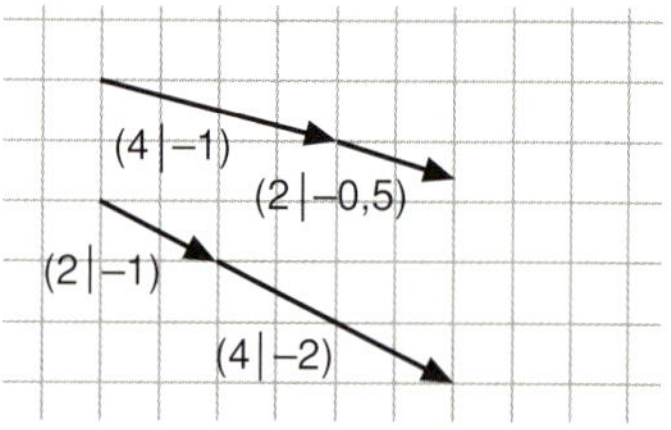

1.2 Vom Zahlenstrahl zur Zahlengeraden

Welche Zahl ist „größer“: –7 oder +3? Wie alt wurde der griechische Philosoph Aristoteles und was hat diese Frage mit negativen Zahlen zu tun? Was ist der „Betrag“ einer Zahl, und warum könnte man die „Minuszahlen“ auch „Spiegelzahlen“ nennen?

Was dich erwartet

Aristoteles

1 *Von Philosophen und Königen*

Aristoteles lebte 384–322 vor Christus, er war Lehrer Alexanders des Großen, der von 356–323 vor Christus lebte.

a) Zeichne eine Zeitachse, in der du die Lebensdaten der beiden Männer eintragen kannst. Wie alt wurden sie jeweils? Wer war der ältere?

b) Platon, ein anderer großer Philosoph, lebte von 427–348 vor Christus. Konnte er Aristoteles kennen? Wie alt wurde Platon?

2 *Wir erweitern den Zahlenstrahl*

Für diese Aufgabe benötigst du einen Spiegel. Wenn du ihn direkt auf der Spiegellinie aufsetzt, erkennst du das Spiegelbild des Zahlenstrahls. Der Spiegel hilft dir auch beim Lesen der Arbeitsaufträge.

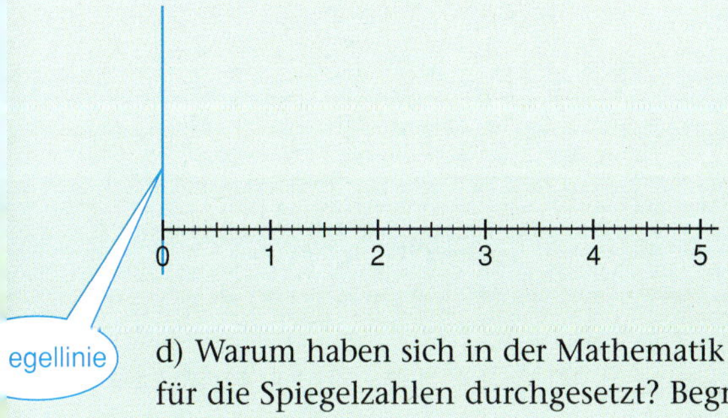

a) Beschreibe, wie sich die Reihenfolge der Zahlen im Spiegelbild verändert hat.

b) Gibt es Zahlen, die kein Spiegelbild besitzen? Begründe.

c) Was ist mit den Abständen zwischen den Zahlen geschehen?

d) Warum haben sich in der Mathematik andere Bezeichnungen als 1, 2, 3, 4, … für die Spiegelzahlen durchgesetzt? Begründe. Welche Bezeichnungen werden benutzt?

3 *Warum reicht der Zahlenstrahl nicht aus?*

Dieser Frage wirst du jetzt nachgehen.

a) Übertrage die Tabelle unten in dein Heft und ergänze die Lücken. Stelle jede Subtraktion auch am Zahlenstrahl dar.

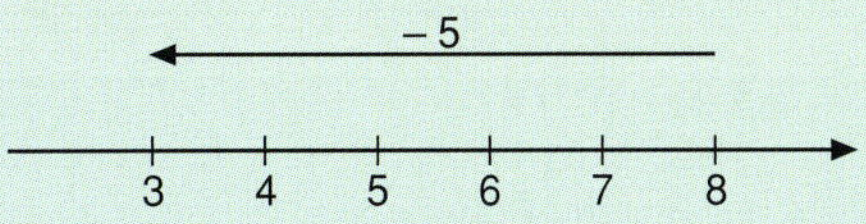

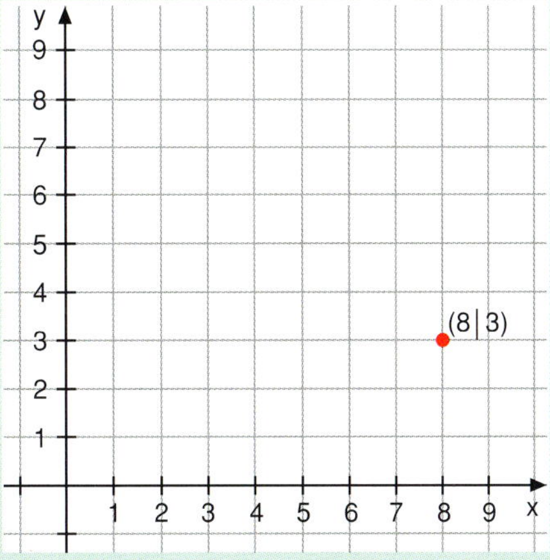

b) Ab welcher Stelle ergeben sich Schwierigkeiten und wie kann man sie lösen?

c) Zeichne alle Wertepaare aus der Tabelle in ein Koordinatenkreuz. Den ersten Punkt haben wir schon verraten: (8|3)

x	8	7	6	5	4	3	2	1	0
y	3	2	1	■	■	■	■	■	■

Basiswissen

Wir brauchen neue Zahlen, zum Beispiel um Punkte in der Koordinatenebene kennzeichnen zu können. Um die Zahlen in gewohnter Weise darzustellen, müssen wir den Zahlenstrahl erweitern. Welche Begriffe mit den Minuszahlen hinzukommen, siehst du im Kasten. Beachte, dass alles, was du bisher über die Zahlen gelernt hast, seine Gültigkeit behält, du musst also nichts Neues lernen, sondern nur dein Wissen erweitern.

negative Zahl

−16
Vorzeichen

positive Zahl

+21
Vorzeichen

Das Vorzeichen bei positiven Zahlen wird fast immer weggelassen.

Menge der natürlichen Zahlen:
ℕ = {1, 2, 3, 4, ...}

Der **Zahlenstrahl** wird zu einer **Zahlengeraden** erweitert.

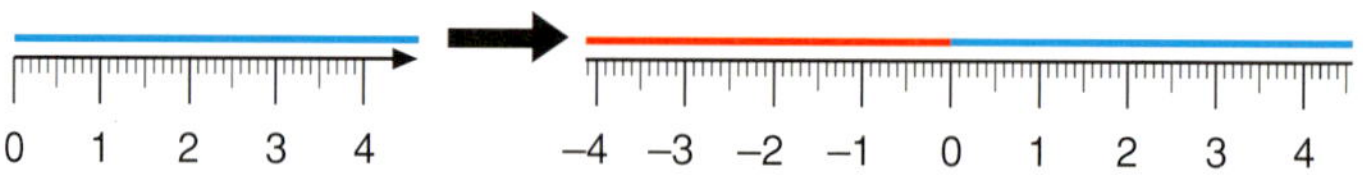

Zu jeder Zahl gibt es eine **Spiegelzahl**, auch **Gegenzahl** genannt.

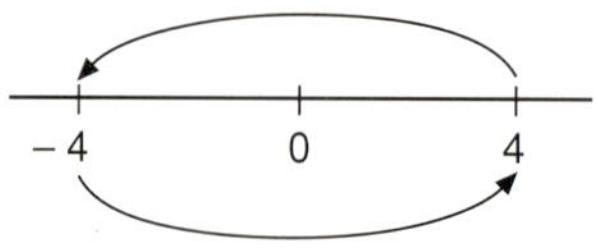

Spiegelzahl zu 4 ist −4.
Spiegelzahl zu −4 ist 4.
Spiegelzahl zu 0 ist 0.

Eine Zahl a ist kleiner als eine Zahl b, wenn a auf der Zahlengerade links von b liegt.

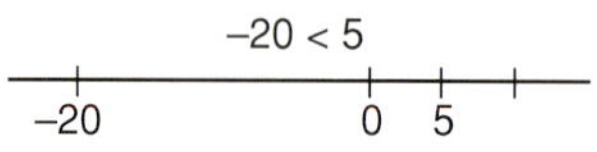

Die Menge der Zahlen {..., −4, −3, −2, −1, 0, 1, 2, 3, 4, ...} = ℤ nennen wir die **Menge der ganzen Zahlen.**

Beispiele

A Welche Zahlen sind markiert?

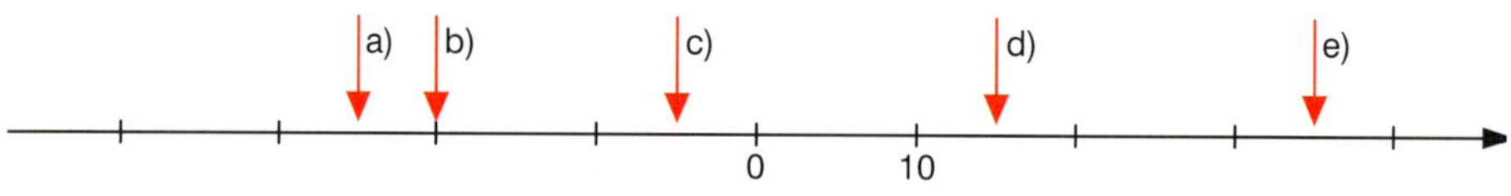

a) −25 b) −20 c) −5 d) 15 e) 35

B Zeichne einen passenden Ausschnitt einer Zahlengerade und trage ein:
−12 −8 2 −9 1

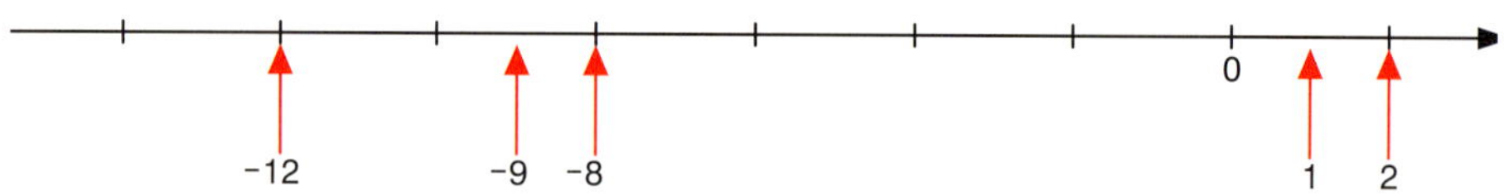

C Welche Zahlen auf der Zahlengeraden haben von 0 die Entfernung 3?

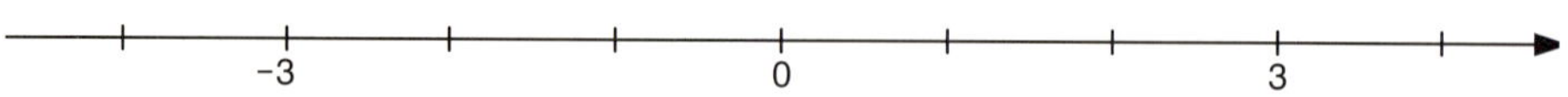

D M liegt genau in der Mitte zwischen S und T. Wo liegt M?
Der Abstand zwischen S und T beträgt 20. M liegt also 10 Einheiten rechts von S und 10 Einheiten links von T. M liegt bei 7.

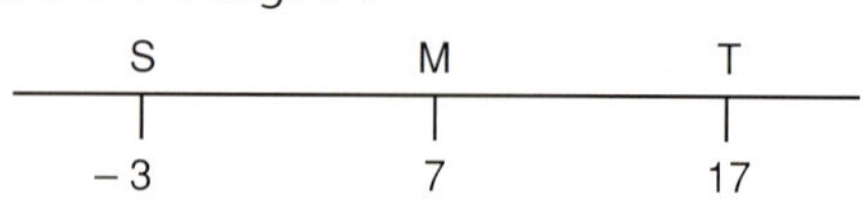

Übungen

4 *Wer wohnt wo auf der Zahlengerade?*
Übertrage die Zahlengeraden aus der Abbildung in dein Heft. Achte dabei auf die unterschiedlichen Einteilungen. Gib anschließend an, auf welche Zahlen die Pfeile jeweils deuten.

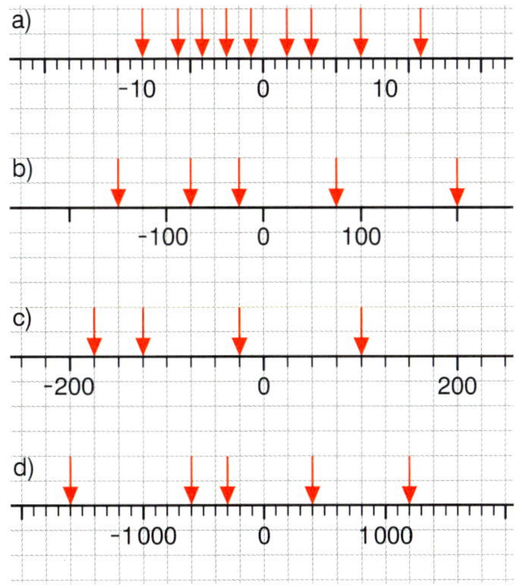

5 Betrachte die Mengen von jeweils fünf Zahlen. Zeichne jeweils den passenden Ausschnitt einer Zahlengeraden und trage ein.
a) {−5, −21, −16, 3, 8}
b) {−450, −750, 100, −50, −200}
c) {1800, −1200, −800, −200, 400}

6 *Rätselhaftes an der Zahlengerade*
Bei manchen Aufgaben hilft es dir sicher, eine Zahlengerade zu zeichnen und daran zu probieren. Manchmal klappt es auch mit „scharfem Hinsehen".

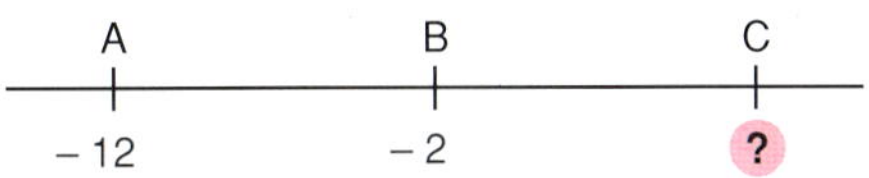

a) B liegt genau in der Mitte zwischen A und C.

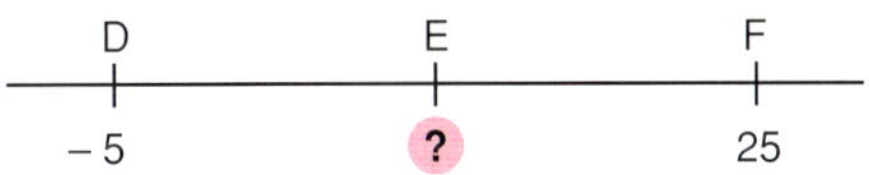

b) E liegt genau in der Mitte zwischen D und F.

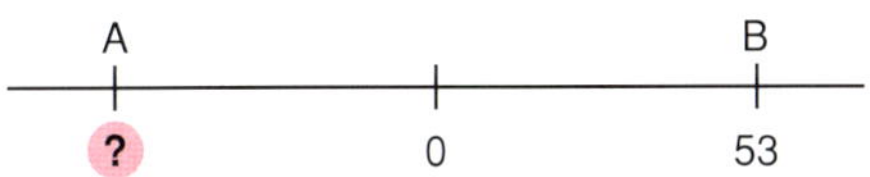

c) A ist genauso weit von der Null entfernt wie B.

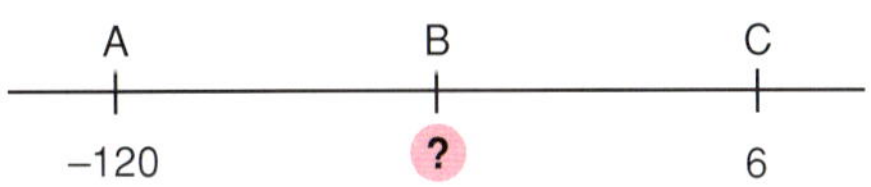

d) B liegt genau in der Mitte zwischen A und C, wo liegt B? Entscheide zuerst, ob die Null links oder rechts von B liegt!

7 Welche der folgenden Aussagen sind richtig, welche falsch? Begründe. Bei den falschen Aussagen reicht ein Gegenbeispiel.
a) Ist a > b, so ist die Spiegelzahl von a kleiner als die Spiegelzahl von b.
b) Es gibt keine ganze Zahl, die gleich ihrer Spiegelzahl ist.
c) −2 ist eine ganze Zahl, aber keine natürliche Zahl.
d) Jede natürliche Zahl ist auch eine ganze Zahl.
e) Eine ganze Zahl und ihre Gegenzahl liegen symmetrisch zur Null.

8 Der Betrag einer Zahl gibt an, wie weit sie von der 0 entfernt ist. Daher ist der Betrag nie negativ.
Schreibweise: $|-2| = 2$ Lies: „Der Betrag von −2 ist 2."
a) Gib fünf Zahlen an, die kleiner als Null sind und deren Betrag größer als 2 ist. Veranschauliche an der Zahlengeraden.
b) Wie hängen Zahl, Spiegelzahl und Betrag zusammen? Erkläre mit Beispielen an der Zahlengeraden.

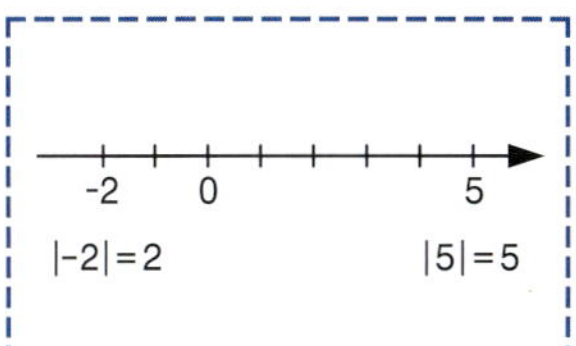

9 *Vorsicht Beträge!*
Ersetze die Kästchen durch das passende Zeichen (>, <, =).
a) $|-18|$ ■ $|18|$ b) −18 ■ −17 c) $|-18|$ ■ −17
d) $|-18|$ ■ $|-17|$ e) $|-18|$ ■ $|+17|$ f) −18 ■ $|-17|$

Aufgaben

Etwas zum Nachdenken:
Ist −6 °C doppelt so kalt wie −3 °C?

10 *Auch messen will gelernt sein*

Fünf Vermessungsteams haben die Höhe eines Kirchturms bestimmt. In der Tabelle siehst du, wie gut die Teams jeweils gemessen haben. Nach Beendigung der Messungen verrät der Pfarrer die exakte Höhe des Kirchturms. Sie beträgt 38,75 m.

Team	Abweichung
A	+7 cm
B	−8 cm
C	+24 cm
D	−25 cm
E	−11 cm

a) Welches Team lag am nächsten mit seiner Messung? Erstelle eine Rangliste.
b) Welche Höhen haben die Teams jeweils gemessen? Lege eine Tabelle an.
c) Im Abschlussbericht steht: „Durchschnittlich lagen die Messungen der Teams um 18 cm daneben." Stimmt das?

11 *Die gefühlte Temperatur*

Kennst du das? Ist es im Winter besonders windig und regnerisch, frierst du viel leichter als an klaren, sonnigen Tagen, selbst wenn dir das Thermometer eine viel tiefere Temperatur anzeigt. Amerikanische Wissenschaftler haben den Zusammenhang zwischen Wind und gefühlter Temperatur genauer untersucht. Für Expeditionsteilnehmer in die Polargebiete der Erde oder Extrembergsteiger können diese Ergebnisse lebenswichtig sein.
a) Beschreibe, welche Information die Tabelle enthält.
b) Welche gefühlte Temperatur liefert die Tabelle bei −7 °C und einer Windgeschwindigkeit von 20 km/h?
c) Erstelle eine Anleitung, wie man mit der Tabelle die gefühlte Temperatur ermitteln kann.
d) Stimmt es, dass es sich auch „doppelt so kalt" anfühlt, wenn sich die Windgeschwindigkeit verdoppelt?

	Temperatur in °C	4	−1	−7	−12	−18	−23	−29	−34
Windgeschwindigkeit	windstill	4	−1	−7	−12	−18	−23	−29	−34
	10 km/h	3	−3	−9	−14	−21	−26	−32	−38
	20 km/h	−2	−9	−16	−23	−29	−36	−43	−50
	30 km/h	−6	−13	−21	−28	−38	−43	−50	−58
	40 km/h	−8	−16	−23	−32	−39	−47	−55	−63
	50 km/h	−9	−18	−26	−34	−42	−51	−59	−67

mit entsprechender Kleidung geringe Gefahr | erhöhte Gefahr | große Gefahr

12 *Aus einem englischen Schulbuch*

The deepest lake in the world is Lake Baikal in central Siberia, Russia. It has a depth of 1620 metres. The deepest point of Lake Baikal is 1197 metres below sea level. How high above sea level is the surface of the lake?

Projekt

Kennst du die Erde und ihre Nachbarn?

A *Höhen- und Tiefenrekorde*

Erdteil	Höchster Punkt	Tiefster Punkt
Nordamerika	Mount McKinley, Alaska 6194 m über N.N.	Death Valley, Kalifornien 86 m unter N.N.
Südamerika		

a) Finde ähnliche rekordverdächtige Daten für die anderen Erdteile. Schaue im Atlas nach, wo die Orte liegen, und trage sie auf einer Weltkarte ein.
Wie viele Höhenmeter liegen jeweils zwischen dem tiefsten und dem höchsten Punkt?
b) Finde den höchsten und den tiefsten Punkt der Erde (einschließlich der Ozeane).
Was meinst du zu dem Zeitungsartikel?

Houston, 28. März 2004
Der höchste Berg auf dem Mars, der Olympus Mons, ist ein sanft abfallender Schildvulkan. Er ist mit 25 km Höhe weit höher als jeder Berg der Erde.

c) Temperaturrekorde
Finde für die Erdteile die jemals gemessene höchste und niedrigste Temperatur. Veröffentliche deine Ergebnisse so, wie die in Aufgabe a).

B *Die Erde und ihre Nachbarn im All*

Die Menschen haben schon mit unbemannten Raumsonden die Planeten unseres Sonnensystems besucht. Die NASA plant eine bemannte Raummission zum Mars. Die Oberflächentemperatur ist für bemannte als auch unbemannte Raumsonden von besonderer Wichtigkeit.
Welche Temperaturen trifft man auf den Planeten und auf dem Erdmond an? Stelle deine Ergebnisse zusammen und beurteile, auf welchen der Planeten eine bemannte Landung möglich sein könnte.

Ausstellung

1.3 Addieren und Subtrahieren mit ganzen Zahlen

Was dich erwartet

Natürlich weißt du schon, wie man addiert und subtrahiert, und die Gesetze, die du bisher gelernt hast, behalten alle ihre Gültigkeit. Doch jetzt lassen sich auch Aufgaben vom Typ 6 + ? = – 2 lösen, die bisher Schwierigkeiten bereiteten. Anhand verschiedener Situationen, etwa bei Schulden oder Temperaturen wirst du sehen, dass man mit negativen Zahlen genauso rechnen kann wie mit positiven. Die Zahlengerade und Pfeilbilder helfen dir, das noch besser zu verstehen.

Aufgaben

1 *Eiskunstlauf in Schlitterbach*

Beim regionalen Eiskunstlauf-Wettbewerb in Schlitterbach kämpfen die Athleten um die Punkte der Jury. Die Richter können auf einer Punkteskala von – 6 (sehr schlecht) bis 6 (sehr gut) die Eiskunstläufer bewerten.

a) Auf den Bildern siehst du, wie Punktrichter in zwei Fällen abgestimmt haben. Ermittle jeweils die Gesamtpunktzahl und schreibe eine Rechnung dazu auf.

b) Leider geht in Schlitterbach nicht alles mit rechten Dingen zu: Manche Punktrichter sind parteiisch und werden disqualifiziert. Wie hat sich die Gesamtpunktzahl dadurch jeweils verändert? Schreibe für **vorher** und **nachher** jeweils eine Rechnung auf. Beschreibe deine Beobachtungen.

Aufgaben

2 *Geldgeschäfte in Entenhausen*

a) Donald schuldet seinen drei Neffen noch Taschengeld. Von den Stadtwerken erhält er eine Gutschrift von 79 Talern. Kann er damit seine Schulden begleichen?

Taschengeld
Tick 35,–
Trick 28,–
Track 19,–

b) Der Computer der Bank in Entenhausen streikt. Er hat nur einen unvollständigen Ausdruck der Bewegungen auf Dagobert Ducks Konto ausgedruckt. Kannst du die fehlenden Zahlen ergänzen?

Datum	1.4.	2.4.	3.4	4.4	5.4
Alter Kontostand	–14	6	■	80	■
Veränderung	■	–52	■	–220	–67
Neuer Kontostand	6	■	80	■	■

Donald zeichnet und rechnet, um den ersten fehlenden Eintrag herauszufinden:

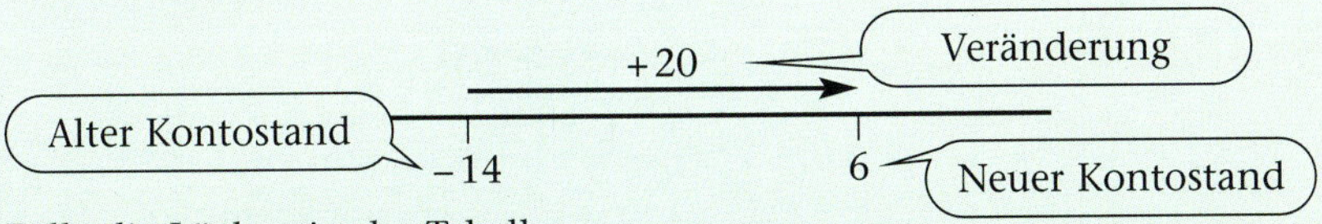

Rechnung:
–14 + 20 = 6

Fülle die Lücken in der Tabelle.

3 *In drei Schritten zum Ergebnis*

Egal ob es sich um Addition oder Subtraktion rationaler Zahlen handelt – mit der folgenden Methode kannst du das Ergebnis immer selbst herausfinden.

a) Betrachte zunächst das Beispiel und lies die Anleitung zu den Schritten ①–③:

Bei schönem Wetter kann man auch auf dem Schulhof eine Zahlengerade zeichnen und daran rechnen.

① Stelle dich an den Startpunkt auf der Zahlengerade.

② Das Rechenzeichen gibt die Richtung an, in die du dich drehen musst.
\+ positive Richtung
– negative Richtung

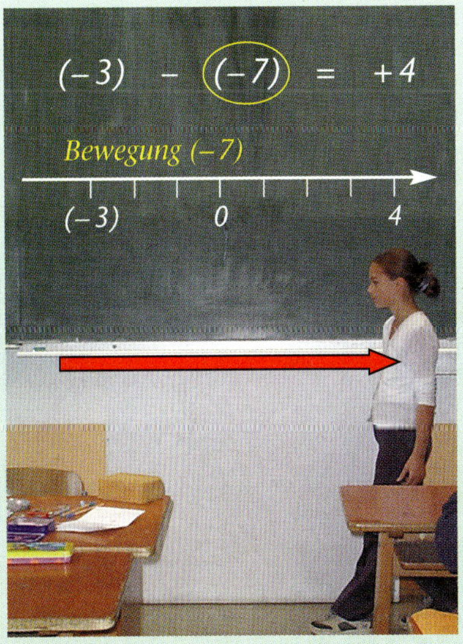

③ Nun heißt es marschieren:
Bei einer positiven Zahl vorwärts,
bei einer negativen Zahl rückwärts.

b) Führe die folgenden Aufgaben selbst an der Zahlengeraden aus. Notiere die Anweisungen und die Ergebnisse.

(–4) + (–2) 3 + (–5) 3 – 7 1 – (–6) (–4) + 10
10 + (–4) (–2) + (–3) – (–8) (–5) + (–5)

(–4) + (–2)
① Startpunkt (–4)
② Drehe dich in die positive Richtung.
③ Gehe 2 Schritte rückwärts.
Ergebnis: (–6)

c) Schaffst du es auch schon ohne die Zahlengerade? Probiere es aus.

(–13) – (–25) 8 + (–15) 3,5 – (–17)
27 + (–6) (–249) + 251 13 + (–45) – (–32)

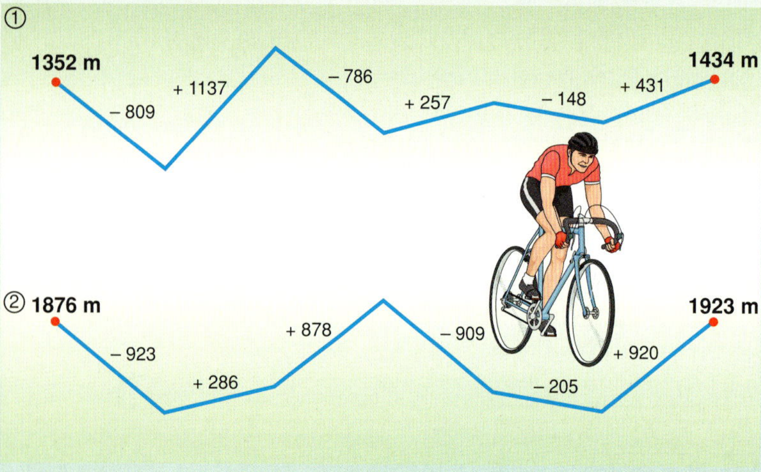

4 *Bergauf – Bergab*

a) Im Höhenprofil sind die Steigungen und die Gefälle von Jans Trainingstour eingezeichnet. Sein Trainer lacht: „Insgesamt bist du ja nur 82 m hoch gefahren.“ Jan schreibt eine Additionsaufgabe und rechnet nach:
(–809 m) + (+1137 m) + (–786 m) …
Hat der Trainer recht?

b) Aus Start- und Zielhöhe kannst du auch aus dem zweiten Höhenprofil den gesamten Höhenunterschied bestimmen. Rechne mithilfe der Gefälle und Steigungen nach wie in Teil a).

c) Welche Anstiege hat der Radfahrer in beiden Fällen insgesamt bewältigt?

Basiswissen

Ob bei der Punktebewertung im Sport, bei Schulden oder bei Höhen- und Tiefenangaben – ist der Zusammenhang klar, so fällt das Rechnen mit negativen Zahlen gar nicht schwer. Bei reinen Rechenaufgaben ist dies nicht immer so einfach, hier hilft die Zahlengerade.

Addition ganzer Zahlen

Addieren bedeutet: Du wendest dich nach rechts. Addierst du …

… eine positive Zahl, so gehst du vorwärts, d. h. auf der Zahlengeraden nach rechts.

$-4 + 9 = 5$

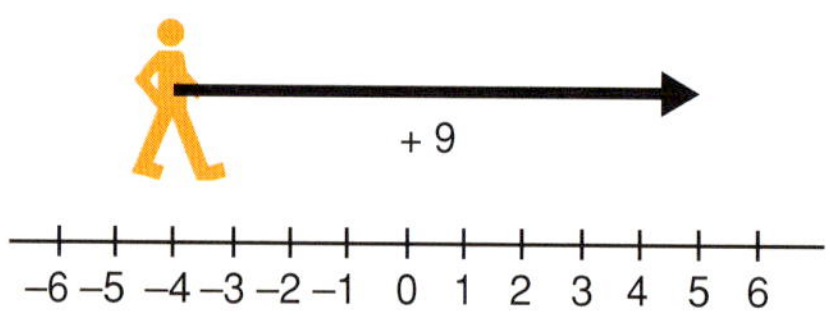

… eine negative Zahl, so gehst du rückwärts, d. h. auf der Zahlengeraden nach links.

$3 + (-7) = -4$

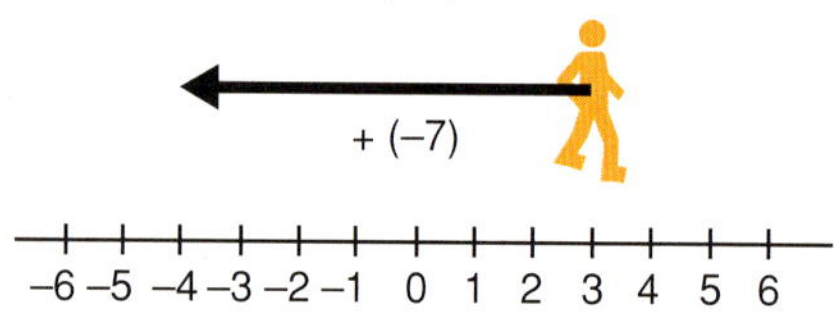

Subtrahieren ganzer Zahlen

Subtrahieren bedeutet: Du wendest dich nach links. Subtrahierst du …

… eine positive Zahl, so gehst du vorwärts, d. h. auf der Zahlengeraden nach links.

$7 - (+8) = -1$

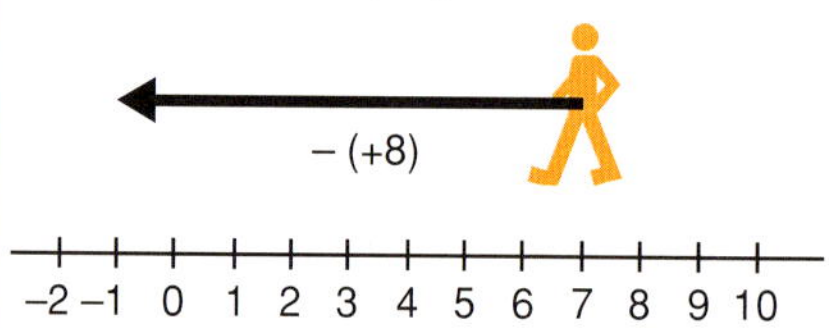

… eine negative Zahl, so gehst du rückwärts, d. h. auf der Zahlengeraden nach rechts.

$6 - (-3) = 9$

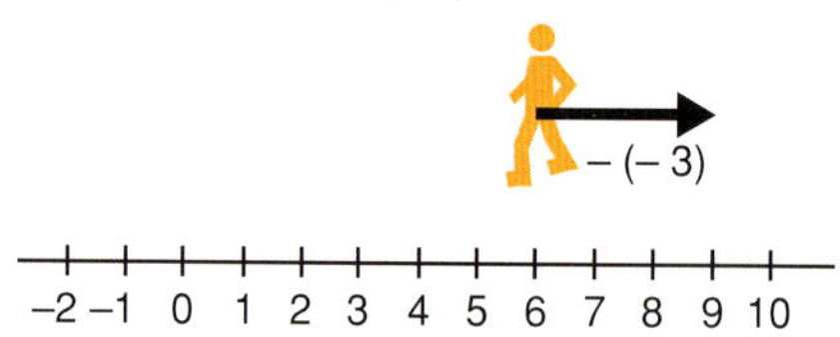

Beispiele

A Berechne $-3 - (-5)$ und stelle die Rechnung an der Zahlengeraden dar.
Zur Unterscheidung von Vorzeichen und Rechenzeichen benutzt man Klammern.

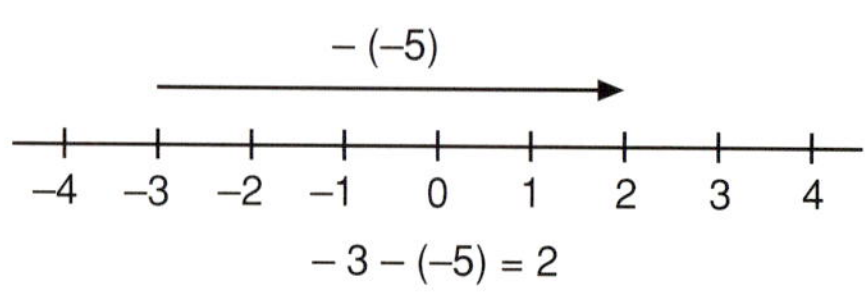

Beispiele

B Betrachte die Buchung auf dem Konto. Schreibe als Additionsaufgabe und bestimme den Endstand. Runde und mache zunächst eine Überschlagsrechnung.

Kontostand	1378,00 €
Buchung	−2045,00 €
Endstand	■

Überschlagsrechnung:
1400 + (−2000) = −600
Exakte Rechnung:
1378 + (−2045,00) = −667,00

Der Kontostand beträgt −667,00 €.

C Finde die fehlenden Angaben der Temperaturbeobachtung.

a) ■ $\xrightarrow{-9\,°C}$ −11 °C
Die Ausgangstemperatur beträgt −2 °C, denn
−2 °C − 9 °C = −11 °C

b) 3 °C $\xrightarrow{■}$ −9 °C
Die Temperaturveränderung beträgt −12 °C, denn
3 °C − **12 °C** = −9 °C

Übungen

5 Berechne. Stelle die Aufgaben aus a) und b) an der Zahlengeraden dar.

a) +8 + (−2)
−3 + 15
25 + (−5)
−55 + (−25)
−60 + −60
−20 + (−40)

b) −7 + (−4)
−4 + (−7)
−12 − 24
−24 + (−12)
−169 + 144
144 − 169

c) 205 + (−21)
−830 + 246
1200 − 1389
(−415) + (−95)
367 − (−43)
(−3800) − 250

6 Berechne die Klammern zuerst. Vergleiche anschließend die Ergebnisse. Was fällt dir auf?

a) (5 + (−17)) − 23
5 + ((−17) − 23)
((−17) + 5) − 23

b) (−22) + (37 − (−33))
((−22) + 37) + 33
(37 + (−22)) + 33

c) ((−1000) + 250) − 850
(−1000) + (250 − 850)
((−850) − 1000) + 250

d) Informiere dich noch einmal über das Assoziativ- und das Kommutativgesetz.

7 Die Bilder zeigen Additionen oder Subtraktionen an der Zahlengeraden. Einige Angaben fehlen jedoch. Übertrage ins Heft und schreibe eine Rechnung dazu auf. Achte auf die Pfeilrichtung.

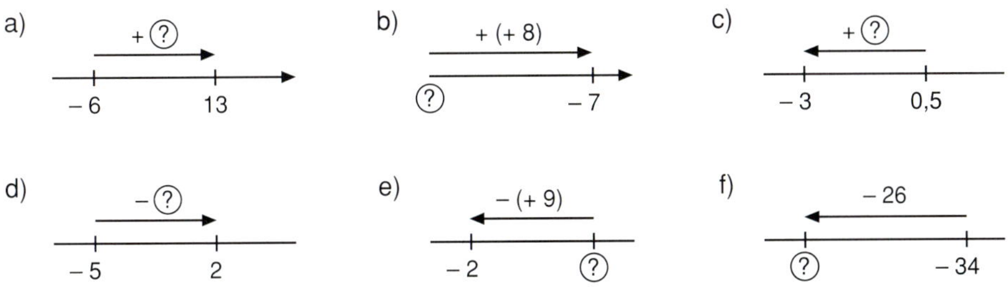

Beispiel: a)
−6 + **?** = 13
−6 + **19** = 13

8 Schreibe die Zahlen aus dem rechten Kasten jeweils als
a) Summe zweier Zahlen mit verschiedenen Vorzeichen.
b) Differenz zweier positiver Zahlen.
c) Differenz zweier negativer Zahlen.
d) Differenz zweier Zahlen mit verschiedenen Vorzeichen.

−5 −19 19 12 −45 37 0 −201

Beispiel: −5
= 2 + (−7)
= 10 − 15
= −20 − (−15)
= −1 − 4

Übungen

9 Die richtigen Durchschnittstemperaturen sind dabei.
−7 °C −9 °C
3 °C −1 °C 0° C
−32,5 °C −28 °C

9 *Durchschnittstemperaturen*
An vier verschiedenen Tagen wurde in einer Forschungsstation die Temperatur gemessen, immer zu den gleichen Uhrzeiten.
Bestimme hieraus die Tagesdurchschnittstemperaturen.

Datum	8 Uhr	12 Uhr	16 Uhr	20 Uhr
21. November	−17 °C	−1 °C	−3 °C	−7 °C
6. Dezember	−2 °C	5 °C	8 °C	1 °C
20. Dezember	−1 °C	1 °C	0 °C	−4 °C
14. Januar	−33 °C	−26 °C	−29 °C	−42 °C

10 Löse an der Zahlengeraden.

a) 60 − (−61) = ?
12 − ? = 5
13 + ? = −27

b) −16 + ? = 0
? + 3 = −7
−7 − ? = 10

c) ? − (−41) = 50
81 − ? = −2
? + 14 = 0

Rechne an der Zahlengeraden rückwärts.

11 a) Lukas denkt sich eine Zahl. Er addiert 25 und subtrahiert anschließend 17 und erhält schließlich (−8). Welche Zahl hat er sich ausgedacht?
b) Violetta subtrahiert von einer Zahl 3 und addiert anschließend 39. Als Ergebnis erhält sie 0.
c) Überlege dir selbst ein solches Rätsel und stelle es deiner Banknachbarin oder deinem Banknachbarn.

START	STOPP
21:06	48:05
−12:45	23:17
−09:26	−02:13
−43:56	18:47
−3:25	1:04:51

12 *Endzeit minus Anfangszeit*
Mit dieser einfachen Formel kannst du die Zeitdauer von Videoaufnahmen berechnen. Die Tabelle enthält die Anfangs- und Endzeiten verschiedener Aufnahmen. Berechne die Länge der Beiträge.
Spielt das Vorzeichen der Ergebnisse eine Rolle?

13 *Trainingseinheit*
Übertrage die Tabellen in dein Heft und fülle die Lücken.

+	−5	32	■	■
−2	■	■	−1	■
11	■	■	■	−100
■	■	27	−4	■

−	46	−45	−99	■
27	−19	■	■	■
45	■	■	■	145
■	−91	■	■	■

14 *Magische Quadrate*
Übertrage die Quadrate ins Heft. Fülle die Felder so aus, dass die Summe der Zahlen in Spalten, Zeilen und Diagonalen gleich ist.

a)

−4	1	−6
□	□	−1
0	□	□

b)

□	2	−12
□	−6	□
0	□	□

c)

−4	4	−3
□	□	−2
□	−6	□

d)

□	6	□	−14
2	□	−10	□
□	0	−2	−12
4	−18	□	□

−4 + 1 + (−6) = −9

15 *Vorzeichen und Rechenzeichen gesucht*
Übertrage ins Heft und setze die richtigen Vorzeichen ein.

a) ■15 − (■7) = 22
■46 − (−12) = ■58
■46 − (−12) = ■34
43■ (−4) = ■39

b) ■1000 − (■999) = 1999
■1000 + (■999) = 1999
■10 + (■29) − (■54) = 93
■100 − (■45) + (■55) = 0

Übungen

16 *Rechenpyramiden*

Zwei nebeneinanderstehende Zahlen musst du entweder addieren oder subtrahieren, hast du alles richtig gemacht, so erkennst du das an der „Spitzenzahl“.

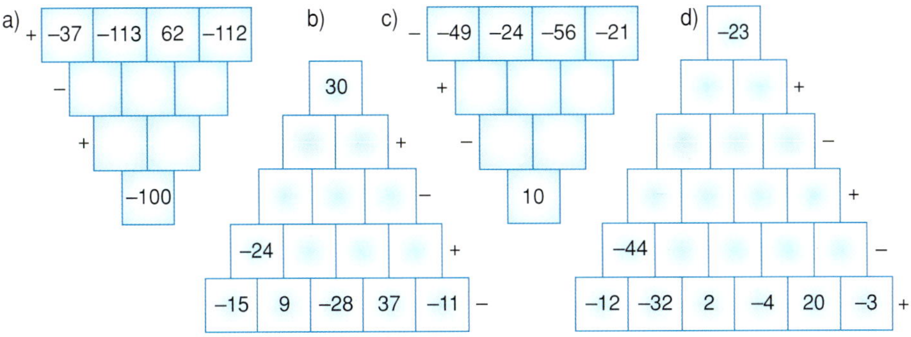

17 *Große Lücken*

a) ■ + ■ – ■ =

Setze die Zahlen 4 –2 5
jeweils so in die Kästchen ein, dass du die Ergebnisse 11 –1 –3
erhältst.

b) Welche verschiedenen Ergebnisse erhältst du, wenn du die Zahlen
15 –84 –28
in folgenden Rechenausdruck einsetzt:
■ + ■ – ■ = ?

Zu 17 b): Die richtigen Lösungen sind dabei und ergeben ein Lösungswort

–41	–71	18
B	H	L
–127	28	71
Ä	E	R

18 Löse im Kopf. Das Ergebnis der ersten Aufgabe führt dich direkt zur nächsten.

9 – (–15) = 24
4 – (+38) =
24 + (–31) =
(–222) + 122 =
(–7) + (–45) =
(–52) – (–56) =
(–59) + (–163) =
(–100) – (–87) =
–34 + 78 =
44 + (–103) =

19 Auch der Taschenrechner kann mit negativen Zahlen rechnen.

a) Versuche mit deinem Taschenrechner (–2) – (–9) und (–7) + (–23) zu lösen.

b) Schreibe eine kurze Anleitung mit Beispielen, wie du mit deinem Taschenrechner mit negativen Zahlen rechnest. Beachte möglichst verschiedene Fälle.

Forscheraufgabe

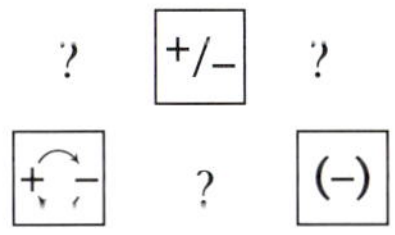

Welche Tasten sind auf deinem Rechner und welche Wirkung haben sie?

20 a) Welche Konten sind nach den Buchungen überzogen? Runde und notiere einen Überschlag.

b) Berechne die Kontostände nach den Buchungen mit dem Taschenrechner. Vergleiche mit deinen Überschlägen.

Kontostand	359,78	3 235,81	–128,54	654,23	–1 984,89
Buchung	–279,67	–402,00	+1 012,98	+347,66	–51,37
Buchung	–376,56	–2 604,12	–801,75	–1 551,77	+2 026,11
Endstand	■	■	■	■	■

21 Jonas hat die Aufgabe so umgeschrieben, dass sie auch von Schülern der 5. Klasse gelöst werden kann. Stelle auch die folgenden Aufgaben so dar und löse sie anschließend.

159 – (–83) + (–42) =
⇩ ⇩
159 + 83 – 42 = 200

a) 46 – (+28) + (–51) =
b) 69 + (–5) – (–30) – (+12) =
c) –228 + (–72) – 33 =
d) 1001 + (–999) – (–98) =
e) 172 – (–279) + (+11) =
f) 273 + (–45) – (–27) – 100 =
g) 25 + (–88) – (–2) =
h) 122 + (+25) + (–169) =

Klammern schaffen Ordnung!
Sie helfen, damit du Rechenzeichen und Vorzeichen nicht verwechselst. Besteht keine Verwechslungsgefahr, so kann man sie weglassen.
(–5) + (–2) =
–5 + (–2) =

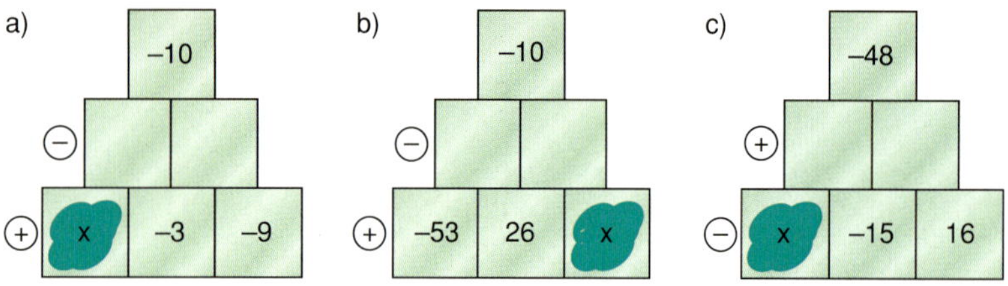

22 *Pyramiden mit Lücken*
In den Rechenpyramiden ist zwar die Spitzenzahl angegeben, doch in der Basis fehlt eine Angabe. Übertrage ins Heft und fülle die Lücken, notiere deine Rechnungen. Mache die Probe.

Aufgaben

Zu a) Test für
P (−1|−4)
−1 − (−4) = 3

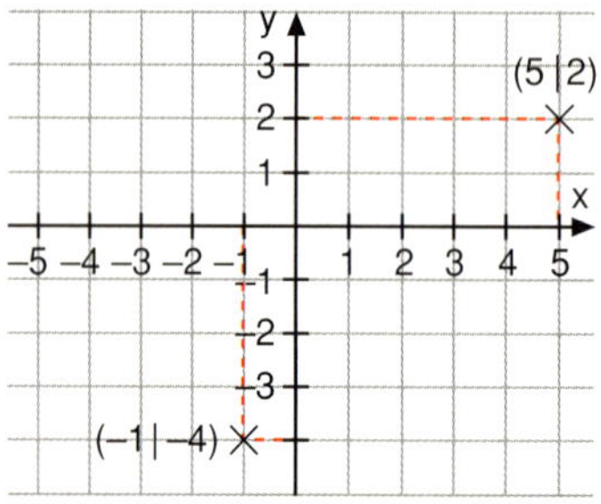

23 *Zeichnen und Addieren*
a) Trage im Koordinatenkreuz Punkte ein, deren Koordinaten die Differenz 3 haben. Was fällt dir auf?
b) Welches Muster ergibt sich für Punkte mit der Koordinatendifferenz (−5)?
c) Welches Muster erhältst du, wenn die Koordinatensumme immer 4 beträgt?
d) Formuliere eine Regel und begründe diese.

24 *Altertümliches Rechnen*
So ähnlich notierte man im Fernen Osten vor 2000 Jahren Rechnungen auf Tontafeln. Einige davon überdauerten die Zeit …
a) Kannst du die verschiedenen Zahlzeichen übersetzen? Leider ist ein großer Teil der Übersetzungstafel unbrauchbar.
b) Was wurde gerechnet? Was bedeuten die Querstriche über den Zahlzeichen? Stimmen die Ergebnisse? Erkläre.

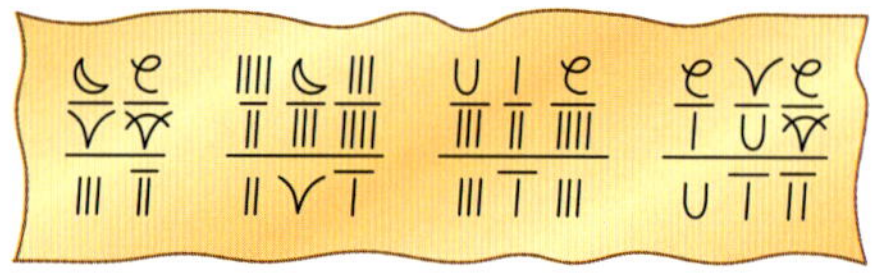

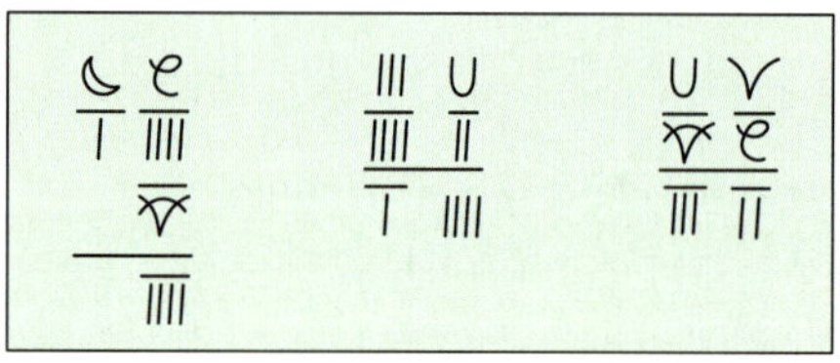

c) Damals kannte man noch keine Minuszahlen, Paul übersetzt trotzdem seine Rechnungen. Er ist sich aber nicht so sicher, ob er richtig gerechnet hat, übersetze und überprüfe.

Lösungen zu Aufgabe 24 a), b), c):
249 −6
28 588 64
293 −32

25 *Auch Verschiebungspfeile kann man addieren*
Betrachte die Abbildung rechts. Nach der Methode „Ende an Spitze“ kannst du zeichnerisch aus zwei oder mehr Verschiebungspfeilen einen einzigen machen.
a) Kannst du die blaue Verschiebung aus den beiden anderen berechnen? Beschreibe, wie du vorgegangen bist.
Tipp: Wenn du nicht weiter weißt, dann schau noch mal auf Seite 8, Aufgabe 1c), nach.
b) Zeichne ebenso und berechne.
(8|−6) + (−1|−2) (−3|−1) + (2|−4) (1|−9) + (−6|−1)

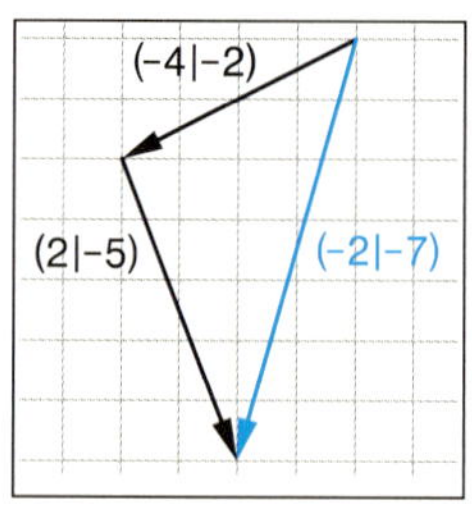

1.4 Multiplikation ganzer Zahlen

Ganze Zahlen können wir bereits addieren und subtrahieren. In vielen Situationen kann man auch die Multiplikation von ganzen Zahlen gut gebrauchen. Vielleicht ahnt ihr schon, was z. B. 3 · (–5) ergibt, oder ihr habt schon davon gehört, dass „Minus mal Minus Plus ergibt". Woher kommt dieser Spruch, und ist er sinnvoll? Wie kann man ganze Zahlen multiplizieren? Am Ende dieses Lernabschnitts wisst ihr mehr.

Was dich erwartet

Minus · Minus = Plus

1 Ein Programmierer kann Figuren auf dem Bildschirm bewegen, indem er zu den Koordinaten der Punkte Zahlen addiert. Multipliziert man die Koordinaten mit Zahlen, dann entsteht ein völlig anderer optischer Eindruck

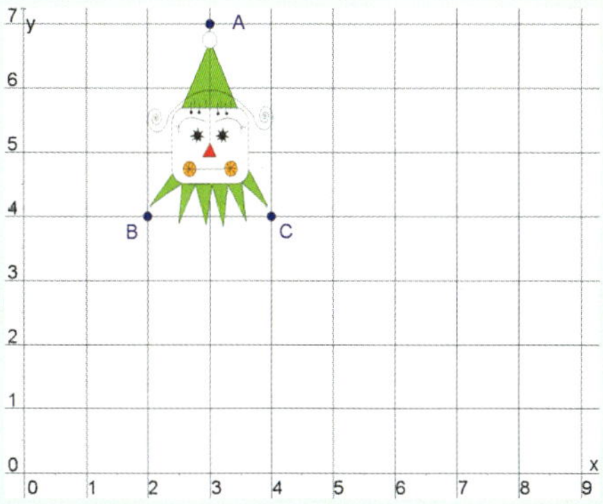

a) *Addition – Verschiebung*
Kopiere das Koordinatenkreuz in dein Heft zusammen mit den Punkten A, B, und C. Verbinde die Punkte zu einem Dreieck. Berechne die Punkte A', B' und C', indem du zu jedem x-Wert die Zahl 3 und zu jedem y-Wert die Zahl –1 addierst. Zeichne das Dreieck A'B'C'. Beschreibe, wie die Figur aus ABC mit der Bildfigur A'B'C' zusammenhängt.

b) *Multiplikation – ein neuer optischer Effekt*
Trage die Punkte A (1 | 1) B (3 | 2), C (5 | 0) und D (–1 | –6) in ein Koordinatenkreuz ein. Verbinde die Punkte in alphabetischer Reihenfolge zu einem Viereck. Berechne die zugehörigen Bildpunkte A', B' und C', indem du jeweils beide Koordinaten mit 3 multiplizierst. Zeichne diese Punkte in das Koordinatenkreuz ein. Wie liegen die Punkte A', B' und C' zu den Punkten A, B und C? Wo liegt vermutlich der Punkt D'? Welcher optische Effekt entsteht?

2 *Untersuche die Multiplikation von ganzen Zahlen.*
Ergänze die Ergebnisse der Multiplikationen. Erkennst du ein Muster? Haben deine Klassenkameraden ein ähnliches Muster entdeckt?

3 · 3 = ??	3 · 3 = ??	3 · (–2) = ??
2 · 3 = ??	3 · 2 = ??	2 · (–2) = ??
1 · 3 = ??	3 · 1 = ??	1 · (–2) = ??
0 · 3 = ??	3 · 0 = ??	0 · (–2) = ??
(–1) · 3 = ??	3 · (–1) = ??	(–1) · (–2) = ??
(–2) · 3 = ??	3 · (–2) = ??	(–2) · (–2) = ??
(–3) · 3 = ??	3 · (–3) = ??	(–3) · (–2) = ??
....	....	....
(–9) · 3 = ??	3 · (–9) = ??	(–9) · (–2) = ??

Basiswissen

Multiplikation von ganzen Zahlen

Das Produkt von zwei ganzen Zahlen **ist**

- **positiv**, wenn beide Zahlen positiv oder negativ sind,
  Beispiele: $(-4) \cdot (-7) = 28$ $\qquad 6 \cdot 3 = 18$
- **negativ**, wenn eine der beiden Zahlen negativ und die andere positiv ist.
  Beispiele: $3 \cdot (-11) = -33$ $\qquad (-18) \cdot 2 = -36$

Rechenregeln

Beim Multiplizieren von ganzen Zahlen darf man die Faktoren vertauschen (Kommutativgesetz) und Faktoren zusammenfassen (Assoziativgesetz).

Beispiele

A A I Ermittle die fehlenden Zahlen. Bestimme zuerst, welches Vorzeichen diese Zahlen haben müssen.

a) $(-3) \cdot 15 = ■$ b) $(-5) \cdot (-5) = ■$ c) $(-4) \cdot ■ = 20$ d) $■ \cdot 7 = -49$

Lösung:

a) Das Ergebnis ist negativ: -45
b) Das Ergebnis ist positiv: 25
c) Der fehlende Faktor ist negativ: -5
d) Der fehlende Faktor ist negativ: -7

B Mit der Abbildung ist eine Rechnung veranschaulicht. Erkläre.
Es wird die Multiplikation einer negativen Zahl (-2) mit positiven Zahl (3) veranschaulicht. Der kürzere Pfeil wird mit dem Faktor 3 gestreckt. Man erhält -6.

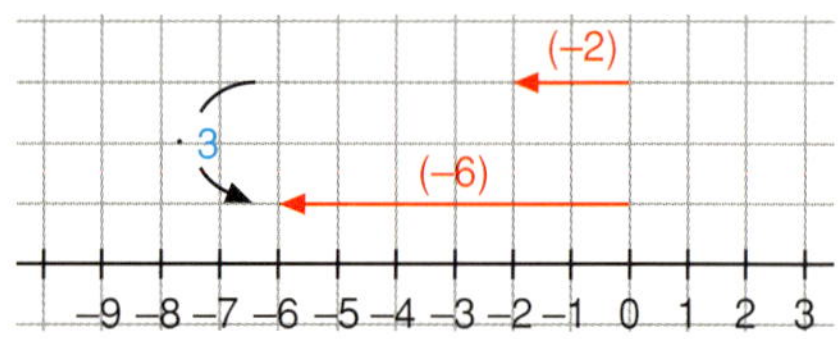

Übungen

3 Kopfrechnen

a) $17 \cdot (-3)$ b) $(-9) \cdot (-10)$ c) $(-6) \cdot (40)$ d) $(-12) \cdot (-12)$
e) $15 \cdot 15$ f) $(-25) \cdot 25$ g) $(-8) \cdot 125$ h) $(-7) \cdot 0$

3 Lösungen: −625 90 0 144 −51 225 −1000 −240

4 Jetzt wird es ein bisschen schwieriger: Aufgaben zum schriftlichen Multiplizieren. Mache zunächst eine Überschlagsrechnung.

a) $(-17) \cdot 23$ b) $(-19) \cdot (-19)$ c) $32 \cdot 101$ d) $93 \cdot (-18)$
e) $(-37) \cdot (-24)$ f) $127 \cdot (-34)$ g) $(-1001) \cdot 0$ h) $22 \cdot (-22)$

5 Ergänze.

a) $16 \cdot ■ = -32$ b) $8 \cdot ■ = -8$ c) $■ \cdot (-25) = 0$ d) $1 \cdot ■ = -1$
e) $■ \cdot ■ = 25$ f) $■ \cdot (-45) = 90$ g) $(-100) \cdot 0 = ■$ h) $13 \cdot (-13) = ■$

5 Lösungen: −2 5 0 −169 −1 0 −1 −2

6 Multiplikationspyramide: Multipliziere nebeneinanderstehende Zahlen und trage sie in das darüberliegende Feld ein.

a)
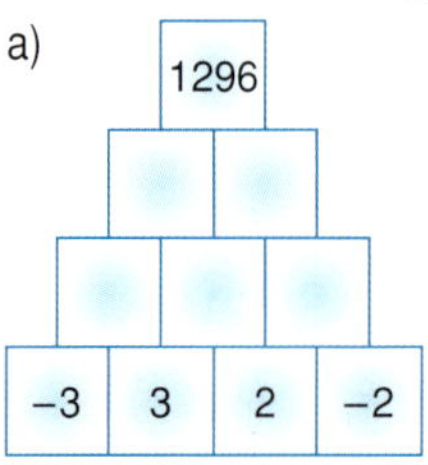

b)
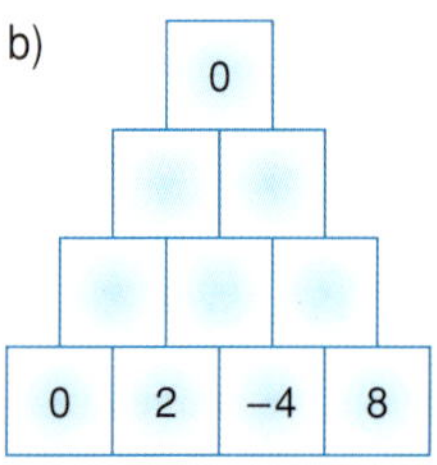

c)
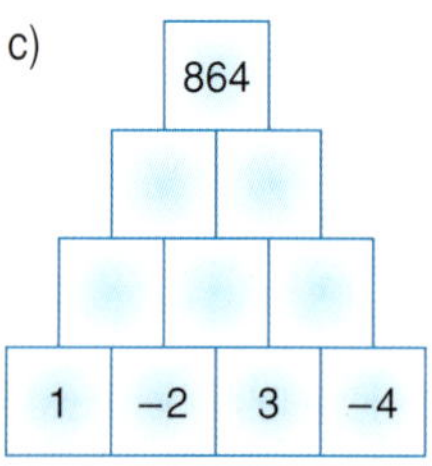

Übungen

7 Was ist größer? Übertrage die Aufgaben in dein Heft und ergänze das fehlende Zeichen (<, >, =).

a) $(-6) \cdot 4$ ■ $6 \cdot 4$ b) $(-5) \cdot (-8)$ ■ $5 \cdot 8$ c) $3 \cdot 1$ ■ $(-32) \cdot 10$
d) $15 \cdot (-2)$ ■ $100 \cdot 0$ e) $(-5) \cdot (-7)$ ■ $(-6)(-6)$ f) $5 \cdot 8$ ■ $(-10) \cdot (-4)$

8 Rechne im Kopf. Überlege zunächst, welches Vorzeichen das Ergebnis hat (Rechenvorteile nutzen durch das Vertauschen und Zusammenfassen).

Kommutativgesetz
Assoziativgesetz

a) $(-5) \cdot 37 \cdot (-20)$ b) $8 \cdot (-4) \cdot (-25) \cdot 10$ c) $(-2) \cdot (-17) \cdot 5 \cdot 20$
d) $125 \cdot 34 \cdot (-8)$ e) $200 \cdot 56 \cdot (-4)$ f) $(-25) \cdot 125 \cdot (-2) \cdot 8$

9 a) Welche Multiplikation ist in der Abbildung dargestellt? Erläutere.
b) Veranschauliche mit je einem Pfeilbild die Produkte $3 \cdot (-2)$ und $(-2) \cdot (-3)$.

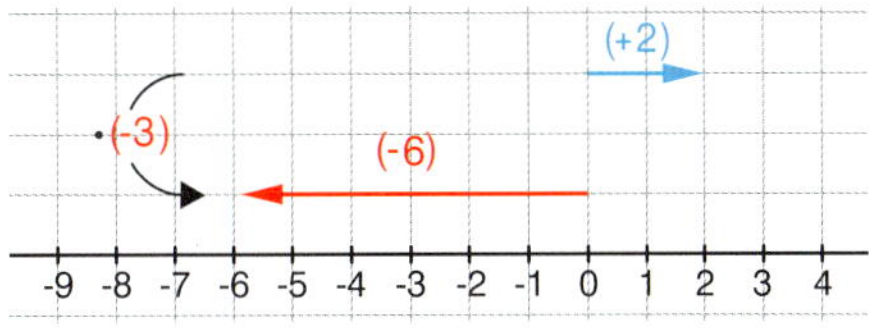

Orientiere dich an der Darstellung im Beispiel B.

10 Schneller durch Multiplizieren

a) $17 + 17 + 17 + 17 + 17$ b) $(-9) + (-9) + (-9) + (-9) + (-9) + (-9)$
c) $23 + (-14) + (-14) + (-14) + (-14)$ d) $34 + (-12) + (-12) + 34 + 34 + (-12)$

11 *Vorfahrtsregeln*

Wahrscheinlich wirst du Schwierigkeiten haben, wenn du die drei folgenden Zahlterme berechnen willst. Zwei davon kannst du mit etwas Nachdenken berechnen. Die noch fehlende Aufgabe kannst du nur dann berechnen, wenn du den Tipp beherzigst.

Tipp: $-6^2 = -6 \cdot 6 = -(6 \cdot 6)$

a) 6^2 b) $(\ 6)^2$ c) $(6)^2$

Was hat dies eigentlich mit „Vorfahrtsregeln" zu tun?

Was man wissen sollte
Ohne Klammern gilt: Zuerst potenzieren, dann das „–"-Zeichen berücksichtigen

12 *Potenzen von ganzen Zahlen*

Berechne.

a) $(-2)^4$ b) $(-2)^5$ c) $(-3)^2$ d) 5^3 e) 0^{100} f) $(-1)^{10}$ g) $(-1)^{123}$

Schreibe als Potenzen und berechne.

h) $(-5) \cdot (-5) \cdot (-5) \cdot (-5)$ i) $(-2) \cdot (-2) \cdot (-2) \cdot (-2) \cdot (-2)$
j) $(-3) \cdot 6 \cdot 6 \cdot (-3) \cdot 6 \cdot (-3) \cdot (-3)$

13 Begründe oder widerlege die Aussagen.

a) Potenzen von ganzen Zahlen mit geradem Exponenten sind stets positiv.
b) Potenzen von ganzen Zahlen mit ungeradem Exponent sind stets negativ.

Überlege dir jeweils einige Beispiele.

14 Gib ein Beispiel für zwei ganze Zahlen an,

a) deren Summe und Produkt negativ
b) deren Summe 0 und deren Produkt positiv
c) deren Summe positiv und deren Produkt negativ ist.

Nicht alles geht. Formuliere noch weitere interessante Aufgaben.

15 Rechnen mit Potenzen. Berechne.

a) $2^2 \cdot 2^4$ b) $2^2 + 2^4$ c) $3 \cdot 3^2$ d) $3 + 3^2$ e) $5^2 \cdot 5^2$

16 *„Minus mal Minus ergibt Plus."*

a) Was bedeutet der Spruch im Alltag? Finde Situationen und Beispiele, wo du diesen Spruch anwenden würdest.
b) Was würde ein Mathematiker zu diesem Spruch sagen?

Aufgaben

17 Übertrage das Koordinatenkreuz mit der Figur in dein Heft.
a) Multipliziere beide Koordinaten der Punkte mit –1. Du erhältst die Punkte A', B', C'. Zeichne das Dreieck A'B'C'. Was beobachtest du?
b) Zeichne ein neues Koordinatenkreuz mit den drei Punkten A, B, C. Multipliziere die Koordinaten der Punkte mit (–3) und zeichne das Dreieck A'B'C'. Welcher optische Eindruck entsteht?

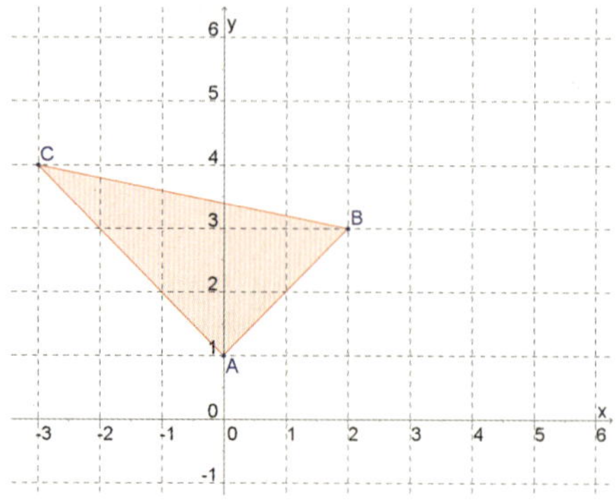

18 *Zum Ausprobieren*
In einem Test werden 20 Fragen gestellt. Für jede richtige Antwort erhält man 5 Punkte, für jede falsche Antwort –2 Punkte. Für jede unbeantwortete Frage erhält man 0 Punkte.
Wie viele falsche Antworten kann man höchstens geben, wenn das Ergebnis des Testes noch positiv sein soll?

19 *Zum Nachdenken* (Multiplikation von ganzen Zahlen)
Wann ist das Produkt von 3 (4) ganzen Zahlen negativ, positiv, null?

20 In den USA wird die Temperatur in Grad Fahrenheit (°F) angegeben.
a) In Europa misst man die Temperatur in Grad Celsius (°C).

Bei welcher Temperatur in °C gefriert das Wasser, bei welcher Temperatur kocht es? Welches sind die entsprechenden Temperaturangaben in °F? Du findest die Angaben im Internet, aber auch in jedem Lexikon.
b) Man kann die Temperaturangabe nach der folgenden Regel von °F in °C umrechnen:
- Subtrahiere 32.
- Multipliziere die Temperaturangabe mit 5.
- Dividiere das Ergebnis durch 9.

Rechne um: 212 °F, 50 °F, 32 °F, 14 °F, – 4 °F,
c) Chris schreibt seinem deutschen Freund: „Bei uns gefriert das Wasser bei positiven Temperaturen." Was meint ihr?
d) Carina macht mit ihren Eltern Urlaub in den Alpen. In der vergangenen Nacht waren es –25 °C. Sie möchte dies per E-Mail ihrer amerikanischen Freundin mitteilen. Sie rechnet die Temperatur nach den folgenden Regeln in °F um:
- Dividiere die Temperaturangabe in °C durch 5.
- Multipliziere das Ergebnis mit 9.
- Addiere dann 32.

Carina rechnet und erhält als Ergebnis –13 °F. Überprüfe.
e) Suche dir eine Stadt in den USA aus. Schaue im Internet bei einer amerikanischen Wetterstation nach (z. B. weather.com), wie die Tagestemperatur ist. Rechne in °C um.

50 °F
$50 - 32 = 18$
$18 \cdot 5 = 90$
$90 : 9 = 10$
10 °C

CHECK-UP

Ganze Zahlen

1 Beschreibe, was die Bilder mit negativen Zahlen zu tun haben.

a) 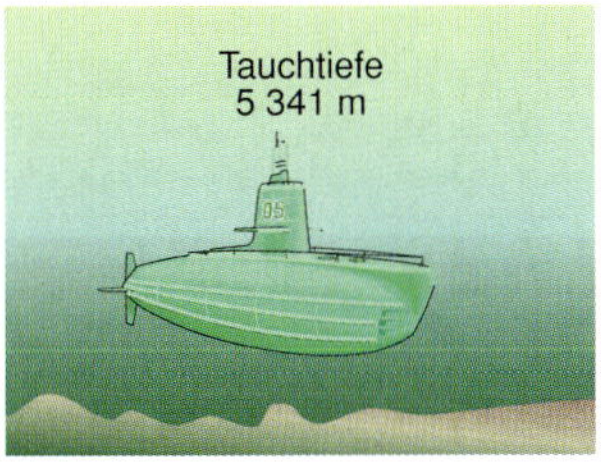

b) 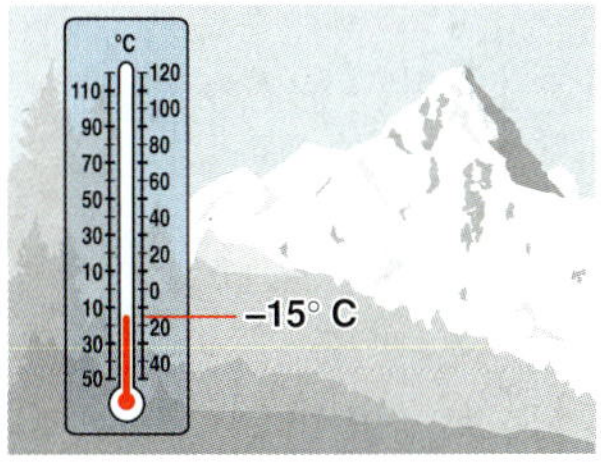

2 Nazareth in Israel liegt 298 m ü. NN. Der See Genezareth liegt 510 m tiefer. In welcher Höhe liegt der See?

3 Welche Zahl liegt in der Mitte zwischen …
a) –8 und +2
b) –19 und 9
c) –20 und 2
d) –20 und 30

4 Im Kasten rechts findest du die Regeln der Addition und Subtraktion ganzer Zahlen. Schreibe für jeden Fall ein Beispiel auf und zeichne das Pfeilbild an der Zahlengeraden.

5 Runde und mache zuerst einen Überschlag. Berechne dann die fehlenden Kontostände und Buchungen.

Alter Kontostand	–493	–701	■	1109
Buchung	–162	■	–243	■
Neuer Kontostand	■	–12	876	–2170

6 Berechne.

a)

+	–10	–112	■
67	■	■	–100
200	■	■	■

b)

–	–32	45	1000
–450	–418	■	■
■	■	■	–200

7 a) Lies die Koordinaten der folgenden Punkte ab.

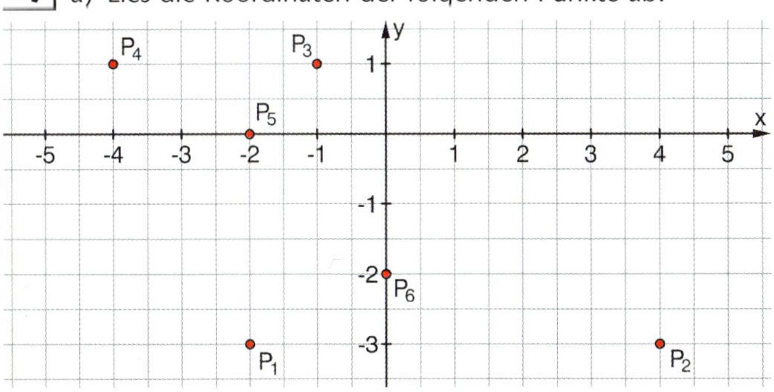

b) Trage die Punkte A(3 | –2), B(5 | 3), C(0 | 5) in ein Koordinatenkreuz ein. Ergänze Punkt D so, dass ein Quadrat entsteht.

8 Berechne im Kopf.
a) (–5) · 6
b) (–7) · (–7)
c) 11 · (–1)
d) 0 · (–1000)
e) 17 · 4
f) (–1) · (–1)

9 Ergänze.
a) 15 · ■ = –60
b) ■ · (–4) = 16
c) ■ · (–1) = –99
d) ■ · 0 = 0
e) 20 · ■ = –1000
e) (–5) · (–25) = ■

Negative Zahlen beschreiben

Zustände	***Veränderungen***
Temperaturen	*Wasserstandsänderungen*
Kontostände	*Abbuchung vom Konto*
Koordinaten	*Kursverluste bei Aktien*
Geländehöhen zu NN	*Bewegungen nach unten oder links im Koordinatenkreuz*

Die Menge der Zahlen ℤ = {…, –3, –2, –1, 0, 1, 2, 3, …} wird **Menge der ganzen Zahlen** genannt und mit ℤ bezeichnet.

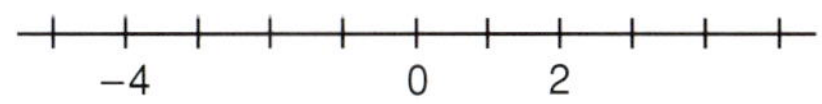

Addition und Subtraktion ganzer Zahlen

Addierst du …

… eine positive Zahl,

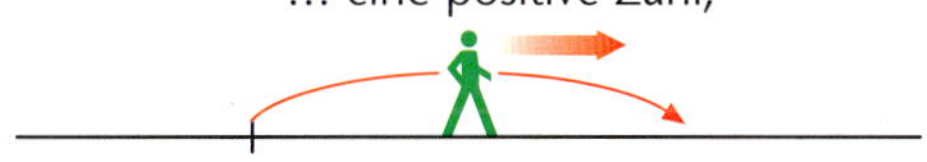

so bewegst du dich nach rechts.

… eine negative Zahl,

so bewegst du dich nach links.

Subtrahierst du …

… eine positive Zahl,

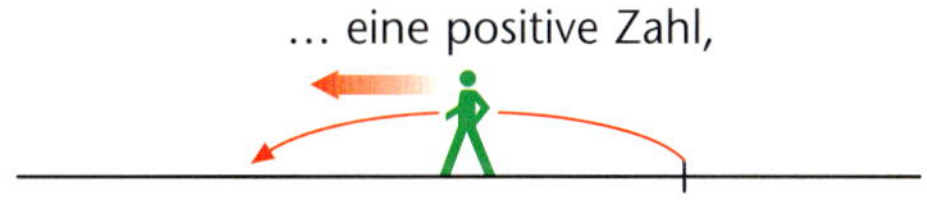

so bewegst du dich nach links.

… eine negative Zahl,

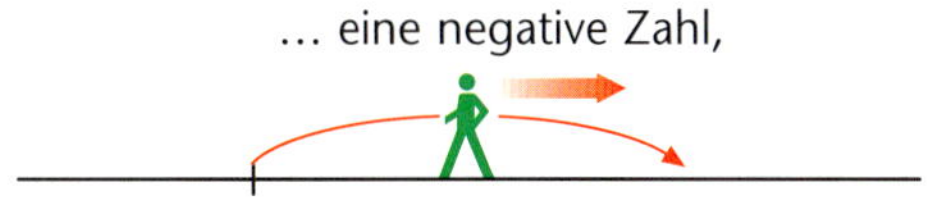

so bewegst du dich nach rechts.

Multiplikation von ganzen Zahlen

Das Produkt von zwei ganzen Zahlen ist
- positiv, wenn beide Zahlen positiv oder negativ sind,
  Beispiele: (–4) · (–7) = 28   6 · 3 = 18
- negativ, wenn eine der beiden Zahlen negativ und die andere positiv ist.
  Beispiele: 3 · (–11) = –33   (–18) · 2 = –36

2 Teilbarkeit

2.1 Teiler und Vielfache, Teilerdiagramme

Was dich erwartet

Weil wir vieles gemeinsam tun, gehört Teilen zum Leben. Dabei soll es gerecht zugehen; deshalb sind Zahlen mit vielen Teilern oft besonders gefragt. Ein Kartenspiel sollte sich bei möglichst vielen Teilnehmerzahlen ohne Rest aufteilen lassen. Ein Spiel mit 36 Karten kann man unter 2, 3, 4, 6, 9, 12 und 18 Spielern gleichmäßig und ohne Rest aufteilen. Ein Spiel mit 37 Karten eignet sich weniger gut.
Hier lernst du, mit System nach allen Teilern einer Zahl zu suchen. Dabei helfen alte und neue Teilbarkeitsregeln.

Aufgaben

1 Zenturio Anglus Rectus legt Wert auf eine saubere Marschordnung: Wenn seine Legionäre marschieren oder zum Appell antreten, sollen sie ein ordentliches Rechteck bilden, ohne dass in der letzten Reihe Plätze frei bleiben.

a) Der abgebildete Trupp besteht aus 30 Soldaten. Wenn es Suppe gibt, stellen sich alle hintereinander in die Schlange. Wenn durch enge Gassen marschiert wird, passen nur 2 oder 3 Mann nebeneinander. Beim Appell kommen die sechs stattlichsten in die erste Reihe. Dominik hat zwei Marschordnungen in sein Heft gezeichnet. Wie viele weitere findest du?

Das Heer von Julius Cäsar:

100 Legionäre → 1 Zenturie
2 Zenturien → 1 Manipel
3 Manipel → 1 Kohorte
10 Kohorten → 1 Legion

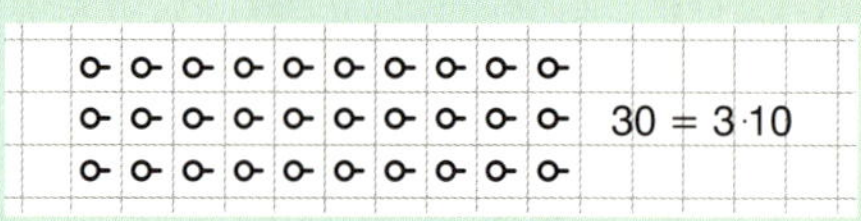

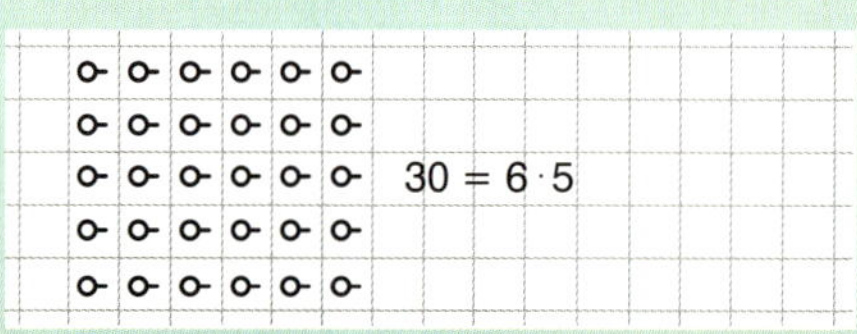

b) Eines Morgens fehlt Legionär Hustus beim Appell. Rectus kommandiert: „Im Rechteck antreten." Geht das? Wie sieht es aus, wenn zwei Legionäre fehlen?
c) Auf wie viele verschiedene Arten konnte eine Zenturie des römischen Heeres in Reih und Glied marschieren?

Aufgaben

2 Wenckes Klasse arbeitet gerne in Gruppen. Die Schüler haben überlegt: „Es könnten je 2, 4, 7 oder 14 Schüler in einer Gruppe zusammenarbeiten. Bei diesen Einteilungen geht die Schülerzahl genau auf.“
a) Wie groß ist Wenckes Klasse?
Wencke hat ein Diagramm an die Tafel gezeichnet. Jeder Pfeil bedeutet „teilt“. Übertrage das Diagramm in dein Heft und füge die Zahl in der Mitte ein.
b) Manche Teiler teilen andere Teiler. So teilt z. B. 7 die Zahl 14. Ergänze in deinem Heft alle weiteren „Teilerpfeile“.
c) Nils und Monique schlagen ein übersichtliches Teilerdiagramm vor. Schreibe ein ähnliches Diagramm für eine Klasse mit 20 (24, 26, 27, 30) Schülern.

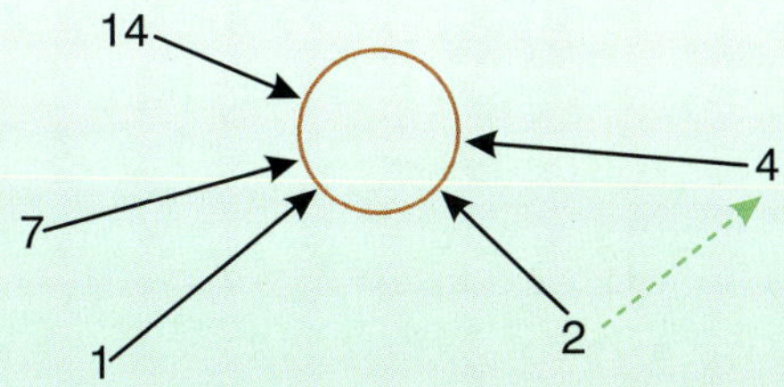

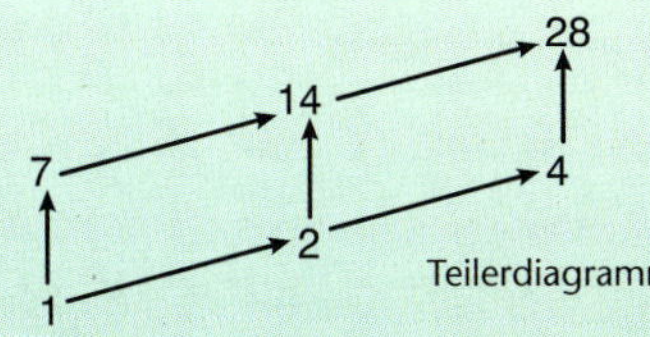

Teilerdiagramm zu 28

Teilermenge von 28:

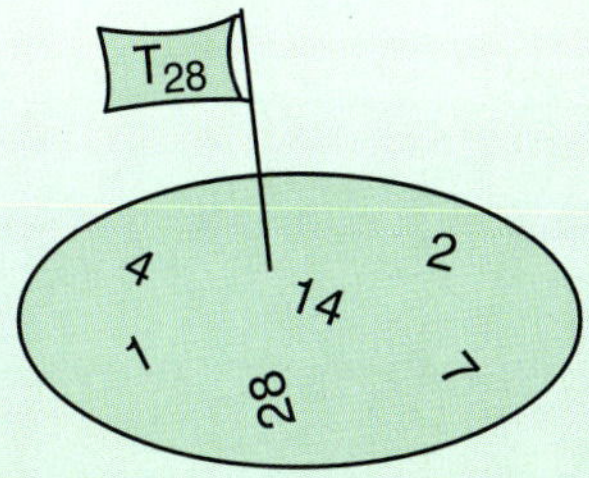

Basiswissen

Beim Teilen kommt es darauf an, ob eine Zahl ohne Rest durch eine andere dividiert werden kann oder nicht. Mithilfe von Teilerdiagrammen können alle Teiler einer Zahl übersichtlich dargestellt werden. So kann man sofort sehen, welche Zahlen viele und welche wenige Teiler haben.

Teiler – Vielfaches

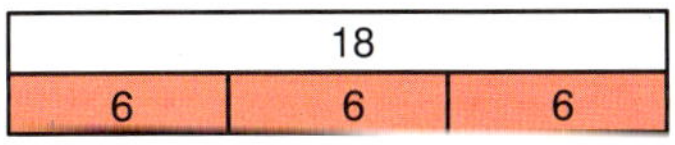

6 ist ein **Teiler** von 18
$18 : 6 = 3$
18 ist ein **Vielfaches** von 6
$18 = 3 \cdot 6$

Teiler von 18: 1, 2, 3, 6, 9, 18

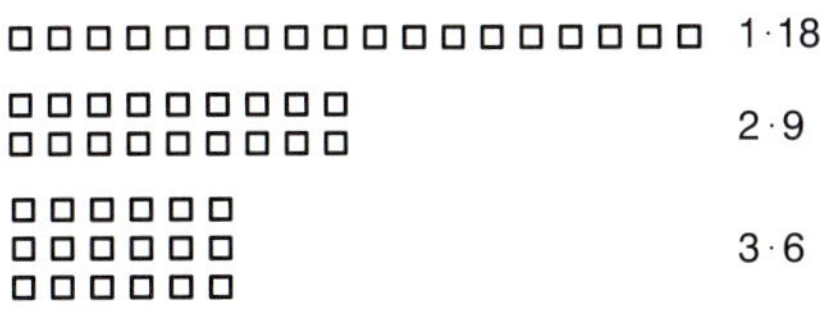

kein Teiler – kein Vielfaches

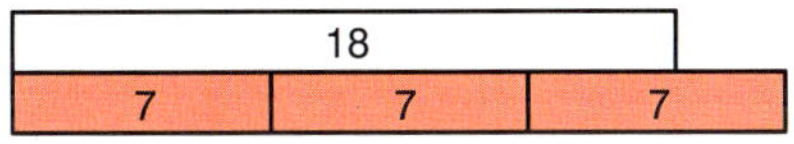

7 ist **kein Teiler** von 18
$18 : 7 = 2 + 4 : 7$
18 ist **kein Vielfaches** von 7
$18 = 7 \cdot 2 + 4$

Teiler von 17: 1, 17

Teilerdiagramm

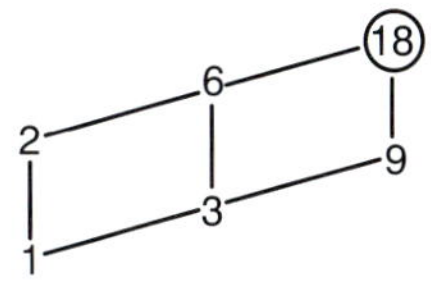

Die Zahl 17 ist bemerkenswert, denn man kann sie nur durch 1 und 17 teilen.

Beispiele

A Gesucht werden alle Teiler von 24. Schreibe 24 auf alle möglichen Arten als Produkt von zwei Faktoren. Meist findest du so gleich zwei Teiler auf einmal. Wenn in der ersten Spalte eine Zahl an der Reihe wäre, die in der zweiten schon aufgetaucht ist, kannst du aufhören: $T_{24} = \{1, 2, 3, 4, 6, 8, 12, 24\}$

$24 = 1 \times 24$
$= 2 \times 12$
$= 3 \times 8$
$= 4 \times 6$

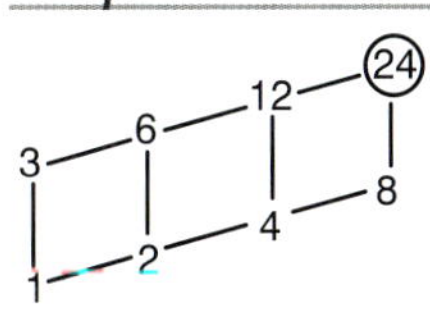

Beispiele

B Wenn Marius mit seiner kleinen Schwester Memory spielt, nimmt er wenige Paare und legt die Karten übersichtlich in einem Rechteck aus. Welche Möglichkeiten hat Marius bei 40 Karten?
Man kann alle Möglichkeiten, die Marius hat, aufschreiben.

1 Reihe mit 40 Karten
2 Reihen zu je 20 Karten
4 Reihen zu je 10 Karten
5 Reihen zu je 8 Karten
8 Reihen zu je 5 Karten
10 Reihen zu je 4 Karten
20 Reihen zu je 2 Karten
40 Reihen zu je 1 Karte.

C Laut Spielanleitung können an einem Spiel 2 bis 5 Personen teilnehmen. Zu Beginn werden alle Spielsteine gleichmäßig an die Teilnehmer verteilt. Wie viele Steine hat das Spiel?
Die Anzahl der Steine muss durch 2, 3, 4 und 5 teilbar sein.
Es können $2 \cdot 3 \cdot 4 \cdot 5 = 120$ Steine sein.
Aber auch Vielfache von 120, z. B. 240, wären eine Lösung. Es geht sogar mit nur 60 Steinen.

Übungen

3 Bestimme alle Teiler von 27, 29, 83 und 84. Wie man alle Teiler schnell finden kann, kannst du in Beispiel A nachlesen.

4 Welche der Zahlen hat die meisten Teiler, welche die wenigsten?
a) 37 b) 49 c) 60 d) 90 e) 120

5 Schreibe wie in Beispiel B alle Möglichkeiten für das Auslegen eines Memory-Spiels mit 48 (54) Karten auf.

6 Finde alle Zahlen zwischen 1 und 30, die nur durch sich selbst und durch 1 teilbar sind.

7 Bestimme zumindest 3 Zahlen, die die angegebenen Teiler besitzen.
a) 2, 3 und 5 b) 3 und 9
c) 5, 7 und 10 d) 3, 4, 5 und 6

8 Drei Falschaussagen haben sich eingeschlichen!
a) 17 teilt 187 b) 260 ist Vielfaches von 13 c) 6 ist Teiler von 154
d) 15 teilt 195 e) 14 teilt 296 f) 336 ist Vielfaches von 7
g) 14 teilt 166 nicht h) 5 721 ist kein Vielfaches von 3 i) 19 teilt 5 700

9 Für den Sporttag sollen die Schüler aller Klassen Vierermannschaften bilden. Bei welchen Klassen gibt es Probleme? Welche Klassen können reine Mädchen- und reine Jungenmannschaften bilden?

Klasse	6a	6b	6c	6d	6e
Mädchen	16	13	12	14	9
Jungen	14	15	16	15	20

Übungen

10 Bestimme die Teilermenge und die Anzahl der Teiler:

a) 20 (E) b) 36 (I) c) 59 (T)
d) 156 (G) e) 77 (I) f) 30 (D)
g) 210 (M) h) 25 (E) i) 192 (R)
j) 64 (R) k) 144 (A) l) 81 (L)
m) 180 (M) n) 112 (A)

(Nach der Anzahl der Teiler geordnet ergibt sich ein Lösungswort!)

36 = 1 · 36 T_{36} = {1, 2, 3, 4, 6, 9, 12, 18, 36}
= 2 · 18
= 3 · 12
= 4 · 9
= 6 · 6 36 hat 9 Teiler.

11 *Teilbarkeit auf einen Blick*

Teilbarkeitsregeln

Eine Zahl ist Teiler einer anderen, wenn die Division ohne Rest aufgeht. Es gibt auch einige Regeln, mit denen man einen Teilbarkeitstest durchführen kann.
Ergänze die Regeln mit Zahlen aus der Box:
Eine Zahl ist durch
a) ___ teilbar, wenn die letzte Stelle eine ___ oder eine ___ ist.
b) ___ teilbar, wenn die letzte Stelle durch ___ teilbar ist.
c) ___ teilbar, wenn die beiden letzten Ziffern eine durch ___ teilbare Zahl bilden.

} Endziffern-Test

d) ___ teilbar, wenn die Quersumme durch ___ teilbar ist. Quersummen-Test

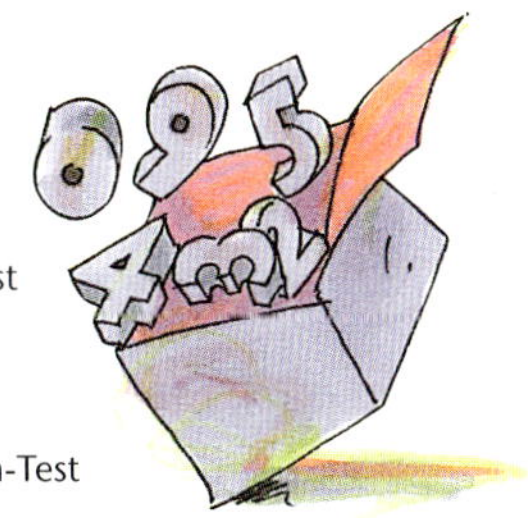

Quersumme von 56821
5 + 6 + 8 + 2 + 1
= 22

Hier sind drei neue Regeln. Probiert sie aus!

Sechserregel
Eine Zahl ist durch 6 teilbar, wenn sie durch 2 und durch 3 teilbar ist.

Achterregel
Eine Zahl ist durch 8 teilbar, wenn ihre letzten drei Ziffern eine durch 8 teilbare Zahl bilden.

Neunerregel
Eine Zahl ist durch 9 teilbar, wenn ihre Quersumme durch 9 teilbar ist.

12 Übertrage die Tabelle in dein Heft und kreuze die Teiler an.
Ergänze die Tabelle um die Zahlen
256, 555, 360, 1000, 1800

hat als Teiler	2	3	4	5	6	8	9
36	x	x	x		x		x
225							

13 Übertrage die Tabelle in dein Heft und ergänze alle Zahlen bis zur 60 (bis zur 100).
Teile dir die Arbeit mit deinem Nachbarn. Fehlen noch Spalten?

2 Teiler	3 Teiler	4 Teiler	5 Teiler	6 Teiler	7 Teiler
2, 3, 5, 7, 11, …	4, 9, …	6, 8, 10, …		12, …	

14 Ergänze zu Teilermengen:

a) T__ = {1, 2, …, …, 16}
b) T__ = {…, 3, …, 15}
c) T__ = {1, 2, 7, …}
d) T__ = {…, 4, …, 9, …}
e) T__ = {…, 4, 6, …}
f) T__ = {…, 18, …}

15 Welche der Zahlen sind durch 4, welche sogar durch 8 teilbar:

a) 4 224 b) 668 c) 792
d) 900 e) 3 454 f) 3172

16 Ergänze eine Ziffer, sodass die entstehende Zahl a) durch 9, b) durch 3, aber nicht durch 9 teilbar ist:
1■6, ■99, 25■, 7■1,■36, 4■1

Übungen

17 Übertrage die Teilerdiagramme in dein Heft und ergänze sie. Dabei soll eine Zahl in dem Diagramm stets die darüberstehenden Zahlen teilen

a)

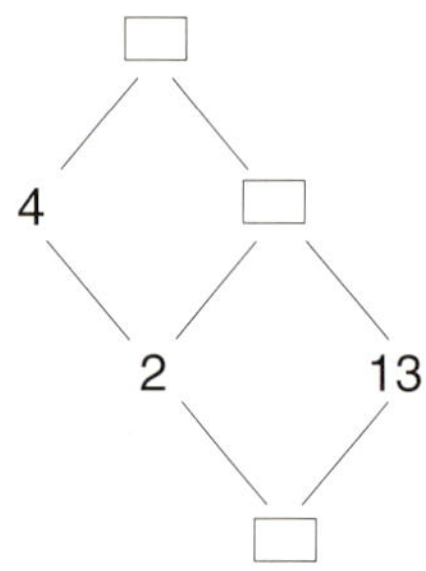

b)

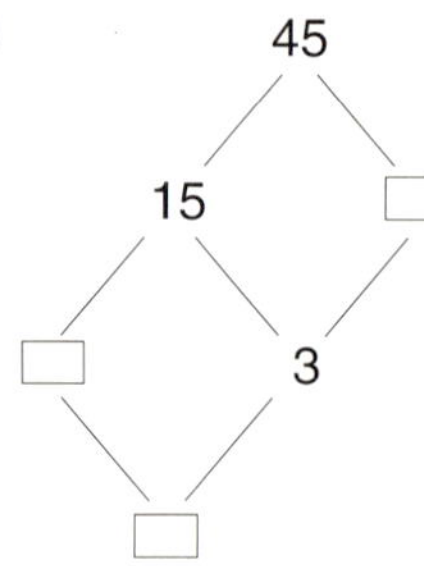

c)

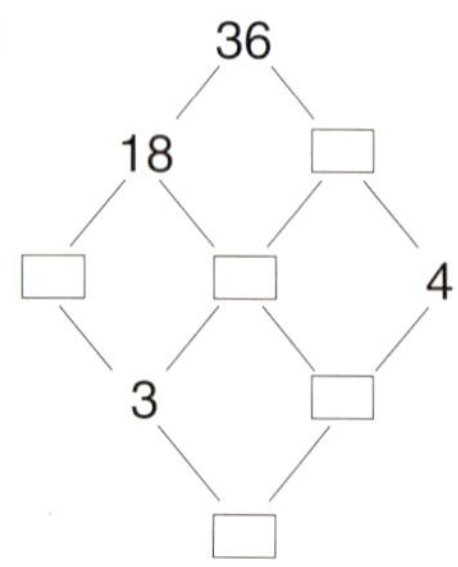

18 *Zahlen mit wenigen Teilern*

a) Finde alle Zahlen zwischen 1 und 100, die drei Teiler haben. Die kleinste dieser Zahlen ist 4, denn ihre Teiler sind 1, 2 und 4. Fällt dir an den Zahlen etwas auf?

b) Finde alle Zahlen zwischen 100 und 400, die drei Teiler haben. Vielleicht helfen dir die Ergebnisse aus Aufgabe a), die Zahlen schnell zu finden.

19 Eric hat zwei Ziffern seiner Fahrradschlossnummer vergessen. Sie war aber durch 8 teilbar. Wie viele Zahlen muss er probieren? ■ 5 ■ 8

Teiler-Test durch Zerlegen

20 *Teilertest mit Köpfchen*

Durch Dividieren kann man feststellen, ob eine Zahl eine andere Zahl teilt oder nicht. Mit Köpfchen kann man dies aber schneller herausfinden.

a) Was hat Johanna überlegt? Wie ist Peter vorgegangen?

b) Verfahre nach derselben oder einer ähnlichen Strategie, um herauszufinden, welche Aussage stimmt.

15 teilt 165 — 18 teilt 172 — 273 ist ein Vielfaches von 13

21 In diesem alten Handelsbericht sind leider einige Ziffern nicht mehr lesbar. Kann man sie nachträglich herausfinden?

3 Ballen Seide	1■54 Dukaten
8 Schafe	14■2 Dukaten
7 Kaninchen	12■ Dukaten
12 Kn. Ingwer	5■2 Dukaten
8 Ochsen	■89■ Dukaten
9 Schweine	19■5 Dukaten
15 Teppiche	582■ Dukaten
	■505■ Dukaten

Dukaten sind Goldmünzen, die es zuerst in Venedig gegeben hat.

22 Ergänze den Rechenbaum:

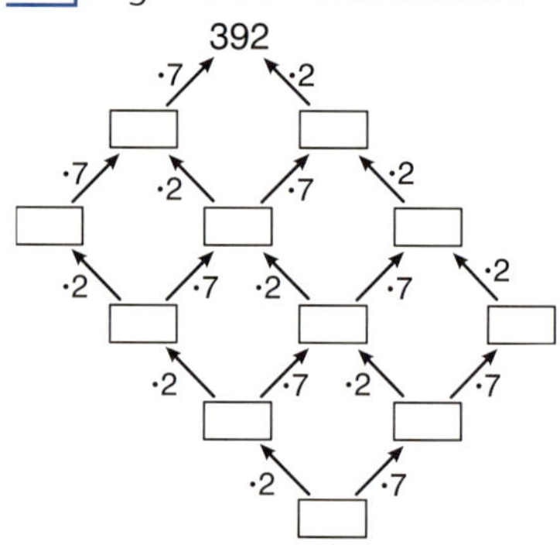

Aufgaben

23 *Lustige Uhren*

Obwohl ein Tag 24 Stunden hat, haben viele Uhren nur ein Zifferblatt von 0 bis 12. Susanne hat in einem Geschäft mit Unsinn-Uhren einige gefunden, die sich gut zum Zeitmessen eignen. Andere wiederum schienen ihr ungeeignet.

Sechs- Uhr

Fünf- Uhr

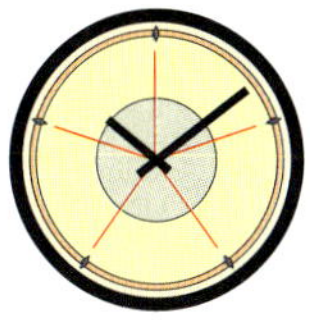

Vier- Uhr

a) Was meint ihr, welche eignen sich, welche nicht und warum?
b) Die „Sechs-Uhr“ ist bereits so beschriftet, dass man leicht die Uhrzeit ablesen kann. Beschrifte die Uhren, die du auch für geeignet hältst, sodass man leicht die Uhrzeit ablesen kann. An jedem Teilstrich müssen dann mehrere Zahlen stehen.
c) Kannst du dir weitere Unsinn-Uhren vorstellen, die gar nicht so unsinnig sind?

Der Gregorianische Kalender

Der heute noch immer gültige Kalender wurde vor mehr als 400 Jahren von Papst Gregor XIII eingeführt. Unter anderem wurde auch die noch heute gültige Regelung für die Schaltjahre eingeführt. Weil der Kalender zu dieser Zeit schon deutlich „nachging“, ließ man vorher einige Tage einfach ausfallen: Den 5. bis 14. Oktober 1582 hat es nie gegeben.

24 Hat jemand in eurer Klasse am 29. Februar Geburtstag? Schade, denn dieser Geburtstag findet nur alle 4 Jahre, in einem Schaltjahr statt.
a) Was ist ein Schaltjahr? Wann war das letzte Schaltjahr, wann ist das nächste?
b) Ein Jahr ist ein Schaltjahr, wenn die Jahreszahl durch 4 teilbar ist.
Ausnahme: Die Jahreszahl ist durch 100 teilbar, aber nicht durch 400.
Schreibe alle Schaltjahre für die nächsten 500 Jahre auf.
c) War das Jahr 2000 ein Schaltjahr?

25 Wieso stimmt eigentlich das mit der Quersummenregel für die 9?

Begründung der Quersummenregel

$$\begin{aligned} 2385 &= 2 \cdot 1000 + 3 \cdot 100 + 8 \cdot 10 + 5 \\ &= 2 \cdot 999 + 2 + 3 \cdot 99 + 3 + 8 \cdot 9 + 8 + 5 \\ &= (2 \cdot 999 + 3 \cdot 99 + 8 \cdot 9) + (2 + 3 + 8 + 5) \end{aligned}$$

sicher durch 9 teilbar (↑ unter dem ersten Klammerausdruck)

Quersumme, durch 9 teilbar? (↑ unter dem zweiten Klammerausdruck)

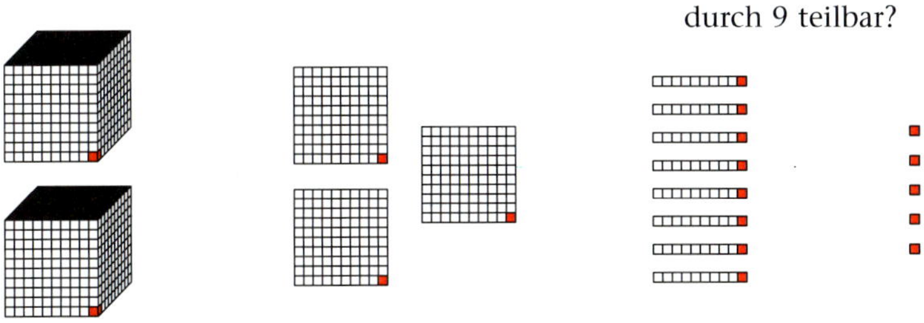

Es kommt also nur auf die Quersumme an, ob eine Zahl durch 9 teilbar ist oder nicht. Begründe die Quersummenregel für die Zahl 7351. Rechne genauso wie in dem obigen Beispiel.

2.2 Primzahlen und Primfaktorzerlegung

Was dich erwartet

Sicherlich ist dir schon aufgefallen, dass – wenn es um das Teilen geht – bestimmte Zahlen ziemlich aus der Reihe fallen. Die Primzahlen lassen sich selbst nicht mehr teilen und sind deshalb beim Multiplizieren die Grundbausteine aller anderen Zahlen. Seit Menschengedenken hat man sich für diese Zahlen besonders interessiert. Was ist der Primzahlsteckbrief einer Zahl und welche gelüfteten und ungelüfteten Primzahlgeheimnisse gibt es?

Aufgaben

1 *Zahlen zertrümmern.* Franziska denkt sich die Zahl 990 aus. Dann geht es los. Nach welchen Regeln spielen Franziska und Paul das Zahlenspiel? Sie haben übrigens die Zahl 1 verboten, weil sonst das Spiel nie aufhört. Spielt das Spiel mit der Startzahl 48, 49, 61, 83, 315 und 585. Was fällt euch auf?

2 *Diamanten im Zahlenreich.* Manche Zahlen sind hart wie Diamanten. Sie lassen sich nicht in Faktoren aufspalten. Diese Primzahlen gelten im Reich der Zahlen als besonders wertvoll und werden mit Eifer gesucht. Vor mehr als 2000 Jahren hat der Grieche Eratosthenes ein Verfahren entwickelt, mit dem man die Primzahlen findet.

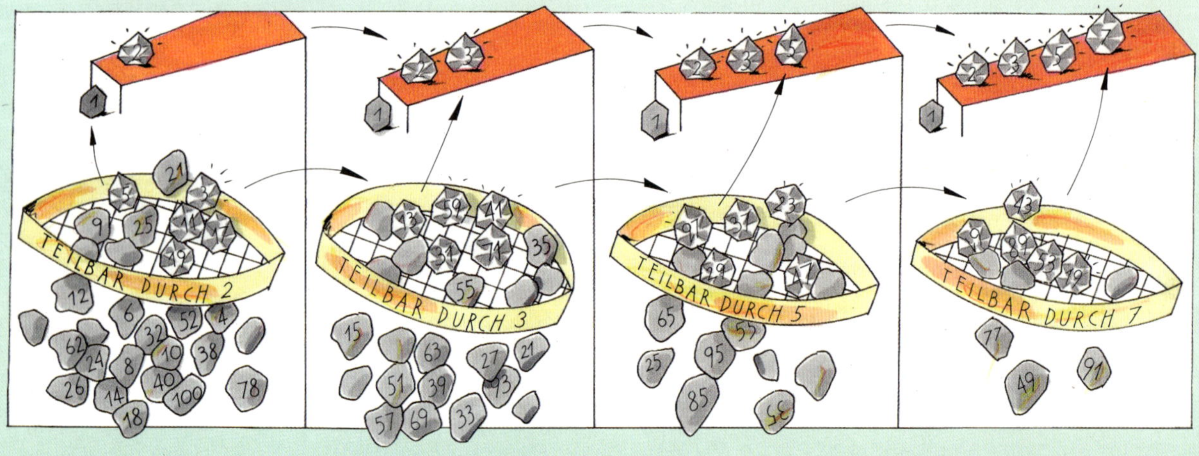

Das Sieb des Eratosthenes

a) Das Verfahren nennt man das „Sieb des Eratosthenes“. Welche Zahlen fallen durch das 1. Sieb, welche durch das 2. Sieb usw.?

b) Übertrage das Zahlenmuster in dein Heft. „Siebe“ wie in der obigen Abbildung nach und nach Zahlen aus, indem du die entsprechenden Zahlen streichst. Kringele die „Diamanten“ jeweils ein. Wie oft musst du „sieben“, um alle Primzahlen von 1 bis 100 zu finden? Wer ist mit der kleinsten Anzahl ausgekommen?

1	2	3	4	5	6
7	8	9	10	11	12
13	14	15	16	17	18
19	20	21	22	23	24
25	26	27	28	29	30
31	32	33	34	35	36

c) Schreibe alle Primzahlen (Diamanten) zwischen 1 und 100 auf.

Aufgaben

3 Robin möchte Zahlen als Produkt mit möglichst vielen Faktoren schreiben. Der Faktor 1 soll jeweils nur einmal vorkommen. Er probiert einige Zahlen aus:
$10 = 1 \cdot 10 = 1 \cdot 2 \cdot 5$
$20 = 1 \cdot 20 = 1 \cdot 4 \cdot 5 = 1 \cdot 2 \cdot 2 \cdot 5$
$720 = 1 \cdot 720 = 1 \cdot 10 \cdot 72 = 1 \cdot 2 \cdot 5 \cdot 6 \cdot 12 = 1 \cdot 2 \cdot 5 \cdot 2 \cdot 3 \cdot 2 \cdot 2 \cdot 3$
Finde für einige Zahlen, die du dir ausdenkst, jeweils die Kette mit den meisten Faktoren. Welche Eigenschaft haben die Faktoren in der jeweils längsten Kette?

Basiswissen

Unter den natürlichen Zahlen spielen diejenigen, die nur durch 1 und sich selbst teilbar sind, eine besondere Rolle. Alle anderen Zahlen lassen sich als Produkte kleinerer Zahlen schreiben. Sie können so lange in immer kleinere Faktoren aufgespalten werden, bis alle diese Faktoren selbst nicht mehr weiter teilbar sind.

Vereinbarung:
1 ist keine Primzahl

Natürliche Zahlen, die genau zwei Teiler haben, nennt man **Primzahlen**.

Primzahlen unter 100:

2	13	31	53	73
3	17	37	59	79
5	19	41	61	83
7	23	43	67	89
11	29	47	71	97

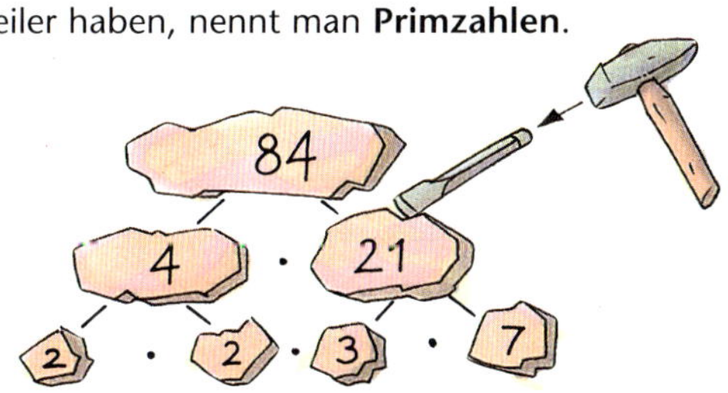

Jede andere Zahl lässt sich als Produkt von Primzahlen schreiben.
Die Primfaktorzerlegung ist die Zerlegung in das Produkt mit den meisten Faktoren.
Primfaktorzerlegung von 84: $84 = 4 \cdot 21 = 2 \cdot 2 \cdot 3 \cdot 7$

Beispiele

A 37 ist eine Primzahl, denn sie ist nur durch 1 und 37 teilbar.
39 ist keine Primzahl, denn sie hat außer 1 und 39 z. B. noch den Teiler 3.

B Bei der Zerlegung von 840 in Primfaktoren führen verschiedene Wege zum Ziel.

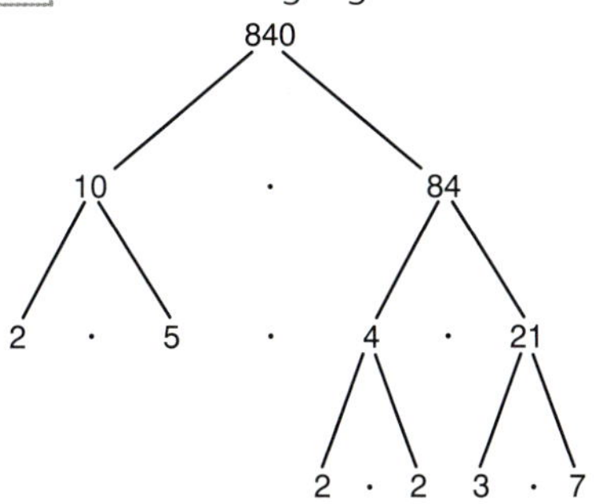

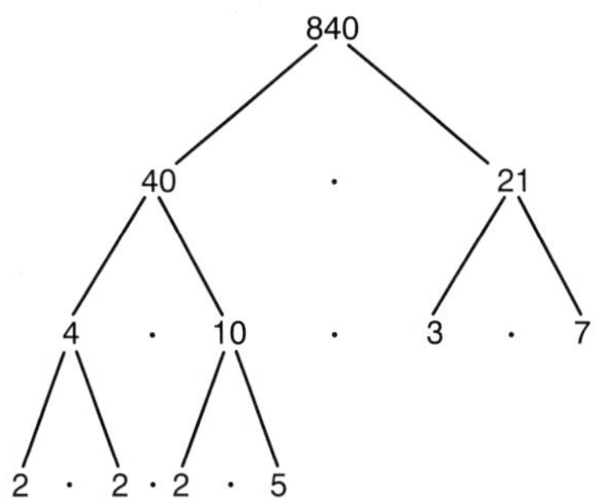

Mit System geht es, indem man 840 zunächst in Produkte mit kleinen Faktoren zerlegt:
$840 = 2 \cdot 420$
$= 2 \cdot 2 \cdot 210$
$= 2 \cdot 2 \cdot 2 \cdot 105$
$= 2 \cdot 2 \cdot 2 \cdot 5 \cdot 21$
$= 2 \cdot 2 \cdot 2 \cdot 5 \cdot 3 \cdot 7$

Übungen

4 Welche der folgenden Zahlen ist eine Primzahl? Gib bei den anderen mindestens einen echten Teiler an, also nicht 1 oder die Zahl selbst.
a) 303 b) 83 c) 695 d) 288 e) 113 f) 495 g) 111

5 Die Zahl 3 ist ein Teiler von 90 und eine Primzahl. Daher nennt man sie einen Primfaktor von 90. Bestimme alle Primfaktoren von:
a) 90 b) 20 c) 33 d) 54 e) 67 f) 100 g) 216

6 Anna will mit dem Sieb des Eratosthenes überprüfen, ob 187 eine Primzahl ist. Das kann dauern. Claudia hat eine andere Idee:
„187 liegt zwischen $13 \cdot 13 = 169$ und $14 \cdot 14 = 196$. Wenn 187 ein echtes Teilerpaar hat, dann ist einer der Teiler höchstens 13!“
a) Probiere, ob 2, 3, 5, 7, 11 oder 13 Teiler von 187 sind.
b) Untersuche auf die gleiche Weise, ob 373 (437) eine Primzahl ist.
c) Claudia überprüft nur Primzahlen als Faktoren. Wir wollen das begründen. Warum kann z. B. 4 kein Teiler sein, wenn 2 kein Teiler ist?

Teilerpaare
Neues über Teilersuche:
Mit dem Teiler 2 (3, …) findet man einen weiteren Teiler 72 (48, …).
Einer der Teiler ist immer kleiner oder gleich 12. Also hat man alle Teiler gefunden.

$$\begin{aligned} \mathbf{144} &= 1 \cdot 144 \\ &= 2 \cdot 72 \\ &= 3 \cdot 48 \\ &= 4 \cdot 36 \\ &= 6 \cdot 24 \\ &= 8 \cdot 18 \\ &= 9 \cdot 16 \\ &= 12 \cdot 12 \end{aligned}$$

Eine andere Primfaktorzerlegung gibt es nicht.

7 Gibt es Primzahlen zwischen 380 und 400?
Schreibe alle Zahlen zwischen 380 und 400 auf und „siebe“ die Primzahlen heraus. Streiche zuerst alle Vielfachen von 2, dann alle Vielfachen von 3, dann die von 5, 7 usw.
Keine Angst vor der vielen Arbeit. Es ist weniger zu tun, als du befürchtest. Du kannst vorhersagen, welche größte Zahl als Teiler überprüft werden muss.

380	381	382	383	384
385	386	387	388	389
390	391	392	393	394
395	396	397	398	399
400				

8 Der Mathematikprofessor Peter Gustav Dirichlet hat vor mehr als 150 Jahren bewiesen, dass zwischen einer natürlichen Zahl (größer als 1) und dem Doppelten dieser Zahl mindestens eine Primzahl liegt.
a) Ergänze die Tabelle in deinem Heft.

Zahl	2	3	4		7	12		100	
Primzahl	3	5							
Doppeltes	4	6		10			40		400

b) Meinst du, es gibt eine Primzahl, die größer als eine Milliarde ist?

9 Diese Primfaktoren kommen vor:
2, 3, 5, 7, 11, 13, 17, 197

9 Bestimme die Primfaktorzerlegung von:
a) 12 b) 51 c) 70 d) 55 e) 63 f) 64 g) 100
h) 88 i) 360 j) 197 k) 221 l) 35 m) 18 n) 66

10 Jetzt wird es etwas komplizierter. Zerlege in Primfaktoren. Achtung, eine der Zahlen ist eine Primzahl!
a) 6688 b) 1053 c) 4098 d) 1009 e) 1024

11 *Was man mit Primfaktoren anfangen kann.*
Zerlegt man 90 in Primfaktoren, so erhält man $90 = 2 \cdot 3 \cdot 3 \cdot 5$. Wir sammeln alle Primfaktoren in einem „Topf“. Produkte von Zahlen aus dem Topf ergeben Teiler von 90, z.B. ist $2 \cdot 3 \cdot 3 = 18$ ein solcher Teiler.
a) Finde alle Teiler von 90, indem du alle möglichen Produkte mit Zahlen aus dem „Topf“ der Primfaktoren ausrechnest.
b) Zerlege 120 (630, 480) in Primfaktoren und finde mit diesen alle Teiler.

Übungen

Potenzschreibweise:
$5 \cdot 5 \cdot 5 \cdot 5 = 5^4$
„5 hoch 4"0

12 Welche Zahl wurde zerlegt? Berechne auch einige Teiler der Zahl.
a) $2 \cdot 2 \cdot 2 \cdot 5$ b) $3 \cdot 5 \cdot 13$ c) $3^2 \cdot 11$ d) $2^3 \cdot 3^2 \cdot 5$ e) $2^2 \cdot 5^4$ f) $7^2 \cdot 17$

13 $630 = 2 \cdot 3 \cdot 3 \cdot 5 \cdot 7$
a) Begründe:
6, 14, 42 und 90 sind Teiler von 630.
b) Gib noch drei weitere Teiler an.

14 a) Eine Zahl hat die Teiler 14 und 15. Nenne 14 weitere Teiler.
b) Nenne mindestens drei verschiedene Zahlen, deren einzige Primteiler 2 und 5 (2, 3 und 5) sind.

15 Bestimme zuerst beide Primfaktorzerlegungen und antworte dann:
a) Ist 12 ein Teiler von 180?
b) Wird 616 von 98 geteilt?
c) Ist 972 ein Vielfaches von 216?

1 386 → **2** · 3 · 3 · **7** · **11**
154 → 2 · 7 · 11
Somit ist 154 Teiler von 1 386.

16 *Wettbewerb:* Wer findet die kleinste natürliche Zahl, die durch alle Zahlen von 1 bis 6 teilbar ist? (Zweite Runde: … von 1 bis 10 …, dritte Runde: … von 1 bis 15 …)

17 „Wenn man die Alterszahlen von uns drei Schwestern multipliziert, kommt die Telefonnummer der Feuerwehr heraus", stellt Klara Pohl an ihrem Geburtstag fest. (Herr Pohl ist bei der freiwilligen Feuerwehr und stolzer Vater von Zwillingen.)

18 Trick zum Kopfrechnen: Zerlege geschickt und rechne dann.
a) $46 \cdot 5$ b) $35 \cdot 6$ c) $25 \cdot 28$ d) $16 \cdot 125$ e) $55 \cdot 20$ f) $16 \cdot 625$

Trickreiches rund um die Faktorzerlegung:
$12 \cdot 75 = 3 \cdot 4 \cdot 25 \cdot 3$
$= 3 \cdot 100 \cdot 3$
$= 900$

19 *Spiel zur Wiederholung der Teilbarkeitsregeln:* Zwei Spieler basteln 6-stellige Zahlen, indem sie abwechselnd Ziffern in die Stellenfelder eintragen. Der Jüngere gewinnt eine Runde, wenn die fertige Zahl durch 3 teilbar ist. Es wird abwechselnd angefangen, und wer zuerst drei Runden gewonnen hat, ist Sieger.
a) Spiele das Spiel mit deinem Nachbarn. Der jüngere Spieler darf aussuchen, ob er in der ersten Runde anfangen möchte oder nicht.
b) Eigentlich ist dieses Spiel nicht fair. Wieso?
c) Spiele das Spiel in etwas abgewandelter Form: Die gebastelte Zahl soll durch 9 (durch 4) teilbar sein. Oder: Es gibt nur 5 Stellen.

	6		5	1	

20 *Primzahlen entdecken mit Euklid*
Euklid war ein berühmter griechischer Mathematiker, der vor 2 300 Jahren lebte. Seine Mathematikbücher wurden in der Schule noch vor 100 Jahren verwendet. Er beschäftigte sich auch mit Primzahlen. Mit dem folgenden Verfahren suchte er Primzahlenkandidaten:
$2 \cdot 3 + 1 =$
$2 \cdot 3 \cdot 5 + 1 =$
$2 \cdot 3 \cdot 5 \cdot 7 + 1 =$
$2 \cdot 3 \cdot 5 \cdot 7 \cdot 11 + 1 =$
…
a) Stelle fest, ob die Rechenausdrücke Primzahlen liefern.
b) Setze das Verfahren fort und finde zwei weitere Primzahlkandidaten.
Prüfe, ob eine der Zahlen durch 19 oder durch 59 teilbar ist? Was haltst du von den beiden Kandidaten?

Du hast jetzt schon einige große Primzahlen untersucht. Bei der Primfaktorzerlegung ist dir sicher aufgefallen, dass es nützlich wäre, Primzahlen einfach „nachzuschlagen“. Hier kommt eine Liste, mit der du arbeiten kannst.

Die Primzahlen bis 1000

2	41	97	157	227	283	367	439	509	599	661	751	829	919
3	43	101	163	229	293	373	443	521	601	673	757	839	929
5	47	103	167	233	307	379	449	523	607	677	761	853	937
7	53	107	173	239	311	383	457	541	613	683	769	857	941
11	59	109	179	241	313	389	461	547	617	691	773	859	947
13	61	113	181	251	317	397	463	557	619	701	787	863	953
17	67	127	191	257	331	401	467	563	631	709	797	877	967
19	71	131	193	263	337	409	479	569	641	719	809	881	971
23	73	137	197	269	347	419	487	571	643	727	811	883	977
29	79	139	199	271	349	421	491	577	647	733	821	887	983
31	83	149	211	277	353	431	499	587	653	739	823	907	991
37	89	151	223	281	359	433	503	593	659	743	827	911	997

Oben siehst du von den Zahlen bis 1000 diejenigen, die beim Siebverfahren bis nach dem 31er-Sieb im Rennen bleiben und deshalb Primzahlen sein müssen.
An dieser Liste kann man interessante Entdeckungen machen. Forschungsaufträge:

Aufeinanderfolgende Primzahlen mit der Differenz 2 nennt man „Primzahlzwillinge“. Erstelle eine Liste der Primzahlzwillinge bis 1000.

Wie viele Primzahlen liegen zwischen 0 und 100, zwischen 100 und 200, zwischen 200 und 300 und so weiter? Lege eine Tabelle an.

Primzahlvierlinge liegen innerhalb eines Zehners und haben die Endstellen 1, 3, 7 und 9. Schreibe alle Primzahlvierlinge unter 1000 in dein Heft.

Welches ist die größte Lücke zwischen zwei Primzahlen unter 1000?

Welche Primzahldrillinge gibt es bis zur 1000?

Gibt es Primzahlen, bei denen alle Ziffern gleich sind?

Übungen

21 Die folgenden Rechenausdrücke ergeben keine Primzahlen.

$3 \cdot 4 \cdot 5 \cdot 6 \cdot 7 + 3$ $\quad 3 \cdot 4 \cdot 5 \cdot 6 \cdot 7 + 4$ $\quad 3 \cdot 4 \cdot 5 \cdot 6 \cdot 7 + 5$

$3 \cdot 4 \cdot 5 \cdot 6 \cdot 7 + 6$ $\quad 3 \cdot 4 \cdot 5 \cdot 6 \cdot 7 + 7$

a) Begründe, warum es sich nicht um Primzahlen handelt.
b) Berechne die Zahlen.

Aufgaben

Entdeckungen an und mit Primzahlen

22 *„Durststrecke“ für Primzahlfans*
In der Aufgabe 21 hast du 5 aufeinanderfolgende Zahlen gefunden, die keine Primzahlen sind. Finde acht aufeinanderfolgende Zahlen, die keine Primzahlen sind. Du kannst zunächst die Rechenausdrücke aufschreiben und dann die Zahlen berechnen.

23 *Perfekte Zahlen* sind Zahlen, bei denen die Summe aller echten Teiler gleich der Zahl ist. Verstanden? Also 6 ist eine perfekte Zahl, denn 1 + 2 + 3 = 6. Ist auch 24 eine perfekte Zahl? Perfekte Zahlen werden sehr schnell groß. Die dritte perfekte Zahl hat 3 Stellen, die vierte 4, die fünfte hat 8 Stellen, die sechste 10 Stellen und die dreißigste sogar 455 663 Stellen. Perfekte Zahlen sind also schwer zu finden. Hier ist ein Verfahren zur Berechnung von perfekten Zahlen:

Startzahl	Faktoren	Summe	Primzahl	Perfekte Zahl
2	1, 2	3	ja	$2 \cdot 3 = 6$
4	1, 2, 4	7		
8	1, 2, 4, 8	15	nein	
16				
32				

Setze die erste Spalte wie angefangen fort. Schreibe die Faktoren der Startzahl auf. Berechne deren Summe. Ist die Summe eine Primzahl, dann multipliziere sie mit der Startzahl. Das Produkt ist eine perfekte Zahl. Ergänze die Tabelle.

Aufgaben

Das Goldbach-Problem

24 Christian Goldbach schrieb im Jahre 1742 einen Brief an den berühmten Mathematiker Leonard Euler. Leonard Euler war zu der damaligen Zeit Professor an der Akademie in Petersburg in Russland. In seinem Brief schrieb Goldbach von seiner Vermutung über Primzahlen:
„Nach meiner Erkenntnis lässt sich jede gerade Zahl ab der Sechs als Summe von zwei Primzahlen schreiben.“

6 = 3 + 3
8 = 5 + 3
10 = 7 + 3
12 = 7 + 5
14 = 11 + 3 = 7 + 7
16 = 13 + 3 = 11 + 5
18 = 13 + 5 = 11 + 7

Bis heute ist die Vermutung von Christian Goldbach nicht bewiesen.
Versuche einmal, alle geraden Zahlen zwischen 100 und 120 als Summe zweier Primzahlen darzustellen.

Gibt es eine größte Primzahl?	Euklid aus Alexandria hat schon vor mehr als 2300 Jahren bewiesen, dass es unendlich viele Primzahlen gibt.
	Es gibt also keine größte Primzahl. Für Mathematiker ist es dennoch ein Sport, die größte bekannte Primzahl zu übertreffen.
Große Primzahlen größere Primzahlen	Ein Mönch namens Mersenne entwarf eine Formel, mit der man noch heute auf die Jagd nach Primzahlen geht. „Subtrahiere 1 von einer Zweierpotenz, deren Exponent eine Primzahl ist. Das Ergebnis ist fast immer eine Primzahl.“ Ein Forscher aus den USA bewies 1985, dass $2^{216\,091} - 1$ eine Primzahl ist. Diese Zahl hat 65 050 Stellen.

25 Überprüfe, ob die „Mersenne-Zahlen“ Primzahlen sind. Setze dazu die Tabelle soweit fort, wie du Lust hast. Vielleicht kann dir bei dieser Arbeit jemand mit einem Taschenrechner helfen.

2^2 1	3	Primzahl
$2^3 - 1$		
$2^5 - 1$		
…		
…		
…		

26 Was könnte der Zeitungsartikel mit Mersenne-Zahlen zu tun haben? Mersenne war überzeugt, dass $2^{67} - 1$ eine Primzahl ist. Was hat Nelson Cole gezeigt? Kannst du dir denken, warum ihm applaudiert wurde?

Tagungsbericht:
Der Mathematiker Nelson Cole von der Columbia Universität hielt 1903 einen Vortrag. Ohne etwas zu sagen, stand er auf, ging zur Tafel und nahm ein Stück Kreide. Dann schrieb er auf eine Tafelhälfte
$2^{67} - 1$ und rechnete die Zahl wortlos aus. Dann ging er ebenso wortlos zur anderen Tafelhälfte und schrieb an:
$193\,707\,721 \cdot 761\,838\,257\,287$
Er rechnete das Produkt aus und es stimmte mit $2^{67} - 1$ überein.
Die Anwesenden applaudierten, Cole setzte sich stumm auf seinen Platz.

27 In diesem Buch passen in jede Zeile 78 Ziffern und auf jede Seite 53 Zeilen. Wie viel Platz bräuchte die Primzahl mit den 65 050 Stellen, wenn wir sie lückenlos Zeile für Zeile abgedruckt hätten?

2.3 ggT und kgV, Euklidischer Algorithmus

Was dich erwartet

Bei Volksfesten wird der Verkauf von Speisen und Getränken oft mit Wertmarken organisiert. Wer so ein Fest plant, muss überlegen, wie viel eine Wertmarke kosten soll, wenn er z. B. Getränke für 0,60 €, Eintopf für 0,90 € und Würstchen für 1,50 € verkaufen will: Natürlich könnte man drei verschiedene Wertmarken für Getränk, Wurst und Eintopf verkaufen. Man kommt aber auch mit nur einer Sorte von Wertmarken aus, z. B. einer 0,30-€-Wertmarke. Die Zahl 30 ist nämlich der größte gemeinsame Teiler von 60, 90 und 150. Bei anderen Alltagsproblemen muss man nach kleinen gemeinsamen Vielfachen suchen. Hier lernst du, beides mit System zu bestimmen.

Aufgaben

1 Auf einem großen U-Bahnhof verkehren die Linien A, B, C und D. Morgens um 5 Uhr nimmt die U-Bahn ihren Betrieb auf. Alle 4 Linien starten zur gleichen Zeit. Laut Fahrplan verkehren die Linien in regelmäßigen Abständen; man sagt dazu: die Züge verkehren in einem bestimmten Takt.

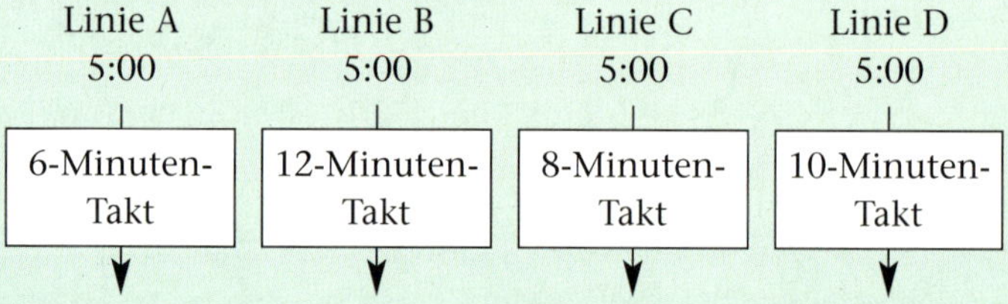

Besonders viele Fahrgäste kann man erwarten, wenn mehrere Züge gleichzeitig abfahren.

a) Zu welchen Zeiten fahren alle 4 Linien gleichzeitig am Bahnhof ab?

b) Nach wie viel Minuten fahren die Linien A und C das erste Mal wieder fahrplanmäßig gemeinsam ab?

c) Wann fahren die Linien A, B und C gleichzeitig ab?

2 *Faltquadrate:* Zum Basteln braucht man oft quadratisches Papier. Die Bilder zeigen, wie man aus einem rechteckigen Blatt möglichst viele große Quadrate macht.

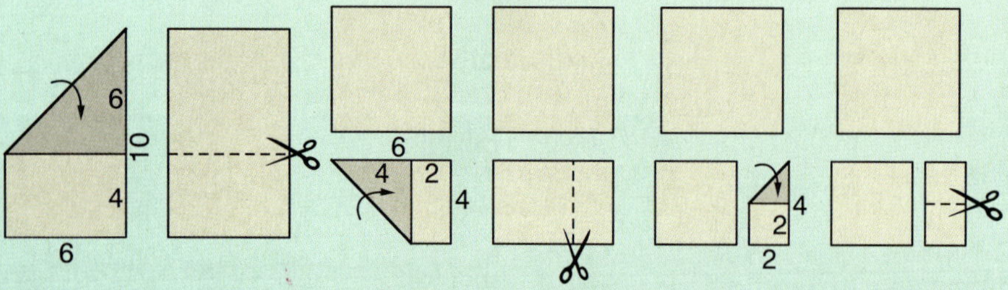

Rechteck	das kleinste Quadrat
10 cm × 6 cm	2 cm
12 cm × 8 cm	
14 cm × 8 cm	
13 cm × 10 cm	
16 cm × 10 cm	
17 cm × 12 cm	
12 cm × 9 cm	

Ihr könnt aus Karopapier Rechtecke mit den in der Tabelle angegebenen Maßen ausschneiden. Dann zerlegt ihr sie durch Falten und Schneiden in möglichst viele Quadrate und zeichnet sie im Maßstab 1 : 4 in euer Heft. Ergänzt die Tabelle.
Was hat die Seitenlänge des kleinsten Quadrates mit den Seitenlängen des Rechtecks zu tun?

In vielen Situationen spielen kleinste gemeinsame Vielfache und größte gemeinsame Teiler eine Rolle. Auch Mathematiker interessieren sich dafür.

Basiswissen

Gemeinsame Vielfache von 6 und 8:

Vielfache von 6:

Vielfache von 8:

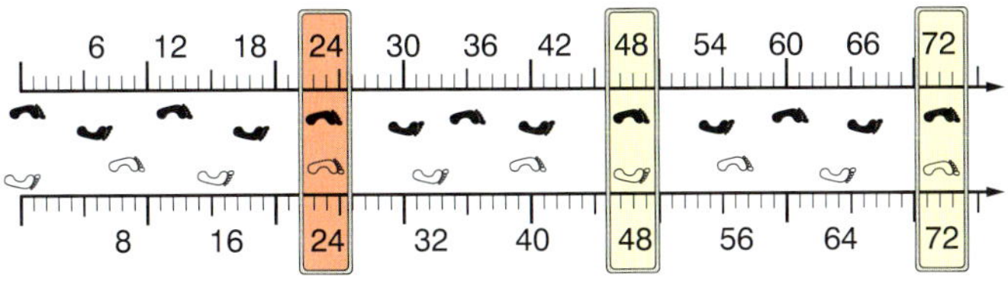

Das **k**leinste **g**emeinsame **V**ielfache von 6 und 8: **kgV (6; 8) = 24**

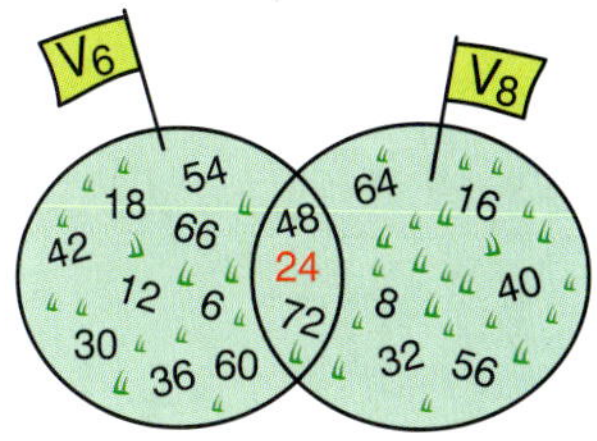

Beispiel

A Bei Pias elektrischer Eisenbahn sind die Trafos so eingestellt, dass die Lok auf der inneren Bahn 28 s und die Lok auf der äußeren 35 s für jede Runde braucht. Sie lässt beide Züge gleichzeitig am Bahnhof starten. Alle 140 s fahren die beiden Loks wieder gemeinsam am Bahnhof vorbei:
kgV (28; 35) = 140

28	35
56	70
84	105
112	**140**
140	175
168	210
196	⋮
⋮	

Basiswissen

Gemeinsame Teiler von 60 und 75:

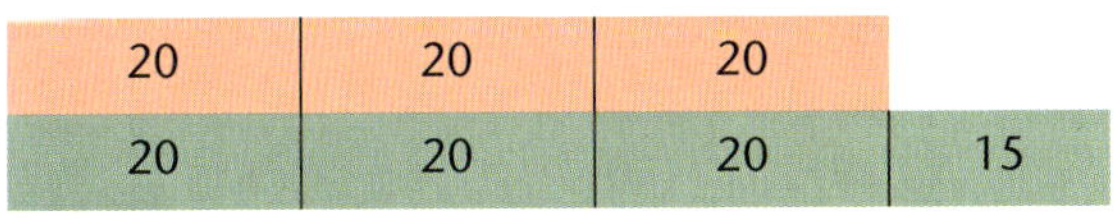

20 teilt 60
20 teilt 75 nicht

20 ist kein gemeinsamer Teiler

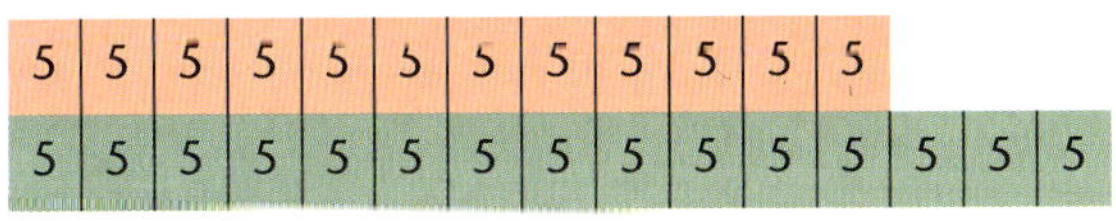

5 teilt 60
5 teilt 75

5 ist ein gemeinsamer Teiler

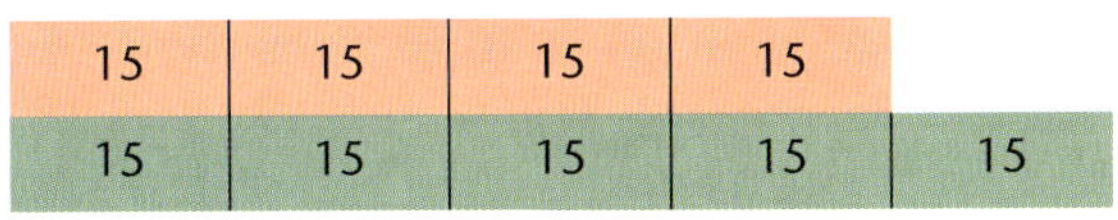

15 teilt 60
15 teilt 75

15 ist der **g**rößte **g**emeinsame **T**eiler von 60 und 75: **ggT (60; 75) = 15**

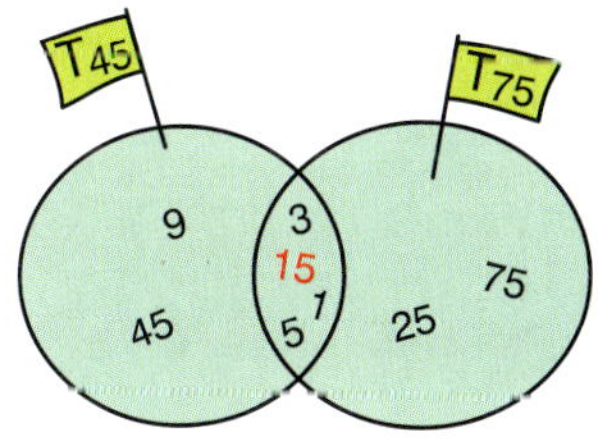

Beispiele

B Eine Weide soll eingezäunt werden. Die Weide ist 32 m lang und 20 m breit. Die Pfosten sollen überall den gleichen, möglichst großen Abstand haben. Der Pfostenabstand in m muss ein gemeinsamer Teiler von 20 und 32 sein. Wir probieren mit den Teilern von 20:

20 ist kein Teiler von 32,
10 ist kein Teiler von 32,
5 ist kein Teiler von 32,
4 ist auch ein Teiler von 32.

Die Pfosten sollten im Abstand von 4 m aufge stellt werden!
ggT (20; 32) = 4

C Teilermenge von 12: {1, 2, 3, 4, 6, 12}
Teilermenge von 25: {1, 5, 25}
Der einzige gemeinsame Teiler von 12 und 25 ist 1: **ggT (12; 25) = 1**
Man sagt 12 und 25 sind **teilerfremd**.

Übungen

3 Lösungen ggT: 1; 2; 3; 5; 7; 9; 12; 14; 15; 90
Lösungen kgV: 18; 20; 42; 108; 144; 150; 154

3 Bestimme:

	a) ggT (4; 6)	b) ggT (5; 15)	c) ggT (12; 7)
d) ggT (21; 30)	e) ggT (49; 28)	f) kgV (4; 5)	g) kgV (42; 7)
h) kgV (6; 9)	i) kgV (54; 12)	j) kgV (11; 14)	k) ggT (6; 50)
l) kgV (50; 30)	m) ggT (36; 45)	n) kgV (72; 48)	o) ggT (66; 49)
p) ggT (30; 45)	q) ggT (56; 42)	r) ggT (36; 48)	s) ggT (180; 270)

4 Begründe: Der größte gemeinsame Teiler zweier verschiedener Primzahlen ist 1.

5 *Renovierung:* Veras Vater möchte eine Metallschiene an der Kellerwand befestigen, die alle 12 cm ein Loch hat. Von den Vormietern sind noch Dübel mit je 20 cm Abstand in der Wand. Welche davon kann Herr Reichel benutzen?

6 *Detektiv-Auftrag:* Ermittle die fehlenden Einträge. (*Tipp:* Probiere in der rechten Tabelle verschiedene Zahlen mit dem richtigen ggT aus. Für welche davon stimmt auch das kgV?)

a	b	ggT (a; b)	kgV (a; b)
14	35	7	70
55	22		
42	36		

a	b	ggT (a; b)	kgV (a; b)
6		3	18
	7	1	28
		2	30

7 *Just for fun:* Joachim verabscheut Vitamine. In der Kantine seiner Ganztagsschule gibt es alle zehn Tage Gemüseteller, im Bistro an jedem achten Tag nur Salat. Vorgestern kam beides zusammen und Joachim musste von Gummibärchen leben. Wann wird ihm das wieder passieren?

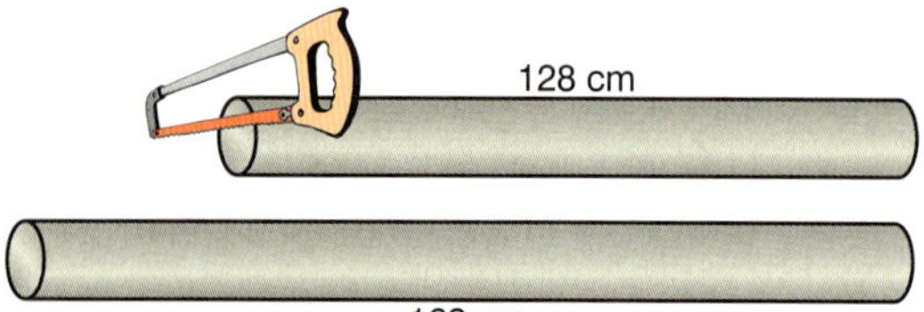

8 Maren hat von ihrer Mutter zwei alte Gardinenstangen bekommen, um daraus zylinderförmige Bauklötze für ihren Bruder zu sägen. Alle Klötze sollen gleich lang sein und das Holz soll restlos verbraucht werden. Wie lang kann Maren die Klötze machen? Ist es falsch, wenn sie erst einmal die längere Stange bei 128 cm durchsägt?

Achtung: Oft gibt es mehrere Möglichkeiten, einmal gar keine!

9 Entschlüssle die Geheimschrift: für welche Zahlen könnten die Zeichen stehen?
a) ggT (15; ☾) = 3 b) kgV (✉; 7) = 56 c) ggT (17; ⚯) = 1 d) kgV (8; ☽) = 144
e) ggT (180; ✝) = 8 f) kgV (13; ☺) = 78 g) ggT (❀; 60) = 1 h) kgV (✏; ✏) = ✏

10 Der Planet Jupiter dreht sich in 10 h einmal um sich selbst. Wie lange dauert es bei der Erde? Wie viele Jupitertage entsprechen wie vielen Erdtagen?

11 a) Gib drei verschiedene Zahlen an, die zu 32 (zu 26, zu 72) teilerfremd sind. (Es sollen nicht alles Primzahlen sein!)
b) Gib alle zu 12 teilerfremden Zahlen bis 50 an.

Übungen

12 ggT- und kgV-Bestimmung leicht gemacht durch Primfaktorzerlegung.

a) Beschreibe das dargestellte Verfahren zur Berechung des ggT von 84 und 315. Formuliere dazu eine Anleitung.
Beginne mit:
1. Zerlege die beiden Zahlen in Primfaktoren. Schreibe die Primfaktoren untereinander.
2. …

…

84	$= 2 \cdot 2 \cdot 3 \cdot \quad 7$
315	$= \quad 3 \cdot 3 \cdot 5 \cdot 7$
ggT (84, 315) =	$3 \cdot 7 = 21$

Hier findest du geschickte Möglichkeiten zur ggT- und kgV-Bestimmung

84	$= 2 \cdot 2 \cdot 3 \cdot \quad 7$
315	$= \quad 3 \cdot 3 \cdot 5 \cdot 7$
kgV (84, 315) =	$2 \cdot 2 \cdot 3 \cdot 3 \cdot 5 \cdot 7 = 1260$

b) Beschreibe die einzelnen Schritte zur Berechung des kgV von 84 und 315.
1. Zerlege …
2. …

…

Training

13 Bestimme mit Primfaktorzerlegung:
a) ggT (12; 18) b) ggT (52; 128)
c) ggT (72; 168) d) ggT (42; 56; 126)
e) ggT (110; 44) f) ggT (144; 256)
g) ggT (121; 55) h) ggT (85; 225; 70)

14 Bestimme mit Primfaktorzerlegung:
a) kgV (12; 18) b) kgV (48; 20)
c) kgV (168; 72) d) kgV (110; 165)
e) kgV (52; 128) f) kgV (21; 35; 147)
g) kgV (42; 56; 84) h) kgV (1344; 1260)

15 Die Säulen des römischen Innenhofs sollen überall den gleichen Abstand haben. Es dürfen nicht viel mehr als 3 m sein.

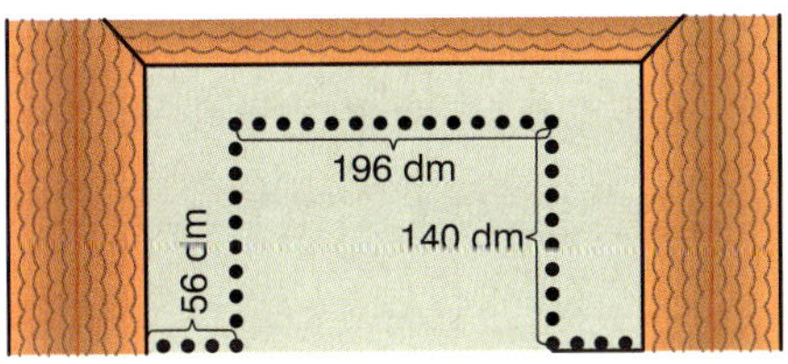

16 Das Hochrad wird geschoben. Ein Rad hat 468 cm Umfang, das andere 114 cm. Nach welcher Entfernung berühren die markierten Stellen zum ersten Mal wieder gleichzeitig den Boden?
Wie oft haben sich dann das kleinere und das größere Rad jeweils gedreht?

Hochrad von 1870

17 Entdeckung an ggT und kgV.
a) Übertrage die Tabelle in dein Heft und ergänze.

a	b	ggT	kgV
2	3		6
4	6	2	
6	8		
6	9		
8	12		

b) Berechne in jeder Zeile das Produkt aus a und b und das Produkt von ggT und kgV. Was fällt dir auf?
c) Überprüfe deine Vermutung aus b) mit den Zahlen 60 und 78. Sollte dir nichts aufgefallen sein, so lies bitte auf dem Rand nach.

Für zwei Zahlen a und b gilt:
$a \cdot b = \text{ggT}(a, b) \cdot \text{kgV}(a, b)$
$8 \cdot 12 = 4 \cdot 24$

18 **wahr** oder **falsch?** Die richtige Antwort führt zum Lösungswort.
a) Zwei gerade Zahlen sind nie teilerfremd. (**w:** E, **f:** N)
b) Eine Primzahl ist zu jeder anderen Zahl teilerfremd. (**w:** R, **f:** U)
c) Zahlen mit der gleichen Quersumme sind nie teilerfremd. (**w:** F, **f:** K)
d) Zwei verschiedene Primzahlen sind immer teilerfremd. (**w:** L, **f:** O)
e) Der ggT zweier Zahlen ist immer kleiner als die kleinere Zahl. (**w:** L, **f:** I)
f) Das kgV zweier aufeinanderfolgender Zahlen ist gleich ihrem Produkt. (**w:** D, **f:** G)

Schlage das Lösungswort im Lexikon nach!

19 Was schenkt Mathemax zum Muttertag?
„Größter Primfaktor von 43428, ggT von 253 und 187.“

Aufgaben

20 *Wie man den ggT mit der Säge finden kann.*
Mareike will zwei unterschiedlich lange Eisenstangen in gleich große Stücke zersägen lassen. Schlossermeister Böhm kann dies ohne zu messen.
a) Beschreibe, wie der Schlosser vorgeht.
b) Angenommen, die erste Stange ist 75 cm und die zweite 45 cm lang. Berechne die Längen der Stangen nach dem ersten Sägen (2) usw.
Überzeuge dich davon, dass die Länge der kürzesten Stangen der ggT von 75 und 45 ist.

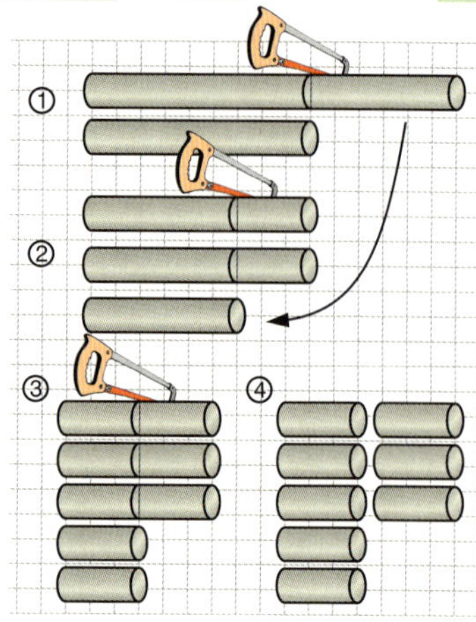

c) Berechne durch fortgesetztes Subtrahieren ggT (24; 16) und ggT (55, 40).

Euklid hat im 4. Jahrhundert v. Chr. in Alexandria in Ägypten gelebt. Er hat verschiedene Verfahren beschrieben, mit denen man zu zwei Zahlen, gleichgültig wie groß sie sind, den ggT berechnen kann. Wir wissen nicht, ob Euklid gut mit einer Säge umgehen konnte. Eines seiner Verfahren verwendet die fortgesetzte Subtraktion, d. h. das wiederholte Absägen wie in Aufgabe 20.
Euklid ist ein berühmter Mathematiker. Er hat ein Mathematikbuch geschrieben, das man heute noch kaufen kann. Der amerikanische Präsident Abraham Lincoln hat es gelesen. Er wollte Richter werden und war überzeugt, dass er richtig Folgern und Beweisen nur von Mathematikern lernen könne.

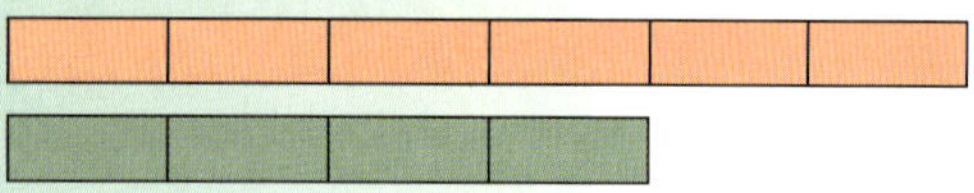

21 Begründe mit der Abbildung, warum alle Teiler zweier Zahlen auch die Summe der Zahlen und die Differenz der Zahlen teilen.

22 *Der euklidische Algorithmus zur Bestimmung des ggT*

1. Die Entdeckung: Der ggT zweier Zahlen ist auch ein Teiler der Differenz.	ggT (192; 72)	192 – 72 = 120
2. Die Grundidee: An Stelle der beiden Zahlen berechnet man den ggT von der kleineren Zahl und der Differenz.	ggT (120; 72)	120 – 72 = 48
3. Das Tolle daran: Diesen Schritt kann man wiederholen,	ggT (72; 48)	72 – 48 = 24
so oft man will. Die Zahlen werden immer kleiner und die Aufgabe immer einfacher.	ggT (48; 24)	48 – 24 = 24
4. Der Erfolg: Ist die letzte Zahl 0 erreicht, dann hört man auf. Die vorletzte Zahl ist der gesuchte ggT. Oft erkennt man den ggT schon früher.	ggT (24; 24)	24 – 24 = 0
		ggT (192; 72) = 24

23 Berechne mit dem Euklidischen Algorithmus
a) ggT (92; 24) b) ggT (144; 40) c) ggT (1085; 372) d) ggT (451; 449)

CHECK-UP

1 a) Bestimme die Teilermengen von: 49, 60, 81, 67, 126, 220, 45
b) Bestimme die ersten fünf Vielfachen von: 1, 8, 17, 69, 142857

2 „Eine Zahl ist durch __ teilbar, wenn …" Schreibe aus dem Gedächtnis 4 Teilbarkeitsregeln auf. Vergleiche mit Seite 9.

3 Welche der Zahlen im Kasten sind

132	108	91	72	1104	12
18	35	714	625	36	702
727	84	3556	60	6327	98
416	141	96	756	323	2328

a) durch 3 teilbar?
b) durch 4 teilbar?
c) durch 6 teilbar?
d) durch 8 teilbar?
e) durch 9 teilbar?
f) Entscheide, welche durch 7 (17) teilbar sind.

4 Jasmin hat von ihren 28 Klassenkameraden das Geld für einen Ausflug eingesammelt. Bevor sie selbst zahlt, prüft sie die Kasse. Es sind 146 €. Kann das stimmen?

5 Unter 100 gibt es 25 Primzahlen. Wie viele kannst du in 90 Sekunden aufschreiben? (Vergleiche mit Seite 13.)

6 Bestimme die Primfaktorzerlegung in Potenzschreibweise:
a) 105 b) 48 c) 169 d) 389 e) 588 f) 3717

7 Entscheide ohne auszurechnen, welche Produkte den gleichen Wert haben.

a) $3 \cdot 16 \cdot 25$ $\quad 20 \cdot 9 \cdot 5 \cdot 4$ $\quad 15 \cdot 4 \cdot 20$
b) $6 \cdot 10 \cdot 91$ $\quad 4 \cdot 13 \cdot 21 \cdot 5$ $\quad 12 \cdot 7 \cdot 85$
c) $88 \cdot 6 \cdot 15$ $\quad 4 \cdot 180 \cdot 11$ $\quad 30 \cdot 53 \cdot 12$

Und so wirds gemacht:

$18 \cdot 7 \cdot 13$	$7 \cdot 9 \cdot 26$	$77 \cdot 6 \cdot 3$
$2 \cdot 3 \cdot 3 \cdot 7 \cdot 13$	$7 \cdot 3 \cdot 3 \cdot 2 \cdot 13$	$7 \cdot 11 \cdot 2 \cdot 3 \cdot 3$
↑ sind gleich	↑	↑ verschieden

8 Bestimme: a) ggT(14; 35) b) kgV(5; 7) c) ggT(39; 52)
d) kgV(12; 28) e) ggT(68; 78) f) kgV(30; 70) g) ggT(51; 85)

9 Bestimme durch Primfaktorzerlegung den ggT und das kgV:
a) 36; 60 b) 90; 315 c) 144; 216 d) 324; 288 e) 60; 50; 24

10 Schreibe einen Aufsatz über Primzahlen. Folgende Stichwörter könnten dir helfen: Teilerzahl, Siebverfahren, viele, Zerlegung, Zwillinge, Mersenne, Goldbach, Dirichlet, …

11 An den Automaten der Münchner U-Bahn gibt es Ticketstreifen, von denen man je nach Fahrtlänge unterschiedlich viele Zeilen entwerten muss. Es gibt Fahrten zu 80 Cent, 1,20 € und 2 €. Wie viel sollte eine Ticketzeile wert sein?

12 Eine Badezimmerwand ist mit 15 cm breiten Kacheln verkleidet. Die Fliesen auf dem Fußboden sind je 18 cm breit. In welchen Abständen treffen zwei Fugen genau aufeinander?

Teiler und Vielfache

Die Division 126 : 14 = 9
geht ohne Rest auf. Man sagt:
- 14 ist ein Teiler von 126
- 126 ist ein Vielfaches von 14

14	14	14	14	14	14	14	14	14
126								

Teilermenge

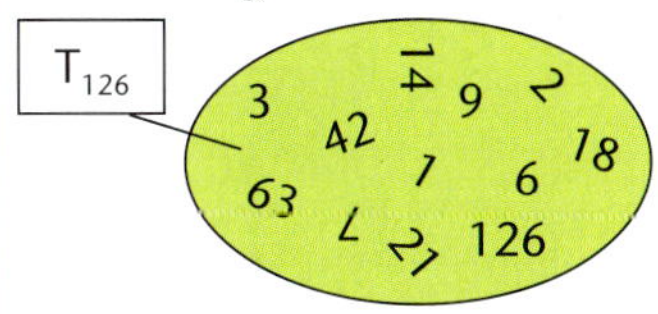

$126 = 1 \cdot 126$
$= 2 \cdot 63$
$= 3 \cdot 42$
$= 6 \cdot 21$
$= 7 \cdot 18$
$= 9 \cdot 14$

$T_{126} = \{1, 2, 3, 6, 7, 9, 14, 18, 21, 42, 63, 126\}$

Vielfachenmenge

$V_{14} = \{14, 28, 42, 56, 70, 84, \ldots\}$

Teilbarkeitsregeln

Für einige Zahlen gelten Endstellenregeln oder Quersummenregeln. Jeder Teiler einer Zahl teilt auch die Vielfachen dieser Zahl. Jeder gemeinsame Teiler zweier Zahlen teilt auch deren Summe und deren Differenz.

Primzahlen

Eine Zahl, die genau zwei Teiler hat, nämlich 1 und sich selbst, heißt Primzahl.
13 ist eine Primzahl.
14 ist keine Primzahl.

Primfaktorzerlegung

Jede natürliche Zahl außer 1 ist in Primfaktoren zerlegbar.

$126 = 2 \cdot 63$
$= 2 \cdot 3 \cdot 21$
$= 2 \cdot 3 \cdot 3 \cdot 7 = 2 \cdot 3^2 \cdot 7$

Größte gemeinsame Teiler und kleinste gemeinsame Vielfache kann man mit der Primfaktorzerlegung bestimmen:

$126 = 2 \cdot 3 \cdot 3 \cdot 7$
$66 = 2 \cdot 3 \cdot 11$

ggT(66; 126) = $2 \cdot 3$ = **6**
kgV(66; 126) = $2 \cdot 3 \cdot 3 \cdot 7 \cdot 11$ = **1386**

3 Kreis und Winkel

3.1 Kreise und Kugeln

Was dich erwartet

Kugeln und Kreise sind besonders regelmäßige geometrische Formen, sie haben keinerlei Ecken und Kanten. Dies ist ein Grund für ihre vielseitige Verwendbarkeit bei Gegenständen im Alltag und in der Technik, so z. B. bei Rädern, Kugellagern, Tischtennisbällen und Billardkugeln oder auch bei Brückenbögen. Wie kann man Kreise und Kugeln exakt beschreiben und messen, wie kann man Kreise konstruieren und welche Zusammenhänge bestehen zwischen Kugeln und Kreisen?

Aufgaben

1 Wo findest du in deiner alltäglichen Umgebung Beispiele für Kreise und Kugeln? Erstelle eine eigene Beispiel-Liste. Bei welchen Gegenständen hätte die Abweichung von der idealen Kreis- oder Kugelform schwerwiegende Nachteile? Beschreibe diese Nachteile. Schreibe auch einige Beispiele auf, die ein wenig von der Kreis- oder Kugelform abweichen.

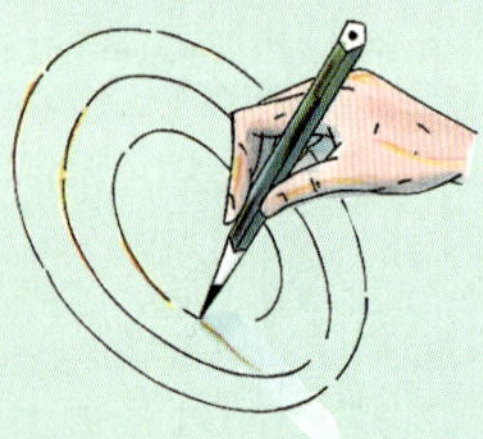

Findest du noch andere Hilfsmittel, mit denen du Kreise zeichnen kannst?

2 *Zeichnen von Kreisen*

a) Das Zeichnen von Kreisen mit der freien Hand ist eine wahre Kunst. Versuche es selbst. Warum ist es so schwierig? Was unterscheidet deine Zeichnung von der idealen Form eines Kreises?

b) Zeichne Kreise mit den abgebildeten Hilfsmitteln. Warum gelingt damit das exakte Zeichnen? Beschreibe jeweils dein Vorgehen. Mit welchen Hilfsmitteln kannst du unterschiedliche Kreise zeichnen, wie unterscheiden sich diese? Welche Geräte sind besonders gut geeignet? Warum?

3 Würfel, Quader und Pyramiden kannst du selbst mithilfe passender Netze leicht herstellen. Das funktioniert auch noch bei Zylindern und Kegeln, hier sind die Netze etwas komplizierter. Für die Kugel gibt es kein Netz. Dies wird dir schnell klar, wenn du eine Apfelsine schälst und die Schale flach ausbreiten willst. Probiere es aus!

a) Forme eine Kugel aus Knete (oder aus Schnee). Geschicktes Formen mit der Hand und Rollen auf flacher Unterlage führt zu recht guten Ergebnissen.
b) Sehr schöne Kugeln kannst du mit Seifenblasen herstellen. Leider haben sie nur eine ganz kurze Lebensdauer.

Weißt du noch, wie die Netze der Körper aussehen? Schau in Band 5 oder einem anderen Geometriebuch nach.

4 Hier sind zwei Bastelanleitungen für „Windbälle", die wie Kugeln rollen. Du musst allerdings sehr sorgfältig arbeiten. Es reicht, wenn du einen Typ selbst bastelst, den anderen kannst du dir dann bei deinem Nachbarn anschauen.

Windball aus Kreisringen

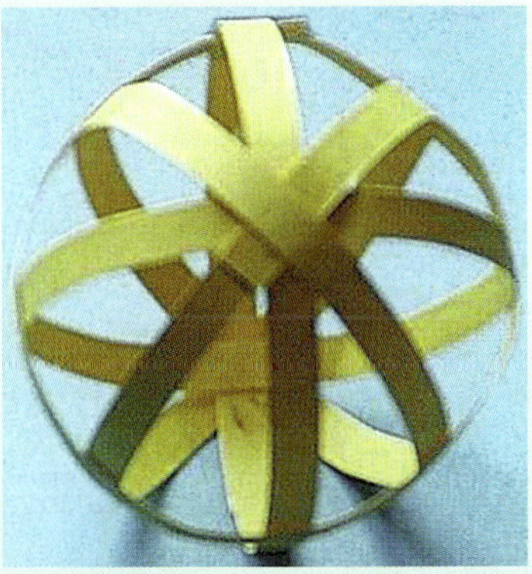

1. Fünf gleich lange Streifen (16 cm lang, 5 mm breit) aus Tonkarton ausschneiden. An jedem Streifen eine 2 cm breite Klebelasche markieren.
2. Die Streifen zu Kreisen zusammenkleben.
3. Vier kreisförmige Streifen übereinanderschieben und an den „Polstellen" zusammenkleben. Den fünften Kreis als „Äquator" zur Stabilisierung drüberschieben.

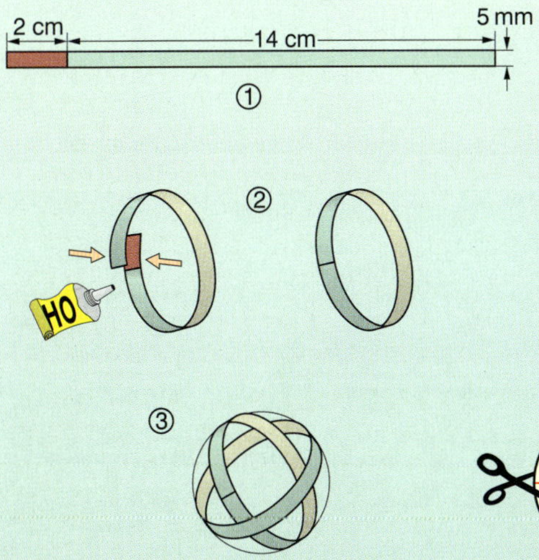

Windball aus Kreisscheiben

1. Acht gleich große Kreisscheiben aus Tonkarton ausschneiden.
2. Kreis zweimal falten und wieder auffalten.
3. Eine Faltkante bis zur Mitte einschneiden, die anderen nur anritzen.
4. Zu einer Ecke zusammenfalten und kleben.
5. Die acht Ecken wie im Bild aneinanderkleben.

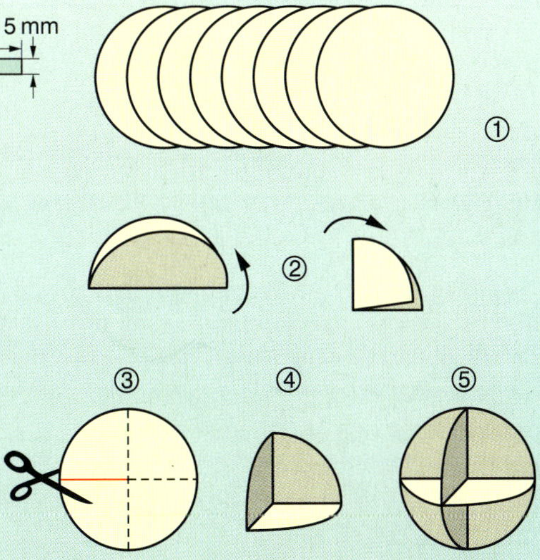

Basiswissen

Ein Kreis lässt sich mit dem Zirkel genau zeichnen, du musst nur den Mittelpunkt und die genaue Zirkelweite kennen. Auch die Kugel kann mit nur zwei Angaben genau gekennzeichnet werden. Das Zeichnen ist nicht so einfach, wir brauchen ein „Schrägbild".

Kreis

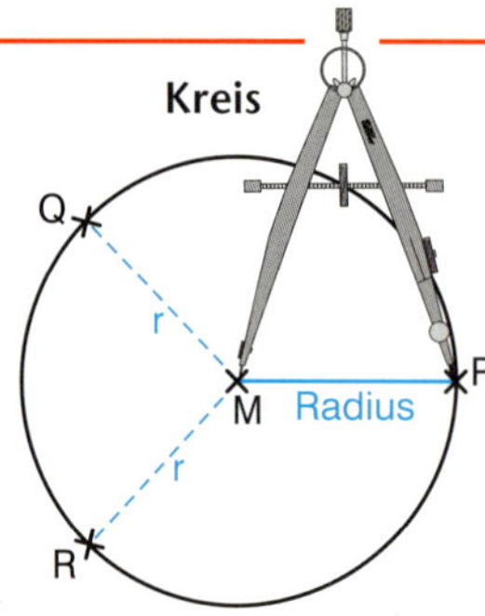

Alle Punkte des Kreises haben vom **Mittelpunkt des Kreises** die gleiche Entfernung.
Diese Entfernung heißt **Radius des Kreises.**

Kugel

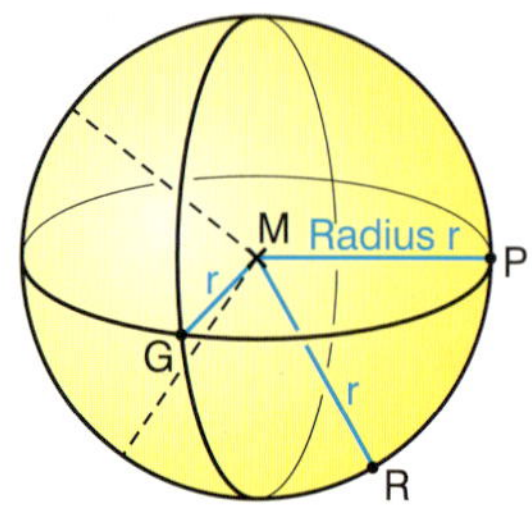

Alle Punkte der Kugeloberfläche haben vom **Mittelpunkt der Kugel** die gleiche Entfernung.
Diese Entfernung heißt **Radius der Kugel.**

Beispiele

Auch das Zeichnen von Kreisen will geübt sein. Du kannst es bei den Aufgaben trainieren.

A Zeichne mit dem Zirkel einen Kreis mit dem Radius 5 cm um den Punkt P.

1. Radius r = 5 cm am Lineal abgreifen

2. Metallspitze in P einstechen
3. Zirkel oben mit Daumen und Zeigefinger greifen

4. Bleispitze vorsichtig aufsetzen, Zirkel zwischen den Fingern abrollen und mit leichtem Druck den Kreis zeichnen

B Die Verbindungsstrecke zwischen zwei Kreispunkten heißt **Sehne des Kreises.** Die Sehne ist am längsten, wenn sie durch den Mittelpunkt des Kreises geht. Diese größte Länge heißt **Durchmesser des Kreises.**
Der Durchmesser ist doppelt so groß wie der Radius.

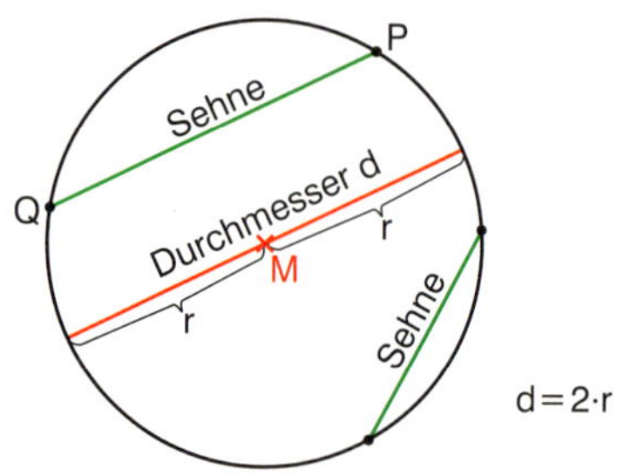

C Wenn man eine Kugel glatt (eben) durchschneidet, so entstehen kreisförmige Schnittflächen. Der Radius des Schnittkreises ist am größten, wenn der Schnitt durch den Mittelpunkt der Kugel geht. Der Durchmesser des Schnittkreises ist in diesem Fall so groß wie der Durchmesser der Kugel.

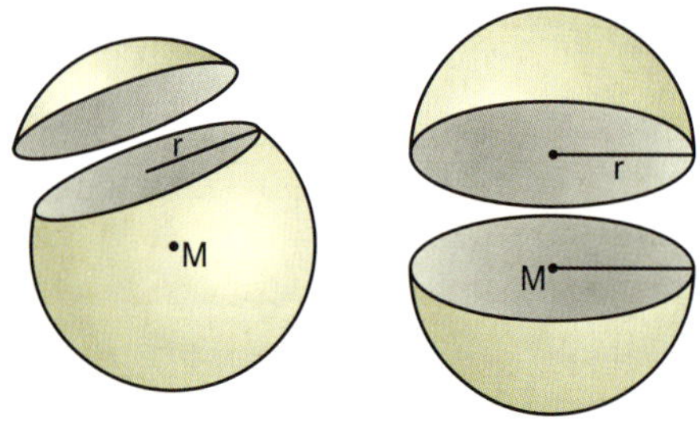

Übungen

5 Zeichne ein Quadrat mit der Seitenlänge 4 cm.
a) Zeichne einen Kreis, der genau in das Quadrat passt. Wo liegt der Mittelpunkt, wie groß ist der Radius?
b) Zeichne einen Kreis, in den das Quadrat genau hineinpasst. Miss den Durchmesser des Kreises.

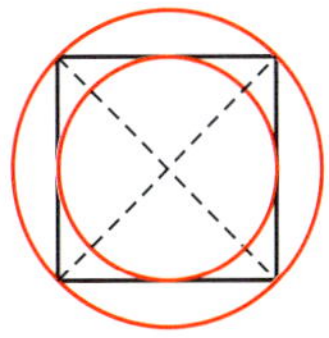

6 Im Deckel einer Kiste ist ein kreisförmiges Loch mit 6 cm Durchmesser. Welche der folgenden Bausteine passen durch dieses Loch?

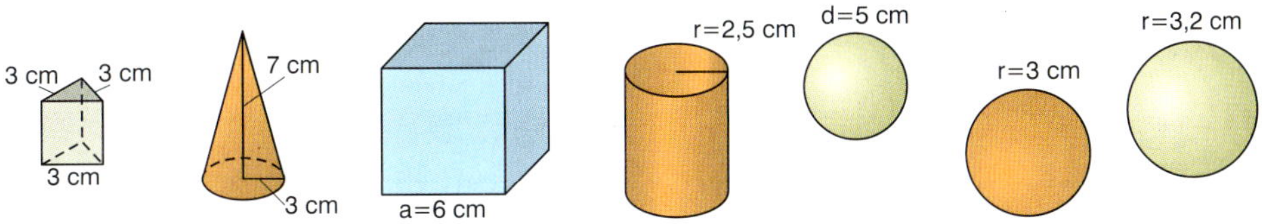

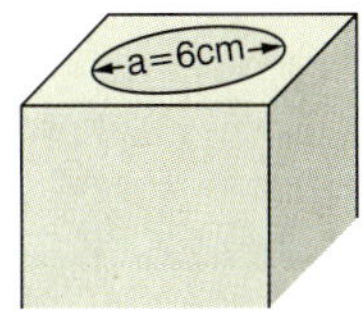

7 Bestimme möglichst genau den Durchmesser einer 1-Euro-Münze und eines Tischtennisballes. In den Abbildungen sind zwei mögliche Messmethoden skizziert. Findest du noch andere Methoden?

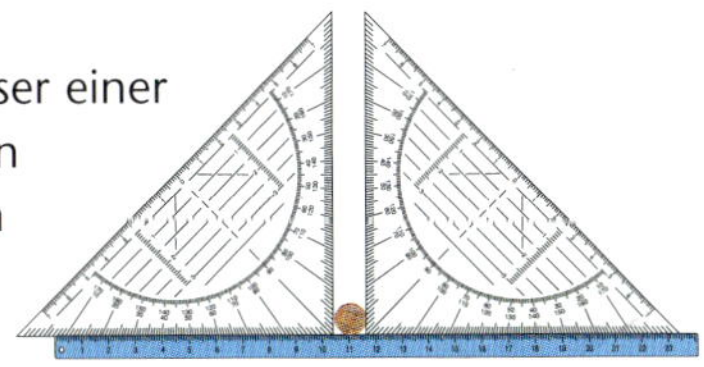

Handwerker benutzen für genaue Messungen eine „Schieblehre".

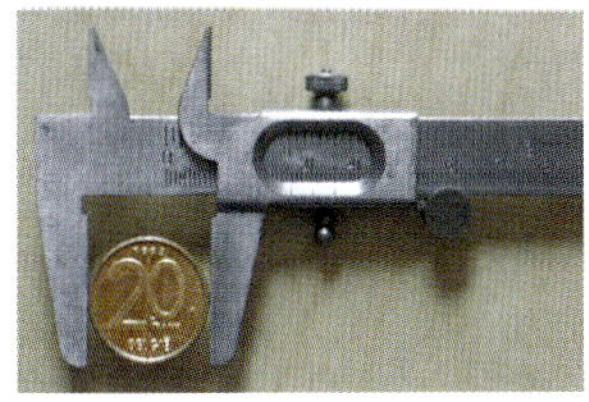

8 Im Wettkampfsport muss die Größe der Bälle innerhalb bestimmter Grenzen liegend. Prüfe nach, ob die Bälle in eurem Schulsport den Vorschriften entsprechen.

Durchmesser	Basketball	Fußball	Handball (Jugend)	Volleyball	Tennis	Tischtennis
d_{min} (cm)	23,9	21,6	17,2	20,7	6,4	3,7
d_{max} (cm)	24,8	22,6	17,8	21,3	6,7	3,8

9 Schau dir einmal genau an, welche Wellen ein Wassertropfen verursacht, wenn er auf eine glatte Wasseroberfläche trifft. Die Wellen breiten sich in Kreisen nach außen aus. Solche Kreise mit gleichem Mittelpunkt nennt man „konzentrische" Kreise.

Zeichne mit dem Zirkel konzentrische Kreise mit r = 1 cm, 2 cm, 3 cm, ... in dein Heft.
Welchen Durchmesser hat ein Kreis, der gerade noch auf ein DIN-A4-Blatt passt?
Wo musst du den Mittelpunkt wählen, damit der Durchmesser möglichst groß wird?

Wenn du die Ringe zwischen den Kreisen mit verschiedenen Farben ausmalst, so entstehen schöne Farbmuster.

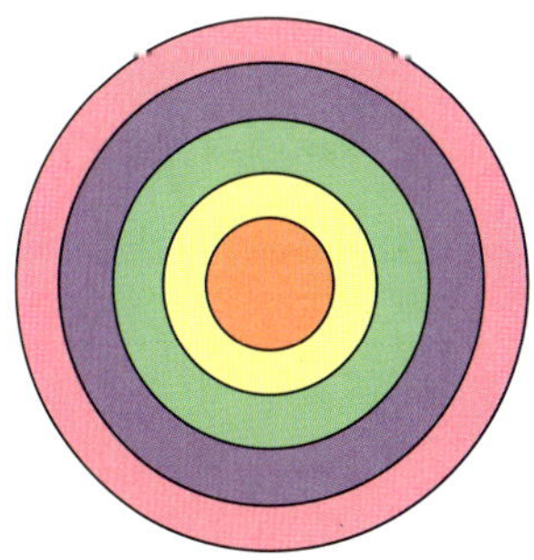

10 Tennisbälle haben einen Radius von etwa 33 mm.
a) Welche Maße hat mindestens eine Dose für 4 Tennisbälle, eine Papp-Schachtel für 6 Tennisbälle?
b) Wie viele Tennisbälle passen in einen Würfel mit der Kantenlänge 10 cm?

11 Viele „runde" Früchte wie Äpfel, Tomaten, Apfelsinen, Zitronen, Kürbisse u. a. weichen ein wenig von der idealen Kugelform ab. Beschreibe diese Abweichungen mit deinen eigenen Worten. Welche Frucht kommt der Kugelform am nächsten?

12 Mit dem Radarsystem auf der Insel können alle Schiffe geortet werden, die nicht mehr als 50 km vom Sender entfernt sind. Welche der eingezeichneten Schiffe befinden sich im Sendebereich? Gibt es Schiffe, die sich gerade an der Grenze befinden? Zeichne die Karte mit den Positionen der Schiffe in dein Heft und beantworte die Fragen mithilfe eines passenden Kreises.

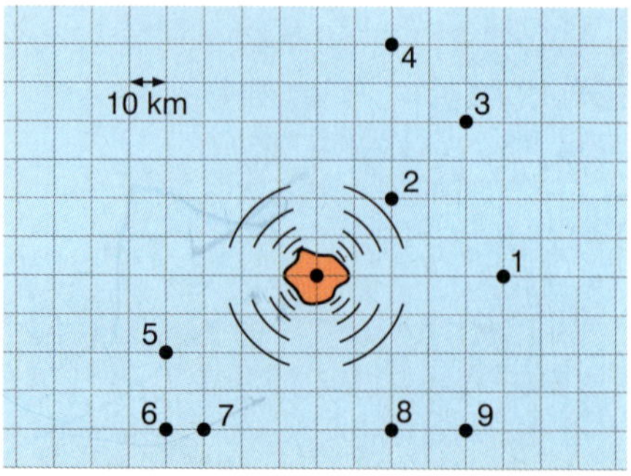

13 Die Positionen der Schiffe werden mithilfe ihrer augenblicklichen Entfernungen zu den beiden Leuchttürmen an Land angegeben.
a) Zeichne die Skizze in dein Heft und kennzeichne die Positionen der Schiffe.
Dampfer Berta: 4 km zu A / 6 km zu B
Kreuzer Ariane: 5 km / 5 km
Segler Möwe: 5 km / 3 km

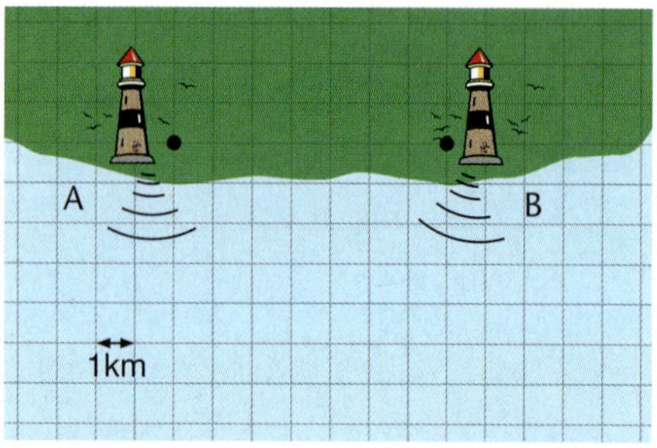

b) Der Fischkutter arbeitet in einem Gebiet, das zwischen 2 und 3 km von A oder zwischen 3 und 4 km von B entfernt ist. Zeichne dieses Gebiet in deinen Plan im Heft ein.

14 Es gibt nur vier verschiedene Kreise.

14 Zeichne die Punkte in ein Koordinatensystem in dein Heft:
A(2|1), B(5|2), C(8|2), D(8|5), E(8|9), F(6|7), G(1|8), H(3|4).
a) Zeichne durch jeden Punkt einen Kreis mit dem Mittelpunkt in M(5|5). Miss die Radien der verschiedenen Kreise.
b) Ordne die Punkte nach ihrer Entfernung zum Punkt M. Gibt es verschiedene Punkte mit gleicher Entfernung zu M?

15 Zeichne einen Kreis auf Pappe, indem du eine Dose oder einen Teller mit dem Bleistift umfährst. Schneide diesen Kreis dann möglichst exakt aus. Wo liegt nun genau der Mittelpunkt? Versuche es mit folgenden Methoden:

Mess- und Probiermethode: Zirkel ansetzen und probieren oder mit dem Lineal eine längste Sehne (Durchmesser) zeichnen und dann halbieren.

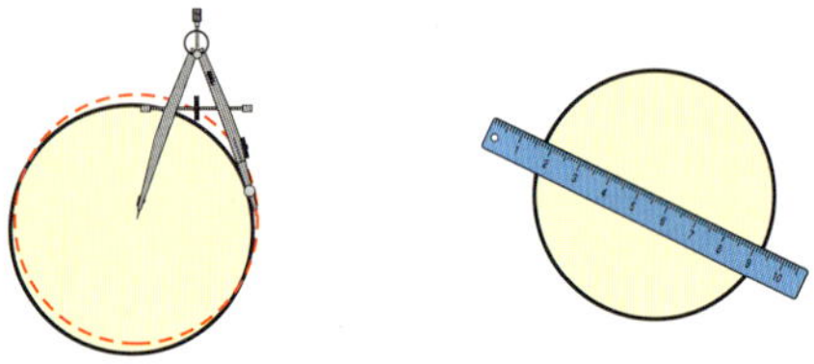

Faltmethode: Kreis zweimal falten und wieder auffalten. Die Faltlinien verraten den Mittelpunkt.

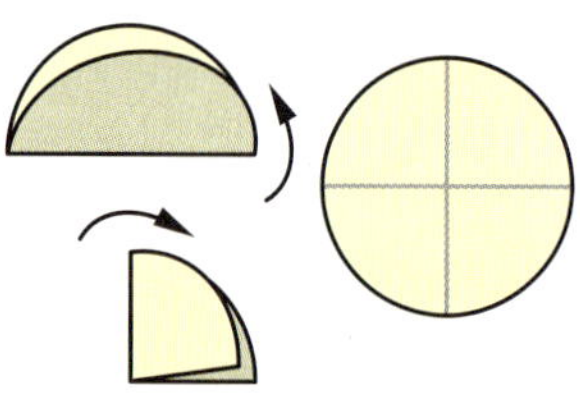

Rechteckmethode: Eine Ecke des Rechtecks genau auf einen Punkt des Kreises legen. Schnittpunkte der beiden Rechteckseiten mit dem Kreis markieren und dann durch Sehne verbinden. Das Verfahren an einem anderen Kreispunkt wiederholen.

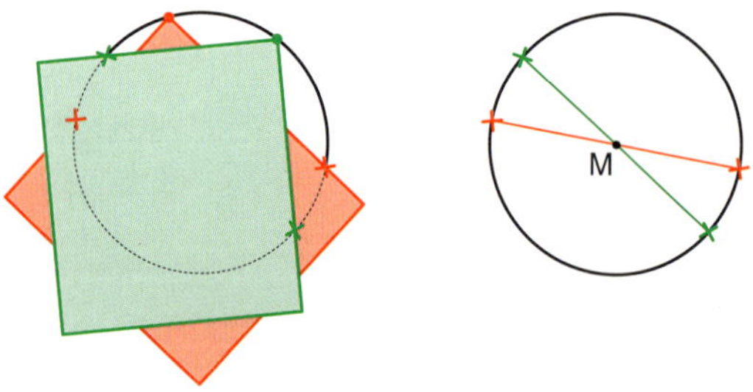

Die Erde als Kugel

Du hast schon die faszinierenden Fotos unserer Erde gesehen, die aus dem Weltall aufgenommen wurden. Der Globus ist ein verkleinertes Modell der Erdkugel.

Die Achse, um die sich die Erde dreht, ist eine Gerade durch den Mittelpunkt. Die Schnittpunkte dieser Achse mit der Kugeloberfläche sind die Pole der Erde. Ihre Entfernung entspricht dem Durchmesser der Erde, er beträgt 12 750 km. Wenn du die Kugel in Gedanken senkrecht zu dieser Achse in zwei gleiche Hälften schneidest, so erkennst du den Äquator als Schnittkreis. Der Äquator hat ebenfalls einen Durchmesser von 12 750 km, beim Umrunden des Äquators legt man ca. 40 000 km zurück.

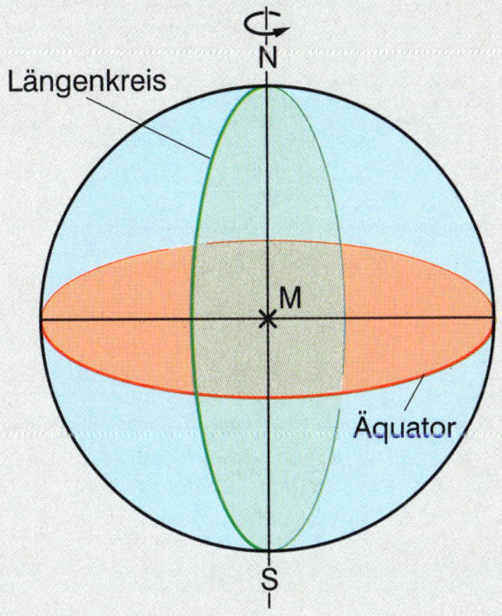

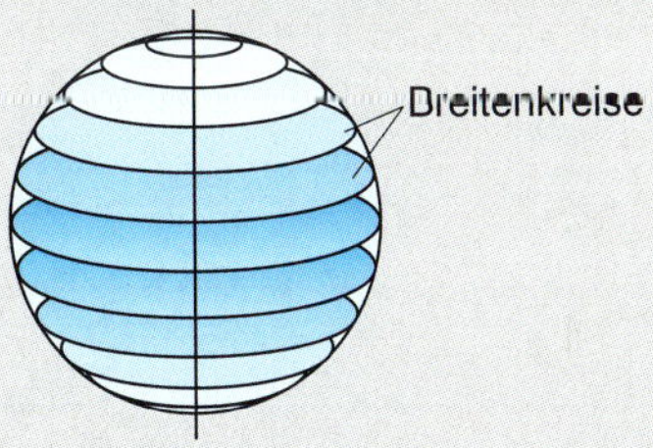

Außer den Längenkreisen gibt es auch noch die Breitenkreise. Sie entstehen bei einem Schnitt senkrecht zur Achse. Der Äquator ist der größte Breitenkreis. Die Radien der Breitenkreise werden kleiner, je näher der Schnitt an einem der beiden Pole liegt.

Du kannst die Erde auch so halbieren, dass die Achse in der Schnittfläche liegt, die Schnittfläche geht dann wieder durch den Mittelpunkt. So entstehen die Längenkreise der Erde, die alle durch die beiden Pole der Erde verlaufen.

Aufgaben

16 *Ein kleines Quiz.* Mit den obigen Informationen über die Erde und deinen geometrischen Kenntnissen über Kugeln und Kreise kannst du die Fragen beantworten.

Welchen Radius haben alle Längenkreise?
Wie viele Längenkreise gehen durch einen Punkt auf der Erdoberfläche?
Wie viele Breitenkreise gehen durch einen Punkt auf der Erdoberfläche?
Welcher Ort ist vom Nordpol am weitesten entfernt?
Sind alle Punkte des Äquators gleich weit vom Mittelpunkt der Erde entfernt?

17 Der Umfang des Äquators ist ungefähr dreimal so groß wie dessen Durchmesser. Gilt dies auch für andere Kreise? Experimentiere mit verschiedenen Kreisen (z. B. an Dosen, Tellern, Eimern ...) durch Abmessen der beiden Größen mit einer Schnur.

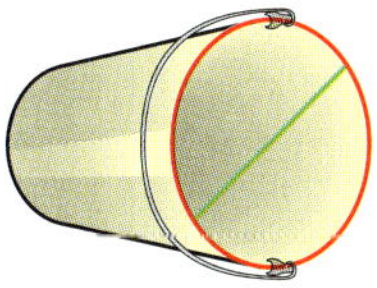

3.2 Kreismuster – Konstruieren mit Kreisen

Was dich erwartet

Mit Geodreieck und Lineal hast du bereits viele schöne Figuren und Muster konstruieren können, so z. B. die verschiedenen Vierecke oder die interessanten Pflasterungen mit Fliesen. Mithilfe des Zirkels kannst du nun Kreismuster erzeugen, wie sie in der Architektur, bei Schmuckstücken und auch in der Natur vorkommen. Die Vielfalt dieser Muster entsteht aus wenigen einfachen Grundkonstruktionen mit Kreisen, die du in diesem Abschnitt kennen und anwenden lernst.

Aufgaben

1 In der Architektur findest du viele Formen mit Kreisen und Kreisbögen. Zu den drei Fotos ist jeweils eine Konstruktionsskizze angegeben. Zeichne mit Hilfe dieser Skizzen einen möglichst exakten Plan auf ein unliniertes DIN-A4-Blatt. Vielleicht findest du in deiner Umgebung noch andere Bauformen mit Kreisen, zu denen du einen Plan zeichnen und ausgestalten kannst.

a) Fenster im Friesenhaus

b) Drususbrücke in Bingen/Rhein

c) Kirchenfenster

Planskizzen

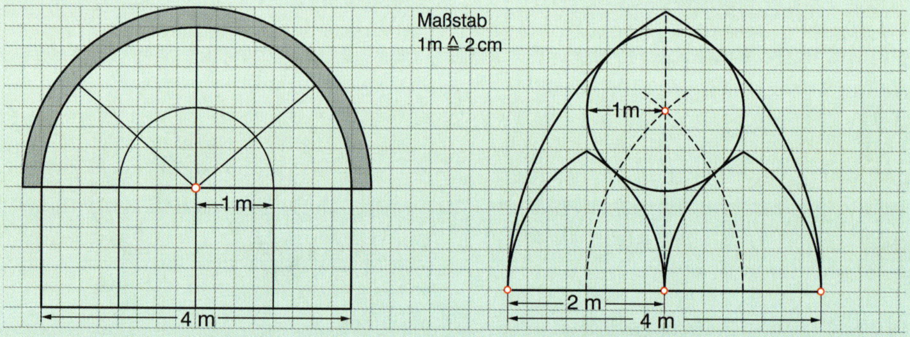

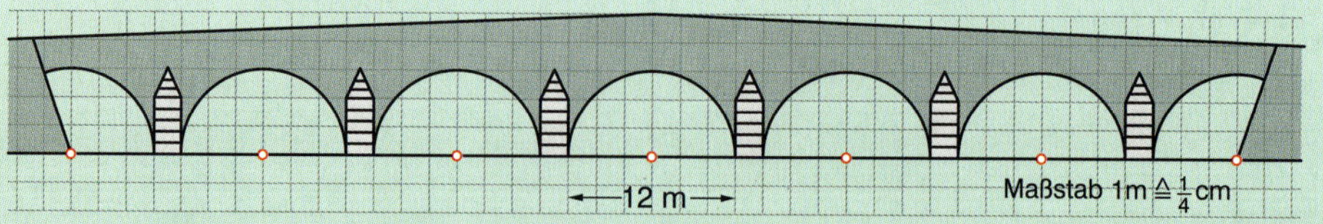

Aufgaben

2 Zeichne das Kreismuster mit sieben gleich großen Kreisen (r = 3 cm) in dein Heft. Die Mittelpunkte der äußeren Kreise liegen in gleichen Abständen auf dem inneren Kreis. Kennzeichne die abgebildeten Teilfiguren in dem Kreismuster.

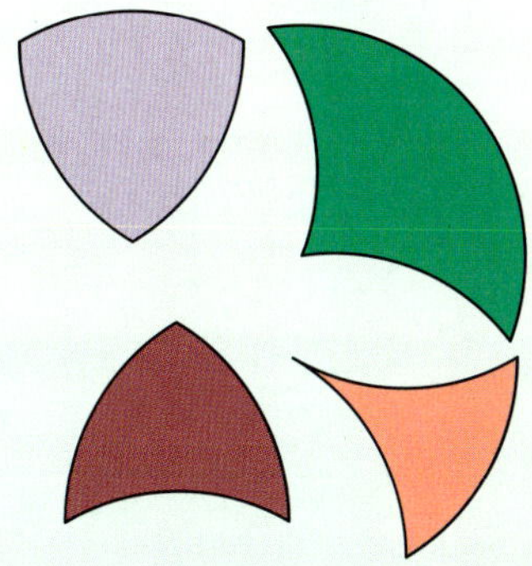

Wenn du die Teilfiguren mehrfach auf Pappe (Moosgummi) zeichnest und ausschneidest, so kannst du viele der Muster aus den folgenden Aufgaben als Puzzle zusammenstellen. Sicher findest du auch noch weitere interessante Muster.

3 Mit dem Kreismuster aus Aufgabe 2 kannst du viele interessante Muster zeichnen. Du musst dazu nur bestimmte Kreislinien dick nachzeichnen und andere wegradieren.

a) „Blütenmuster“

b) „Ventilatoren“

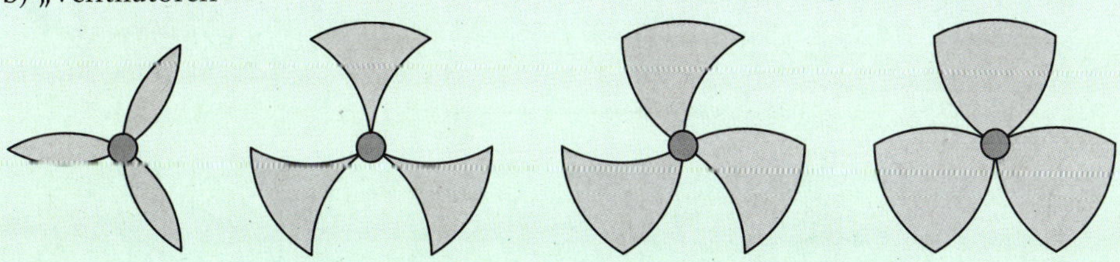

4 Auch die folgenden regelmäßigen Vielecke kannst du mithilfe des Kreismusters aus Aufgabe 2 zeichnen. Du musst hierzu jeweils bestimmte Schnittpunkte durch Strecken miteinander verbinden.

Basiswissen

Kreismuster entstehen aus Kreisen, die sich schneiden, berühren oder keine Schnittpunkte haben.

Die beiden Kreise haben jeweils den gleichen Radius r.

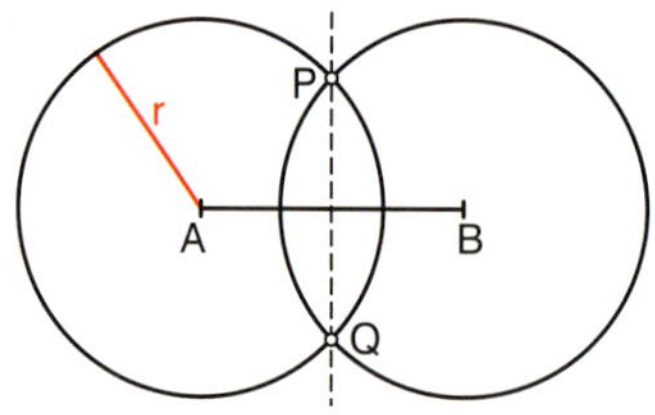

$\overline{AB} < 2\,r$

Die beiden Kreise schneiden einander in zwei Punkten P und Q.

Die Gerade PQ ist senkrecht zu AB und halbiert die Strecke $\overline{AB}$.

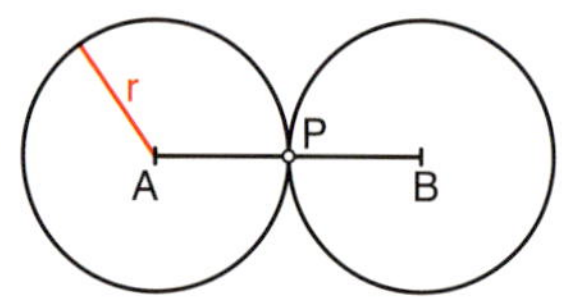

$\overline{AB} = 2\,r$

Die Kreise berühren sich in einem Punkt P.

P ist der Mittelpunkt der Strecke $\overline{AB}$.

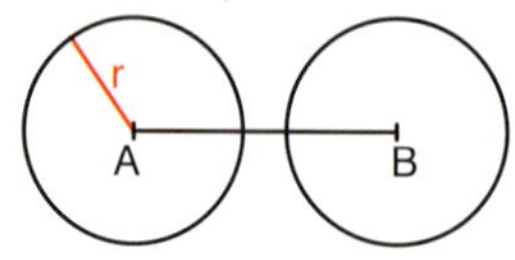

$\overline{AB} > 2\,r$

Die Kreise haben keinen Schnittpunkt.

Beispiele

A Konstruktion einer Raute aus zwei Kreisen mit gleichem Radius

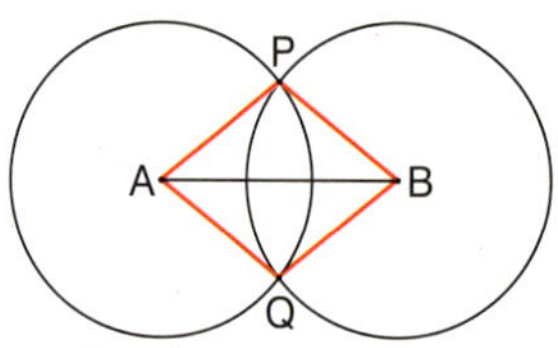

$r < \overline{AB} < 2\,r$

Kreise um A und B mit dem Radius r.
Die Mittelpunkte A und B mit den Schnittpunkten P und Q durch Strecken verbinden.

B Konstruktion eines gleichseitigen Dreiecks und eines „Spitzbogens“

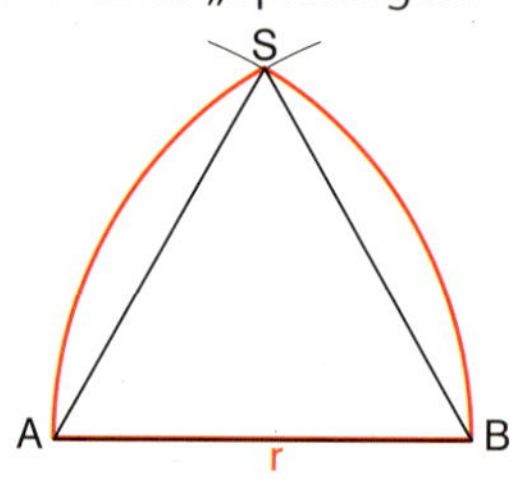

Strecke $\overline{AB}$ zeichnen.
Kreise um A und B mit $r = \overline{AB}$, Schnittpunkt S.
ABS bildet ein gleichseitiges Dreieck.
Die beiden Kreisbögen $\overset{\frown}{AS}$ und $\overset{\frown}{BS}$ bilden einen Spitzbogen.

C Konstruktion eines regelmäßigen Sechsecks

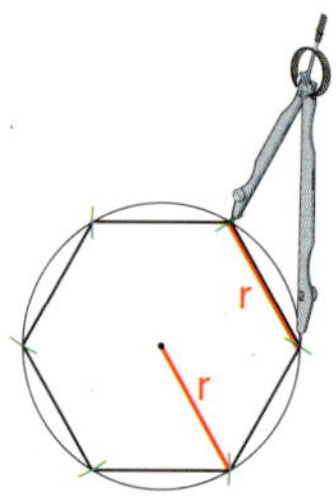

Kreis mit Radius r.
Zirkel auf dem Kreis einstechen und sechsmal den Radius abtragen.
Benachbarte Schnittpunkte durch Strecken verbinden.

Übungen

5 Konstruiere ein gleichseitiges Dreieck mit der Seitenlänge a = 4 cm.
a) Zeichne dann jeweils drei gleich große Kreise um die Eckpunkte des Dreiecks mit dem Radius $r_1 = 4$ cm ($r_2 = 3$ cm; $r_3 = 2$ cm; $r_4 = 1$ cm).
b) Bestimme jeweils die Anzahl der Schnittpunkte der Kreise miteinander.
c) Zeichne farbig die Bereiche ein, die jeweils von zwei (drei) Kreisen überdeckt werden.

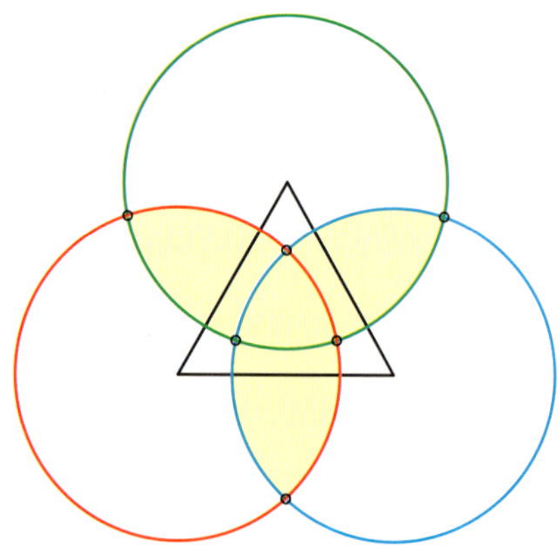

Übungen

6 Aus den Konstruktionen in Aufgabe 5 kannst du die folgenden Muster gewinnen. Zeichne sie auf unliniertes Papier und male sie nach deinem Geschmack farbig aus.

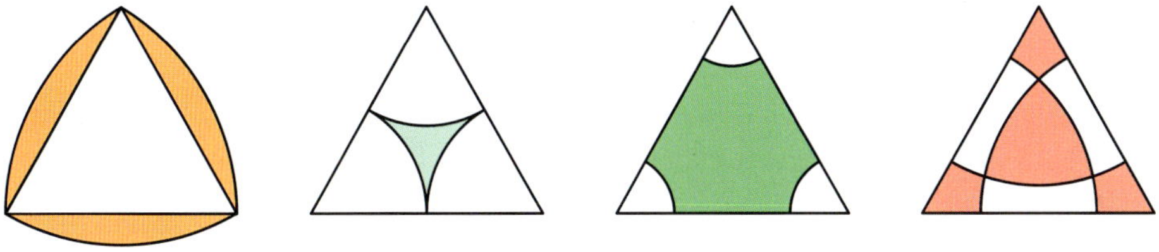

7 Zeichne einen Halbkreis über der Strecke $\overline{AB}$ (4 cm). Kennzeichne einen beliebigen Punkt C auf dem Halbkreis und zeichne das Dreieck ABC. Mit zwei Halbkreisen über $\overline{AC}$ und $\overline{BC}$ erhältst du dann die so genannten „Möndchen des Hippokrates". Wie ändern sich diese Möndchen, wenn der Punkt C auf dem Halbkreis von A nach B wandert? Beschreibe.

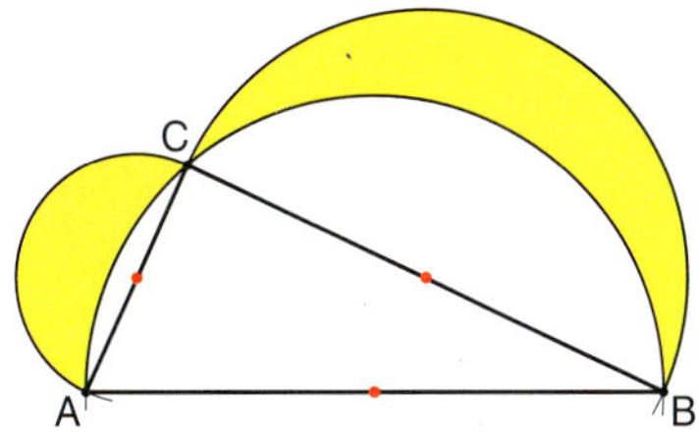

Der Grieche Hippokrates war einer der bedeutendsten Mathematiker der Frühzeit (um 400 v. Chr.)

8 *Quadrate und Kreise*
Zeichne die folgenden Kreismuster im Quadrat (Seitenlänge a = 4 cm). Erfinde selbst solche Kreismuster im Quadrat und male sie nach deinem Geschmack aus.

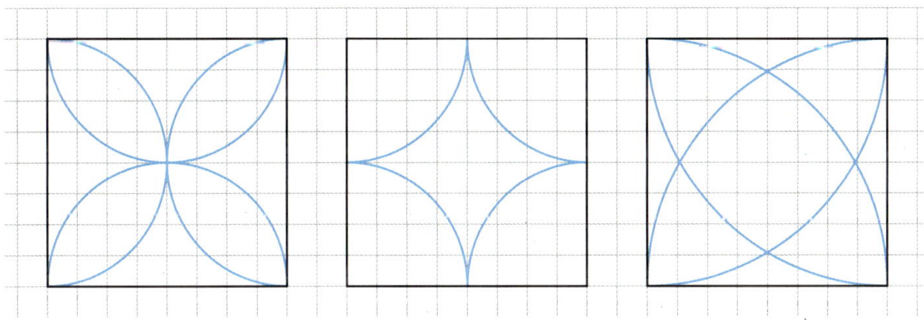

9 *Vier Kreise im Quadrat*
Zeichne die folgenden Muster in dein Heft und male sie farbig aus.

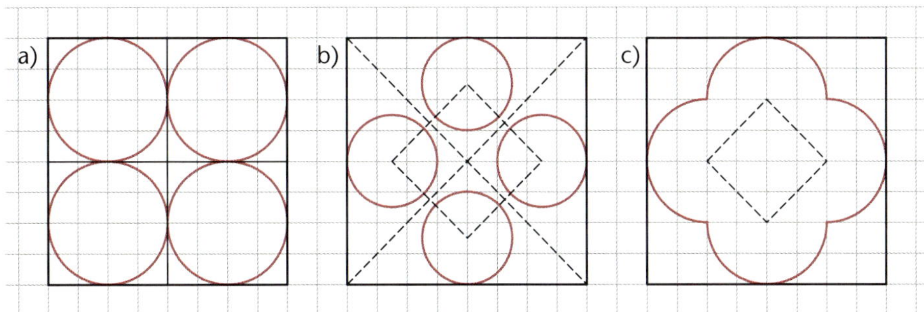

In den Bildern b) und c) kannst du das innere Quadrat vergrößern oder verkleinern. Dann verändern sich auch die Radien der Kreise. Welche Bilder entstehen? Probiere es aus.

Übungen

Kreise in Kreisen

10 a) Zeichne die nebenstehende Grundfigur ins Heft. Achte genau auf die Lage der Punkte A, B, C, D, E auf den Gitterlinien.
b) Diese Muster entstanden mithilfe der Grundfigur. Welche Linien musste man wegradieren oder ergänzen. Zeichne die Muster ins Heft und male sie aus.

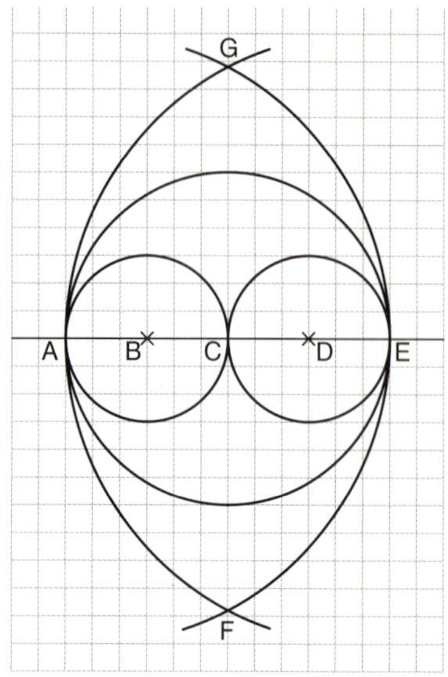

c) Auf unliniertem Papier wirken die Muster besonders schön. Wenn du mit der Hilfsstrecke $\overline{AE}$ (6 cm) beginnst, gelingt dir bestimmt auch der Rest.

Besonders schön werden die Zeichnungen, wenn man die Kreislinien „aufdickt“.

11 In gotischen Kirchen und auch in alten Rathäusern findet man oft Fenster, die kunstvoll durch Kreise in Kreisen ausgestaltet sind. Je nach der Zahl der inneren Kreise nennt man solche Formen Dreipass, Vierpass, Sechspass usw.
Mit den folgenden Konstruktionszeichnungen kannst du selbst solche Fenster entwerfen.

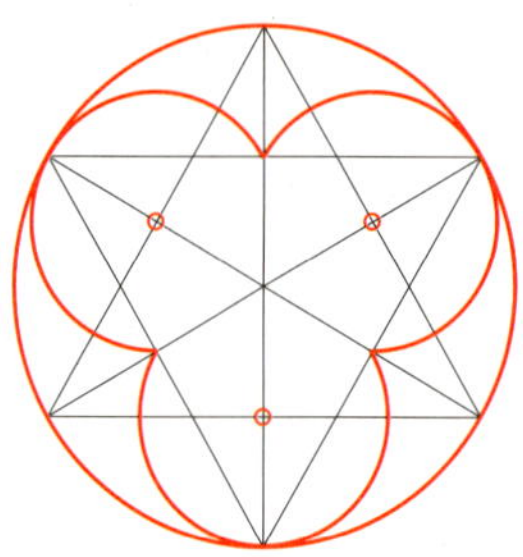

Dreipass

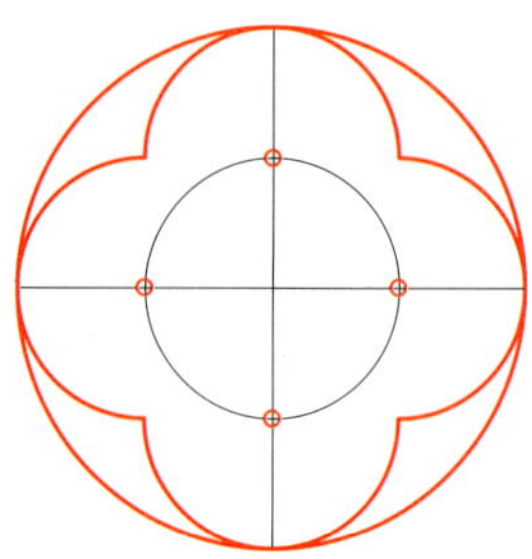

Vierpass

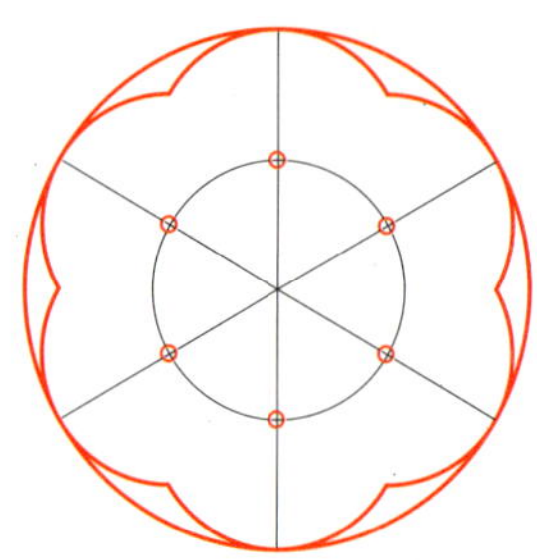

Sechspass

12 Man kann die Kreise im Kreis auch so verbinden, dass so genannte „Fischblasen“ entstehen. Auf dem Foto siehst du ein Fenster mit sechs Fischblasen. Für zwei und vier Fischblasen findest du Konstruktionszeichnungen. Zeichne sie nach.

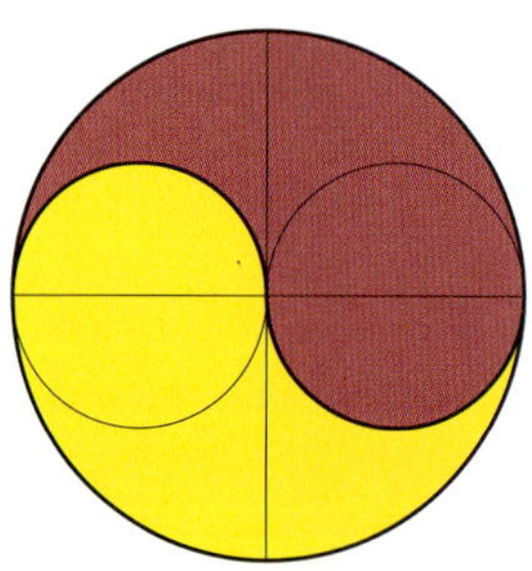

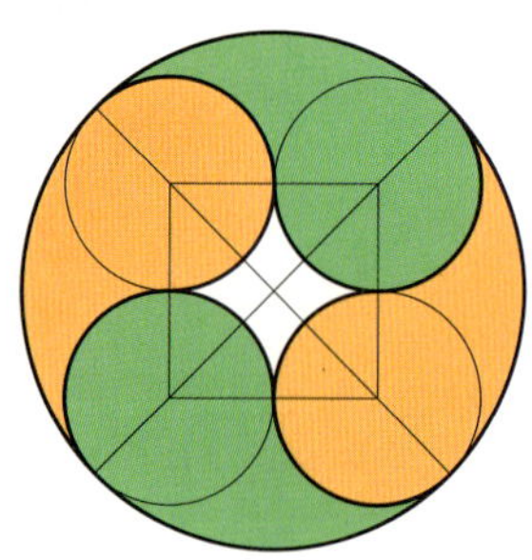

Bänder und quadratische Platten mit Kreismustern

Projekt

Idee und Ziel

Einige Gruppen erstellen große Bandornamente mit Kreismustern, andere Gruppen belegen große Flächen (DIN A4) mit quadratischen „Platten“ mit Kreismustern.

Planungsunterlagen

Muster auswählen. Die Vorlagen dienen zur Anregung. Abwandlungen, Kombinationen oder ganz eigene Entwürfe sind gewünscht.

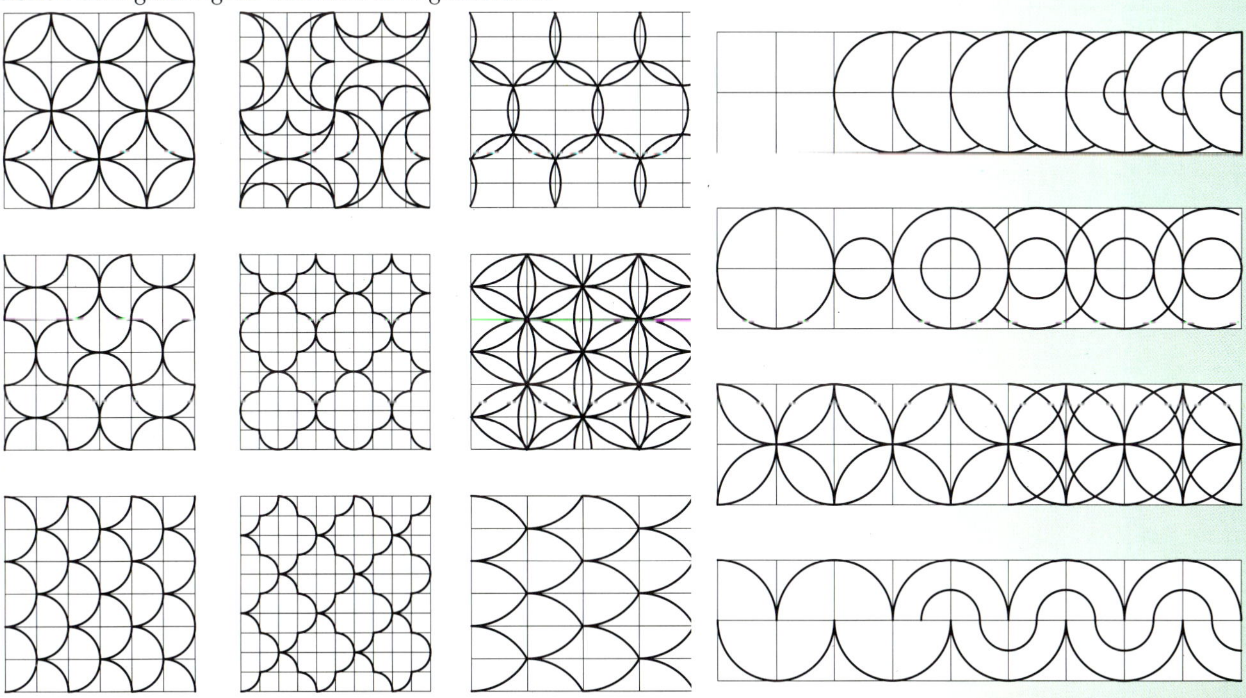

Vergrößert auf Papier (Vorlage auf kariertem Papier) zeichnen, bunt ausgestalten. Arbeitsteilung lohnt sich, die einzelnen Elemente können nachher zusammengeklebt werden. Vielleicht beteiligt sich die Kunstlehrerin oder der Kunstlehrer an dem Projekt, dann steht mehr Zeit und zusätzliches „Know-how“ zur Verfügung.

Ausstellung

Die Ergebnisse können in einer Ausstellung präsentiert werden.

3.3 Winkel

Was dich erwartet

Mit Winkeln hattest du bisher schon öfter zu tun. In der Geometrie spielt der rechte Winkel eine besondere Rolle, etwa beim Rechteck oder bei der Bestimmung des Abstandes eines Punktes von einer Geraden. Beim Trapez oder beim Parallelogramm kommen auch „spitzere“ oder „stumpfere“ Winkel vor. Im Alltag spricht man von Blickwinkeln, Steigungswinkeln, Drehwinkeln, Öffnungswinkeln usw. In diesem Abschnitt wirst du einige Anwendungen von Winkeln kennen lernen und dabei auch erfahren, wie man Winkel genau beschreiben und miteinander vergleichen kann.

Aufgaben

1 *Wo Winkel überall vorkommen*

a) Flugzeuge starten und landen unter einem bestimmten **Steigungswinkel**.

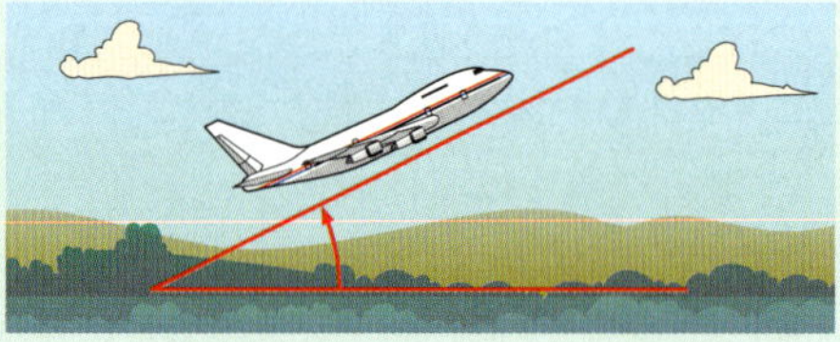

Was passiert, wenn der Steigungswinkel zu flach oder zu steil ist?

b) Richtungsänderungen von Schiffen werden durch Bewegung der Kompassnadel um einen bestimmten **Drehwinkel** angezeigt.

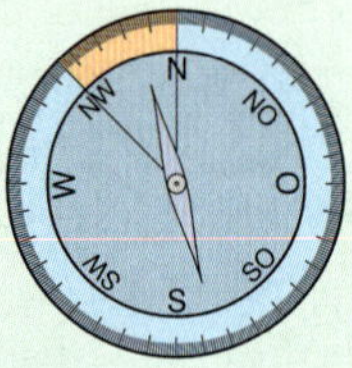

Welchen Winkel überstreicht die Kompassnadel bei einer Richtungsänderung von Nord nach Nordwest? Zeichne.

c) Zwei Straßen kreuzen sich unter einem bestimmten **Kreuzungswinkel**.

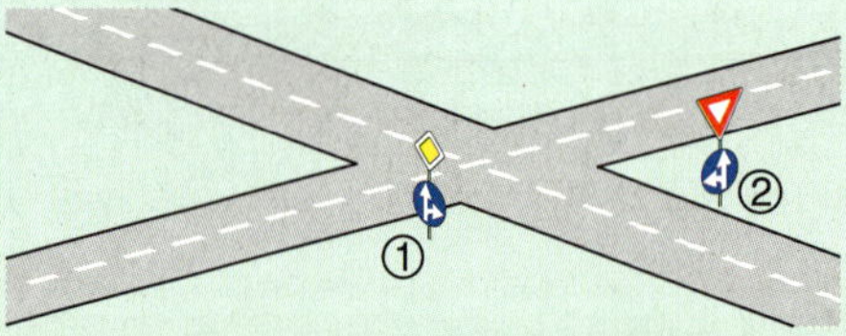

Warum sind auf den Straßenschildern nicht alle Abbiegungen erlaubt? Wären die Schilder auch bei einer rechtwinkligen Straßenkreuzung notwendig?

d) Schutzdeiche an der Meeresküste werden unter bestimmten **Böschungswinkeln** gebaut.

Warum sind die Böschungswinkel zur Meeresseite hin flacher als zur Landseite?

2 Welche Bedeutung haben die Winkel in den folgenden Situationen? Zeichne Skizzen mit verschiedenen sinnvollen Winkeln.

a) **Neigungswinkel** am Dach

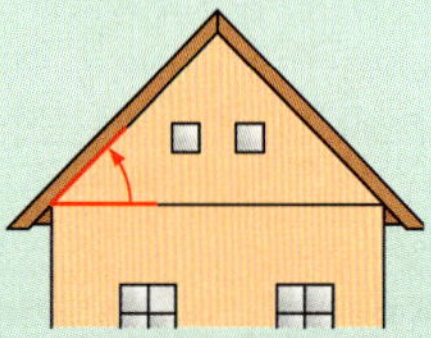

b) **Schusswinkel** beim Fußball

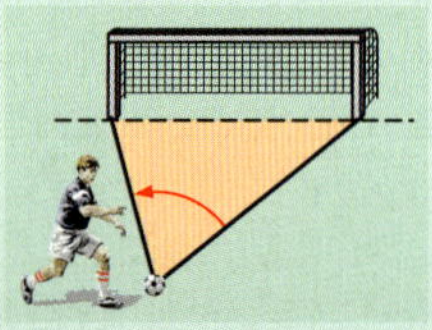

c) **Abstoßwinkel** beim Kugelstoßen

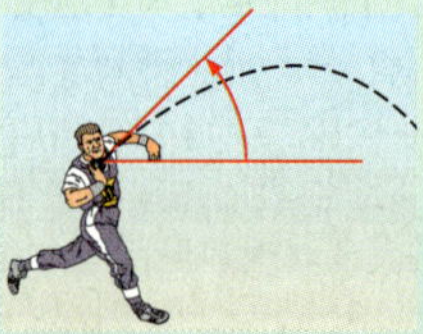

Finde weitere Beispiele aus dem Alltag, bei denen Winkel vorkommen. Suche jeweils Bilder dazu oder fertige eine Skizze an.

Aufgaben

3 *Neigungswinkel bei Dächern*
Die Schräge von Dächern wird durch den „Neigungswinkel“ des Daches genau beschrieben.
a) Welche Bedeutung hat der Neigungswinkel für die Bewohner des Hauses?
b) Der Zimmermann muss beim Bau des Dachstuhls genau den Neigungswinkel des Daches kennen.

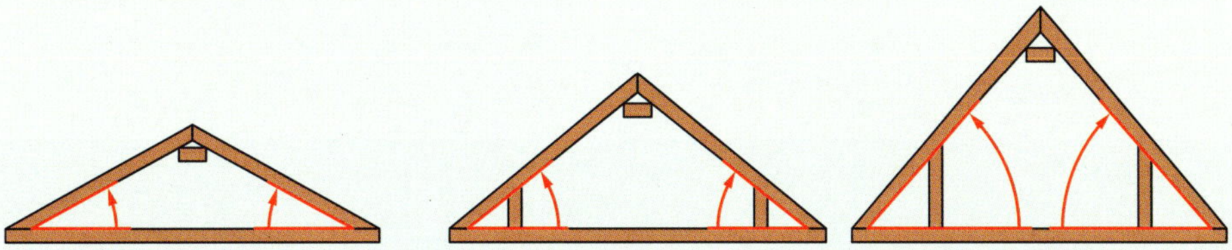

flaches Satteldach — normales Satteldach — steiles Satteldach

Übertrage die verschiedenen Neigungswinkel mit Hilfe von Transparentpapier auf Pappe und schneide sie aus.
Zeichne damit die obigen Giebelformen in dein Heft.
Die Breite des Giebels soll jeweils 8 cm betragen.

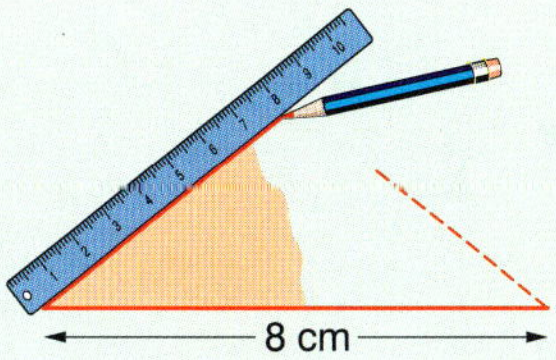

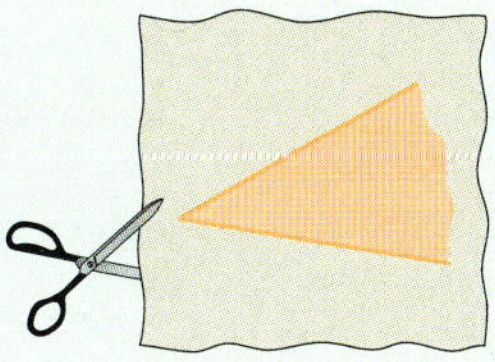

c) Schneide aus Pappe auch jeweils die „Öffnungswinkel“ aus, die die Balken an der Giebelspitze bilden und vergleiche sie miteinander.
Zu welchem Neigungswinkel gehört der größte Öffnungswinkel?

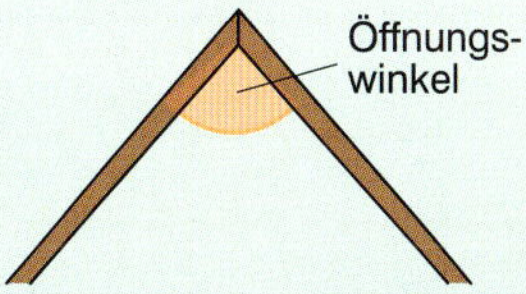

4 Der große Zeiger einer Uhr überstreicht in 20 Minuten den farbig gekennzeichneten Winkel.
a) Zeichne mehrere Uhren-Zifferblätter in dein Heft und kennzeichne jeweils den Winkel, den der große Zeiger in 10 (25, 35, 40, 50) Minuten überstreicht. Vergleiche dein Bild mit denen deiner Nachbarn. Was ist gleich, worin unterscheiden sie sich?
b) Welche Zeitspanne hat der große Zeiger bei den farbig eingezeichneten Winkeln überschritten?

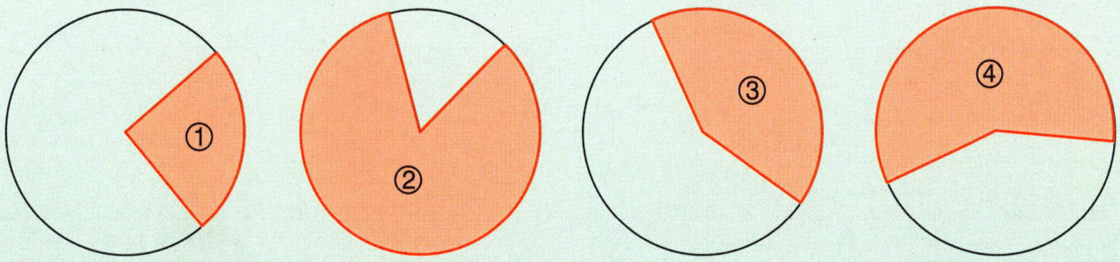

Tipp zu Aufgabe 4 b und 5: Übertrage die Winkel auf Transparentpapier und schneide sie aus. Lege sie dann auf ein Uhr-Zifferblatt.

5 Kannst du jeweils eine Uhrzeit angeben, zu der der Winkel zwischen dem großen und dem kleinen Zeiger gleich groß ist zu den gezeichneten Winkeln?
Gibt es mehrere Lösungen?

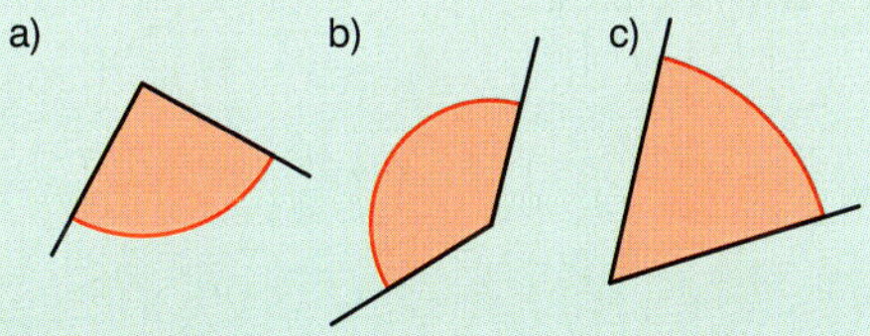

Probier es an einem Wecker oder einer alten Küchenuhr aus.

Basiswissen

Viele Situationen und geometrische Beziehungen werden mithilfe von Winkeln beschrieben.

Winkel werden gebildet:

von zwei sich schneidenden Geraden

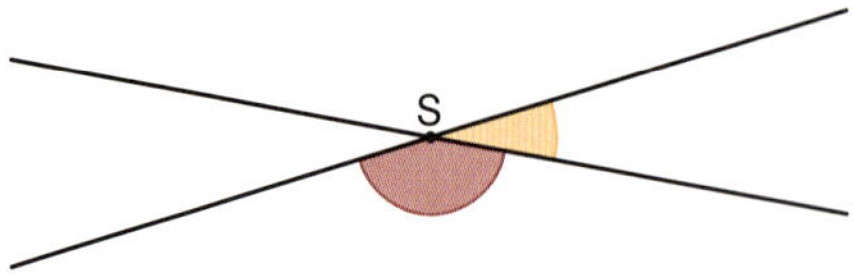

von zwei Halbgeraden, die von einem Punkt ausgehen

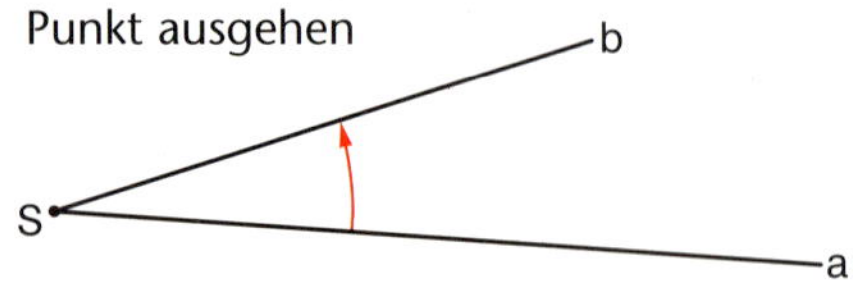

bei der Richtungsänderung eines Pfeiles (Strahls)

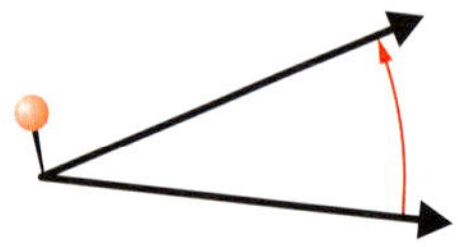

bei der Drehung einer Strecke um einen Endpunkt

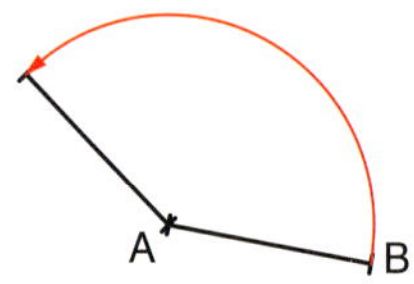

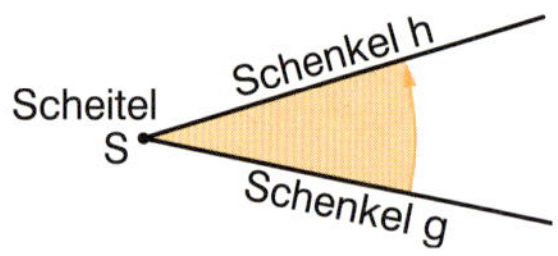

Ein Winkel wird festgelegt durch den **Scheitel** S und die beiden **Schenkel** g und h.

Die Reihenfolge der Schenkel bestimmt den Winkel, der bei Linksdrehung des erstgenannten Schenkels auf den zweitgenannten Schenkel überstrichen wird.

Linksdrehung bedeutet: Drehung entgegen dem Uhrzeigersinn

Wir können Winkel auf verschiedene Weisen bezeichnen:

1. mit kleinen griechischen Buchstaben:

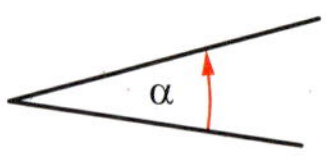

α	β
Alpha	Beta
γ	δ
Gamma	Delta

2. durch die beiden Schenkel:

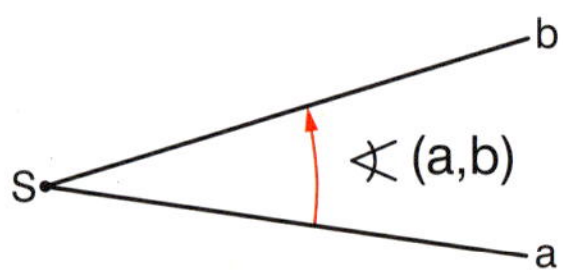

lies: *Winkel zwischen a und b*

3. durch seinen Scheitelpunkt und je einen Punkt auf seinen Schenkeln:

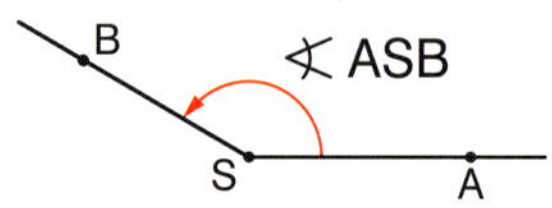

lies: *Winkel ASB*
Der Scheitelpunkt steht immer in der Mitte.

Beispiele

A Winkel im Dreieck

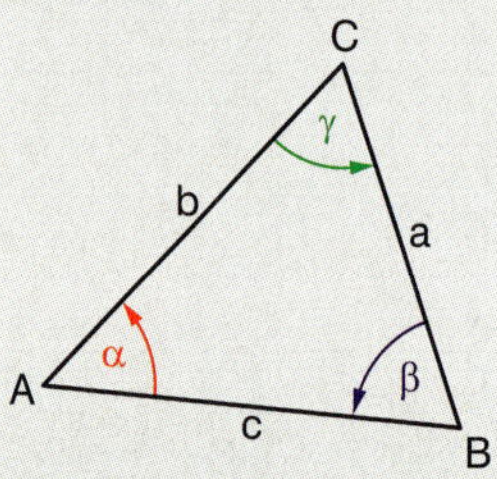

α = ∢ (c, b) = ∢ BAC
β = ∢ (a, c) = ∢ CBA
γ = ∢ (b, a) = ∢ ACB

B Kreuzungswinkel

Bei zwei sich schneidenden Geraden entstehen 4 Winkel.

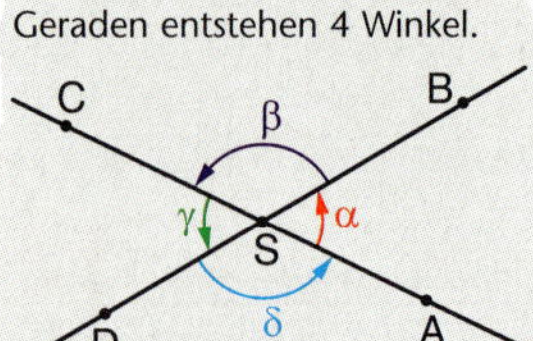

α = ∢ ASB
β = ∢ BSC
γ = ∢ CSD
δ = ∢ DSA

C Drehwinkel

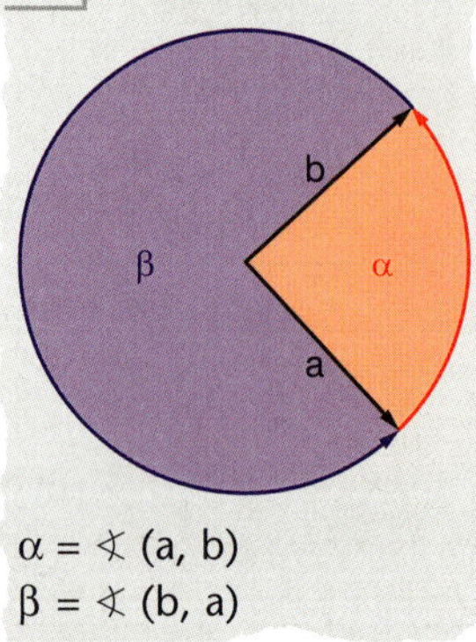

α = ∢ (a, b)
β = ∢ (b, a)

Übungen

6 Übertrage die Figuren in dein Heft. Kennzeichne die angegebenen Winkel durch farbige Kreisbögen und den griechischen Buchstaben.

a)

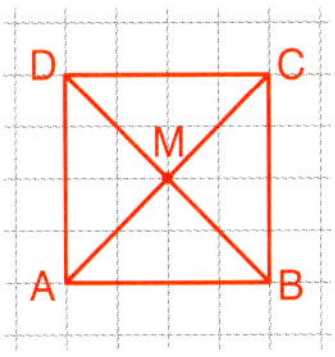

$\alpha = \sphericalangle(\overline{BC}, \overline{AB})$
$\beta = \sphericalangle BAC$
$\gamma = \sphericalangle BMC$
$\delta = \sphericalangle BMA$

b)

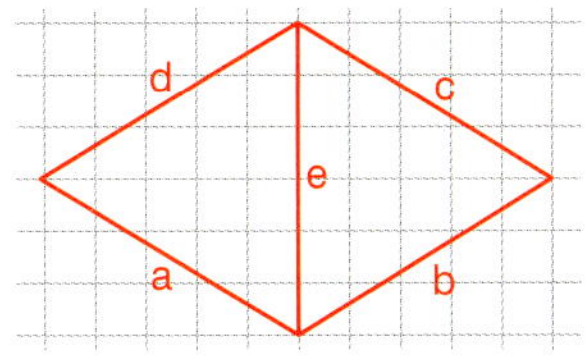

$\alpha = \sphericalangle(c, b)$
$\beta = \sphericalangle(e, a)$
$\gamma = \sphericalangle(d, c)$
$\delta = \sphericalangle(b, a)$

7 Notiere die eingezeichneten Winkel mithilfe der bezeichneten Punkte oder Schenkel. Welche Bedeutung haben die Winkel? Finde passende Namen.

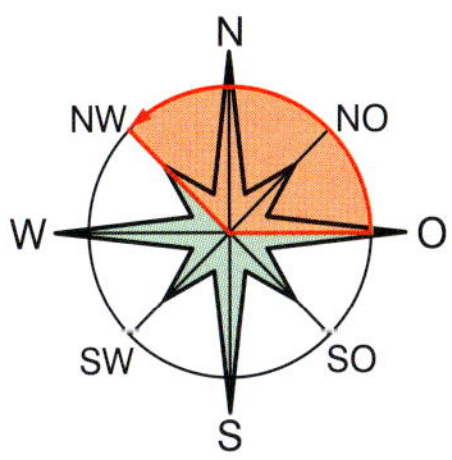

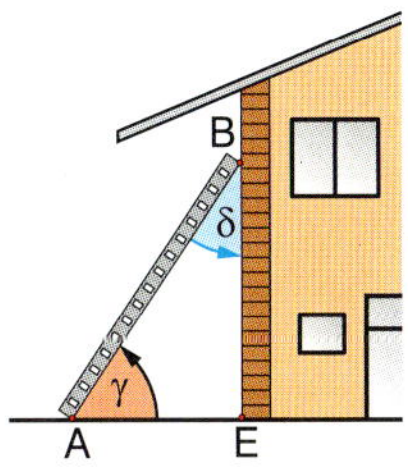

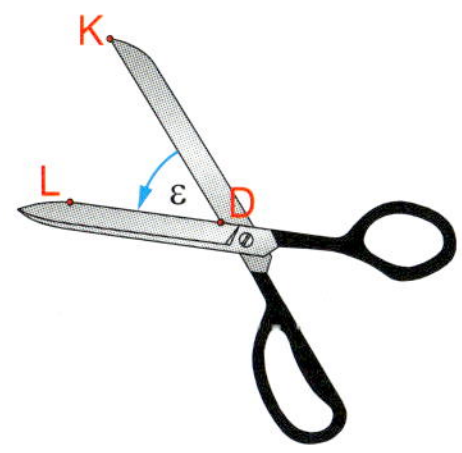

ε
Epsilon

8 Zeichne die folgenden Figuren in dein Heft und vergleiche dann jeweils die angegebenen Winkel.

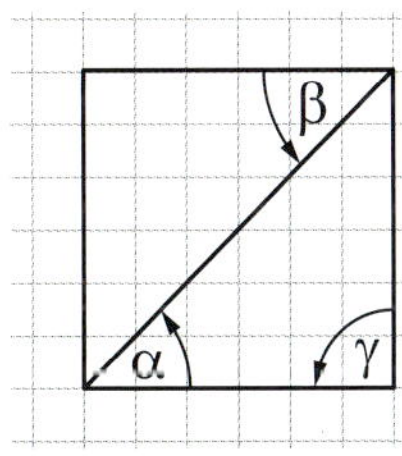

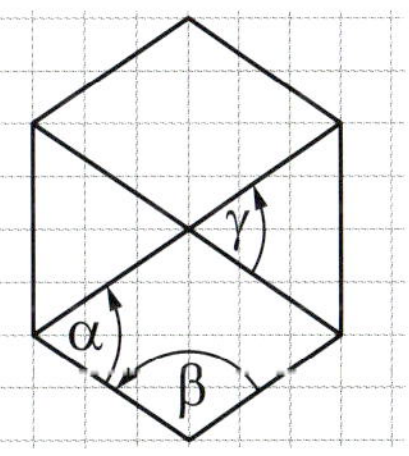

So kannst du Winkel vergleichen: Auf Transparentpapier übertragen und ausschneiden, dann übereinanderlegen.

9 Winkel werden in verschiedene Typen eingeteilt:

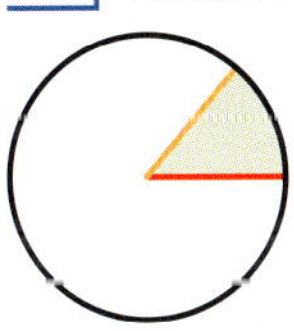
spitzer Winkel

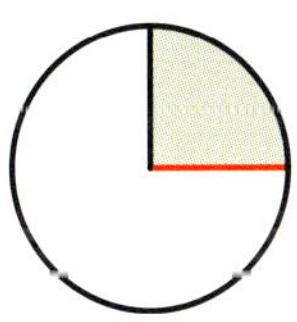
rechter Winkel

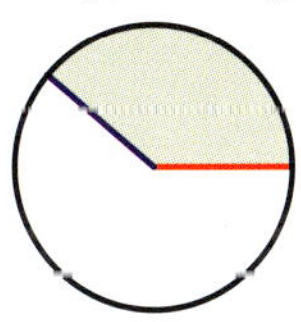
stumpfer W.

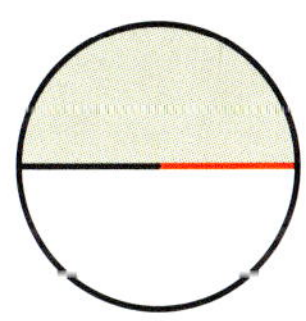
gestreckter W.

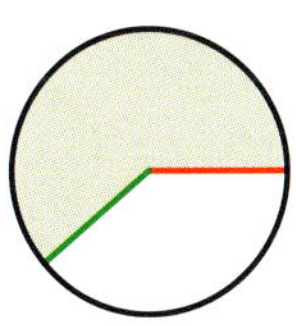

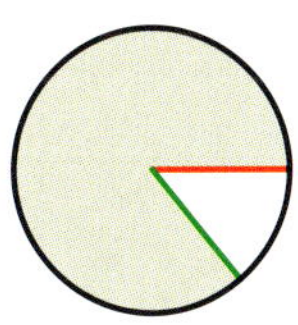
überstumpfe W.

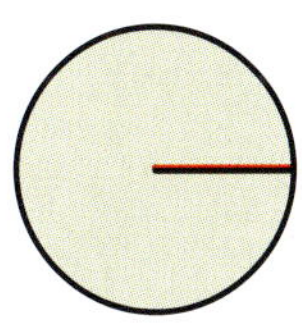
Vollwinkel

Gib für die folgenden Winkel den Typ an:

a)

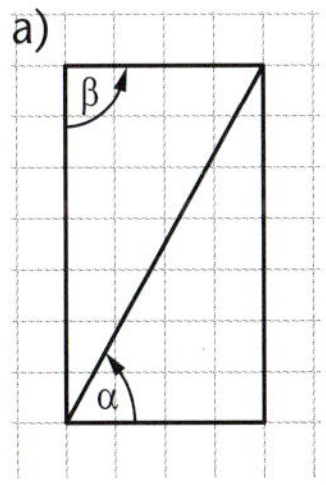

b)

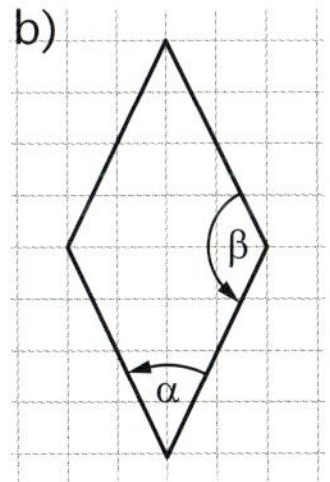

c)

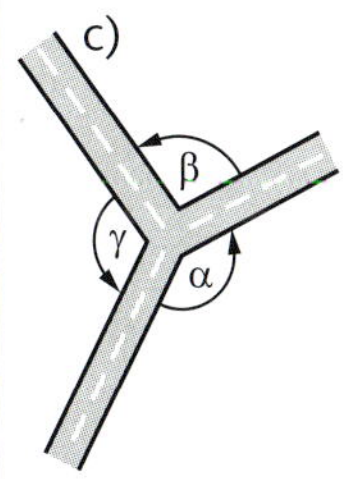

d)

Sehwinkel eines Frosches

e)

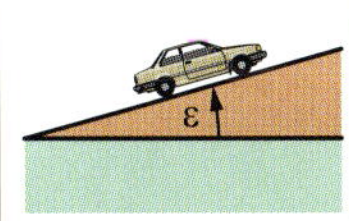

Steigungswinkel einer Straße

Im nächsten Lernabschnitt werden Winkelmaße eingeführt. Dann lassen sich die Typen genauer beschreiben.

Übungen

10 a) Zerschneide ein Quadrat längs der Diagonale in zwei Dreiecke. Vergleiche die Winkel α und β. Wenn du die beiden Winkel aneinandersetzt, so erhältst du einen rechten Winkel.
b) Setze die drei Winkel eines gleichseitigen Dreiecks aneinander. Welchen Winkel erhältst du?

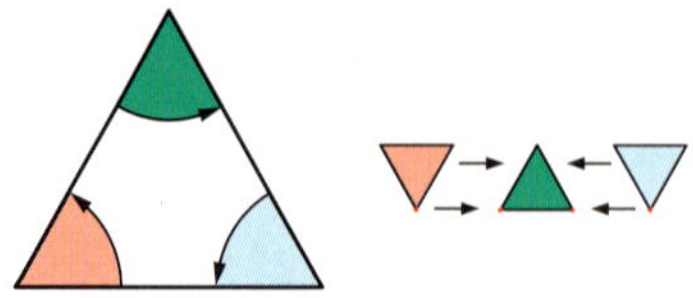

11 Zeichne die folgenden Winkel in dein Heft.

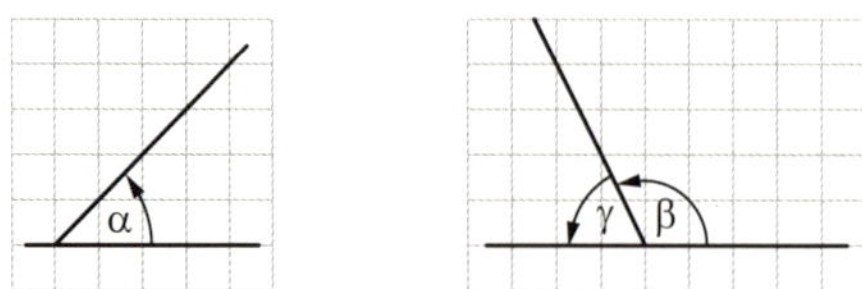

a) Verdopple den Winkel α
b) Verdreifache den Winkel β
c) Vervierfache den Winkel γ

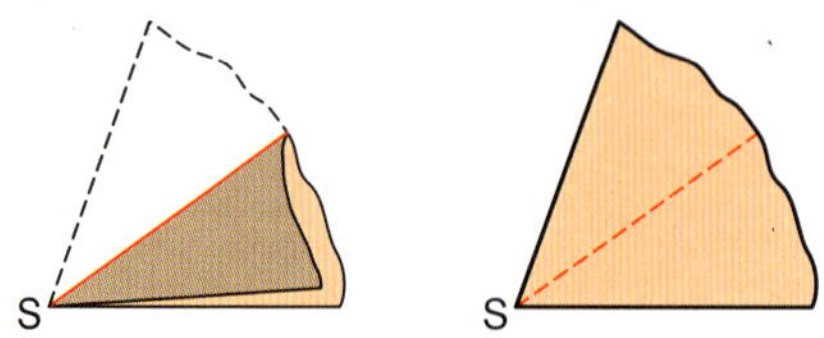

So kannst du einen Winkel vervielfachen:

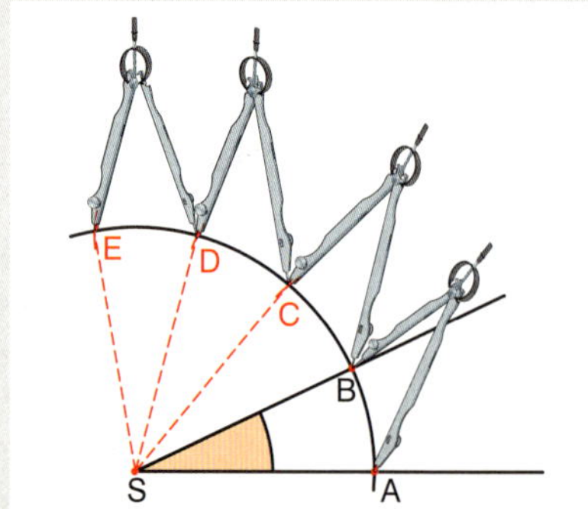

Zeichne einen Kreis um den Scheitel. Markiere die Schnittpunkte A und B des Kreises mit den beiden Schenkeln. Trage die Zirkelweite AB von B aus nach links mehrmals auf dem Kreis ab. Zeichne die Schenkel SC (SD, SE).

12 Durch Falten kannst du einen Winkel halbieren. Du musst so falten, dass die beiden Schenkel zur Deckung kommen. Halbiere auf diese Weise
a) einen rechten Winkel,
b) einen Winkel im gleichseitigen Dreieck,
c) einen Winkel im regelmäßigen Sechseck.

13 Die Bildfolge zeigt dir, wie man einen Winkel mit dem Zirkel halbieren kann.

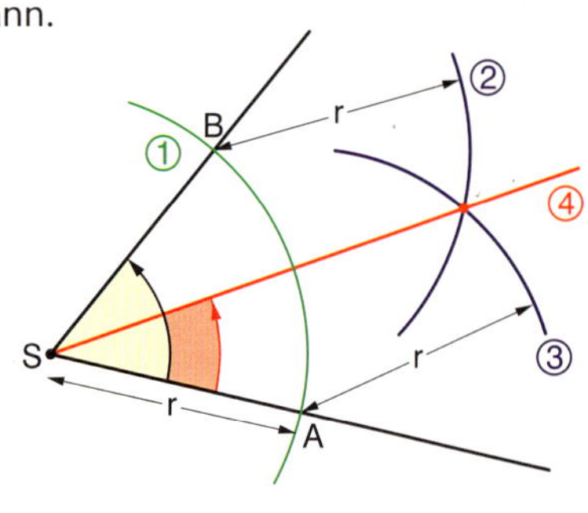

a) Halbiere auf diese Weise die Winkel aus Aufgabe 12.
b) Beschreibe die Konstruktion mit Worten.

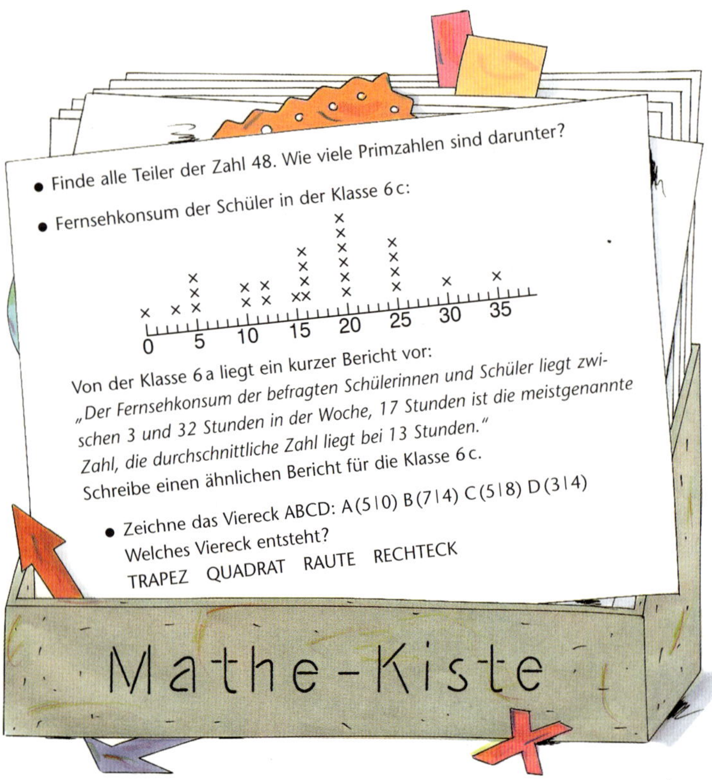
- Finde alle Teiler der Zahl 48. Wie viele Primzahlen sind darunter?
- Fernsehkonsum der Schüler in der Klasse 6 c:

Von der Klasse 6 a liegt ein kurzer Bericht vor:
„Der Fernsehkonsum der befragten Schülerinnen und Schüler liegt zwischen 3 und 32 Stunden in der Woche, 17 Stunden ist die meistgenannte Zahl, die durchschnittliche Zahl liegt bei 13 Stunden."
Schreibe einen ähnlichen Bericht für die Klasse 6 c.

- Zeichne das Viereck ABCD: A(5|0) B(7|4) C(5|8) D(3|4)
Welches Viereck entsteht?
TRAPEZ QUADRAT RAUTE RECHTECK

Aufgaben

14 In den Bildfolgen sind jeweils einige Momentaufnahmen eines Turmspringers beim Sprung festgehalten.

 „Klappmessersprung“	Schreibe für jede Position den Typ des Winkels auf. a) Klappmessersprung: Zwischen • Arme und Oberkörper, • Oberkörper und Beine. b) Kopfsprung rückwärts: Zwischen • Oberkörper und Arme, • Beine und Oberkörper. Schreibe eine kurze Reportage des Sprungablaufs, in dem Begriffe wie rechter Winkel, stumpfer (spitzer) Winkel und gestreckter Winkel benutzt werden.	 „Kopfsprung rückwärts“

15 Im Muster der Haut einer Giraffe findest du verschiedene Winkel.

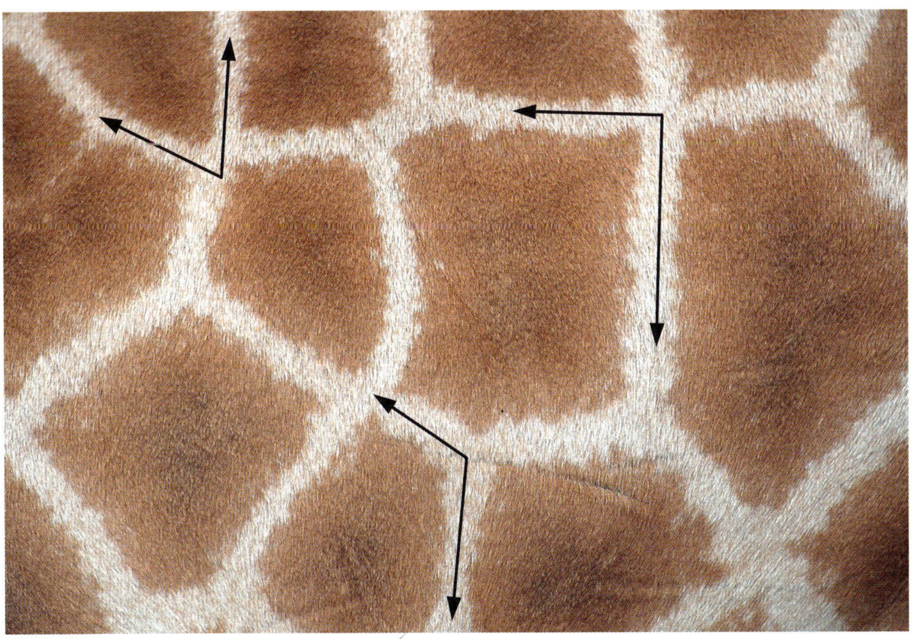

a) Benenne die eingezeichneten Winkeltypen.
b) Lege eine Folie über das Foto und zeichne je zwei weitere Beispiele für spitze, stumpfe, überstumpfe Winkel.
c) Findest du auch Winkel, die ungefähr einem rechten (gestreckten) Winkel entsprechen?
d) Versuche, Winkelpaare zu finden, bei denen ein Winkel ungefähr das Doppelte (das Dreifache) des anderen Winkels ist.

Überprüfe durch Ausschneiden und Übereinanderlegen

3.4 Winkelgrößen schätzen und messen

Was dich erwartet

Beim Planen von Bauwerken, Straßen oder Brücken, bei Kursbestimmungen von Schiffen und Flugzeugen und auch bei der Konstruktion geometrischer Figuren müssen ganz bestimmte Winkel mit großer Genauigkeit gemessen und gezeichnet werden. Wie bei anderen Größen legt man hierzu eine spezielle Maßeinheit fest und benutzt geeignete Messgeräte. Zum Messen von Winkeln verwendet man die Einheit „Grad“, die bereits vor 2 500 Jahren von den Babyloniern festgelegt wurde und auch heute auf der kreisförmigen Winkelskala deines Geodreiecks benutzt wird.

Aufgaben

1 *Winkeldrehscheibe*

Mit einer leicht herstellbaren „Winkeldrehscheibe“ kannst du eine gute Vorstellung über Winkelgrößen gewinnen.

Bauanleitung:
1 Zeichne zwei Kreise mit dem Radius 5 cm auf verschiedenfarbigen Tonkarton und schneide sie aus.
2 Schneide beide Kreise längs eines Radius ein.
3 Stecke die beiden Kreise ineinander.

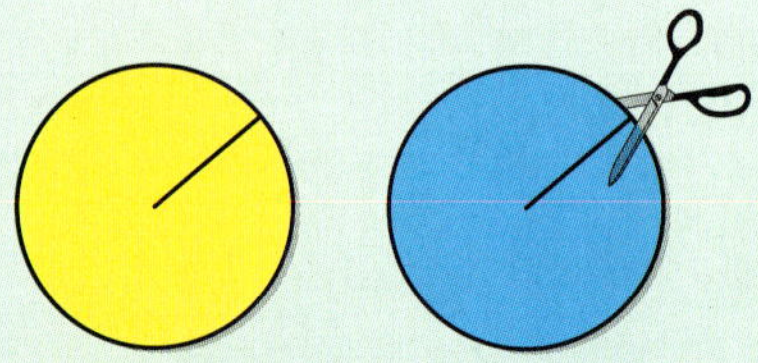

Durch Drehen der gelben Scheibe kannst du nun (blaue) Winkel verschiedener Größe einstellen:

spitzer Winkel | überstumpfer Winkel | stumpfer Winkel

Zur genauen Einstellung kannst du den jeweiligen Winkel zeichnen und ausschneiden.

Stelle auf deiner Winkeldrehscheibe ein:
a) einen rechten Winkel
b) einen gestreckten Winkel
c) den Winkel zwischen Seite und Diagonale eines Quadrats
d) den Winkel eines gleichseitigen Dreiecks
e) den doppelten Winkel eines gleichseitigen Dreiecks.
Markiere die Winkel am Rand der blauen Scheibe.

2 *Winkelskala am Kreis*

Winkel werden in Grad gemessen. Ein rechter Winkel hat 90°, ein gestreckter Winkel 180° und der Vollwinkel 360°. In dem Bild ist der rechte Winkel in 6 gleich große Winkel geteilt.
a) Kopiere die Vorlage viermal und klebe die ausgeschnittenen Viertelkreise auf die blaue Scheibe deiner Winkeldrehscheibe. (Den 1. Schenkel genau an den eingeschnittenen Radius anlegen!) Beschrifte die Markierungen nun mit 0°, 15°, 30° usw. bis 345°, 360°.
b) Stelle auf deiner Winkeldrehscheibe nun Winkel der Größen 30°, 45°, 60°, 120°, 195°, 270°, 330° ein.
c) Stelle ungefähr ein: 10°, 55°, 100°, 170°, 250°, 302°.

Aufgaben

3 *Winkel schätzen*

Wenn du auf deiner Winkeldrehscheibe mit Hilfe der Skala einen blauen Winkel bestimmter Größe einstellst, so erscheint der gleiche Winkel ohne Skala auf der Rückseite in Gelb. In Partnerarbeit lässt sich damit das Schätzen von Winkelgrößen trainieren: Ein Partner stellt mit der Skala einen blauen Winkel ein, der andere sieht nur den gelben Winkel auf der Rückseite und schätzt dessen Größe. Wechselt euch ab. Für jeden „Treffer" gibt es einen Punkt.

4 *Das Geodreieck als Werkzeug zum Winkelmessen*

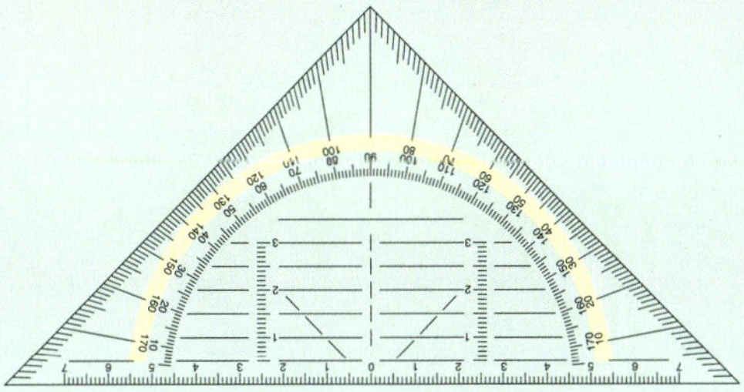

a) Schau dir die „Halbkreisskala" auf deinem Geodreieck genau an. Wie viele Teilstriche findest du darauf? Wo findest du Winkel von 90° und von 45°? Welcher Zusammenhang besteht zwischen der Skala auf dem Halbkreis und den Skalen auf den Seiten des Geodreiecks? Was fällt dir sonst noch auf?

b) In dem Bild werden die Winkel α und β gemessen. Beschreibe, wie das Geodreieck an den Winkel angelegt wird. Wir groß sind die Winkel α und β?

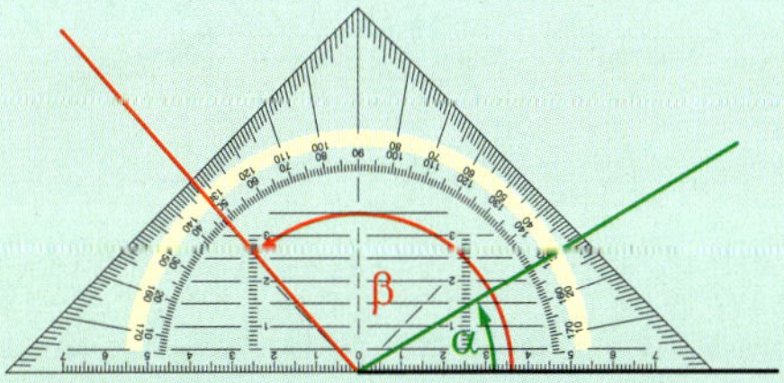

c) Miss mit dem Geodreieck die Winkel γ und δ. Übertrage dazu die Winkel in dein Heft und verlängere die Schenkel.

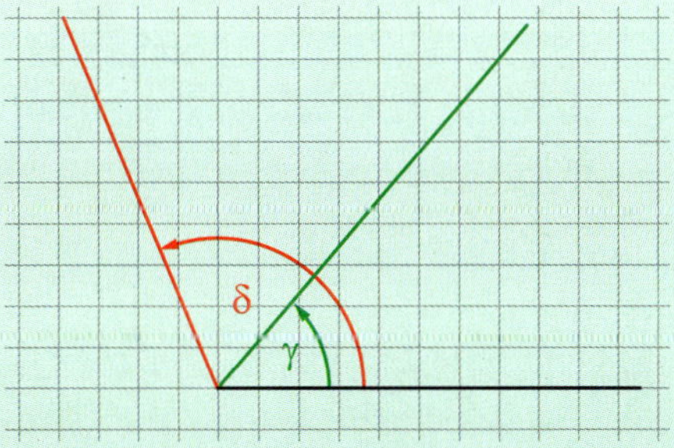

5 *Winkel zeichnen mit dem Geodreieck*

Die Bildfolge zeigt dir, wie man einen Winkel von 40° zeichnet.

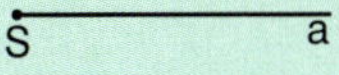

Schenkel a zeichnen

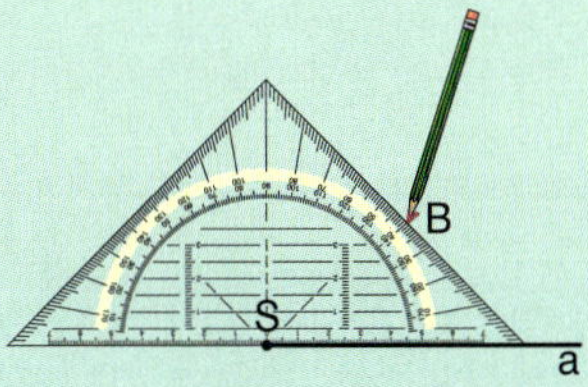

Geodreieck anlegen. Punkt B beim Skalenwert 40° markieren

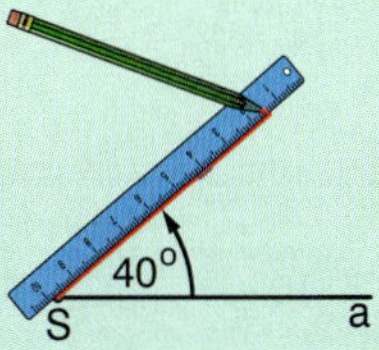

Schenkel b durch S und B zeichnen. Winkel kennzeichnen

a) Zeichne auf diese Weise Winkel von 35°, 60°, 85°, 130° und 160°.

b) Kannst du mit dem Geodreieck auch einen Winkel von 230° konstruieren? Beschreibe dein Vorgehen.

Tipp: Zeichne zunächst einen gestreckten Winkel.

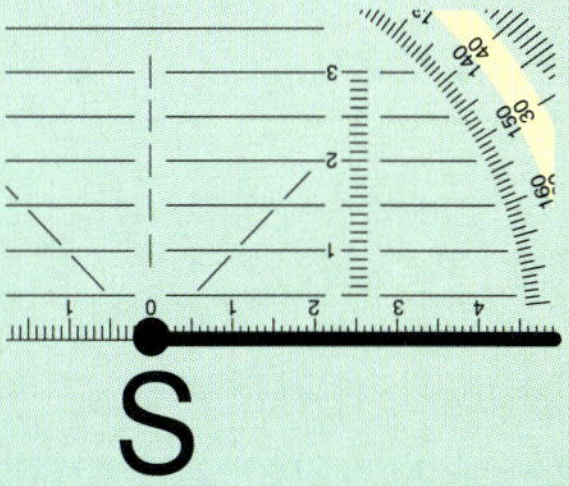

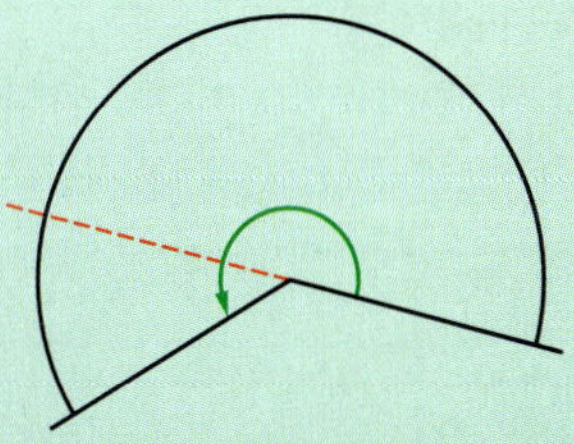

Basiswissen

Wir messen und zeichnen Winkel mithilfe der Kreisskala auf dem Geodreieck. Die Winkeleinheit ist der Grad (1°). Der Vollwinkel hat 360°, der gestreckte Winkel 180° und der rechte Winkel 90°.

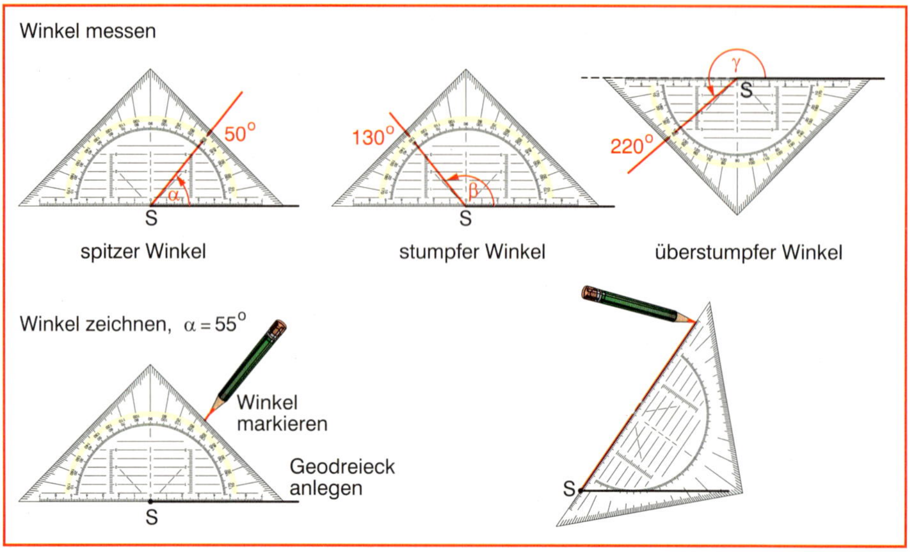

Beispiele

A Miss den Steigungswinkel der Zahnradbahn.

Der Steigungswinkel beträgt 25°.

B Zeichne einen überstumpfen Winkel von 310°.

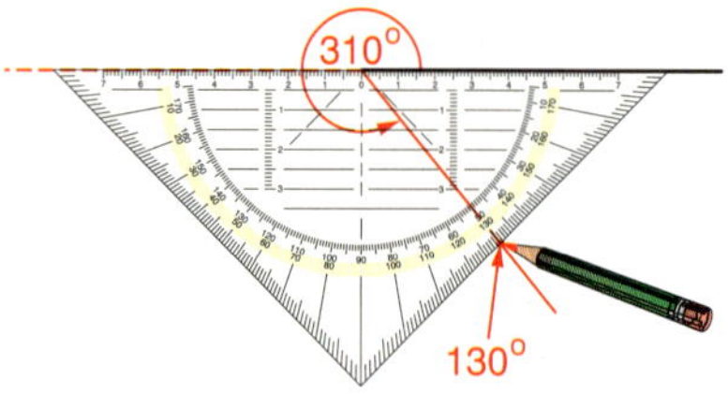

C Konstruiere den Giebel eines Satteldaches mit 38° Neigungswinkel.

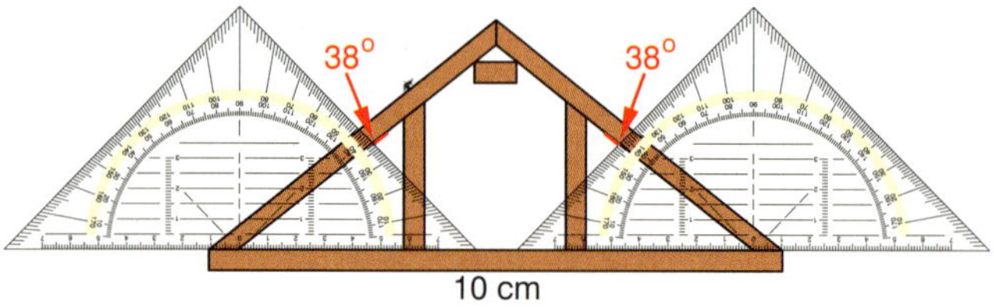

Übungen

Tipp zum Messen: Übertrage die Winkel auf Transparentpapier und verlängere die Schenkel.

6 Schätze zuerst die Größe der Winkel. Miss dann mit dem Geodreieck.

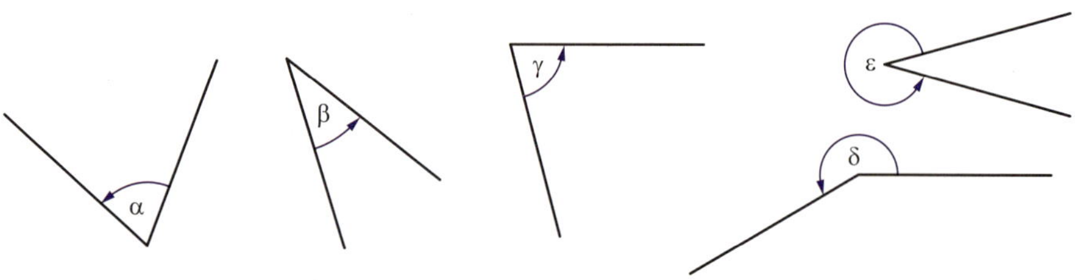

7 Zum Training: Zeichne die folgenden Winkel in dein Heft:

a) $\alpha = 66°$ $\beta = 125°$ $\gamma = 32°$ $\delta = 110°$

b) $\alpha = 6°$ $\beta = 245°$ $\gamma = 195°$ $\delta = 325°$

8 Zeichne ein Dreieck mit den Winkeln α und β und der Seitenlänge $c = 10$ cm.

a) $\alpha = 30°$ $\beta = 60°$

b) $\alpha = 40°$ $\beta = 70°$

c) $\alpha = 20°$ $\beta = 100°$

Miss jeweils die Größe des Winkels γ.

Wir benutzen die griechischen Buchstaben sowohl zur Bezeichnung des Winkels als auch der Größe des Winkels.

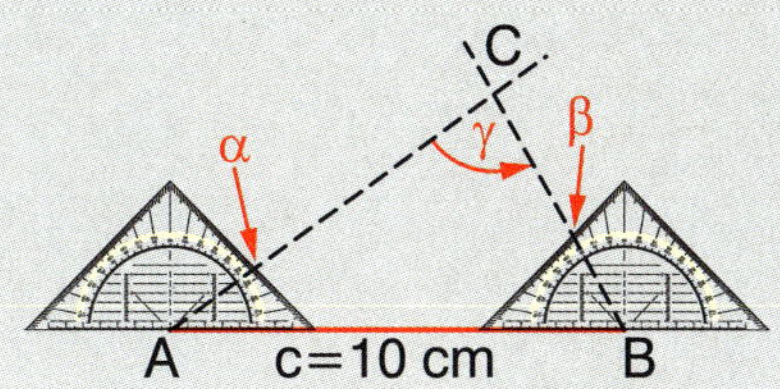

Übungen

Das genaue Zeichnen von Winkeln kostet Zeit. Hier ist eine Methode, mit der es vielleicht schneller geht:

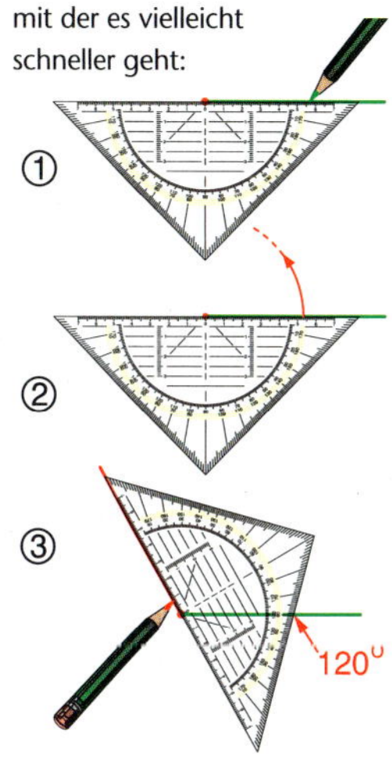

9 *Schätzen und messen*

Fertige von dem Bild eine vergrößerte Foto-Kopie an (DIN A5). Suche dir eine Scheibe aus. Schätze ihren Winkel zum Schenkel a. Zeichne dann den geschätzten Winkel. Wenn du gut geschätzt hast, so trifft der Schenkel die Scheibe.

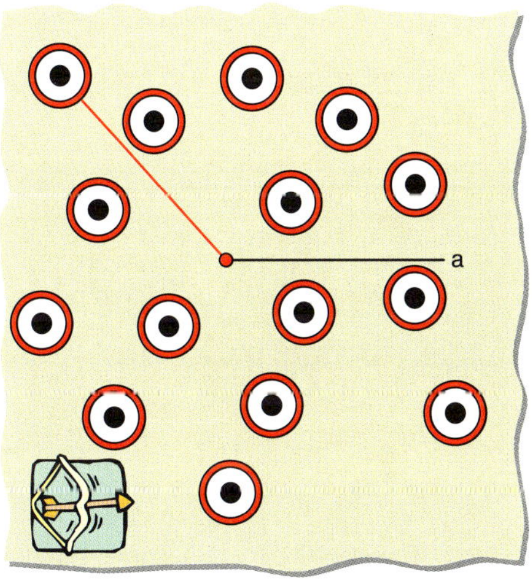

10 Konstruiere ein regelmäßiges Sechseck im Kreis. Miss den Mittelpunktswinkel α und den Innenwinkel β. Kannst du die Winkelgrößen auch ohne Messen herausfinden?

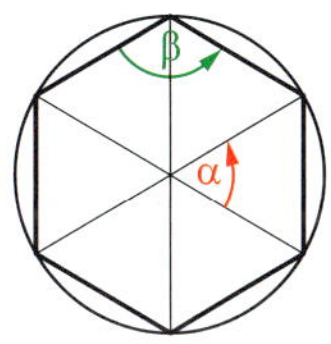

11 Wie groß sind Mittelpunktswinkel und Innenwinkel beim regelmäßigen Fünfeck?

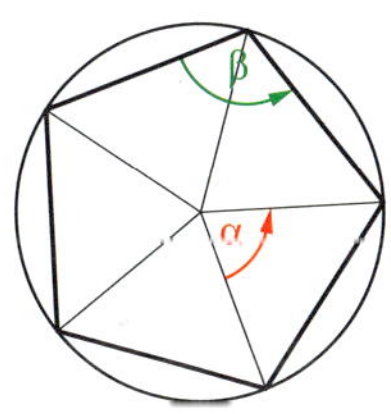

Kannst du mithilfe des Mittelpunktswinkels ein regelmäßiges Fünfeck konstruieren? Beschreibe deine Methode.

9
Mehr Spaß macht es mit einem Spielpartner. Für einen Treffer ins Schwarze gibt es 3 Punkte, für den offenen Ring 1 Punkt.

12 Zeichne eine Kompassrose, die 16 verschiedene Himmelsrichtungen festlegt. N = Nord, NO = Nordost, NNW = Nordnordwest

a) Gib die Größe für die folgenden Winkel an:
∢ (N, W), ∢ (O, NO), ∢ (N, NNW).

b) Übertrage die Tabelle in dein Heft und fülle sie aus.

	(O, NO)	(NW, SW)	(NNO, N)	(NO, S)	(SO, O)	(NNW, O)	(O, SO)	(NNO, O)
Winkelgröße	45°							
Winkelart	spitz							

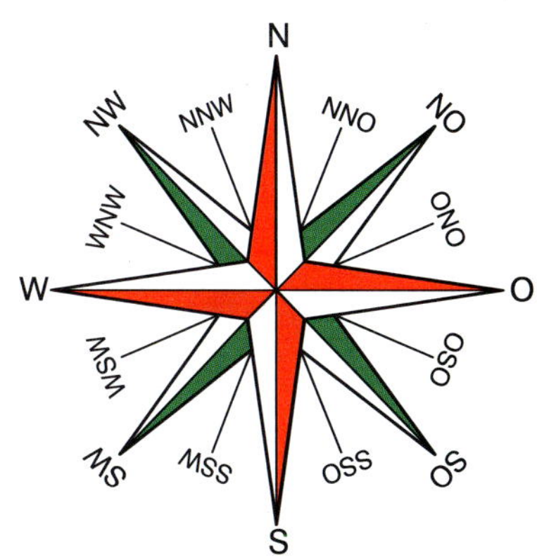

13 Übertrage die Tabelle in dein Heft und fülle die Lücken aus:

Winkelart	spitz	rechter W.		gestreckter W.	überstumpfer W.
Winkelgröße	$0° < \alpha < 90°$		$90° < \alpha < 180°$		

Übungen

Zum Messen:
Folie über das Bild legen.
Winkel zeichnen.
Dann Schenkel verlängern

14 Die Fotos zeigen die Giebel von Mansardendächern. Schätze die Größe der Neigungswinkel der Dachflächen und der Öffnungswinkel am Dachfirst. Miss dann genau nach und zeichne die Giebel vergrößert in dein Heft.

15 Die Brücke „Ponte della Maddalena" in der nördlichen Toskana fällt auf durch ihren sogenannten „Eselsbogenrücken".
Bestimme die Steigungswinkel der Brückenauffahrten. Wie groß ist der Winkel am höchsten Punkt der Brücke? Zeichne ein vergrößertes Bild der Brücke in dein Heft.

Vögel im Flug

Bussard

Möwe

16 Welchen Winkel bilden die Tragflächen („Pfeilflügel") mit dem Rumpf des Flugzeugs? Miss nach und zeichne in dein Heft.

17 Martin Schmitt beim Telemarksprung auf der Oberstdorfer Schanze. Ist der Stellwinkel der Skier sein Erfolgsgeheimnis?

18 Verkehrsschilder zeigen die Steigung oder das Gefälle von Straßen an. 5% Steigung bedeutet: Auf 100 m steigt die Straße um 5 m an.
a) Wie groß ist der Steigungswinkel bei 5% Steigung? Zeichne eine maßstäbliche Skizze in dein Heft und miss den Steigungswinkel.
b) Welcher Steigungswinkel entspricht
7% (Auffahrt im Mittelgebirge)
15% (steile Passstraße im Hochgebirge)
48% (Zahnradbahn „Pilota" in der Schweiz)
c) Welcher Winkel würde 100% Steigung entsprechen?

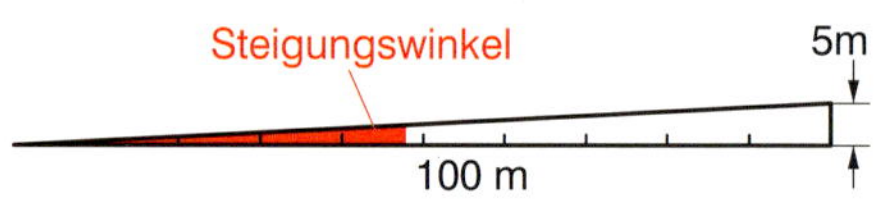

Du kannst dir selbst aus Pappe ein Messgerät für Steigungswinkel herstellen.

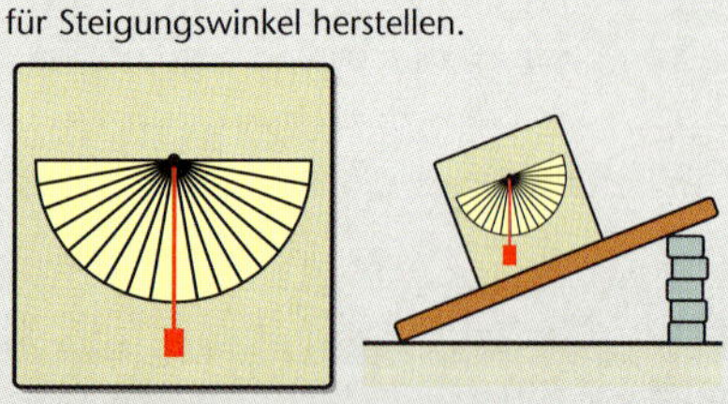

Die Schnur mit dem Gewicht stellt sich immer lotrecht ein. Probiere es an einem schiefen Brett aus.

Aufgaben

19 Die Segelyacht „Elsa" gerät beim Sturm in Seenot. Über Funk fordert der Skipper Hilfe an. Wo befindet sich das Schiff?

SOS – Dringend Hilfe – Position 60° Nord 27° Ost

Koordinaten auf der Erdoberfläche

Zur Positionsbeschreibung auf der Erdkugel werden Koordinaten angegeben. Du kennst dieses Gitternetz auf der Erde sicher schon aus dem Erdkundeunterricht. Ähnlich wie im Koordinatensystem in der Ebene genügt hierfür die Angabe von zwei Zahlen, diese sind offensichtlich Maßzahlen von Winkeln.
Welche Winkel sind damit gemeint?

Die Winkel kennzeichnen jeweils einen Breitenkreis und einen Längenhalbkreis. In 3.1, Seite 51, sind diese Schnittkreise an der Kugel veranschaulicht.
Die angegebene Position befindet sich im Schnittpunkt des Breitenkreises mit dem Längenhalbkreis. In der aufgeschnittenen Erdkugel kannst du erkennen, welche Winkel die Breiten- und Längenkreise kennzeichnen. Die Winkel haben alle ihren Scheitel im Erdmittelpunkt. Bei den Koordinaten wird immer zuerst der Winkel für den Breitenkreis und dann der Winkel für den Längenhalbkreis angegeben.

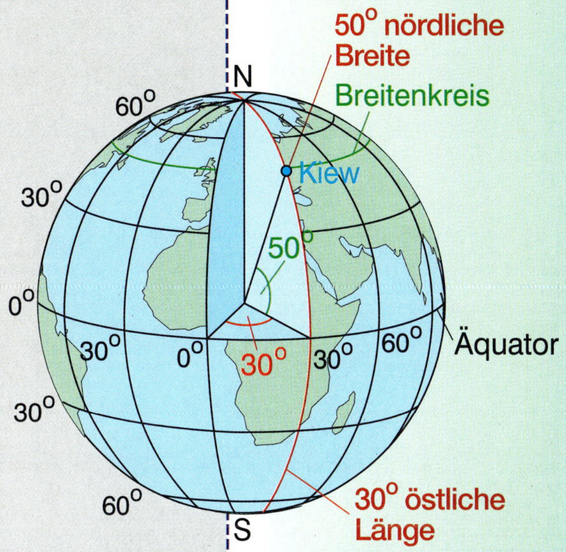

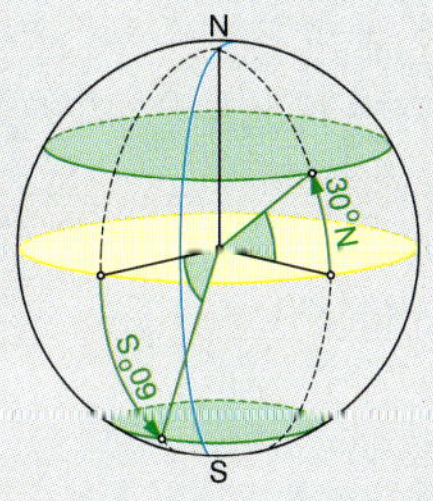

Die Winkelgrößen werden von 0° bis 90° auf der Nordhalbkugel (nördliche Breite) und von 0° bis 90° auf der Südhalbkugel (südliche Breite) gemessen.
Der Winkel für den Äquator ist 0°.

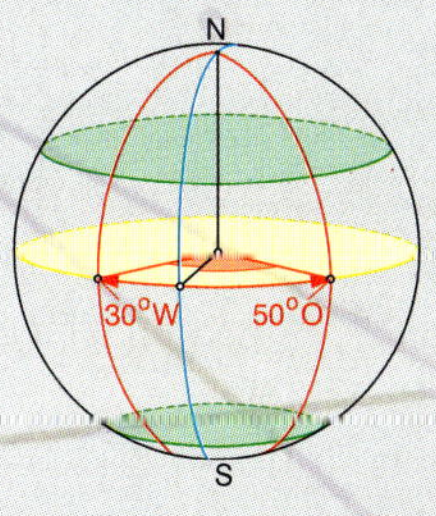

Von dem Nullmeridian werden die Längenhalbkreise von 0° bis 180° nach Osten (östliche Länge) und von 0° bis 180° nach Westen (westliche Länge) gemessen.

Die Längenhalbkreise (auch „Meridiane" genannt) verlaufen von Pol zu Pol. Hier muss man erst einen „Nullmeridian" festlegen: Seit 1884 ist das der Längenhalbkreis, der durch die englische Stadt Greenwich (nahe London) verläuft.

20 Suche in deinem Atlas (oder auf dem Globus) die Position der Segelyacht.

21 Knut Hansen funkt seinen Standort: 90° nördliche Breite/120° östliche Länge. Renato Delgado befindet sich zur selben Zeit 90° nördliche Breite/30° östliche Länge. Können sich die beiden sehen?

22 Warum gibt man bei den Koordinaten die Winkel der Längenhalbkreise und nicht der Längenkreise ein? Lege mit einer Schnur auf einem Globus einen Längenkreis, der durch Deutschland geht. Welche Winkel sind möglich? Welcher Winkel gehört zu dem jeweiligen Längenhalbkreis auf der anderen Seite der Erdkugel?

CHECK-UP

Kreis und Winkel

Kreis

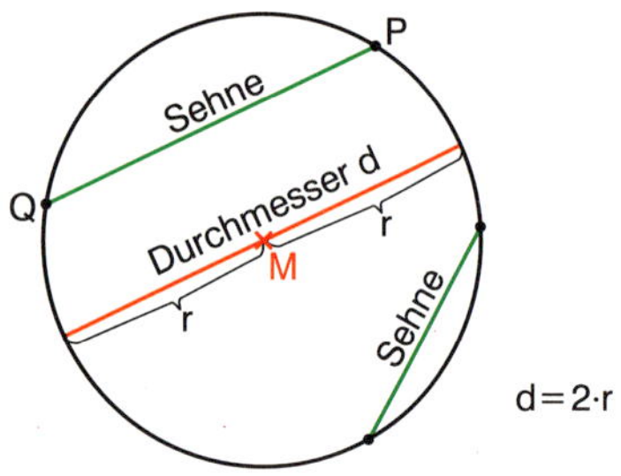

Alle Punkte des Kreises haben vom Mittelpunkt die gleiche Entfernung.

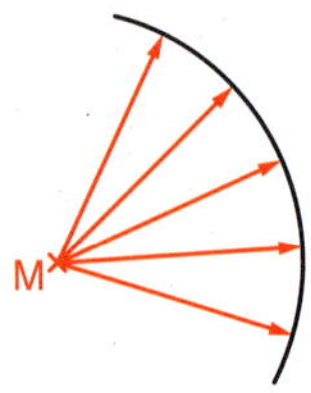

Kugel

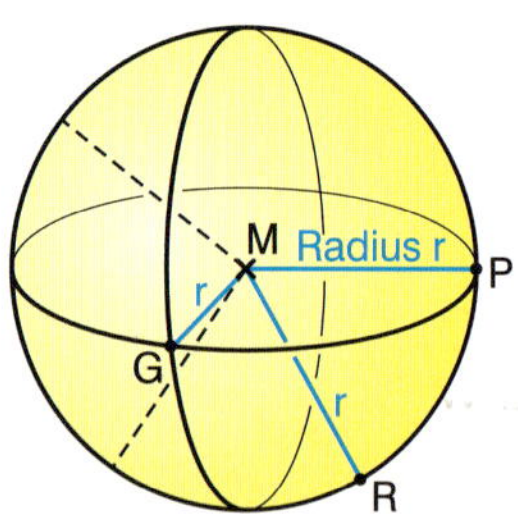

Alle Punkte der Kugeloberfläche haben vom Mittelpunkt die gleiche Entfernung.

Konstruktion eines regelmäßigen Sechsecks

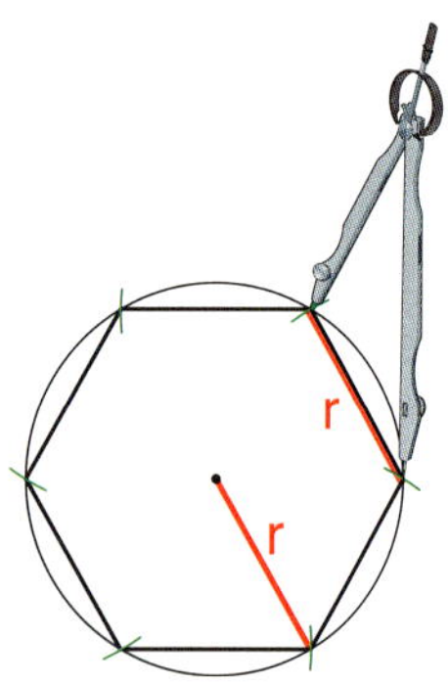

1 Zeichne in ein Koordinatensystem die Punkte A(0 | 5), B(8 | 1), C(10 | 5) und D(9 | 8) ein.
a) Zeichne einen Kreis, der durch diese vier Punkte geht. Gib die Koordinaten des Mittelpunktes an. Wie groß ist der Radius des Kreises?
b) Ist die Strecke $\overline{EF}$ eine Sehne des Kreises? Miss die Länge der Strecke $\overline{EF}$ und vergleiche mit dem Durchmesser des Kreises. E(5 | 10), F(1 | 2)

2 In Essen ist ein Rettungshubschrauber stationiert, der alle Orte bis zu einer Entfernung von 50 km anfliegen kann. Bestimme auf der Karte alle Städte, die im Einsatzbereich des Hubschraubers liegen.

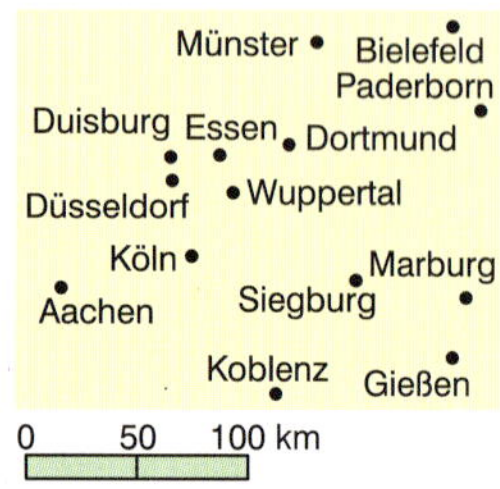

3 Welche der folgenden Aussagen sind wahr? Begründe, ohne zu messen!
a) Die Strecke $\overline{AB}$ ist ein Radius des Kreises.
b) Die Strecke $\overline{DE}$ ist kürzer als die Strecke $\overline{AB}$.
c) Die Strecke $\overline{FC}$ ist genau halb so lang wie $\overline{AB}$.

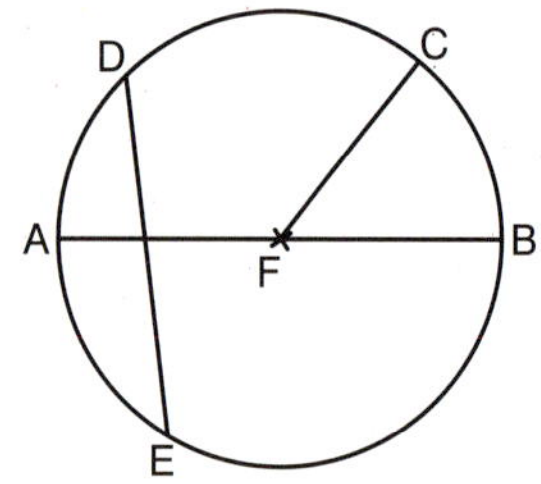

4 Eine Styroporkugel von 10 cm Durchmesser wird durch einen ebenen Schnitt in zwei Teile geteilt. Wie musst du schneiden, dass der Schnittkreis möglichst groß wird? Wie groß ist dann der Radius dieses Kreises?

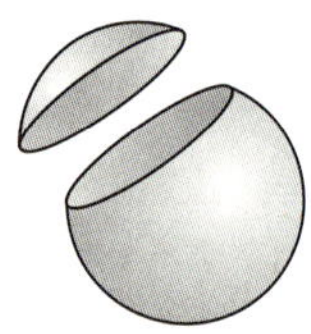

5 Ein Tischtennisball hat einen Radius von 1,9 cm, drei davon passen genau in eine quaderförmige Schachtel. Welches Volumen hat die Schachtel?

6 Zeichne 2 Kreise mit den Radien 3 cm und 4 cm, die
a) sich in 2 Punkten schneiden,
b) keinen Punkt gemeinsam haben,
c) sich in genau einem Punkt berühren.
Was lässt sich in jedem Fall über die Entfernung der beiden Mittelpunkte sagen?

7 Zeichne die folgenden Bilder in dein Heft. Benutze dazu Zirkel und Lineal.

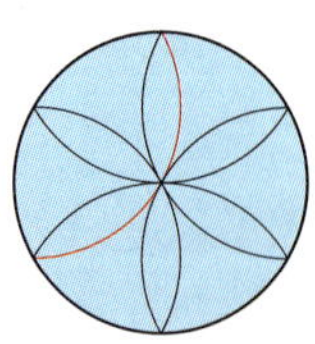
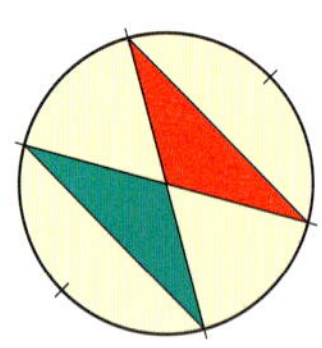
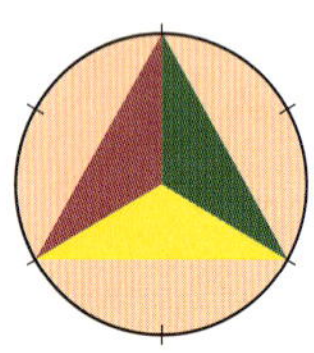

CHECK-UP

Kreis und Winkel

8 Zeichne Skizzen zu den folgenden Situationen, in denen Winkel vorkommen:
a) Der Wurfsektor beim Kugelstoßen hat einen Winkel von 40°.
b) Der Schwenkbereich eines Ladekranes beträgt 190°.
c) Der Neigungswinkel eines Satteldaches beträgt 38°.
d) Der Außenstürmer erzielte ein Tor aus ganz spitzem Winkel.

9 Vergleiche die Sehwinkel der Tiere mit dem des Menschen.

Mensch 190° Hund 250° Turmfalke 300° Eule 160° Krokodil 295°

Fertige jeweils eine Zeichnung an.

10 Schätze die Größe der folgenden Winkel und ordne sie der Größe nach. Übertrage die Winkel dann in dein Heft und miss die genauen Winkelgrößen.

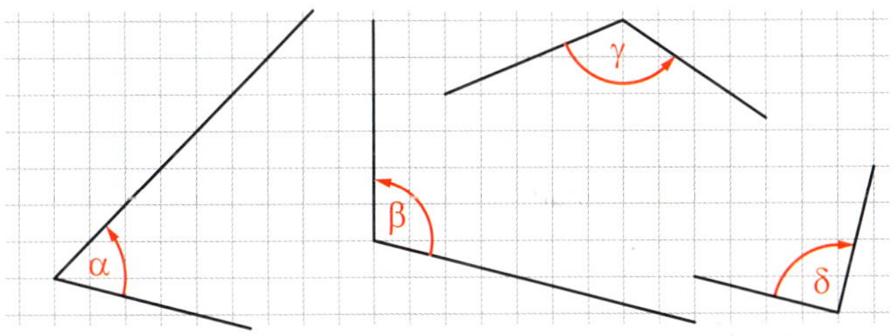

11 Zeichne jeweils einen Winkel der vorgegebenen Größe:
$\alpha = 45°$ $\beta = 60°$ $\gamma = 100°$ $\delta = 145°$ $\varepsilon = 320°$
Gib für jeden Winkel den Typ an.

12 Zeichne eine Raute, bei der zwei Winkel jeweils 55° betragen. Miss dann die Größen der beiden anderen Winkel.

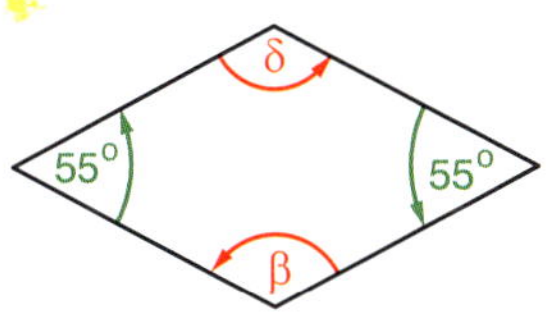

13 Beschreibe an einem Beispiel, wie man mit dem Geodreieck einen überstumpfen Winkel zeichnet.

14 Was vermutest du: Welcher der beiden rot gezeichneten Winkel ist größer? Schätze die Größe der beiden Winkel und miss dann nach.

15 Zeichne zwei Geraden a und b, die sich in einem Winkel $\alpha = 35°$ schneiden. Wie groß ist dann der Winkel β?

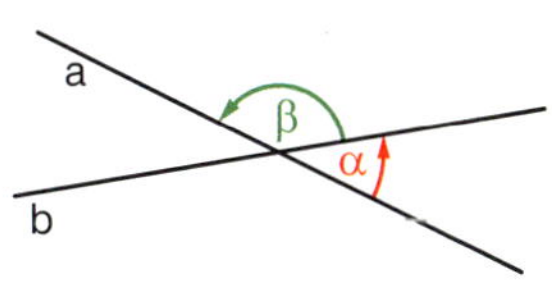

Winkel

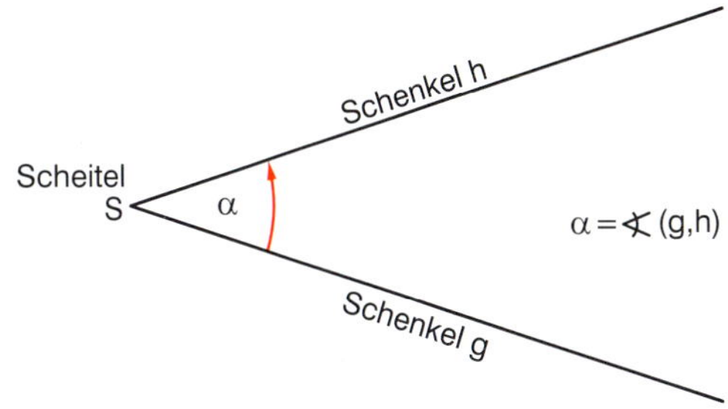

Ein Winkel wird festgelegt durch den **Scheitel S** und die beiden **Schenkel g und h.**

Winkel werden mit griechischen Buchstaben bezeichnet:

α	β	γ	δ
Alpha	Beta	Gamma	Delta

Winkel werden in Typen eingeteilt:

Spitzer W.
$0° < \alpha < 90°$

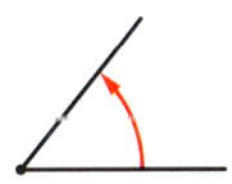

Rechter W.
$\alpha = 90°$

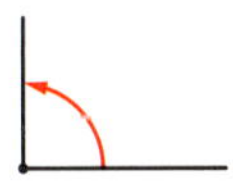

Stumpfer W.
$90° < \alpha < 180°$

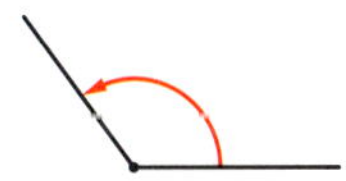

Gestreckter W.
$\alpha = 180°$

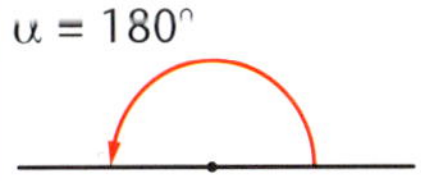

Überstumpfer W.
$180° < \alpha < 360°$

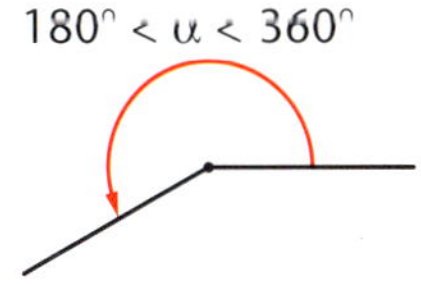

So werden Winkel gemessen:

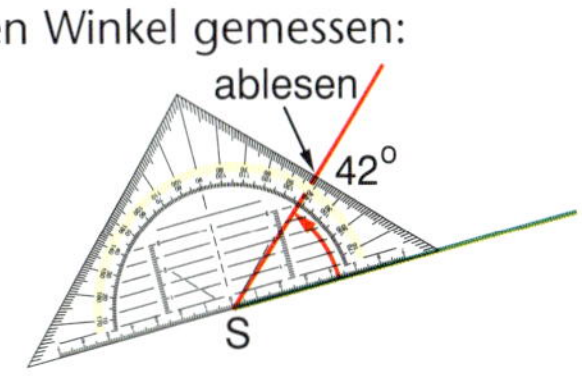

So werden Winkel gezeichnet:

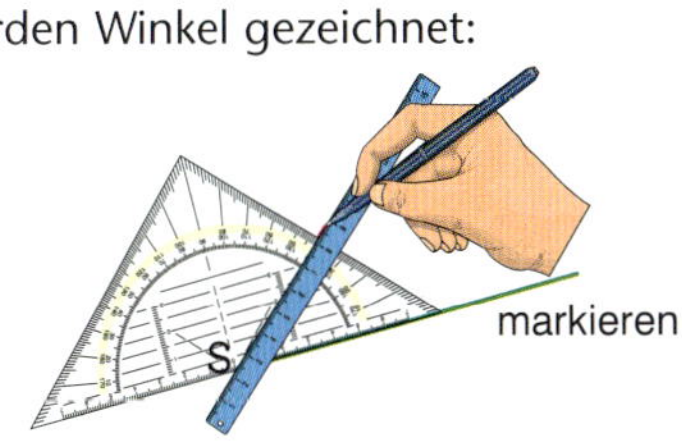

4 Brüche

4.1 Brüche im Alltag

Was dich erwartet

In der Zeitung steht: „Fast die Hälfte aller Bürger beteiligte sich an dem Spendenaufruf.“ – In der Kochanleitung für Kartoffelpüree kannst du lesen: „Geben Sie $\frac{3}{8}$ l kalte Milch hinzu.“ – Kathrin fragt: „Kannst du mich bitte um viertel nach 6 bei Vera abholen?“ Ob in den Nachrichten, bei Rezepten oder im täglichen Gespräch, häufig ist von Brüchen die Rede.

Aufgaben

1 Ein Radtour-Bericht mit Brüchen.

> Seit einer $\frac{3}{4}$ Stunde warteten wir bereits auf das Startsignal. Als unsere ganze Klasse (24, davon sind $\frac{3}{8}$ Mädchen) dann endlich losfuhr, war es schon halbneun. $\frac{1}{12}$ unserer Klasse hatte den Radhelm zu Hause vergessen und musste noch mal zurück. Nach ungefähr $\frac{1}{3}$ der Strecke (Gesamtlänge der Tour 27 km) hatten wir dann unsere erste Reifenpanne. So ein Pech, gleich $\frac{1}{6}$ unserer Klasse war in die Glasscherben einer unachtsam weggeworfenen Getränkeflasche gefahren. ...
> ... So erreichten wir alle wohlbehalten das Ziel. Von meinen 2 Liter Früchtetee war nur noch $\frac{1}{5}$ übrig. Zweidrittel der Schüler und Schülerinnen fanden, dass die Länge der Tour gerade richtig war. $\frac{7}{12}$ der Klasse gab an, es sei zu langsam gefahren worden.

a) Übersetzt alle Angaben im Text so, dass keine Brüche mehr auftauchen.
Beispiel: *Seit einer $\frac{3}{4}$ Stunde ⇒ Seit 45 Minuten*
b) Du hast gemerkt, dass der Mittelteil der Geschichte fehlt. Schreibe ihn auf und erfinde darin weitere „Bruchgeschichten“.

2 Brüche sind überall, manches Mal auch versteckt. Zu jedem Bild gehört eine Zeile in der rechten Tabelle. Jedoch sind die meisten Erklärungen verloren gegangen. Übertrage die Tabelle in dein Heft und fülle die Lücken.

Angabe ohne Bruch	Angabe mit Bruch
6 Stück (Eier)	$\frac{1}{2}$ Dutzend (Eier)
50 mm²	■
90 min	■
■	50 % von 200 €
■	$\frac{1}{4}$ kg
■	$\frac{3}{4}$ l
■	$\frac{3}{4}$ Stunde

Aufgaben

3 Gut, wenn man seine Tankuhr richtig ablesen kann, denn ohne Benzin liegenzubleiben kann teuer werden.

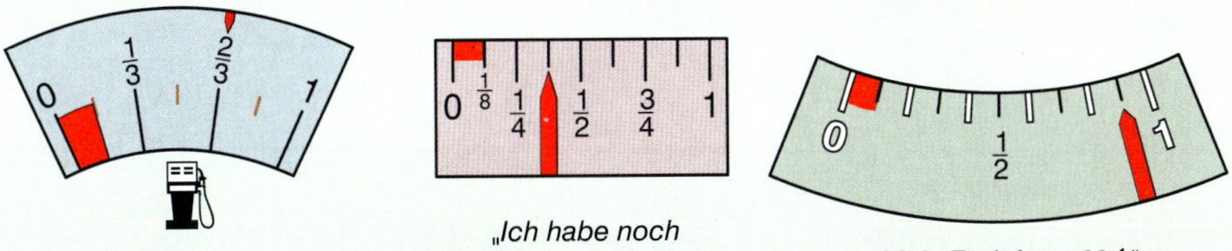

„In meinen Tank passen 48 ℓ" „Ich habe noch genau 21 ℓ im Tank" „Mein Tank fasst 60 ℓ"

a) Gib jeweils an, welcher Bruchteil des Tanks gefüllt ist. Achte jeweils auf die Anzahl der Teilstriche. Wie viel Liter sind das jeweils?
b) Welcher Bruchteil des Tanks ist noch gefüllt, wenn der rote Bereich (die Reserve) der Tankuhr beginnt? Wie viel Liter befinden sich dann jeweils im Tank?
c) Habt ihr einen Öltank im Keller? Schaue einmal auf der Tankanzeige nach, wie viel Öl noch im Tank ist. Deine Eltern helfen dir sicher dabei, richtig abzulesen.

4 Nicole und Rainer wollen Omas Waffelrezept ausprobieren, doch das Abmessen der Zutaten ist schwierig: die Einteilung auf dem Messbecher zeigt nur Milliliter, die Waage nur Gramm.

Waffelrezept
$\frac{1}{8}$ kg Butter
4 Eier
$\frac{1}{4}$ kg Mehl
$\frac{1}{5}$ ℓ Milch
4 Esslöffel Zucker
1 Prise Salz

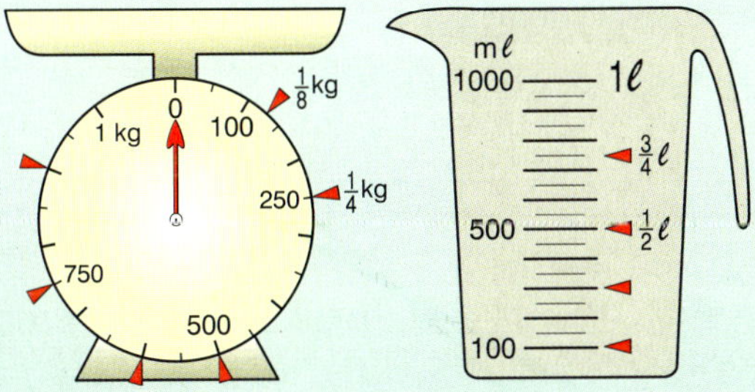

a) Schreibe die Zutaten des Rezepts in g und ml auf. Bei allen Angaben ist das nicht möglich.
b) Notiere die markierten Gramm- und Milliliterangaben auf den Skalen als Bruchteile.
c) Entscheide mit der Skala des Messbechers was mehr ist, $\frac{4}{5}$ l oder $\frac{3}{4}$ l.

5 Die Klasse 6b der Hilbert-Schule hat gesammelt, wo Brüche in unserer Umwelt benutzt werden.

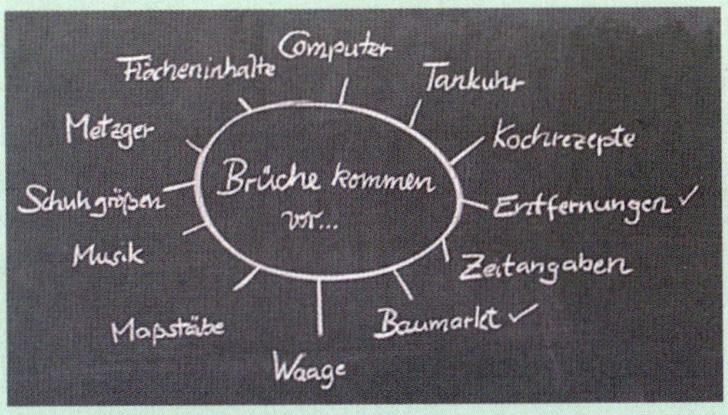

Max und Laura fallen direkt zwei Beispiele ein:

„Im Baumarkt gibt es Kunststoffrohre mit $\frac{3}{4}$ Zoll Durchmesser"

„Bei Entfernungsangaben benutzt man auch Brüche, z. B. zur Bushaltestelle ist es ungefähr ein halber Kilometer"

1 Zoll = 2,54 cm

Finde auch für die anderen Situationen Beispiele und notiere sie im Heft.

Basiswissen

$\frac{2}{5}$	Zähler / Bruchstrich / Nenner

Lies „Zwei Fünftel"

Brüche findest du ...

... als **Maßzahlen** von Größen:

$\frac{1}{2}$ cm = 5 mm

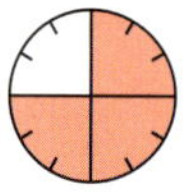

45 min = $\frac{3}{4}$ h

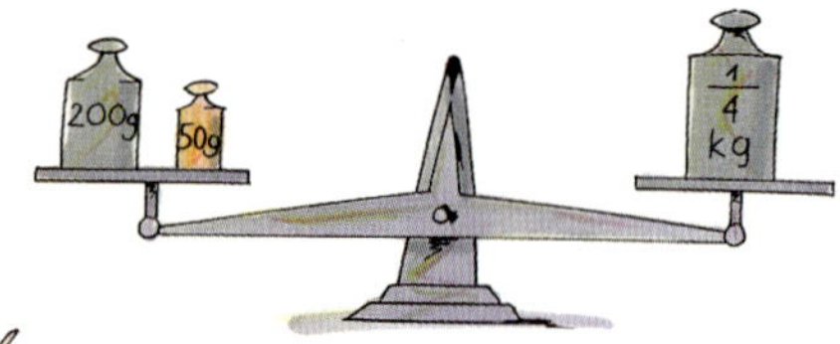

... beim **Aufteilen**:

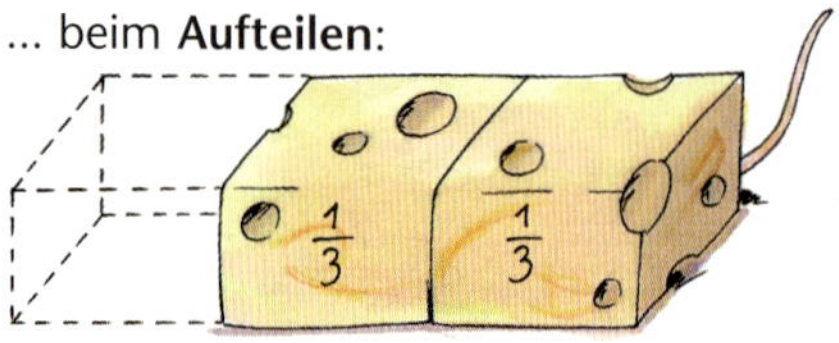

$\frac{1}{3}$ vom Käse fehlt, $\frac{2}{3}$ sind noch übrig

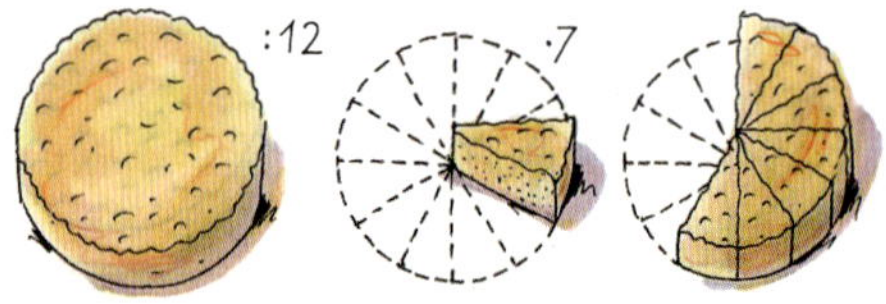

Teile in 12 Teile, nimm 7 davon

auf **Skalen** und **Anzeigen von Messinstrumenten**:

Der Tank ist zu $\frac{3}{4}$ gefüllt.

Beispiele

A Donauwellen backt man auf rechteckigen Backblechen.

a) Der Konditor hat den Kuchen in gleich große Stücke vorgeschnitten.
Der Kuchen ist in 10 gleich große Stücke aufgeteilt. Ein Stück entspricht (einem Zehntel) $\frac{1}{10}$ Kuchen.

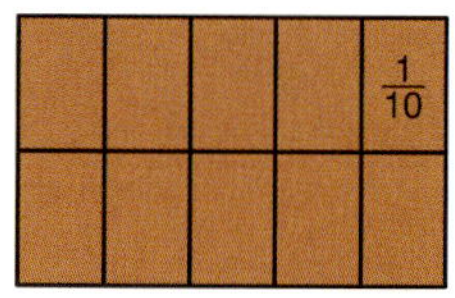

b) Lena kauft 7 Stücke.
Wie viel ist noch übrig?
Es sind noch $\frac{3}{10}$ des Kuchens übrig.

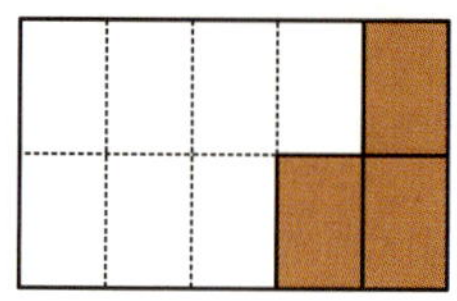

1 dm = 100 mm
$\frac{1}{4}$ dm = 25 mm
$\frac{1}{5}$ dm = 20 mm

B Welche Länge ist größer, $\frac{3}{4}$ dm oder $\frac{4}{5}$ dm?
Zeichne zwei Strecken der Länge 1 dm und unterteile die eine in 4 gleich lange Teilstrecken, die andere in 5 gleich lange Teilstrecken. Markiere anschließend die Bruchteile farbig.

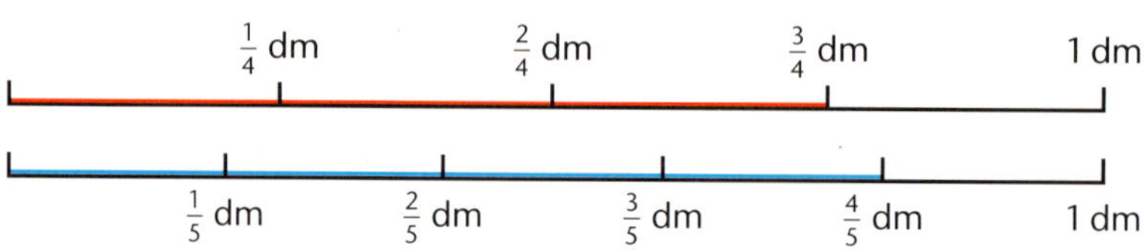

$\frac{4}{5}$ dm ist größer als $\frac{3}{4}$ dm.

C Von 1 Liter Milch sollen $\frac{3}{8}$ Liter abgemessen werden, wie viel ist das?
Wandle in eine kleinere Maßeinheit um: 1 Liter = 1 000 ml

$\frac{3}{8}$ von 1 Liter: 1 000 ml $\xrightarrow{:8}$ 125 ml $\xrightarrow{\cdot 3}$ 375 ml $\qquad \frac{3}{8}$ l = 375 ml

Beispiele

D Welchen Anteil des Vollausschlages (Zeigerstellung auf der 1) zeigt die Tankuhr an?

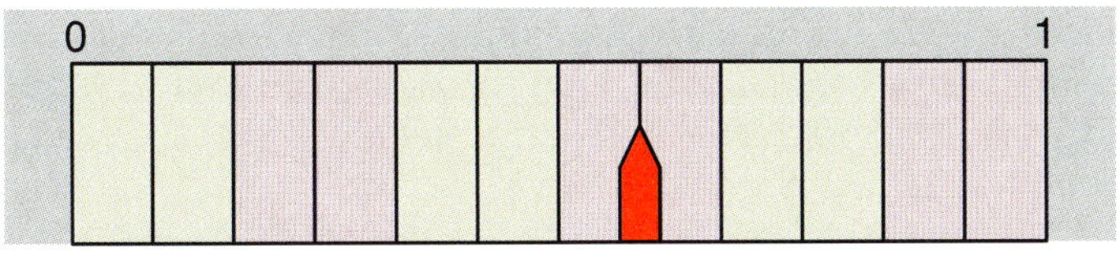

Die Skala ist in 12 Abschnitte unterteilt. Der Zeiger zeigt $\frac{7}{12}$ des Vollausschlages.
Die Skala gehört zu einem Benzintank. In den Tank passen 60 Liter Benzin.
Wie viel Benzin ist noch im Tank?

60 Liter $\xrightarrow{:12}$ 5 Liter $\xrightarrow{\cdot 7}$ 35 Liter

Es sind noch 35 l im Tank.

Übungen

6 Welche Anteile sind blau gefärbt?

Kreismodell

a)

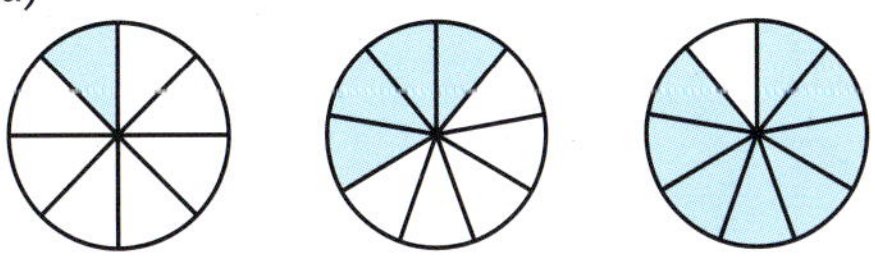

b)

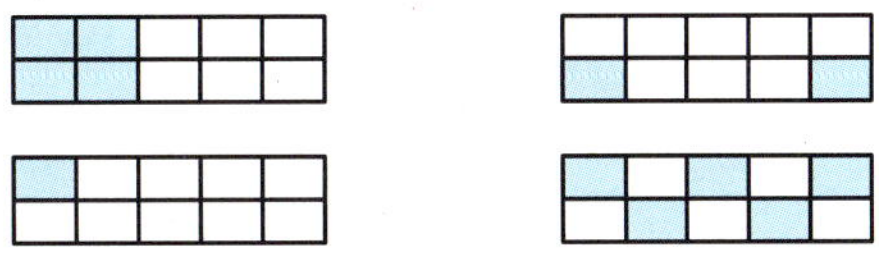

Rechtecksmodell

c) Welcher Anteil wird abgeschnitten?

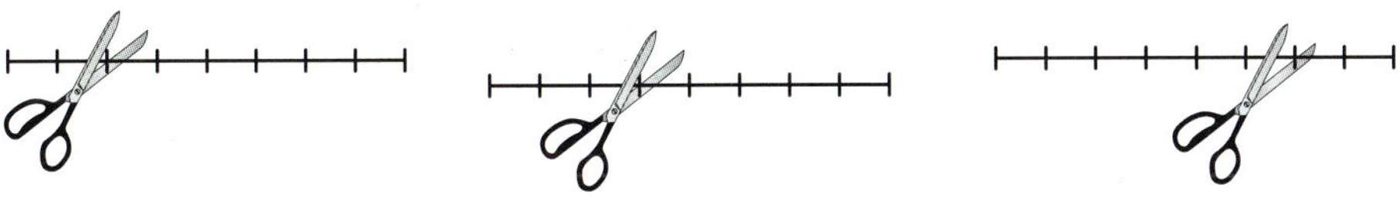

Stabmodell

7 Stelle die folgenden Anteile dar.

a) Verwende ein Kreismodell für die Darstellung von $\frac{1}{6}$, $\frac{2}{6}$, $\frac{5}{6}$.

b) Verwende ein Rechtecksmodell für die Darstellung von $\frac{1}{2}$, $\frac{1}{4}$, $\frac{1}{8}$.

c) Verwende ein Stabmodell für die Darstellung von $\frac{1}{10}$, $\frac{2}{10}$, $\frac{5}{10}$ und $\frac{8}{10}$.

8 Verwende Brüche als Maßzahlen. Welche Maßzahlen kannst du an die markierten Stellen des 1 dm langen Stabes schreiben?

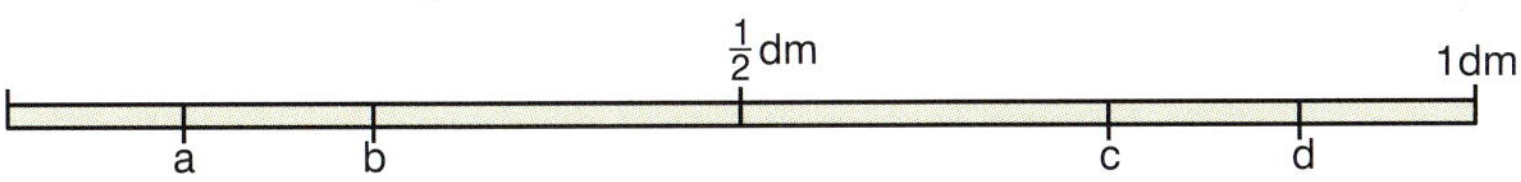

9 Schätzen von Anteilen. Jeder Bruch passt zu einem Anteil, der blau gefärbt dargestellt ist.

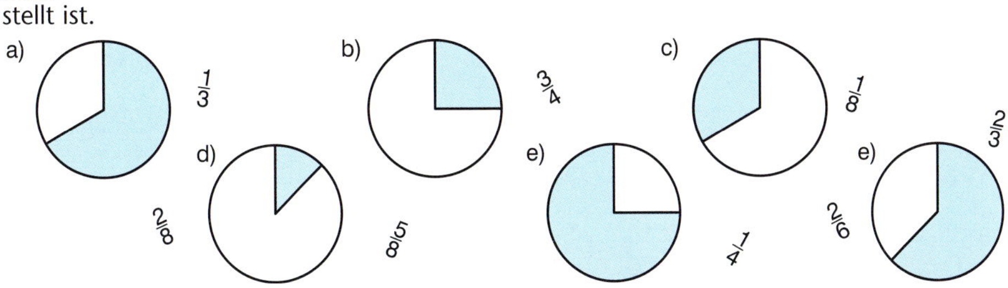

Da sind 2 Brüche zuviel! Oder?

10 Peter hat eine Pizza in Viertel geteilt.
a) Er halbiert jedes der Teile und verteilt die Stücke an seine Gäste.
Wie groß ist jedes der Stücke.
b) Wie groß wären die Teilstücke, wenn er jedes Viertel gedrittelt hätte?

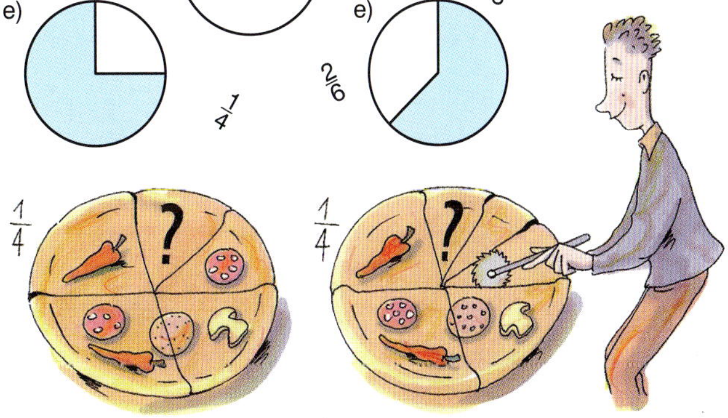

Übungen

11 Simone soll beim Konditor 4 Stück Käsekuchen holen. Sie hat in Mathematik gerade mit Bruchrechnung angefangen. Um ihre Kenntnisse auszuprobieren, bestellt sie $\frac{4}{12}$ Käsekuchen. „Aha", meint die Verkäuferin. „Du möchtest also ein Drittel Käsekuchen." Meint die Verkäuferin dasselbe? Am besten veranschaulichst du dir die Anteile mit einem „Kuchendiagramm". Oder vielleicht sogar mit einem richtigen Kuchen.

12 *Die Welt ist doch verrückt.* Verschiedene Brüche können dasselbe darstellen. Welche Brüche sind in den Zeichnungen jeweils dargestellt?

a)

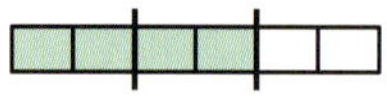

b)

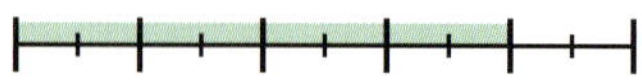

c)

13 *Fahnen haben es in sich.* Einige gibt es wirklich, andere hat sich unser Zeichner ausgedacht.

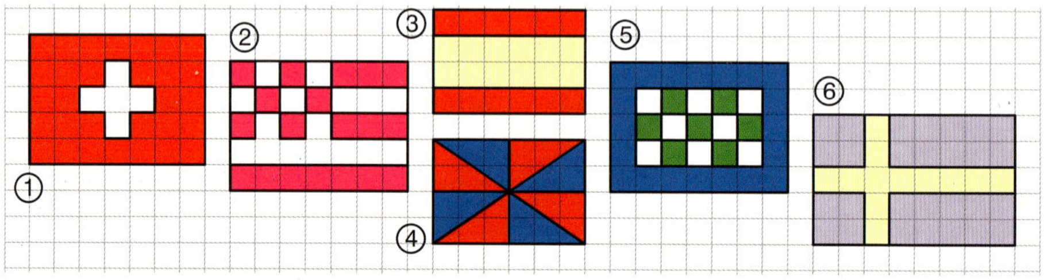

a) Übertrage die Bilder der Fahnen in dein Heft. Welcher Anteil Stoff entfällt auf die einzelnen Farben? Schätze zuerst.
b) Entwirf selbst ein Fahnenmuster auf kariertem Papier, bei dem $\frac{1}{5}$ rot und $\frac{3}{10}$ blau ist. Der Rest soll weiß bleiben. Welcher Anteil ist weiß geblieben?
c) Suche im Lexikon nach weiteren Flaggen und bestimme die Farbanteile.

14 *Eisberge sind sehr gefährlich.* Das liegt daran, dass der größte Anteil des Eisbergs unter der Wasseroberfläche ist. Damit man sich das vorstellen kann, haben wir Eisberge mit Kästchen gezeichnet.
a) Übertrage die Bilder in dein Heft und bestimme, welcher Anteil über und welcher Anteil unter der Wasseroberfläche liegt.

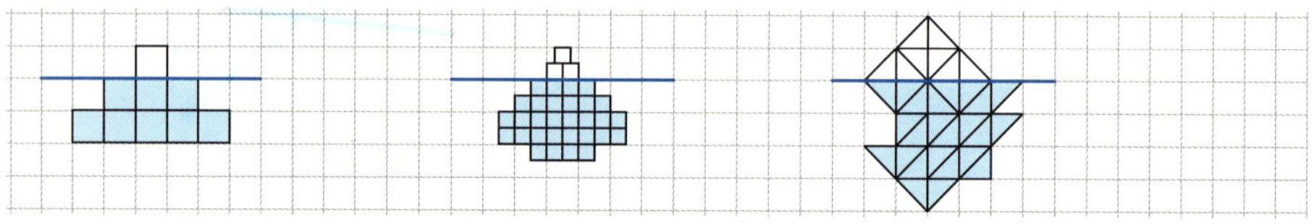

b) Ergänze den Eisberg so, dass $\frac{9}{10}$ unter der Wasseroberfläche sind.

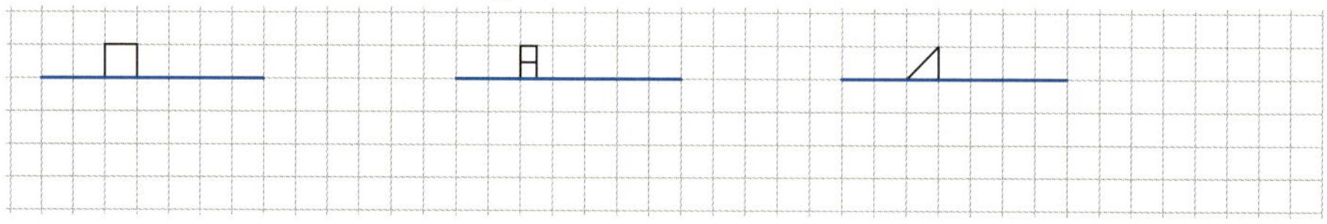

15 In einer Schreinerei wurden aus quaderförmigen Holzstücken bestimmte Teile herausgesägt. Welcher Teil des Holzes wurde jeweils herausgesägt, welcher Teil ist übrig geblieben?

Übungen

16 Der Legionär Gaius Faulus musste diese Woche wieder einmal zum Strafdienst auf den Exerzierplatz.

a) Übertrage den Platz in dein Heft. Welchen Anteil des Platzes hat er am Montag, welchen am Dienstag und welchen am Mittwoch gefegt? Lege eine Tabelle an.

b) Am Donnerstag fegte er $\frac{1}{10}$ des ganzen Platzes und am Freitag $\frac{1}{12}$. Zeichne die gefegte Fläche ein. Welchen Anteil muss er am Samstag noch kehren? (Sonntags hat er frei).

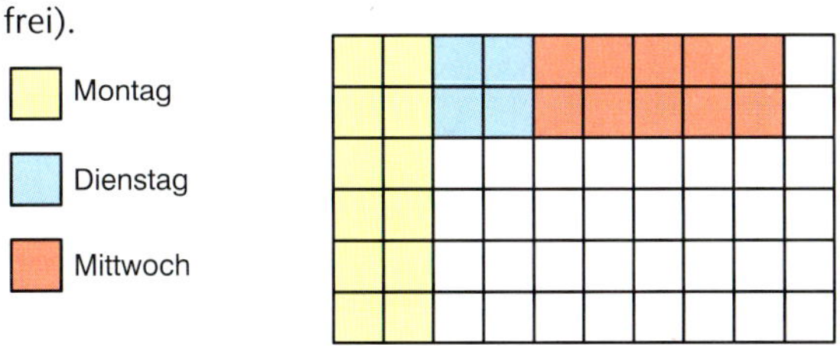

17 Bauer Wünstel möchte dem Schaf Emma ein Viertel ($\frac{1}{4}$) der Wiese zum Weiden überlassen. Doch ihm fallen mindestens 5 Möglichkeiten ein, wie er das bewerkstelligen kann. Eine haben wir schon verraten. Zeichne die quadratische Wiese in dein Heft, am besten 8 Karos lang und 8 Karos breit, und teile $\frac{1}{4}$ ab. Finde möglichst viele verschiedene Weideflächen für das Schaf.

18 *Halbschwarz – halbweiß.* Zwei Möglichkeiten, wie du einen Würfel je zur Hälfte schwarz und weiß einfärben kannst, haben wir vorgemacht. Dabei haben wir das Netz des Würfels eingefärbt.

a) Finde noch drei weitere Möglichkeiten, wie sich der Würfel halbschwarz – halbweiß einfärben lässt. Zeichne das zugehörige Netz in dein Heft. Du kannst die Netze auch ausschneiden und zusammenkleben. Welche Färbung gefällt dir besonders?

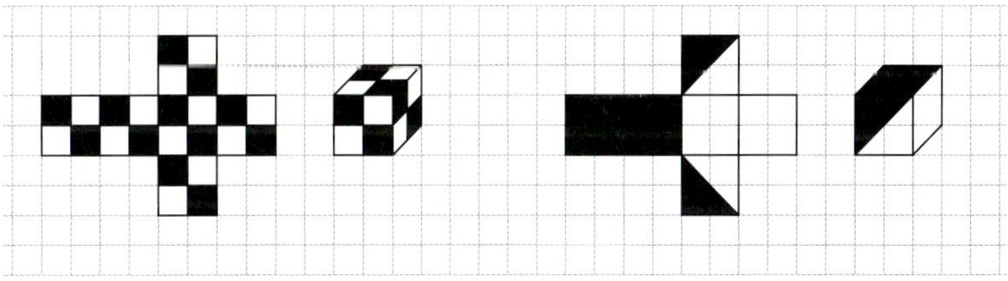

19 Mit zwei kreisförmigen Papierscheiben hat sich Miriam eine „Bruchuhr" gebaut (s. S. 64).
Stelle mit dieser „Bruchuhr" die folgenden Brüche dar:
$\frac{1}{4}$, $\frac{1}{8}$, $\frac{3}{8}$, $\frac{1}{3}$ und $\frac{3}{4}$

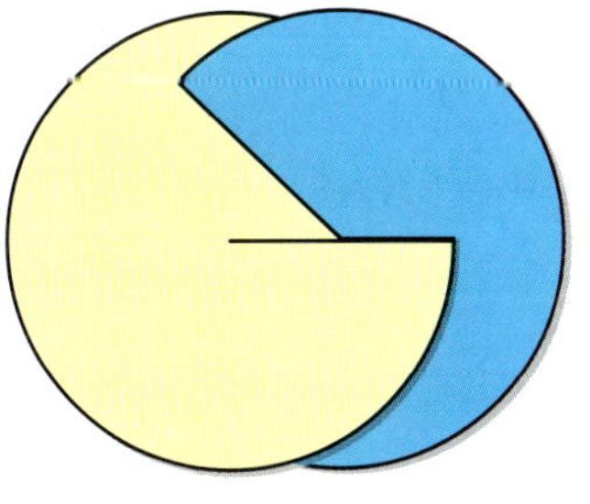

20 In einem Kochbuch sind die Koch- und Backzeiten für verschiedene Gerichte mit einer Kreisscheibe angegeben.

Bild	Backzeit	Anteil der schraffierten Fläche	Winkel
	*$\frac{3}{4}$ h = 45 Minuten*	*$\frac{3}{4}$ „Dreiviertel"*	*270°*

Welche Kreisscheibe passt zu den folgenden Back- und Garzeiten?
30 min   15 min   12 min   50 min   10 min   5 min   90 min
Zeichne sie in dein Heft und bestimme den schraffierten Anteil!
Bei einer Angabe genügt eine Kreisscheibe nicht!

20 Lösungen:
$\frac{1}{2}$ h, $\frac{1}{5}$ h, $\frac{1}{4}$ h, $\frac{1}{12}$ h, $\frac{1}{6}$ h, $1\frac{1}{2}$ h, $\frac{5}{6}$ h

Übungen

21 *Jetzt wird trainiert.* Wandle die Größen so um, dass natürliche Maßzahlen entstehen. Benutze dazu jeweils die nächstkleinere Maßeinheit. Wenn du für jede Teilaufgabe nicht länger als 2 Minuten brauchst, bist du fit.

Beispiele:
1 Tag = 24 h
$\frac{1}{2}$ Tag = $\frac{24}{2}$ h = 12 h

a) $\frac{1}{2}$ Tag $\frac{1}{3}$ h $\frac{3}{4}$ km $1\frac{1}{2}$ m $\frac{1}{4}$ h 0,5 kg $\frac{1}{100}$ m
b) $\frac{1}{8}$ t $\frac{5}{4}$ kg $\frac{1}{5}$ m 0,2 m $\frac{1}{10}$ cm $\frac{3}{2}$ kg $\frac{7}{10}$ kg
c) $\frac{1}{4}$ dm² $\frac{1}{100}$ m² $\frac{1}{5}$ min $\frac{1}{6}$ h $\frac{1}{2}$ Monat $\frac{3}{8}$ l 0,2 l
d) $\frac{1}{8}$ km $\frac{5}{8}$ l $\frac{1}{5}$ m² $\frac{4}{3}$ h $\frac{1}{3}$ d $\frac{1}{12}$ min

22 *In die andere Richtung.* Wandle die Größen so um, dass die Maßzahlen zu Brüchen werden. Beschreibe wie du vorgegangen bist.
a) 30 Minuten 15 Minuten 45 Sekunden 12 h 18 h 20 min
b) 5 dm 1 dm 8 dm 750 m 125 m 375 m 800 m
c) 500 ml 200 ml 625 ml 10 ml 250 ml 700 ml
d) 12 s 5 min 10 min 20 min 24 min 8 h

23 Lösungen:
12.22 Uhr
40 Minuten
11.12 Uhr
11.52 Uhr
9.55 Uhr
19.45 Uhr

23 Wann war das, wann wird das sein, wie lange hat das gedauert? Überschlage zuerst, rechne dann genau.
a) Es ist 18.15 Uhr, in $1\frac{1}{2}$ Stunden kommt Fred vorbei.
b) Vor einer Dreiviertelstunde kam mein Zug an, jetzt ist es 13.07 Uhr.
c) Der Zug braucht genau $2\frac{1}{4}$ Stunden nach Essen. Wir fahren um 9.37 Uhr los.
d) Die meisten Sprechweisen im Bild sind unüblich. Was bedeuten sie?

24 Bei Wasserrohrbrüchen oder Überschwemmungen sind Pumpen sehr nützlich. Eine Pumpe kann bei voller Leistung 5 400 Liter Wasser in einer Stunde abpumpen. Die Leistung der Pumpe wird an folgender Skala gezeigt:

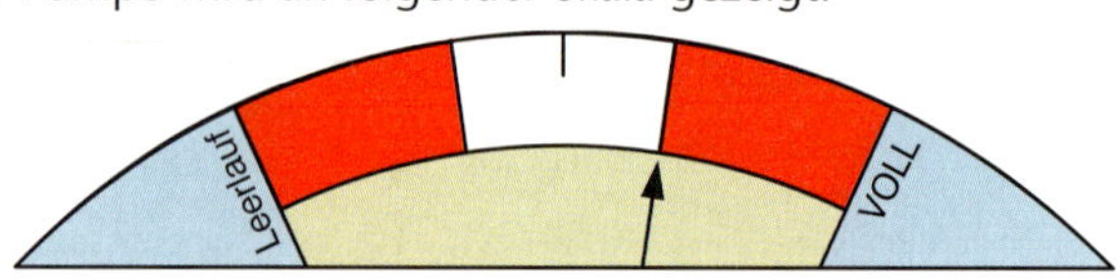

a) Wie viel Liter Wasser wird nach einer Stunde abgepumpt sein?
b) Die Pumpe wird nach zwei Stunden von $\frac{1}{3}$ der Höchstleistung auf volle Leistung hochgefahren. Wie viel Liter sind nach vier Stunden abgepumpt worden?

25 An Pumpen, Tanks und Messgeräten aus der Physik findest du Skalen.
a) Welcher Anteil des Vollausschlages (Zeigerstellung auf der 1) zeigen die Geräte an?
b) Skala 1 und 2 gehören zu Benzintanks. In den Tank passen jeweils 48 Liter Benzin. Gib jeweils an, wie viel Liter Benzin noch im Tank sind. Wie viel wurde bereits verbraucht?
c) Skala 3 gehört zu einem Öltank mit 1 800 Litern Fassungsvermögen. Wie viel Liter sind noch im Tank?

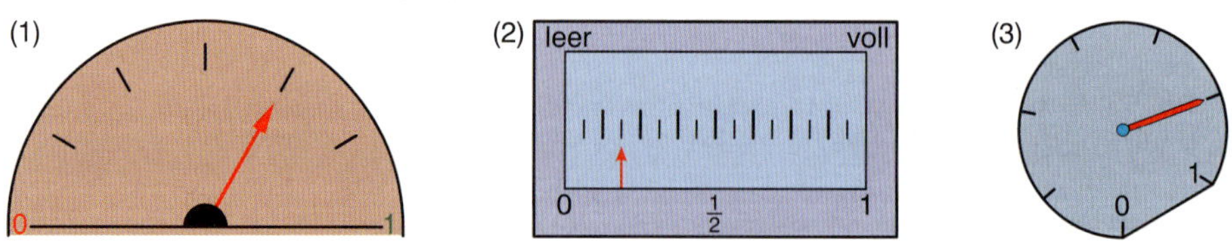

Aufgaben

26 In der Schule hast du nur mit den Flächenformaten DIN A4, DIN A5 und DIN A3 (Zeichenblock) zu tun. Der Urvater dieser Flächenformate ist das Format DIN A0. Hierbei handelt es sich um ein Rechteck mit dem Flächeninhalt von exakt 1 m^2.
a) Erkläre anhand des Bildes, wie die Formate DIN A1, DIN A2 usw. entstehen.
b) Übertrage die Tabelle in dein Heft und fülle die Lücken aus.
c) Wie lang und wie breit ist wohl ein Papierbogen im Format DIN A0?

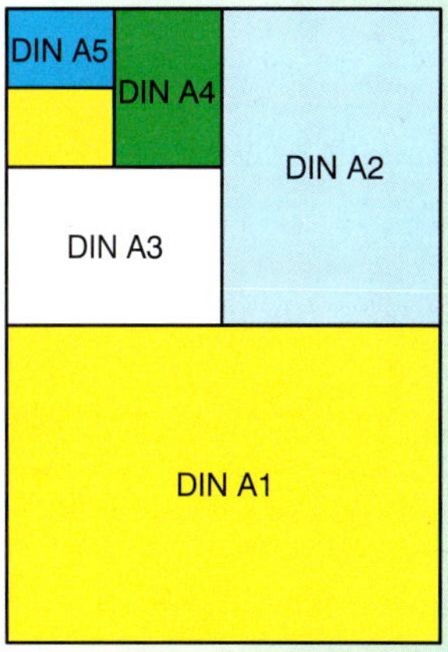

Flächenformat	Flächeninhalt in m^2	Flächeninhalt in dm^2	Flächeninhalt in cm^2	Flächeninhalt in mm^2
DIN A0	1	100	10 000	1 000 000
DIN A1	■	■	■	■
DIN A2	$\frac{1}{4}$	■	2 500	■
DIN A3	■	$12\frac{1}{2}$	■	125 000
DIN A4	■	■	■	■
DIN A5	■	■	■	■

27 Eine Schiffschraube dreht sich bei voller Motorleistung (Zeigerstellung auf voll) 480-mal in 1 Minute.
a) Wie viele Umdrehungen macht die Schiffsschraube, wenn der Hebel auf ①, ②, ③ oder ④ steht?
b) Wie viel Umdrehungen macht die Schiffsschraube dann jeweils in 1 Sekunde?

28 *Sportlich, sportlich.* Die Klassen 6 a (27 Schüler und Schülerinnen), 6 b (28 Schüler und Schülerinnen) und 6 c (26 Schüler und Schülerinnen) sind für ihre Sportbegeisterung bekannt. Bei einem Interview mit der Schülerzeitung sind die Angaben jedoch durcheinander geraten.
Der Redakteur erinnert sich jedoch, dass die Anteile aufgehen.

$\frac{2}{3}$ spielen Handball
$\frac{5}{13}$ reiten
$\frac{1}{9}$ macht Freeclimbing
$\frac{4}{7}$ spielen Fußball
$\frac{1}{4}$ spielen Basketball
$\frac{5}{13}$ surfen

Übertrage die Tabelle in dein Heft und fülle die Lücken:

Klasse	Sportart	Anzahl	Bruchteil
■	Handball	■	■
■	Fußball	■	■
⋮	⋮	⋮	⋮

29 *Brüche mit dem 5 × 5-Geobrett*

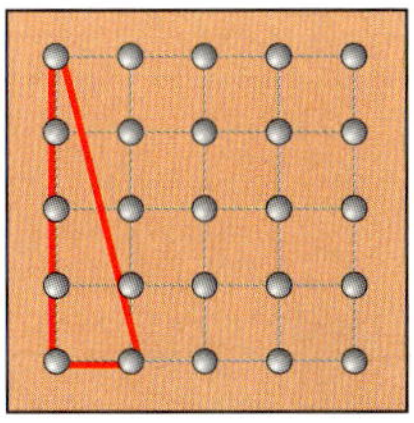

a) Christoph hat mit einem Haushaltsgummi $\frac{1}{8}$ der Fläche des Geobrettes umspannt. Finde noch 2 weitere Möglichkeiten $\frac{1}{8}$ der Fläche zu umspannen.
b) Laura hat mit Haushaltsgummis weitere Figuren gespannt. Welcher Bruchteil des Geobretts ist jeweils umspannt?
c) Spanne das Haushaltsgummi so, dass $\frac{3}{4}$, $\frac{3}{8}$, $\frac{9}{16}$, $\frac{7}{16}$, $\frac{13}{16}$ der Fläche umspannt ist.
d) Erfinde selbst weitere Figuren und gib deren Bruchteil an der Gesamtfläche an.

Statt mit dem Geobrett zu arbeiten, kannst du auch auf Karopapier zeichnen.

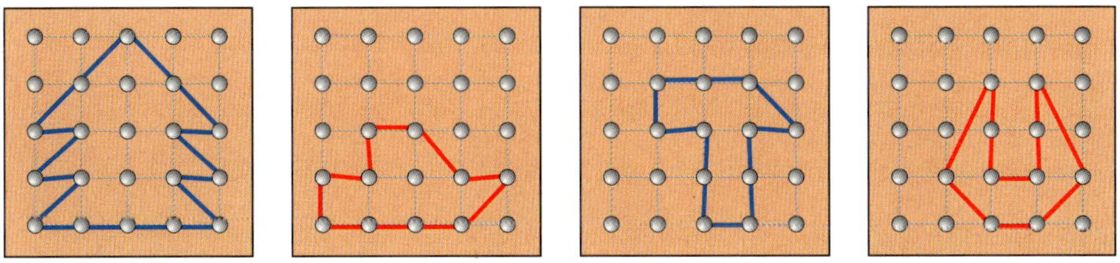

4.2 Brüche im Einsatz – Prozente, Maßstäbe, Verhältnisse

Was dich erwartet

Für maßstabsgetreue Modelle und Landkarten müssen alle Abmessungen im richtigen Maß geschrumpft werden. Der richtige Bruchteil spielt dabei eine große Rolle. Ob beim Mischen von Getränken oder Farben, um immer wieder genau die gleiche Mischung herstellen zu können, muss man wissen, aus welchen Teilen die Mischung zusammengesetzt ist. Verhältnisse helfen dabei. In Nachrichten oder auf Verpackungen ersetzen Prozentangaben an vielen Stellen die Brüche.

Aufgaben

1 Ein alter Lastwagen soll als Modellbausatz im Maßstab 1 : 32 (lies 1 zu 32) hergestellt werden. Das bedeutet, dass alle Abmessungen des Modells $\frac{1}{32}$ (ein zweiunddreißigstel) der Originalabmessungen sind. In einem Museum wurde das Originalfahrzeug vermessen.
Finde die Abmessungen des Modells heraus. Die Zeichnung im Maßstab 1 : 32 zeigt dir, ob du richtig gerechnet hast.

	Gesamtlänge	Reifendurchmesser	Achsenabstand	Breite der Fahrertür
Original	4,48 m	704 mm (:32)	300,8 cm	80 cm
Modell	?	22 mm	?	?

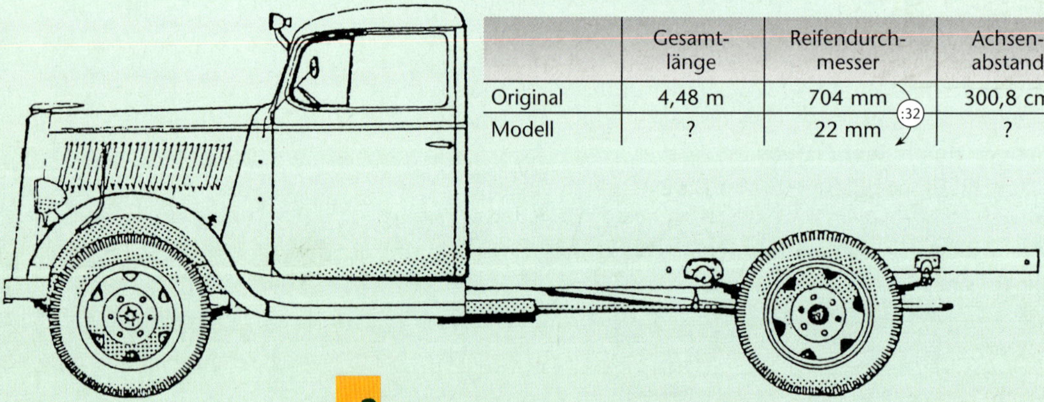

2 Ein tolles Orange. Herr Friedolin ist vom Garagentor seiner Nachbarin Frau Wiese begeistert.

Gib für die folgenden Mischungen das Mischungsverhältnis und die Bruchteile an.

Aufgaben

3 Bruchteile und Prozentangaben.
Beschreibe, was die Aufschriften jeweils bedeuten.

Basiswissen

Brüche kommen in vielen Sachzusammenhängen vor. Manchmal muss man allerdings genau hinschauen, um sie zu entdecken, z. B. beim Maßstab, bei Prozentangaben und bei Mischungsverhältnissen.

Brüche benutzt man bei Maßstäben

Auto 1:100

- Die Längen in der Abbildung sind $\frac{1}{100}$ (ein Hundertstel) der Längen in Wirklichkeit.
- 3 m (= 300 cm) in Wirklichkeit entspricht 3 cm in der Abbildung.
- 15 mm in der Abbildung entsprechen 1 500 mm = 150 cm = 1,5 m in Wirklichkeit.

Prozentangaben stehen für Brüche

Das Kreisdiagramm hilft dir, die Prozentangaben in Brüche zu übersetzen.

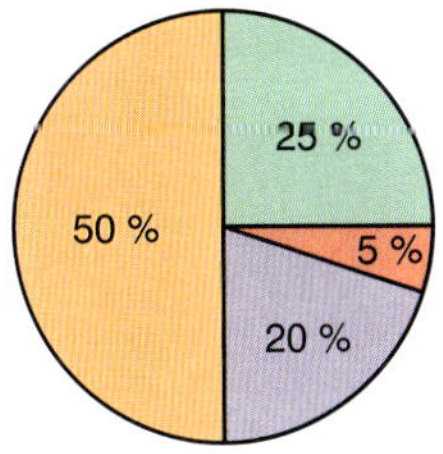

Prozentangaben	Bruchteil
1%	$\frac{1}{100}$
10%	$\frac{1}{10}$
20%	$\frac{1}{5}$
25%	$\frac{1}{4}$
50%	$\frac{1}{2}$
100%	1

Mischungsverhältnisse und Brüche

Mische im Verhältnis

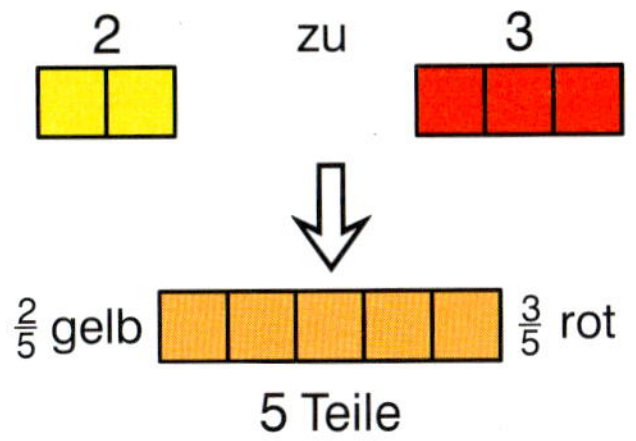

Beispiele

A Ein Schiff hat eine Länge von 24 m. Welche Länge hat ein Modell im Maßstab 1 : 200?
Lösung: 24 m = 2 400 cm $\frac{1}{200}$ von 2 400 cm 2 400 cm : 200 = 12 cm
Das Schiffsmodell hat eine Länge von 12 cm.

Beispiele

B Teile eine Strecke der Länge 35 mm im Verhältnis 2 zu 5.
Um die Strecke in diesem Verhältnis zu teilen, muss sie in 2 + 5 = 7 gleich lange Stücke unterteilt werden:

35 mm : 7 = 5 mm

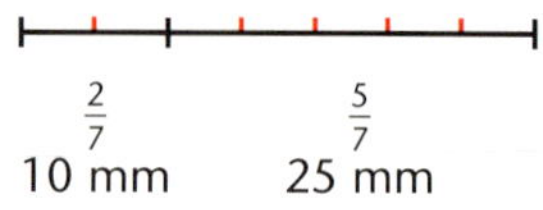

C Frau Brammer verdient monatlich 2 500 €. In der Firma übernimmt sie eine neue Stelle und erhält 10 % mehr Lohn. Wie viel € entspricht ihre Lohnerhöhung?
10 % entsprechen dem Bruch $\frac{1}{10}$.

$\frac{1}{10}$ von 2 500 € 2 500 € $\xrightarrow{:10}$ 250 €

Die Lohnerhöhung macht monatlich 250 € aus.

Übungen

4 Aus weißer und schwarzer Farbe sollen verschiedene Grautöne gemischt werden. Für jede Farbdose steht ein Kästchen.
Zeichne die „Dosen" in dein Heft und gib die Mischungsverhältnisse an.

a) b) c)

Welcher Bruchteil der Mischungen ist schwarze Farbe, welcher weiße Farbe?

5 Aus gelber und roter Farbe sollen verschiedene Orangetöne gemischt werden.
a) Zeichne zu den Mischungsverhältnissen die Zahl der jeweils benötigten Farbdosen.

Mischung	A	B	C	D
Verhältnis rot-gelb	3 zu 1	1 zu 1	4 zu 5	2 zu 5

b) Gib jeweils an, welcher Bruchteil der Mischungen gelbe Farbe und welcher rote Farbe ist.

6 Übertrage die Bilder in dein Heft und ordne jedem Bild den richtigen Anteil zu.

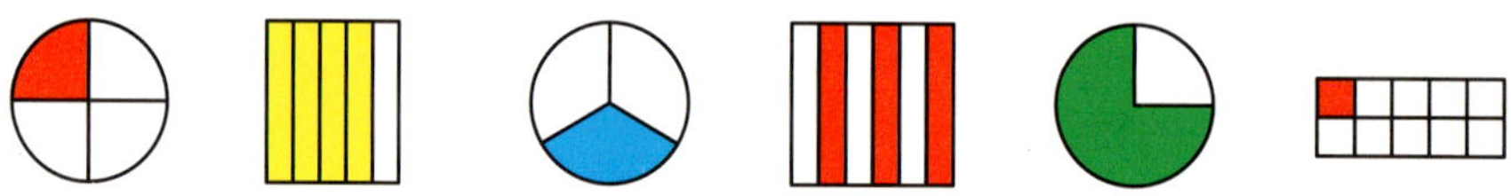

$\frac{1}{3}$ 25 % 50 % 75 % 10 % $\frac{4}{5}$

7 In jedem Rechteck ist jeweils 25 % der Fläche farbig.
Zeichne je 2 verschiedene Rechtecke mit folgenden schraffierten Anteilen in dein Heft.
75 % 50 % 20 % 10 % 80 %

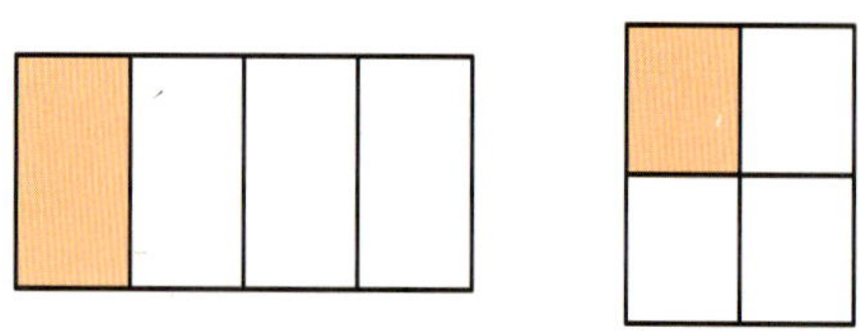

1 km = 1 000 m
1 000 m = 100 000 cm

8 Clara macht mit ihren Freunden eine Radtour von 30 km Länge.
Wie lang ist diese Strecke auf einer Karte im Maßstab 1: 500 000?

9 Es sind bereits 50 % (25 %) der Strecke zurückgelegt.
Wie viel ist das, wenn die Strecke
a) 32 km b) 150 km c) 2,5 km
d) 1 800 m e) 12,25 km lang ist.

10 a) Berechne jeweils 75 % (20 %) der folgenden Beträge:
2 000 € 24 € 1,20 €
10 000 € 76 € 11,60 €
Rechne notfalls in Cent um.

Übungen

11 Zeichne eine Strecke von 12 cm Länge und teile sie im Verhältnis
a) 1 zu 3 b) 5 zu 1
c) 3 zu 3 d) 1 zu 11

12 Der Hersteller von Himbeersirup empfiehlt: *„Geben Sie zu einem Teil Sirup 5 Teile Wasser."* Welcher Bruchteil der Mischung ist Sirup, welcher Wasser?

13 Der Vereinsbericht des VfR Bolzdorf liegt vor: „50 % der 240 Mitglieder sind weiblich, 10 % sind jünger als 6 Jahre, 25 % sind Rentner, 5 % spielen in der C-Jugend." Wie viel sind das jeweils?

14 Carmen hat einen Krug Apfelsaftschorle (1 Liter) aus Mineralwasser und Saft im Verhältnis 2 zu 3 gemischt.
a) Welcher Bruchteil der Mischung ist Wasser, welcher Saft?
b) Gib die Anteile in Milliliter an.

15 Der Punkt T teilt die Strecke $\overline{AB}$.

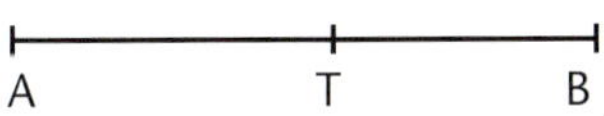

a) In welchem Verhältnis teilt T die Strecke?
b) Stimmt es, dass die Strecke $\overline{AT}$ genau $\frac{4}{9}$ der gesamten Strecke ausmacht?

16 Ein Vermessungstrupp hat folgende Strecken gemessen:
a) 800 m b) 80 m c) 1 km
d) 16 km e) 36 km f) 2,4 km
Wie lange sind die entsprechenden Strecken auf einer Karte im Maßstab 1 : 80 000. Wandele zunächst in kleinere Einheiten um, sonst klappt das Dividieren nicht.

17 Ein Bauplan soll im Maßstab 1 : 200 gezeichnet werden.
a) Ergänze die Tabelle.

		Plan
Länge	38 m	
Breite	24 m	

b) Rechne in Originallänge um

		Plan
Tür		7 mm
Fenster		1 cm
Garage		2 cm

18 Bäcker Helmchen hat für das Volksfest einen 8 m langen Kuchen gebacken. Eine Stunde nach Beginn des Fests sind bereits 20 % des Kuchens verkauft. Nach 2 Stunden sind 25 % des Kuchens verspeist. Nach 4 Stunden sind 80 % aufgegessen. Wie lang war der Rest des Kuchen jeweils. Rechne und zeichne im Maßstab 1:100.

19 Setze die folgende Tabelle fort:

Bruch	$\frac{1}{10}$	$\frac{2}{10}$	…	$\frac{10}{10}$
Prozentangabe	10 %	20 %	…	100 %

20 Ergänze die Tabelle und fertige jeweils ein Kreisdiagramm an.

Bruchteil	$\frac{1}{12}$	$\frac{1}{4}$		$\frac{2}{3}$
Grad	30		60	

21 Ermittle aus dem Bild den Anteil Steuern, die der Staat kassiert (als Bruchteil und als Prozentangabe).

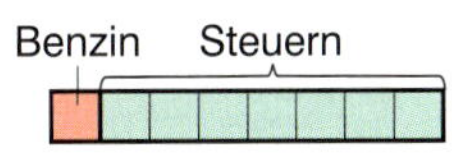

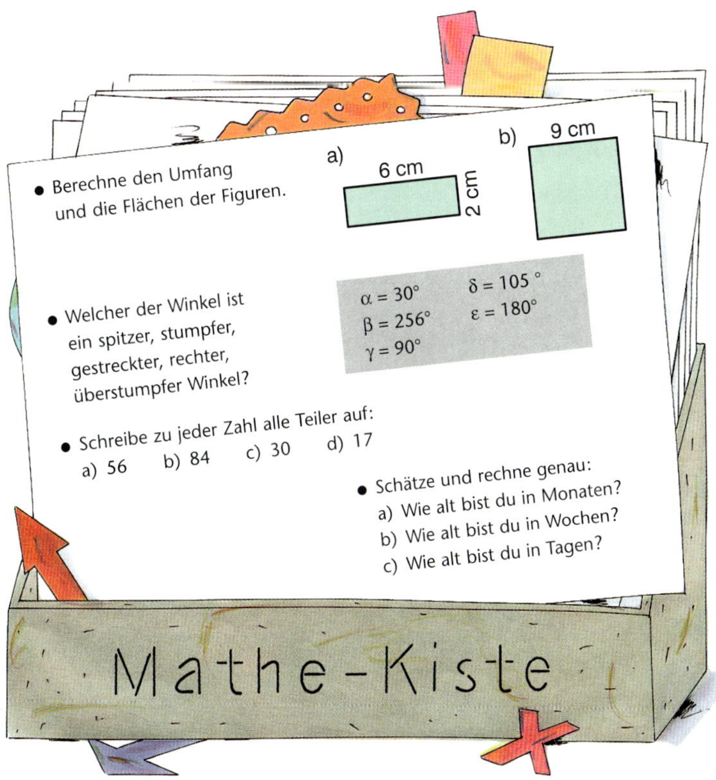

Was ist was?

Trinkt ihr gerne Orangensaft? Vielleicht habt ihr schon gesehen, dass es im Geschäft **Orangensaft, Orangennektar** und **Orangen-Fruchtsaftgetränk** gibt. Wer kennt sich da schon aus. Und was besser schmeckt, weiß man ohnehin nicht. Vom Gesetz ist jedoch vorgeschrieben, dass Fruchtsaft zu 100 % aus dem Saft der ausgepressten Frucht besteht. Der Orangennektar muss mindestens aus 25 % Fruchtsaft und das Orangen-Fruchtsaftgetränk zumindest zu 6 % (6/100) aus Fruchtsaft bestehen.

Aufgaben

22 In einer Fruchtsaftkellerei wird Orangennektar hergestellt. Dazu wird Orangensaft und Wasser gemischt. Der Anteil des Orangensaftes soll genau 25 % betragen.
a) Gib den Anteil des Wassers in Prozent und als Bruch an.
b) Zu welchen Teilen muss man Orangensaft und Wasser mischen? Solltest du bei dem Beantworten dieser Frage Schwierigkeiten haben, dann zeichne dir ein „Flaschenbild".
c) Will man aus Fruchtsaft (reinem Saft aus ausgepressten Orangen) und Wasser ein Fruchtsaftgetränk herstellen, so muss man viel Wasser verwenden. Das Getränk soll genau 6 % Fruchtsaft enthalten. Gib den Anteil des Wassers in Prozent und als Bruch an.
d) Wie viel Liter Orangensaft und wie viel Liter Wasser werden für 100 l Fruchtsaftgetränk benötigt?

23 *Schuldig oder nicht schuldig?* Oft liegt das Urteil dazwischen:
„Die Kosten des Verfahrens trägt zu 3 Teilen der Beklagte und zu 1 Teil der Kläger."
a) Welchen Bruchteil der Gerichtskosten müssen Kläger und Beklagter jeweils bezahlen?
b) In einem anderen Fall entscheidet das Gericht: „Die Kosten des Verfahrens in Höhe von 1600 Euro werden im Verhältnis 3 zu 5 aufgeteilt." Wie viel müssen die beiden Streitparteien jeweils bezahlen?

24 *Das Schönheitsideal.* Der Maler Albrecht Dürer untersuchte die Abmessungen von Menschen und fand solche besonders schön, bei denen die Länge des Oberkörpers 50 % der Körperlänge ausmachte, der Unterarm 25 % der Körperlänge und die Handlänge 10 %. Wie lang müssten dein Oberkörper, Unterarm und Hand sein? Rechne und miss nach. Würdest du Dürer gefallen?

Porträt Dürers

Trainerkartei

Übung macht den Meister

Mit einer selbst erstellten Trainerkartei wird das Üben leichter und erfolgreicher – hier erfährst du wie es funktioniert.

Die Bruch-Trainerkartei

Schreibe etwa 30 Karten (DIN A7) mit verschiedenen Aufgaben zum Rechnen mit Brüchen auf. Auf der Rückseite wird dann die Lösung notiert.

Tipps zur Trainerkartei

Die Karteikarten erstellt und vergleicht ihr am besten in Gruppenarbeit. Auch deine typischen Fehler aus der Klassenarbeit passen in die Trainerkartei, so kannst du aus deinen Fehlern lernen. Im Bild siehst du, wie man mit der Kartei arbeitet: Die Aufgaben, die du noch nicht sicher lösen kannst (F), steckst du wieder in den vorderen Teil der Kiste, die richtig gelösten Aufgaben (R) wandern immer ein Fach weiter. Ist eine Karte nach mehreren Durchgängen hinten gelandet, so bist du fit.

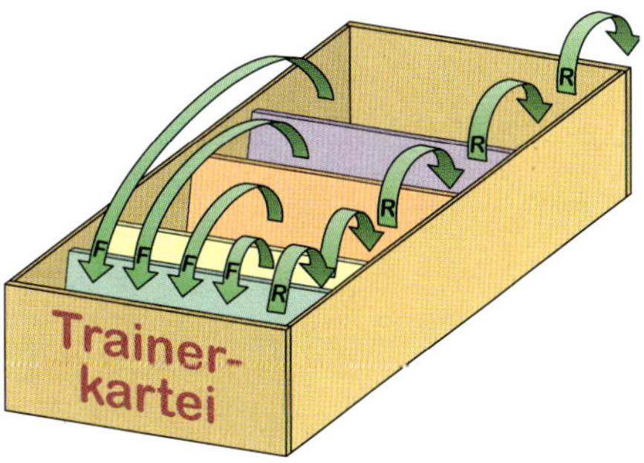

Von Zeit zu Zeit kannst du die Karten neu mischen und so dein Grundwissen auffrischen.

Hier sind einige Vorlagen für Karteikarten (ohne Lösungen).

Immer wenn du weiterüben willst, kannst du Karten ergänzen.

Farben mischen Gib die Bruchteile und Mischungsverhältnisse an. A B 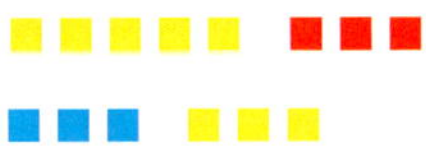	**Lieblingseiscreme** Gib die Winkel für ein Kreisdiagramm an und zeichne es. $\frac{2}{3}$ Zitrone $\frac{1}{4}$ Schokolade $\frac{1}{12}$ Vanille	**Fülle die Lücken** Bruchteil Prozentangabe $\frac{3}{4}$ ■ ■ 50 % $\frac{1}{10}$ ■ ■ 100 %
Eine Honigbiene kann im Flug in einer Sekunde 6 m zurücklegen. Welche Strecke legt sie auf einem $\frac{1}{4}$-h-Flug zurück?	Stelle die Bruchteile in einem Stabmodell dar. $\frac{4}{5}$ $\frac{3}{10}$ $\frac{6}{7}$ $\frac{5}{8}$	Welche Bruchteile (grün und gelb) sind dargestellt? 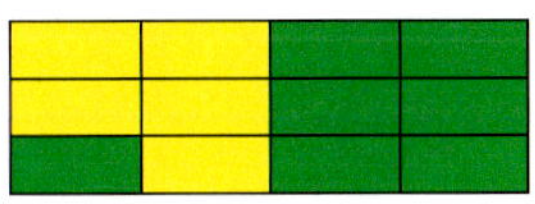
Ein Jumbo-Jet hat eine Spannweite von 59,6 m. Welche Spannweite hat ein Modell des Jumbos im Maßstab 1:400?	Wo findest du Brüche im Alltag?	**Bauplan Maßstab 1:150** Original Plan 18 m ■ ■ 4 cm ■ 12 mm
Schreibe als Größe *mit* einem Bruch als Maßzahl. 250 g 45 min 500 kg 2,5 m 375 ml	Schreibe als Größe *ohne* Bruch als Maßzahl. $\frac{3}{4}$ Liter $3\frac{1}{2}$ h $\frac{1}{2}$ ha $5\frac{1}{2}$ Jahre $\frac{5}{8}$ kg	In unserer Klasse sind 20 % Brillenträger. Das sind: Anne, Jasper, Assef, Laura, Moritz und Clara. Wie viele Kinder sind in der Klasse?

4.3 Brüche miteinander vergleichen und ordnen

Was dich erwartet

Esse ich $\frac{1}{2}$ Pfannkuchen oder $\frac{2}{4}$ Pfannkuchen? Richtig, ein und derselbe Bruchteil kann verschiedene Namen haben. Du hast die Wahl zwischen einer Saftpackung mit $\frac{3}{4}$ l Inhalt und einer Saftflasche mit $\frac{7}{10}$ l Inhalt – Wo ist mehr drin? Wenn du weißt, wie man Bruchteile miteinander vergleicht, fällt dir die Entscheidung leicht.

Aufgaben

1 Jannick hat sich mit einer Zeichnung überzeugt:

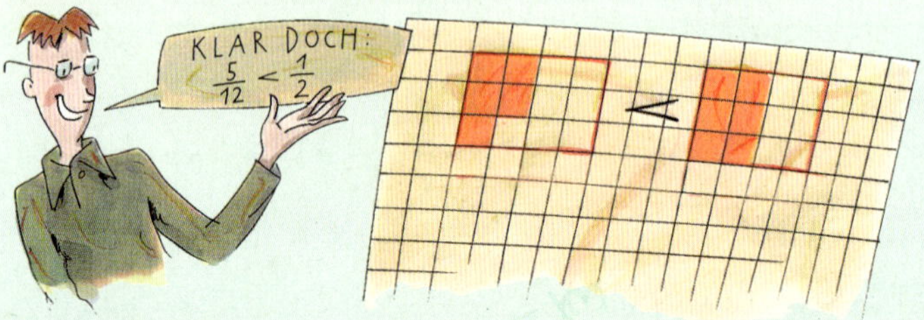

Zeichne je zwei Rechtecke in dein Heft. Entscheide dann durch Unterteilen und Einfärben, wo du an die Stelle von ■ größer (>), kleiner (<) oder gleich (=) setzen kannst. Tipp: Gehe immer vom gleichen Rechteck (4 × 3 Kästchen) aus. Einige Aufgaben kannst du ohne Zeichnung lösen. Begründe jeweils deine Antwort.

a) $\frac{5}{12}$ ■ $\frac{7}{12}$
b) $\frac{4}{6}$ ■ $\frac{5}{6}$
c) $\frac{2}{4}$ ■ $\frac{3}{4}$
d) $\frac{9}{12}$ ■ $\frac{3}{4}$
e) $\frac{4}{12}$ ■ $\frac{4}{6}$
f) $\frac{2}{4}$ ■ $\frac{2}{3}$
g) $\frac{2}{3}$ ■ $\frac{2}{6}$
h) $\frac{1}{4}$ ■ $\frac{1}{3}$
i) $\frac{1}{6}$ ■ $\frac{1}{12}$

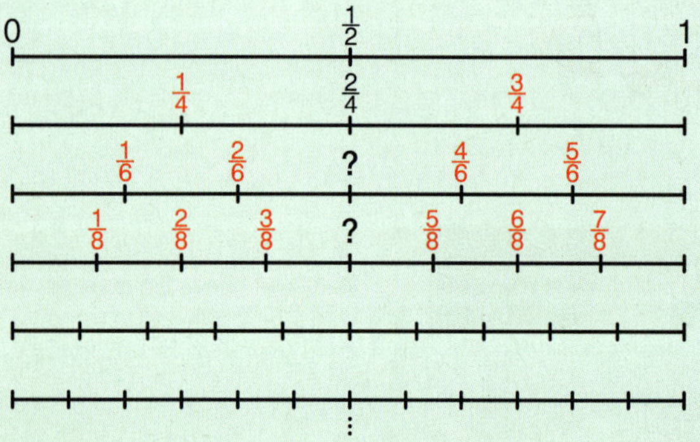

2 *Gleiche Brüche – verschiedene Namen*

a) $\frac{1}{2}$ und $\frac{2}{4}$ sind verschiedene Namen für den gleichen Bruch. Finde 5 weitere Namen für $\frac{1}{2}$.

b) Kannst du angeben, wie man für $\frac{1}{2}$ andere Namen finden kann?

c) Finde andere Namen für $\frac{1}{4}$ ($\frac{1}{6}$).

3 *Große Torte statt vieler Worte.* Für die Geburtstagsgäste möchte Opa Krawuttke ausreichend Torte besorgen. Eigentlich wollte er der erste Kunde sein, aber da war jemand schneller ...

Beispiel:
$\frac{3}{12}$ Kuchen = $\frac{1}{4}$ Kuchen

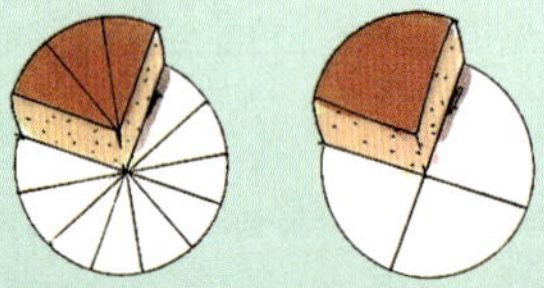

a) Finde mehrere Namen für die Bruchteile, die jeweils noch übrig sind.

b) Welche Sorten kann Opa Krawuttke kaufen, sodass gerade eine Kuchenplatte voll wird? Schreibe auf, welche Bruchteile du dann zusammenzählst.

Aufgaben

4 *Verschieden und doch gleich.* Mit vielen kleinen Gewichten hat Robert eine interessante Entdeckung gemacht:

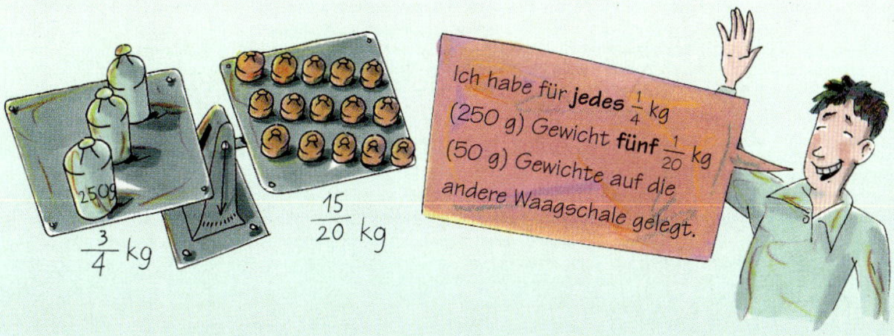

Svenja nimmt die kleinere Einheit und rechnet lieber nach:

$\frac{3}{4}$ kg $\quad 1000\text{ g} \xrightarrow{:4} 250\text{ g} \xrightarrow{\cdot 3} 750\text{ g}$ $\qquad$ $\frac{15}{20}$ kg $\quad 1000\text{ g} \xrightarrow{:20} 50\text{ g} \xrightarrow{\cdot 15} 750\text{ g}$

Überprüfe, ob auch die folgenden Bruchteile gleich sind. Mach es wie Svenja oder Robert.

a) $\frac{3}{4}$ kg; $\frac{75}{100}$ kg $\qquad$ b) $\frac{2}{5}$ kg; $\frac{8}{20}$ kg $\qquad$ c) $\frac{3}{10}$ kg; $\frac{12}{40}$ kg $\qquad$ d) $\frac{3}{8}$ kg; $\frac{375}{1000}$ kg

Basiswissen

Für einen Bruch gibt es viele verschiedene Namen. „Bruchbilder“ mit Kreisen, Stäben und Rechtecken helfen zu verstehen, wie man diese „Namen“ findet.

Brüche können verschiedene Namen haben

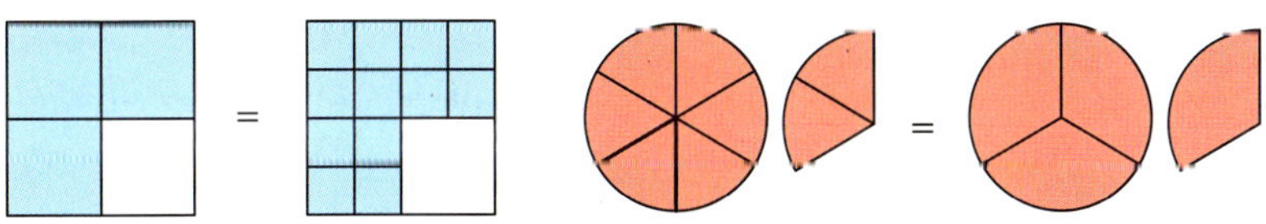

$\frac{3}{4} = \frac{12}{16} \qquad \frac{8}{6} = \frac{4}{3} = 1\frac{1}{3}$

Durch Erweitern und Kürzen findest du verschiedene Namen für gleiche Brüche.

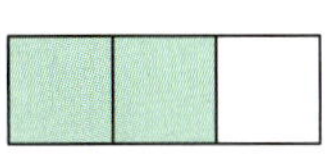

Erweitern heißt...

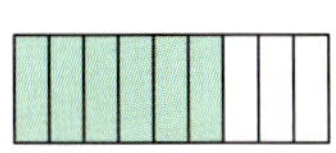

feinere Unterteilung einzeichnen.

$\frac{2}{3} \xrightarrow{\cdot 3} \frac{6}{9}$, $\quad \frac{2}{3} = \frac{6}{9}$

... Zähler und Nenner mit der gleichen Zahl multiplizieren.

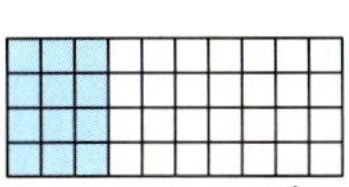

Kürzen heißt...

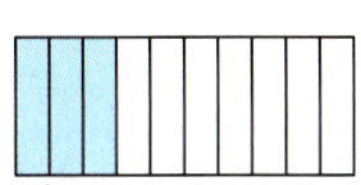

gröbere Unterteilung einzeichnen.

$\frac{12}{40} \xrightarrow{:4} \frac{3}{10}$, $\quad \frac{12}{40} = \frac{3}{10}$

... Zähler und Nenner durch die gleiche Zahl dividieren.

Beispiele

A Betrachte die Bilder. Aus dem Bruchbild $\frac{3}{5}$ sind durch feinere Unterteilungen neue Namen für den Bruch entstanden. Welche sind das?

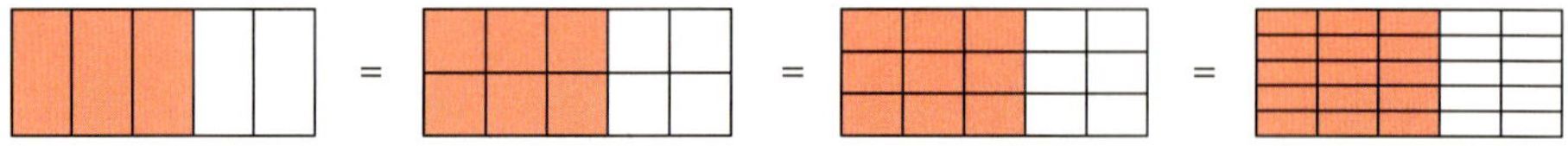

$\frac{3}{5} \qquad \frac{6}{10} \qquad \frac{9}{15} \qquad \frac{15}{25}$

B Bei den folgenden Bruchbildern wurde die Unterteilung gröber. Welche Namen für die Bruchteile sind entstanden?

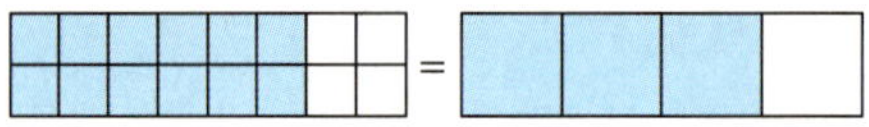

$\frac{12}{16} = \frac{3}{4}$

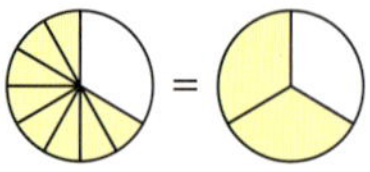

$\frac{8}{12} = \frac{2}{3}$

C Vergleiche $\frac{2}{3}$ und $\frac{4}{7}$. Welcher ist der größere Bruch? Finde dazu andere Namen für $\frac{2}{3}$ und $\frac{4}{7}$. Leicht vergleichen kann man Brüche mit gleichem Nenner.

$\frac{2}{3}$, $\frac{4}{7}$ | $\frac{4}{6}$ | $\frac{6}{9}$ | $\frac{8}{12}$ | $\frac{8}{14}$ | $\frac{10}{15}$ | $\frac{12}{18}$ | $\frac{14}{21}$, $\frac{12}{21}$

Der größere Bruch ist $\frac{2}{3}$.

Basiswissen

Brüche kann man einfach miteinander vergleichen, wenn sie den gleichen Nenner haben. Haben sie verschiedene Nenner, dann muss man für gleiche Nenner sorgen: Man nimmt dann andere passende Namen für die jeweiligen Brüche.

Brüche mit gleichem Nenner heißen **gleichnamige Brüche**

Der kleinste gemeinsame Nenner heißt auch **Hauptnenner**.

Brüche miteinander vergleichen

1. Sind die ***Nenner gleich***, so ist das einfach. Vergleiche dann nur die Zähler.

$\frac{11}{18} > \frac{7}{18}$

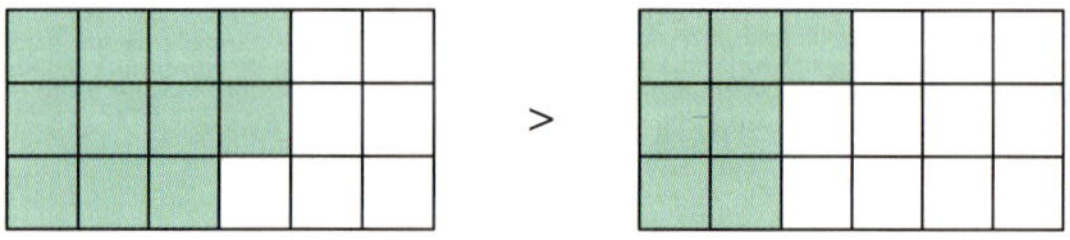

2. Sind die ***Nenner verschieden***, so finde eine gleiche Unterteilung. Mache die Nenner gleichnamig.

Du musst die beiden Brüche so erweitern, dass sie den gleichen Nenner bekommen.

$\frac{3}{5}$? $\frac{2}{3}$

$\frac{9}{15} < \frac{10}{15}$

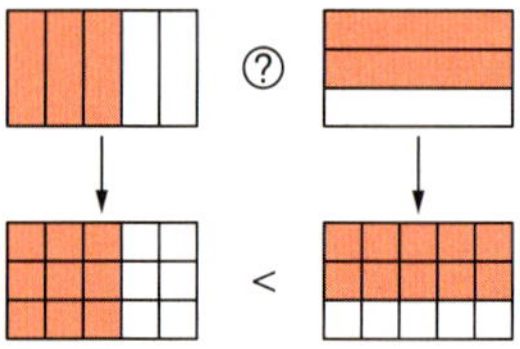

Im Modell brauchst du eine Unterreilung, die für beide Bruchbilder gleich ist.

Beispiele

D Finde mit einem Rechteckdiagramm heraus, welcher der Brüche $\frac{3}{8}$ und $\frac{1}{3}$ größer ist.

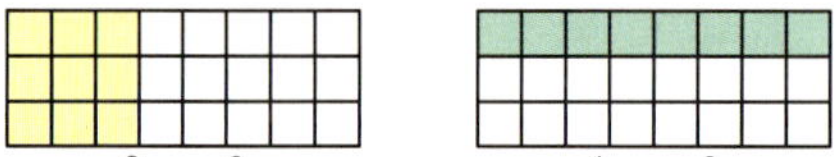

$\frac{3}{8} = \frac{9}{24} > \frac{1}{3} = \frac{8}{24}$

E Erweitere so, dass die Nenner gleichnamig sind. Vergleiche anschließend.

$\frac{5}{8}$ ■ $\frac{2}{3}$

$\frac{5}{8} \overset{\cdot 3}{=} \frac{15}{24} < \frac{16}{24} \overset{\cdot 8}{=} \frac{2}{3}$

Übungen

5 Überzeuge dich selbst. Die vier Brüche in c) stellen alle den gleichen Anteil dar.
a) Betrachte die Modellbilder. Wie sind die Bilder aus dem $\frac{3}{4}$-Bild entstanden? Finde die zugehörigen Brüche.
b) Übertrage die Bilder in dein Heft und finde zu den Bildern die Brüche.
c) Finde zu den Brüchen die Bilder mit der passenden Einteilung. Zeichne sie in dein Heft.

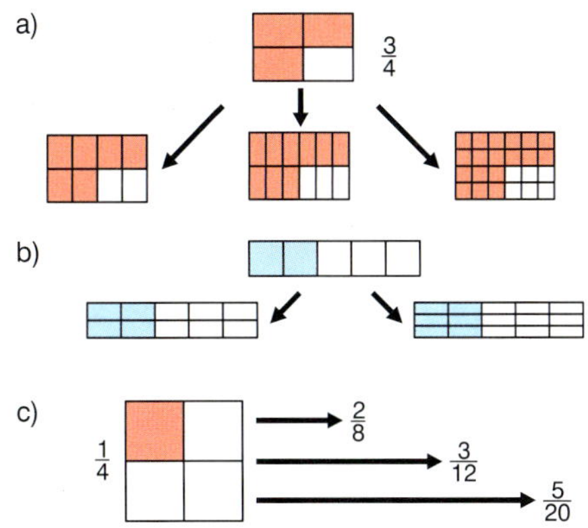

6 Vergleiche die Brüche. Wenn du nicht sicher bist, dann helfen dir die Kreisdiagramme. Ersetze das ■ Zeichen durch <, > oder =.

a) $\frac{1}{4}$ ■ $\frac{1}{8}$ b) $\frac{2}{4}$ ■ $\frac{4}{8}$ c) $\frac{3}{4}$ ■ $\frac{7}{8}$
d) $\frac{3}{4}$ ■ $\frac{6}{8}$ e) $\frac{2}{4}$ ■ $\frac{5}{8}$ f) $\frac{4}{4}$ ■ $\frac{8}{8}$

Beispiel:
$\frac{1}{2} < \frac{5}{8}$

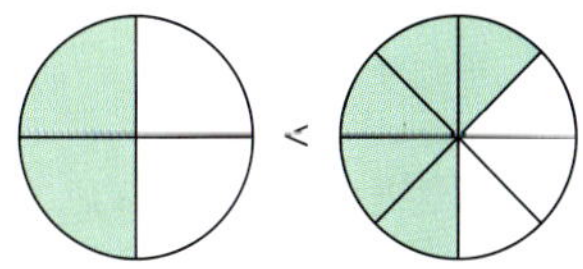

7 Womit wurde jeweils gekürzt? Zählst du alle Zahlen, mit denen gekürzt wurde, zusammen, so erhältst du die Prüfziffer.

a) $\frac{6}{18} = \frac{1}{3}$ $\frac{24}{21} = \frac{8}{7}$ $\frac{36}{16} = \frac{9}{4}$ $\frac{9}{81} = \frac{1}{9}$ $\frac{25}{100} = \frac{1}{4}$ $\frac{12}{39} = \frac{4}{13}$ $\frac{34}{51} = \frac{2}{3}$
b) $\frac{18}{72} = \frac{3}{12}$ $\frac{3}{12} = \frac{1}{4}$ $\frac{12}{144} = \frac{1}{12}$ $\frac{19}{38} = \frac{1}{2}$ $\frac{75}{100} = \frac{3}{4}$ $\frac{375}{1000} = \frac{3}{8}$ $\frac{15}{100} = \frac{3}{20}$

7
Prüfziffern:
67 und 195

8 Lasst Bilder sprechen. In den folgenden Bilderfolgen wurde gekürzt oder erweitert. Übertrage sie in dein Heft und schreibe die passenden Namen der gleichen Brüche dazu auf.

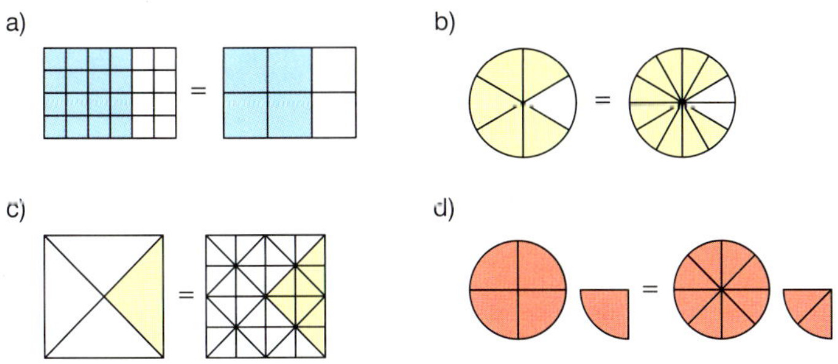

9 Vergleiche mit Bildern. In den folgenden Bildern wurden Brüche miteinander verglichen. In den Bildern siehst du direkt, ob >, < oder = zwischen die Brüche gehört.

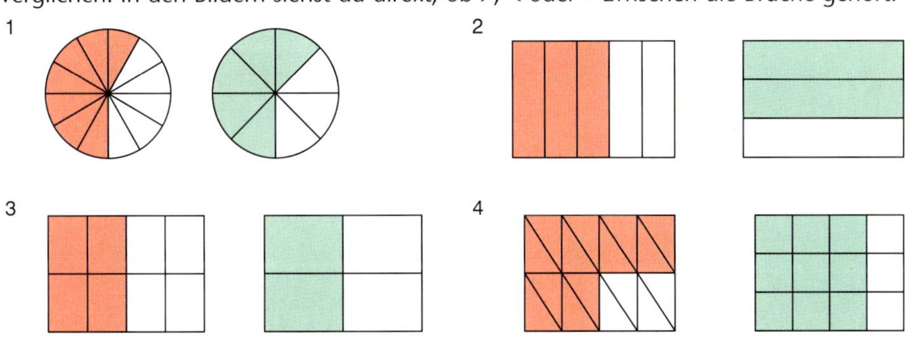

a) Übertrage die Bilder in dein Heft und finde die zugehörigen Brüche.
b) Betrachte nun nur die Brüche. Erweitere so, dass du ohne Bilder direkt vergleichen kannst.

Übungen

Gemischte Zahl:
$2\frac{1}{2}$ ← Bruchzahl
↑
natürliche Zahl

10 Es gibt Flaschen mit $\frac{3}{4}$ l und mit $\frac{7}{10}$ l Inhalt. In welchen Flaschen ist mehr Inhalt?

11 *Bruch und gemischte Zahl*
Jennifer wandelt gemischte Zahlen in Brüche um. Die Bilder helfen ihr dabei.

Und so wird es gemacht: 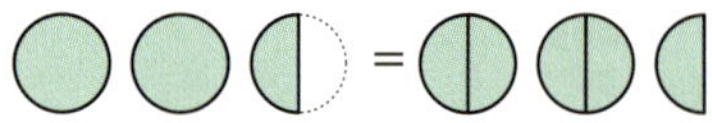

$2\frac{1}{2} = \frac{5}{2}$

Übertrage die anderen Bilder ins Heft und mach es wie Jennifer.

a) 

b) 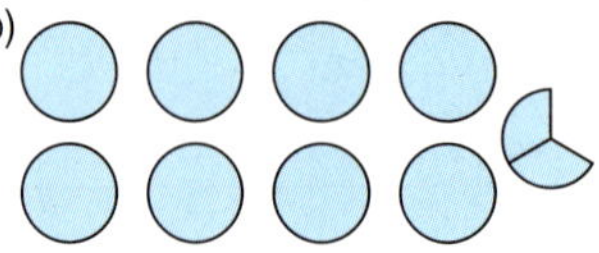 = ?

c) ? = 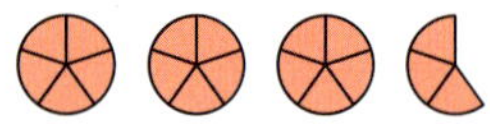

d) 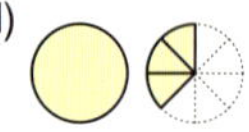 =

e) 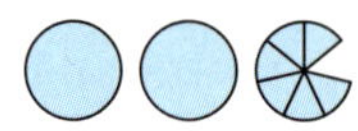 =

f)  = ?

12 Zähler und Nenner gesucht. Beim Erweitern und Kürzen sind ein paar Zahlen verloren gegangen.

$\frac{3}{4} = \frac{\blacksquare}{12}$ $\frac{20}{25} = \frac{4}{\blacksquare}$ $\frac{\blacksquare}{64} = \frac{3}{8}$ $\frac{27}{\blacksquare} = \frac{9}{12}$ $\frac{\blacksquare}{100} = \frac{1}{2}$ $\frac{3}{4} = \frac{75}{\blacksquare}$

12 Hast du alles richtig gemacht, so ergibt die Summe der gesuchten Zahlen 224.

13 Zweidrittel ($\frac{2}{3}$) aller Schüler und Schülerinnen der Klasse 6a haben ein Haustier, nämlich 22. Wie viele Schüler und Schülerinnen sind in der Klasse 6a.
Tipp: Probiere doch einfach aus. Oder schaue dir dieses Bild an.

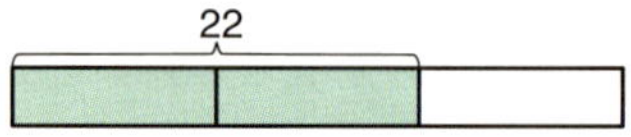

14 14 Schüler und Schülerinnen der 6b haben einen Internet-Anschluss. Das sind $\frac{7}{12}$ der Klasse. Wie groß ist die 6b?

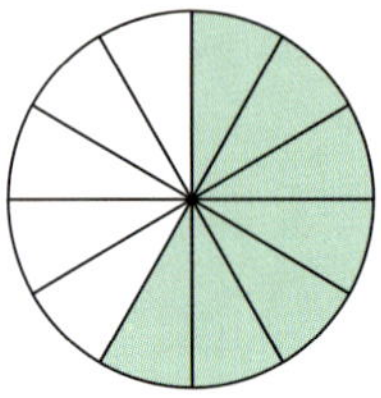

14 Schüler und Schülerinnen

15 *Größen, nichts als Größen.* In jeder Zeile sollten die gleichen Maßangaben stehen. Es haben sich aber Fehler eingeschlichen. So passt z.B. $\frac{2}{16}$ kg nicht in die erste Zeile. Hast du alle Fehler entdeckt, so ergibt sich ein Lösungswort.

$\frac{1}{4}$ kg	$\frac{25}{100}$ kg	$\frac{5}{20}$ kg	$\frac{2}{16}$ kg	250 g	$\frac{20}{80}$ kg
K	U	N	M	P	L
$\frac{3}{4}$ l	$\frac{15}{20}$ l	$\frac{75}{100}$ l	$\frac{6}{8}$ l	$\frac{9}{12}$ l	$\frac{6}{12}$ l
R	A	V	H	E	Ö
$\frac{3}{5}$ m	60 cm	$\frac{6}{10}$ m	$\frac{10}{15}$ m	$\frac{15}{25}$ m	$\frac{60}{100}$ m
U	D	A	W	Ü	P
$\frac{5}{6}$ min	50 s	$\frac{25}{30}$ min	$\frac{35}{36}$ min	$\frac{10}{12}$ min	$\frac{50}{60}$ min
R	T	L	E	F	S

16 Die Brüche $\frac{6}{21}$, $\frac{22}{77}$, $\frac{20}{70}$, $\frac{8}{28}$ und $\frac{30}{105}$ sind durch Erweitern aus $\frac{2}{7}$ entstanden. Mit welcher Zahl wurde jeweils erweitert?

Übungen

17 a) Erweitere so, dass der Nenner 100 ist. Wann klappt es? Begründe!

$\frac{1}{2}$ $\frac{12}{20}$ $\frac{3}{4}$ $\frac{7}{8}$ $\frac{4}{5}$ $\frac{8}{13}$ $\frac{3}{10}$ $\frac{37}{40}$

b) Versuche so zu erweitern, dass der Nenner 1000 ist. Wo gelingt es jetzt?

18 Soweit wie es geht. Jonas hat in mehreren Schritten gekürzt:

$\frac{48}{72} = \frac{12}{18} = \frac{4}{6} = \frac{2}{3}$

Mache es für folgende Brüche genauso:

$\frac{48}{100}$ $\frac{96}{144}$ $\frac{36}{188}$ $\frac{50}{75}$ $\frac{160}{240}$ $\frac{120}{150}$

19 Jana stellt fest: „Ich kann Brüche immer erweitern, aber nur manchmal kürzen."

a) Finde Beispiele für Janas Entdeckung.

b) Beschreibe, warum das so ist.

20 Kürze die Brüche soweit wie möglich.

$\frac{28}{6}$ $\frac{27}{39}$ $\frac{24}{144}$ $\frac{8}{34}$ $\frac{11}{121}$ $\frac{12}{121}$ $\frac{14}{49}$

21 Vergleiche die Brüche. Ersetze das ■ Zeichen durch <, > oder =.

a) $\frac{3}{4}$ ■ $\frac{3}{5}$ b) $\frac{2}{5}$ ■ $\frac{3}{5}$ c) $\frac{2}{3}$ ■ $\frac{11}{15}$

d) $\frac{19}{20}$ ■ $\frac{54}{60}$ e) $\frac{5}{12}$ ■ $\frac{7}{18}$ f) $\frac{11}{18}$ ■ $\frac{55}{90}$

22 Lara schreibt Zähler und Nenner als Produkt und kürzt soweit wie möglich:

$\frac{36}{54} = \frac{6 \cdot 6}{6 \cdot 9} = \frac{6}{9} = \frac{2 \cdot 3}{3 \cdot 3} = \frac{2}{3}$

Mach es wie Lara.

$\frac{56}{84}$ $\frac{99}{63}$ $\frac{64}{72}$ $\frac{125}{75}$ $\frac{160}{240}$ $\frac{121}{144}$

23 Ilka behauptet:

„Wenn zwei Brüche den gleichen Zähler haben, aber unterschiedliche Nenner, weiß ich auch direkt, welcher größer ist! Im Modell sieht man das direkt":

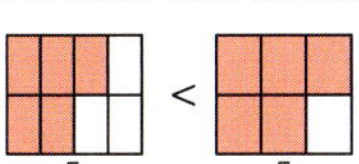

$\frac{5}{8}$ < $\frac{5}{6}$

Finde weitere Brüche für Ilkas Behauptung. Erkläre, warum sie Recht hat. Setze fort: „Zwei Brüche haben den gleichen Zähler. Dann ist der kleinere Bruch der Bruch mit …

24 Jetzt wird trainiert. Vergleiche die Brüche. Tipp, es geht auch manchmal ohne Erweitern oder Kürzen:

a) $\frac{5}{7}$ ■ $\frac{5}{8}$ b) $\frac{12}{16}$ ■ $\frac{15}{16}$ c) $\frac{3}{7}$ ■ $\frac{6}{15}$

d) $\frac{24}{32}$ ■ $\frac{3}{4}$ e) $\frac{5}{8}$ ■ $\frac{7}{10}$ f) $\frac{3}{8}$ ■ $\frac{1}{3}$

g) $\frac{5}{6}$ ■ $\frac{6}{7}$ h) $\frac{7}{8}$ ■ $\frac{14}{16}$ i) $\frac{3}{8}$ ■ $\frac{3}{7}$

25 Welche der folgenden Brüche sind größer als $\frac{1}{2}$? Du findest ein Lösungswort:

$\frac{12}{25}$	$\frac{31}{60}$	$\frac{8}{18}$	$\frac{55}{75}$	$\frac{36}{70}$	$\frac{9}{180}$	$\frac{120}{180}$
O	I	R	G	E	A	L

26 Was wird hier gerechnet? Erkläre wie.

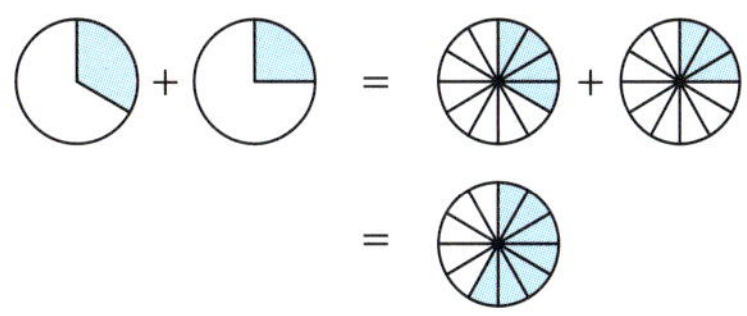

27 *Brüche gesucht.* Finde 5 Brüche mit dem Nenner 36, die sich nicht mehr kürzen lassen. Wie bist du vorgegangen?

28 Eine Größe ist immer aus Maßzahl und Maßeinheit zusammengesetzt. Finde verschiedene Maßzahlen, die zum selben Flächeninhalt passen.

a) $\frac{3}{4}$ cm² ? ?

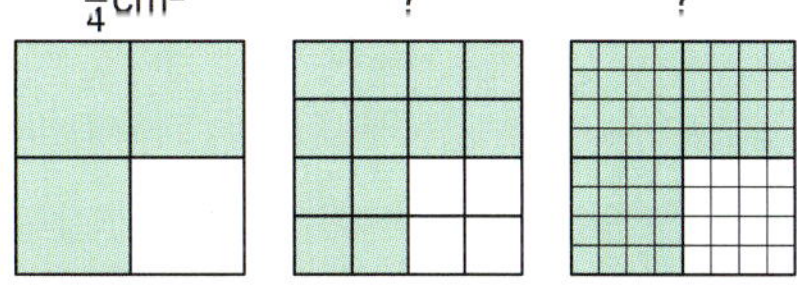

b) Finde weitere Maßzahlen, die dieselbe Fläche darstellen.

29 Betrachte folgende Bildergeschichte:

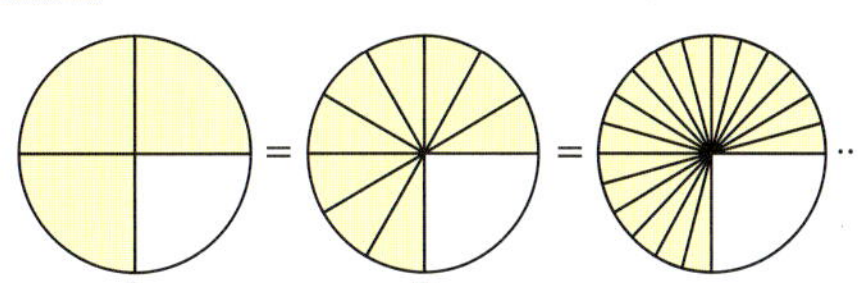

$\frac{3}{4}$ = $\frac{9}{12}$ = …

a) Erkläre, wie die Bilderfolge entstanden ist.

b) Mit welchen Brüchen wird die Bilderfolge fortgesetzt? Schreibe die nächsten fünf Brüche auf.

18 Lösungen:

$\frac{2}{3}$ $\frac{7}{12}$ $\frac{9}{47}$ $\frac{4}{5}$ $\frac{12}{25}$ $\frac{2}{3}$

Aufgaben

30 *Nette Brüche* machen uns das Leben leicht. Sie lassen sich besonders leicht auf den Nenner 100 erweitern. $\frac{1}{5}$, $\frac{1}{2}$ und $\frac{7}{10}$ sind nette Brüche, prüfe es doch nach!
a) Finde noch weitere Beispiele für nette Brüche. Welche verschiedenen Nenner findest du?
b) Übertrage die Tabelle in dein Heft und fülle die Lücken. Trage auch deine Beispiele für nette Brüche in die Tabelle ein.

Tipp: Benutze für die Bruchbilder Millimeterpapier und klebe sie auf. Du hast dann eine schöne Übersicht über die „netten" Brüche.

„netter" Bruch	Hundertstel Bruch	Bruchbild	Prozentsatz
$\frac{1}{5}$	$= \frac{20}{100}$		20 %
$\frac{1}{2}$	?	?	?
$\frac{7}{10}$	?	?	?
$\frac{3}{4}$	⋮	⋮	⋮

c) Wenn die Tabelle fertig ist, dann vergleiche die Spalte *Hundertstel-Bruch* mit der Spalte *Prozentsatz*. Was fällt dir auf?

31 In einem Modell im Maßstab 1: 6 sind alle Abmessungen $\frac{1}{6}$ der Originalabmessungen. In der folgenden Tabelle sind die Maßstäbe verloren gegangen.

Modelllänge	4 cm	3 cm	10 cm	5 cm	2 mm	12 cm	2 m	35 mm	9 cm
Originallänge	64 cm	18 cm	160 cm	160 cm	64 mm	72 cm	32 m	210 mm	288 cm

Das Bild zeigt das Motorrad im Maßstab 1: 32. Wie lang ist das Motorrad im Original?

a) Finde heraus, welche der Wertepaare zum Maßstab 1: 6, 1:16 oder 1: 32 gehören.
Tipp: Jeder Maßstab taucht dreimal auf.
b) Warum ist das Kürzen und Erweitern beim Rechnen mit Maßstäben nützlich?

32 Kannst du dir unter dem Bruch $\frac{29}{40}$ etwas vorstellen? Ricarda und Jonathan zeichnen und überlegen: $\frac{29}{40}$ kann man nicht kürzen. Aber $\frac{29}{40}$ ist ungefähr $\frac{30}{40}$. Daher ist $\frac{29}{40}$ ungefähr so viel wie $\frac{3}{4}$. Das sieht man auch im Bild.

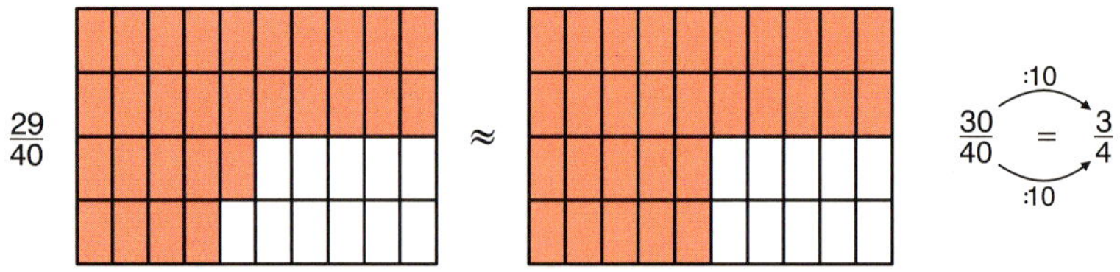

Oft sind Zähler und Nenner der Brüche so groß, dass das Zeichnen sehr mühselig ist. Kürzen kannst du trotzdem. Dazu werden Zähler/Nenner oft erst gerundet.

a) Finde auch für die folgenden komplizierten Brüche einfachere. Mach es wie Ricarda und Jonathan:

$\frac{49}{100}$ $\frac{50}{201}$ $\frac{79}{240}$ $\frac{21}{160}$ $\frac{359}{450}$ $\frac{99}{1000}$ $\frac{320}{481}$

b) Bei einer Verkehrskontrolle in Essen waren von 162 kontrollierten Fahrern 41 nicht angeschnallt. In Hamm wurde zur gleichen Zeit kontrolliert: von 119 kontrollierten Fahrern hatten sich 18 nicht angeschnallt. Wo war der Bruchteil der Verkehrssünder größer?

Dinosaurier – Riesen der Urzeit

Dinosaurier lebten im mittleren Zeitalter der Entwicklungsgeschichte unseres Planeten Erde. Dieses Zeitalter wird auch Mesozoikum genannt und wird in Trias, Jura und Kreide unterteilt. Es endete vor ca. 65 Millionen Jahren. Der Mensch, der etwa vor $3\frac{1}{2}$ Mio. Jahren auf die Bühne der Weltgeschichte trat, kann deshalb niemals einem lebenden Dinosaurier begegnet sein. Die Erforschung der Saurier begann mit ersten Funden in England. ANNE MANTELL fand dort im Jahr 1822 die versteinerten Zähne eines Iguanodons. Doch die Erforschung dieser faszinierenden Giganten ist noch lange nicht abgeschlossen. Erst 1993 entdeckte der argentinische Forscher DR. JOSÉ FERNANDO BONAPARTE den Argentinosaurus. Dies war ein pflanzenfressender Dinosaurier mit überlangem Hals und Schwanz. Man hat von ihm zwar nur Rückenwirbel, Rippen, Schienbeine und wenige andere Knochen gefunden, doch lässt sich damit eines bereits sagen: Er ist der größte bisher bekannte Dinosaurier! Seine Länge betrug bis zu 40 m, sein Gewicht bis zu 100 Tonnen. Wissenschaftler suchen nun auch noch nach den übergroßen Fleischfressern, die den Argentinosaurus vielleicht einst jagten …

Projekt

Dinosaurier
In der Abbildung unten stecken vielen Informationen zu den Dinosauriern die euch helfen die folgenden Aufträge zu bearbeiten.

- Bestimmt Originallänge und -höhe der Dinosaurier. Mit Kreide und Maßband könnt ihr die tatsächlichen Abmessungen auf dem Schulhof veranschaulichen.
- Ermittelt das Gesamtgewicht eurer Klasse und gebt es als Bruchteil der Dinosauriergewichte an.
- In welchem Maßstab zeigt das Bild oben den Argentinosaurus? Findet ihr verschiedene Möglichkeiten den Maßstab zu bestimmen?
- Vergleicht die Schulterhöhe der abgebildeten Dinosaurier mit denen eines Pferdes oder eines Elefanten. Stellt diese mit maßstabgerechten Balken nebeneinander dar und gebt die Größenunterschiede als Bruchteile an.

Größen mit Maßstäben und Bruchteilen veranschaulichen

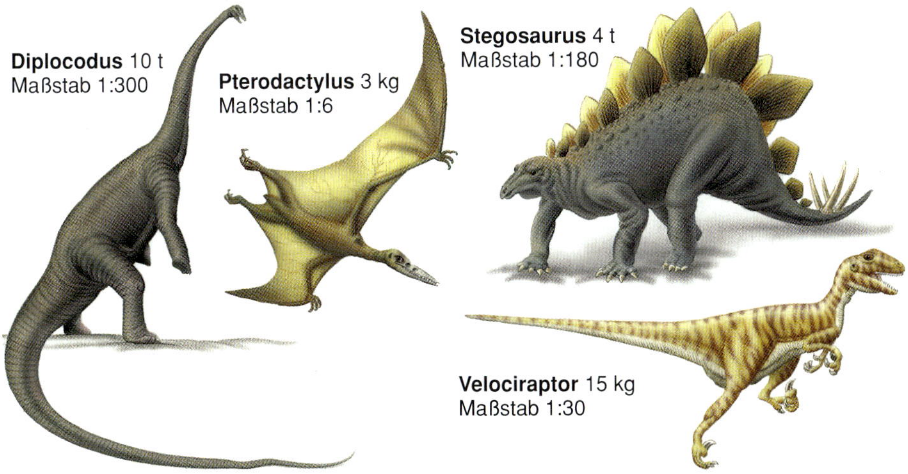

Informationen beschaffen und Tiergrößen vergleichen

Vergleicht die Spannweite des Pterodaetylus mit der heute lebender Vögel (Albatros, Condor, Geier)

Vergleicht die Gewichte der Dinosaurier mit denen großer Säugetiere.

Sammelt weitere Abbildungen und Modelle von Dinosauriern und ermittelt die Maßstäbe.

Forscheraufträge und Postererstellung

4.4 Dezimalzahlen

Was dich erwartet

Du sollst einen halben Liter Milch einkaufen, auf der Packung steht aber 0,5 l. Deine Mutter sagt: „Bringe bitte ein viertel Kilogramm Gouda mit.“ Auf der Packung in der Käsetheke steht 0,265 kg. Ist das ungefähr das, was Mutter haben will? Brüche und Dezimalzahlen sind eng miteinander verwandt. Genau genommen sind Dezimalzahlen nichts anderes als Brüche. Warum das so ist und warum Dezimalzahlen im Alltag häufig beliebter als Brüche sind, erfährst du in diesem Kapitel.

Aufgaben

1

Sieg um drei Hundertstel verpasst
Bei den Landesmeisterschaften hat Klaus Meier vom SV Kleinborn einen beachtlichen 2. Platz beim 200-m-Lauf in 21,34 s erzielt. Er lag damit um nur drei hundertstel Sekunden hinter dem Sieger.

a) Welche Zeit benötigte der Gewinner des Laufs?
b) Der Weltrekord im 200-m-Lauf beträgt 19,32 Sekunden. Um wie viel war Klaus Meier langsamer?

2 Sicher hast du schon mit einem Zollstock gemessen. Hast du schon einmal versucht, $1\frac{1}{2}$ m mit dem Zollstock abzumessen?

Auf dem Zollstock stehen keine Brüche, sondern Dezimalzahlen. Du musst bei 1,50 m ablesen.
a) Wo musst du ablesen, wenn du $\frac{2}{5}$ m, $1\frac{1}{4}$ m, $\frac{1}{2}$ m, $1\frac{1}{10}$ m, $\frac{3}{4}$ m abmessen willst?
b) Kannst du auch Längenangaben mit Brüchen schreiben?
Probiere es einmal mit: 1,25 m 0,1 m 0,4 m 1,75 m 2,5 m 0,8 m.
c) Übertrage die Abbildung in dein Heft und ergänze die fehlenden Zahlen.

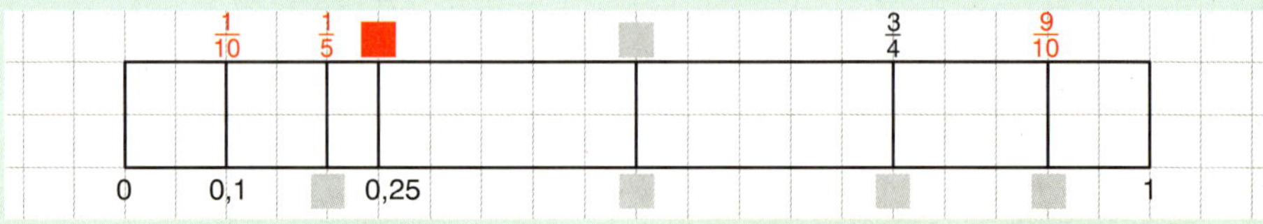

3 Auf einem Zettel hat jemand Gewichtsangaben notiert. Sie sehen alle recht ähnlich aus, aber nur einige sind gleich. Finde gleiche Gewichtsangaben.

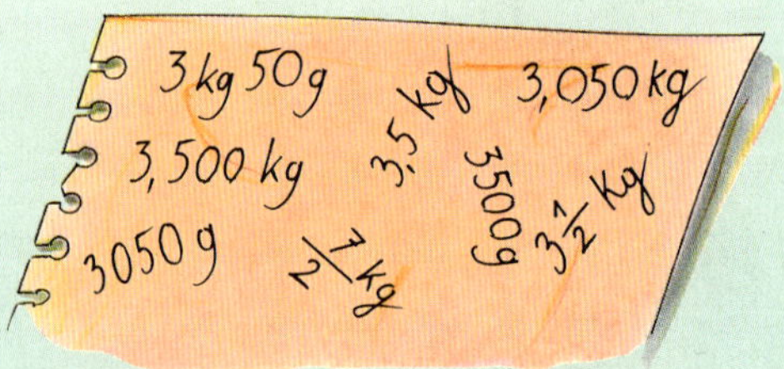

4 Andere Länder, andere Maße.
a) In den USA misst man Längen in Fuß (feet) und Inches. Ein Fuß hat 12 Inches. Rechne um in Inches:
2 feet $\frac{3}{4}$ feet $1\frac{5}{12}$ feet

b) In Deutschland misst man in dm und cm. 1 dm hat 10 cm.
Rechne um in cm:
2 dm $2\frac{3}{4}$ dm 2,6 dm 0,1 dm

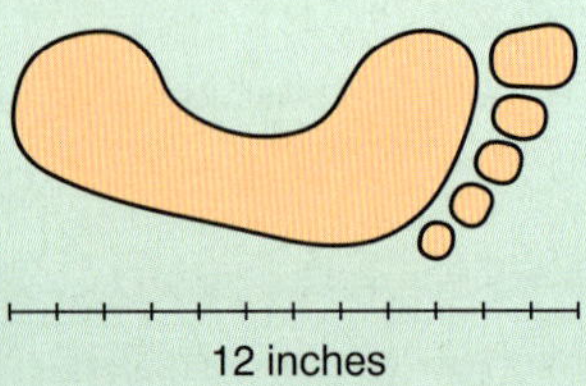

Aufgaben

5 Sara hört, wie der Händler sagt: „Das kostet sieben Euro fünf."
Sie wundert sich. Was kann das sein?
7,50 €; 7 € und 5 Cent; 7,05 €; $7\frac{1}{5}$ €; 7,5 €
a) Vielleicht können deine Eltern weiterhelfen.
b) Wie sollte man die aufgeschriebenen Geldbeträge richtig lesen, damit man genau weiß, was gemeint ist? 7,50 €; 7,05 €; 7,5 €

Basiswissen

Im Alltag sind Dezimalzahlen weiter verbreitet als Brüche. Obwohl sie eigentlich nur „verkleidete" Brüche sind, kann man mit ihnen leichter umgehen. Dies liegt daran, dass die „Nenner" bei Dezimalzahlen Zehnerpotenzen (10, 100, 1000, ...) sind.

Dezimalzahlen

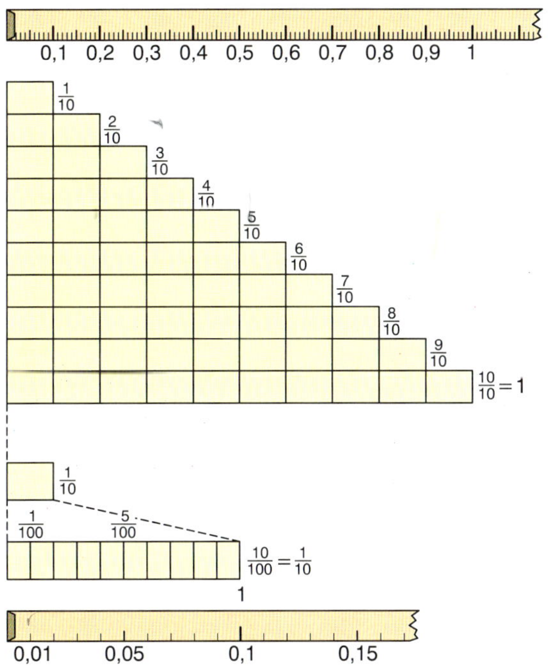

$0{,}1 = \frac{1}{10}$
$0{,}2 = \frac{2}{10}$
$0{,}3 = \frac{3}{10}$
$0{,}4 = \frac{4}{10}$
$0{,}5 = \frac{5}{10}$
$0{,}6 = \frac{6}{10}$
$0{,}7 = \frac{7}{10}$
$0{,}8 = \frac{8}{10}$
$0{,}9 = \frac{9}{10}$
$1 = \frac{10}{10}$

$0{,}01 = \frac{1}{100}$
$0{,}02 = \frac{2}{100}$
⋮
$0{,}05 = \frac{5}{100}$
$0{,}1 = \frac{10}{100} = \frac{1}{10}$
$0{,}15 = \frac{15}{100}$

Beispiele

A Was sind 8,250 kg?
Mit einer Stellenwerttafel lässt sich dies leicht beantworten:

:10 (Zehner → Einer), :10 (Einer → Zehntel), :10 (Zehntel → Hundertstel), :10 (Hundertstel → Tausendstel)

Zehner	Einer	,	Zehntel	Hundertstel	Tausendstel
	8	,	2	5	0

$8 + \frac{2}{10} + \frac{5}{100} + \frac{0}{1000}$
$8 + \frac{25}{100} = 8 + \frac{1}{4}$
$= 8\frac{1}{4}$

Zehntel, Hundertstel, ⋮ } Stellenwerte

$8\frac{1}{4}$ kg oder auch 8,250 kg
oder 8250 g

Beispiele

B Manchmal kommt man mit Brüchen weiter.
Der Metzger wiegt ein Stück Rindfleisch. Es wiegt 0,250 kg. Wie viel kostet das Fleisch?
0,250 kg = $\frac{1}{4}$ kg
Das Fleisch kostet 12 € : 4 = 3 €.

C Was fehlt an der 1?

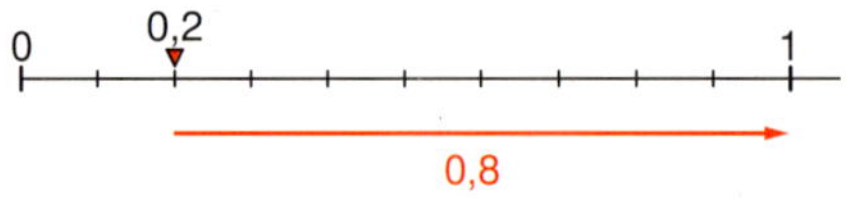

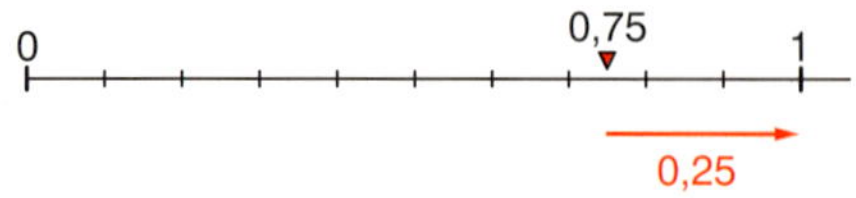

0,6 + [0,4] = 1   0,06 + [0,94] = 1   0,66 + [0,34] = 1

0,006 + [0,994] = 1   0,666 + [0,334] = 1   0,066 + [0,934] = 1

Übungen

6 Hier stellen wir die Familie Sperlich vor. Der kleine Lennhart ist 0,98 m groß. Wie groß sind Herr und Frau Sperlich und die Kinder Julian und Benedikt?

7 Orientiere dich auf dem Zahlenstrahl. Welche Dezimalzahlen sind markiert? Schaue genau hin, was die Teilstriche bedeuten.

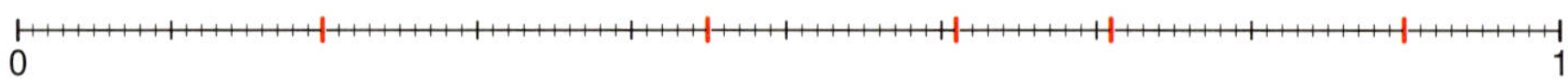

8 Zeichne den Zahlenstrahl in dein Heft. Trage die folgenden Dezimalzahlen ein:
a) 0,2 b) 0,75 c) 1,75 d) 1,05 e) 1,4 f) 0,6

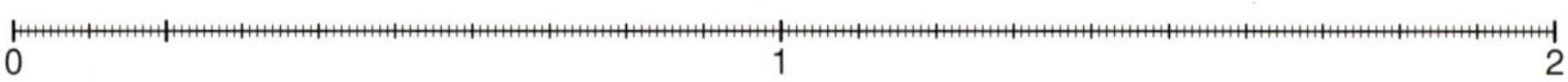

9 Welchen Stellenwert hat die Ziffer 3 in den Dezimalzahlen?
a) 5,31 b) 0,23 c) 30,5
d) 6,153 e) 0,03 f) 351,8

10 Setze das Komma so, dass die gekennzeichnete Ziffer den angegebenen Stellenwert hat.
a) 4126 (Zehntel) b) 1025 (Hundertstel)
c) 48965 (Zehner) d) 30506 (Tausendstel)

11 Schreibe die folgenden Dezimalzahlen als Bruch. Kürze wenn möglich.
a) 0,2 b) 0,05 c) 0,75
d) 1,4 e) 1,65 f) 3,125

12 Übertrage in dein Heft und schreibe an die markierten Stellen die Zahl als Dezimalzahl und als Bruch.

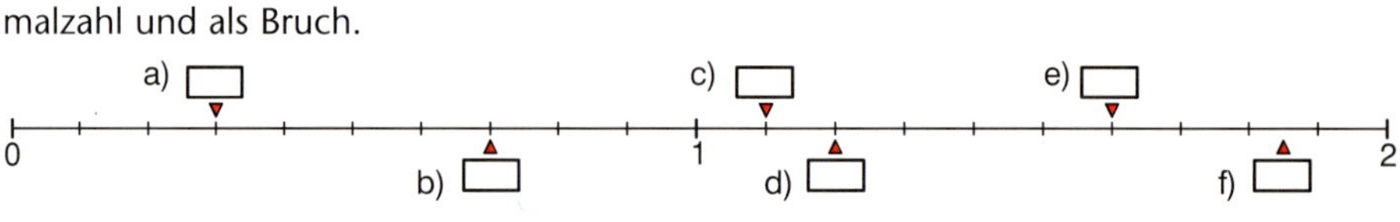

13 Kleine und große Sprünge auf dem Zahlenstrahl: Setze die Zahlenfolge fort.

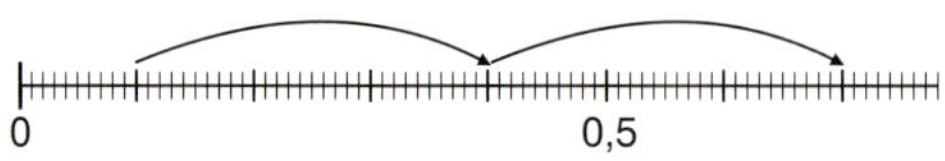

Aufgaben

Kreuz und quer durch Brüche und Dezimalzahlen.

14 Lies die Messgeräte ab:

a) 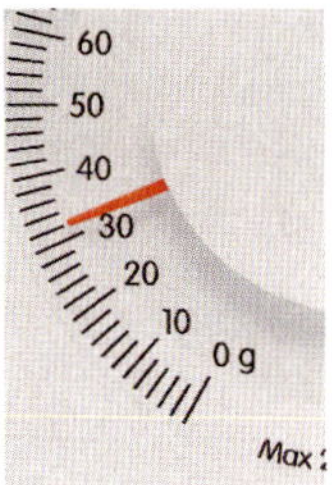

b) 

15 Bringe Ordnung in die Dezimalzahlen.
a) Sortiere der Größe nach. Beginne mit der kleinsten Zahl.

1,2	0,9	2	1,8	1,5	1,1

b) Sortiere der Größe nach. Beginne mit der größten Zahl.

8,235	8,352	8,350	8,5	8,325

c) Erkläre, wie man feststellen kann, welche von zwei Dezimalzahlen die größere ist.

16 Schreibe die folgenden Dezimalzahlen in aufsteigender Reihenfolge.

0,9	0,06	0,6	0,35	0,475
0,85	0,45	0,3	1	0,99

17 Finde fünf Dezimalzahlen, die größer als 4,3 und kleiner als 4,4 sind. Wie viele dieser Zahlen gibt es deiner Meinung nach?

18 Ergebnisliste von der Rodel-Weltmeisterschaft 2005 in Park City/USA:

Hayden, Ashley	1:28,449 min
Manzenreiter, Sonja	1:28,782 min
Niedernhuber, Barbara	1:28,284 min
Otto, Sylke	1:28,056 min
Wischnewski, Anke	1:28,366 min
Yakushenko, Natalie	1:28,696 min

a) Ashley Hayden hatte als Gesamtlaufzeit 1 Minute 28,449 Sekunden. Wie ist die Ergebnisliste sortiert?
b) Wer wurde Weltmeisterin?
c) Sortiere die Sportlerinnen nach ihrer Gesamtlaufzeit.

19 Die Uhr zeigt 11.59, also 1 Minute vor 12 Uhr. Handelt es sich bei der Uhrzeit 11.59 um eine Dezimalzahl? Begründe deine Entscheidung.

20 Verwandele die folgenden Dezimalzahlen in Brüche. Kürze, wenn möglich.
a) 0,5 b) 0,3 c) 0,75 d) 0,45
e) 0,4 f) 0,125 g) 0,600 h) 0,05

E	z	h
0	3	4

$\frac{34}{100} = \frac{17}{50}$

21 Schreibe die Maßzahl als Dezimalzahl.

a) $5\frac{2}{5}$ m b) $2\frac{3}{4}$ kg c) $6\frac{1}{2}$ m²
d) $\frac{3}{8}$ l e) $\frac{3}{20}$ g f) $4\frac{7}{8}$ km

$\frac{4}{5}$ kg $= \frac{8}{10}$ kg
$= 0,800$ kg

22 *Wechselgeld*
Du musst bezahlen und zahlst mit einem Geldschein. Welches Wechselgeld erhältst du?
a) 8,73 €
b) 37,42 €
c) 86,77 €

a) 
b) 
c) 

23 Informiere dich darüber, wie Zahlen gerundet werden.

24 Bei Sportergebnissen wird häufig gerundet. Beim Schwimmen werden die Zeiten in Sekunden auf drei Stellen hinter dem Komma (Tausendstel) genau gemessen. Auf der Anzeigetafel erscheint die Zeit aber auf zwei Stellen hinter dem Komma (Hundertstel) gerundet.

50 m Freistil Männer	
Draganja, Duje	21,941 s
Hall, Gary	21,932 s
Lezak, Jason	22,114 s
Nystrand, Stefan	22,075 s
Schoeman, Roland Mark	22,019 s

Runde die Zeiten auf Hundertstel und schreibe eine Ergebnisliste für den Sportteil einer Zeitung.

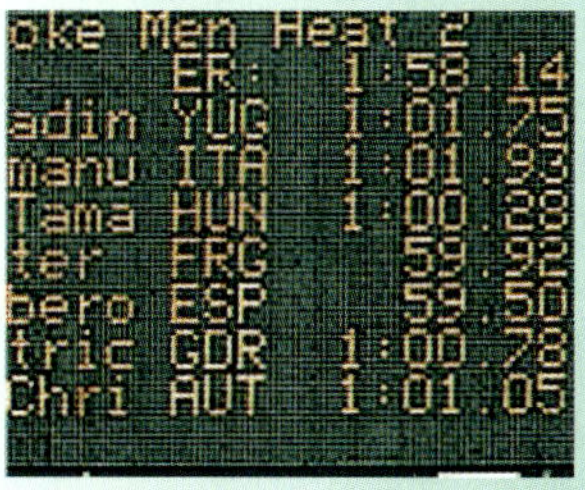

Aufgaben

25 An den Strecken der Deutschen Bahn stehen in regelmäßigen Abständen Entfernungsangaben für den Lokomotivführer. Außerdem sind diese Entfernungsangaben auch an Gebäuden angebracht. Auf dem Bild siehst du eine Angabe auf einer Tafel und eine an dem Schuppen. Was fällt dir auf?

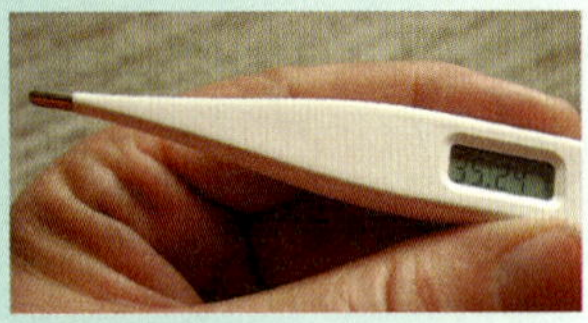

26 Auf einem modernen Fieberthermometer wird die Temperatur mit zwei Stellen nach dem Komma angegeben. Der Arzt notiert die Werte aber immer gerundet auf die Zehntelstelle, weil die Hundertstel für ihn uninteressant sind. Wie notiert der Arzt die folgenden Messwerte?

a) 37,38 °C b) 39,14 °C c) 36,97 °C d) 39,38 °C e) 40,09 °C

27 Runde die folgenden Dezimalzahlen.

a) Runde auf Zehntel:	2,84	7,15	3,249	18,317	7,191	2,96
b) Runde auf Hundertstel:	18,207	13,142	15,296	1,402	2,375	
c) Runde auf Einer:	18,37	26,91	2,88	17,19	22,03	2,50

$1{,}9\text{ Mio} = 1\text{ Mio} + \frac{9}{10}\text{ Mio}$
$\frac{1}{10}\text{ Mio} = 100\,000$
also $\frac{9}{10}\text{ Mio} = 900\,000$
$1{,}9\text{ Mio} = 1\,900\,000$

28

Schulrenovierung für 1,9 Mio. Euro
Das Geschwister-Scholl-Gymnasium wurde in den Sommerferien renoviert. Dafür musste die Stadt fast 2 Millionen Euro ausgeben. Der größte Teil wurde verwendet für …

Solche Überschriften mit Dezimalzahlen findet man oft in Zeitungen.

a) Schreibe die Zahlenangaben aus den Überschriften ohne Komma.

4,2 Mio. Autos zugelassen

Rarität für 2,65 Mio. versteigert

1,25 Mio. für Spielplätze

3,6 Mrd. Schulden

Umsatz auf 4,93 Mrd. gestiegen

b) Kannst du dir vorstellen, warum in Zeitungen 4,93 Milliarden und nicht 4 930 000 000 steht?

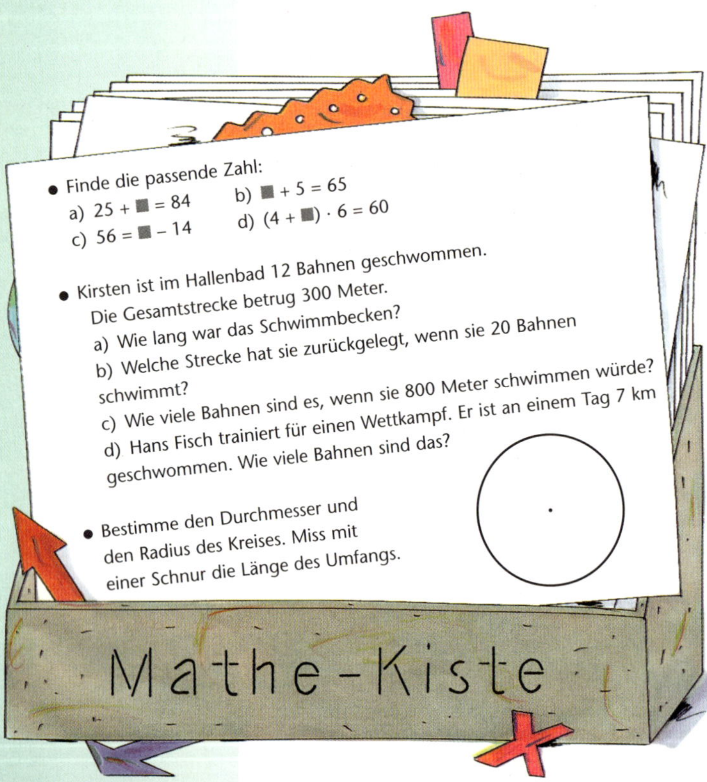

Aufgaben

29 Wie viel Minuten sind
a) $2\frac{1}{2}$ h b) $1\frac{1}{4}$ h c) $3\frac{3}{4}$ h d) 0:58 e) 1:32 f) 1,5 h g) 2,25 h h) 0,75 h
Kannst du begründen, warum man 0,75 h im Alltag nicht verwendet?

30 Bei einem großem Sportfest werden alle Zeiten elektronisch gestoppt. Dann wird zu den Zeiten zwei Hundertstel wegen eines Fehlers in der Messanlage addiert. Korrigiere selbst die Zeiten der 800-m-Läuferinnen.
a) 1:58,34 b) 1:58,59 c) 1:58,90 d) 1:59,08 e) 1:59,99

Wie geht man mit ganz kleinen Größen um?

Computer können irrsinnig schnell rechnen. Im Jahr 2000 benötigten Computer zum Ausführen einer Addition 0,000 000 1 Sekunden.
Um solch kleine Zahlen besser lesen zu können, verwenden Wissenschaftler kleine Maßeinheiten. Sie kennzeichnen sie durch Vorsilben. Du kennst bereits einige kleine Maßeinheiten:

1 Milligramm (mg) = 0,001 Gramm
1 Millimeter (mm) = 0,001 Meter
1 Milliliter (ml) = 0,001 Liter
1 Millisekunde (ms) = 0,001 Sekunden

1 µs (Mikrosekunde) ist 0,000 001 s = eine millionstel Sekunde = $\frac{1}{1\,000\,000}$ s

Vorsilbe	*Zeichen*	*Bedeutung*
Milli	m	· 0,001
Mikro	µ	· 0,000 001
Nano	n	· 0,000 000 001
Pico	p	· 0,000 000 000 001

31 Haare sind etwa 50 µm dick. Das Wasserstoffatom hat einen Durchmesser von ungefähr 5 pm. Licht legt eine Strecke von 3 km in 10 µs zurück. Rechne die Angaben in Meter bzw. Sekunden um.

32 *„Dezimalschoko"*
Mit dem folgenden Verfahren können wir zu Brüchen die entsprechende Dezimalzahl finden.
Angenommen, du willst $\frac{1}{4}$ als Dezimalzahl schreiben.
Stelle dir dazu vor, du willst eine Tafel Schokolade gleichmäßig unter **A**nna, **B**ert, **C**laudia und **D**avid aufteilen. Lasst es uns einmal versuchen:

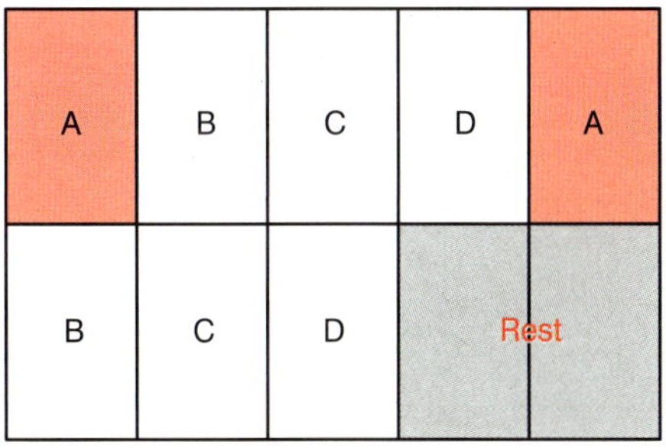

Jeder erhält $\frac{2}{10}$ der Schokolade. Zwei Stücke bleiben übrig. Jedes dieser Stücke teilen wir in 10 kleinere Stücke.

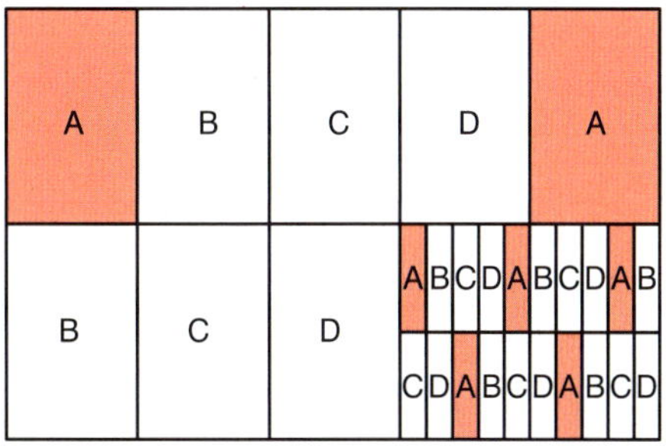

Es sind insgesamt 20 kleinere Stücke ($\frac{20}{100}$). Jeder der vier erhält also noch $\frac{5}{100}$ der Schokolade.

Es bleibt kein Rest. Somit ist $\frac{1}{4} = \frac{2}{10} + \frac{5}{100} = \frac{25}{100} = 0{,}25$

a) Wandele mit dem beschriebenen Verfahren $\frac{1}{2}, \frac{1}{5}, \frac{1}{8}$ in eine Dezimalzahl um.

b) Was beobachtest du beim Umwandeln von $\frac{1}{3}, \frac{1}{6}$ in eine Dezimalzahl?

4.5 Bruchzahlen

Was dich erwartet

Du hast es sicher schon lange geahnt. Brüche sind Zahlen. Du hast mit Brüchen bereits gerechnet – wie mit Zahlen; du hast Brüche der Größe nach miteinander verglichen – wie du es auch mit Zahlen machen kannst. Und unsere „Spezialbrüche", die Dezimalzahlen, heißen sogar „Zahlen". Aber Brüche besitzen auch Eigenschaften, die natürliche Zahlen nicht besitzen. Bei den natürlichen Zahlen findet man zu allen Zahlen einen Nachfolger. So ist z. B. der Nachfolger von 3 die Zahl 4. Was aber ist der Nachfolger von $\frac{1}{3}$? Bei den natürlichen Zahlen liegen auf dem Zahlenstrahl zwischen 3 und 4 keine weiteren Zahlen. Liegen Zahlen zwischen $\frac{1}{3}$ und $\frac{1}{2}$?

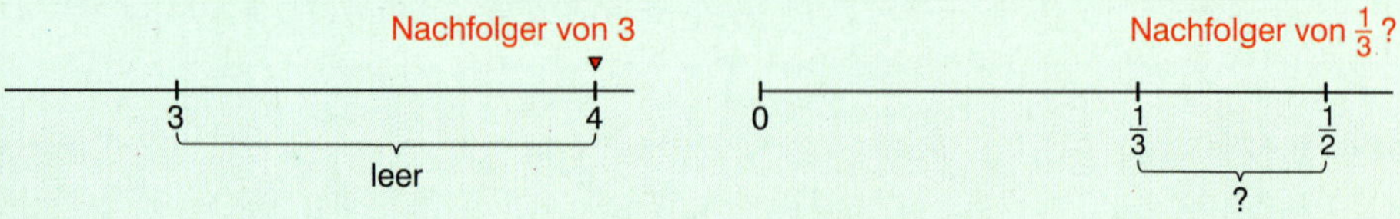

Aufgaben

1 *Im Land der Brüche.* Weit entfernt, direkt neben dem Land der Phantasie, liegt das Land der Brüche. Wie bei uns auch müssen dort die kleinen Brüche in die Schule gehen. Alle Brüche zwischen 0 und 1 besuchen die 1. Klasse. Heute steht in der 2. Stunde Sport auf dem Stundenplan. Einige Brüche sind schon in der Turnhalle und laufen wild durcheinander.

Der Sportlehrer mit Namen $35\frac{3}{4}$ ruft: „Aufstellen! Alle der Größe nach zwischen die Fahnen mit der 0 und 1! Und lasst Platz für die, die noch kommen!" Schnell laufen die Brüche an ihre Plätze, aber so ganz ohne Probleme geht das heute nicht.

a) Zeichne die Aufstellung der Brüche in dein Heft, finde den richtigen Platz für $\frac{1}{4}$.
b) Jetzt kommen weitere Brüche in die Turnhalle. $\frac{3}{10}$, $\frac{2}{5}$, $\frac{3}{8}$, $\frac{3}{5}$. Stelle auch sie an den richtigen Platz.
c) Werden $\frac{4}{5}$ und $\frac{81}{100}$ es wohl schaffen, nebeneinander zu stehen?
d) Einige Brüche kommen heute in Dezimalschreibweise: 0,7 0,45 0,99. Ordne diese Brüche auch noch ein.

Aufgaben

2 Lest das folgende Gespräch mit verteilten Rollen:

Professor Bohn:	*„Es gibt keine kleinste Zahl, die gerade noch größer als 1 ist!“*
Dr. Wahn:	*„Doch, ich kenne die Zahl. Es ist die Zahl 1,1.“*
Professor Bohn:	*„Ich kann Ihnen eine kleinere Zahl als 1,1 nennen, die dennoch größer als 1 ist, nämlich die 1,01.“*
Dr. Wahn:	*„Ich habe schon etwas gelernt. Die Zahl 1,01 kann ich noch unterbieten. Sicher ist 1,001 größer als 1 aber kleiner als 1,01.“*
Professor Bohn:	*„Richtig. Sie können so weiter machen, z. B. mit 1,0001. Diese ist ganz dicht bei 1, größer als 1. Aber natürlich können Sie mir sofort eine Zahl nennen, die noch dichter bei 1 liegt.“*
Dr. Wahn:	*„Na klar: 1,00001!“*
Professor Bohn:	*„Sehen Sie. Wir könnten so weiter machen und uns gegenseitig unterbieten. Und dennoch kämen wir nie zu einem Ende.“*
Dr. Wahn:	*„Sie haben mich überzeugt. Es gibt offensichtlich keine kleinste Zahl, die gerade noch größer als 1 ist.“*

Es gibt auch keine größte Zahl, die kleiner als 1 ist.
Wie würde Professor Bohn diese Behauptung begründen?

3 Welche Zahl liegt genau in der Mitte zwischen $\frac{1}{3}$ und $\frac{1}{2}$? So viel sei schon verraten: Es gibt diese Zahl. Sie ist ein Bruch. Der Nenner dieses Bruches könnte 12 sein.

Basiswissen

Brüche und Dezimalzahlen können auf dem Zahlenstrahl eingetragen werden. Dazu muss das Intervall zwischen zwei natürlichen Zahlen in gleich große Teile zerlegt werden. Am Nenner des jeweiligen Bruches kannst du erkennen, in wie viele Teile das Intervall zerlegt werden muss.

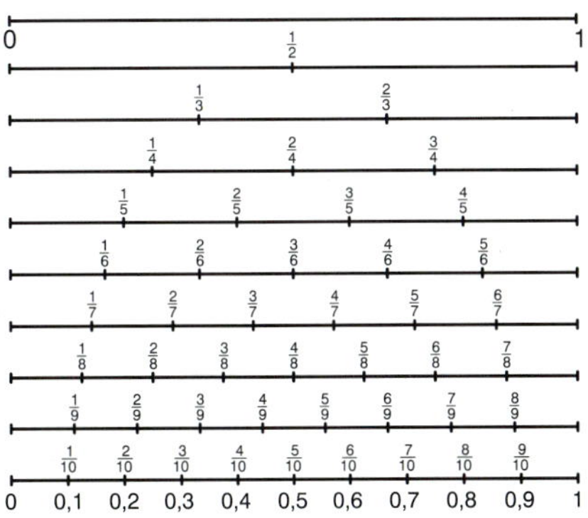

Brüche sind Zahlen

- für jeden Bruch kann man einen Platz auf dem Zahlenstrahl finden,
- mit Brüchen kann man rechnen,
- von zwei Brüchen kann man stets feststellen, welcher der kleinere ist oder ob sie gleich sind.

$\frac{1}{3} < \frac{1}{2}$; $\frac{2}{6} = \frac{1}{3}$

Für manche Brüche findet man leicht einen Platz auf dem Zahlenstrahl. Mit der folgenden Zeichnung findet man für jeden Bruch den richtigen Platz.

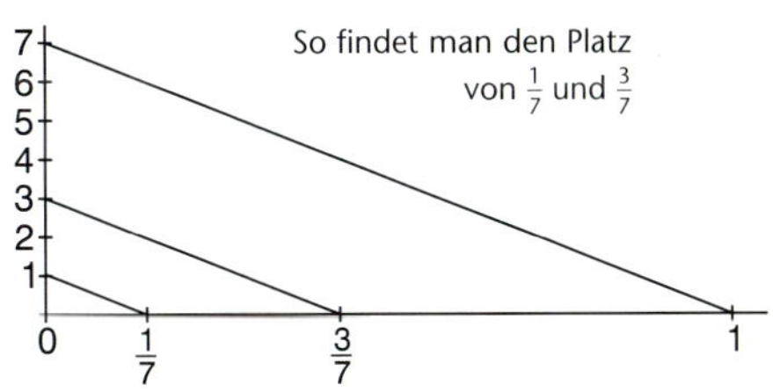

Beispiele

A Finde eine Zahl zwischen 1,25 und 1,26

Einer	,	Zehntel	Hundertstel	Tausendstel
1	,	2	5	
1	,	2	5	3
1	,	2	6	

Die Zahl 1,253 liegt zwischen 1,25 und 1,26. Es gibt natürlich noch viele andere Zahlen, die dazwischen liegen.

B Welche Zahl ist kleiner, $3\frac{1}{7}$ oder 3,1?

Es gibt verschiedene Möglichkeiten festzustellen, welche Zahl die kleinere ist.

Verwandele 3,1 in einen Bruch.
Vergleiche die Brüche.

$3{,}1 = 3\frac{1}{10} = \frac{31}{10}$ $\qquad 3\frac{1}{7} = \frac{22}{7}$

Gemeinsamer Nenner:

$\frac{217}{70} < \frac{220}{70}$

Also ist $3{,}1 < 3\frac{1}{7}$

Es genügt 0,1 und $\frac{1}{7}$ zu vergleichen.

$3{,}1 = 3\frac{1}{10} = 3 + \frac{1}{10}$ $\qquad 3\frac{1}{7} = 3 + \frac{1}{7}$

$\frac{1}{10} < \frac{1}{7}$

Somit gilt: $3{,}1 < 3\frac{1}{7}$

Verwandele $3\frac{1}{7}$ in eine Dezimalzahl.

$3\frac{1}{7} = \frac{22}{7}$ $\qquad 22 : 7 = 3{,}14\ldots$

Schon jetzt kann man aufhören, da 3,14 größer als 3,1 ist.
Somit ist $3\frac{1}{7} > 3{,}1$

Übungen

4 *Dezimalzahlen auf dem Zahlenstrahl.*
Welche Zahlen gehören in welches Kästchen?

a)

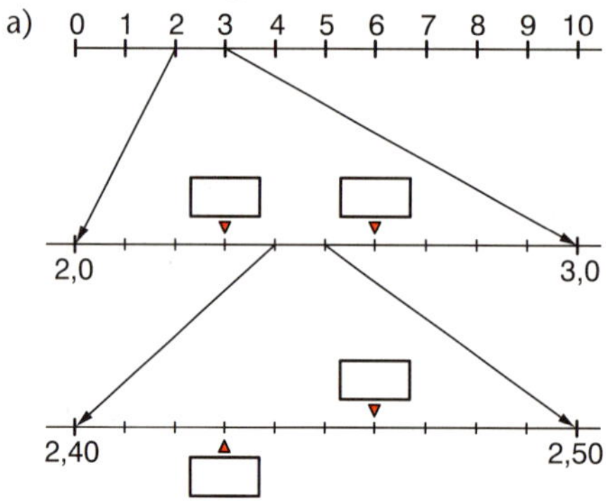

b)

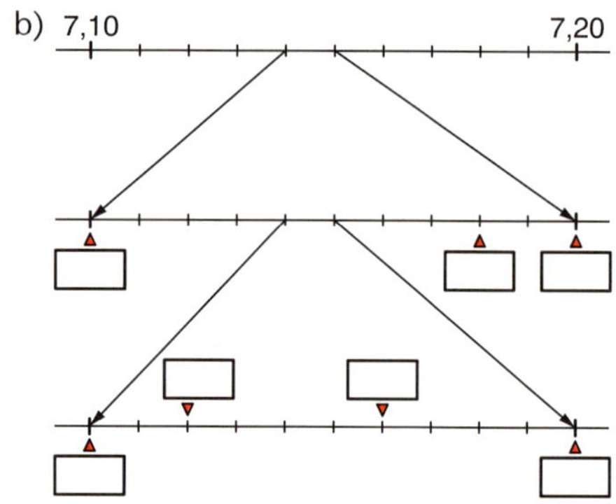

So findet man Brüche zwischen 1 und 2 auf dem Zahlenstrahl:

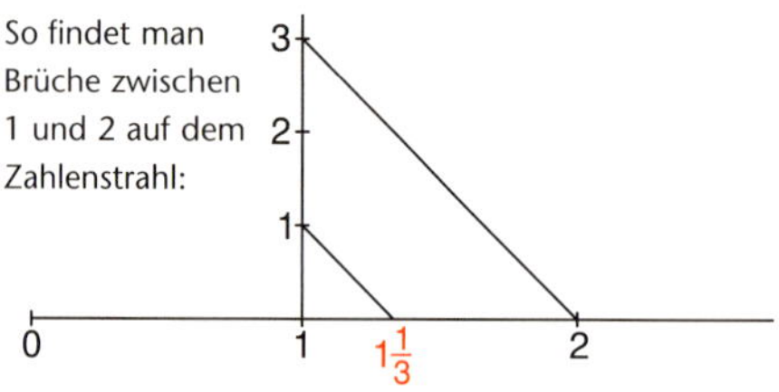

Mitte von $\frac{1}{3}$ und $\frac{1}{2}$

$\frac{2}{6}$ … $\frac{3}{6}$

$\frac{4}{12}$ … $\frac{6}{12}$

$\frac{5}{12}$

5 Trage auf dem Zahlenstrahl die Bruchzahlen ein. Zeichne für jede Bruchzahl einen Zahlenstrahl mit 10 Kästchen für das Intervall von 0 bis 1.

a) $\frac{2}{3}$ b) $\frac{5}{9}$ c) $\frac{5}{6}$ d) $\frac{7}{12}$

e) $1\frac{3}{7}$ f) $2\frac{1}{3}$ g) $1\frac{9}{11}$ h) $1\frac{3}{5}$

6 Welche Zahl liegt in der Mitte zwischen

a) 5 und 6 b) 3,8 und 3,9 c) 8,125 und 8,126

d) 2,34 und 2,35 e) $\frac{1}{4}$ und $\frac{1}{3}$ f) $\frac{1}{6}$ und $\frac{1}{5}$

g) $\frac{1}{10}$ und $\frac{1}{9}$ h) $\frac{99}{100}$ und 1 i) $\frac{999\,999}{1\,000\,000}$ und 1

Übungen

7 Welche Zahl liegt in der Mitte von

a) 3 und 6 b) 2,3 und 3
c) 12,4 und 12,9 d) 4,28 und 6,69
e) $\frac{1}{3}$ und $\frac{2}{3}$ f) $\frac{3}{4}$ und 1
g) $\frac{1}{4}$ und $\frac{2}{3}$ h) 2 und $\frac{15}{7}$?

8 *Zahlenforscher finden Zahlen zwischen 8 und 8,1. Der Vorrat scheint unerschöpflich!*
Gib 10 (100, 1000) Dezimalzahlen an, die zwischen 8 und 8,1 liegen. Natürlich kannst du nicht 100 oder gar 1000 verschiedenen Dezimalzahlen aufschreiben. Vielleicht kannst du aber aufschreiben, wie man diese Zahlen findet, wie die Zahlen aussehen, wie viele Stellen hinter dem Komma sind …
Vielleicht fällt dir noch etwas auf.

9 Wie viele Brüche mit dem Nenner 24 (48, 96) gibt es zwischen $\frac{1}{4}$ und $\frac{3}{8}$.

10 Gib jeweils 5 verschiedene Bruchzahlen an zwischen

a) 6 und 7 b) $\frac{3}{4}$ und 1
c) $\frac{3}{5}$ und $\frac{7}{8}$ d) $\frac{4}{9}$ und $\frac{5}{9}$

11 Begründe die folgenden Aussagen:
a) In der Menge der Bruchzahlen ist $6\frac{1}{10}$ nicht der Nachfolger von 6.
b) In der Menge der Bruchzahlen ist 2,99 nicht der Vorgänger von 3.

12 *Brüche haben bemerkenswerte Eigenschaften.*
a) Zwischen zwei verschiedenen Brüchen liegt stets eine weitere Zahl. Wie findet man diese Zahl?
Bei der Beantwortung dieser Frage kann dir die Übung 6 helfen.
b) Begründe die folgenden Behauptungen:

„Zwischen zwei verschiedenen Brüchen liegen mehrere andere Brüche."

„Zwischen zwei verschiedenen Brüchen liegen unendlich viele weitere Brüche."

Zwischen verschiedenen Bruchzahlen gibt es auf dem Zahlenstrahl keine Lücken. Zwischen zwei Bruchzahlen liegen beliebig viele andere Bruchzahlen.

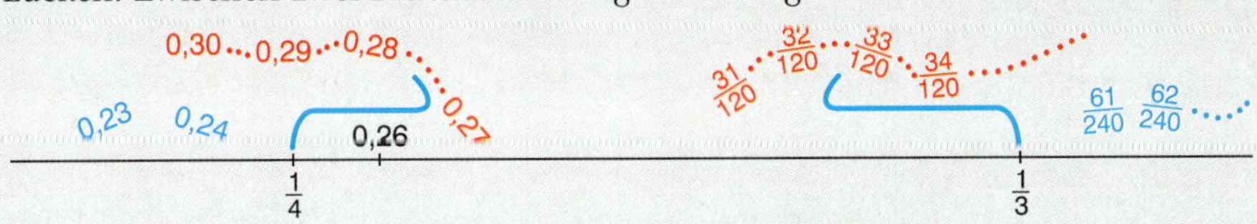

Mathematiker sagen: Bruchzahlen liegen auf dem Zahlenstrahl dicht.

Aufgaben

13 Schreibe einen Bericht über den Unterschied von natürlichen Zahlen und Bruchzahlen.
In diesem Bericht sollten Begriffe vorkommen, die du in diesem Kapitel kennen gelernt hast.

CHECK-UP

Brüche beim Aufteilen:

3 ← Zähler
— ← Bruchstrich
4 ← Nenner

$\frac{3}{4}$ eines Pfannkuchens:

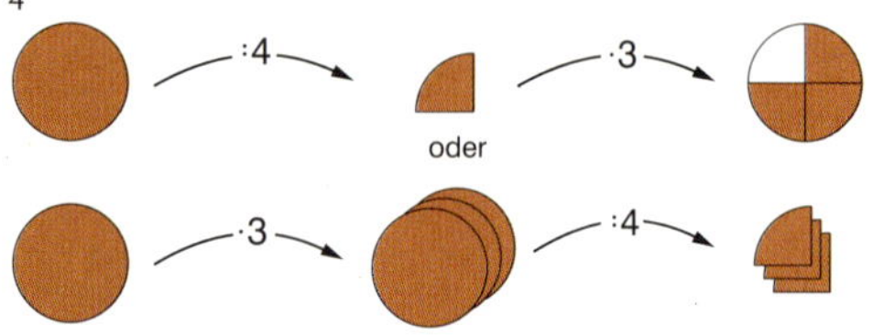

Brüche als Maßzahlen von Größen:

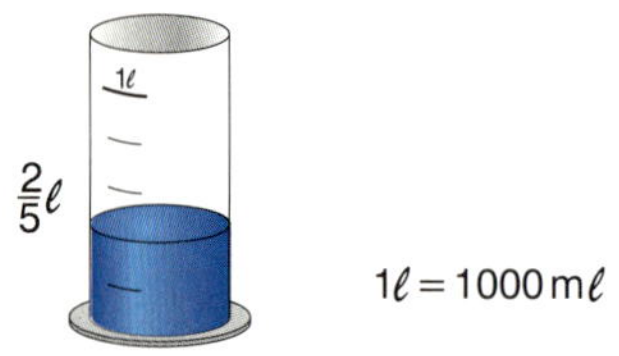

Brüche auf Anzeigen und Skalen:

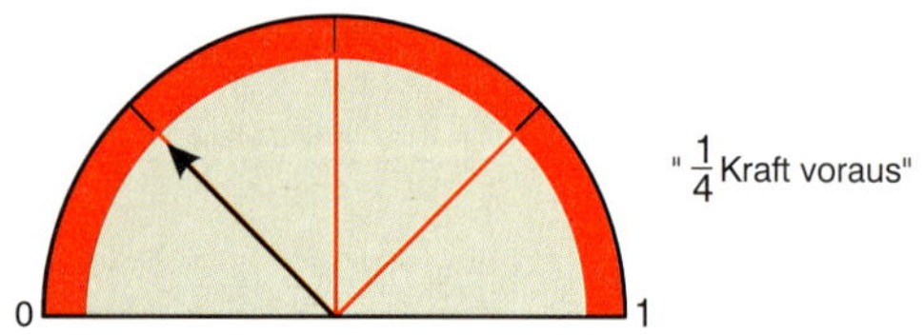

Brüche und Maßstäbe:

1:100

Brüche und Verhältnisse:

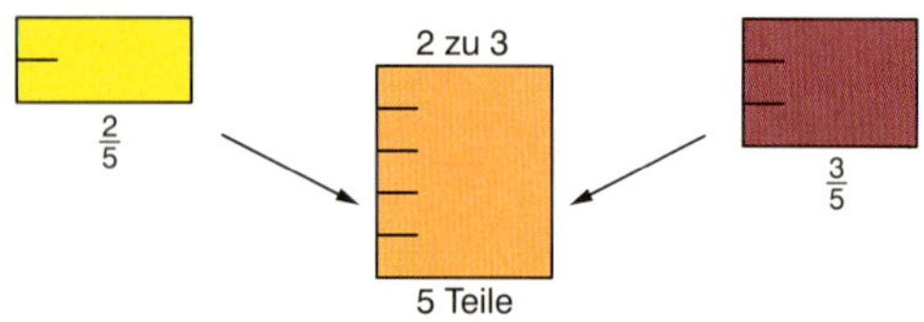

Prozentangaben stehen für Bruchteile:

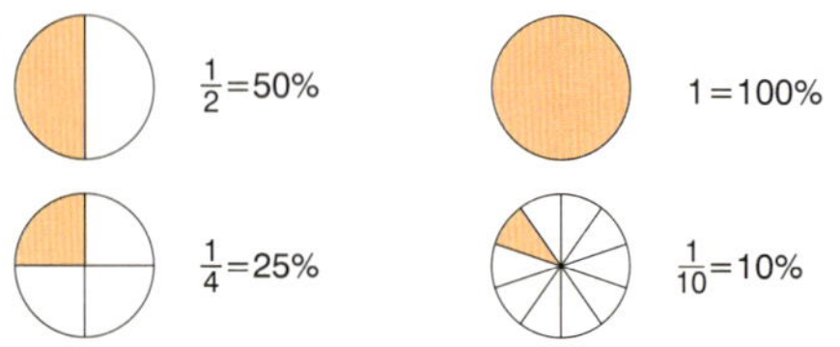

1 Betrachte die Bruchbilder. Welche Bruchteile sind gefärbt, welche weiß?

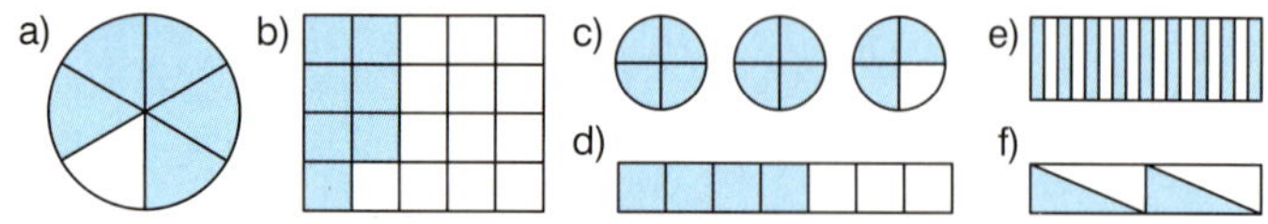

2 Zeichne zu folgenden Brüchen die zugehörigen Bruchbilder:

a) Kreise: $\frac{1}{2}, \frac{3}{4}, \frac{2}{3}, \frac{5}{8}, 1\frac{1}{2}, 2\frac{1}{4}$

b) Rechtecke: $\frac{7}{8}, \frac{5}{12}, \frac{9}{14}, \frac{3}{16}, \frac{13}{24}, 1\frac{3}{4}$

c) Balken: $\frac{4}{5}, \frac{3}{7}, \frac{2}{9}, \frac{7}{12}, \frac{5}{6}, \frac{6}{11}$

3 Bestimme die Bruchteile der Größen.

$\frac{2}{3}$ von	30 l	48 km	1 h
$\frac{4}{5}$ von	2 m	56 kg	120 m²
10 % von	3,2 m	5 h	4,5 kg
1 % von	160 cm	1,5 kg	5 cm²

4 a) Welchen Anteil des Vollausschlages zeigen die Tankuhren an?
b) Die Zeigerstellung 1 bedeutet 120 l (7200 l) Inhalt. Wie viel Liter befinden sich jeweils in den Tanks?

5 Übertrage die Tabelle in dein Heft und gib die Längen auf den Karten im entsprechenden Maßstab an.

Originallänge	1:200	1:5000	1:10000
10 m	■	■	■
1 km	■	■	■
50 km	■	■	■

6 Gib zu den Mischungen die Anteile und das Mischungsverhältnis an:

7 Berechne im Kopf die Bruchteile folgender Größen:

a) 50 % von …
b) 25 % von …
c) 10 % von …

25 km 16 kg 2 m
30 min 500 g 3,8 t
120 cm² 75 kg
18 m² 4,5 km $1\frac{1}{2}$ h

CHECK-UP

8 Erweitere oder kürze so, dass du >, < oder = setzen kannst.

a) $\frac{3}{8}$ ■ $\frac{7}{16}$ d) $\frac{9}{10}$ ■ $\frac{8}{9}$ g) $\frac{7}{3}$ ■ $\frac{69}{33}$
b) $\frac{4}{5}$ ■ $\frac{16}{20}$ e) $\frac{4}{16}$ ■ $\frac{3}{15}$ h) $4\frac{1}{5}$ ■ $4\frac{1}{3}$
c) $\frac{3}{7}$ ■ $\frac{4}{9}$ f) $\frac{11}{8}$ ■ $\frac{13}{7}$ i) $1\frac{1}{2}$ ■ $\frac{6}{4}$

9 Wandle die Brüche in Dezimalzahlen um. Die mit (!) gekennzeichneten Brüche und ihre Dezimalschreibweise solltest du auswendig kennen.

a) $\frac{1}{2}$ (!) $\frac{3}{4}$ (!) $\frac{5}{8}$ $1\frac{1}{2}$ (!) $2\frac{1}{4}$ (!) $\frac{1}{5}$ (!) $\frac{5}{10}$ $\frac{7}{10}$ $\frac{9}{5}$
b) $\frac{8}{25}$ $\frac{3}{125}$ $\frac{7}{4}$ $\frac{13}{20}$ $\frac{17}{40}$ $\frac{17}{50}$ $\frac{12}{1000}$ $\frac{31}{1000}$ $10\frac{4}{5}$

10 Wandle folgende Dezimalzahlen in Brüche um, kürze anschließend soweit wie möglich.

a) 0,2 0,35 0,48 1,25 0,75 3,4
b) 0,25 0,9 1,75 3,25 2,25 0,18
c) 0,375 0,005 0,08 0,8 0,0025

11 Zeichne einen Zahlenstrahl von 0 bis 1 in den Heft. 0,1 entspricht 2 Kästchen. Trage die Brüche und Dezimalzahlen an der richtigen Stelle ein.

a) $\frac{1}{2}$ $\frac{1}{4}$ $\frac{1}{5}$ $\frac{3}{5}$ $\frac{9}{10}$ $\frac{95}{100}$ c) 0,48 0,95 0,09 0,02 0,2 0,22
b) $\frac{79}{100}$ $\frac{3}{4}$ $\frac{81}{100}$ $\frac{8}{10}$ $\frac{21}{100}$ d) 0,15 0,51 0,05 0,9 0,99 0,89

12 Vergleiche die Bruchzahlen. Ersetze ■ durch >, < oder =.

a) 0,7 ■ $\frac{6}{9}$ d) $\frac{1}{5}$ ■ 1,5
b) $1\frac{1}{2}$ ■ 1,12 e) $\frac{1}{3}$ ■ 0,3
c) 2,3 ■ $2\frac{1}{4}$ f) $\frac{2}{9}$ ■ 0,18

13 Welche Zahl liegt in der Mitte zwischen …

a) 1,4 und 1,8
b) $\frac{3}{4}$ und 0,76
c) 3,79 und 3,8
d) 0,9 und 0,99

14 Sortiere der Größe nach. Beginne mit der größten Zahl. Nutze die Stellenwerttafel.

a) $\frac{51}{10}$ 0,051 5,01 $\frac{1}{2}$ $\frac{51}{100}$ $\frac{10}{2}$
b) $\frac{9}{10}$ 0,88 0,09 0,89 $\frac{99}{100}$ $\frac{895}{100}$

15 Gib 10 Zahlen an, die zwischen 0,5 und 0,51 liegen. Zwischen den beiden liegt aber nur eine genau in der Mitte, welche ist das?

16 Welche der folgenden Aussagen ist richtig, welche falsch? Begründe!
„Zwischen 2 verschiedenen Bruchzahlen finde ich immer nur eine weitere Bruchzahl."
„Zwischen 2 verschiedenen Bruchzahlen finde ich so viele weitere Bruchzahlen wie ich möchte."

Gleiche Brüche – verschiedene Namen:

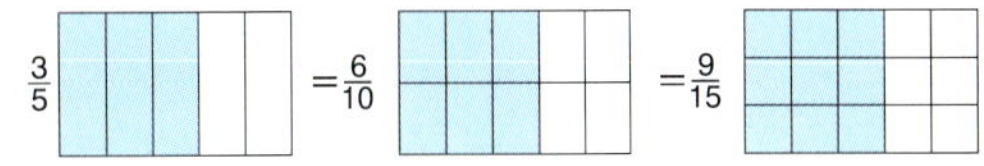

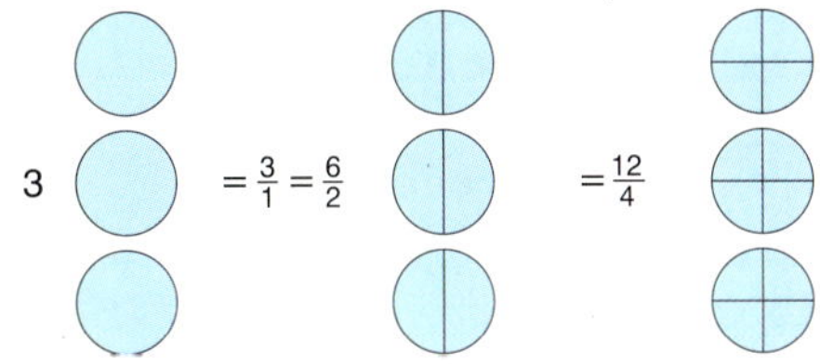

Brüche miteinander vergleichen
- Sind die Nenner gleich, so vergleiche direkt.
- Sind die Nenner ungleich, so mache sie gleichnamig.

Vergleiche $\frac{11}{20}$ und $\frac{13}{25}$:

$\frac{11}{20} \xrightarrow{\cdot 5} \frac{55}{100} > \frac{52}{100} \xleftarrow{\cdot 4} \frac{13}{25}$

Brüche in Dezimalschreibweise
- Erweitere auf den Nenner 10, 100, …
- Schreibe in Dezimalschreibweise:

	Einer	z	h	t
$\frac{3}{4}=\frac{75}{100}$	0,	7	5	
$\frac{9}{8}=\frac{1125}{1000}$	1,	1	2	5

Brüche sind Zahlen
- Jeder Bruch hat seinen Platz auf dem Zahlenstrahl.

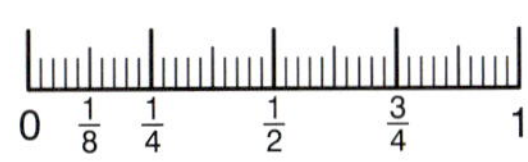

- Die Brüche liegen „dicht" auf dem Zahlenstrahl. Das heißt, zwischen zwei verschiedenen Brüchen findet man so viele andere Brüche wie man möchte.

5 Rechnen mit Brüchen

5.1 Addieren und Subtrahieren von Brüchen

Was dich erwartet

Brüche sind Zahlen. Also muss man mit ihnen rechnen können, z. B. addieren. Sicher wirst du wissen, was $\frac{1}{2} + \frac{1}{4}$ ist. Denke dabei an die Teile einer großen Pizza, die du gegessen hast. Schwieriger wird es schon, wenn du $\frac{1}{8} + \frac{2}{5}$ berechnen willst. Man kann dies berechnen, ohne $\frac{1}{8}$ und $\frac{2}{5}$ Pizza essen zu müssen. Wie dies geht und warum sogar Musiker gelegentlich Brüche addieren, erfährst du in diesem Kapitel.

Aufgaben

1 *Stimmenverteilung bei einer Wahl*
Nach der Auszählung der abgegebenen Stimmen in einem Wahlbüro druckt der Leiter des Büros ein Kreisdiagramm aus. Wie groß ist der Anteil der Stimmen, die auf die drei kleineren Parteien entfallen sind?

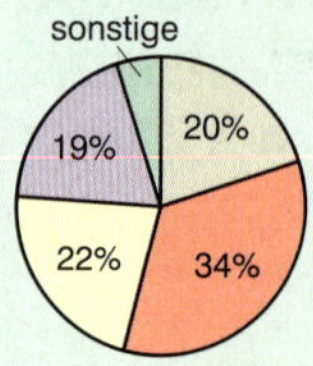

2 *Japanische Mathematik – kannst du japanisch?*
Mathematik ist eine Sprache, die man überall versteht. Was meinst du, ist auf dieser Seite aus einem japanischen Mathematikbuch dargestellt?

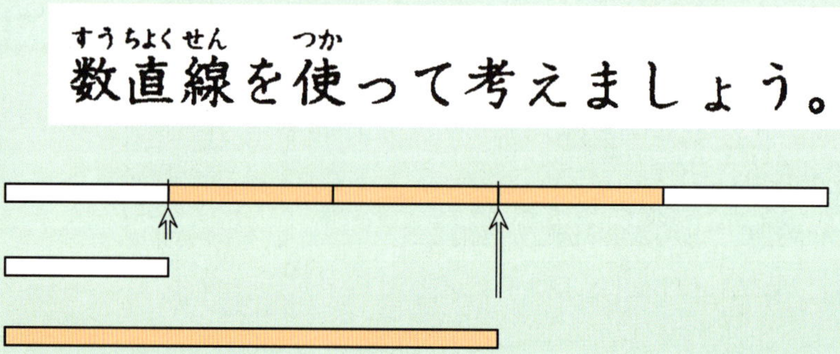

Schreibe die Rechnung auf, die mit dem Bild in dem japanischen Mathematikbuch dargestellt ist.

3 Lisa und Lukas haben mit ihren Eltern eine weite Reise vor. Die Eltern haben beschlossen, während der Autofahrt gelegentliche Pausen einzulegen. Für die Kinder haben sie den folgenden Plan aufgeschrieben:

Fahrt	$3\frac{1}{2}$		2		$2\frac{1}{2}$		$1\frac{1}{2}$	Stunden
Rast		$\frac{1}{2}$		$\frac{3}{4}$		$\frac{1}{2}$		Stunden

Wie lange wird die gesamte Fahrt zum Urlaubsort dauern?
Wie lange will die Familie insgesamt rasten?

Aufgaben

4 Finde die jeweilige Antwort. Bei welchen Aufgaben ist es schwierig, die Antwort zu finden und warum?

a) $\frac{2}{7} + \frac{4}{7} = ?$

b) $\frac{1}{3} + \frac{2}{8} = ?$

c) $\frac{2}{3} - \frac{1}{4} = ?$

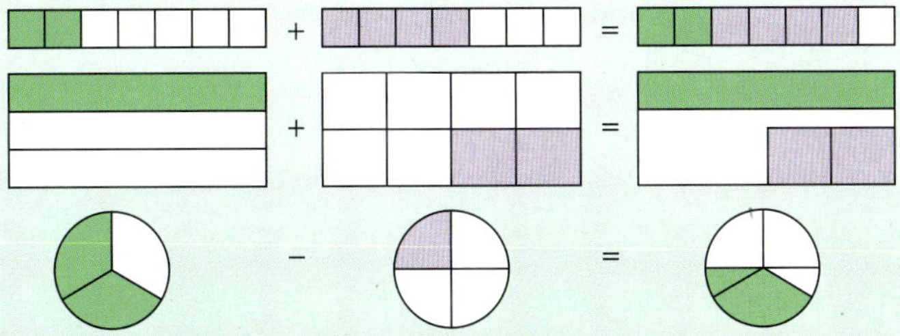

Schätze zunächst, welche der Antworten A, B, C oder D am besten zu dem jeweiligen Ergebnis passt.

A. kleiner als $\frac{1}{4}$

B. größer als $\frac{1}{4}$, aber kleiner als $\frac{1}{2}$

C. größer als $\frac{3}{4}$

D. größer als $\frac{1}{2}$, aber kleiner als $\frac{3}{4}$

Basiswissen

Brüche kann man addieren und subtrahieren. Besonders einfach geht dies, wenn sie den gleichen Nenner haben.

Gleichnamige Brüche addieren

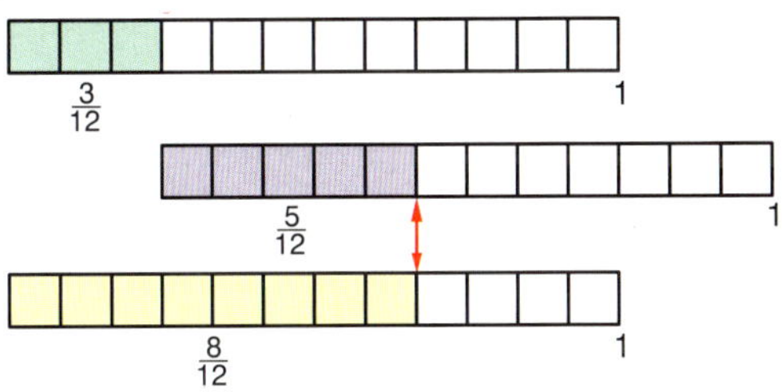

Zähler + Zähler

$\frac{3}{12} + \frac{5}{12} = \frac{8}{12}$

Gleichnamige Brüche subtrahieren

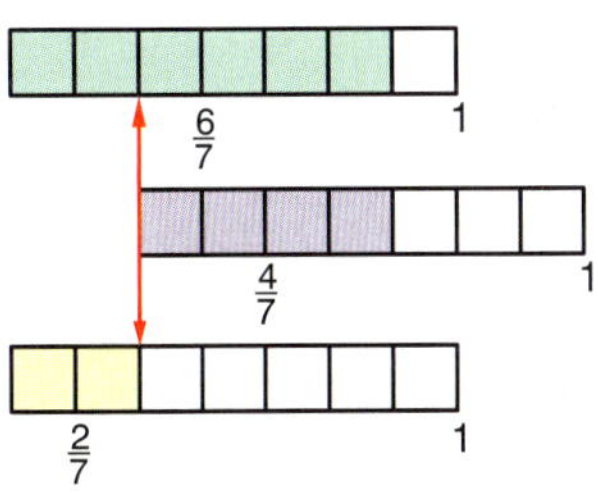

Zähler – Zähler

$\frac{6}{7} - \frac{4}{7} = \frac{2}{7}$

Brüche mit gleichem Nenner heißen gleichnamige Brüche

Beispiele

A Berechne und kürze das Ergebnis wenn möglich.

a) $\frac{3}{10} + \frac{3}{10} = \frac{6}{10} = \frac{3}{5}$

b) $\frac{5}{12} + \frac{7}{12} = \frac{12}{12} = 1$

c) $\frac{5}{9} - \frac{2}{9} = \frac{3}{9} = \frac{1}{3}$

d) $\frac{7}{30} - \frac{6}{30} = \frac{1}{30}$

$\frac{5}{6} - \frac{3}{6}$ 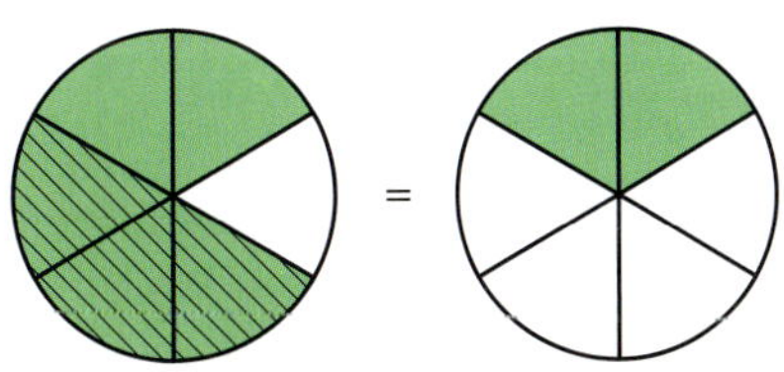 $\frac{2}{6} = \frac{1}{3}$

Beispiele

B Schreibe Ergebnisse größer als 1 als gemischte Zahlen

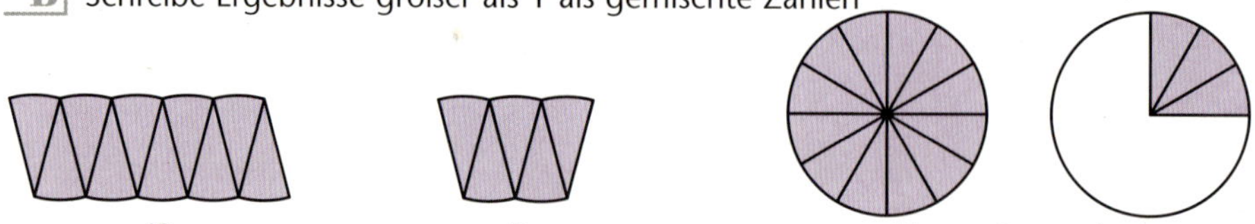

$\frac{10}{12} + \frac{5}{12} = \frac{15}{12} = 1\frac{3}{12} = 1\frac{1}{4}$

C In der Abbildung ist stets die gleiche Additionsaufgabe mit unterschiedlichen Brüchen dargestellt. Eine kann man leicht lösen. Welche Aufgaben passen zu den Modellen?

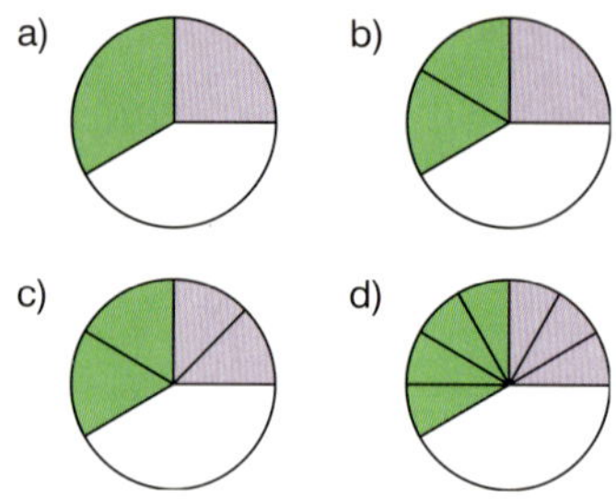

a) $\frac{1}{3} + \frac{1}{4}$ b) $\frac{2}{6} + \frac{1}{4}$

c) $\frac{2}{6} + \frac{2}{8}$ d) $\frac{4}{12} + \frac{3}{12}$

Die Summe ist in allen vier Aufgaben $\frac{7}{12}$.

Übungen

5 Berechne. Kürze, wenn möglich.

a) $\frac{1}{5}$ kg + $\frac{3}{5}$ kg b) $\frac{3}{4}$ m + $\frac{3}{4}$ m c) $\frac{7}{10}$ h + $\frac{5}{10}$ h d) $\frac{7}{8}$ l − $\frac{5}{8}$ l

e) $\frac{7}{2}$ t + $\frac{11}{2}$ t f) $\frac{75}{100}$ ha − $\frac{30}{100}$ ha g) $\frac{55}{60}$ min − $\frac{16}{60}$ min h) $\frac{4}{5}$ € + $\frac{3}{5}$ €

Rechne auch ohne Brüche. Wandele dazu in die nächstkleinere Einheit um. Vergleiche die Ergebnisse.

Beides passt:

$\frac{3}{8} + \frac{2}{8} = \frac{5}{8}$

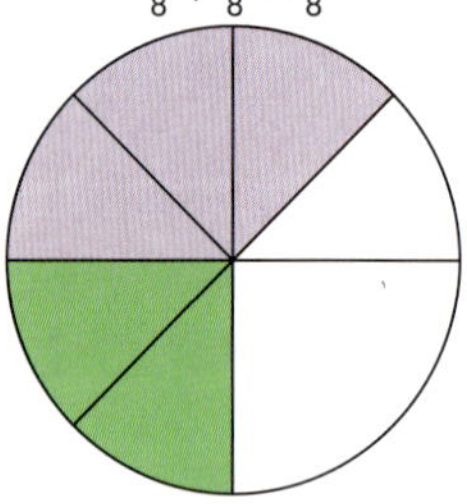

$\frac{5}{8} - \frac{2}{8} = \frac{3}{8}$

6 Berechne. Veranschauliche die Rechnung durch ein Stab-, Kreis- oder Rechteckmodell. Jedes der Modelle soll zumindest einmal vorkommen.

a) $\frac{2}{5} + \frac{3}{5}$ b) $\frac{8}{12} - \frac{5}{12}$

c) $\frac{5}{8} - \frac{4}{8}$ d) $\frac{3}{4} - \frac{1}{4}$

e) $\frac{13}{16} - \frac{9}{16}$ f) $\frac{2}{9} + \frac{5}{9}$

g) $\frac{5}{7} - \frac{3}{7}$ h) $\frac{1}{6} + \frac{5}{6}$

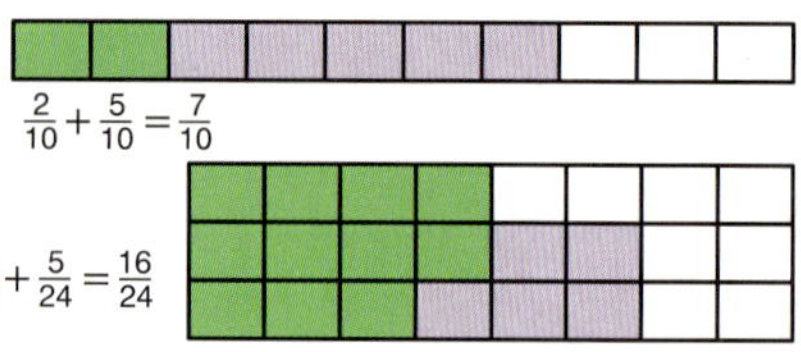

$\frac{2}{10} + \frac{5}{10} = \frac{7}{10}$

$\frac{11}{24} + \frac{5}{24} = \frac{16}{24}$

7 Die Kinder der Klasse 6 c kommen aus vier verschiedenen Dörfern. Aus Maxdorf kommt $\frac{1}{6}$ der Kinder der Klasse, aus Rheindorf $\frac{2}{6}$ und aus Dornheim ebenfalls $\frac{2}{6}$.
a) Welcher Anteil der Kinder kommt aus Oberaubach?
b) Wie viele Kinder kommen aus den verschiedenen Dörfern, wenn in der Klasse 30 Schüler sind?

$\frac{5}{8} + \frac{6}{8} = \frac{11}{8}$

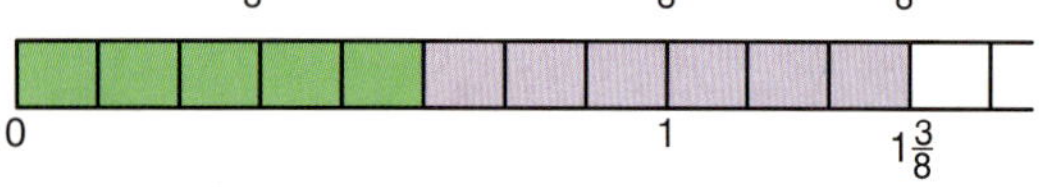

8 Stelle das Ergebnis als gemischte Zahl dar, denn „Bruch plus Bruch" kann mehr als 1 ergeben.

a) $\frac{3}{4} + \frac{3}{4}$ b) $\frac{8}{12} + \frac{7}{12}$ c) $\frac{3}{5} + \frac{4}{5} + \frac{2}{5}$

d) $\frac{5}{8} + \frac{7}{8}$ e) $\frac{17}{20} + \frac{13}{20}$ f) $\frac{6}{7} + \frac{5}{7} + \frac{4}{7} + \frac{3}{7}$

1a = 100 m^2

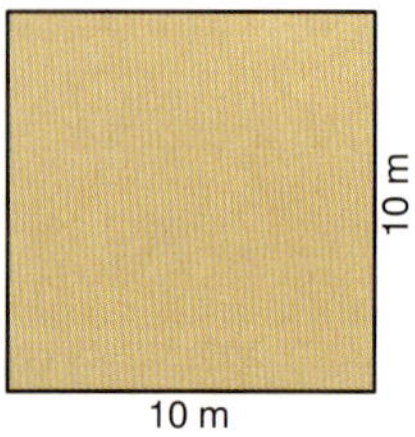

9 Schreibe die Ergebnisse wenn möglich mit gemischten Zahlen

a) $\frac{6}{10}$ cm + $\frac{9}{10}$ cm b) $\frac{5}{6}$ h + $\frac{3}{6}$ h c) $\frac{18}{24}$ d + $\frac{15}{24}$ d

d) $\frac{5}{8}$ kg + $\frac{7}{8}$ kg + $\frac{6}{8}$ kg e) $\frac{19}{25}$ l + $\frac{15}{25}$ l + $\frac{23}{25}$ l + $\frac{3}{25}$ l

f) $\frac{3}{4}$ a + $\frac{3}{4}$ a + $\frac{1}{4}$ a + $\frac{2}{4}$ a g) $\frac{950}{1000}$ t + $\frac{750}{1000}$ t + $\frac{450}{1000}$ t

1 t = 1 000 kg

Du kannst ganz einfach testen, ob du richtig gerechnet hast. Rechne dazu die Aufgaben ohne Brüche; verwandele in die nächstkleinere Einheit, addiere und vergleiche die Ergebnisse.

Übungen

10 *Addition gemischter Zahlen*

a) Welche Rechnung ist mit dem Kreismodell dargestellt?

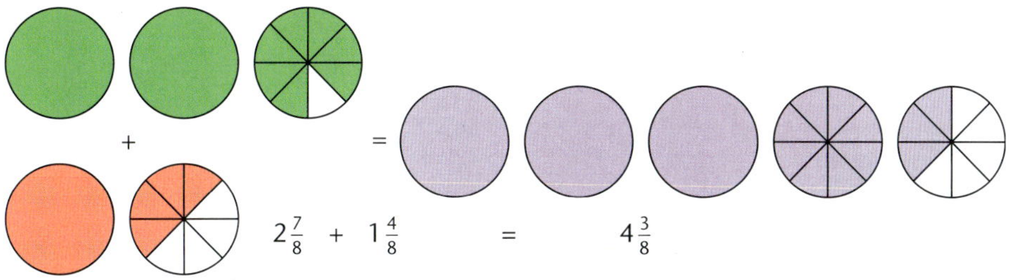

b) Berechne genauso

(1) $2\frac{1}{4} + 3\frac{1}{4}$ (2) $4\frac{3}{10} + 3\frac{9}{10}$ (3) $4\frac{7}{8} + 5\frac{5}{8}$ (4) $6\frac{13}{20} + 12\frac{7}{20}$

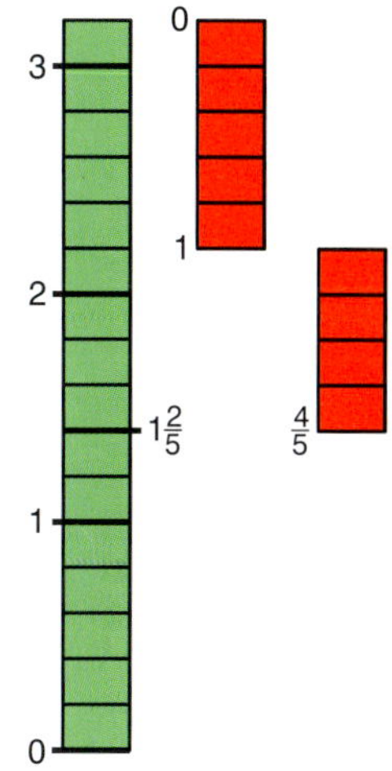

$3\frac{1}{5} - 1\frac{4}{5} = 1\frac{2}{5}$

11 *Subtraktion gemischter Zahlen*

Zuerst die einfachen Aufgaben: a) $5\frac{3}{5} - 2\frac{1}{5}$ b) $3\frac{9}{10} - 1\frac{7}{10}$ c) $8\frac{5}{6} - 5\frac{5}{6}$

Und nun die schweren Aufgaben. Schaue dir zunächst das Stabmodell an.

d) $6\frac{1}{4} - 2\frac{3}{4}$ e) $10\frac{4}{10} - 5\frac{7}{10}$ f) $2\frac{1}{3} - \frac{2}{3}$ g) $20\frac{1}{7} - 19\frac{5}{7}$

12 Schätze, welche der Summen oder Differenzen größer, gleich oder kleiner als $\frac{1}{2}$ ist.

a) $\frac{1}{3} + \frac{1}{6}$ b) $\frac{2}{5} + \frac{3}{10}$ c) $\frac{15}{16} - \frac{1}{8}$ d) $\frac{3}{5} - \frac{1}{3}$ e) $\frac{1}{3} + \frac{1}{4}$ f) $\frac{5}{6} - \frac{1}{3}$

Basiswissen

Brüche mit verschiedenen Nennern kann man nicht so leicht addieren oder subtrahieren. Man muss sie zunächst durch Erweitern/Kürzen so umschreiben, dass sie den gleichen Nenner besitzen. Man macht die Brüche gleichnamig. Dies geht immer durch Erweitern oder Kürzen.

Mit Kuchen geht das leicht.

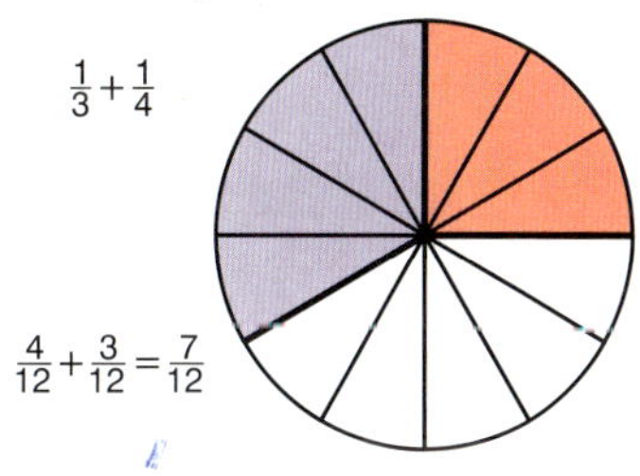

Ungleichnamige Brüche addieren/subtrahieren

1. Gleichnamig machen
   - gemeinsames Vielfaches der Nenner suchen,
   - erweitern
2. addieren/subtrahieren der Zähler

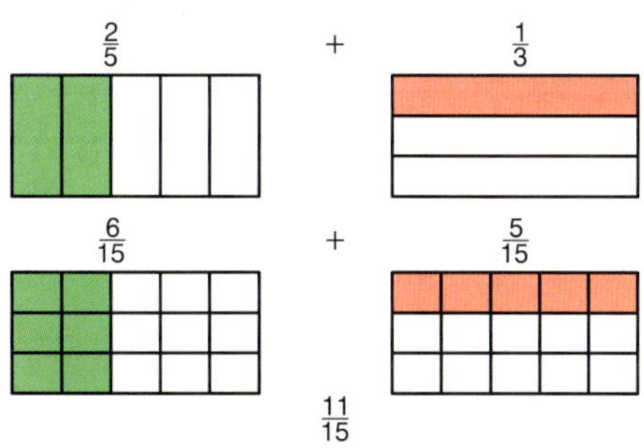

Brüche mit verschiedenen Nennern heißen ungleichnamig

Beispiele

A Berechne $\frac{3}{8}$ kg + $\frac{1}{4}$ kg.

Ein gemeinsames Vielfaches der Nenner 8 und 4 ist 8.

$\frac{3}{8}$ kg + $\frac{1}{4}$ kg = $\frac{3}{8}$ kg + $\frac{2}{8}$ kg = $\frac{5}{8}$ kg

Umrechnen in kleinere Einheit:

375 g + 250 g = 625 g

Beispiele

B Berechne Summe bzw. Differenz. In b) und c) muss man zunächst einen gemeinsamen Nenner finden.

a) $\frac{7}{8} - \frac{2}{8} =$
$\frac{5}{8}$

b) $\frac{4}{9} + \frac{2}{5} = \frac{■}{45} + \frac{■}{45} =$
$\frac{20}{45} + \frac{18}{45} = \frac{38}{45}$

c) $\frac{3}{5} - \frac{3}{10} = \frac{■}{10} - \frac{■}{10} =$
$\frac{6}{10} - \frac{3}{10} = \frac{3}{10}$

C Welche Rechnung ist zeichnerisch dargestellt?

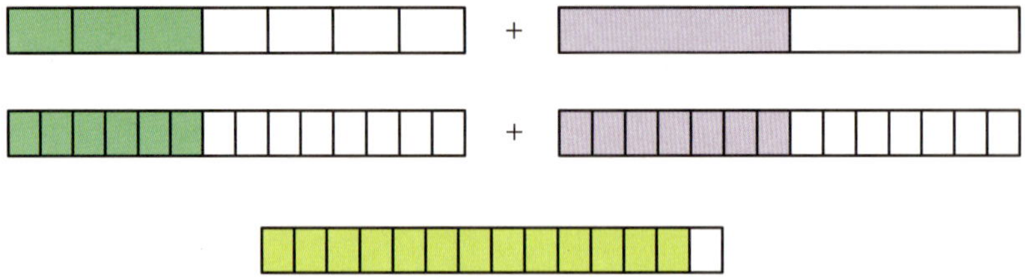

$\frac{3}{7} + \frac{1}{2} =$

$\frac{6}{14} + \frac{7}{14} =$

$\frac{13}{14}$

D Was fehlt an $\frac{2}{3}$?

$\frac{1}{7} + \frac{■}{■} = \frac{2}{3}$ gemeinsamer Nenner ist 21

$\frac{3}{21} + \frac{■}{21} = \frac{14}{21}$ Die gesuchte Zahl ist $\frac{11}{21}$.

Übungen

13 Welche Rechnung wird dargestellt? Finde das Ergebnis.

a) b)

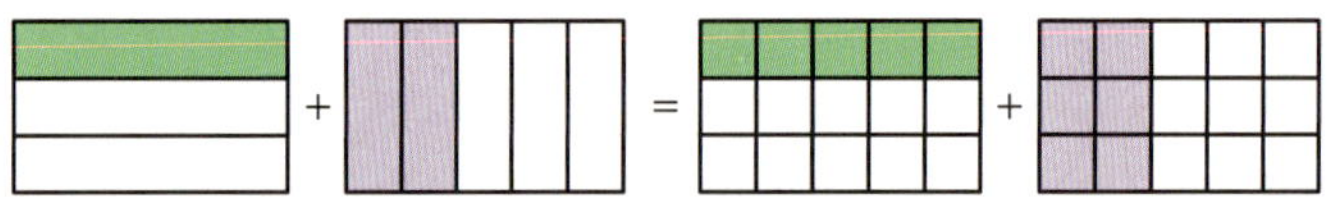

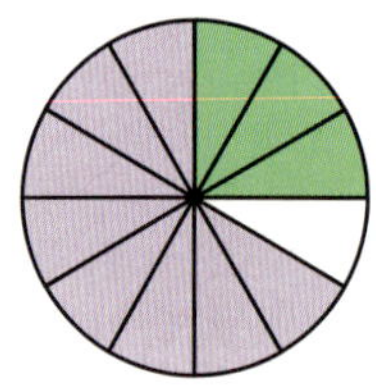

c) Stelle die Rechnung mit einer Zeichnung dar:

$\frac{4}{5} - \frac{1}{2}$

– ...

14 Lösungen:
$\frac{1}{2}$ $\frac{3}{4}$ $\frac{11}{12}$ $\frac{13}{14}$ $\frac{13}{24}$
$\frac{13}{30}$ $\frac{17}{36}$ $\frac{3}{40}$ $\frac{31}{64}$

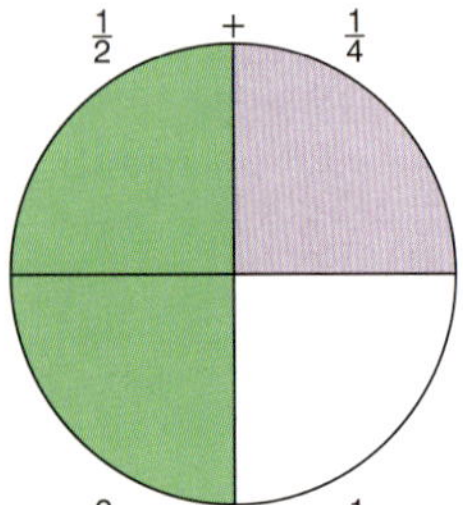

14 Berechne, kürze das Ergebnis, falls möglich:

a) $\frac{2}{3} + \frac{1}{4}$ b) $\frac{7}{8} - \frac{1}{3}$ c) $\frac{1}{2} + \frac{3}{7}$
d) $\frac{5}{6} - \frac{2}{5}$ e) $\frac{1}{4} + \frac{2}{9}$ f) $\frac{1}{2} + \frac{1}{4}$
g) $\frac{7}{8} - \frac{4}{5}$ h) $\frac{1}{3} + \frac{1}{6}$ i) $\frac{5}{7} - \frac{2}{9}$

15 Gemeinsamer Nenner auf einen Blick.

a) $\frac{3}{8} + \frac{1}{4}$ b) $\frac{9}{10} - \frac{2}{5}$ c) $\frac{1}{2} + \frac{1}{8}$
d) $\frac{5}{6} - \frac{7}{12}$ e) $\frac{1}{3} + \frac{1}{9}$ f) $\frac{7}{10} + \frac{23}{100}$

16 Rechnen mit Größen

a) $\frac{3}{4}$ kg – $\frac{1}{8}$ kg b) $\frac{2}{5}$ m + $\frac{1}{4}$ m
c) $\frac{1}{6}$ h + $\frac{1}{4}$ h d) $\frac{1}{2}$ ha – $\frac{1}{4}$ ha

Überprüfe deine Ergebnisse, indem du die Angaben in die nächstkleinere Einheit umrechnest und dann die Summe bzw. Differenz bestimmst.

17 Finde die fehlende Zahl. Schaue dazu bei Beispiel D nach.

a) $\frac{3}{8} + \frac{■}{■} = \frac{7}{8}$ b) $\frac{1}{3} + \frac{■}{■} = \frac{1}{2}$
c) $\frac{9}{10} - \frac{■}{■} = \frac{2}{5}$ d) $\frac{■}{■} - \frac{1}{4} = \frac{1}{5}$
e) $\frac{■}{■} + \frac{1}{7} = \frac{1}{2}$ f) $\frac{5}{9} + \frac{■}{■} = \frac{15}{27}$

18 Der uralte König Karl hat Kinder, Enkel und Urenkel. In seinem Testament sieht er vor, dass die Hälfte seines Vermögens unter seinen Kindern aufgeteilt wird, ein Viertel unter seinen Enkeln und ein Achtel unter seinen Urenkeln. Bleibt da noch was für seine treuen Diener übrig?

19 Ein neues Computerlabor kostet viel Geld. Der Schulelternverein übernimmt 20% der Kosten und eine Firma $\frac{3}{4}$. Welcher Anteil ist noch offen?

Übungen

20 Zu seinem Geburtstag will Peter seine Gäste mit einem „Mixgetränk“ überraschen. Peters Rezept: „Man nehme $\frac{1}{8}$ l Orangensaft, dazu gebe man $\frac{1}{4}$ l Ananassaft und fülle mit $\frac{7}{10}$ l Sprudel auf.“
Peter will das Getränk in einer 1-l-Flasche mischen.

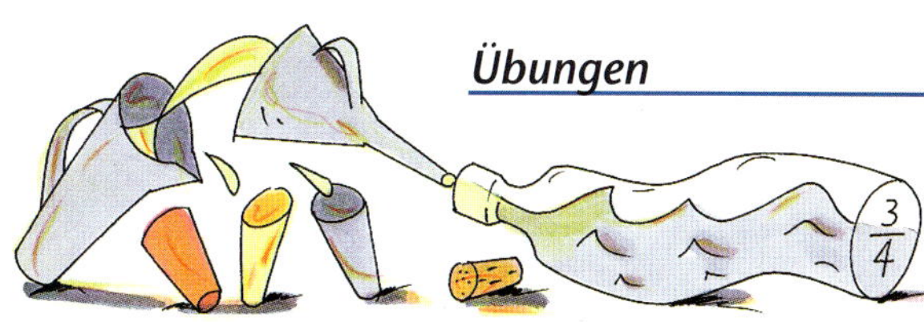

21 Dreimal wurden die Brüche $\frac{3}{8}$ und $\frac{2}{5}$ falsch addiert. Welche Fehler wurden gemacht? Rechne richtig.

a) $\frac{2}{5} + \frac{3}{8} = \frac{5}{13}$

b) $\frac{2}{5} + \frac{3}{8} = \frac{5}{8}$

c) $\frac{2}{5} + \frac{3}{8} = \frac{5}{40}$

Achtung! Fehler!

22 Finde jeweils drei verschiedene passende Bruchzahlen, so dass die Summe kleiner als 1 ist.

a) $\frac{1}{2} + ■ < 1$ b) $\frac{3}{4} + ■ < 1$

c) $\frac{9}{10} + ■ < 1$ d) $\frac{77}{78} + ■ < 1$

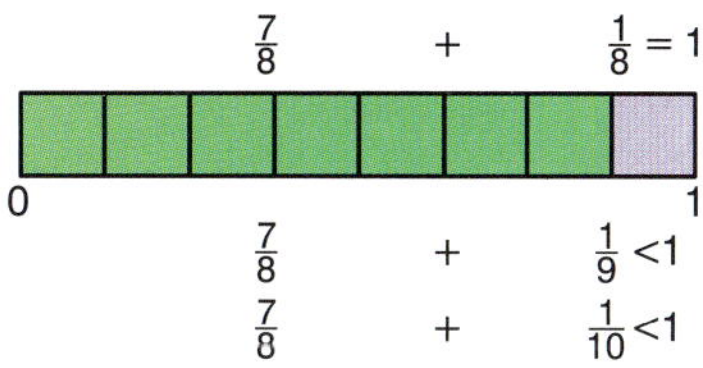

23 Wer hat richtig gerechnet?

Ina

$\frac{7}{8} - \frac{7}{12} = \frac{84}{96} - \frac{56}{96} = \frac{28}{96}$

Oliver

$\frac{7}{8} - \frac{7}{12} = \frac{21}{24} - \frac{14}{24} = \frac{7}{24}$

Robert

$\frac{7}{8} - \frac{7}{12} = \frac{42}{48} - \frac{28}{48} = \frac{14}{48}$

Sara

$\frac{7}{8} - \frac{7}{12} = \frac{11}{12} - \frac{7}{12} = \frac{4}{12}$

24 Berechne die Summe/Differenz. Bringe dazu die Brüche auf den Hauptnenner.

a) $\frac{3}{4} - \frac{1}{6}$ b) $\frac{1}{6} + \frac{3}{8}$ c) $\frac{2}{5} + \frac{3}{10}$

d) $\frac{3}{5} - \frac{1}{8}$ e) $\frac{7}{20} + \frac{3}{25}$ f) $\frac{13}{18} - \frac{5}{12}$

g) $\frac{2}{3} - \frac{2}{9}$ h) $\frac{1}{7} + \frac{1}{5}$ i) $\frac{3}{10} + \frac{1}{4}$

Hauptnenner
kleinster gemeinsamer Nenner
$\frac{3}{10} + \frac{4}{15}$
Gemeinsame Nenner gibt es viele.
Der kleinste davon ist das kgV (10, 15) = 30
$\frac{9}{30} + \frac{8}{30} = \frac{17}{30}$
Wie man das kgV bestimmt, kannst du auf Seite 41 nachlesen.

25 Schaue dir genau an, wie Carolin gerechnet hat.
a) Erkläre mit deinen Kenntnissen vom Addieren von Zahlen, warum Carolin $2\frac{3}{4}$ als $2\frac{15}{20}$ umgeschrieben hat.
b) Erkläre, wieso $6\frac{29}{20} = 7\frac{9}{20}$.
c) Berechne wie Carolin die Summe $3\frac{4}{5} + 1\frac{2}{3}$

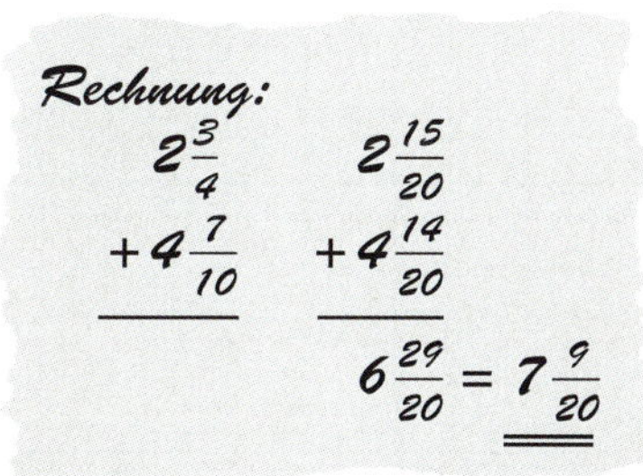

26 Berechne. Orientiere dich an Übung 25.

a) $3\frac{3}{4} + 7\frac{3}{4}$ b) $5\frac{1}{8} + 2\frac{1}{3}$ c) $3\frac{3}{5} + 6\frac{9}{10}$ d) $5\frac{21}{25} + 2\frac{3}{4}$

e) $6\frac{11}{15} + 2\frac{5}{6}$ f) $3\frac{17}{20} + 5\frac{17}{25}$ g) $3\frac{9}{10} + 2\frac{41}{50}$ h) $6\frac{5}{7} + \frac{7}{8}$

27 Anna mischt Farben. Sie möchte einen hellblauen Farbton erhalten. Dazu schüttet sie $2\frac{3}{8}$ l weiße Farbe und $1\frac{1}{3}$ l blaue Farbe in eine große Dose. Um ihr Zimmer anzustreichen, benötigt sie $3\frac{1}{2}$ l der hellblauen Farbe.

Übungen

28 Addition/Subtraktion gemischter Zahlen

a) $2\frac{1}{4} + 5\frac{1}{4}$ b) $5\frac{5}{8} - 2\frac{1}{2}$ c) $4\frac{2}{3} + 2\frac{3}{5}$ d) $5\frac{7}{10} - 2\frac{1}{4}$

e) $3\frac{1}{6} + 2\frac{3}{4}$ f) $12\frac{3}{5} + 8\frac{7}{8}$ g) $7\frac{7}{10} - 6\frac{3}{5}$ h) $9\frac{7}{9} + 6\frac{1}{2}$

29 Beim Subtrahieren gemischter Zahlen muss man ab und an ein „Ganzes" als Bruch schreiben.

$3\frac{1}{2} - 1\frac{3}{4}$

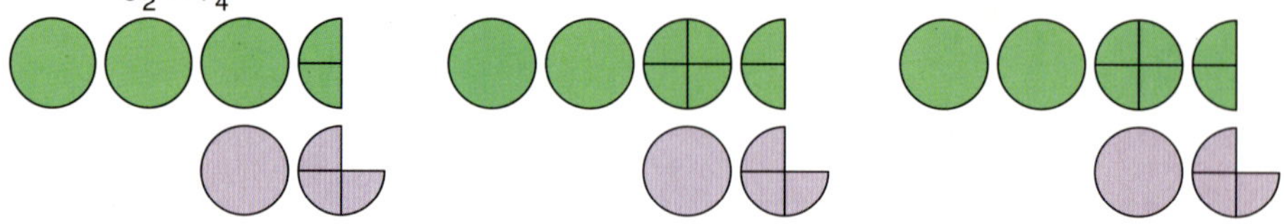

$$3\frac{2}{4} = 2+\frac{4}{4}+\frac{2}{4} = 2\frac{6}{4}$$
$$-1\frac{3}{4} = -\ 1\ \frac{3}{4} = -1\frac{3}{4}$$
$$1\frac{3}{4}$$

Berechne wie in der Abbildung dargestellt die Differenzen.

a) $3\frac{1}{2} - 1\frac{3}{4}$ b) $4\frac{1}{3} - 2\frac{5}{6}$ c) $8\frac{3}{5} - 6\frac{9}{10}$ d) $5 - 2\frac{3}{7}$

e) $1\frac{4}{5} - \frac{7}{8}$ f) $100 - 99\frac{9}{100}$ g) $7\frac{3}{10} - 5\frac{1}{3}$ h) $12\frac{1}{6} - 2\frac{4}{9}$

30 Daniel hat nach seiner eigenen Methode gerechnet, um zwei gemischte Zahlen voneinander zu subtrahieren.

$$5\frac{1}{3} = \frac{16}{3} = \frac{64}{12}$$
$$-2\frac{3}{4} = -\frac{11}{4} = -\frac{33}{12}$$
$$\frac{31}{12} = 2\frac{7}{12}$$

a) Erkläre Daniels Methode. Berechne nach derselben Methode die folgenden Differenzen:

b) $4\frac{3}{10} - 2\frac{4}{5}$ c) $6\frac{2}{3} - 3\frac{3}{4}$

d) $4\frac{1}{6} - 1\frac{3}{8}$ e) $2\frac{4}{9} - 1\frac{5}{10}$

31 Weißt du, was Zauberquadrate sind? In einem Zauberquadrat ist die Summe der Zahlen in den Spalten, in den Zeilen und in den Diagonalen gleich.

a) Sind die Quadrate Zauberquadrate?

$\frac{3}{4}$	$\frac{1}{12}$	$\frac{1}{2}$
$\frac{1}{3}$	$\frac{5}{12}$	$\frac{7}{12}$
$\frac{1}{4}$	$\frac{3}{4}$	$\frac{1}{3}$

$\frac{2}{3}$	$\frac{3}{2}$	$\frac{4}{3}$
$\frac{11}{6}$	$\frac{7}{6}$	$\frac{1}{2}$
1	$\frac{5}{6}$	$\frac{5}{3}$

$\frac{7}{15}$	$\frac{7}{30}$	$\frac{2}{5}$
$\frac{3}{10}$	$\frac{11}{30}$	$\frac{13}{30}$
$\frac{1}{3}$	$\frac{1}{2}$	$\frac{4}{15}$

b) Ergänze die folgenden Quadrate zu einem Zauberquadrat.

1	$\frac{1}{8}$	$\frac{3}{4}$
$\frac{1}{2}$		

$\frac{4}{5}$		
	$\frac{7}{10}$	$\frac{1}{2}$
		$\frac{3}{5}$

$\frac{3}{2}$		
$\frac{7}{3}$	$\frac{5}{3}$	
$\frac{7}{6}$		

Intensivtraining mit Bruchzahlen

Übungen

32 *Drei Brüche – viele Ergebnisse*

In allen Rechenausdrücken kommen die gleichen drei Bruchzahlen vor. Wie viele verschiedene Ergebnisse erhältst du? Berechne und vergleiche.

a) $\frac{5}{4} + \frac{2}{3} + \frac{1}{2}$ b) $\frac{5}{4} + \frac{2}{3} - \frac{1}{2}$ c) $\frac{5}{4} - \frac{2}{3} + \frac{1}{2}$

d) $\frac{5}{4} - \frac{2}{3} - \frac{1}{2}$ e) $\frac{5}{4} + (\frac{2}{3} - \frac{1}{2})$ f) $(\frac{5}{4} - \frac{2}{3}) + \frac{1}{2}$

Bilde selbst solche Rechenausdrücke mit anderen drei Bruchzahlen (z. B. $\frac{5}{4}$; $\frac{2}{3}$ *und* $\frac{1}{5}$) und stelle sie deinem Nachbarn als Aufgabe.

33 a) Ordne die Rechenausdrücke der Größe nach.

$\frac{7}{8} - \frac{5}{8} - \frac{2}{8}$ $\frac{7}{8} - \frac{5-2}{8}$ $\frac{7-5-2}{8}$ $\frac{7-5+2}{8}$

b) Fällt dir an den Rechenausdrücken etwas auf? Kannst du noch andere Brüche auf diese Weise erzeugen? Versuche es auch mit vier anderen Zahlen.

34 *Übersetzen und berechnen*

Übersetze die folgenden Aufgaben in einen Rechenausdruck und bestimme das Ergebnis. Ein Rechenbaum kann nützlich sein.

a) Subtrahiere von $2\frac{3}{5}$ zunächst $\frac{1}{3}$ und dann noch $\frac{3}{4}$.

b) Addiere zur Summe der Zahlen $4\frac{1}{3}$ und $3\frac{3}{4}$ deren Differenz.

c) Subtrahiere von der Differenz der Zahlen $3\frac{1}{6}$ und $\frac{4}{7}$ die Summe der Zahlen $\frac{3}{7}$ und $1\frac{1}{3}$.

34
Lösungen:
$1\frac{31}{60}$; $8\frac{2}{3}$; $\frac{5}{6}$

35 *Rätselhaftes*

Aus dem Reschensee ragt von einem Kirchturm noch $\frac{2}{3}$ der Gesamtlänge aus dem Wasser heraus. $\frac{5}{24}$ steht im Wasser und der Rest von 4,5 m ist im Seeboden versunken.

a) Wie hoch ist der Turm?

b) Wie tief ist das Wasser an dieser Stelle?

36 *Forschungsaufgabe*

Josef meint: „Wenn man zum Zähler und zum Nenner eines Bruches die gleiche Zahl addiert, erhält man einen größeren Bruch."

a) Überprüfe die Behauptung von Josef an den Brüchen $\frac{3}{8}$; $\frac{5}{6}$; $\frac{6}{5}$; $\frac{8}{3}$ und beschreibe, wie du vorgegangen bist.

b) Was meinst du zu Josefs Behauptung? Formuliere deine Vermutung und überprüfe sie an weiteren Brüchen. Kannst du sicher sein, dass deine Vermutung immer zutrifft?

Du erinnerst dich: Beim Erweitern werden Zähler und Nenner mit der gleichen Zahl multipliziert. Dabei ändert sich der Wert des Bruches nicht.

37 *Altersrätsel mit Brüchen*

Gina ist $16\frac{1}{6}$ Jahre alt, ihr Bruder Gianlucca ist $2\frac{5}{12}$ Jahre älter, ihre Schwester Rosa $3\frac{1}{4}$ Jahr jünger.

a) Wie alt sind Gianlucca und Rosa?

b) Welcher Altersunterschied besteht zwischen dem ältesten und dem jüngsten Kind?

Aufgaben

Entdeckungen an und mit Bruchzahlen

38 Berechne.

a) $\frac{1}{2} - \frac{1}{3}$ b) $\frac{1}{3} - \frac{1}{4}$ c) $\frac{1}{4} - \frac{1}{5}$ d) $\frac{1}{5} - \frac{1}{6}$ e) $\frac{1}{6} - \frac{1}{7}$

f) Schaue dir die Ergebnisse von a), b), c), d) und e) an. Was werden vermutlich die Differenzen $\frac{1}{7} - \frac{1}{8}$, $\frac{1}{9} - \frac{1}{10}$ und $\frac{1}{99} - \frac{1}{100}$ sein?

g) Überprüfe deine Vermutungen aus der Aufgabe f) durch eine Rechnung.

39 Berechne.

a) $1 - \frac{1}{2}$ b) $\frac{2}{3} - \frac{1}{2}$ c) $\frac{3}{4} - \frac{2}{3}$ d) $\frac{4}{5} - \frac{3}{4}$ e) $\frac{5}{6} - \frac{4}{5}$

f) Schaue dir die Ergebnisse der Teilaufgaben an. Was werden vermutlich die Differenzen $\frac{6}{7} - \frac{5}{6}$ und $\frac{10}{11} - \frac{9}{10}$ sein?

g) Überprüfe deine Vermutungen aus der Aufgabe f) durch eine Rechnung.

40 Berechne die Summen.

Tipp: Bei b) kannst du das Ergebnis von a) verwenden, bei c) das Ergebnis von b) usw.

a) $\frac{1}{2} + \frac{1}{4}$

b) $\frac{1}{2} + \frac{1}{4} + \frac{1}{8}$

c) $\frac{1}{2} + \frac{1}{4} + \frac{1}{8} + \frac{1}{16}$

d) Was wird vermutlich die Summe $\frac{1}{2} + \frac{1}{4} + \frac{1}{8} + \frac{1}{16} + \frac{1}{32}$ sein? (Was kam bei c), b) und a) heraus?)
Überprüfe deine Vermutung durch eine Rechnung.

e) Schreibe weitere Summen und Ergebnisse auf.

41 Versuche ähnlich wie in Aufgabe 40 das Ergebnis der Summe $\frac{1}{3} + \frac{1}{9} + \frac{1}{27} + \frac{1}{81} + \frac{1}{243} + \frac{1}{729}$ zu entdecken.

42 *Musiker und Mathematik*

Komponisten schreiben Lieder mit Noten auf, Musiker müssen die Noten lesen können. Noten geben nicht nur die Melodie an, sondern auch den Rhythmus.

Euer Musiklehrer hilft euch sicher weiter

𝅝 *ganze Note*
𝅗𝅥 *halbe Note*
♩ *viertel Note*
♪ *achtel Note*
𝅘𝅥𝅯 *sechzehntel Note*

Bruder Jakob

Der Rhythmus wird gegeben durch die sogenannten Notenwerte. Senkrechte Striche gliedern den „Text“. Den Abschnitt zwischen zwei Strichen nennt man Takt. Gängige Taktarten sind $\frac{2}{4}$-, $\frac{3}{4}$- und $\frac{4}{4}$-Takt.

a) Hat der Komponist die Taktstriche richtig gesetzt?

b) Setze die Taktstriche richtig.

c) *Punktierte Noten.* Der Punkt hinter einer Note verlängert ihren Notenwert um deren Hälfte. So bedeutet z. B. 𝅗𝅥. den Notenwert $\frac{1}{2} + \frac{1}{4} = \frac{3}{4}$. Berechne die Notenwerte.

a) 𝅗𝅥. $= \frac{1}{2} + \frac{1}{4} =$ b) ♩. $= \frac{1}{4} + \ldots$ c) ♪. =

5.2 Multiplizieren von Brüchen

Was dich erwartet

Unter $2 \cdot \frac{3}{8}$ kann man sich etwas vorstellen. Kauft man z.B. von 2 verschiedenen Wurstsorten je $\frac{3}{8}$ kg, dann hat man insgesamt $2 \cdot \frac{3}{8}$ kg Wurst gekauft. Rate einmal, wie viel kg dies ergibt. Schwieriger wird es schon, wenn man sich überlegt, was $\frac{2}{5} \cdot \frac{3}{4}$ bedeuten kann. Mit diesen und ähnlichen Fragen beschäftigen wir uns in diesem Kapitel und auch damit, wie man das Produkt zweier Brüche berechnet. Hast du schon eine Idee, was $\frac{2}{5} \cdot \frac{3}{4}$ ergibt? Nur Geduld, noch zwei, drei weitere Seiten in unserem Buch und du wirst überprüfen können, ob du richtig vermutet hast.

Aufgaben

1 Karoline bereitet mit ihrer Freundin ein Klassenfest vor. Sie müssen auch die Getränke kaufen. Karoline überlegt: „Wir sind 26 Kinder in der Klasse. Es ist Sommer. Jedes wird ungefähr einen halben Liter Mineralwasser trinken. In jeder Kiste Mineralwasser sind 12 Flaschen mit $\frac{3}{4}$ l. Reichen zwei Kisten?"

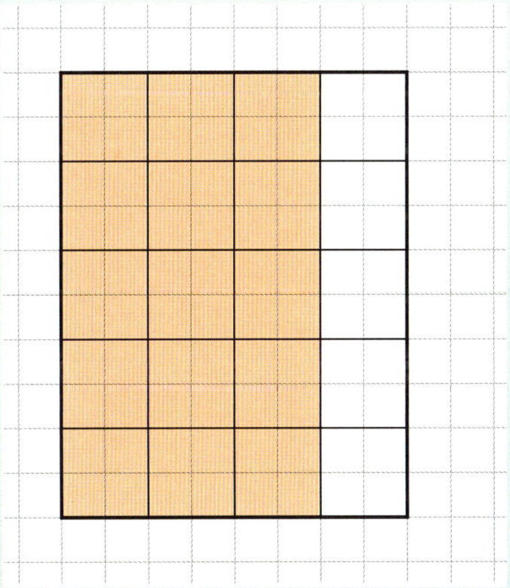

2 Bauer Simon baut auf $\frac{3}{4}$ seines Ackerlandes Getreide an. Auf $\frac{2}{5}$ der Anbaufläche für Getreide hat er Gerste eingesät.
a) Auf der Abbildung seht ihr das Ackerland des Bauern. Was könnte die eingefärbte Fläche darstellen?
b) Übertrage die Zeichnung in dein Heft. Achte dabei auf die Karos. Schraffiere den Anteil, den die Gerste an der „gefärbten" Fläche ausmacht.
Du kannst herausbekommen, welchen Anteil die Gerste an der gesamten Ackerfläche ausmacht, indem du die schraffierten Karos zählst.

Die Hälfte von der Hälfte

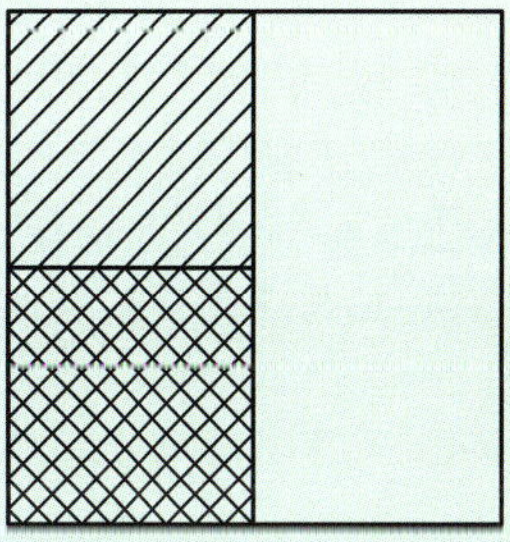

$\frac{1}{2}$ von $\frac{1}{2}$ ist $\frac{1}{4}$

3 Raubtiere wie Löwen können etwas, was andere Tiere meistens nicht können, sie können richtig lange schlafen. Kein anderes Tier weckt einen Löwen absichtlich, um sich verspeisen zu lassen. Löwen verschlafen $\frac{6}{8}$ des Tages; $\frac{2}{3}$ der Zeit, in der sie wach sind, sind sie auf der Jagd oder beim Fressen. Welchen Anteil des Tages sind sie mit Beutemachen und Verzehren beschäftigt?

4 Herr Hasenohr, der Deutschlehrer der Klasse 6 a, bittet die Schüler, während der Weihnachtsferien zwei Jugendbücher ihrer Wahl zu lesen. In der ersten Deutschstunde nach den Ferien sagt Julian: „Ich habe vier Bücher angefangen und jedes etwa zur Hälfte gelesen."
Warum könnte Julians Mathematiklehrerin vielleicht mit Julians Aussage zufrieden sein, Herr Hasenohr aber nicht?

Basiswissen

Bei vielen Anwendungen muss man einen Bruch mit einer natürlichen Zahl multiplizieren.

– Multiplizieren – Vervielfachen
5 Holzleisten der Länge $\frac{3}{4}$ m – Berechne die Gesamtlänge.

– Multiplizieren – Anteile Ausrechnen
$\frac{2}{3}$ von 12 € – Wie groß ist der Anteil?

Multiplizieren eines Bruches mit einer natürlichen Zahl

- **Das Dreifache von $\frac{2}{7}$**

$3 \cdot \frac{2}{7} =$

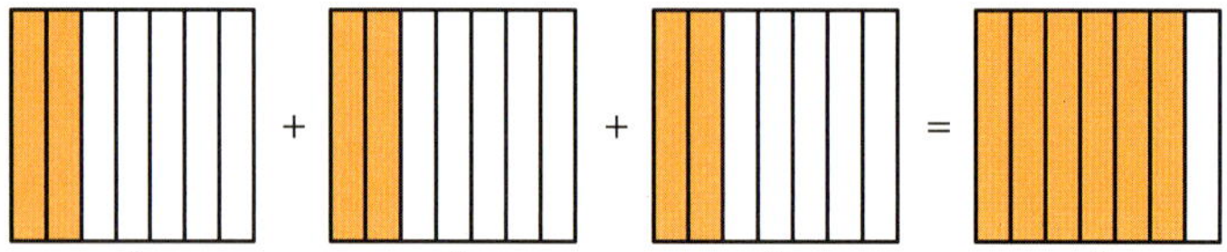

$\frac{2}{7} + \frac{2}{7} + \frac{2}{7} = \frac{6}{7}$

Zähler mal natürliche Zahl
$\mathbf{3 \cdot \frac{2}{7} = \frac{6}{7}}$

- **$\frac{2}{7}$ von 3**

$\frac{2}{7} \cdot 3 =$

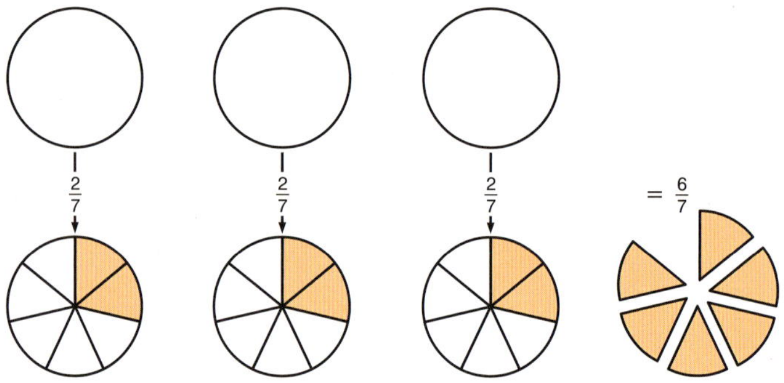

Kommutativgesetz

Bei der Multiplikation eines Bruches mit einer natürlichen Zahl darf man die Reihenfolge der Faktoren vertauschen.

Beispiele

A Berechne die folgenden Produkte und kürze wenn möglich:

a) $6 \cdot \frac{7}{100} = \frac{42}{100} = \frac{21}{50}$
b) $5 \cdot \frac{3}{20} = \frac{15}{20} = \frac{3}{4}$
c) $\frac{3}{25} \cdot 5 = \frac{15}{25} = \frac{3}{5}$
d) $\frac{7}{30} \cdot 4 = \frac{28}{30} = \frac{14}{15}$

B Frau Horster hat zwei Erben zusammen 120 000,– € vermacht. Einer soll laut Testament $\frac{3}{5}$ der Summe erhalten, der andere den Rest. Wie viel Geld erhält jeder der Erben?

Einer erhält einen Anteil von $\frac{3}{5}$, also $\frac{3}{5} \cdot 120\,000{,}–\,€ = \frac{360\,000}{5}\,€ = 72\,000{,}–\,€$.
Der andere erhält den Rest, also 48 000,– €.

Übungen

5 Berechne die folgenden Produkte. Kürze wenn möglich.

a) $4 \cdot \frac{2}{9}$ b) $3 \cdot \frac{2}{11}$ c) $17 \cdot \frac{38}{100}$

d) $3 \cdot \frac{1}{8}$ e) $\frac{2}{25} \cdot 5$ f) $\frac{3}{10} \cdot 80$

g) $14 \cdot \frac{7}{10}$ i) $\frac{2}{15} \cdot 45$ k) $40 \cdot \frac{2}{30}$

6 Schreibe die Ergebnisse wenn möglich mit gemischten Maßzahlen.

a) $\frac{2}{5}$ km · 5 b) $\frac{3}{8}$ kg · 6 c) $\frac{3}{10}$ l · 24

d) $6 \cdot \frac{3}{4}$ h e) $7 \cdot \frac{3}{2}$ m f) $\frac{22}{5}$ m² · 10

7 Berechne die Anteile. Gib die Ergebnisse mit Bruchzahlen an.

a) $\frac{3}{4}$ von 5 kg b) $\frac{2}{7}$ von 28 Schüler

c) $\frac{3}{8}$ von 10 l d) $\frac{4}{9}$ von 3 m²

e) $\frac{7}{10}$ von 2 km f) $\frac{1}{5}$ von 12 kg

g) $\frac{7}{12}$ von 20 h) $\frac{3}{20}$ von 50

8 Welche Rechnungen sind dargestellt? Rechne.

a)

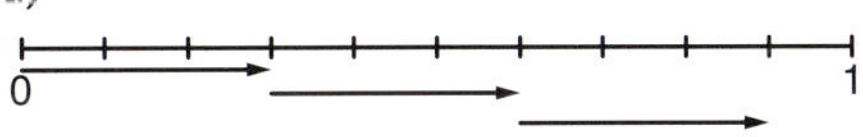

b)

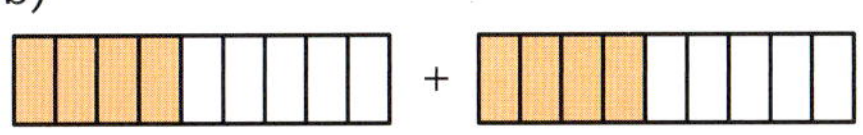

c)

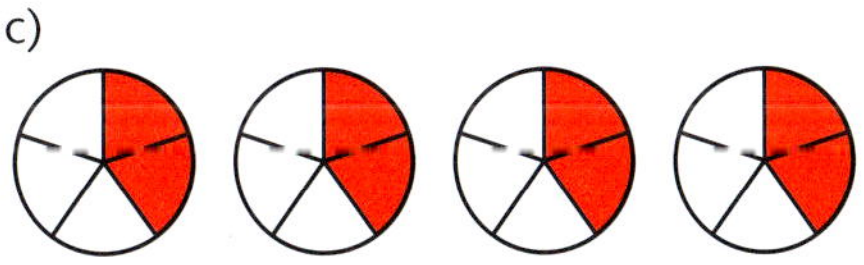

Veranschauliche die folgenden Produkte und rechne.

d) $2 \cdot \frac{5}{6}$; $4 \cdot \frac{3}{5}$; $\frac{2}{5} \cdot 2$

9 Ergänze die Multiplikationstabelle.

·	3	9	4	7	12
$\frac{3}{7}$	■	■	■	■	■
$\frac{4}{5}$	■	■	$\frac{16}{5}$	■	■
$\frac{7}{10}$	■	■	■	■	■
$\frac{7}{20}$	■	■	■	■	■
$\frac{5}{3}$	■	■	■	■	■

10 Finde die fehlende Zahl.

a) $4 \cdot \frac{3}{15} = ■$ b) $3 \cdot ■ = \frac{9}{10}$

c) $■ \cdot \frac{2}{11} = \frac{10}{11}$ d) $\frac{4}{5} \cdot ■ = \frac{24}{5}$

e) $\frac{2}{9} \cdot ■ = 2$ f) $■ \cdot 5 = 6$

g) $■ \cdot \frac{1}{20} = 3$ h) $■ \cdot 100 = 1$

11 Ein Schrank wird mehrfach lackiert, damit die Farbe besonders gut wirkt. Insgesamt werden vier Lackschichten aufgetragen. Jede Schicht ist $\frac{2}{5}$ mm dick. Wie dick ist die gesamte Lackschicht?

12 Larissa kauft sechs kleine Orangensaftflaschen. In jeder Flasche sind $\frac{2}{10}$ l Orangensaft. Wie viel Liter Orangensaft hat sie insgesamt gekauft?

13 Die Schüler der 6c haben an ihrem Wandertag bis zur ersten Rast $\frac{2}{5}$ des gesamten Weges von 12 km zurückgelegt. Welche Strecke sind sie bereits gegangen?

14 Erfinde zu jedem der Produkte eine Aufgabe. Es sollen sowohl „Vielfach"-Aufgaben als auch „Anteil"-Aufgaben sein. Du kannst dich an den Aufgaben 11–13 orientieren.

a) $7 \cdot \frac{3}{8}$ b) $\frac{3}{10} \cdot 250$ c) $\frac{4}{5} \cdot 60$

d) $25 \cdot \frac{7}{4}$ e) $12 \cdot \frac{3}{20}$ f) $\frac{21}{100} \cdot 150$

Ermittle auch die Lösungen der von dir ausgedachten Aufgaben.

15 *Vervielfachen von gemischten Zahlen – verschiedene Rechenwege.*

Powertraining

Weg 1

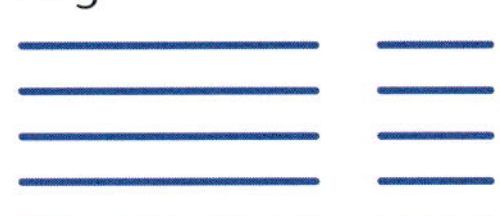

$5 \cdot 2$ $5 \cdot \frac{3}{4}$

$10 + \frac{15}{4} = 10 + 3\frac{3}{4} = 13\frac{3}{4}$

Weg 2

$5 \cdot 2\frac{3}{4} =$

$5 \cdot \frac{11}{4} =$

$\frac{55}{4} = 13\frac{3}{4}$

Berechne die folgenden Aufgabe jeweils nach beiden Methoden.

a) $7 \cdot 2\frac{1}{2}$ b) $3 \cdot 1\frac{3}{8}$ c) $8 \cdot 3\frac{1}{4}$

d) $4 \cdot 5\frac{3}{10}$ e) $2 \cdot 10\frac{1}{2}$ f) $10 \cdot 1\frac{1}{5}$

Übungen

16 Der Preis eines Holzbrettes hängt unter anderem von der Fläche des Brettes ab.
a) Berechne die Fläche des Brettes, in dem du in eine kleinere Einheit umrechnest.
b) Das Brett ist aus einem quadratischen Brett geschnitten worden. Wenn du genau hinschaust, kannst du die Fläche des Brettes auch direkt mithilfe der Bruchzahlen ausrechnen.

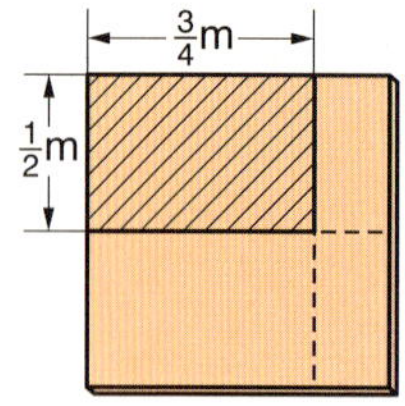

Basiswissen

Bruchzahlen kann man multiplizieren. Benötigt wird die Multiplikation von Brüchen zum Beispiel beim
– Multiplizieren von Maßzahlen.
Berechne die Fläche:

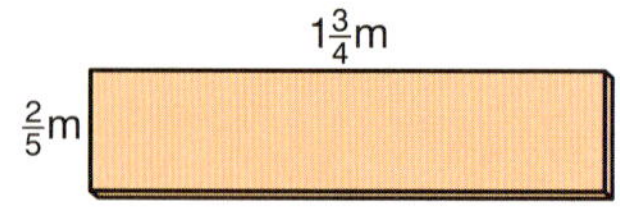

– Anteile berechnen.
$\frac{3}{8}$ von $\frac{4}{5}$ kg – Wie groß ist der Anteil?

Multiplizieren von Brüchen

- Berechne die Fläche: $\frac{2}{3}$ m $\cdot$ $\frac{3}{4}$ m
- $\frac{2}{3}$ von $\frac{5}{6}$

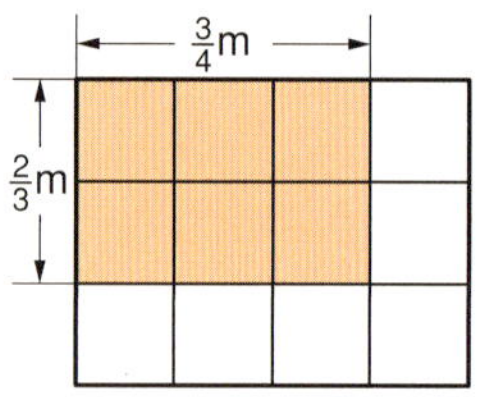

$\frac{2}{3}\text{m} \cdot \frac{3}{4}\text{m} = \frac{6}{12}\text{m}^2 = \frac{1}{2}\text{m}^2$

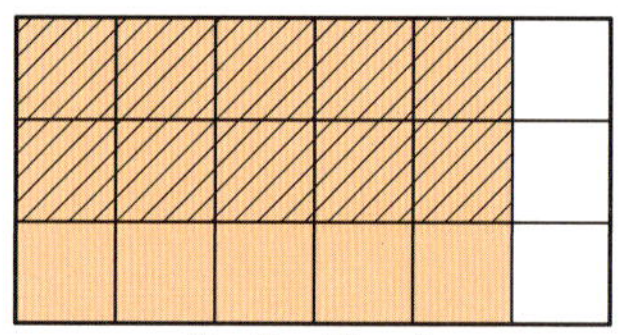

$\frac{2}{3} \cdot \frac{5}{6} = \frac{10}{18} = \frac{5}{9}$

Multiplizieren von Brüchen:
– Zähler mal Zähler, Nenner mal Nenner
– Nenner mal Nenner

Beim Multiplizieren darf man
Kommutativgesetz (1) die Reihenfolge der Faktoren vertauschen
Assoziativgesetz (2) die Reihenfolge, in der man multipliziert, selbst festlegen.

Beispiele

C Berechne die Wassermenge in dem Aquarium.

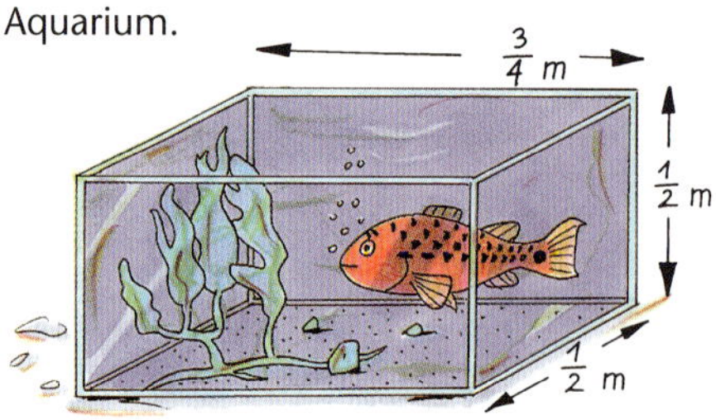

$\frac{3}{4} \cdot \frac{1}{2} \cdot \frac{1}{2}\text{ m}^3 = \frac{3 \cdot 1 \cdot 1}{4 \cdot 2 \cdot 2}\text{ m}^3 = \frac{3}{16}\text{ m}^3$

D Rechne geschickt.

$\frac{5}{4} \cdot \frac{3}{2} \cdot \frac{4}{5} =$ (Vertauschen)

$\frac{3}{2} \cdot \underbrace{\frac{5}{4} \cdot \frac{4}{5}} =$ (Reihenfolge, in der man rechnet, ändern)

$\frac{3}{2} \cdot 1 = \frac{3}{2}$

Die meisten Menschen lieben kleine Zahlen – es sei denn, es geht ums Taschengeld. Bei allen folgenden Aufgaben sollen die Ergebnisse mit möglichst kleinen Zahlen geschrieben werden, d. h. kürzen, kürzen, kürzen.

17 Das kann man im Kopf rechnen.

a) $\frac{1}{3}\cdot\frac{2}{5}$ b) $\frac{1}{2}\cdot\frac{3}{7}$ c) $\frac{3}{10}\cdot\frac{7}{8}$
d) $\frac{2}{9}\cdot\frac{2}{5}$ e) $\frac{2}{3}\cdot\frac{5}{6}$ f) $\frac{6}{7}\cdot\frac{6}{7}$
g) $\frac{8}{9}\cdot\frac{3}{4}$ h) $\frac{3}{5}\cdot\frac{7}{10}$ i) $\frac{7}{8}\cdot\frac{1}{4}$

18 Kopfrechnen einmal anders.

a) $\frac{2}{5}\cdot\frac{13}{15}$ b) $\frac{11}{20}\cdot\frac{7}{10}$ c) $\frac{6}{7}\cdot\frac{13}{16}$
d) $\frac{8}{5}\cdot\frac{18}{25}$ e) $\frac{2}{3}\cdot\frac{19}{50}$ f) $\frac{13}{16}\cdot\frac{5}{8}$
g) $\frac{13}{19}\cdot\frac{19}{13}$ h) $\frac{3}{12}\cdot\frac{18}{9}$ i) $\frac{7}{32}\cdot\frac{16}{9}$

19 Gib die Ergebnisse mit Bruchzahlen an.

a) $\frac{2}{3}$ von $\frac{1}{5}$ l b) $\frac{3}{4}$ von $\frac{3}{8}$ m^2
c) $\frac{1}{8}$ von $\frac{1}{2}$ km d) $\frac{3}{10}$ von $\frac{1}{4}$ h
e) $\frac{15}{100}$ von $\frac{3}{4}$ km f) $\frac{3}{7}$ von $\frac{7}{10}$ m^3

20 Berechne die Anteile.

a) $\frac{3}{10}$ von 30 Schülern b) $\frac{17}{20}$ von $\frac{40}{51}$
c) $\frac{3}{5}$ von $\frac{7}{2}$ km d) $\frac{3}{4}$ von $\frac{3}{4}$
e) $\frac{1}{10}$ von $\frac{9}{10}$ l f) $\frac{9}{16}$ von $\frac{16}{9}$

21 Nochmals Kopfrechnen? Doch Vorsicht: „Natürliche Zahlen kreuzen deinen Weg."

a) $3\cdot\frac{4}{5}$ b) $\frac{3}{7}\cdot\frac{3}{11}$ c) $\frac{5}{3}\cdot 8$
d) $\frac{11}{12}\cdot\frac{11}{12}$ e) $\frac{10}{13}\cdot\frac{4}{3}$ f) $\frac{3}{16}\cdot\frac{16}{3}$
g) $\frac{8}{15}\cdot\frac{5}{8}$ h) $\frac{17}{10}\cdot 10$ i) $\frac{2}{9}\cdot 900$

22 Welche Aufgaben sind dargestellt? Rechne.

a) ■ von ■ b) ■ von ■ c) ■ von ■

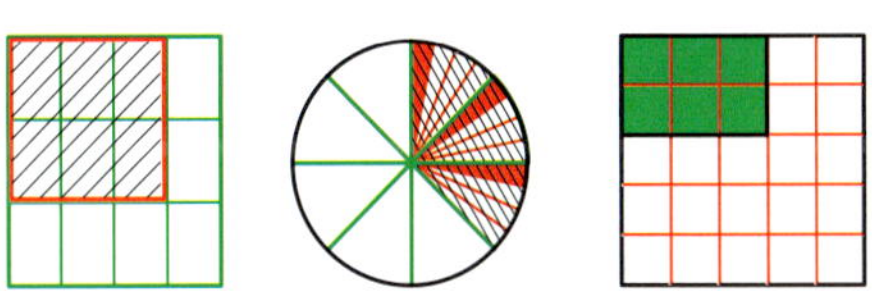

23 Ergänze die fehlende Zahl.

a) $\frac{2}{3}\cdot$ ■ $=\frac{8}{27}$ b) ■ $\cdot 3=\frac{6}{7}$
c) $\frac{3}{8}\cdot$ ■ $=\frac{15}{24}$ d) $\frac{1}{9}\cdot$ ■ $=\frac{9}{9}$
e) $\frac{4}{9}\cdot$ ■ $=1$ f) ■ $\cdot\frac{7}{4}=7$

24 Kürzen vor dem Multiplizieren kann das Rechnen einfacher machen.

$$\frac{\overset{2}{\cancel{14}}}{\cancel{9}}\cdot\frac{\overset{2}{\cancel{18}}}{\underset{3}{\cancel{21}}}=\frac{4}{3}$$

a) $\frac{6}{15}\cdot\frac{5}{18}$
b) $\frac{12}{25}\cdot\frac{20}{8}$
c) $\frac{17}{16}\cdot\frac{16}{17}$
d) $\frac{8}{35}\cdot\frac{70}{16}$

25 Multipliziere, kürze vorher.

a) $\frac{2}{3}\cdot\frac{4}{5}\cdot\frac{1}{3}$ b) $\frac{3}{4}\cdot\frac{4}{5}\cdot\frac{1}{10}$
c) $\frac{5}{6}\cdot\frac{5}{6}\cdot\frac{5}{6}$ d) $\frac{1}{2}\cdot\frac{2}{3}\cdot\frac{3}{4}\cdot\frac{4}{5}\cdot\frac{5}{6}$
e) $\frac{1}{3}\cdot\frac{2}{3}\cdot\frac{4}{3}$ f) $\frac{1}{2}\cdot\frac{1}{3}\cdot\frac{1}{4}\cdot\frac{1}{5}$
g) $\frac{1}{2}\cdot\frac{3}{4}\cdot\frac{5}{6}$ h) $\frac{1}{3}\cdot\frac{3}{5}\cdot\frac{3}{4}\cdot\frac{5}{3}$

26 Übertrage in dein Heft und ergänze die fehlenden Zahlen. Vergiss das Kürzen nicht.

a) $\frac{4}{5}\xrightarrow{\cdot\frac{2}{3}}$ ■ $\xrightarrow{\cdot\frac{5}{16}}$ ■ $\xrightarrow{\cdot\blacksquare}\frac{5}{18}$

b) $\frac{3}{8}\xrightarrow{\cdot\frac{4}{5}}$ ■ $\xrightarrow{\cdot\blacksquare}$ ■ $\xrightarrow{\cdot\blacksquare}\frac{12}{35}$

c) $\frac{4}{9}\xrightarrow{\cdot\blacksquare}\frac{8}{27}\xrightarrow{\cdot\frac{3}{4}}$ ■ $\xrightarrow{\cdot\blacksquare}1$

d) ■ $\xrightarrow{\cdot\frac{2}{7}}\frac{6}{35}\xrightarrow{\cdot\frac{11}{6}}$ ■ $\xrightarrow{\cdot\blacksquare}\frac{33}{70}$

27 *In einem Märchen muss die Prinzessin drei Stadttore passieren. Jedem Torwächter muss sie $\frac{1}{3}$ des Goldes, das sie mit sich trägt, geben, damit er das Tor öffnet. Claudias kleine Schwester meint traurig: „Nun hat die Prinzessin kein Gold mehr."*
Stimmt das?
Die Frage kann man auch zeichnerisch beantworten. Zeichne den Goldbarren in dein Heft. Was bleibt der Prinzessin nach jedem Tor von dem Barren übrig?

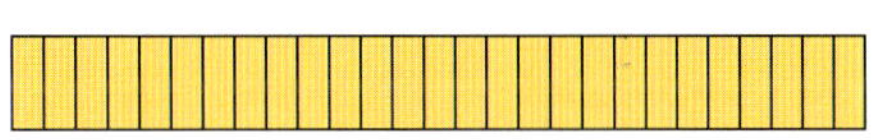

Übungen

17 Lösungen:

$\frac{7}{32}$ $\frac{4}{45}$ $\frac{24}{36}$ $\frac{3}{14}$

$\frac{21}{80}$ $\frac{21}{50}$ $\frac{2}{15}$ $\frac{10}{18}$ $\frac{36}{49}$

Wie steht es mit dem Großen Einmaleins?

Regeltraining:
Wir üben das Multiplizieren von Brüchen.

Übungen

28 *Abschlusstraining*

Übertrage die Multiplikationstabelle in dein Heft und ergänze.

$\cdot$	$\frac{3}{8}$	$\frac{3}{4}$	$\frac{1}{3}$	$\frac{9}{10}$	$\frac{16}{9}$
$\frac{2}{3}$	■	■	■	■	■
$\frac{7}{4}$	■	■	■	■	■
$\frac{8}{5}$	■	■	■	■	■
$\frac{12}{7}$	■	■	■	■	■
$\frac{8}{11}$	■	■	■	■	■

29 *Bruchzahlen-Domino*

Zeichne die „Domino-Steine" nach der folgenden Regel in dein Heft: „Ein Stein darf angelegt werden, wenn er mit dem Produkt der Zahlen auf dem vorhergehenden Stein beginnt."

$\frac{2}{3}$	$\frac{5}{7}$

$\frac{1}{4}$	$\frac{5}{7}$

$\frac{10}{9}$	$\frac{3}{5}$

$\frac{5}{28}$	$\frac{14}{15}$

$\frac{3}{8}$	$\frac{4}{6}$

$\frac{10}{21}$	$\frac{7}{3}$

1	$\frac{3}{8}$

$\frac{1}{6}$	4

Denke an das Kürzen.

30 Berechne den Flächeninhalt (Flächeninhalt = Länge · Breite).

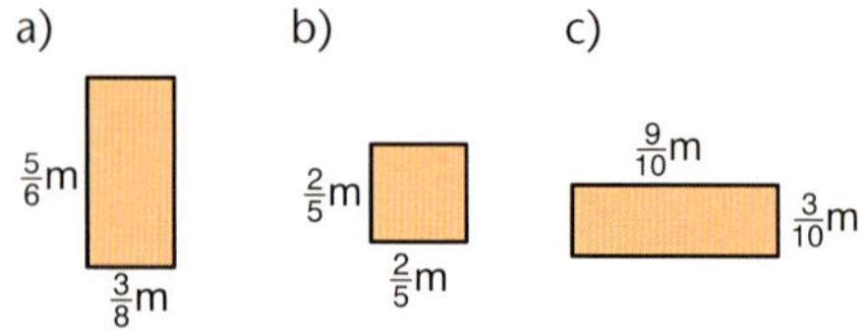

31 Berechne das Fassungsvermögen (Volumen) des jeweiligen Containers. (Volumen = Länge · Breite · Höhe)

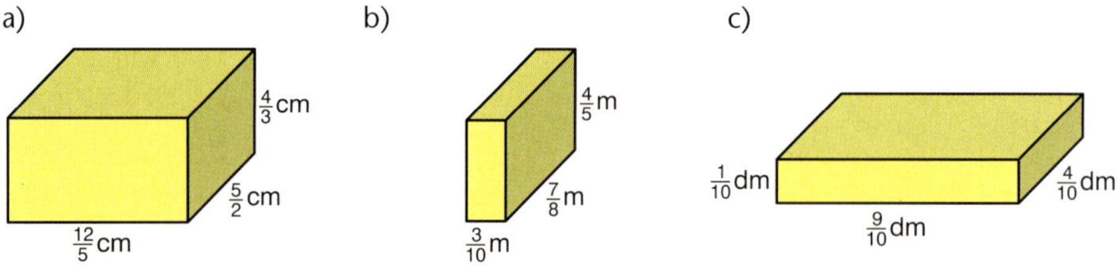

32 Zeichne das Muster und die Zahlen in dein Heft. Multipliziere benachbarte Zahlen und schreibe das Ergebnis in das Feld darüber.

a)

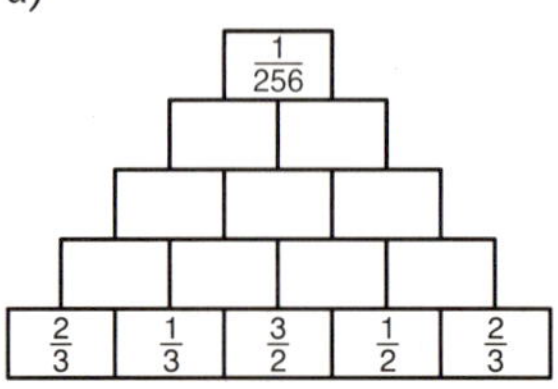

b)

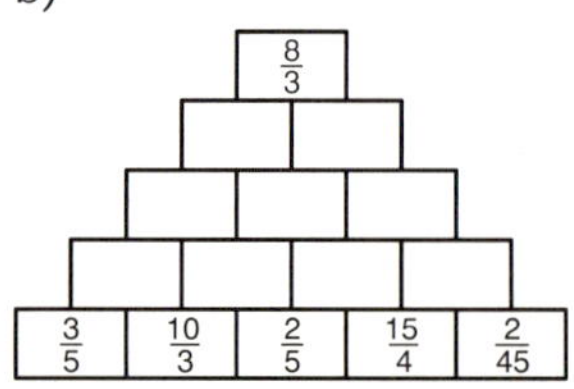

33 Multiplizieren von gemischten Zahlen.

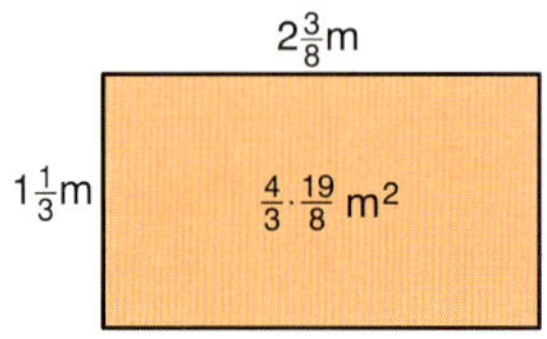

a) $3\frac{1}{2} \cdot 2\frac{1}{2}$
b) $1\frac{3}{8} \cdot \frac{4}{5}$
c) $2\frac{4}{7} \cdot 4\frac{2}{3}$
d) $\frac{7}{10} \cdot 5\frac{3}{10}$
e) $3\frac{2}{25} \cdot 3\frac{4}{7}$
f) $5\frac{3}{4} \cdot 1\frac{4}{5}$
g) $3\frac{1}{3} \cdot 3\frac{1}{3}$
h) $1\frac{3}{4} \cdot 2\frac{1}{2} \cdot 2\frac{3}{5}$

34 Berechne. Denke daran: Kürzen vor dem Multiplizieren macht die Zahlen „zahm".

a) $2\frac{1}{4} \cdot \frac{2}{9} \cdot 5 \cdot 1\frac{3}{5}$
b) $4\frac{3}{8} \cdot \frac{2}{15} \cdot \frac{4}{7} \cdot 5\frac{2}{3}$
c) $5\frac{3}{20} \cdot 2\frac{5}{7} \cdot \frac{7}{3} \cdot 4$
d) $3 \cdot 5 \cdot \frac{7}{15} \cdot 2\frac{4}{7} \cdot \frac{5}{6}$
e) $4\frac{6}{11} \cdot 3\frac{2}{3} \cdot \frac{1}{10} \cdot 2\frac{5}{8} \cdot 14$
f) $\frac{3}{8} \cdot 2\frac{1}{5} \cdot 5\frac{2}{3} \cdot \frac{3}{17} \cdot \frac{5}{11} \cdot \frac{8}{3}$

Übungen

35 *Teste dich selbst*

Übertrage die Zahlenpyramide in dein Heft. Trage in das Feld über zwei Zahlen deren Produkt ein. Erreichst du die Spitze? Vergiss nicht zu kürzen.

a)

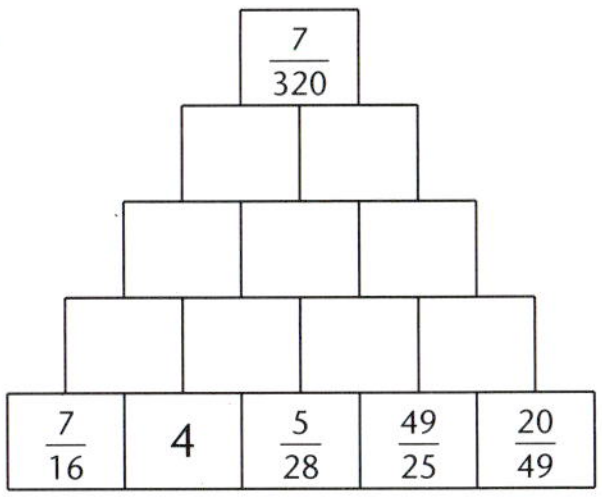

b)

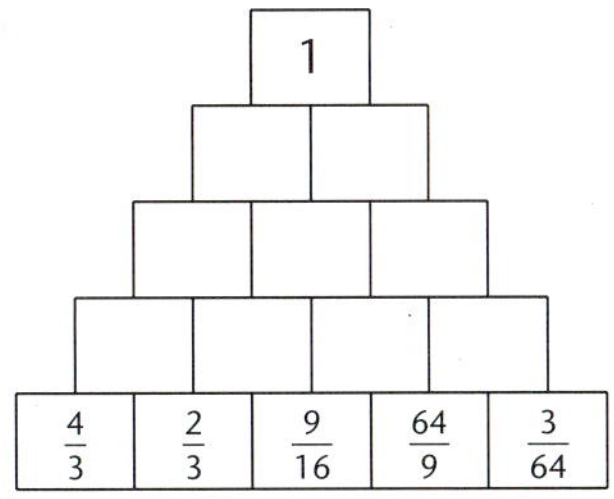

36 Berechne die Oberfläche und das Volumen der Schachtel.
Woraus die Oberfläche der Schachtel besteht, kannst du an dem Netz des Quaders erkennen.

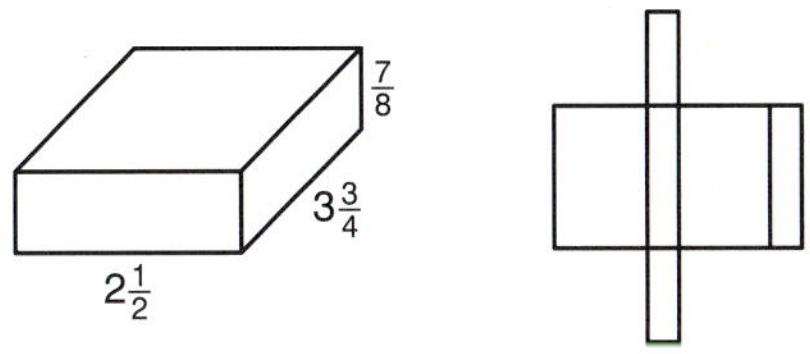

37 Kannst du dir etwas unter $\frac{5}{2}$ von $6\frac{3}{4}$ vorstellen? Berechne die Anteile.

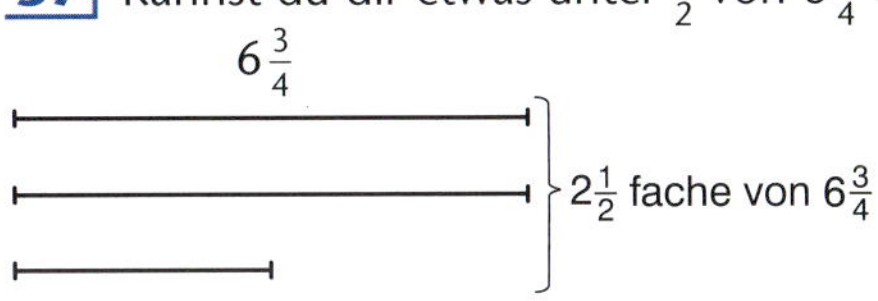

a) $4\frac{1}{2}$fache von 20
b) $\frac{6}{5}$fache von $4\frac{2}{3}$
c) $\frac{75}{100}$fache von 60
d $3\frac{5}{9}$fache von $2\frac{1}{4}$
e) $5\frac{7}{10}$fache von $6\frac{2}{3}$
f) $1\frac{2}{7}$fache von 1

38 Berechne.

a) 25 % von 28
b) 75 % von 22
c) 10 % von $2\frac{1}{4}$
d) 40 % von $5\frac{1}{8}$
e) 90 % von $2\frac{1}{3}$
f) 20 % von 1200
g) 50 % von $1\frac{5}{6}$
h) 15 % von $2\frac{3}{10}$

Prozent
$10\,\% = \frac{1}{10}$
$25\,\% = \frac{1}{4}$

39 *Etwas zum Wundern – oder?*

Beim Multiplizieren von zwei natürlichen Zahlen ist das Produkt stets größer als jeder der Faktoren. Ausnahmen machen die 0 und die 1.
Beim Multiplizieren mit Bruchzahlen kann das Produkt kleiner als einer der Faktoren sein.

a) Veranschauliche die Aussagen der beiden Sätze mit je einem Beispiel.

b) Eigentlich ist es nicht verwunderlich, dass das Produkt mit einer Bruchzahl kleiner als einer der Faktoren sein kann. Erfinde zu dem folgenden Produkt $\frac{2}{5} \cdot 15$ eine Textaufgabe. Erkläre mit der Textaufgabe, wieso das Produkt kleiner als 15 sein muss.

c) Finde zwei Brüche, so dass deren Produkt kleiner als **jeder** der Faktoren ist.

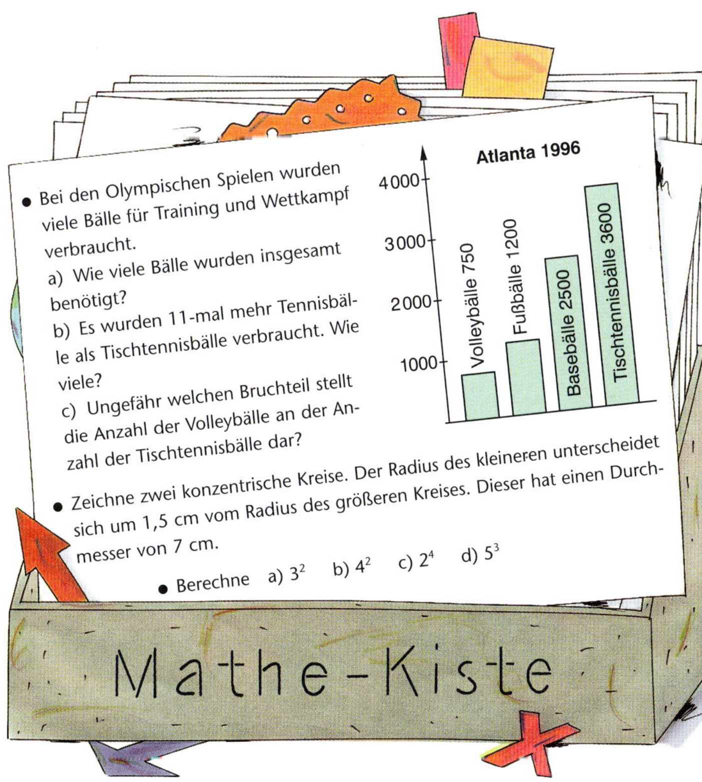

Aufgaben

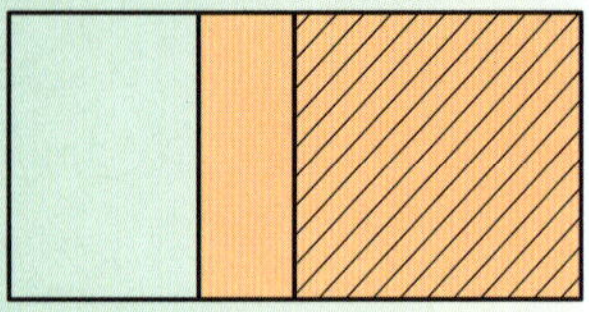

Anteile von Anteilen

40 Die schraffierte Fläche macht $\frac{3}{4}$ der gefärbten Fläche aus. Die gefärbte Fläche ist $\frac{2}{3}$ der gesamten Fläche von 300 m^2.
a) Wie groß ist die schraffierte Fläche?
b) Welchen Anteil macht die schraffierte Fläche an der gesamten Fläche aus?

41 In der Klasse 6e sind 30 Kinder, $\frac{2}{3}$ davon sind Mädchen. Von den Mädchen benutzen $\frac{3}{5}$ den Bus, um zur Schule zu kommen.
a) Wie viele Mädchen kommen mit dem Bus zur Schule?
b) Welchen Anteil an allen 30 Schülern der 6e machen die Mädchen aus, die mit dem Bus zur Schule kommen.

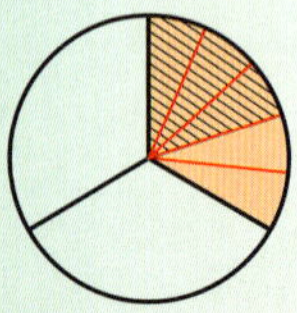

42 Aus der Schülerzeitung: *„In der Klasse 6e haben $\frac{1}{3}$ an dem diesjährigen Mathewettbewerb teilgenommen. $\frac{3}{5}$ der Schüler der 6e gewannen einen 1. Preis.*
Da stimmt etwas nicht. Der Text passt doch nicht zu der Abbildung.
a) Schreibe einen korrekten Text.
b) Wie groß ist der Anteil der Schülerinnen und Schüler an der gesamten Klasse, die einen 1. Preis gewonnen haben?

43 *Eine „Schweinegeschichte"*
a) „Übersetze" die Angaben aus der Abbildung in einem Text.
b) Berechne den Anteil des Muskelfleisches an dem Schwein.

44 Von allen Laubbäumen in NRW sind $\frac{4}{10}$ völlig gesund. Von den anderen zeigen $\frac{1}{3}$ deutliche Schäden.
a) Stelle die Daten in einem Kreisdiagramm dar. Benutze Farben.
b) Berechne den Anteil der stark geschädigten Bäume an allen Bäumen.

Beobachtungen an Brüchen

45 Berechne die Produkte. Ordne jeweils die Ergebnisse der Multiplikationen der Größe nach. Was beobachtest du?

a) $\frac{2}{3} \cdot \frac{2}{3}$
$\frac{2}{3} \cdot \frac{2}{3} \cdot \frac{2}{3}$
$\frac{2}{3} \cdot \frac{2}{3} \cdot \frac{2}{3} \cdot \frac{2}{3}$

b) $\frac{9}{10} \cdot \frac{9}{10}$
$\frac{9}{10} \cdot \frac{9}{10} \cdot \frac{9}{10}$
$\frac{9}{10} \cdot \frac{9}{10} \cdot \frac{9}{10} \cdot \frac{9}{10}$

c) $\frac{5}{4} \cdot \frac{5}{4}$
$\frac{5}{4} \cdot \frac{5}{4} \cdot \frac{5}{4}$
$\frac{5}{4} \cdot \frac{5}{4} \cdot \frac{5}{4} \cdot \frac{5}{4}$

46 *Natürliche Zahlen als Faktoren – nette Faktoren*
a) Nach welcher Regel berechnest du die folgenden Produkte?

$5 \cdot \frac{7}{12}$ $\quad \frac{13}{25} \cdot 10$ $\quad \frac{35}{100} \cdot 100$ $\quad 12 \cdot \frac{12}{5}$ $\quad 25 \cdot \frac{3}{8}$

b) Könntest du die Produkte auch mit der Regel „Zähler · Zähler, Nenner · Nenner" berechnen? Begründe deine Antwort.

47 *Entdecken einer Regel*
Mit welchem Bruch musst du einen Bruch multiplizieren, um die Zahl 1 zu erhalten? Probiere es doch einfach aus. Ergänze jeweils die fehlende Zahl. Kannst du eine Regel erkennen?
a) $\frac{3}{4} \cdot ■ = 1$ b) $\frac{7}{3} \cdot ■ = 1$ c) $\frac{9}{10} \cdot ■ = 1$ d) $\frac{31}{25} \cdot ■ = 1$

5.3 Dividieren von Brüchen

Was dich erwartet

Wie breit muss ein Rechteck mit der Länge 6 cm sein, damit seine Fläche 54 cm² beträgt? Na klar, die Breite muss 9 cm betragen. Da die Fläche das Produkt aus Länge und Breite ist, muss man nur rechnen: 54 : 6 und schon hat man das Ergebnis.

Wie ist das nun, wenn die Maßzahlen von Länge und Breite Brüche sind? Natürlich muss man nun Bruchzahlen dividieren. Aber wie? Und – gibt es dafür eine Regel?

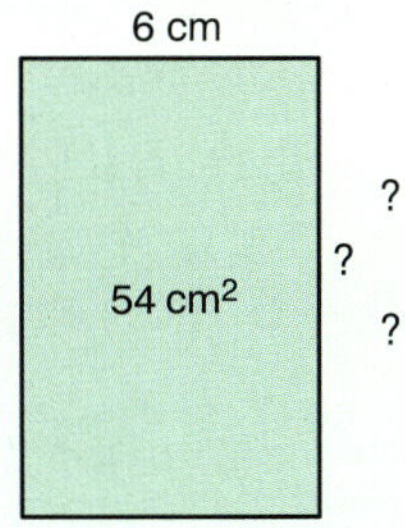

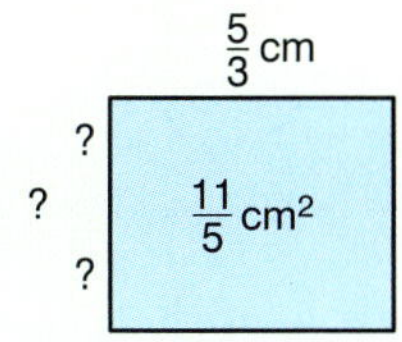

Aufgaben

1 Ein Holzstock der Länge $\frac{3}{4}$ m soll in 5 gleich lange Stücke zersägt werden. Wie lang wird jedes Stück?
a) Rechne die Aufgabe zunächst, indem du die Länge in eine kleinere Einheit umrechnest.
b) Löse die Aufgabe mit Bruchzahlen.

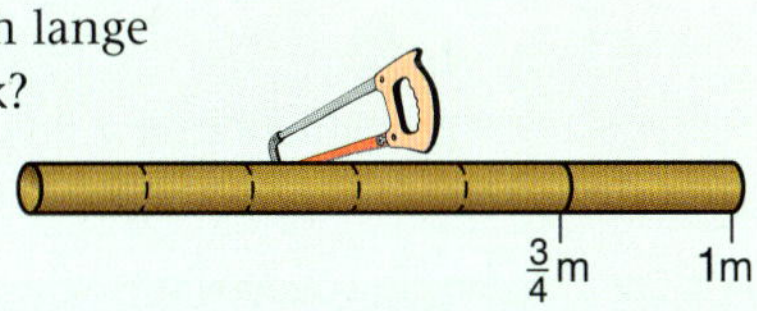

2 *Wir entdecken eine Regel*

Regel für das Dividieren zweier Brüche

Noch wissen wir nicht, wie man Brüche dividiert. Um eine Rechenregel für das Dividieren zu entdecken, müssen wir zunächst überlegen, welche Eigenschaften die Division haben soll. Dabei hilft uns unser Wissen von den natürlichen Zahlen.

Eigenschaften der Division

Eine Zahl durch sich selbst dividiert ergibt 1.
Die Division ist die Umkehrung der Multiplikation.
Man kann mit der Multiplikation die Probe machen.

a) Für die Division natürlicher Zahlen sind die beiden Eigenschaften erfüllt.
- Berechne 5 : 5.
- Berechne 72 : 12 und mache die Probe.

b) Zwei Brüche werden dividiert, indem man Zähler durch Zähler und Nenner durch Nenner dividiert.

$$\frac{8}{15} : \frac{4}{5} = \frac{8:4}{15:5} = \frac{2}{3}$$

Berechne nach der Divisionsregel im Kasten:
- $\frac{3}{4} : \frac{3}{4}$
- $\frac{6}{35} : \frac{2}{7}$ und mache die Probe.

Passen deine Ergebnisse zu den Eigenschaften einer Division?

c) Wie könnte man auf die Regel zum Dividieren zweier Brüche gekommen sein? Erinnere dich an die Regel zum Multiplizieren zweier Brüche.

3 Mit einem Kreismodell ist die Rechnung $\frac{2}{3}$: 4 dargestellt.
a) Fertige eine Zeichnung zur Rechnung $\frac{3}{4}$: 2 an. Rechne die Quotienten aus $\frac{3}{4}$: 2 und $\frac{2}{3}$: 4 aus.
b) Wenn du auf Seite 119 nachschaust, dann siehst du, dass die Zeichnung auch eine andere Rechnung darstellen kann. Welche ist es? Natürlich sind die Ergebnisse der verschiedenen Rechnungen gleich.

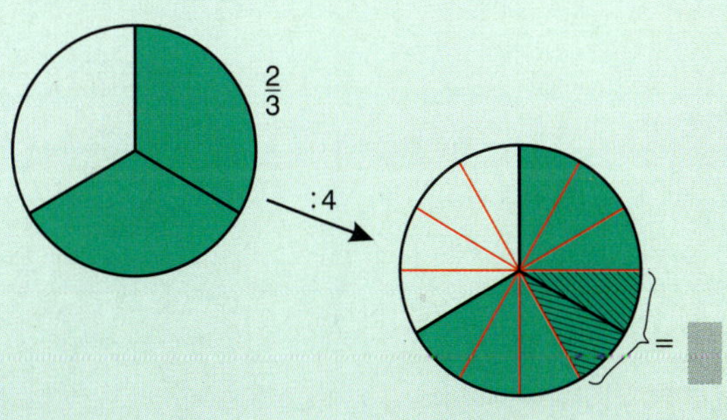

Basiswissen

Beim Aufteilen, Verteilen, Zersägen, Zerschneiden usw. in eine bestimmte Anzahl von gleich großen Teilen muss man durch eine natürliche Zahl dividieren.

Probe: $\frac{4}{15} \cdot 3 = \frac{12}{15} = \frac{4}{5}$ stimmt!

Dividieren eines Bruches durch eine natürliche Zahl

$\frac{4}{5} : 3$

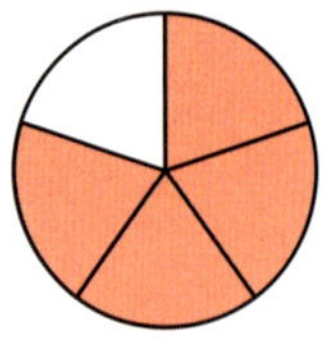

:3 → Teile jedes Fünftel in 3 gleich große Teile

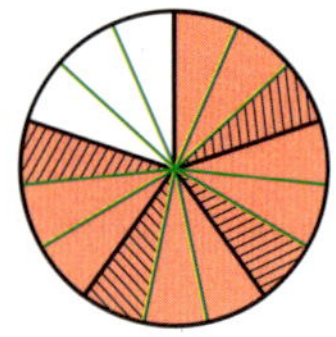

$\frac{4}{5} : 3 = \frac{4}{15}$

Nenner mal natürlicher Zahl, Zähler beibehalten

Beispiele

A Berechne die Quotienten, kürze wenn möglich.

a) $\frac{7}{8} : 5 = \frac{7}{8 \cdot 5} = \frac{7}{40}$

b) $\frac{16}{9} : 20 = \frac{16}{9 \cdot 20} = \frac{4}{9 \cdot 5} = \frac{4}{45}$

c) $2\frac{9}{10} : 10 = \frac{29}{10} : 10 = \frac{29}{100}$

B Bei einem Stadtlauf sind 5 Runden zu laufen. Die Gesamtlänge der Strecke beträgt $6\frac{1}{2}$ km. Wie lang ist jede Runde?

$6\frac{1}{2} : 5 = \frac{13}{2} : 5 = \frac{13}{10} = 1\frac{3}{10}$

Länge einer Runde: $1\frac{3}{10}$ km

Übungen

4 Berechne.

a) $\frac{6}{11} : 3$ b) $\frac{5}{9} : 9$ c) $\frac{18}{5} : 10$
d) $\frac{14}{15} : 21$ e) $\frac{21}{8} : 12$ f) $\frac{13}{100} : 39$

$\frac{8}{7} : 4 = \frac{8 : 4}{7} = \frac{2}{7}$

5 Was wurde hier gerechnet? Übertrage die Zeichnung in dein Heft und ergänze die fehlenden Zahlen.

a)

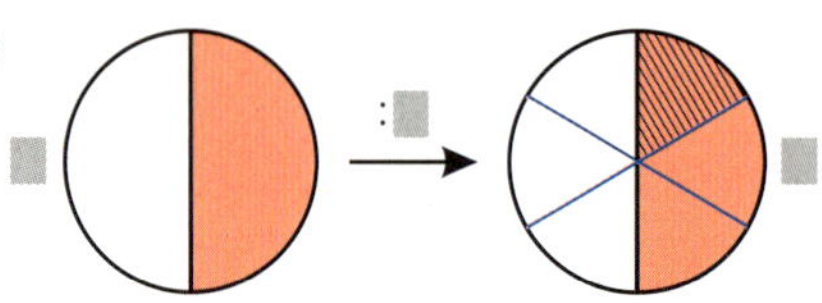

b)

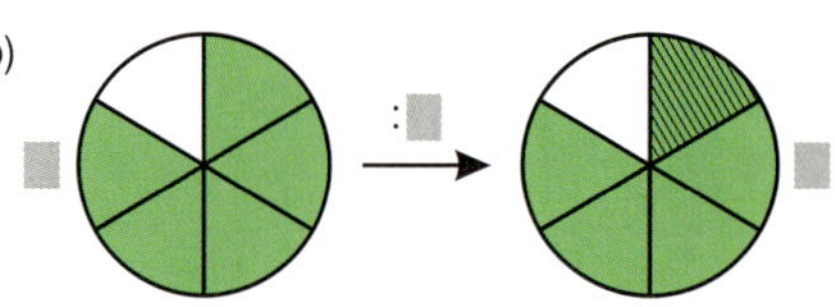

c)

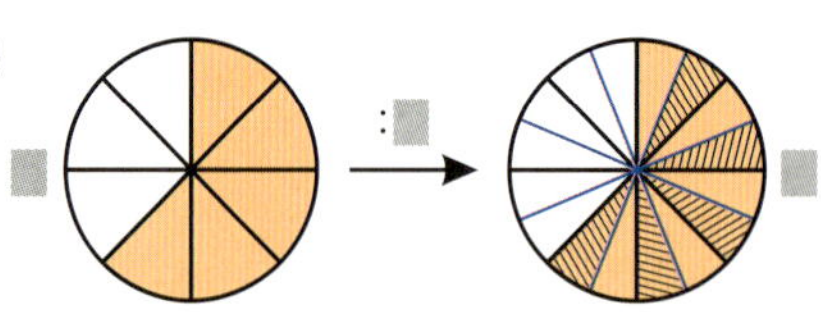

$\frac{15}{8} : 6 = \frac{5}{16}$
Probe: $\frac{5}{16} \cdot 6 = \frac{30}{16} = \frac{15}{8}$
stimmt

6 Manchmal geht das Dividieren schnell. Schaue dir das vorgerechnete Beispiel an und rechne dann genauso. Berechne die Aufgaben auch mit der Regel im Kasten. Die Ergebnisse müssen gleich sein.

$\frac{8}{7} : 4 = \frac{8}{28} = \frac{2}{7}$

a) $\frac{12}{5} : 4$ b) $\frac{36}{7} : 6$
c) $\frac{99}{10} : 11$ d) $\frac{56}{15} : 8$
e) $\frac{108}{25} : 12$ f) $\frac{165}{9} : 15$

7 Finde die fehlende Zahl.

a) $\frac{3}{4} : ■ = \frac{3}{16}$ b) $\frac{6}{11} : ■ = \frac{2}{11}$
c) $■ : 2 = \frac{3}{20}$ d) $■ : 5 = \frac{3}{4}$
e) $\frac{7}{12} : ■ = \frac{7}{120}$ f) $\frac{5}{8} : ■ = \frac{1}{8}$

8 Die Umkehrung der Division ist die Multiplikation. Damit lässt sich leicht eine Probe machen. Berechne die Quotienten und mache die Probe.

a) $\frac{2}{3} : 5$ b) $\frac{16}{25} : 4$
c) $\frac{4}{9} : 10$ d) $\frac{8}{11} : 8$
e) $\frac{7}{8} : 3$ f) $\frac{5}{9} : 25$

Übungen

9 Bei einem Geburtstag teilen sich 6 Kinder $1\frac{1}{2}$ l Cola.
Wie viel erhält jedes Kind?

10 Opa Kleinlich hat für seine Enkel $3\frac{3}{5}$ kg Walnüsse gesammelt. Er möchte die Nüsse gerecht an seine fünf Enkel verteilen. Wie viel erhält jedes der Kinder? Gib das Ergebnis auch in g an.

11 Bianca hat in der letzten Woche genau aufgeschrieben, wie lange sie Hausaufgaben gemacht hat. Insgesamt kam sie auf $8\frac{3}{4}$ h. Nimm einmal an, Bianca hat an jedem Tag ungefähr gleich lang Hausaufgaben gemacht. Wie lange hat sie dann täglich gearbeitet, wenn sie am Samstag und Sonntag nichts getan hat? Gib das Ergebnis auch in Stunden und Minuten an.

12 Ein bemerkenswerter Partner eines Bruches, **der Kehrbruch.** Ermittle zu jedem Bruch den Kehrbruch. Berechne jeweils das Produkt aus Bruch und Kehrbruch. Was fällt dir auf?
Und so wird es gemacht:
$\frac{7}{5}$, der Kehrbruch ist $\frac{5}{7}$, berechne nun $\frac{7}{5} \cdot \frac{5}{7}$

a) $\frac{3}{10}$ b) $\frac{9}{4}$ c) $\frac{5}{2}$ d) $\frac{1}{5}$ e) $\frac{7}{50}$ f) $\frac{1}{100}$

g) Aufgepasst! Auch zu der Zahl 6 gibt es einen „Kehrbruch".

h) $2\frac{1}{3}$ i) $5\frac{3}{7}$ j) 10 k) $1\frac{7}{8}$ l) 1000 m) $8\frac{3}{5}$

Kehrbruch
Vertausche Zähler und Nenner eines Bruches. Den neuen Bruch nennt man **Kehrbruch**.
$\frac{3}{5} \rightarrow \frac{5}{3}$

13 Berechne die fehlende Seite.

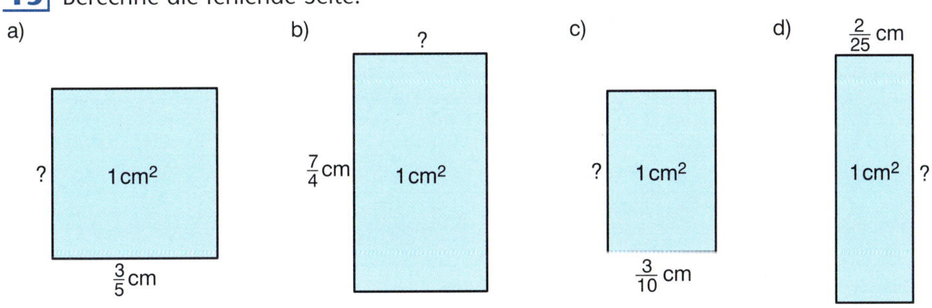

14 Wie wird eine natürliche Zahl durch einen Stammbruch dividiert?
Berechne den Quotienten. Du kannst leicht das Ergebnis finden, wenn du überlegst, was in der Abbildung dargestellt ist.

a) $3 : \frac{1}{4}$ b) $6 : \frac{1}{5}$ c) $12 : \frac{1}{2}$

d) $1 : \frac{1}{7}$ e) $18 : \frac{1}{10}$ f) $9 : \frac{1}{8}$

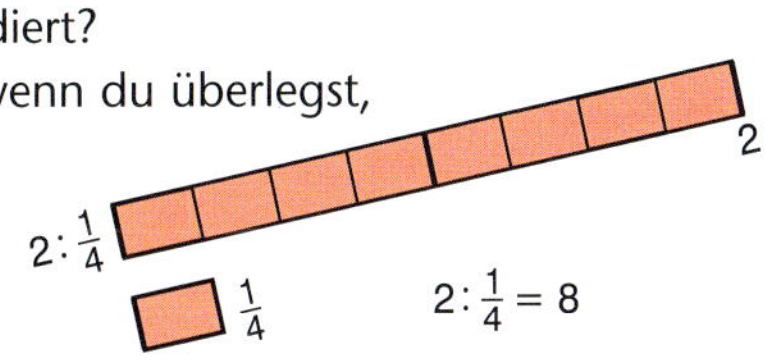

g) Kannst du eine passende Divisionsregel notieren? Schreibe dazu den folgenden Satz in dein Heft und vervollständige ihn: „Eine natürliche Zahl wird durch einen Stammbruch geteilt, indem man die natürliche Zahl …"

15 Berechne. Die Abbildung kann dir beim Rechnen helfen.

a) $4 : \frac{1}{3}$, $4 : \frac{2}{3}$ b) $6 : \frac{1}{5}$, $6 : \frac{3}{5}$

c) $10 : \frac{1}{8}$, $10 : \frac{5}{8}$ d) $14 : \frac{1}{10}$, $14 : \frac{7}{10}$

Manchmal „geht die Rechnung nicht auf".
Das Ergebnis ist dann ein Bruch.

e) $4 : \frac{1}{5}$, $4 : \frac{3}{5}$ f) $1 : \frac{1}{9}$, $1 : \frac{5}{9}$

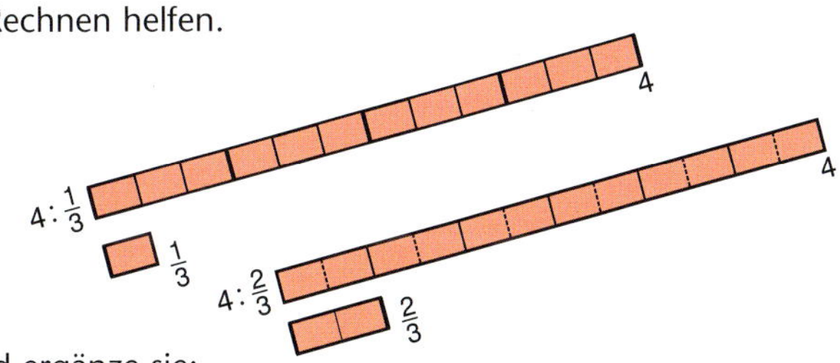

g) Schreibe die folgende Regel in dein Heft und ergänze sie;
„Eine natürliche Zahl wird durch einen Bruch dividiert, indem man die natürliche Zahl mit dem Nenner … und dann das Ergebnis … den Zähler …".

Basiswissen

Stammbrüche: $\frac{1}{2}$ $\frac{1}{3}$ $\frac{1}{4}$ $\frac{1}{5}$ …

Wie kann man Brüche dividieren? Einiges über das Dividieren durch Brüche wissen wir bereits:

– Eine natürliche Zahl wird durch einen Stammbruch dividiert, indem man die Zahl mit dem Nenner multipliziert:

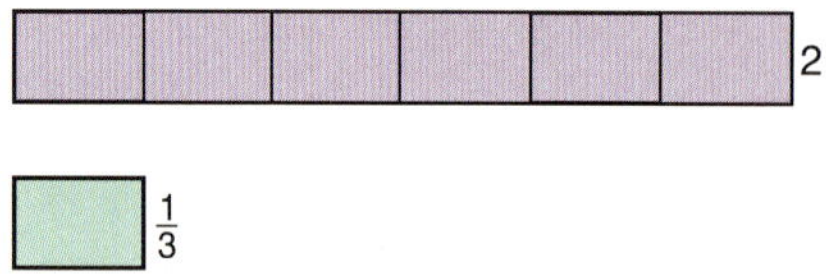

$2 : \frac{1}{3} = 2 \cdot 3 = 6$

Wie oft passt $\frac{1}{3}$ in 2?

– Eine natürliche Zahl wird durch einen Bruch dividiert, indem man die Zahl mit dem Nenner multipliziert und dann durch den Zähler dividiert:

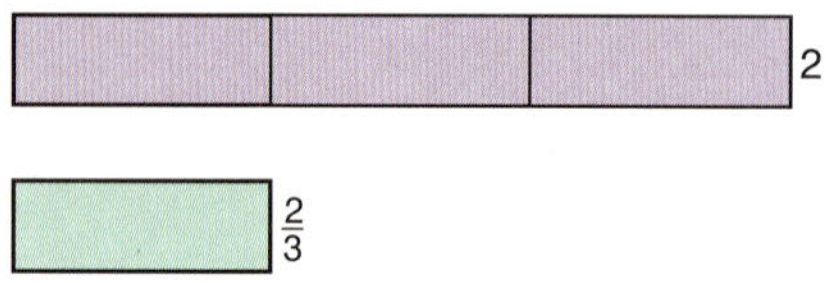

$2 : \frac{2}{3} = \frac{2 \cdot 3}{2} = 3$

Wie oft passt $\frac{2}{3}$ in 2?

Diese beiden Regeln liefern eine Idee für die Division von Brüchen.

Dividieren: Multiplizieren mit Kehrbruch

Division von Brüchen
Zwei Brüche werden dividiert, indem man den ersten Bruch mit dem Kehrbruch des zweiten Bruches multipliziert.

$\frac{3}{8} : \frac{2}{7} = \frac{3}{8} \cdot \frac{7}{2} = \frac{21}{16}$

Probe: $\frac{\overset{3}{\cancel{21}}}{\underset{8}{\cancel{16}}} \cdot \frac{\overset{1}{\cancel{2}}}{\underset{1}{\cancel{7}}} = \frac{3}{8}$

Beispiele

A Dividieren mit Probe.

$\frac{7}{9} : \frac{3}{5} = \frac{7}{9} \cdot \frac{5}{3} = \frac{35}{27}$

Probe: $\frac{\overset{7}{\cancel{35}}}{\underset{9}{\cancel{27}}} \cdot \frac{\overset{1}{\cancel{3}}}{\underset{1}{\cancel{5}}} = \frac{7}{9}$

B Dividieren mit gemischten Zahlen.

$3\frac{1}{4} : 1\frac{2}{3} = \frac{13}{4} : \frac{5}{3} =$

$= \frac{13}{4} \cdot \frac{3}{5} = \frac{39}{20} = 1\frac{19}{20}$

Gemischte Zahlen zuerst in einen Bruch umwandeln.

C Dividiere zwei Brüche und verwende
– den Kehrbruch
– das Verfahren aus Aufgabe 2 b. Vergleiche.

$\frac{8}{15} : \frac{4}{5} = \frac{8}{15} \cdot \frac{5}{4} = \frac{2}{3}$

$\frac{3}{4} : \frac{3}{4} = \frac{3}{4} \cdot \frac{4}{3} = 1$

$\frac{5}{6} : \frac{2}{7} = \frac{5}{6} \cdot \frac{7}{2} = \frac{35}{12}$

$\frac{8}{15} : \frac{4}{5} = \frac{8 : 4}{15 : 5} = \frac{2}{3}$

$\frac{3}{4} : \frac{3}{4} = \frac{3 : 3}{4 : 4} = \frac{1}{1} = 1$

$\frac{5}{6} : \frac{2}{7} = \frac{5 : 2}{6 : 7} = ?\frac{?}{?}$

Das Verfahren mit dem Kehrbruch funktioniert immer.

Übungen

16 Berechne im Kopf.

a) $\frac{2}{3} : \frac{1}{2}$ b) $\frac{4}{5} : \frac{3}{2}$ c) $\frac{7}{10} : \frac{7}{10}$
d) $\frac{3}{7} : \frac{2}{5}$ e) $\frac{1}{2} : \frac{9}{10}$ f) $\frac{7}{3} : \frac{3}{7}$
g) $\frac{5}{9} : \frac{3}{9}$ h) $\frac{8}{11} : \frac{8}{10}$ i) $\frac{8}{5} : \frac{4}{5}$

17 Berechne. Kürze wenn möglich. Mache jeweils die Probe.

a) $\frac{3}{8} : \frac{2}{5}$ b) $\frac{7}{4} : \frac{3}{10}$ c) $\frac{11}{7} : \frac{22}{35}$
d) $\frac{12}{11} : \frac{5}{8}$ e) $\frac{16}{5} : \frac{48}{125}$ f) $\frac{14}{9} : \frac{18}{9}$

Übungen

18 Abschlusstraining zum Dividieren.
Mache zu jeder Aufgabe die Probe.

a) $4 : \frac{5}{7}$ b) $\frac{15}{8} : 7$ c) $\frac{16}{9} : \frac{4}{3}$
d) $8 : 12$ e) $\frac{5}{17} : \frac{5}{34}$ f) $6 : \frac{1}{6}$
g) $\frac{14}{35} : \frac{14}{35}$ h) $\frac{1}{9} : 9$ i) $\frac{55}{16} : 5$

Bist du fit?

19 Zeichne ins Heft und ergänze.

a) $\frac{4}{7} \xrightarrow{:\frac{2}{5}} ■ \xrightarrow{:\frac{7}{5}} ■$

b) $\frac{12}{5} \xrightarrow{:\frac{4}{9}} ■ \xrightarrow{:\frac{3}{2}} ■$

c) $\frac{14}{22} \xrightarrow{:\frac{14}{22}} ■ \xrightarrow{:\frac{4}{3}} ■$

d) $\frac{9}{17} \xrightarrow{:9} ■ \xrightarrow{:\frac{1}{9}} ■$

20 Wie rechnest du mit gemischten Zahlen?

a) $2\frac{1}{2} : 1\frac{1}{2}$ b) $5\frac{3}{7} : 2\frac{5}{7}$ c) $2\frac{3}{4} : 2\frac{1}{8}$
d) $7\frac{4}{5} : 10$ e) $3 : 2\frac{3}{4}$ f) $8\frac{7}{10} : 8\frac{7}{10}$

21 Berechne die fehlende Seite.

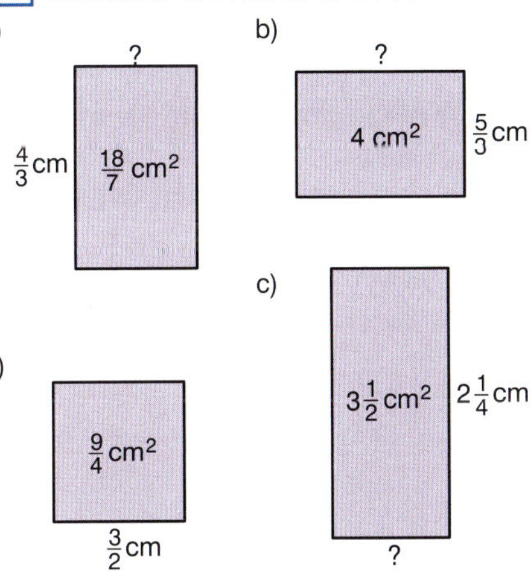

22 *Zahl gesucht!*
Bestimme die fehlende Zahl. Verfahre so, wie vorgemacht.

Und so wird's gemacht:

$x : \frac{3}{4} = \frac{7}{8}$

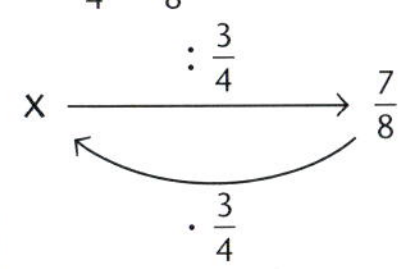

Die Multiplikation ist die Umkehrung der Division

$\frac{7}{8} \cdot \frac{3}{4} = \frac{21}{32}$

a) $x : \frac{7}{12} = \frac{3}{5}$ b) $x : \frac{11}{8} = \frac{5}{22}$
c) $x : \frac{3}{5} = \frac{45}{12}$ d) $x : \frac{18}{7} = \frac{13}{36}$
e) $x : 5 = \frac{7}{9}$ f) $x : \frac{4}{15} = 1$

23 *Hier fehlt jeweils ein Faktor.*
Durch Dividieren kannst du ihn finden.

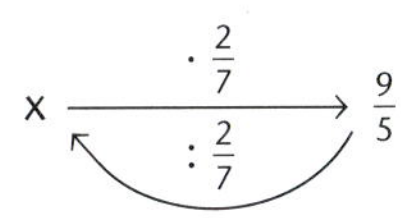

a) $x \cdot \frac{7}{9} = \frac{3}{4}$ b) $x \cdot \frac{3}{8} = \frac{7}{10}$
c) $x \cdot \frac{2}{3} = 1$ d) $x \cdot 5 = \frac{16}{25}$

24 Übertrage die Divisionstabelle in dein Heft und fülle sie aus.

:	$\frac{2}{3}$	$\frac{7}{5}$	$\frac{14}{9}$	$\frac{3}{25}$	3
$\frac{2}{3}$	■	■	■	■	■
$\frac{7}{5}$	■	■	■	■	■
$\frac{14}{9}$	■	■	■	■	■
$\frac{3}{25}$	■	■	■	■	■
3	■	■	■	■	■

20 Lösungen:
$\frac{39}{50}$ 1 $1\frac{2}{3}$ $1\frac{1}{11}$ $1\frac{5}{17}$ 2

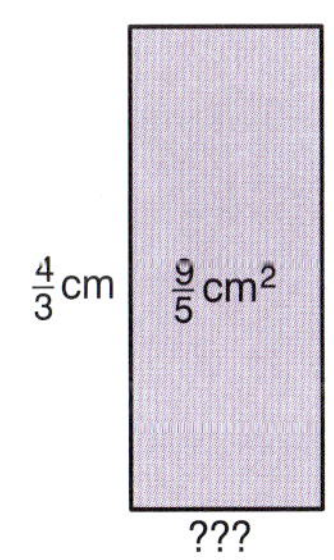

$\frac{9}{5} : \frac{4}{3} = \frac{9}{5} \cdot \frac{3}{4} = \frac{27}{20}$

25 *Rätselhaftes*
In der Klasse 6d des Geschwister-Scholl-Gymnasiums kommen $\frac{2}{3}$ der Schülerinnen und Schüler aus Pulheim, das sind 18 Kinder.

26 Die Klasse 6a macht auf ihrer Wanderung nach $5\frac{1}{2}$ km zum ersten Mal Rast. Die Lehrerin Frau Schmitz sagt: „Jetzt haben wir $\frac{5}{12}$ der gesamten Wanderstrecke zurückgelegt."

27 *Rechtecke mit Brüchen*
Berechne die Länge der fehlenden Seite bei folgendem Rechteck mit dem Flächeninhalt A:
a) $l = \frac{5}{4}$ m; $A = \frac{18}{5}$ m² b) $b = \frac{7}{8}$ dm; $A = \frac{9}{5}$ dm²

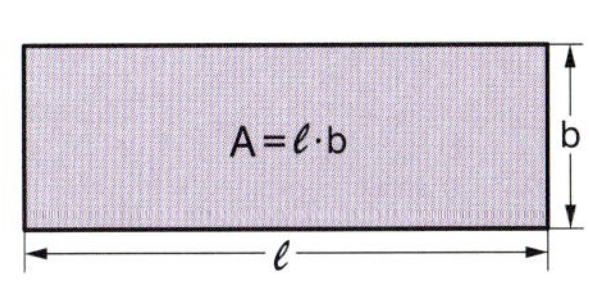

Übungen

28 Fülle die Leerstellen aus.

a) $\frac{3}{8} : \frac{\triangle}{\bigcirc} < \frac{3}{8}$ b) $\frac{5}{4} : \frac{\triangle}{\bigcirc} > \frac{5}{4}$ c) $\frac{\triangle}{\bigcirc} : \frac{1}{3} > \frac{\nabla}{\diamond}$

Trage die gefundenen Brüche jeweils auf dem Zahlenstrahl ein. Was fällt dir auf?

29 *Zu Hause*

Franziskus trinkt gerne Apfelsaft. Seine Eltern kaufen den Apfelsaft in $\frac{3}{4}$- l-Flaschen. In sein Glas passt 0,2 l Flüssigkeit. Wie viele Gläser kann er aus der vollen Flasche füllen?

30 *Zum Nachdenken*

Wenn man eine Zahl durch $\frac{1}{5}$ dividiert, so erhält man 1.

Wenn man eine Zahl durch $\frac{2}{3}$ dividiert, so erhält man $\frac{1}{2}$.

Wenn man eine Zahl durch $\frac{1}{5}$ dividiert, so erhält man die Zahl selbst. Geht das?

Finde ähnliche Aufgaben.

31 *Überraschendes*

Gina hat $\frac{4}{9}$ so oft durch $\frac{2}{3}$ dividiert, bis das Ergebnis 1 war.

Die Rechnung: $\frac{4}{9} : \frac{2}{3} : \frac{2}{3} = \frac{2}{3} : \frac{2}{3} = 1$

Oskar hat verzweifelt versucht, $\frac{7}{2}$ so oft durch $6\frac{1}{8}$ zu dividieren, bis das Ergebnis 1 ist. Führe diese Rechnung durch und erkläre deinem Nachbarn den Rechenweg. Erreicht Oskar das Ergebnis 1?

Findest du weitere Brüche, die bei dieser Division wie in Ginas Beispiel das Ergebnis 1 haben?

32 *Zum Entdecken*

Zur Erinnerung: „Dividend : Divisor = Quotient“ z. B. $\frac{7}{4} : 3 = \frac{7}{12}$

Berechne folgende Quotienten und markiere sie auf dem Zahlenstrahl.

a) $\frac{5}{2} : 2$; $\frac{5}{2} : 4$; $\frac{5}{2} : 8$; $\frac{5}{2} : 16$

b) $\frac{5}{2} : \frac{1}{2}$; $\frac{5}{2} : \frac{1}{4}$; $\frac{5}{2} : \frac{1}{8}$

Vergleiche die Lage des Quotienten mit der des Dividenden.
Schreibe auf, was du beobachtest und vergleiche mit deinem Nachbarn.

c) Vergleiche a) mit b). Was fällt dir auf?

Mustererkennung

d) Die Folge der Quotienten in a) und b) sind nach einem bestimmten Muster erstellt. Wie sieht jeweils der nächste Quotient aus?

Aufgaben

Von Anteilen „hochrechnen“

33 Bauer Harms erzählt: „Auf $\frac{3}{8}$ meiner Ackerfläche baue ich Zuckerrüben an. Das macht eine Fläche von $15\frac{3}{4}$ ha aus.“ Mit diesen Angaben kann man auf die Gesamtfläche „hochrechnen“. Dabei kann die Abbildung helfen.

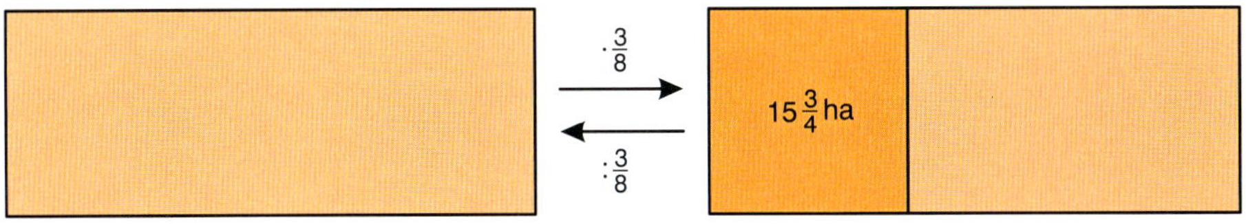

Wie muss man rechnen? Berechne die gesamte Ackerfläche, die Bauer Harms bewirtschaftet.

Von der Gesamtheit zu Anteilen und „zurück“.

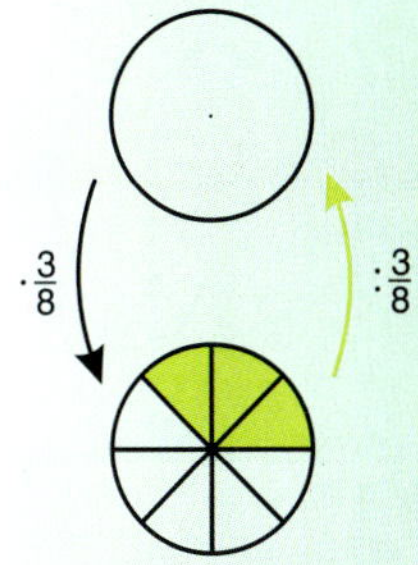

34 Aus der Schülerzeitung: „An unserer Schule sind die Frauen in der Überzahl. $\frac{3}{5}$ des Lehrerkollegiums sind weiblich, $\frac{4}{7}$ aller Schüler sind Mädchen. Insgesamt unterrichten an unserer Schule 48 Lehrerinnen 464 Mädchen.“

a) Wie groß ist das Lehrerkollegium? Stelle die Daten zunächst in einer Zeichnung dar.

b) Wie viele Schülerinnen und Schüler besuchen die Schule?

c) Wie groß ist der Anteil der Mädchen an eurer Schule?

35 An einem Heizöltank kann man ablesen, dass er noch zu $\frac{2}{9}$ gefüllt ist. Aufgefüllt wird der Tank mit 4235 l Heizöl. Wie viel Liter fasst der Tank? Auch bei dieser Aufgabe kann eine Zeichnung helfen.

Vergrößerungen / Verkleinerungen

36 Mit dem Computer hat Linda ein Bild, das sie eingescannt hat, vergrößert. Ihre Freundin möchte den „Vergrößerungsfaktor“ wissen. Für ihre Erdkundemappe will sie eine Abbildung mit dem Fotokopierer genau so vergrößern wie Linda. Für den Fotokopierer benötigt sie den „Zoom-Faktor“.

8 cm

30 cm

Erklärung:
Vergrößerungsfaktor 2

$\frac{3}{2}$ dm $\xrightarrow{\cdot 2}$ $\frac{6}{2}$ dm

Zum Nachdenken: Dividieren einmal anders

37 Brüche werden multipliziert, indem man die Zähler und die Nenner multipliziert. Man kann Brüche auch dividieren, indem man Zähler durch Zähler und Nenner durch Nenner dividiert.

a) Berechne nach dieser Regel $\frac{16}{25} : \frac{4}{5}$, $\frac{9}{14} : \frac{3}{7}$ und $\frac{35}{12} : \frac{7}{4}$

Berechne die Quotienten durch Multiplikation mit dem Kehrbruch und vergleiche.

b) Die Regel „Zähler durch Zähler, Nenner durch Nenner“ ist nicht besonders praktisch. Manche Brüche lassen sich so nicht dividieren, aber man kann sich helfen. Schaue dir die Rechnung genau an und erläutere, was gemacht wurde.

$\frac{7}{5} : \frac{3}{2} = \frac{7 \cdot 3}{5 \cdot 3} : \frac{3}{2} = \frac{7 \cdot 3 \cdot 2}{5 \cdot 3 \cdot 2} : \frac{3}{2} = \frac{7 \cdot 2}{5 \cdot 3} = \frac{14}{15}$

c) An welcher Stelle der Rechnung in Teilaufgabe b) kann man erkennen, dass dividieren durch $\frac{3}{2}$ dasselbe ist wie multiplizieren mit $\frac{2}{3}$?

5.4 Rechenausdrücke mit Brüchen

Was dich erwartet

Erinnerst du dich noch an die Rechenregeln aus dem letzten Jahr? Wie beim Rechnen mit natürlichen Zahlen benötigt man auch beim Rechnen mit Brüchen Vorfahrtsregeln und Klammerregeln. Manchmal kann man sich mit diesen Regeln Rechenvorteile verschaffen. Du erinnerst dich nicht mehr so genau? Macht auch nichts, nach diesem Kapitel bist du wieder Experte.

Aufgaben

Distributivgesetz
Kommutativgesetz
Zusammenfassen
Verteilungsgesetz
Vertauschungsgesetz

1 *Rechenvorteile*

Auf der Tafel stehen einige Rechnungen. Dabei wurden Rechenregeln benutzt, damit es einfacher wird. Weißt du noch, wie diese Regeln heißen (schaue gegebenenfalls auf S. 261 nach)?
Kannst du die folgenden Rechnungen in ähnlicher Weise vereinfachen? Entscheide dich für Verteilen, Zusammenfassen oder Vertauschen.

a) $\frac{3}{4}\cdot\frac{5}{8}\cdot\frac{4}{5}$ b) $\frac{1}{4}\cdot\left(\frac{1}{7}+\frac{3}{7}\right)$ c) $\left(\frac{1}{3}+\frac{5}{6}\right)\cdot\frac{3}{5}$ d) $\frac{3}{8}+\frac{2}{3}+\frac{4}{3}$ e) $\frac{1}{6}\cdot\left(1-\frac{7}{10}\right)$

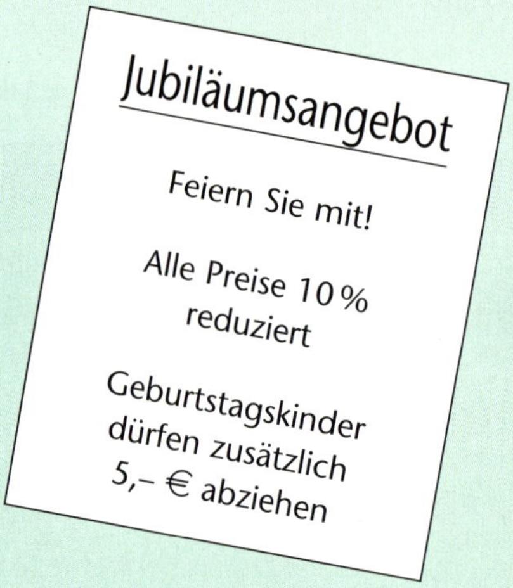

2 *Sonderangebote*

Das Geschäft „Schick und Toll“ hat Jubiläum. Seit 10 Jahren existiert der Laden. Jetzt gibt es ein Jubiläumsangebot. Anja hat besonderes Glück. Sie hat heute Geburtstag. Sie hat sich eine Hose für 30 € ausgesucht. Nun möchte sie ausrechnen, was sie bezahlen muss. Eigentlich ganz einfach: Sie muss den Preis mit $\frac{9}{10}$ multiplizieren und dann 5 € subtrahieren. Die Rechnung kannst du auf verschiedene Arten schreiben: Als Rechenausdruck, als Ablaufdiagramm oder als Rechenbaum.

Rechenausdruck

$30\cdot\frac{9}{10}-5$

Ablaufdiagramm

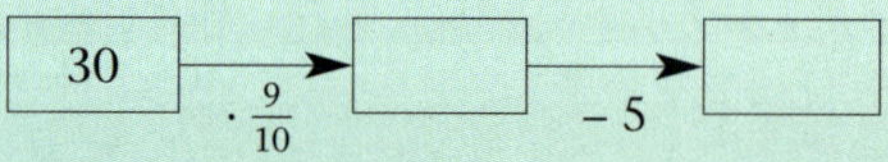

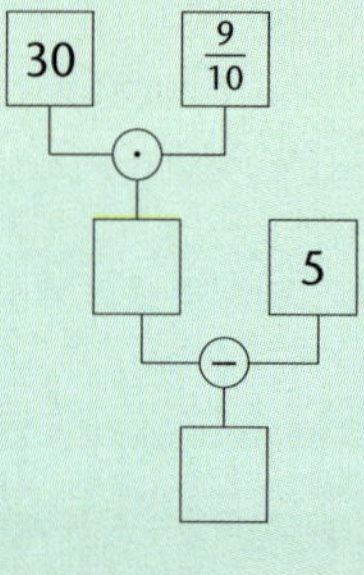

Rechenbaum

a) Rechne aus, wie viel Anja für eine 85 € teure Jacke bezahlen muss.
b) Für ein Hemd hat Anja 31 € bezahlt. Wie teuer war es vorher?

Aufgaben

3 *Zahlenrätsel*

Romina stellt ihren Mitschülerinnen und Mitschülern ein Zahlenrätsel.
Die Anweisung lautet: „Denke dir eine Zahl, es kann ruhig ein Bruch sein. Addiere ein Viertel. Multipliziere das Ergebnis mit 2 und subtrahiere ein Halb.“ Wenn das Ergebnis genannt wird, kann Romina ganz schnell die gedachte Zahl nennen.

a) Probiere die Anweisungen von Romina mit verschiedenen gedachten Zahlen aus und vergleiche das Ergebnis mit der gedachten Zahl. Du wirst den Trick ganz schnell herausfinden.

b) Möchtest du auch verstehen, wie der Trick funktioniert? Vervollständige den Rechenbaum oder schreibe den Rechenausdruck auf. Dann wirst du den Trick leicht durchschauen.

c) Denke dir ähnliche Zahlenrätsel aus.

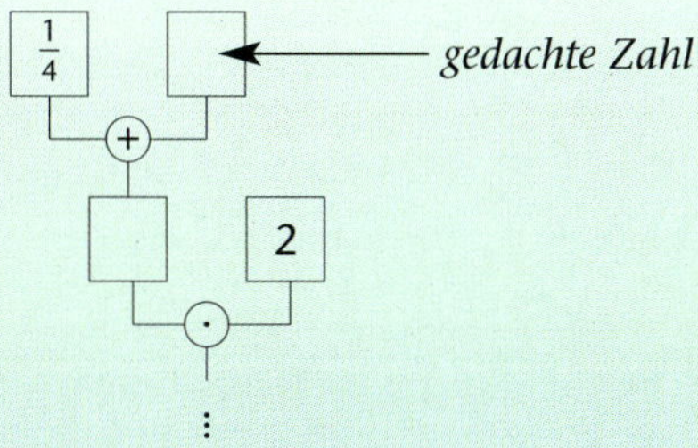

Basiswissen

Für das Rechnen mit Brüchen gelten die gleichen Gesetzmäßigkeiten wie für das Rechnen mit natürlichen Zahlen. Diese Gesetzmäßigkeiten legen die Reihenfolge beim Rechnen fest. Man nutzt sie auch aus, um einfacher rechnen zu können.

Vorfahrtsregeln

1. Punkt- vor Strichrechnung
Punktrechnungen werden vor Strichrechnungen ausgeführt.

$\frac{1}{2} + \frac{1}{2} \cdot \frac{3}{5} = \frac{1}{2} + \frac{3}{10}$

2. Klammerregel
Was in Klammern steht, wird zuerst ausgerechnet.

$(\frac{2}{5} + \frac{3}{5}) \cdot \frac{1}{2}$

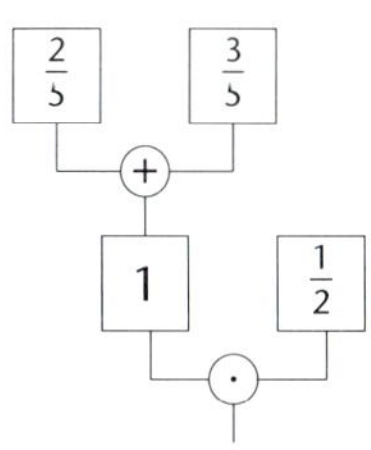

Beispiele

A Berechne $\frac{1}{3} \cdot (\frac{1}{2} - \frac{1}{8}) + \frac{1}{2}$. Hier müssen beide Vorfahrtsregeln nacheinander verwendet werden. Die Rechnung kann übersichtlich als Ablaufdiagramm oder als Rechenbaum aufgeschrieben werden.

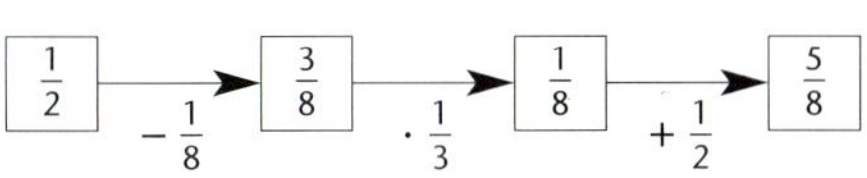

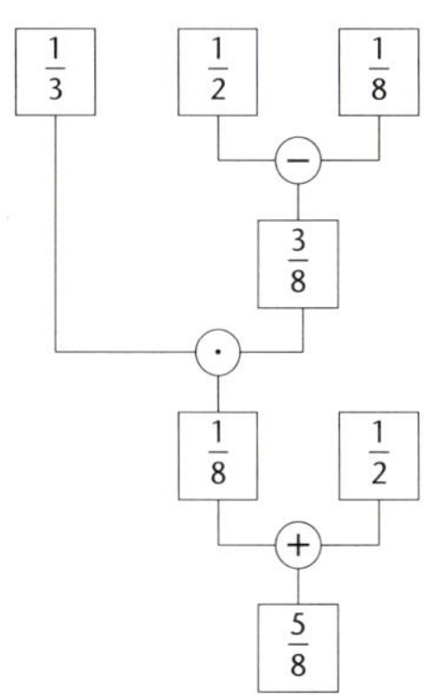

Zuerst Klammern, dann Punktrechnung, dann Strichrechnung

Basiswissen

Kannst du $20 \cdot (\frac{2}{5} + \frac{3}{4})$ im Kopf ausrechnen? Wenn du zuerst die Klammer ausrechnest, wird dir das bestimmt schwerer fallen, als wenn du das Verteilungsgesetz anwendest.

$$20 \cdot (\tfrac{2}{5} + \tfrac{3}{4})$$

$$20 \cdot \tfrac{2}{5} + 20 \cdot \tfrac{3}{4}$$

$$8 + 15 = 23$$

Du hast nicht die Klammer zuerst ausgerechnet, sondern das Verteilungsgesetz angewendet.

Verteilungsgesetz (Distributivgesetz)

Man kann eine Summe mit einer Zahl multiplizieren, indem man	$\frac{1}{3} \cdot (\frac{3}{5} + \frac{6}{7})$
jeden Summanden mit der Zahl multipliziert	$\frac{1}{3} \cdot \frac{3}{5} + \frac{1}{3} \cdot \frac{6}{7}$
und die Produkte addiert.	$\frac{1}{5} + \frac{2}{7} = \frac{7}{35} + \frac{10}{35} = \frac{17}{35}$

Manchmal führt die Vorfahrtsregel „Klammern zuerst“ zu umständlicheren Rechnungen. Mit dem Verteilungsgesetz kann man sich Rechenvorteile verschaffen.

Beispiele

B Berechne den Rechenausdruck auf zwei verschiedene Weisen. Vergleiche. Was geht schneller?

$$\tfrac{3}{5}(\tfrac{5}{3} + \tfrac{7}{8})$$

$= \frac{3}{5}(\frac{40}{24} + \frac{21}{24})$	Klammer zuerst	$= \frac{3}{5} \cdot \frac{5}{3} + \frac{3}{5} \cdot \frac{7}{8}$	Verteilen
$= \frac{3}{5}(\frac{61}{24})$	Kürzen	$= 1 + \frac{21}{40}$	
$= \frac{61}{40} = 1\frac{21}{40}$		$= 1\frac{21}{40}$	

Die „rechte“ Rechnung ist durch das „Verteilen“ einfacher.

C Schreibe den Rechenausdruck $\frac{1}{2} \cdot (\frac{4}{3} - \frac{2}{3}) + \frac{5}{6}$ als Text. Benutze einen Rechenbaum, um ihn auszurechnen.

Multipliziere $\frac{1}{2}$ mit der Differenz aus $\frac{4}{3}$ und $\frac{2}{3}$, dann addiere zu dem Produkt $\frac{5}{6}$

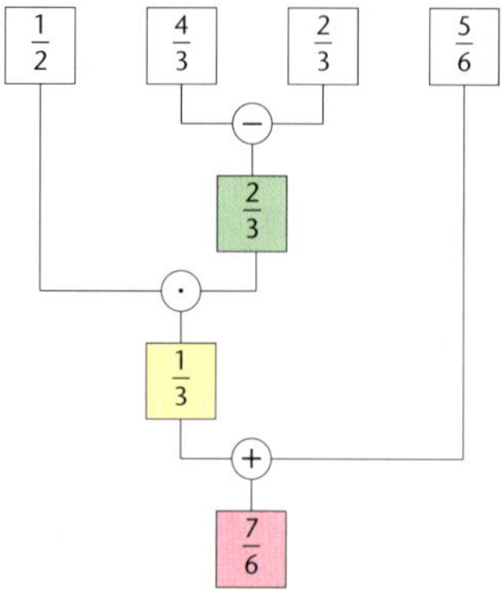

$$\tfrac{1}{2} \cdot (\tfrac{4}{3} - \tfrac{2}{3}) + \tfrac{5}{6} = \tfrac{1}{2} \cdot \tfrac{2}{3} + \tfrac{5}{6} = \tfrac{1}{3} + \tfrac{5}{6} = \tfrac{7}{6}$$

Beispiele

D Berechne geschickt. $\frac{1}{2} + 3 - \frac{1}{4} + \frac{3}{5} - 1 - \frac{1}{4} + \frac{2}{5}$ Vertauschen

$= (\frac{1}{2} - \frac{1}{4} - \frac{1}{4}) + (\frac{3}{5} + \frac{2}{5}) + 3 - 1$ Klammern setzen

$= 0 + 1 + 3 - 1 = 3$ Zusammenfassen

Übungen

4 Berechne. Führe die Rechnungen in der richtigen Reihenfolge aus. Rechenbäume können helfen.

a) $\frac{3}{8} + \frac{5}{8} \cdot \frac{1}{2}$

b) $\frac{3}{4} + 3 \cdot (\frac{1}{4} + \frac{1}{2})$

c) $(\frac{1}{3} + \frac{1}{6}) \cdot \frac{1}{2} + \frac{1}{4}$

d) $(\frac{3}{5} + \frac{3}{10}) \cdot (\frac{2}{3} + \frac{4}{9})$

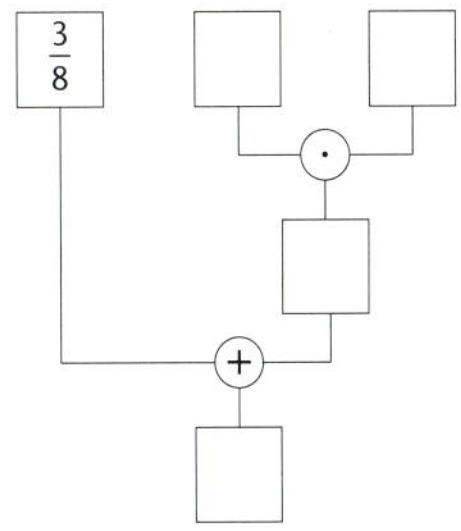

5 Übersetze die Rechenbäume in einen Rechenausdruck. Rechne.

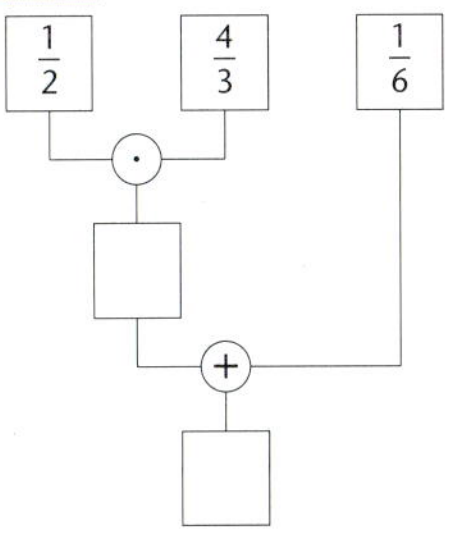

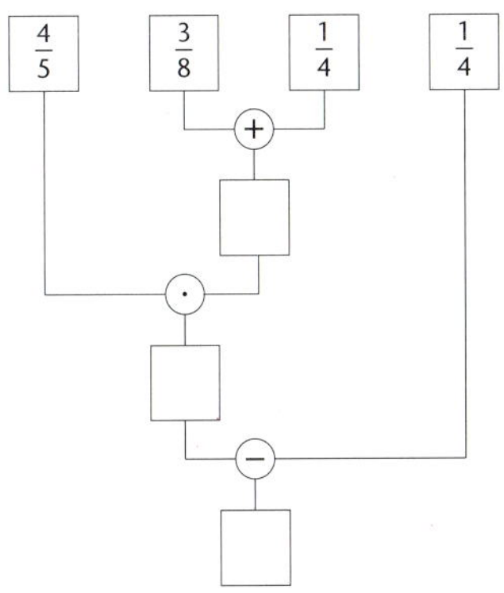

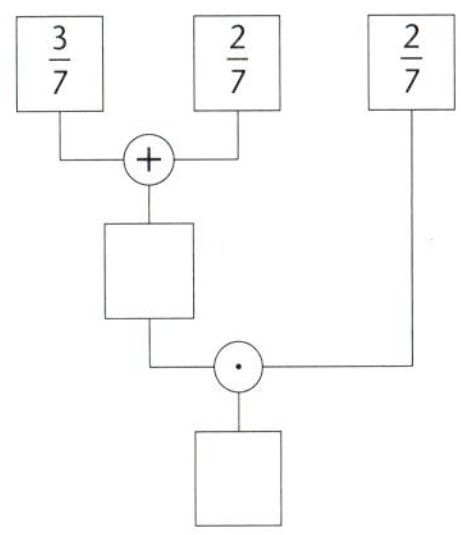

Übersetze jeden Rechenausdruck auch in Text.

6 Setze, falls erforderlich, Klammern, so dass die Rechnung richtig wird. Schreibe jede richtige Rechnung als Baumdiagramm und als Text.

a) $7 - 6 \cdot \frac{2}{3} + \frac{1}{2} = 0$ b) $1 + \frac{2}{3} \cdot \frac{9}{2} - 2 = 2$ c) $\frac{1}{2} + \frac{1}{3} \cdot \frac{1}{2} = \frac{5}{12}$

d) $\frac{1}{8} + \frac{2}{5} \cdot \frac{3}{4} + \frac{1}{2} = \frac{5}{8}$ e) $\frac{1}{4} + \frac{2}{5} \cdot \frac{3}{8} - \frac{1}{8} = \frac{7}{20}$ f) $\frac{3}{5} - \frac{1}{5} \cdot \frac{2}{3} = \frac{4}{15}$

Achtung! Regeltraining! Damit du ein richtiger Experte wirst, musst du jetzt einige Aufgaben trainieren.

7 Berechne durch geschicktes Vertauschen und Zusammenfassen im Kopf:

a) $\frac{4}{5} + \frac{1}{2} + \frac{2}{5}$ b) $\frac{3}{8} + \frac{3}{4} - \frac{2}{8} + 1$ c) $1\frac{3}{4} + \frac{3}{5} - \frac{3}{4} - \frac{1}{5}$

d) $2 + \frac{1}{3} + 1\frac{1}{2} + \frac{5}{3}$ e) $\frac{3}{4} \cdot \frac{5}{8} \cdot \frac{2}{3}$ f) $\frac{2}{5} \cdot \frac{1}{3} \cdot \frac{3}{8} \cdot \frac{5}{4}$

7 Lösungen: $1\frac{7}{8}$ $5\frac{1}{2}$ $\frac{5}{16}$ $1\frac{2}{5}$ $\frac{1}{16}$ $\frac{17}{10}$

8 Wenn du bei diesen Aufgaben zunächst das Verteilungsgesetz anwendest, wird es einfacher.

a) $4 \cdot (\frac{3}{2} + \frac{1}{4})$ b) $\frac{3}{2} \cdot (\frac{5}{6} - \frac{1}{3})$ c) $\frac{2}{3} \cdot (\frac{9}{4} - \frac{3}{8})$ d) $\frac{4}{5} \cdot (\frac{10}{4} + \frac{15}{4})$

9 *Verteilungsgesetz rückwärts*
Bei diesen Rechnungen hast du es einfacher, wenn du die Ausdrücke zunächst mit Klammer schreibst. Einige der Aufgaben kannst du dann im Kopf rechnen.

a) $\frac{1}{3} \cdot \frac{4}{9} + \frac{1}{3} \cdot \frac{2}{9}$ b) $\frac{3}{5} \cdot \frac{7}{8} - \frac{3}{5} \cdot \frac{3}{8}$ c) $\frac{3}{4} \cdot \frac{3}{11} + \frac{7}{11} \cdot \frac{3}{4}$ d) $\frac{5}{7} \cdot \frac{3}{10} - \frac{4}{7} \cdot \frac{3}{10}$

So wird es einfacher:

$\frac{3}{7} \cdot \frac{3}{5} + \frac{3}{7} \cdot \frac{2}{5} = \frac{3}{7} \underbrace{(\frac{3}{5} + \frac{2}{5})}_{1} = \frac{3}{7}$

Übungen

? ? Rechenvorteil durch Verteilen ? ? ? ?

10 Entscheide bei den Aufgaben, ob es vorteilhaft ist, das Verteilungsgesetz anzuwenden oder ob man zuerst die Klammer ausrechnen soll.

a) $\frac{2}{9}\left(\frac{4}{5} - \frac{4}{10}\right)$ b) $\frac{3}{7}\left(\frac{7}{3} + 4\right)$ c) $\frac{3}{2}\left(\frac{7}{4} - \frac{5}{4}\right)$ d) $\frac{5}{8}\left(\frac{7}{3} - \frac{2}{5}\right)$

11 Mathematik kann man auch ohne Worte verstehen. Welche Gesetze sind hier durch die Zeichnung dargestellt?

a)

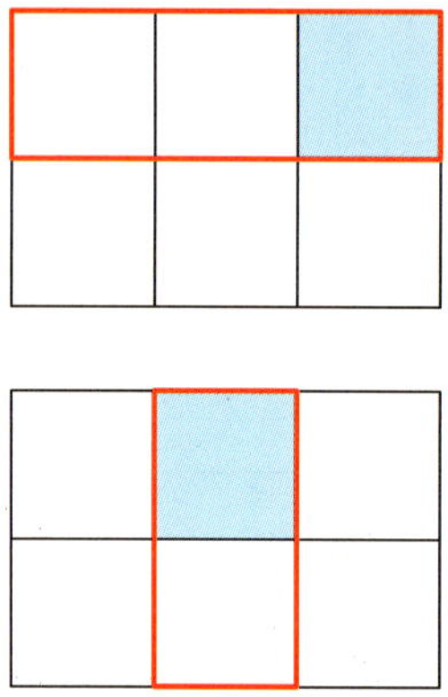

b)

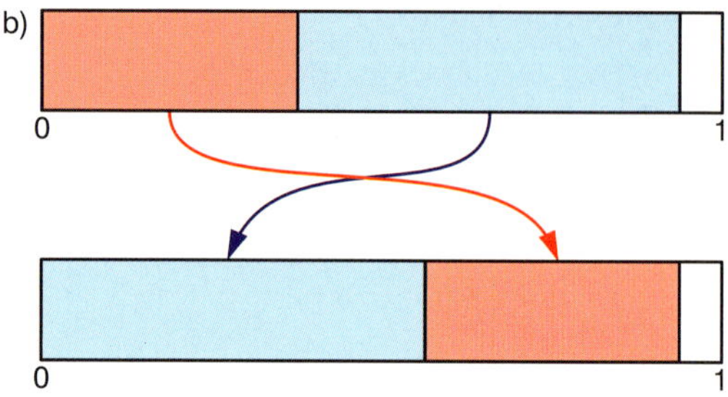

12 Hier sind einige Fehler unterlaufen. Findest du sie heraus? Rechne korrekt im Heft.

a) $\left(\frac{3}{5} - \frac{2}{5} \cdot \frac{1}{6}\right) + \frac{2}{3} : 2$
$= \left(\frac{1}{5} \cdot \frac{1}{6}\right) + \frac{2}{3} \cdot \frac{2}{1}$
$= \frac{1}{30} + \frac{4}{3}$
$= \frac{1 + 40}{30}$
$= \frac{41}{30}$

b) $2 - \frac{2}{3} : \frac{1}{3} + \frac{5}{4} - \frac{1}{4} \cdot 3$
$= 2 - \frac{2}{3} \cdot \frac{3}{1} + \frac{4}{4} \cdot 3$
$= (2 - 2) + \frac{12}{4}$
$= 0 + \frac{3}{1} = 3$

c) $\frac{5}{2} - \frac{1}{4} : \left(1 + \frac{3}{4}\right)$
$= \frac{5}{2} - \frac{1}{4} : \left(\frac{4}{4} + \frac{3}{4}\right)$
$= \frac{5}{2} - \frac{1}{4} : \frac{7}{8}$
$= \frac{5}{2} - \frac{1}{4} \cdot \frac{8}{7}$
$= \frac{5}{2} - \frac{2}{7}$
$= \frac{35}{14} - \frac{4}{14} = \frac{31}{28}$

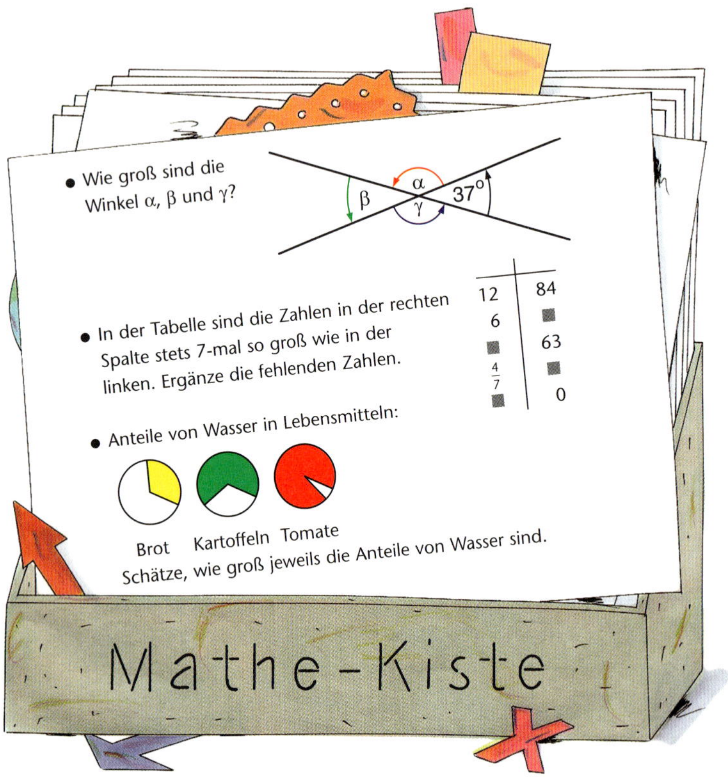

13 Welcher Text passt zu welchem Rechenausdruck? Rechne die Rechenausdrücke aus.

a) $\frac{5}{8} + \frac{3}{2} \cdot \left(\frac{1}{3} + 1\right)$ A) Multipliziere die Summe aus $\frac{5}{8}$ und $\frac{3}{2}$ mit der Summe aus $\frac{1}{3}$ und 1.

b) $\left(\frac{5}{8} + \frac{3}{2}\right) \cdot \frac{1}{3} + 1$ B) Addiere $\frac{5}{8}$ zum Produkt von $\frac{3}{2}$ mit der Summe aus $\frac{1}{3}$ und 1.

c) $\left(\frac{5}{8} + \frac{3}{2}\right) \cdot \left(\frac{1}{3} + 1\right)$ C) Addiere zu $\frac{5}{8}$ das Produkt aus $\frac{3}{2}$ und $\frac{1}{3}$ und addiere dazu 1.

d) $\frac{5}{8} + \frac{3}{2} \cdot \frac{1}{3} + 1$ D) Multipliziere die Summe aus $\frac{5}{8}$ und $\frac{3}{2}$ mit $\frac{1}{3}$ und addiere dazu 1.

Auf Seite 89 hast du die Bruch-Trainerkartei kennengelernt. Mit diesen Aufgaben kannst du weitere Karteikarten erstellen.

Bruchtrainer

14 Schreibe als Rechenausdruck und berechne.

a) Multipliziere die Summe aus $\frac{3}{5}$ und $\frac{7}{10}$ mit $\frac{5}{8}$.

b) Subtrahiere das Produkt aus $\frac{1}{3}$ und $\frac{5}{6}$ von $\frac{4}{9}$.

c) Dividiere die Differenz aus $\frac{1}{2}$ und $\frac{1}{3}$ durch $\frac{1}{4}$.

d) Dividiere die Differenz aus $\frac{9}{10}$ und $\frac{3}{5}$ durch die Summe dieser Zahlen.

e) Addiere das Fünffache von $3\frac{1}{2}$ zum Achtfachen von $4\frac{5}{6}$.

f) Multipiziere $\frac{1}{2}$ dreimal mit sich selbst und addiere dazu die Summe aus $\frac{1}{2}$ und $\frac{3}{8}$.

15 Beschreibe den Term wie in Aufgabe 14 und berechne.

a) $(\frac{3}{7} + \frac{7}{3}) \cdot \frac{1}{2}$

b) $\frac{2}{3} \cdot 4 - \frac{1}{5} : 2$

c) $\frac{7}{12} \cdot \frac{3}{14} + \frac{1}{8}$

d) $\frac{4}{5} \cdot \frac{7}{2} - 2$

16 *Drei Brüche – verschiedene Ergebnisse*

Bilde aus den Brüchen $\frac{5}{4}$; $\frac{2}{3}$ und $\frac{1}{2}$ Terme, die ein möglichst großes Ergebnis liefern.
Du darfst addieren, multiplizieren und Klammern setzen.
z. B. $(\frac{5}{4} + \frac{2}{3}) \cdot \frac{1}{2} = \frac{23}{24}$
Ordne die Ergebnisse der Größe nach.
Findest Du ein Ergebnis, das größer ist als 3?

14
Lösungen:
$\frac{2}{3}$; $\frac{1}{5}$; 1; $\frac{1}{6}$; $\frac{13}{16}$; $56\frac{1}{6}$

17 *Wie findet man die Mitte zwischen zwei Zahlen zielsicher?*
Die Mitte zwischen zwei Zahlen findet man, indem man die beiden Zahlen addiert und das Ergebnis durch 2 dividiert.
a) Berechne die Mitte zwischen den beiden Zahlen 2 und 9.
Überprüfe am Zahlenstrahl, ob die berechnete Zahl wirklich genau die Mitte ist.
b) Berechne die Mitte von $\frac{1}{2}$ und $\frac{3}{4}$; $5\frac{1}{8}$ und $3\frac{1}{4}$; $2\frac{2}{3}$ und $3\frac{5}{6}$.
Veranschauliche die Zahlen und das Ergebnis deiner Rechnung jeweils auf dem Zahlenstrahl.

Statt von der „Mitte" spricht man in der Mathematik oft auch von dem „Mittelwert" zweier Zahlen.

18 *Forschungsaufgabe*
Gianna behauptet: „Zwischen zwei Bruchzahlen gibt es immer eine weitere Bruchzahl."
a) Überprüfe Giannas Behauptung, indem du die Bruchzahl bestimmst, die genau in der Mitte zwischen $\frac{1}{5}$ und $\frac{2}{5}$ liegt.
b) Gib vier weitere Bruchzahlen an, die zwischen $\frac{1}{5}$ und $\frac{2}{5}$ liegen, und trage diese auf einem geeigneten Zahlenstrahl ein.
c) Was meinst du zu Giannas Behauptung?

Aufgaben

19 Fülle die Lücken aus.

a) $\frac{10}{3} + \frac{\Delta}{O} = 4$ b) $6 - \frac{\Delta}{O} = 4\frac{2}{7}$ c) $\frac{\Delta}{O} : \frac{3}{8} = 1\frac{1}{2}$ d) $\frac{5}{2} \cdot \frac{\Delta}{O} = 10$

e) $-\frac{5}{8} + \frac{\Delta}{O} = \frac{3}{16}$ f) $3 - \frac{\Delta}{O} = -\frac{2}{3}$ g) $\frac{5}{7} \cdot \frac{\Delta}{O} = -2$

Gibt es mehrere Möglichkeiten?

Ausklammern:
$\frac{1}{3} \cdot \frac{7}{5} - \frac{1}{3} \cdot \frac{2}{5} =$
$\frac{1}{3}\left(\frac{7}{5} - \frac{2}{5}\right) =$
$\frac{1}{3} \cdot \frac{5}{5} = \frac{1}{3}$

20 *Wer rechnet am schnellsten?*

Kommt bei einer Rechnung derselbe Faktor mehrfach vor, dann kann man durch „Ausklammern" (Distributivgesetz) oft einfacher rechnen.

a) $\frac{1}{4} \cdot \frac{14}{9} - \frac{1}{4} \cdot \frac{6}{9}$ b) $\frac{4}{3} \cdot \frac{5}{6} + \frac{4}{3} \cdot \frac{7}{6}$ c) $\frac{2}{5} \cdot \frac{1}{2} - \frac{2}{5} \cdot \frac{1}{3}$ d) $\frac{1}{2} \cdot \frac{1}{3} + \frac{1}{4} \cdot \frac{1}{5}$

e) $\frac{3}{4} \cdot \left(-\frac{1}{6}\right) + \frac{3}{4} \cdot \frac{5}{6}$ f) $\frac{5}{11} \cdot \left(\frac{3}{2}\right) + \frac{5}{11} \cdot \left(-\frac{5}{4}\right)$ g) $\left(-\frac{2}{7}\right) \cdot \frac{2}{9} + \left(-\frac{2}{7}\right) \cdot \frac{5}{9}$

Auftrag an einen Mitspieler
- Denke dir eine Zahl. Ich werde sie erraten.
- Halbiere die gedachte Zahl und addiere anschließend $\frac{1}{4}$. Multipliziere das Ergebnis mit $\frac{1}{3}$ und subtrahiere $\frac{1}{12}$.
- Wie lautet dein Endergebnis?

21 *Zahl erraten – so durchschaut man einen Rechentrick*

Für diesen Rechentrick brauchst du einen Mitspieler mit Papier und Bleistift.
Multipliziere das Endergebnis, das dein Mitspieler dir nennt, im Kopf mit 6 und vergleiche mit der gedachten Zahl.

a) Spiele das Spiel mit deinem Nachbarn mehrmals. Der Trick funktioniert immer.

b) Rechne selbst einmal mit der gedachten Zahl 18 nach.
$(18 : 2 + \frac{1}{4}) \cdot \frac{1}{3} - \frac{1}{12} = (9 + \frac{1}{4}) \cdot \frac{1}{3} - \frac{1}{12} =$
Rechne weiter. Wende zunächst das Verteilungsgesetz an.
Fällt dir etwas auf?

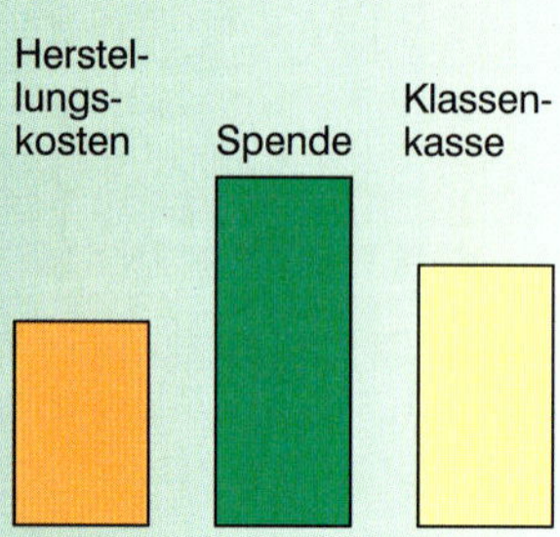

22 *Verwickelte Kassenabrechnung*

Die Klasse 6c hat beim Adventsbasar ihrer Schule selbstgebastelte Weihnachtskarten angeboten. Es wurden 35 Karten zu je 1,20 Euro verkauft. Von einem Viertel des eingenommenen Geldes werden die ursprünglichen Ausgaben beglichen, $\frac{3}{7}$ der Einnahmen werden einer Partnerschule in der dritten Welt gespendet und der Rest geht in die Klassenkasse.

23 *Rätsel mit Brüchen*

Karin ist $14\frac{3}{4}$ Jahre alt, ihr Bruder Kai ist $1\frac{1}{2}$ Jahre jünger.
Wie viele Jahre liegen zwischen der Geburt von Karin und ihrem jüngsten Bruder Max, wenn dieser $2\frac{1}{4}$ Jahre jünger als Kai ist?
Wie alt ist Max?

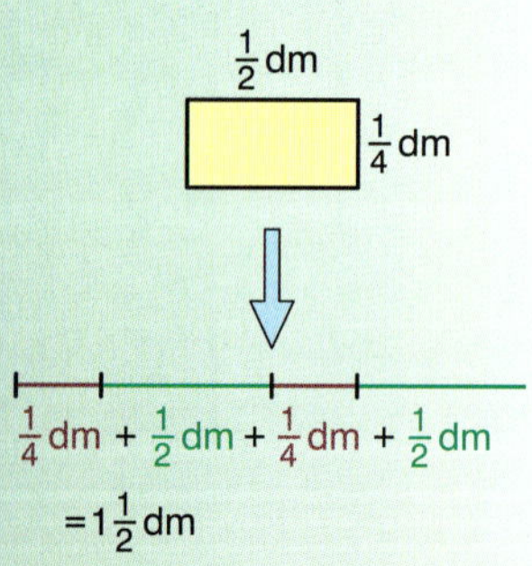

24 *Umfang mit Brüchen*

Von einem Rechteck kennst du den Umfang u und die Länge a. Wie groß ist die Breite b des Rechtecks?

a) $u = \frac{12}{5}$ m; $a = \frac{2}{5}$ m b) $u = \frac{7}{10}$ dm; $a = \frac{13}{4}$ dm

c) $u = \frac{17}{5}$ dm; $a = \frac{4}{5}$ dm d) $u = \frac{5}{8}$ dm; $a = 4\frac{2}{5}$ cm

Erkläre mit Worten, wie du gerechnet hast.

Aufgaben

Rechenausdrücke erzählen Geschichten

25 Die Lise-Meitner-Schule wird renoviert. Ein Maler kann pro Tag $\frac{3}{4}$ eines Klassenzimmers streichen. Am Montag kommen 5 Maler, ab Donnerstag ist einer von ihnen krank. Was wird durch den Ausdruck $3 \cdot 5 \cdot \frac{3}{4} + 2 \cdot 4 \cdot \frac{3}{4}$ ausgerechnet?

26 Jim und John sind Goldsucher. Alle zwei Tage teilen sie das gefundene Gold. Gestern waren es 30 g, heute nur 10 g.

a) Der Rechenausdruck $\frac{1}{2} \cdot (30 + 10)$ passt zu der Geschichte. Was berechnet man damit?

b) Der Rechenausdruck $\frac{1}{2} \cdot 30 + \frac{1}{2} \cdot 10$ ergibt das gleiche Ergebnis. Schreibe die Geschichte so um, dass der Rechenausdruck passt.

c) Erfinde eine Geschichte zu dem Rechenausdruck $\frac{1}{4} \cdot (36 + 44) + \frac{1}{4} \cdot (28 + 52)$.

d) Wie könnte die Geschichte zu dem Ausdruck $\frac{1}{4} \cdot (16 + 24) + \frac{1}{3}(12 + 18)$ lauten?

Jetzt schürfen Jack und Joe noch mit.

Was mag mit Jim passiert sein?

27 Ein Kasten Orangenlimonade enthält acht Flaschen mit je $1\frac{1}{2}$ l Limonade. $1\frac{1}{2}$ Liter Limonade wiegen $1\frac{1}{2}$ kg. Eine leere Flasche wiegt $\frac{1}{10}$ kg. Der Kasten selber wiegt $1\frac{1}{4}$ kg. Wie schwer ist der Kasten mit vollen Flaschen? Schaffst du es, für die ganze Rechnung einen einzigen Rechenausdruck aufzuschreiben? Ein Rechenbaum könnte dir dabei helfen.

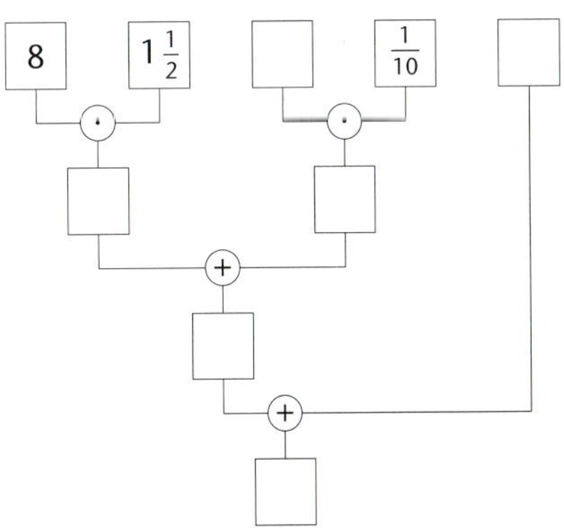

Beim Rechnen mit Computern und Taschenrechnern ist es häufig hilfreich, Rechnungen mit einem Rechenausdruck aufzuschreiben.

Wo sind Rechenausdrücke wichtig?

28 Familie Neubau hat einen Wohnzimmerschrank für 450 € gekauft. Sie müssen $\frac{1}{5}$ davon anzahlen, der Rest wird in neun Monatsraten bezahlt. Wie groß ist eine Monatsrate? Du kannst in mehreren Schritten rechnen oder einen einzigen Rechenausdruck aufschreiben.

29 Miras Klassenfahrt kostet 280 €. $\frac{2}{7}$ des Betrages hat Miras Mutter bereits anbezahlt. Den Rest will sie nun von ihrem Konto überweisen. Der aktuelle Kontostand beträgt 131 €. Wie groß ist der Kontostand nach Abbuchung der Überweisung?

5.5 Strategien zur Lösung von Problemen

Was dich erwartet

Warum beschäftigt man sich eigentlich mit Mathematik? Hast du dir diese Frage auch schon einmal gestellt? Die Antwort ist ganz einfach. Mathematik macht das Leben leichter! Die Mathematik hilft, Probleme zu lösen, die sonst nur durch umständliches Probieren zu meistern sind. Aber du musst natürlich wissen, wie ein Mathematiker es anstellt, Probleme zu lösen. Bestimmt hast du davon bisher schon eine ganze Menge gelernt; nach diesem Kapitel wirst du es noch besser können.

Aufgaben

1 *Aus einem Knobelwettbewerb*
Drei Maler schaffen am Vormittag in 4 Stunden die Hälfte ihrer Arbeit. Am Nachmittag kommen noch zwei Lehrlinge hinzu, die aber nur halb so schnell arbeiten können. Wie lange dauert es noch, bis die ganze Arbeit geschafft ist? Was vermutest du?

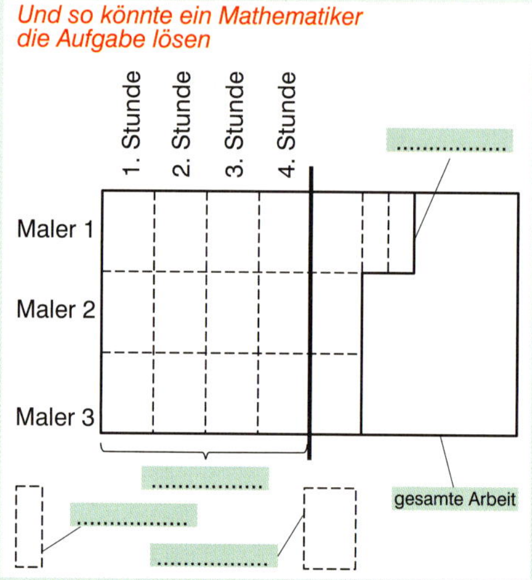

a) Durch das Rechteck ist die gesamte Arbeit, die erledigt werden muss, dargestellt. Begründe, warum das Rechteck durch eine dicke Linie halbiert ist.
b) Welchen Sinn hat die Einteilung in Kästchen auf der linken Seite?
c) Auf der rechten Seite sind bereits einige gestrichelte Linien eingetragen und umrahmt. Was wird dadurch dargestellt?
d) Übertrage das gesamte Rechteck in dein Heft und ergänze die fehlenden Beschriftungen.
e) Ergänze im Heft die fehlenden Linien auf der rechten Seite und beantworte die Frage der Aufgabe.
f) Was müsste der Chef des Malerbetriebes machen, wenn er dieses Problem nicht mithilfe der Mathematik lösen könnte?

2 *Eine Klassenfahrt wird geplant.*
Die Klasse 6c will eine Wanderfahrt machen. Es soll ins 165 km entfernte Waldbach gehen.
Dort wollen die 32 Schülerinnen und Schüler mit zwei Begleitern 5 Tage in der Jugendherberge bleiben.

Jugendherberge Waldbach
Angebot
Tagessatz 17 €
Bei mehr als 30 Personen gibt es 2 Freiplätze

Busse Reisen
Angebot
Bus mit 38 Plätzen
Waldbach hin und zurück: 800 €

Aufgaben

Nun unterhalten sich die Schülerinnen und Schüler darüber, wie viel jeder einzelne bezahlen muss.

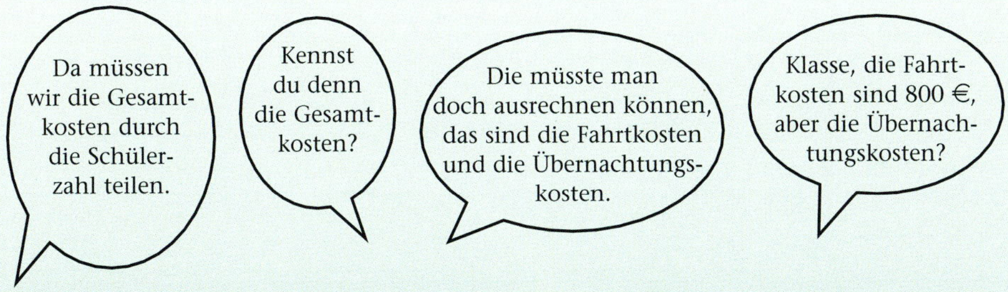

a) Setze das Gespräch fort.

b) Die 1. Sprechblase kann in die Sprache der Mathematik übersetzt werden:
Einzelkosten = Gesamtkosten : Schülerzahl
Warum können die Einzelkosten noch nicht berechnet werden?

c) Übersetze die 3. Sprechblase und auch deine Fortsetzung des Gespräches in die Sprache der Mathematik.

d) Wann kannst du endlich anfangen zu rechnen?

e) Vergleiche die Reihenfolge, in der du rechnen musst, mit der Reihenfolge der Sprechblasen.

f) Welche Informationen aus der Aufgabe wurden zum Lösen nicht benötigt?

Basiswissen

Im täglichen Leben tauchen immer wieder Probleme auf.

„Soll ich den roten oder den blauen Pullover anziehen?“
„Wie lange muss ich noch sparen, bis ich mir das neue Fahrrad kaufen kann?“
„Soll ich jetzt erst die Hausaufgaben machen und dann spielen oder umgekehrt?“
„Soll ich meinen Internetzugang bei ‚Comnet‘ buchen oder ist ‚Netcom‘ günstiger?“

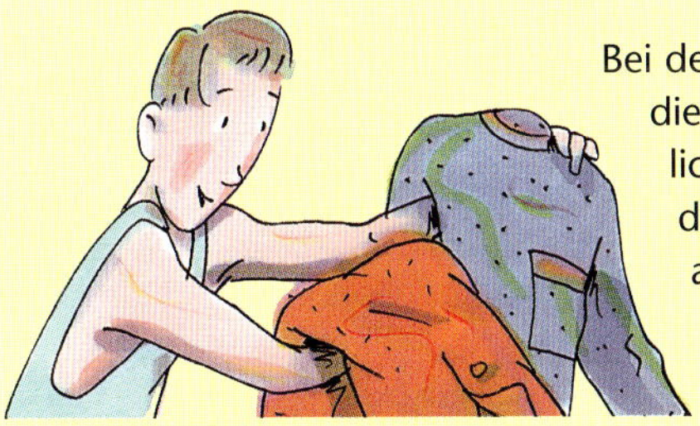

Bei der Lösung einiger dieser Probleme kann die Mathematik helfen. Aber sie kann natürlich nicht alles lösen. Die Entscheidung über die Farbe des Pullovers kann sie dir nicht abnehmen. Es müssen schon Probleme sein, bei denen Zahlen eine wichtige Rolle spielen.

Auch Erwachsene müssen immer wieder Probleme lösen. Häufig sind diese Probleme umfangreich und schwierig zu bearbeiten. Im Laufe der Zeit hat man Tricks und Wege, die bei der Problemlösung helfen können, herausgefunden. Solche Tricks und Wege nennt man **„Strategien“**. Die Mathematiker verwenden die gleichen Strategien, die du auch verwenden kannst.
Denke aber immer daran: Die Strategien sollen eine Hilfe sein. Wenn du das Problem auf andere Art und Weise lösen kannst, ist es auch in Ordnung.

Basiswissen

Im Mathematikunterricht begegnen dir Probleme häufig als Textaufgaben. Was du tun musst, um solche Aufgaben zu lösen, hängt von der Aufgabe ab.

- Bei einfachen Aufgaben kannst du nach dem Lösen oder Hören der Aufgabe direkt anfangen zu rechnen.
- Wichtig ist es, sich klar zu machen, was man berechnen will.
- Wenn in der Aufgabe viele Daten vorkommen, dann ist es eine gute Idee, alle Daten aufzuschreiben. Dann kannst du leichter herausfinden, welche der Daten du benötigst. Vielleicht fehlen auch Informationen, um das Problem zu lösen.
- Manchmal schreibt man auch zuerst die Daten auf und findet dann heraus, was man berechnen will.
- Es ist oft hilfreich verschiedene Dinge auszuprobieren. So kann man z. B. versuchen, den Sachverhalt zeichnerisch darzustellen, ein Diagramm zu zeichnen, eine Tabelle aufzuschreiben usw. Auch Ausprobieren mit Zahlen, Vermutungen über die Lösung usw. kann dich auf einen richtigen Weg führen.

Merke dir: Der, der schnell losrechnet, ist oft nicht der bessere Problemlöser.

- Und besonders wichtig: Überprüfe, ob deine Lösung zu der Fragestellung „passt". Solltest du z. B. herausbekommen, dass dein Hamster in seinem Laufrad täglich 120 km läuft, dann ist vorher etwas falsch gelaufen.

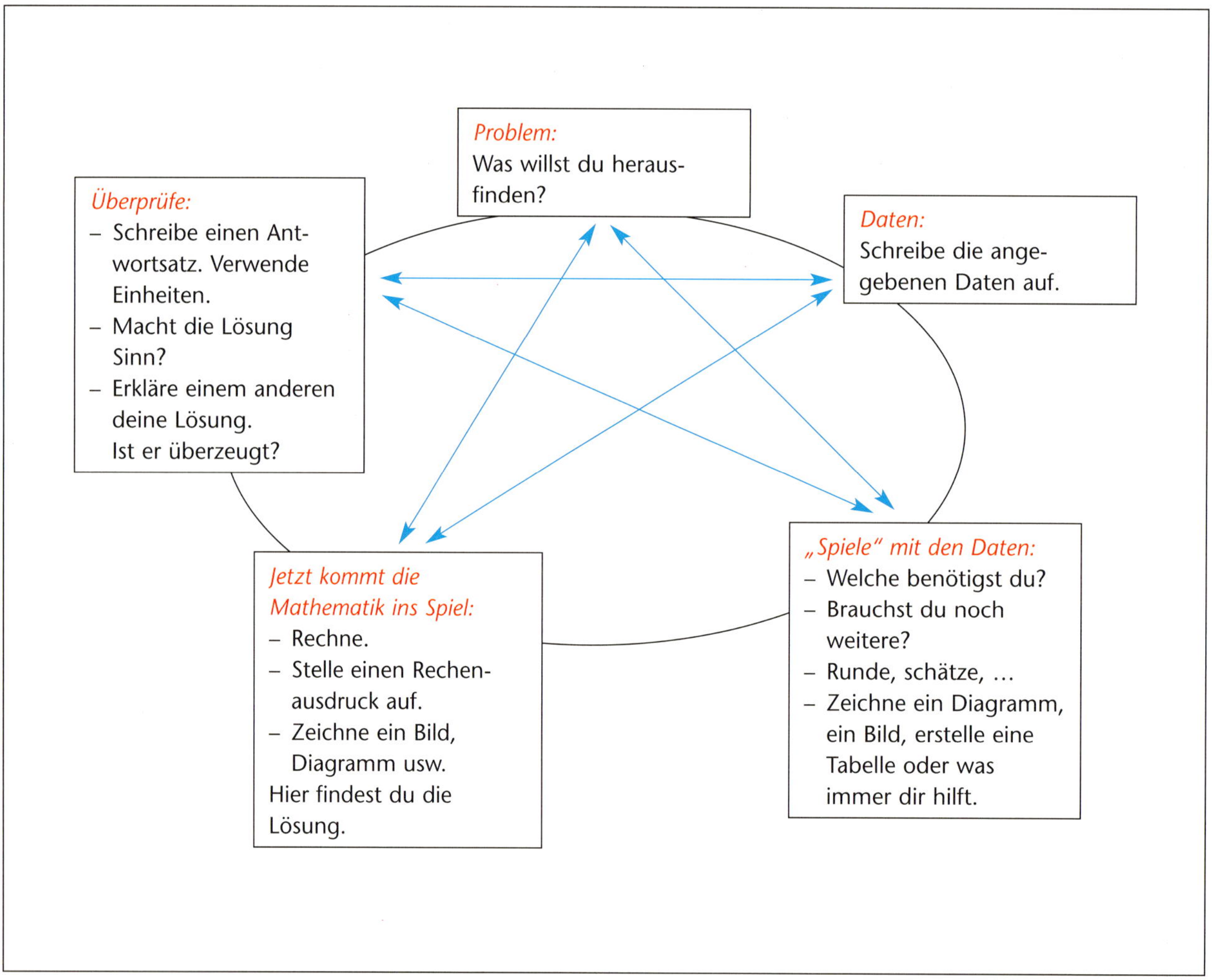

Sei nicht besorgt, wenn du nicht sofort alles beherrschst. Problemlöser wird man nicht von heute auf morgen. Man benötigt Zeit und Übung.

Beispiele

A Andrea möchte mit Keramikgießpulver basteln. Das Pulver muss mit Wasser angemischt und dann in eine Form gegossen werden. In der Gebrauchsanweisung steht: Auf 3 Teile Pulver kommt 1 Teil Wasser. Für ihre Form braucht Andrea insgesamt 570 g fertige Gießmasse.

Windlicht Weihnachtsmann
11 × 11 × 11 cm
Materialbedarf ca. 570 g

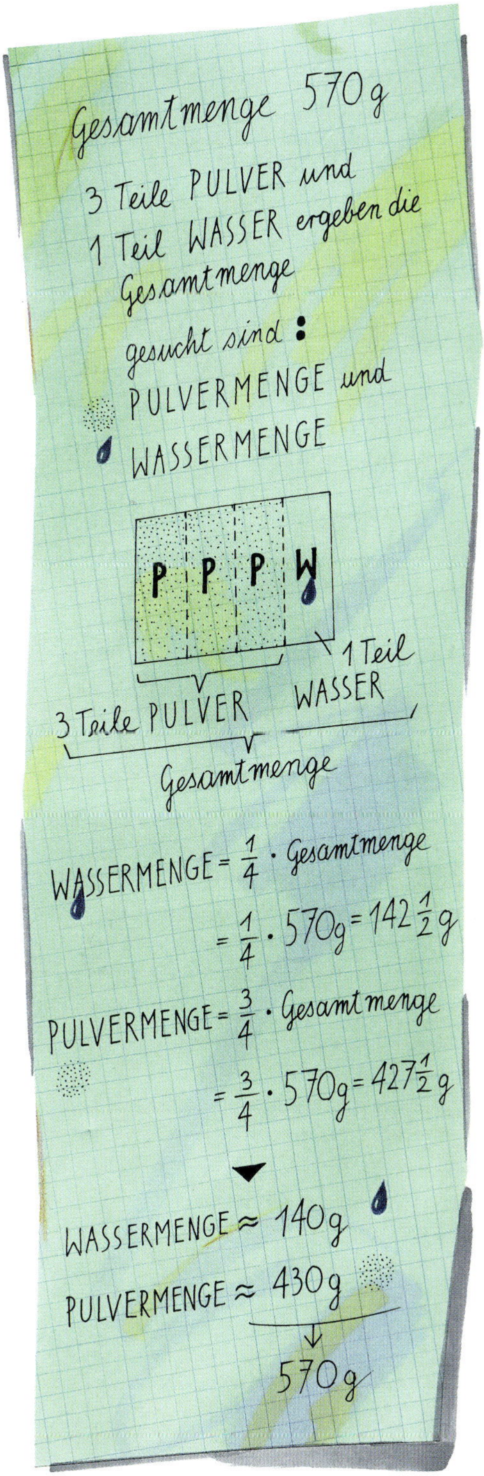

Andrea hat ein Problem zu lösen.

Sie schreibt zunächst einmal alle Informationen, die sie hat, übersichtlich auf und gibt ihnen einfache Namen.

Alle Daten aufschreiben

Sie überlegt, was sie eigentlich wissen möchte und gibt auch diesen gesuchten Informationen Namen.

Was ist gesucht?

Sie überlegt, wie sie die gesuchten Informationen herausfinden kann. Da es um Bruchteile geht, erinnert sie sich daran, dass Bruchteile mit Bildern gut veranschaulicht werden können.

Zeichnerische Darstellung

Nun kann Andrea die gesuchten Informationen in der Sprache der Mathematik ausdrücken. Anschließend rechnet sie.

Rechnung

Mit dem Rechenergebnis ist Andrea nicht zufrieden, da ihre Waage nur bis auf 10 g genau abwiegen kann. Deshalb rundet sie.

Ergebnisse überprüfen

„Also nehme ich 140 g Wasser und 430 g Pulver“, sagt sie und beginnt mit dem Basteln.

Übungen

3 *Blauwale, die größten Säugetiere, die auf der Erde leben*

Blauwale sind wahre Riesen. Sie werden bis zu 30 m lang und können mehr als 158 t wiegen. Täglich verzehren sie $\frac{1}{40}$ ihres Körpergewichtes an Algen, kleinen Krebsen und kleinen Fischen. Natürlich haben diese Riesen auch ein großes Herz. Es wiegt ungefähr 450 kg. Dieses Herz pumpt etwa $6\frac{1}{2}$ t Blut durch den Körper. Blauwale sind schnelle Schwimmer. Normalerweise schwimmen sie bis zu 30 km in einer Stunde. Walbabys, man nennt sie auch Kälber, trinken täglich zwischen 23 und 90 Liter Milch. Und glaubt bloß nicht, dass die „Babys" klein sind. Sie sind von $7\frac{1}{2}$ m (bei der Geburt) bis zu 13 m (im Alter von einem Jahr) groß.

a) Wie groß ist die tägliche Futtermenge in Tonnen?
b) Ein Sechstklässler wiegt ungefähr 50 kg. Um das Wievielfache ist das Herz eines Blauwales schwerer?
c) Welche Strecke können Blauwale in 3 Stunden zurücklegen?
d) Wie viele Pkws wiegen zusammen ungefähr so viel wie ein Blauwal?
e) Welche Informationen hast du zum Lösen der Aufgaben nicht benötigt?

Projekt

Der Eiffelturm – ein weltberühmtes Monument

Alexandre Gustave Eiffel (geb. 1832 in Dijon, gest. 1923 in Paris) war in seiner Zeit der berühmteste Konstrukteur von Eisenbauwerken und hatte daher den Spitznamen „Magier des Eisens". Er konstruierte u. a. für die Weltausstellung 1889 in Paris den **Eiffelturm**. In nur 26 Monaten Bauzeit fügten 3000 Arbeiter 18 038 vorgefertigte Einzelteile aus Eisen mit 2 500 000 Bolzen zusammen. Der Eiffelturm ist ohne die 20 m lange Antenne 300,50 m hoch. Die Breite am Boden beträgt ca. 125 m. Die erste Aussichtsplattform befindet sich in 57 m Höhe. Der Turm erhält alle sieben Jahre einen neuen Anstrich. Dazu werden 40 t dunkelbrauner Farbe benötigt. Zu Fuß sind es 1652 Stufen bis ganz oben. Von dort hat man einen herrlichen Blick über Paris. An einem windigen Tag schwankt der Turm um ungefähr 12 cm nach jeder Seite.

Die Größe von großen Bauwerken kann man sich nur schwer vorstellen. Am besten gelingt dies mit einem Vergleich mit vertrauten Objekten.
- Verleiche die Höhe des Eiffelturms mit der Höhe eines Turmes in deiner Nachbarschaft.
- Wie viele Fußballfelder benötigt man für die Grundfläche des Eiffelturms?
- Wie lange benötigst du bis zur Spitze, wenn du eine Stufe in einer Sekunde erklimmst?
- Suche ähnliche Vergleiche, um die angegebenen Daten zu veranschaulichen.
- Im Rahmen der Bewerbung von Paris für die Olympischen Spiele 2012 wurde im Winter 2004 eine Eiskunstlaufbahn auf der ersten Plattform gebaut.
  Wie groß könnte die quadratische Fläche der Eiskunstlaufbahn gewesen sein?

Internetsuche
- Sammelt weitere Informationen über A.G. Eiffel. Findet u. a. heraus, welche anderen großartigen Bauwerke er bebaut hat.

Ausstellung

Ihr könnt euer Wissen über den Eiffelturm und Herrn Eiffel in einer Ausstellung veröffentlichen. Vielleicht könnt ihr sogar ein maßstabsgerechtes vereinfachtes Modell bauen.

Übungen

4 *Kuhnerts neues Auto*

Familie Kuhnert möchte ein neues Auto kaufen. Das ausgesuchte Modell kostet 20 000 €. Die Kuhnerts überlegen lange hin und her, da sie nicht den ganzen Betrag haben. Der Verkäufer bietet den Verkauf mit Ratenzahlung an. Es muss dabei eine Anzahlung von 4 000 € geleistet werden. Der Rest kann in 24 Monatsraten gezahlt werden. Frau und Herr Kuhnert haben sich zusammengesetzt und gerechnet. Leider hat der kleine Klaus das Blatt, auf dem sie gerechnet haben, zerschnitten und die Teile durcheinander gebracht.

Bringe die Überlegungen und Rechnungen in die richtige Reihenfolge und überprüfe sie.

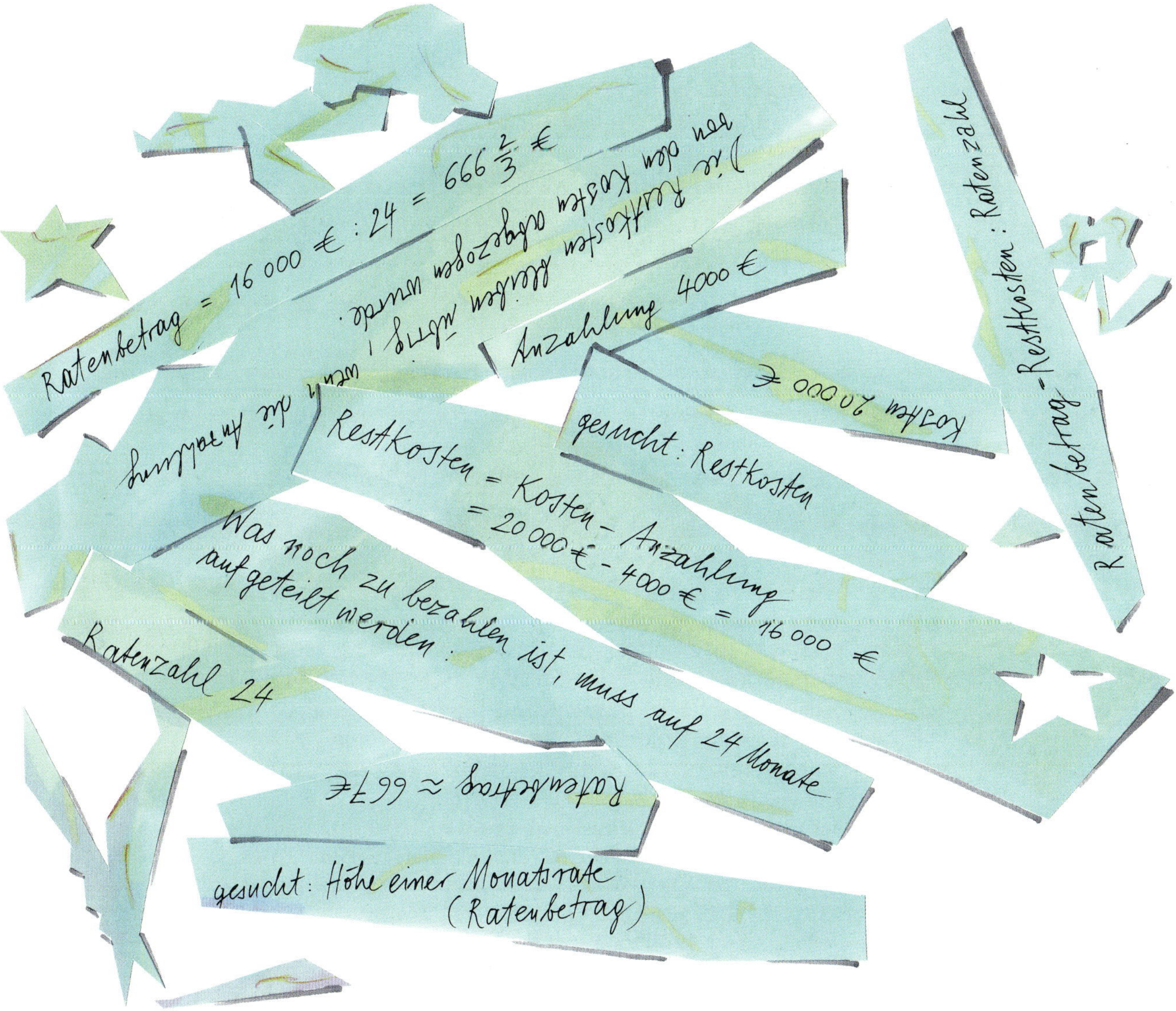

5 Messing ist eine Legierung aus Kupfer und Zink. Auf fünf Teile Kupfer kommen immer drei Teile Zink.

a) In der Gießerei sollen 1400 kg Messing hergestellt werden. Wie viel Kupfer und wie viel Zink muss dafür genommen werden?

b) Wie viel Messing kann man mit 800 kg Kupfer herstellen? Wie viel Zink muss hinzugefügt werden?

Übungen

6 In einem Buch über Balkonpflanzen findet Herr Schubert eine Anleitung zum Füllen eines Balkonkastens: „Mische drei Teile Gartenerde, zwei Teile Torf und einen Teil Sand." Die Schuberts haben vier Balkonkästen. Jeder hat einen Inhalt von 24 Liter. Wie viel Gartenerde, wie viel Torf und wie viel Sand werden benötigt?

7 Laut Schulstatistik kommen $\frac{3}{5}$ der Schüler des Sebastian-Münster-Gymnasiums von den umliegenden Ortschaften. Von diesen erhalten $\frac{5}{7}$ eine Busfahrkarte. Insgesamt wurden 360 Busfahrkarten ausgegeben.

a) Stelle die gegebenen Informationen in einem Bild dar. Übertrage dazu die Abbildung in dein Heft und ergänze die fehlenden Zahlen.

b) Wie groß ist der Anteil der Schülerinnen und Schüler, die eine Busfahrkarte besitzen?

Aufgaben

8 Die Firma **NetInter** macht das folgende Angebot:

> **Günstig surfen mit NetInter**
>
> Nur 5 € Grundgebühr im Monat lassen Sie 2 Stunden frei surfen. Und wer länger surft, zahlt nur 0,03 € pro Minute.

Jutta hat $5\frac{1}{6}$ Stunden gesurft. Sie erhält von **NetInter** die folgende Abrechnung:

Surferin Jutta Kienle, Habenbach
Zeitraum: 1.3.2001 – 31.3.2001

	A	B	C
1	Grundgebühr	5,00	€
2	Freiminuten	120	Minuten
3	Kosten pro Minute	0,03	€
4	Surfzeit	310	Minuten
5	Bezahlzeit	190	Minuten
6	Zeitkosten	5,70	€
7			
8	**Gesamtkosten**	**10,70**	**€**

Die Abrechnung wurde in Form einer Tabelle von einem Computer erstellt. Die Spalten der Tabelle sind mit Buchstaben gekennzeichnet. Die Zeilen sind durchnummeriert. Jedes Feld der Tabelle, man sagt auch Zelle, kann man durch den Spaltennamen und die Zeilennummer exakt angeben. So steht z. B. die Zahl 120 in der Zelle B2.

a) Welchen Namen hat die Zelle, in der die Zahl 190 steht? In welcher Zelle befindet sich die Zahl 10,70?

b) In welchen Zellen stehen die Informationen aus dem Angebot der Firma **NetInter?**

c) In welcher Zelle steht die Anzahl der Minuten, die Jutta gesurft hat?

d) In welchen Zellen stehen die Zahlen, die man errechnen muss?

e) Die Bezahlzeit berechnet sich nach der Formel:

Bezahlzeit = Surfzeit – Freiminuten.

Man kann dies auch kurz schreiben als

B5 = B4 – B2

Schreibe auch für die anderen zwei Berechnungen je eine „Langformel" und „Kurzformel".

f) **NetInter** hat die Zahl der Freistunden erhöht. Die ersten 3 Stunden sind frei. Wie viel müsste Jutta jetzt zahlen?
Erstelle eine Rechnung in Tabellenform. In welchen Zellen muss man die Zahlen ändern? Muss man eine der Berechnungsformeln ändern?

Computer können unermüdlich, schnell und ohne Fehler Rechnungen ausführen. Sie sind die idealen Gehilfen bei jeder Rechnung.
Was muss der Computer wissen für die Rechnung in Tabellen?

Er benötigt: – Rechenvorschriften,
– Daten, mit denen er rechnen soll.

Er muss wissen, – wo die Daten stehen,
– wohin er die Ergebnisse schreiben soll.

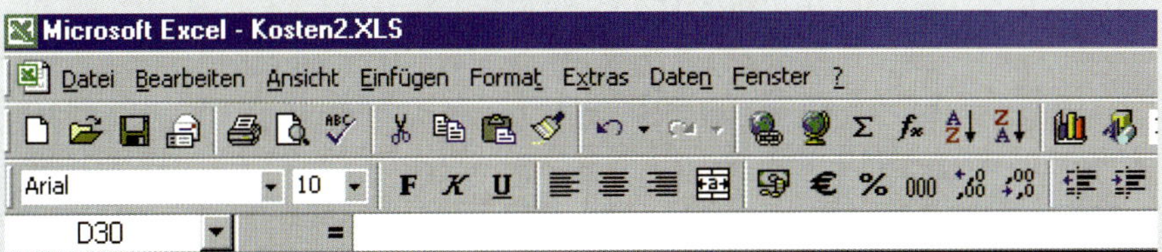

	A	B	C	D	E	F
1		**Artikel A**	**Artikel B**	**Artikel C**	**Artikel D**	**Artikel E**
2	**Umsatz April 1997**	80000	650000	100000	5700	4800
3	**Umsatz April 1998**	78000	642000	998000	5655	6000
4	**Umsatz April 1999**	76000	634000	1896000	5610	7200
5	**Umsatz April 2000**	74000	626000	2794000	5565	8400
6	**Umsatz April 2001**	72000	618000	3692000	5520	9600
7	**Umsatz April 2002**	70000	610000	4590000	5475	10800

Tabellen oder Rechenblätter eignen sich zum Rechnen hervorragend. Man kann nämlich leicht ausdrücken, wo eine Zahl in der Tabelle steht und wie man Formeln eingeben kann. Du musst nur einmal bei Aufgabe 10 nachlesen. Auf dem Rechenblatt sieht man in der Regel nur die Daten und die berechneten Ergebnisse.
Besonders toll ist, dass der Computer auf „Knopfdruck" reagiert. Ändert man eine Zahl in der Tabelle, dann rechnet der Computer sofort die neuen Ergebnisse aus und trägt sie in der Tabelle ein. Dies ist toll, denn man erspart sich sehr viel „Handarbeit".

Tabellenkalkulation: Rechnen in Tabellen

Bekannte Programme für Tabellenkalkulationen: Excel, Works.

Aufgaben

9 Die beiden folgenden Rechnungen wurden mit einer Tabellenkalkulation auf dem Computer erstellt. Vergleiche die beiden Rechnungen.

Rechnung 1

	A	B	C
1	Grundgebühr	5,00	€
2	Freiminuten	120	Minuten
3	Kosten pro Minute	0,03	€
4	Surfzeit	310	Minuten
5	Bezahlzeit	190	Minuten
6	Zeitkosten	5,70	€
7			
8	**Gesamtkosten**	**10,70**	**€**

Rechnung 2

	A	B	C
1	Grundgebühr	5,00	€
2	Freiminuten	120	Minuten
3	Kosten pro Minute	0,03	€
4	Surfzeit	620	Minuten
5	Bezahlzeit	500	Minuten
6	Zeitkosten	15,00	€
7			
8	**Gesamtkosten**	**20,00**	**€**

a) Gib die Namen der Zellen an, in denen sich die Rechnung 2 von der Rechnung 1 unterscheidet.
b) In welchen Zellen wurden die Zahlen von dem Computer geändert?

10 Die Lehmanns haben bei der Firma Wolk ein Wohnmobil für eine Woche gemietet. Täglich kostet die Wagenmiete 120,– €. In dem Mietpreis sind 1400 Freikilometer für eine Woche inbegriffen. Jeder weitere Kilometer kostet 0,60 € extra. Die Lehmanns sind insgesamt 1750 km gefahren. Erstelle eine übersichtliche Rechnung in Form einer Tabelle.

Nur bei Wolk Wohnmobil
Mietpreis: 120,– € pro Tag
Pro Woche 1400 km frei
Jeder weitere Kilometer: 0,60 €

CHECK-UP

Gleichnamige Brüche
addieren und subtrahieren

Zähler + Zähler und Nenner beibehalten

$\frac{3}{7} + \frac{2}{7} = \frac{5}{7}$

Zähler – Zähler und Nenner beibehalten

$\frac{8}{9} - \frac{7}{9} = \frac{1}{9}$

Ungleichnamige Brüche
addieren und subtrahieren

gleichnamig machen:

$\frac{1}{6} + \frac{4}{9} = \frac{3}{18} + \frac{8}{18} = \frac{11}{18}$

$\frac{5}{6} - \frac{2}{3} = \frac{5}{6} - \frac{4}{6} = \frac{1}{6}$

Multiplizieren eines Bruches mit einer natürlichen Zahl

Zähler · natürliche Zahl, Nenner beibehalten

$4 \cdot \frac{2}{3} = \frac{8}{3}$

Multiplizieren von Brüchen

Zähler · Zähler, Nenner · Nenner

$\frac{2}{5} \cdot \frac{3}{4} = \frac{6}{20} = \frac{3}{10}$

Division eines Bruches durch eine natürliche Zahl

Nenner · natürliche Zahl,
Zähler beibehalten

$\frac{5}{6} : 2 = \frac{5}{12}$

Division zweier Brüche

Multiplikation des ersten Bruches mit dem Kehrbruch des zweiten Bruches

$\frac{3}{7} : \frac{2}{5} = \frac{3}{7} \cdot \frac{5}{2} = \frac{15}{14}$

1 Kopfrechnen

a) $\frac{3}{4} - \frac{1}{4}$ b) $\frac{2}{5} + \frac{3}{5} - \frac{1}{5}$ c) $\frac{3}{8} - \frac{1}{8} + \frac{7}{8}$ d) $\frac{5}{3} + \frac{2}{3} - \frac{4}{3}$

e) $\frac{3}{8} + \frac{1}{4}$ f) $\frac{7}{10} - \frac{1}{5}$ g) $\frac{1}{2} - \frac{1}{4} + \frac{3}{4}$ h) $\frac{5}{6} + \frac{2}{3} - \frac{1}{6}$

i) $\frac{1}{2} - \frac{1}{3} + \frac{1}{6}$ j) $\frac{1}{2} + \frac{1}{4} + \frac{1}{8}$ k) $\frac{3}{10} + \frac{4}{5} - \frac{1}{5} + \frac{1}{2}$

2 Welche Rechnung wird durch das Bild dargestellt?

a) b)

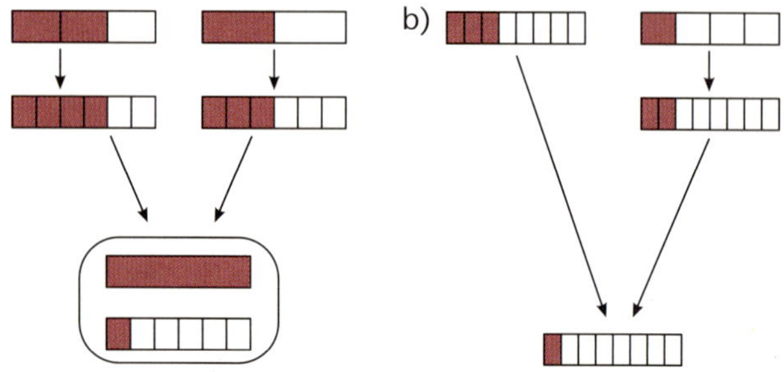

3 Stelle die Rechnungen durch ein Bild dar.

a) $\frac{1}{3} + \frac{1}{6}$ b) $\frac{1}{2} + \frac{1}{4}$ c) $\frac{3}{5} + \frac{3}{10}$ d) $\frac{3}{4} - \frac{1}{8}$

4 Berechne.

a) $\frac{3}{8} + \frac{1}{6}$ b) $\frac{2}{3} + \frac{3}{4}$ c) $\frac{9}{10} - \frac{3}{5} + \frac{1}{2}$ d) $\frac{2}{3} + \frac{3}{8} - \frac{5}{6}$

e) $\frac{1}{2} + \frac{3}{8} - \frac{1}{6}$ f) $\frac{3}{4} + \frac{7}{10} - \frac{1}{2}$ g) $\frac{5}{6} - \frac{4}{9} + \frac{2}{3}$

5 Finde die fehlende Zahl.

a) $\frac{7}{10} - \otimes = \frac{2}{5}$ b) $\frac{3}{8} + \otimes = \frac{3}{4}$ c) $\otimes - \frac{1}{6} = \frac{2}{3}$ d) $\otimes + \frac{3}{10} = \frac{4}{5}$

6 Übertrage die Rechenpyramide in dein Heft und fülle die leeren Felder aus. Mit der Zahl in der Spitze kannst du testen, ob du richtig gerechnet hast.

a)

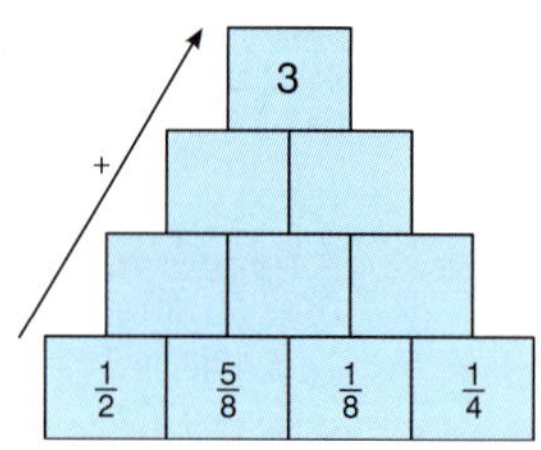

b)

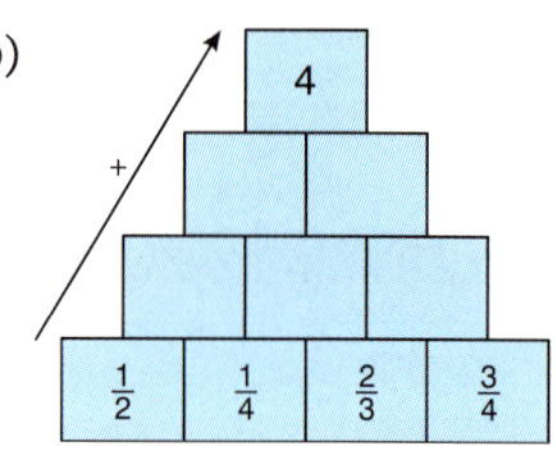

7 Frank möchte ein neues Fahrrad kaufen. Das Fahrrad kostet 240 €. Ein Drittel des Geldes hat er schon gespart. Die Hälfte soll er zum Geburtstag bekommen. Welcher Anteil fehlt ihm noch? Wie viel Euro sind das?

8 Kopfrechnen.

a) $3 \cdot \frac{5}{6}$ b) $\frac{3}{4} \cdot 12$ c) $\frac{6}{7} : 2$ d) $\frac{2}{3} \cdot \frac{4}{5}$ e) $\frac{3}{8} \cdot \frac{5}{6}$

f) $\frac{7}{8} : \frac{1}{2}$ g) $\frac{1}{3} : \frac{2}{3}$ h) $\frac{7}{8} \cdot \frac{2}{3}$ i) $5 : \frac{3}{5}$ j) $\frac{2}{3} : \frac{3}{2}$

CHECK-UP

9 Multipliziere und dividiere; kürze rechtzeitig.

a) $\frac{2}{3} \cdot \frac{4}{5} \cdot \frac{3}{4}$ b) $\frac{5}{6} \cdot \frac{3}{10} : \frac{2}{3}$ c) $\frac{7}{10} \cdot \frac{5}{8} : \frac{7}{2}$ d) $\frac{2}{3} : \frac{5}{6} : \frac{5}{8}$

10 Finde die fehlende Zahl.

a) $\frac{1}{3} \cdot \otimes = \frac{1}{4}$ b) $\frac{1}{2} : \otimes = 3$ c) $\otimes : \frac{3}{4} = \frac{1}{2}$ d) $\otimes \cdot \frac{7}{2} = \frac{14}{3}$

11 Übertrage die Rechenbilder in dein Heft und fülle die freien Stellen aus.

a)

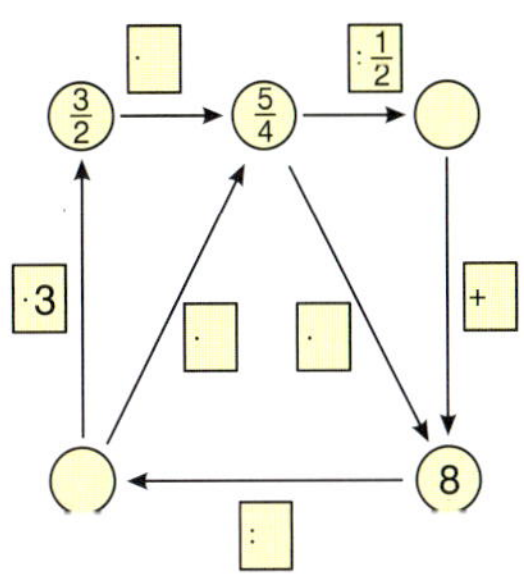

b)

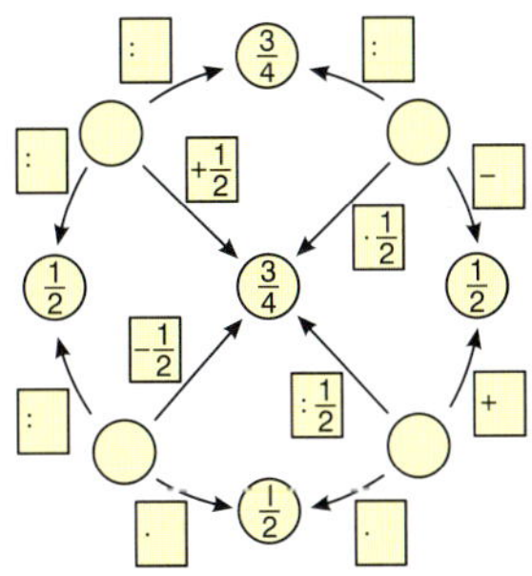

12 Bernd möchte eine Zeichnung verkleinern. Er stellt den Kopierer auf den Verkleinerungsfaktor $\frac{7}{10}$ ein. Wie lang sind die Seiten seines DIN-A4-Blattes nach dem Verkleinern?
Um welchen Faktor wird die Fläche der Zeichnung verkleinert?

13 Die Klasse 6 a hat 32 Schülerinnen und Schüler. $\frac{3}{4}$ von ihnen sind Schwimmer. Die Hälfte von den Schwimmern besitzt nur das Schwimmabzeichen in Silber, ein Viertel der Schwimmer hat auch das Abzeichen in Gold. Wie groß ist der Anteil der Schülerinnen und Schüler mit Silber bzw. Gold? Wie viele sind das jeweils?

14 Aus einem Intelligenztest: „Wie viel ist 30 durch ein Halb plus 10?"

15 Berechne die Rechenausdrücke. Zeichne zu jedem Rechenausdruck einen Rechenbaum.

a) $\frac{1}{3} \cdot (\frac{3}{8} + \frac{1}{4})$ b) $\frac{1}{4} \cdot \frac{1}{2} + \frac{1}{2}$ c) $(\frac{1}{3} + \frac{1}{6}) \cdot (\frac{2}{5} + \frac{1}{2})$
d) $4 \cdot (\frac{5}{8} - \frac{3}{8})$ e) $\frac{1}{3} + \frac{8}{9} : 4$ f) $\frac{3}{5} - \frac{1}{4} : \frac{1}{2} + \frac{1}{3}$

16 Verteilen oder Zusammenfassen, was ist vorteilhafter?

a) $\frac{3}{7} \cdot (\frac{4}{5} + \frac{3}{5})$ b) $\frac{6}{7} \cdot (\frac{21}{12} - \frac{7}{18})$ c) $\frac{3}{4} : \frac{1}{6} + \frac{1}{4} : \frac{1}{6}$

17 Herr Schulze kauft ein Auto. $\frac{2}{5}$ des Kaufpreises muss er als Anzahlung leisten. Den Rest bezahlt er in 24 Monatsraten. Welchen Anteil am Kaufpreis macht eine Monatsrate aus? Beschreibe die Rechnung auch durch einen einzigen Rechenausdruck.

Vorfahrtsregeln

Punkt- vor Strichrechnung

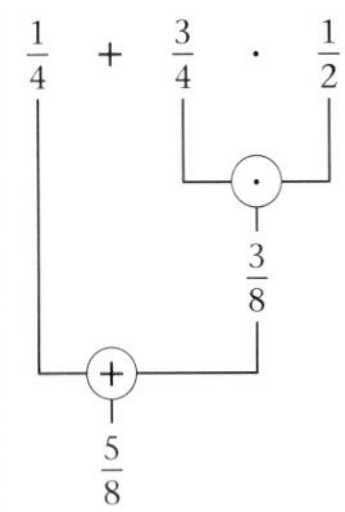

Klammern zuerst bearbeiten

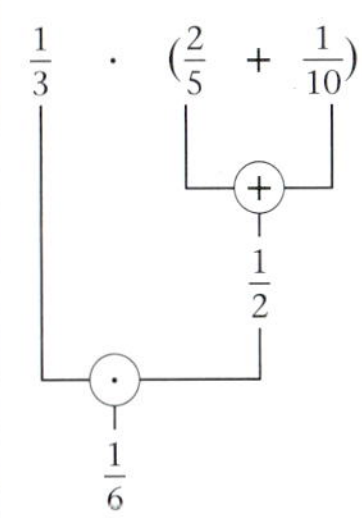

Rechenvorteile durch das Distributivgesetz

Ausklammern

$\frac{2}{5} \cdot \frac{4}{7} + \frac{2}{5} \cdot \frac{10}{7}$
$= \frac{2}{5} (\frac{4}{7} + \frac{10}{7})$
$= \frac{2}{5} (\frac{14}{7})$
$= \frac{2}{5} \cdot 2$
$= \frac{4}{5}$

Ausmultiplizieren

$\frac{7}{3} (\frac{3}{7} - \frac{3}{10})$
$= \frac{7}{3} \cdot \frac{3}{7} - \frac{7}{3} \cdot \frac{3}{10}$
$= 1 - \frac{7}{10}$
$= \frac{3}{10}$

Mit etwas Erfahrung erkennt man, ob man sich einen Rechenvorteil verschaffen kann.

6 Symmetrie und Abbildungen

6.1 Symmetrie in Raum und Ebene – *Phänomene*

Was dich erwartet

Symmetrie ist überall! Tiere und Pflanzen haben häufig gleichmäßige Formen und Muster (z. B. Schmetterlinge). Regelmäßige Formen kannst du auch in Kunst und Technik (z. B. bei Flugzeugen) beobachten. Es gibt dabei nicht nur Spiegelsymmetrie, die du schon in Klasse 5 kennengelernt hast, sondern auch Drehsymmetrie. In den nächsten Kapiteln werden wir Formen von Symmetrie erkunden.

Aufgaben

1 *Ganz schön regelmäßig*

a) Beschreibe bei den Bildern mit deinen Worten, welche „Regelmäßigkeiten" dir auffallen.

b) Besondere „Typen" von Regelmäßigkeit sind die „Spiegelsymmetrie" und die „Drehsymmetrie". Welche der Bilder weisen solche Symmetrien auf? Wie kannst du diese Symmetrien beschreiben oder nachprüfen?

Aufgaben

2 Suche eigene Beispiele für spiegelsymmetrische und drehsymmetrische Formen. Bringe solche Gegenstände oder Bilder mit. Beschreibe jeweils die Symmetrien möglichst genau.

3 Falte ein Blatt Transparentpapier zu einer Doppelkarte. Male mit einem Filzstift eine einfache Figur (z. B. eine Blume) auf die Vorderseite. Drehe nun die Karte um und male die Ränder der Figur auf der Rückseite nach. Falte dann auseinander. Beschreibe, was du siehst.

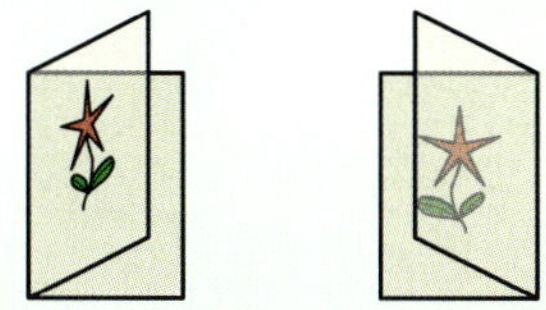

4 *Halbe Geschichten*

a) Fast eine Geheimschrift! Kannst du den Text entschlüsseln?

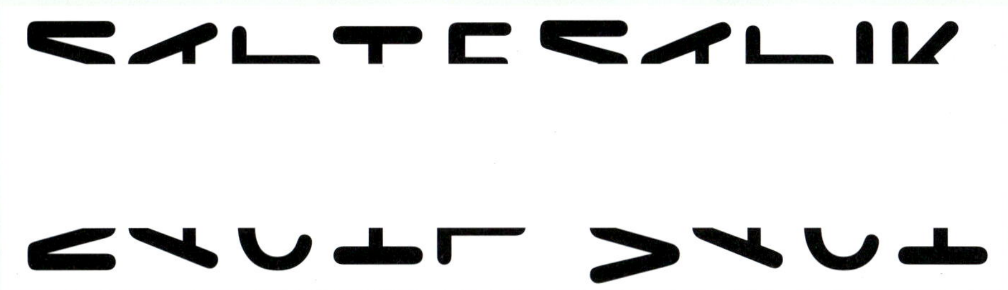

Mit einem Spiegel geht das ganz leicht.

b) Schreibe selbst eine Nachricht in dieser „Geheimschrift“. Das ist gar nicht so leicht. Man muss sich ganz schön konzentrieren. Außerdem kann man nicht alle Buchstaben benutzen. Überlege zunächst, welche Buchstaben sich eignen.

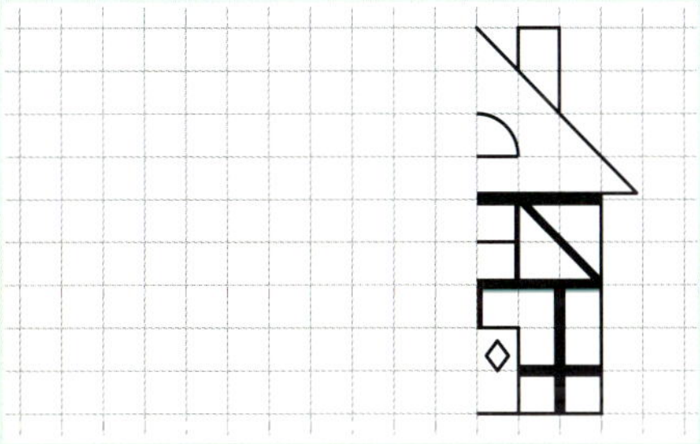

5 In dem Bild ist die Hälfte der Giebelfront eines Fachwerkhauses gezeichnet. Zeichne dies in dein Heft und ergänze dann zu der vollständigen Giebelfront.
Vergleiche dein Bild mit denen deiner Nachbarn. Habt ihr alle das gleiche Bild? Gibt es einzelne Unterschiede?

6 Auf dem Schiff von Kapitän Blaubart gibt es Ärger. Der Maat zum Kapitän: Der Schiffsjunge hat den Kurs geändert! Er hat heimlich am Steuer gedreht! Darauf brummt der Kapitän zurück: Quatsch! Das Steuerrad stand vorhin genauso. Ich kann keinen Unterschied sehen. Was meinst du dazu?

7 *Schmücken? – Kein Problem!*
Falte ein Quadrat mehrmals wie in der Abbildung. Schneide dann wie du es im Bild siehst. Wenn du es nicht ganz genau so hinbekommst, ist es nicht schlimm. Falte auseinander.
Welche Regelmäßigkeiten kannst du entdecken?

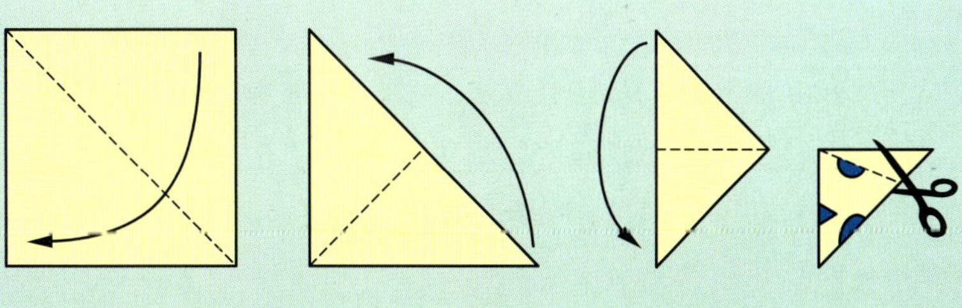

Basiswissen

Drehsymmetrisch und spiegelsymmetrisch:

weder drehsymmetrisch noch spiegelsymmetrisch:

Spiegelsymmetrische Figuren

Der Buchstabe A ist spiegelsymmetrisch

Bei manchen Figuren ist die eine Hälfte das genaue Spiegelbild der anderen. Diese Figuren nennt man spiegelsymmetrisch. Wenn man einen Spiegel auf die Spiegelachse stellt, dann kann man die vollständige Figur sehen.

Drehsymmetrische Figuren

Der Buchstabe N ist drehsymmetrisch

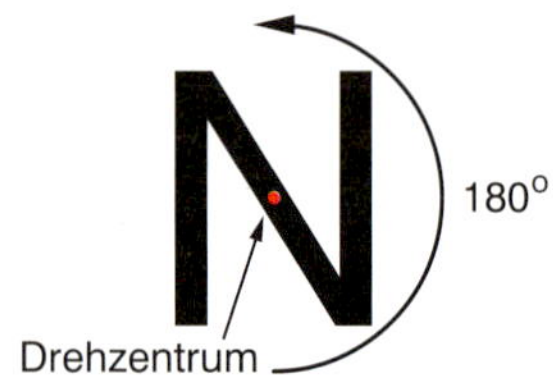

Manche Figuren kann man um einen Winkel kleiner als 360° drehen, und es sieht so aus, als wäre nichts geschehen. Diese Figuren nennt man drehsymmetrisch.

Beispiele

A Sind die eingezeichneten Linien Spiegelachsen? Mit einem Spiegel kann man dies ganz leicht entscheiden.

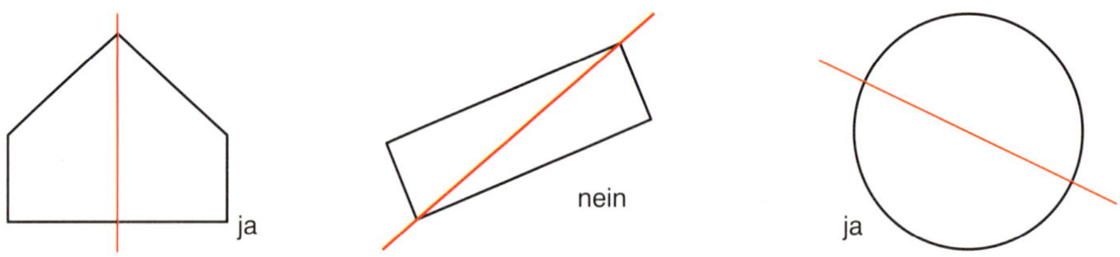

B Die Figur ist drehsymmetrisch.
Um welche Winkel kann man sie drehen, ohne dass das Bild anschließend anders aussieht?
Man kann sie um 72°, 144°, 216° und 288° drehen.

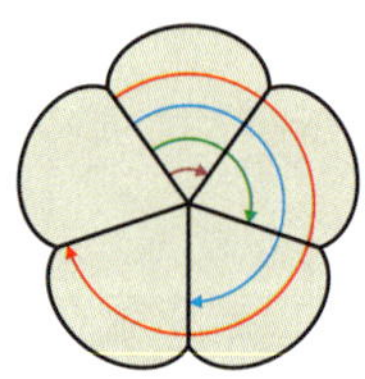

C Welche Symmetrien besitzt das abgebildete Eiskristall?
Es ist spiegelsymmetrisch. Es gibt sechs Spiegelachsen.
Es ist drehsymmetrisch. Man kann es um 60°, 120°, 180°, 240° und 300° drehen, ohne dass das Bild anschließend anders aussieht.

Übungen

8 a) Zeichne die Figuren ab und zeichne für jede Figur alle ihre Spiegelachsen ein.
b) Welche der Figuren sind auch drehsymmetrisch? Um welchen Winkel kann man die Figur drehen, ohne dass sich das Bild verändert?

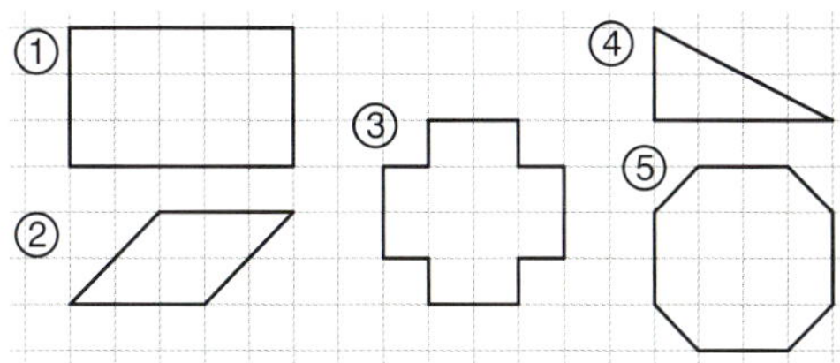

Nur eine Figur hat keine Symmetrie.

9 *Symmetrie bei Firmenlogos*
a) Zeichne die abgebildeten Logos der verschiedenen Automarken so genau wie möglich in dein Heft. Zeichne alle Symmetrieachsen ein und alle Winkel, zu denen das Logo drehsymmetrisch ist. Kennst du noch andere symmetrische Autologos?

b) Sammle aus Zeitschriften möglichst viele verschiedene Logos. Klebe sie in dein Heft oder zeichne sie ab und gib alle Symmetrien an.

10 Welche Symmetrien kannst du in den Abbildungen entdecken? Bestimme die Symmetrieachsen und Drehpunkte.

a) Kachel

b) Bild von dem Künstler JENSEN, 1966

c) Indianische Korbflechterei

11 *Symmetrie in gotischen Maßwerken*

Untersuche die Maßwerke und skizziere sie in dein Heft.
Welche Symmetrien findest du?

Übungen

12 Untersuche die Figuren auf Spiegel- und Drehsymmetrie. Zeichne sie dazu in dein Heft und zeichne alle Spiegelachsen ein. Gib außerdem bei den drehsymmetrischen Figuren alle Drehwinkel an. Erfinde selbst ähnliche Figuren, und lasse sie von deinen Mitschülern auf Symmetrien untersuchen.

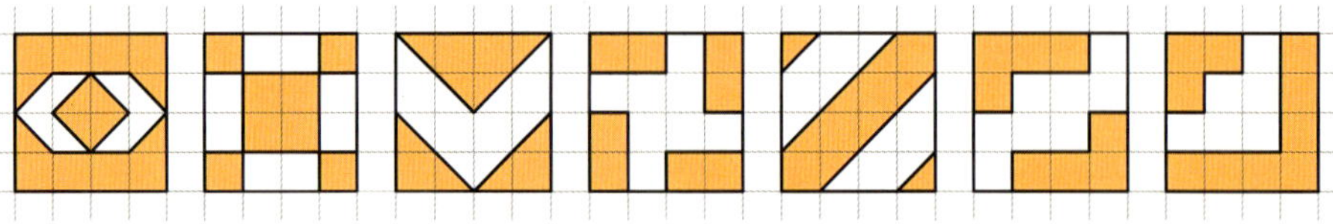

Basiswissen

Viele Körper sind symmetrisch. Ob ein Körper spiegelsymmetrisch ist oder nicht, können wir allerdings nicht mit einem echten Spiegel überprüfen. Den Spiegel, die Spiegelebene müssen wir im Kopf haben. Auch Überlegungen zur Drehsymmetrie können wir bei Körpern oft nicht praktisch überprüfen.

Symmetrie im Raum

spiegelsymmetrische Körper

Spiegelebene

Spiegelebene

drehsymmetrische Körper

Drehachse

Drehachse

Beispiele

A Wie viele Symmetrieebenen besitzt ein Quader?

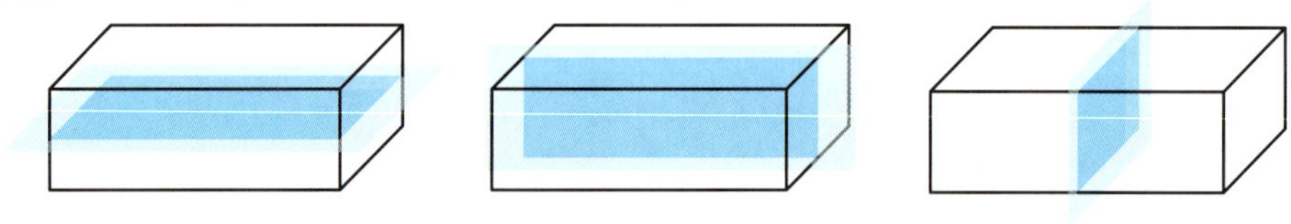

Ein Quader besitzt drei Symmetrieebenen.

B Ist ein Quader auch drehsymmetrisch?

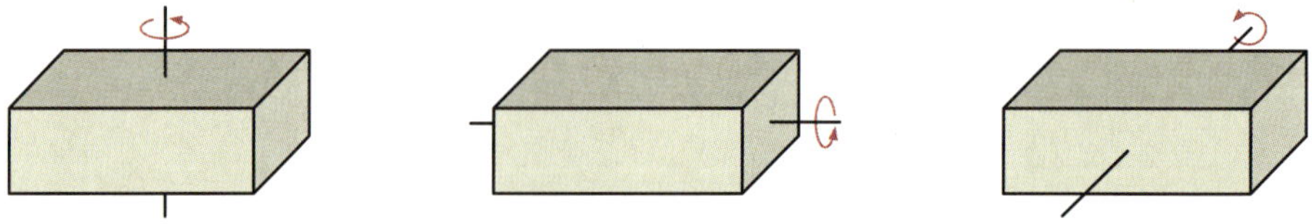

Ja. Man kann drei Drehachsen einzeichnen. Dreht man den Quader um eine der Achsen um 180°, so sieht es aus, als habe der Quader seine Lage nicht verändert.

Übungen

13 Untersuche die Körper Würfel, Quader, Pyramide, Prisma, Zylinder, Kegel, Kugel auf Symmetrie. Versuche, jeweils möglichst viele Spiegelebenen und Drehachsen zu finden. Skizziere die Körper dazu möglichst genau als Schrägbilder in dein Heft. Zeichne dann Spiegelachsen und Spiegelebenen ein.

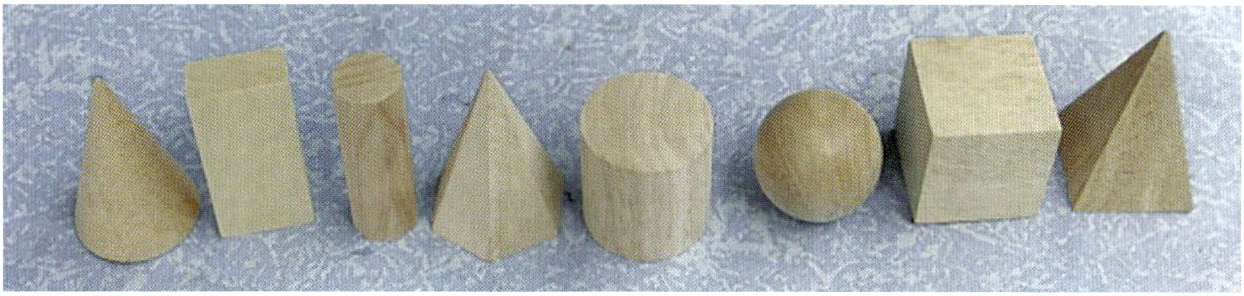

14 Welches der abgebildeten Dächer weist die meisten Symmetrieebenen auf? Welche sind drehsymmetrisch?

Kennst du noch die Namen von verschiedenen Dachformen?

15 Ergänze die folgenden Würfelhäuser jeweils zu einem spiegelsymmetrischen Gebäude. Zeichne das Schrägbild.
Ist eines der spiegelsymmetrischen Gebäude auch drehsymmetrisch?
Zeichne die Drehachse ein.

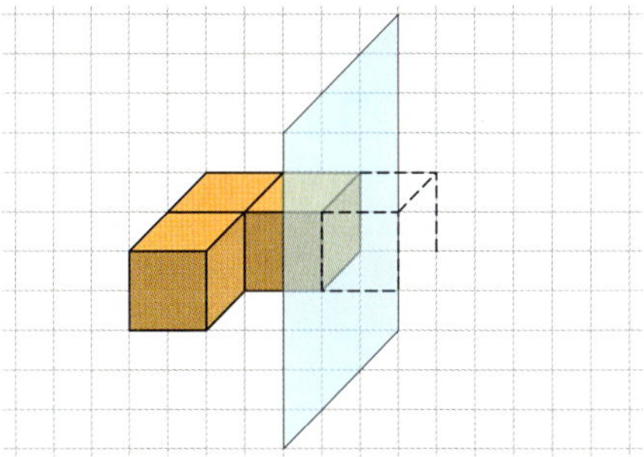

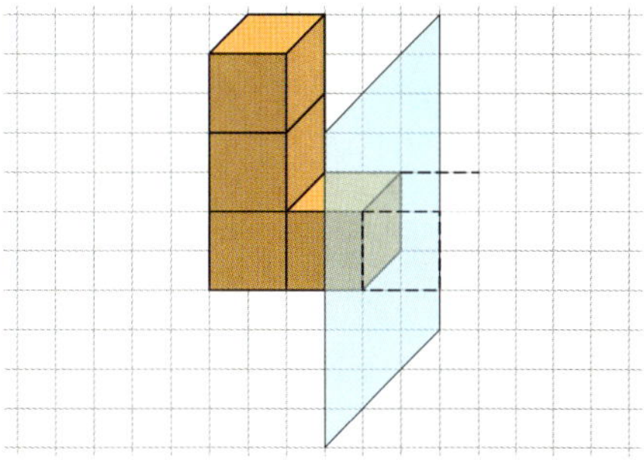

lat. bilateral = zweiseitig

Symmetrie in der Natur

„Auf der Erde ging das Leben wohl von der Kugelsymmetrie aus und verzweigte sich dann in zwei Richtungen: Die Pflanzenwelt mit kegelähnlicher Symmetrie und die Tierwelt mit bilateraler Symmetrie." (aus: „Das gespiegelte Universum" von M. Gardner) Die unterschiedlichen Symmetrieformen in Tier- und Pflanzenwelt lassen sich durch die unterschiedlichen Lebensweisen erklären. Pflanzen bewegen sich nicht. Deshalb sind die Richtungen vorne und hinten für Pflanzen nicht von Bedeutung. Lediglich die Unterscheidung oben und unten ist wichtig. Pflanzen besitzen deshalb meistens eine zum Erdbo-den senkrechte Drehachse. Neben der Symmetrie der Pflanzen selbst findet man im Pflanzenreich zahlreiche charakteristische Symmetrien bei Blüten, Früchten, Blättern und Zweigen.

Im Tierreich ist Drehsymmetrie selten zu finden. Es gibt lediglich die fünfstrahlige Drehsymmetrie bei den Stachelhäutern, Meeresbewohner, zu denen die Seesterne und die Seeigel gehören. Für alle anderen Tiere ist die Orientierung im Raum sehr wichtig. Die Richtungen vorne und hinten sind deshalb von zentraler Bedeutung. Dies ist mit der Drehsymmetrie nicht vereinbar. Da die Tiere außerdem der Schwerkraft unterliegen, sind auch die Richtungen oben und unten von Bedeutung. Aus diesem Grund ist für die meisten Tiere die bilaterale Symmetrie charakteristisch, d. h. eine Spiegelsymmetrie, bei der eine Spiegelebene das Tier in eine rechte und linke Hälfte „teilt".

Übungen

16 *Symmetrie bei Blüten*

In der Welt der Blüten ist eine enorme Vielfalt an Symmetrien zu beobachten. Am weitesten verbreitet ist die fünfzählige Radiärsymmetrie.
Biologen unterscheiden bei Blüten vier Symmetrietypen:

1. radiärsymmetrische (=drehsymmetrische) Blüten
2. disymmetrische Blüten (Blüten mit zwei Symmetrieebenen)
3. monosymmetrische Blüten (Blüten mit einer Symmetrieebene)
4. asymmetrische Blüten (kommen äußerst selten vor)

Phlox

Hornveilchen

Schöllkraut

Immergrün

Flammendes Herz

Ehrenpreis

a) Untersuche die abgebildeten Blüten auf Symmetrien. Skizziere sie dazu in dein Heft und zeichne alle Symmetrieachsen und Drehwinkel ein. Wo würde der Biologe die Blüten einordnen?

b) Suche im Garten, im Wald oder auf der Wiese nach Blüten. Welche Symmetrien findest du? Welche Symmetrien sind am häufigsten? Versuche, die Blüten zu skizzieren oder zu fotografieren und die Symmetrien einzuzeichnen. Vielleicht kann dein Biologielehrer ja bei der Bestimmung der Pflanzen helfen.

Symmetrische Muster durch Falten und Schneiden
Wenn man quadratisches Papier mehrmals faltet und dann verschiedenen Formen ausschneidet, entstehen symmetrische Muster. Mit etwas Fantasie findest du bestimmt viele originelle Muster. Aber wie steht es mit der Umkehrung? Schaffst du es, ein vorgegebenes Muster nachzuschneiden und dein Vorgehen zu beschreiben? Das soll Ziel dieses Projekts sein. Du benötigst dazu quadratisches Papier (z. B. farbiges Origamipapier aus dem Bastelladen) und eine Schere.

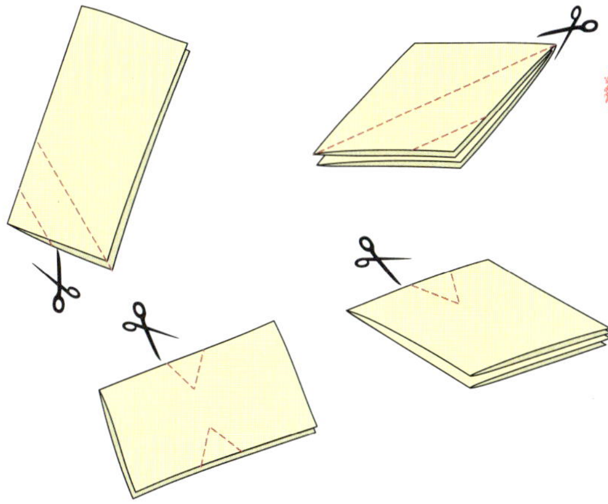

Projekt

Vorbereitung

Sammle zuerst Erfahrungen im Falten und Schneiden. Was passiert, wenn du im gefalteten Papier Ecken abschneidest? Was entsteht beim Einschneiden von Figuren? Welchen Einfluss hat die Art der Faltung auf dein Muster? Deine Kenntnisse über Spiegel- und Drehsymmetrie helfen dir beim Erforschen der Muster.

Projektarbeit

Erzeuge eines der abgebildeten Muster selbst. Verfasse anschließend einen Bericht mit Skizzen, der genau, beschreibt, wie du vorgegangen bist. Deine Mitschüler sollen deine Lösung ohne Schwierigkeiten nachmachen können.

Denke dir selbst ein originelles Muster aus, stelle es her und verfasse wieder eine ausführliche Beschreibung, die deine Mitschüler nachmachen können.

Ausstellung

Tauscht innerhalb der Klasse eure Muster und Beschreibungen aus. Probiert einige Muster nach der zugehörigen Anleitung nachzuschneiden. Stimmen sie mit der Vorlage überein? Am besten führt ihr den Austausch im Zusammenhang mit einer kleinen Ausstellung aller Projektergebnisse durch.

6.2 Achsenspiegelungen

Was dich erwartet

Bestimmt hast du schon gemerkt, dass viele Gegenstände und Muster um uns herum achsensymmetrisch sind. Durch Falten und Schneiden kannst du achsensymmetrische Figuren aus der „halben" Figur erzeugen. Aber kannst du sie auch mit Hilfe deiner Zeichengeräte konstruieren? Weißt du, wozu Spiegelschrift nützlich sein kann? Und was haben eigentlich Billard und Minigolf mit Achsenspiegelung zu tun?

Aufgaben

1 *Lebendige Spiegelbilder:* Probiert einmal aus, wie gut ihr euch in euer Spiegelbild hineinversetzen könnt. Spielt zu zweit und schlüpft abwechselnd in die Spiegelbildrolle.
Spielregeln:
Eine von euch spielt das **Original.** Sie hat die Aufgabe, sich irgendwie zu bewegen. Sie kann z.B. das Bein heben oder sich an der Nase kratzen. Die andere von euch spielt das **Spiegelbild.** Sie muss sich dem Original gegenüber stellen und soll sich so bewegen, als ob sie das Spiegelbild ist. Achtet beim Spielen darauf, was euch besonders schwer fällt. Könnt ihr nützliche Hilfen formulieren?

Markiert die Lage des Spiegels mit einer Kreidelinie oder einem Faden. Achtet auf die Abstände von Original und Spiegelbild zu dieser Linie.

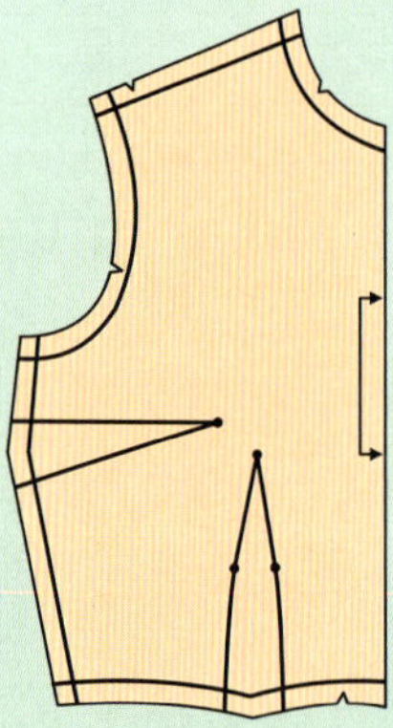

2 Die meisten Stoffteile, die man zum Nähen von Kleidungsstücken benötigt, sind achsensymmetrisch. Schnittmuster stellen nur die Hälfte solcher Stoffteile dar. Man legt sie auf den gefalteten Stoff, schneidet dann die Teile aus und klappt den Stoff auseinander.
a) Zeichne in dein Heft, wie das Vorderteil aussieht, wenn es aufgeklappt ist. Wie findest du die Aufnähstelle der Tasche auf der umgeklappten Hälfte?

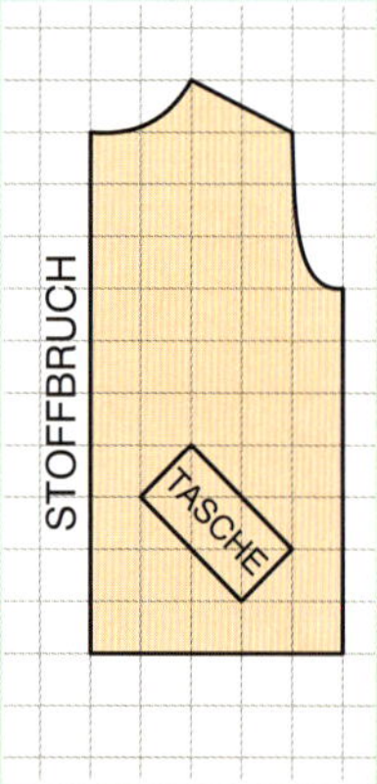

b) Entwerfe selbst ein Schnittmuster für das Vorderteil eines Pullovers mit Taschen. Schneide mit Hilfe des Musters ein Vorderteil aus einem Stoffrest (oder einem Stück Papier) aus. Überlege, wie du die Aufnähstellen für die Taschen findest und markiere sie.

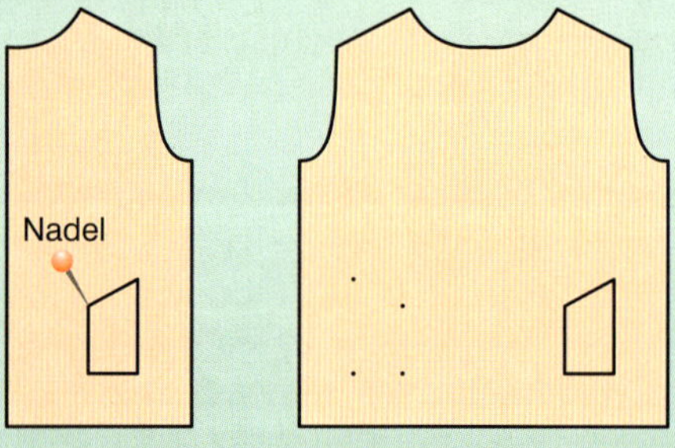

Eine Möglichkeit, die Aufnähstellen zu finden.

Aufgaben

3 *Richtig herum oder auf dem Kopf?* Betrachte das Foto genau und beschreibe, was du siehst. Drehe das Buch auf den Kopf. Was ändert sich?

4 Maler markieren sich auf ihrer Leinwand Hilfspunkte und Hilfslinien, bevor sie mit der Farbe loslegen. Nachdem Maler Klecks das „Taj Mahal" (indisches Grabmal) abgemalt hat, will er nun das Spiegelbild auf dem Wasser malen. Kann er sich vorher günstige Hilfspunkte und Hilfslinien markieren?
Zeichne das angefangene Gemälde ab so gut du kannst. Es sollte mindestens ein Viertel deiner Heftseite bedecken. Ergänze Hilfspunkte und Hilfslinien, die dir helfen das Spiegelbild zu zeichnen. Benutze dazu dein Geodreieck. Vervollständige dann das Gemälde und gestalte es farbig.

Basiswissen

Spiegelbilder und achsensymmetrische Figuren können mit Hilfe der Achsenspiegelung konstruiert werden. Man braucht dazu ein Geodreieck.

1. Konstruiere zu den Eckpunkten der Grundfigur die Bildpunkte:

- Zeichne eine Senkrechte zur Spiegelachse durch P.
- Markiere auf der Senkrechten den Bildpunkt P′ im gleichen Abstand zur Spiegelachse wie P.

2. Verbinde die Bildpunkte entsprechend der Grundfigur.

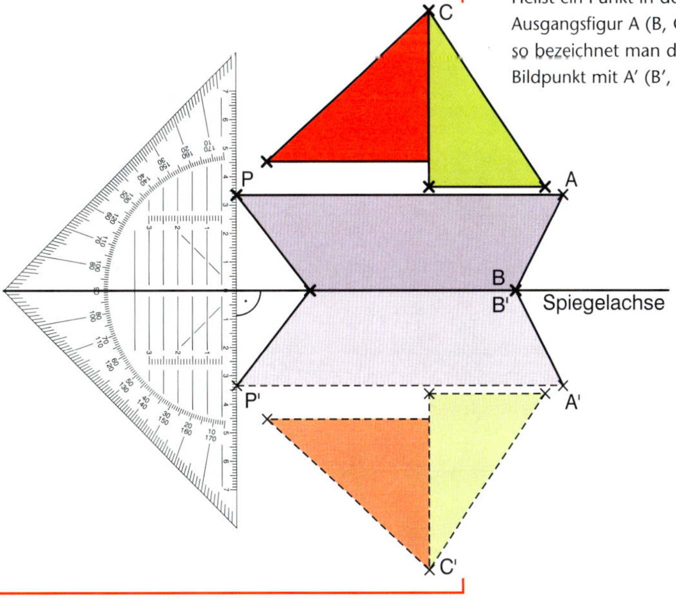

Heißt ein Punkt in der Ausgangsfigur A (B, C, ...), so bezeichnet man den Bildpunkt mit A′ (B′, C′, ...).

Eine Spiegelung wird durch die Spiegelachse beschrieben.
Punkt und zugehöriger Bildpunkt haben denselben Abstand von der Spiegelachse.
Punkte auf der Spiegelachse stimmen mit ihrem Bildpunkt überein.

Beispiele

A Das Dreieck ABC soll an der Achse a gespiegelt werden. Dazu werden die Punkte A, B und C gespiegelt, die Bildpunkte dann verbunden. Die Seitenlängen und Winkel in Grundfigur und Bildfigur sind gleich.

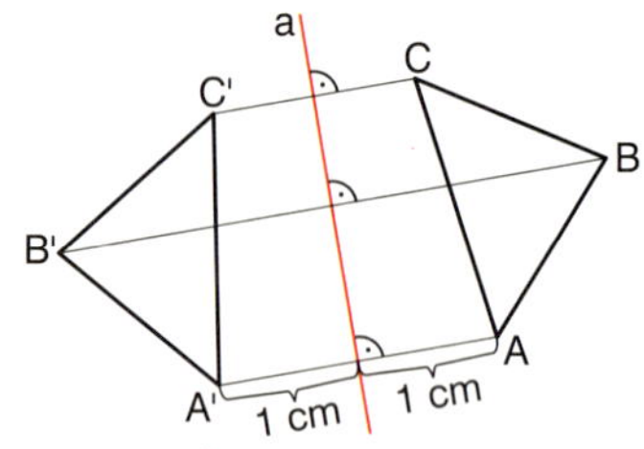

B Einfach ist die Achsenspiegelung auf Kästchenpapier, wenn die Spiegelachse auf einer der Gitterlinien liegt und die Eckpunkte der Figur auf den Gitterpunkten liegen. Die senkrechten Hilfslinien sind dann bereits vorhanden, die Abstände können durch Abzählen der Kästchen bestimmt werden.

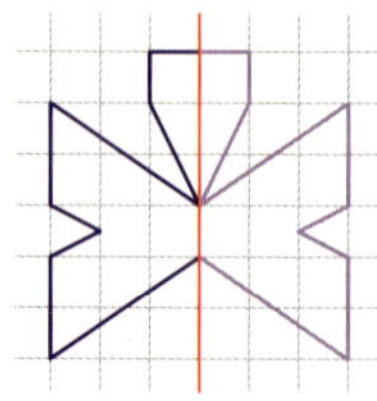

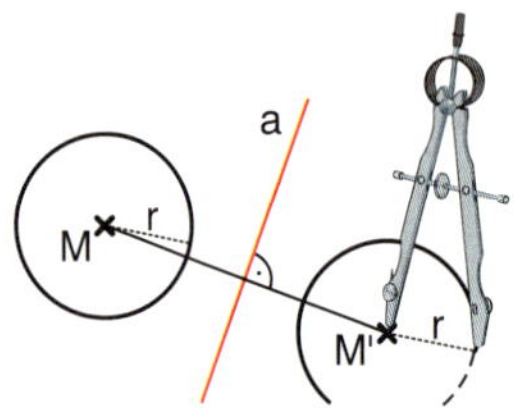

C Wie spiegelt man einen Kreis? Man muss nur den Bildpunkt M′ des Mittelpunktes M konstruieren. Anschließend zeichnet man dann um M′ einen Kreis, der den gleichen Radius hat wie der Kreis um M.

Übungen

5 Zeichne die Figuren mit den Spiegelachsen in dein Heft und konstruiere das Spiegelbild.

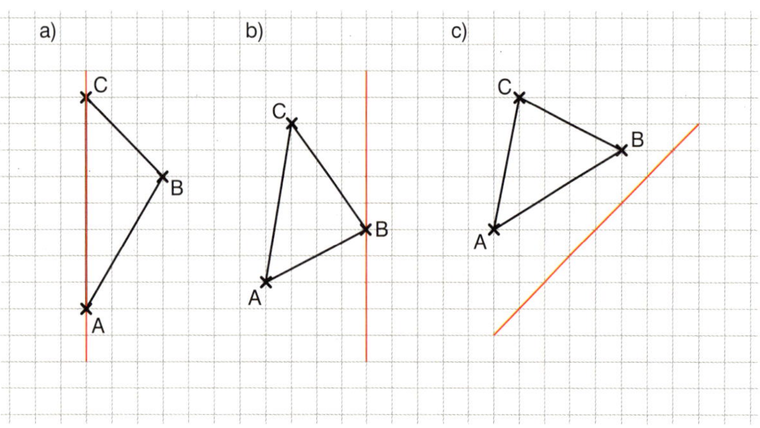

6 Übertrage die Rechtecke und die Spiegelachsen in dein Heft und konstruiere das Spiegelbild.

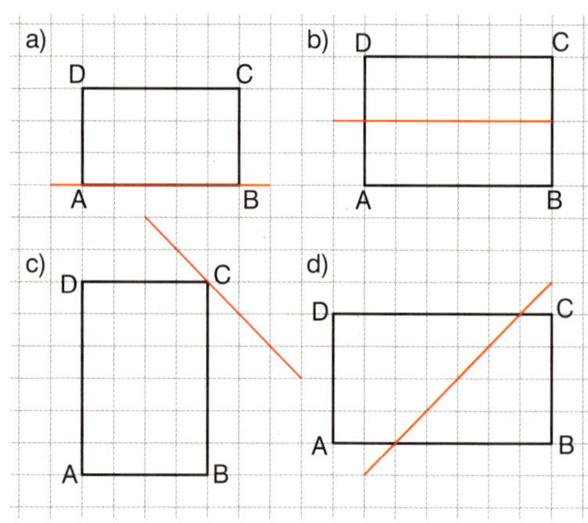

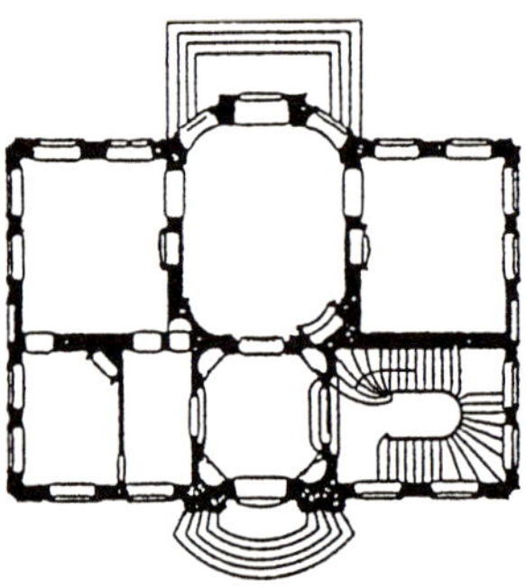

7 Viele Gebäude sind zumindest von außen betrachtet achsensymmetrisch. Das gilt auch für das Schloss Falkenlust in Brühl bei Bonn.

a) Rechts siehst du die Hälfte des Grundrisses von Schloss Falkenlust (Maßstab: 1 : 500). Miss die Seitenlängen und übertrage den Grundriss der Gebäudehälfte in dein Heft. Konstruiere die andere Gebäudehälfte.

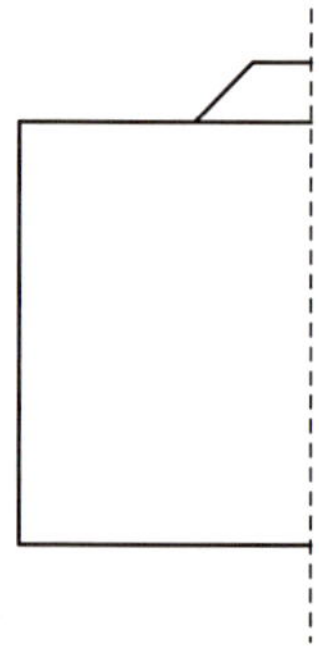

b) Links siehst du eine genauere Darstellung des Grundrisses. Hier lässt sich die Lage der Türen, Fenster und Treppen erkennen. Ist das Gebäude wirklich achsensymmetrisch? Begründe.

Übungen

8 Spannt auf einem Geobrett die abgebildete Figur. Legt dann ein zweites Geobrett daneben und spannt das Spiegelbild, das sich nach Spiegelung an der roten Achse ergibt.

Partnerarbeit

a)
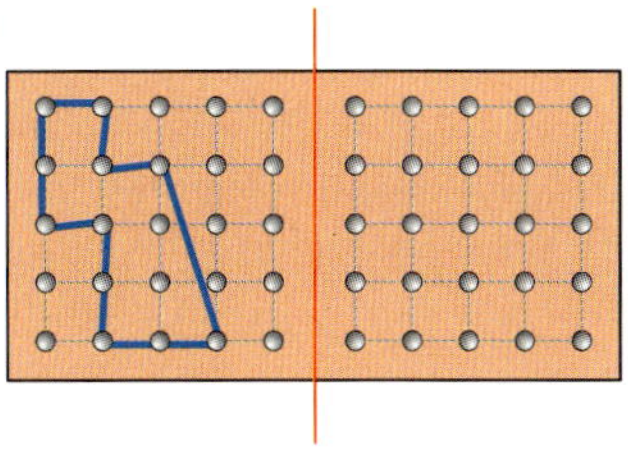

b)
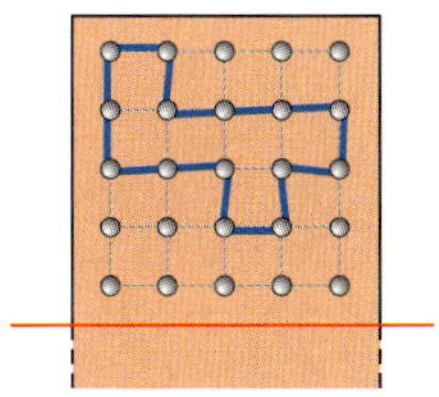

c)
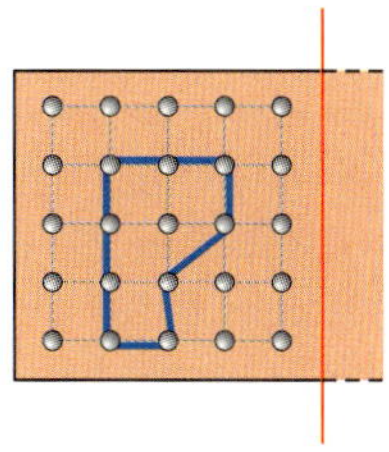

Wenn du kein Geobrett zur Verfügung hast, kannst du auf Karopapier zeichnen. Die Punkte auf dem Geobrett sind dann die Gitterpunkte.

9 Spanne die abgebildeten Figuren auf deinem Geobrett. Ändere dann einen Eckpunkt so, dass eine achsensymmetrische Figur entsteht. Wie viele Möglichkeiten findest du jeweils?

Beispiel:
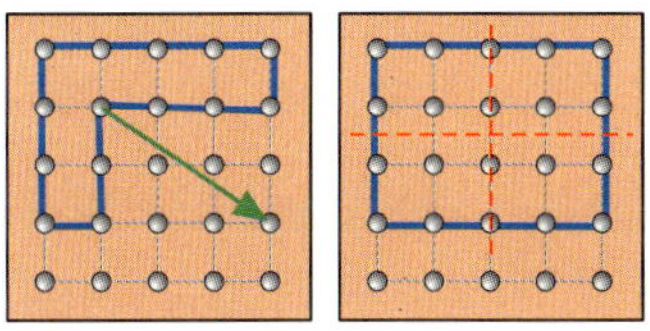

a)
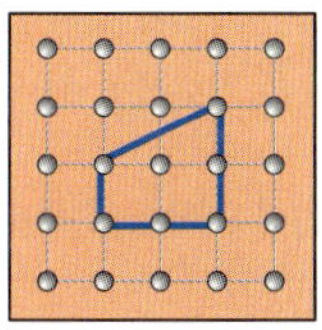

b)
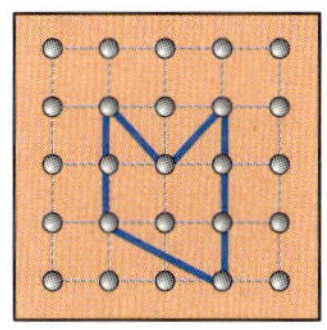

c)
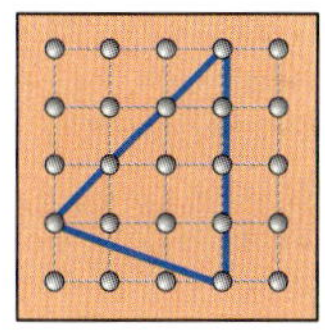

d)
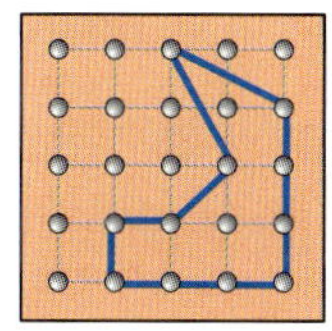

10 Bei der Achsenspiegelung wird die links der Achse liegende Figur nach rechts gespiegelt und die rechts liegende nach links. Bei den folgenden Bildern führt dies zu interessanten achsensymmetrischen Figuren. Übertrage die Zeichnungen in dein Heft und spiegele dann an der roten Achse.

a)
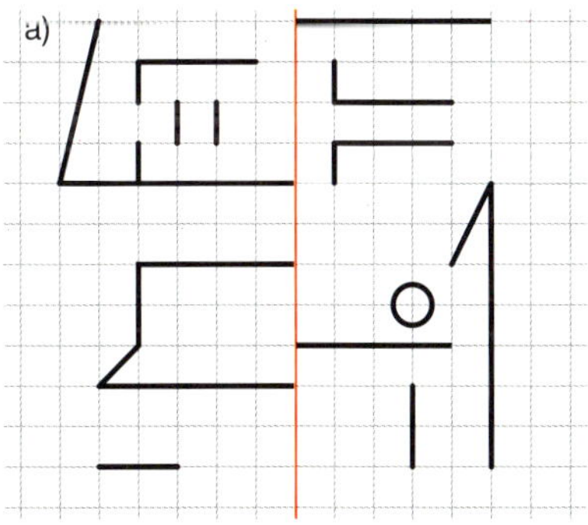

b)
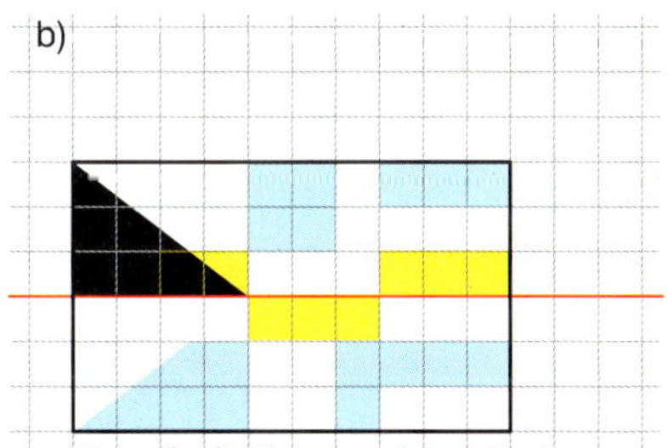

Wenn du die Figur gezeichnet hast, suche im Lexikon unter „Flaggen“, was sie darstellt.

c)
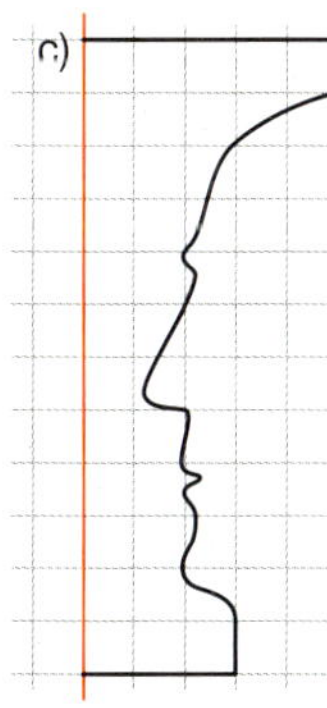

Die gebogenen Linien lassen sich nur mit Augenmaß übertragen und spiegeln. Orientiere dich an den Gitterpunkten.

11 Kannst du dich noch an die verschiedenen Vierecke erinnern? Viele davon lassen sich durch Spiegelung einer „Hälfte“ erzeugen.

a) Erzeuge auch die anderen Vierecke so wie die Raute. Welche Figur bildet jeweils die Hälfte? Beschreibe möglichst genau.

b) Untersuche alle Viereckstypen auf Achsensymmetrie. Zeichne zu jedem Viereckstyp ein Beispiel und zeichne alle Spiegelachsen farbig ein. Welches Viereck besitzt die meisten Spiegelachsen?

Quadrat | Drachenviereck | Trapez | Rechteck

Sind Parallelogramme achsensymmetrisch?

RAUTE:
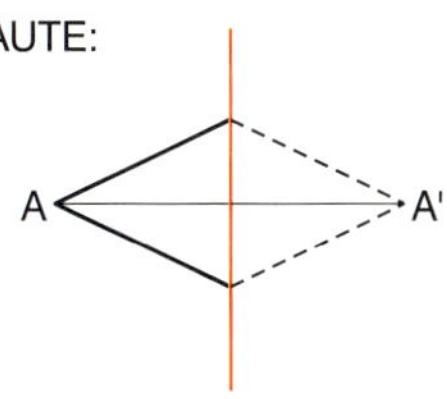

Beispiel:
Eine Raute kann man aus einem Dreieck mit zwei gleich langen Seiten erzeugen.

11 Für die abgebildeten 6 Viereckstypen findest du insgesamt 10 Spiegelachsen.

Übungen

Die Gerade durch die Punkte (0|0), (1|1), (2|2), usw. heißt **1. Winkelhalbierende**.

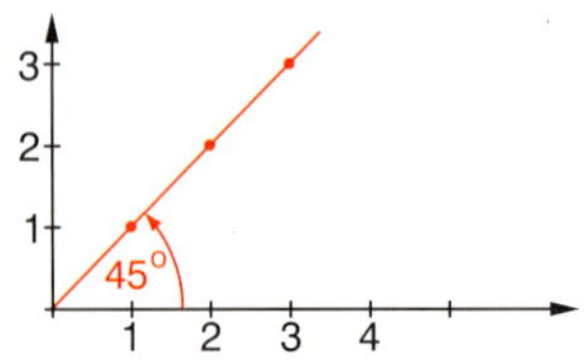

12 *Spiegeln im Koordinatensystem*

a) Spiegele das Dreieck ABC mit A(8|12), B(12|15) und C(9|17)
   (1) an der Parallelen zur Rechtsachse durch den Punkt P(0|9);
   (2) an der Parallelen zur Hochachse durch den Punkt Q(7|0);
   (3) an der 1. Winkelhalbierenden.

Vergleiche jeweils die Koordinaten der Punkte von Grunddreieck und Bilddreieck. Fällt dir etwas auf? Hättest du die Koordinaten der Bildpunkte auch berechnen können?

b) Bestimme die Koordinaten der Punkte A′, B′, C′ und D′ nach Spiegelung des Vierecks ABCD mit A(3|2), B(5|1), C(8|3) und D(6|5).
   (1) an der Parallelen zur Rechtsachse durch P(0|6);
   (2) an der Parallelen zur Hochachse durch Q(10|0);
   (3) an der 1. Winkelhalbierenden.

Du kannst konstruieren oder rechnen.

13 *Wo liegt die Spiegelachse?*

Kalle und Marvin machen zusammen Hausaufgaben. Sie sollen das Dreieck ABC mit A(1|11), B(12|13) und C(8|20) spiegeln. Leider haben beide vergessen, die Spiegelachse zu notieren. Sie kennen aber die Koordinaten des Bildpunktes A′, nämlich A′(21|1). Nun überlegen beide, ob sie damit die Spiegelachse bestimmen können.

Den Aufgabenteil a) löst du am besten auf Transparentpapier. Zum Einzeichnen des Dreiecks ABC und des Punktes A′ legst du es auf ein kariertes DIN-A4-Blatt.

a) Kalle zeichnet das Dreieck ABC und den Bildpunkt A′ auf ein Blatt Papier. Dann faltet er das Blatt so, das A auf A′ liegt. Mache es ihm nach. Ist die Faltachse nun die Spiegelachse? Wie kannst du dies überprüfen.

b) Marvin konstruiert die Spiegelachse. Dazu zeichnet auch er zunächst das Dreieck ABC und den Punkt A′ in sein Heft. Dann verbindet er A mit A′. Und nun?

c) Bestimme durch Spiegelung die Koordinaten von B′ und C′ und zeichne das Bilddreieck A′B′C′.

14 Wo steckt der Fehler?

a)
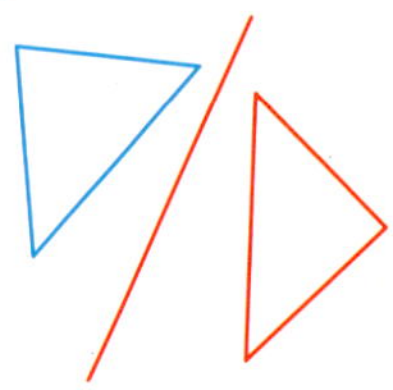

b)
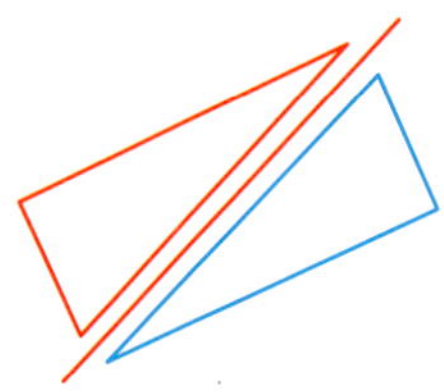

c)
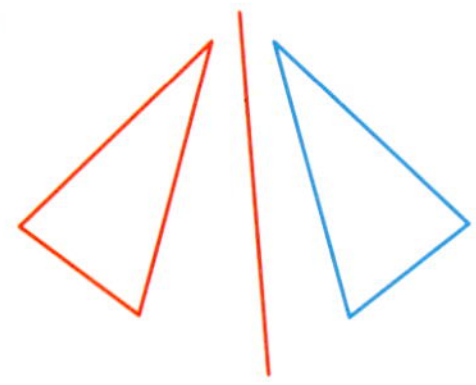

15 *Spiegelachse gesucht*

Wähle für das Koordinatensystem 1 cm für eine Einheit.

Das Dreieck ABC mit A (-1|1), B (-2|3,5) und C (-3|1,5) wird gespiegelt. Das Bilddreieck hat als Eckpunkte A′ (0|0), B′ (2,5|-1) und C′ (0,5|-2).

a) Zeichne Dreieck und Bilddreieck in ein Koordinatensystem.

b) Konstruiere die Spiegelachse. Durch welche Punkte verläuft sie?

16 Welche der dargestellten Figuren kann man durch Achsenspiegelung ineinander überführen? Begründe. Wo liegt jeweils die Spiegelachse?

a)
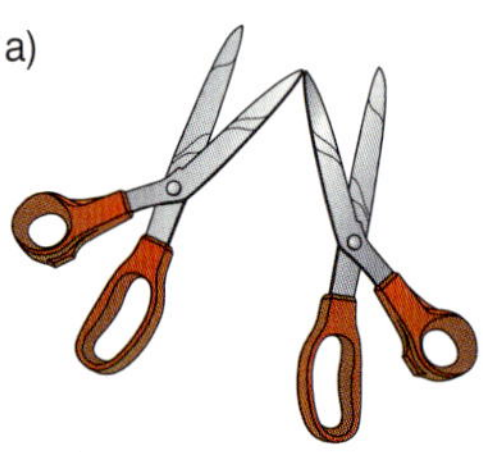

b)
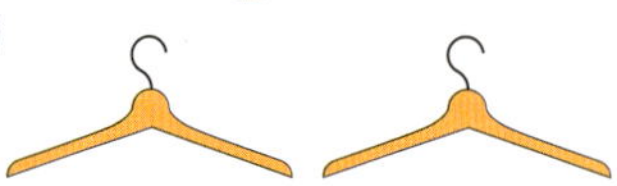

c)
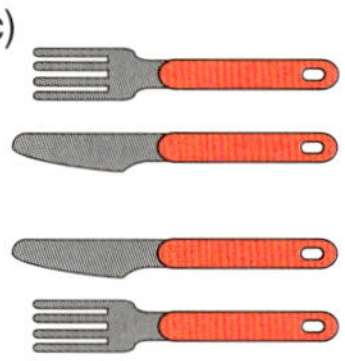

d)
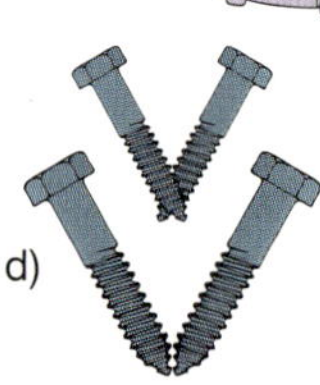

e)

f)
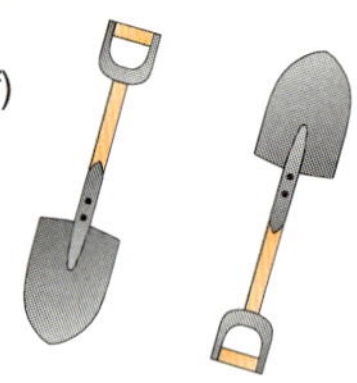

Übungen

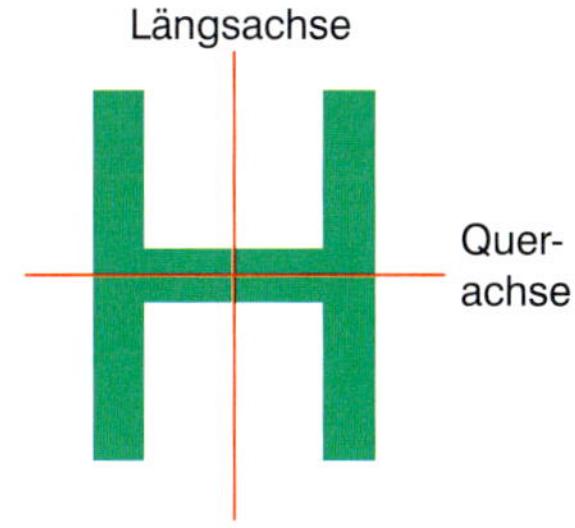

Der Buchstabe H ist sowohl zur Längsachse als auch zur Querachse symmetrisch.

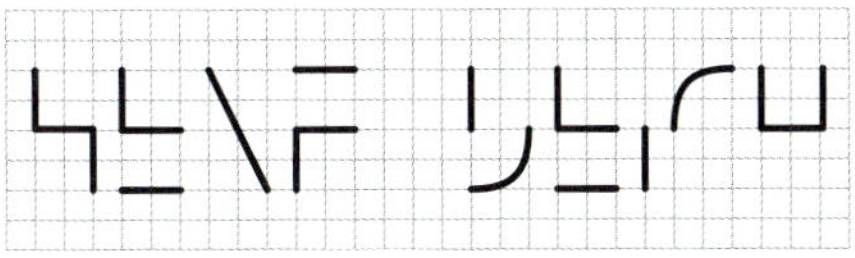

17 *Symmetrie bei Buchstaben*
Marie nimmt in der Schule gerade Achsensymmetrie durch. Das bringt sie auf die Idee für eine neue Geheimschrift.

a) Übertrage die geheimen Worte in dein Heft und ergänze sie so, dass damit Maries Geheimschrift entziffert wird.
b) Leider eignen sich nicht alle Buchstaben für Maries Geheimschrift, sondern nur die großen Druckbuchstaben, die symmetrisch zur Querachse sind. Notiere alle Buchstaben, die man benutzen kann und erfinde selbst Worte in Maries Geheimschrift. Lasse sie von deinem Nachbarn entziffern.
c) Notiere alle großen Druckbuchstaben, die symmetrisch zur Längsachse sind. Kannst du damit auch eine Geheimschrift bilden?

18 Die nächste Klassenfeier findet bei Frauke statt. Sie wohnt in der Hasengartenstraße 8. Um den Weg zu beschreiben hat sie eine Folie gezeichnet. Dort steht T für Tankstelle und A für Apotheke. Christian notiert:

> *an der Tankstelle links*
> *2. Straße rechts*
> ⋮

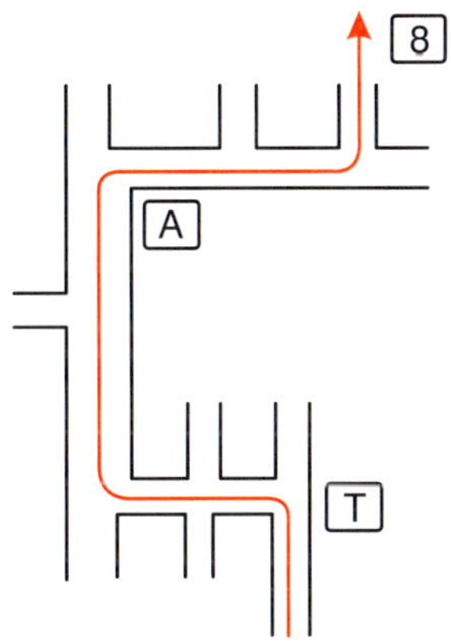

spiegelverkehrte Skizze

a) Wie gehen die Notizen von Christian weiter?
b) Am nächsten Tag merkt Frauke, dass sie die Folie spiegelverkehrt aufgelegt hat. Warum hat keine der Mitschülerinnen Fraukes Fehler gemerkt? Kannst du die Wegbeschreibung berichtigen?

Hast du dir schon einmal angesehen, wo sich beim Overheadprojektor der Spiegel befindet?

19 Betrachte die Schneckenhäuser genau. In welche Richtung winden sie sich? Betrachte die Schneckenhäuser nun in einem Spiegel. Was stellst du fest?

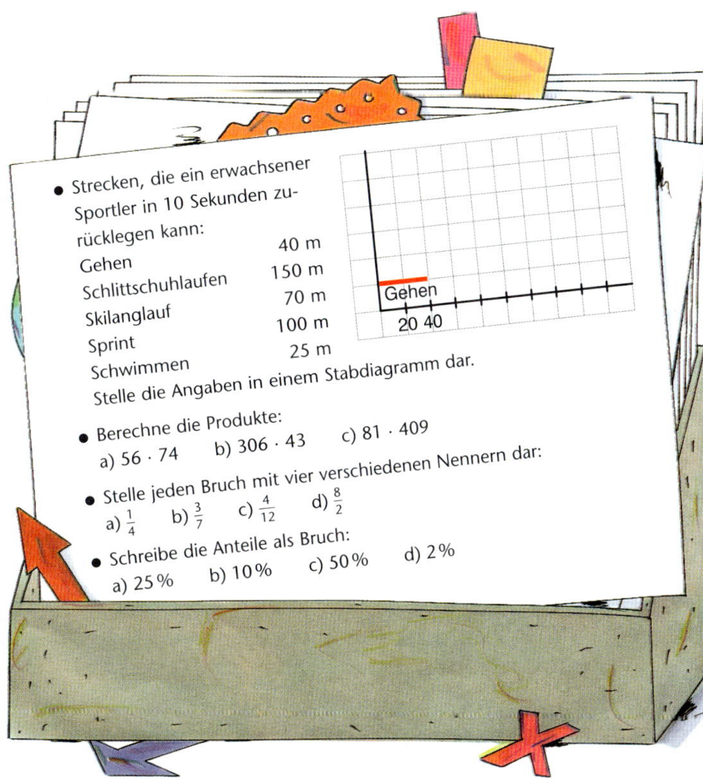

- Strecken, die ein erwachsener Sportler in 10 Sekunden zurücklegen kann:

Gehen	40 m
Schlittschuhlaufen	150 m
Skilanglauf	70 m
Sprint	100 m
Schwimmen	25 m

Stelle die Angaben in einem Stabdiagramm dar.

- Berechne die Produkte:
  a) $56 \cdot 74$ b) $306 \cdot 43$ c) $81 \cdot 409$
- Stelle jeden Bruch mit vier verschiedenen Nennern dar:
  a) $\frac{1}{4}$ b) $\frac{3}{7}$ c) $\frac{4}{12}$ d) $\frac{8}{2}$
- Schreibe die Anteile als Bruch:
  a) 25 % b) 10 % c) 50 % d) 2 %

Mathematik und Billard

Sicher hast du schon einmal Billard-Spiele im Fernsehen oder sogar in Wirklichkeit beobachten können. Beim Pool-Billard werden die Kugeln durch Zusammenstöße in die Randlöcher versenkt, beim wettkampfmäßigen Karambolage-Billard geht es um festgelegte Zusammenstöße zwischen drei Kugeln.

Wer kann die Regeln für Pool-Billard und Karambolage-Billard beschreiben? Suche im Lexikon oder im Internet.

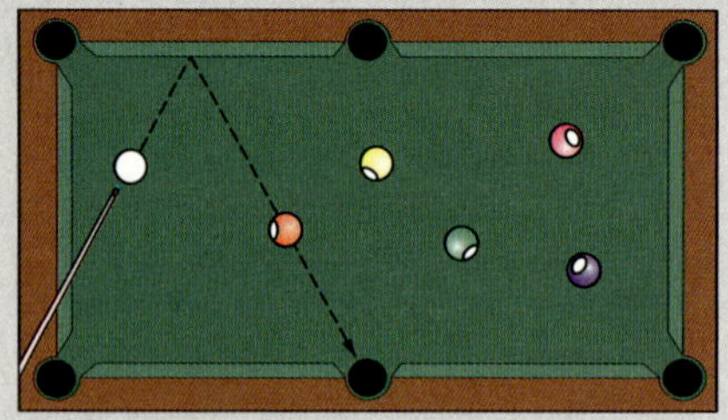

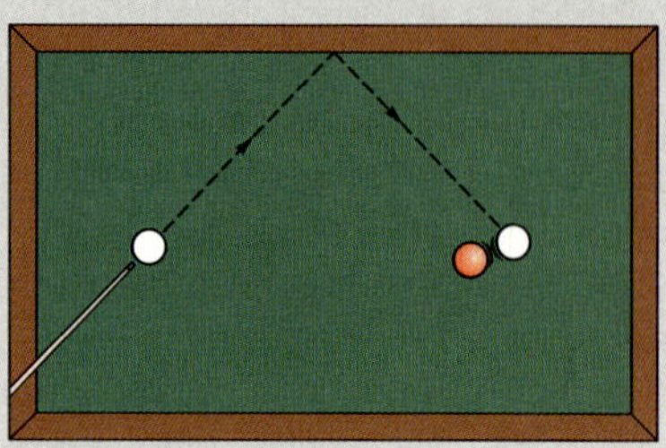

Es gehört viel Geschick und Training dazu, damit die Kugeln auf ausgeklügelten Bahnen mit Zusammenstößen und Abprallen von den Banden das gewünschte Ziel erreichen. Ein Teil des Erfolges beruht auf Mathematik, nämlich der geschickten Anwendung der Achsenspiegelung.
Ein Beispiel: Die weiße Kugel soll über die Bande so gespielt werden, dass sie die rote Kugel trifft. Welchen Punkt auf der Bande soll man anpeilen?

Beim schrägen Bandenstoß gilt immer: Einfallswinkel gleich Abprallwinkel.

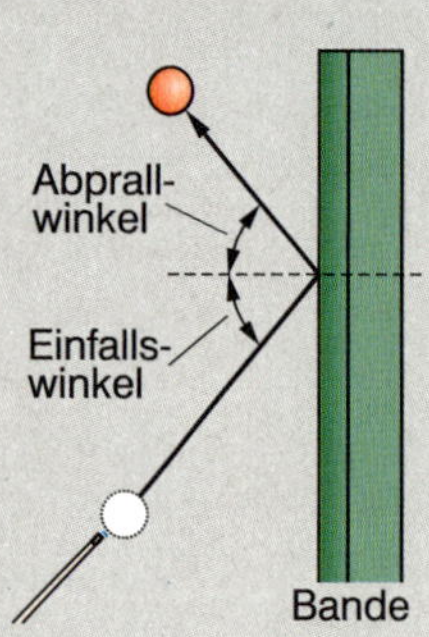

Wir finden den Punkt mit Hilfe einer Achsenspiegelung:

1. Spiegle die Kugel, die getroffen werden soll, an der Bande
2. Verbinde die weiße Kugel mit der gespiegelten Kugel, der Schnittpunkt dieser Linie mit der Bande ist der Punkt, der angespielt werden muss.

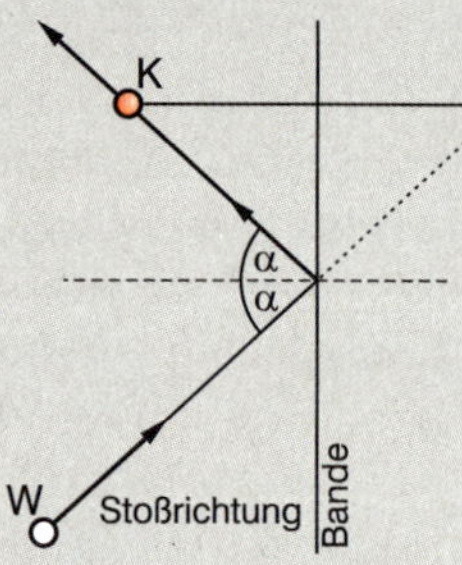

Aufgaben

20 Übertrage den Plan in dein Heft, am besten in die Mitte einer Seite. Die weiße Kugel soll über Bande gestoßen werden, so dass sie die rote Kugel trifft. Konstruiere den Anspielpunkt auf einer Bande und zeichne den Weg der Kugel ein. Findest du mehrere Möglichkeiten auf verschiedenen Banden?

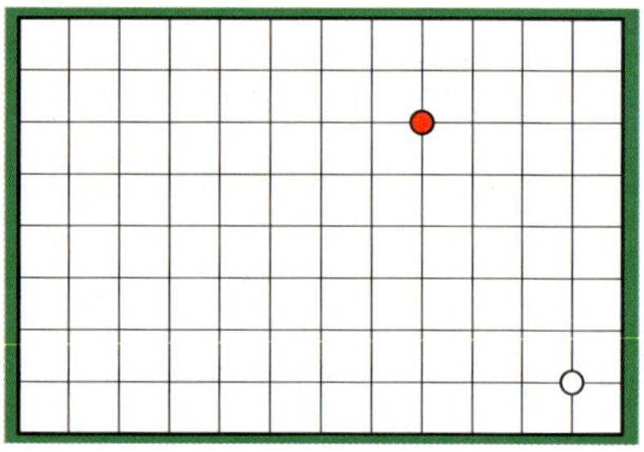

Vielleicht könnt ihr euch ein kleines Billard-Spiel besorgen, dann könnt ihr den Erfolg ausprobieren.

21 *Minigolf statt Billard*
Was hat Manuela sich überlegt? Übertrage die Minigolfbahn maßstabsgetreu in dein Heft (Maßstab 1 : 100). Konstruiere den Abprallpunkt auf einer Bande und zeichne den möglichen Lauf des Minigolfballes ein. Gibt es verschiedene Möglichkeiten?
Wie wär's mit einer experimentellen Mathestunde auf dem Minigolfplatz?

22 *Spiegelschrift auf Fahrzeugen*
a) Wie musst du einen Spiegel halten, um das Firmenlogo auf dem Fahrzeug lesen zu können? Warum ist die Beschriftung in Spiegelschrift?
b) Erfinde ein eigenes Logo, in dem dein Name vorkommt. Spiegele es dann, so dass es sich für die spiegelbildliche Beschriftung eines Fahrzeugs eignet. Vielleicht musst du ein paarmal ausprobieren!

Aufgaben

Ein Firmenlogo ist ein charakteristisches Symbol für eine Firma. Oft ist der Firmenname integriert.

23 Einen Stempel selbst zu machen ist gar nicht so schwer. Du brauchst dazu nur eine etwas größere Kartoffel, einen wasserfesten Stift, ein Taschenmesser und natürlich eine gute Idee für eine geeignete Vorlage.

Zuerst musst du eine Vorlage machen. Du kannst deine Initialen oder auch deine ganzen Namen wählen. Vielleicht möchtest du auch noch etwas verzieren. Diese Vorlage musst du dann spiegeln.

Vorlage auf Kartoffelhälfte übertragen

Nicht markierte Stellen vorsichtig wegschaben

Fertig! Stempelfläche mit Wasserfarbe bemalen und losstempeln

Leonardo da Vinci – Meister der Spiegelschrift

Leonardo da Vinci war ein italienischer Künstler, der von 1452 bis 1519 in Italien und Frankreich lebte. Berühmt geworden ist er vor allem als Maler, er betätigte sich aber auch als Bildhauer, Architekt, Erfinder und Wissenschaftler, wie zahlreiche Skizzen belegen. Hier siehst du Notizen einer solchen Skizze. Sieh sie dir genau an. Fällt dir etwas auf? Da Vinci war Linkshänder. Er hat sich angewöhnt, in Spiegelschrift zu schreiben, also von rechts nach links. In dieser Methode zu schreiben war er ein Meister.

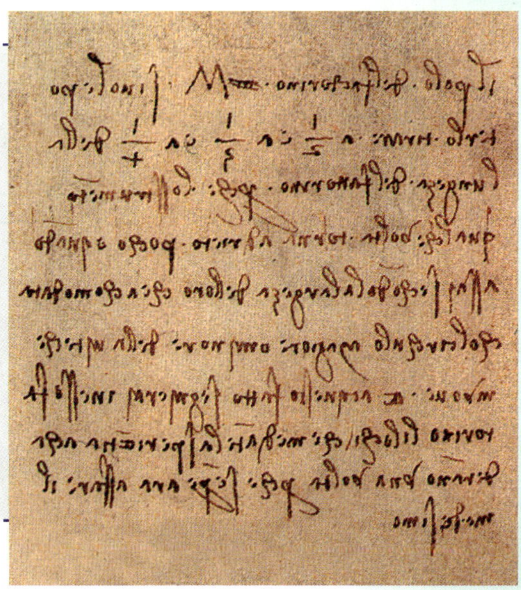

Aufgaben

Bauanleitung für ein Spiegelbuch

24 *Spiegelkabinett*

Ein Spiegelbuch kannst du selber bauen, indem du zwei Spiegelkacheln (oder zwei Stücke Spiegelpappe oder Spiegelfolie) an der Rückseite zusammenklebst und die Spiegel senkrecht stellst. Lege dann verschiedene Gegenstände zwische die Spiegel. So lässt sich eine Menge entdecken.

a) Führe verschiedene Experimente mit dem Spiegelbuch durch. Hier einige Anregungen für Beobachtungen: Wie verändert sich die Anzahl der Spiegelbilder bei Vergrößerung (Verkleinerung) des Winkels? Ändert sich die Anzahl der Spiegelbilder, wenn man die Gegenstände austauscht? Was geschieht, wenn man Worte oder Buchstaben spiegelt? Denke dir auch eigene Experimente aus. Notiere deine Beobachtungen.

b) Welche Muster kannst du mit Hilfe eines gebogenen Drahtes (z.B. Pfeifenputzer) erzeugen? Schaffst du einen Kreis?

c) Mit Hilfe eines Strohhalmstücks oder eines Streichholzes kann man ein Fünfeck erzeugen. In welchem Winkel muss man dazu die Spiegel aufstellen? Wie muss man die Spiegel stellen, um ein Dreieck (Viereck, Sechseck, Siebeneck, usw.) zu erhalten?

d) Zwischen dem Winkel, in dem man ein Spiegelbuch aufstellt, und der Anzahl der Spiegelbilder besteht ein Zusammenhang. Stelle das Spiegelbuch nacheinander in den Winkeln 45°, 60°, 72°, 90° 120° und 180° auf. Am besten zeichnest du die Winkel dazu auf ein weißes Blatt Papier. Lege jeweils einen Gegenstand dazwischen und zähle die Anzahl der Spiegelbilder. Lege eine Tabelle an. Vielleicht findest du auch noch andere „besondere" Winkel, die du in der Tabelle ergänzen kannst. Erkennst du eine Regel, mit der du die Anzahl der Spiegelbilder rechnerisch bestimmen kannst? Vergleiche mit deinen Ergebnissen aus c).

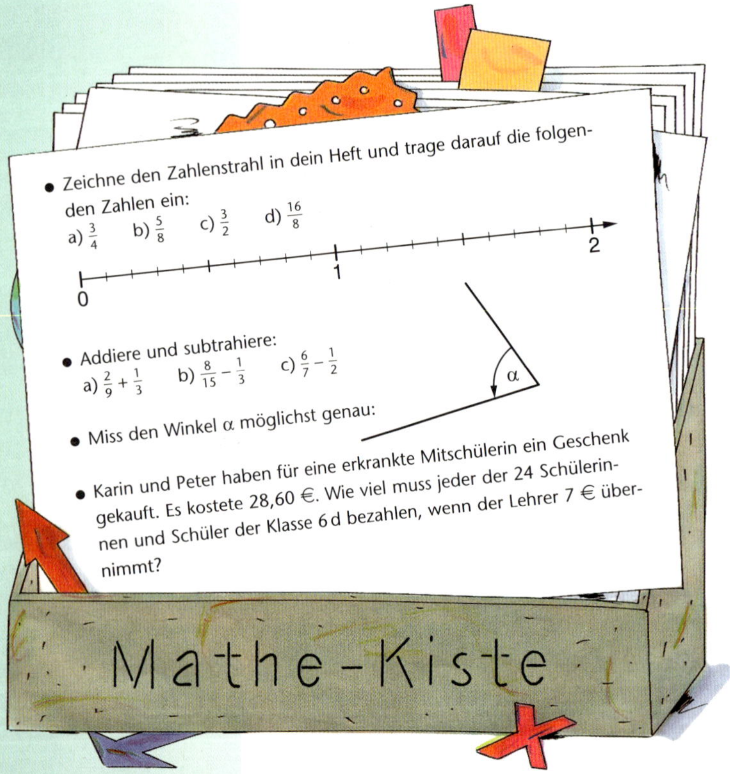

Kaleidoskope

Das Wort „Kaleidoskop“ stammt aus dem Griechischen. Wörtlich übersetzt bedeutet es „Schönbildseher“ (griechisch kalos = schön, eidos = Bild und skopein = sehen).

Ursprünglich war ein Kaleidoskop ein Gerät, das von Dekorateuren und Teppichwebern zum Entwerfen von Mustern verwendet wurde. Zu diesem Zweck wurde es 1814 von dem Engländer BREWSTER erfunden. Neben seinem praktischen Nutzen kam das Kaleidoskop dann aber schnell zur allgemeinen Belustigung in Mode, wo man ihm Namen wie „Augenklavier“, „Zierratengucker“ oder „optische Belustigung“ gab.

Bis heute hat das Kaleidoskop nichts von seiner Faszination verloren. Im handlichen Format findet es sich in vielen Kinderzimmern, im Großformat stellt es manchmal eine kleine Attraktion dar, wie unten zu sehen.

Projekt

Kaleidoskope – selbst gemacht
Mit etwas Geschick und Fantasie kannst du dir dein eigenes Kaleidoskop bauen.

Aus Pappe schneidest du das Guckloch.

Hauptteil des Kaleidoskops ist ein Papprohr, in das drei gleich große Streifen Spiegelkarton gesteckt werden. Die Kartons müssen die Länge des Rohres haben. Mit der Breite musst du etwas experimentieren: Beginne mit *0,9 · Durchmesser des Rohres* und schneide die Streifen dann schrittweise passend.

Die Muster entstehen durch Perlen, Glasstücke, Pailetten, Federn, Glassplitter, Strohhalmstückchen etc. Sie werden in eine Plastikdose gefüllt, die ungefähr den Durchmesser des Papprohres hat. Du kannst auch einen Pappring von einer Seite mit Transparentpapier verschließen, die entstehende Dose befüllen und anschließend die andere Seite mit Folie verschließen.

Zuletzt werden die drei Teile aneinandergeklebt. Dann kannst du dein Kaleidoskop noch schön verzieren, z. B. mit Geschenkpapier oder Filz.

Eine kleine Attraktion für das Schulfest

6.3 Drehungen

Was dich erwartet

Im Zusammenhang mit Winkeln hast du schon einiges über Drehungen erfahren. Du weißt mittlerweile auch, was Drehsymmetrie ist. Viele interessante Muster sind drehsymmetrisch. Aber wie zeichnet man solche Muster? Hast du es schon einmal probiert? Es ist gar nicht so schwer. Und hast du schon einmal gesehen, was sich am Himmel so alles dreht? Da gibt es einiges zu beobachten.

Aufgaben

1 Onkel Dagobert hat wieder einmal eine neue Tür bekommen um seine Billionen vor den Panzerknackern zu schützen. Die Tür öffnet sich, wenn man mit den drei Drehknöpfen die richtige Zahlenkombination einstellt. Onkel Dagobert merkt sich die Zahlenkombination mit Hilfe von Drehungen.

a) Bei welcher Zahlenkombination öffnet sich das Schloss?
b) Da Dagobert immer vergesslicher wird, hat er seine Zahlenkombination den vertrauenswürdigen Neffen Tick, Trick und Track verraten. Diese merken sich: Wir drehen immer nach links, also entgegen dem Uhrzeigersinn.
äußeres Rad: 300°
mittleres Rad: 90°
inneres Rad: 210°
Lässt sich das Schloss mit zwei verschiedenen Zahlenkombinationen öffnen?

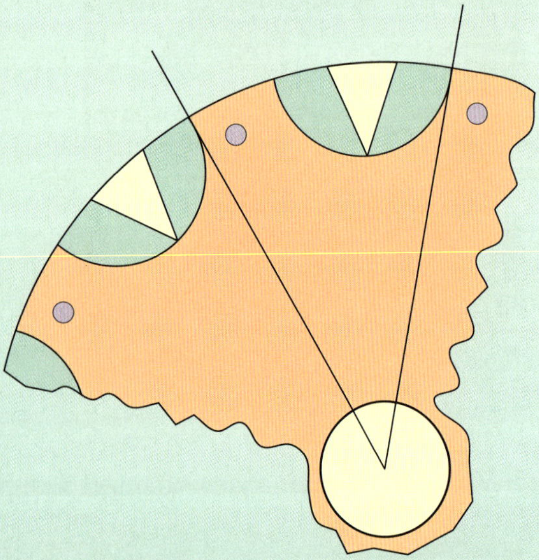

2 In alten Städten wie Köln oder Trier findet man beim Ausheben von Baugruben auch heute noch antike Gegenstände, z.B. Teller oder Krüge. Selten sind diese Gegenstände vollständig erhalten, meistens handelt es sich um Bruchstücke. Dieses Bruchstücke landen oft in Museen. Dort werden daraus die Gegenstände rekonstruiert.
Wie hat wohl der Teller ausgesehen, von dem nur noch ein kleiner Teil übrig ist? Das kannst du ganz leicht herausfinden.
Lege ein großes Stück Transparentpapier auf das Bild und zeichne darauf den eingezeichneten Ausschnitt des Tellers ab. Stecke eine Stecknadel in den Mittelpunkt des inneren Kreises. Drehe dann das Transparentpapier um 40° und zeichne das Dreieck erneut ab. Fahre so fort, bis der Teller vollständig ist. Klebe ihn dann in dein Heft.

Aufgaben

3 *Experimentieren und Konstruieren*

Zeichne ein Rechteck von 4 cm × 2 cm in die Mitte eines karierten Blattes in dein Heft. Zeichne nun das gleiche Rechteck auf eine durchsichtige Folie (ungefähr 8 cm × 8 cm). Beschrifte bei beiden Rechtecken die Ecken A, B, C und D wie in der Abbildung. Lege die Folie nun auf das Papier, so dass die Rechtecke genau zur Deckung kommen.

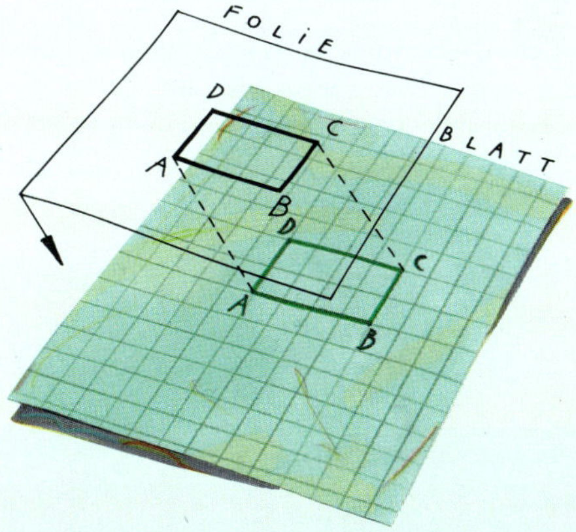

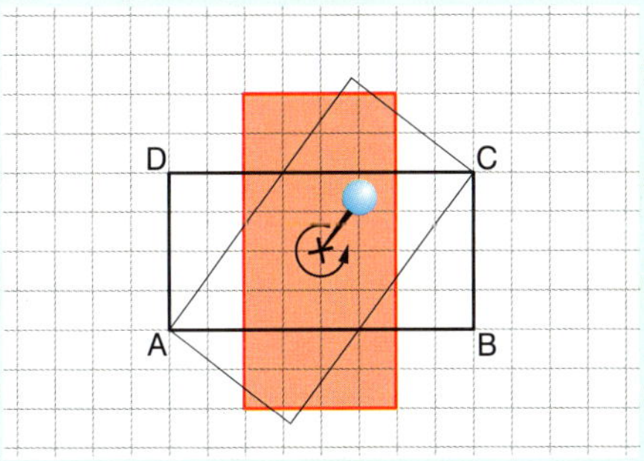

a) Stecke eine Stecknadel in die Mitte des Folienrechtecks und drehe die Folie um 90° entgegen dem Uhrzeigersinn. Wo liegen die Punkte A, B, C, D nach der Drehung? Auf welchen Bahnkurven bewegen sich die Eckpunkte des Rechtecks. Beschreibe möglichst genau. Zeichne in dein Heft und beschrifte die Ecken des roten Rechtecks. Zeichne die Bahnkurven.

b) Stecke die Stecknadel nun in den Punkt C und drehe die Folie aus der Ausgangsstellung um 180°. Wie liegen die beiden Vierecke nun zueinander? Wie lassen sich die Bahnkurven der Eckpunkte beschreiben? Zeichne ins Heft.

c) Das Bild entsteht, wenn du die Nadel im Punkt Z außerhalb des Rechtecks einstichst und dann um 90° drehst. Kannst du diese Lage des Rechtecks auch ohne Folie durch Konstruktion mit dem Zirkel und dem Geodreieck bestimmen?

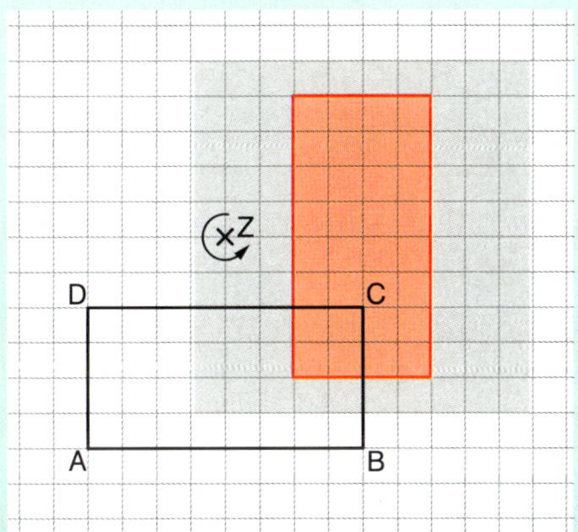

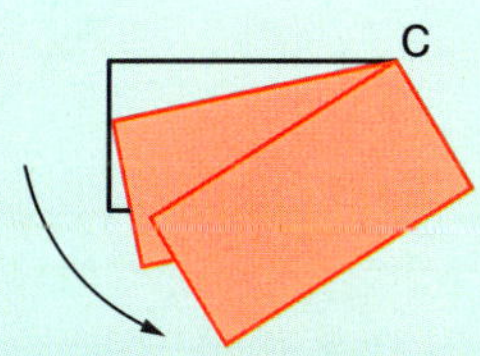

Alle Drehungen gegen den Uhrzeigersinn.

d) Um welchen Drehpunkt und um welchen Winkel wurde das Rechteck in den folgenden Fällen gedreht? Beantworte zunächst im Kopf und überprüfe dann mit der Folie oder mit dem Zirkel und dem Geodreieck.

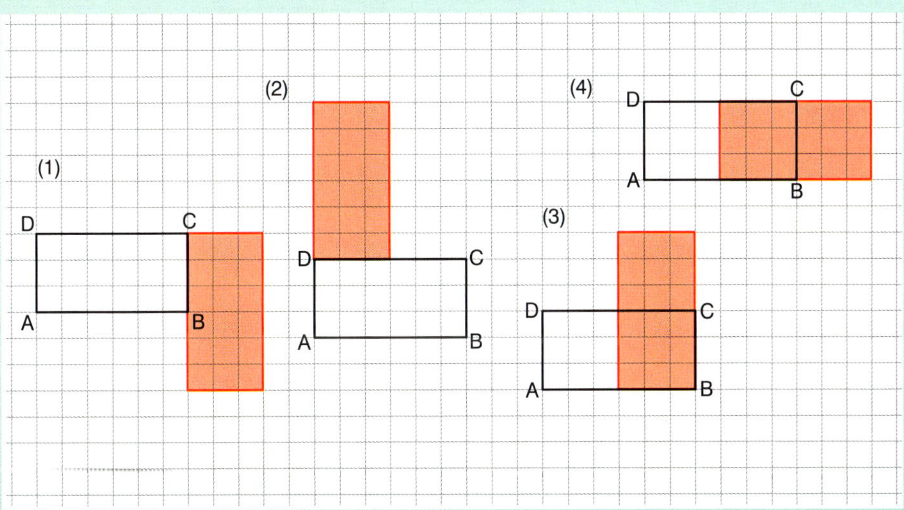

Basiswissen

In der Mathematik wird immer gegen den Uhrzeigersinn gedreht, also links herum.

Drehungen kann man mitHilfe von Geodreieck und Zirkel konstruieren.

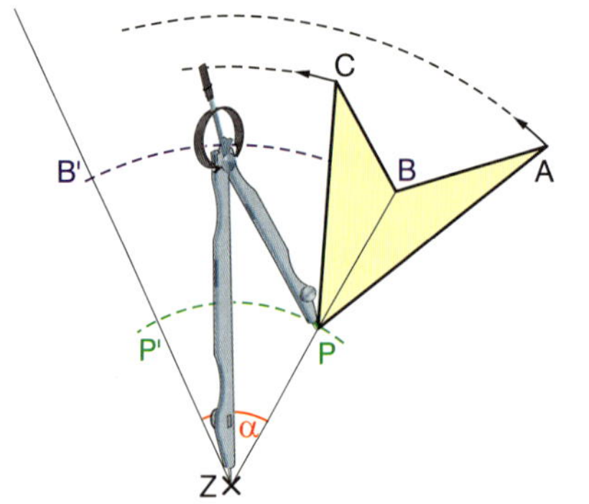

1. Konstruiere zu den Eckpunkten der Grundfigur die Bildpunkte.
   - Verbinde P mit dem Drehzentrum Z.
   - Trage an die Verbindungsstrecke den Drehwinkel α an.
   - Markiere auf dem neuen Schenkel des Winkels den Punkt P′ im selben Abstand wie P. Benutze einen Zirkel oder ein Lineal.
2. Verbinde die Bildpunkte entsprechend der Grundfigur.

Eine Drehung wird durch das Drehzentrum und den Drehwinkel beschrieben.
Punkt und zugehöriger Bildpunkt haben denselben Abstand vom Drehzentrum Z.
Das Drehzentrum Z stimmt mit seinem Bildpunkt Z′ überein.

Beispiele

A Das Dreieck ABC soll um 90° um Z gedreht werden.

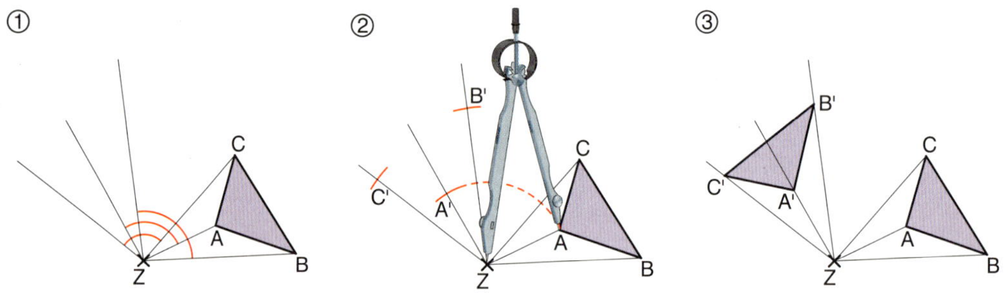

1. Verbinde alle Eckpunkte mit Drehzentrum Z und trage an alle Verbindungslinien den Drehwinkel 90° an.
2. Trage auf den neuen Schenkeln die Bildpunkte ein. Sie haben den gleichen Abstand von Z wie die zugehörigen Urbildpunkte. Zum Abtragen der Strecke kannst du den Zirkel benutzen.
3. Verbinde die Bildpunkte zum Bilddreieck.

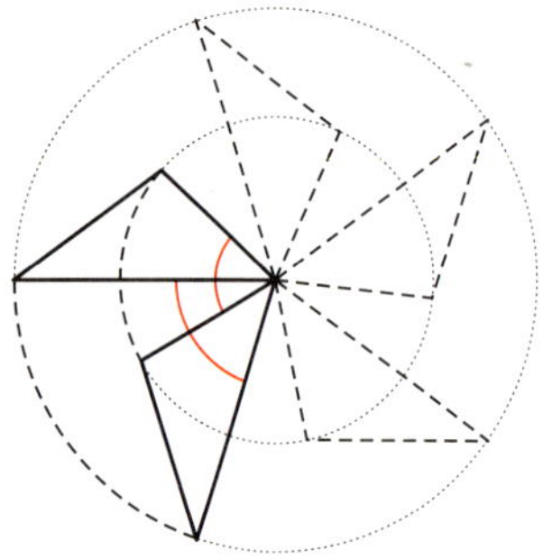

B Mithilfe der Drehung kann man drehsymmetrische Figuren zeichnen. Als Drehwinkel kommen alle Teiler von 360 in Frage. In diesem Beispiel wurde die Grundfigur um 72° gedreht, die Bildfigur wieder um 72° usw. Die Hilfslinien, die man zum Abtragen der Winkel benötigt, zeichnet man am besten mit ganz dünnen Bleistiftlinien. Man kann sie dann hinterher wieder ausradieren.

Übungen

4 Übertrage das Rechteck dreimal in dein Heft. Konstruiere dann das Bildrechteck nach Drehung
a) um 70° um Z;
b) um 100° um B;
c) um 60° um M.

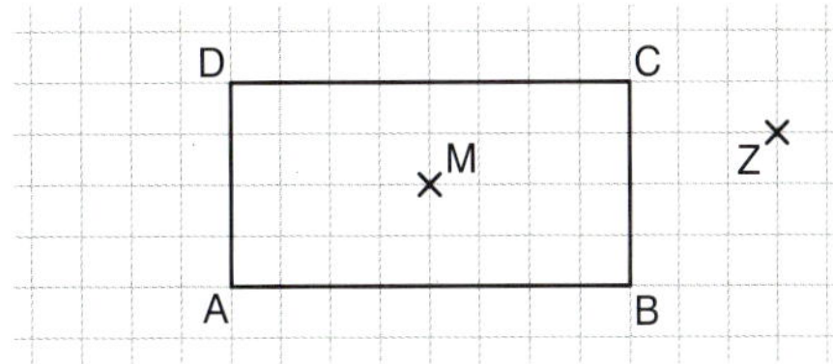

5 Übertrage die Grundfigur in dein Heft. Drehe sie dann nacheinander um 90°, 180° und 270°. Zeichne die drei Bildfiguren. Welche Gesamtfigur entsteht?

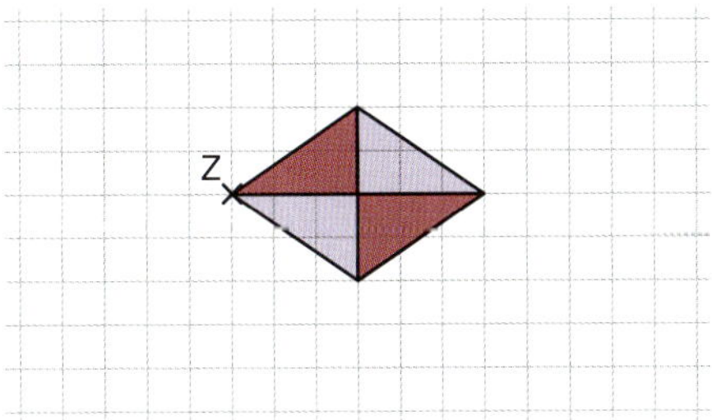

6 Übertrage die Linien in dein Heft. Drehe sie dann nacheinander um 90°, 180° und 270° um Z und zeichne jeweils die Bilder. Gestalte das entstehende Muster farbig.

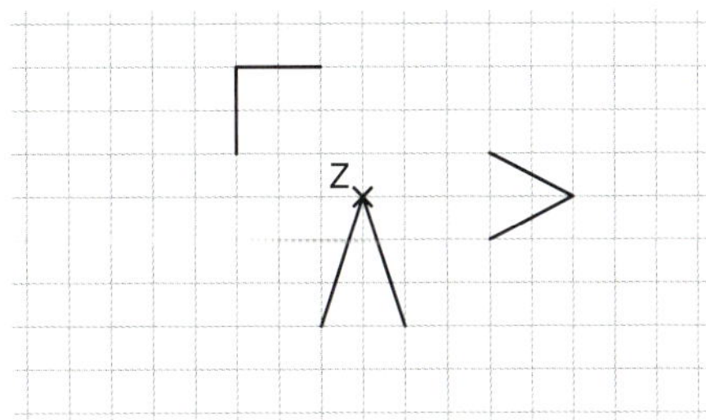

7 Das gelbe Dreieck wurde gedreht, das Bilddreieck ist rot eingefärbt. Das Drehzentrum liegt auf der Geraden g. Zeichne kästchengetreu in dein Heft und bestimme das Drehzentrum und den Drehwinkel durch Probieren.

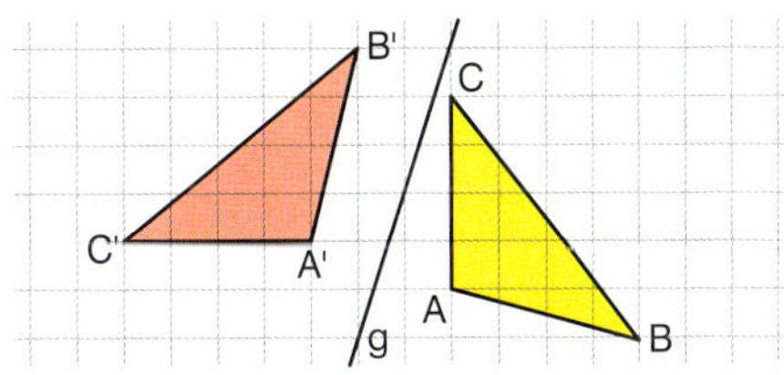

8 Das rote Quadrat ist jeweils das Bild des grünen Quadrats nach einer Drehung. Übertrage kästchengenau in dein Heft und bestimme Drehzentrum und Drehwinkel. Stelle zuerst eine Vermutung auf und überprüfe dann durch Konstruktion.

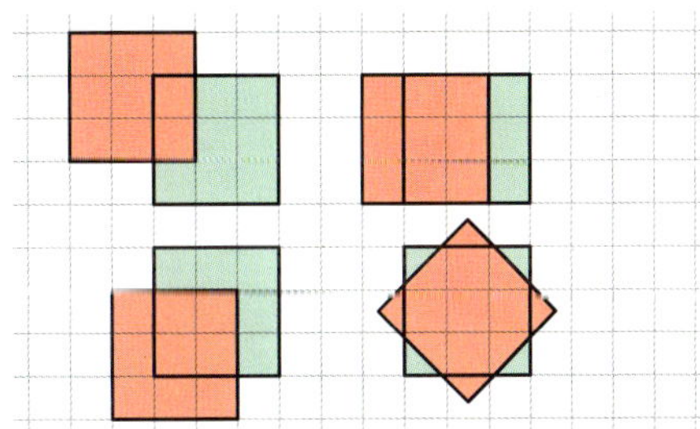

Die Vermutung kannst du auch durch Probieren mit einem ausgeschnittenen Quadrat gewinnen.

9 Drehsymmetrische Figuren lassen sich aus einem Grundbaustein erzeugen, der immer wieder gedreht wird.
Finde zu jeder Figur den Grundbaustein. Wie oft und um welche Winkel musst du ihn drehen, damit die Figur entsteht? Zeichne den entsprechenden Grundbaustein so gut du kannst in dein Heft und konstruiere die Figur.

Grundbaustein:

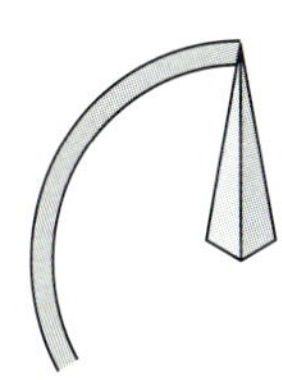

um 120° und 240° drehen

Übungen

Punktspiegelung

Eine Drehung um 180° um den Punkt P bezeichnet man auch als **Punktspiegelung** am Punkt P.

10 *Eine Spiegelung, die eigentlich eine Drehung ist.*
Eine Figur kann man an einem Punkt spiegeln. Wie das geht, siehst du im Kasten.
a) Übertrage die Figuren in dein Heft und spiegele sie am Punkt Z. Übertrage sie ein zweites Mal in dein Heft und drehe sie um 180° um Z. Was fällt dir auf?
b) Vergleiche die Konstruktion der Achsenspiegelung mit der Konstruktion der Punktspiegelung. Notiere Gemeinsamkeiten und Unterschiede.

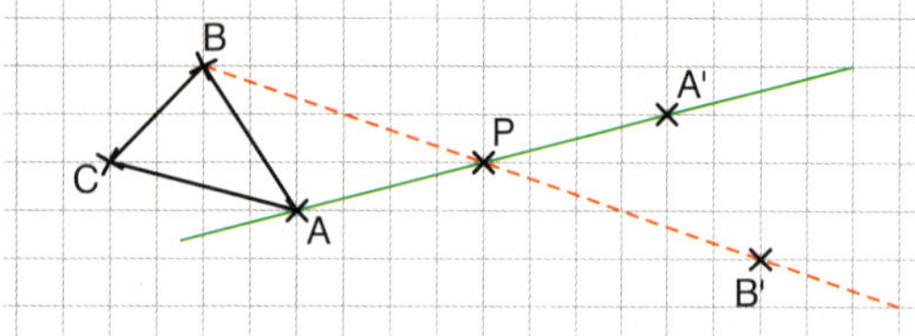

Ziehe eine Gerade durch P und A. Zeichne A' im gleichen Abstand auf die Gerade, wie A. Verfahre ebenso mit den anderen Eckpunkten und verbinde die Bildpunkte entsprechend der Grundfigur.

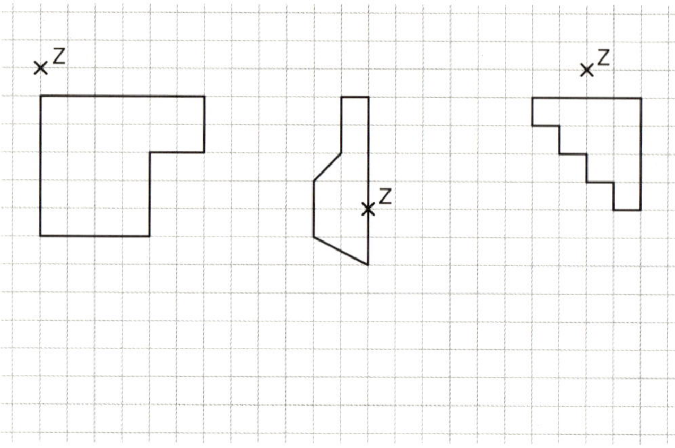

11 *Punktspiegelung im Koordinatensystem*
a) Spiegele das Dreieck ABC mit A(2|2), B(9|3), und C(2|6) an dem Punkt Z(6|6). Notiere die Koordinaten der Bildpunkte. Hättest du die Koordinaten auch voraussagen können?
b) Bestimme die Koordinaten der Bildpunkte des Vierecks ABCD mit A(3|4), B(6|3), C(8|5) und D(4|7) nach Spiegelung an Z(9|5).
c) Der Punkt P(3|7) geht bei einer Punktspiegelung in den Punkt P'(7|13) über. Kannst du die Koordinaten des Punktes Z angeben, an dem gespiegelt wurde?

Drehsymmetrische Figuren, die durch eine Drehung um 180° mit sich selbst zur Deckung kommen, heißen punktsymmetrisch.

12 Prüfe, ob die Figur punktsymmetrisch ist. Wo liegt das Drehzentrum?

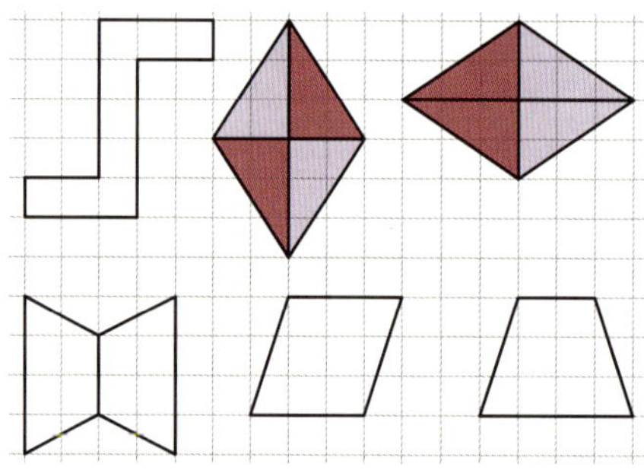

13 Übertrage das Muster in dein Heft. Färbe die weißen Flächen so, dass ein punktsymmetrisches Muster entsteht. Erfinde auch selbst ein punktsymmetrisches Farbmuster.

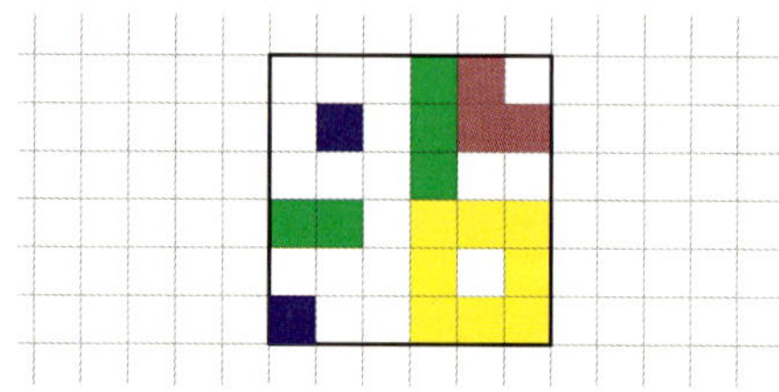

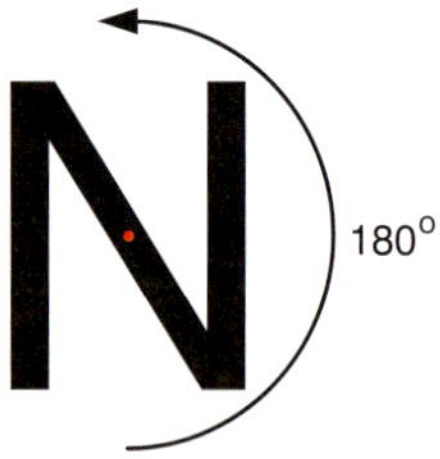

14 a) Untersuche das Alphabet der großen Druckbuchstaben auf Punktsymmetrie. Kannst du punktsymmetrische Worte bilden?
b) Warum ist das Schwimmen ausgerechnet Montags untersagt?

Drehungen auf Polarkoordinatenpapier

Drehungen kann man besonders leicht auf Polarkoordinatenpapier konstruieren. Der Mittelpunkt dieses Papiers ist das Drehzentrum. Die Kreise um das Drehzentrum herum haben alle denselben Abstand voneinander. Die Linien durch das Drehzentrum liegen im Abstand von 10°.

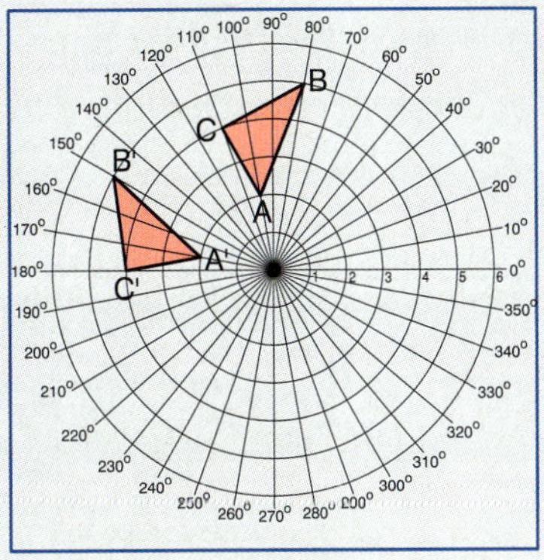

Die Punkte A, B, und C haben folgende Polarkoordinaten:

A (2|100°), B (5|80°) und C (4|110°)

Will man einen Punkt drehen, so bewegt man sich von diesem Punkt aus auf demselben Kreis um die entsprechende Gradzahl gegen den Uhrzeigersinn. Bei einer Drehung um 70° erhält A' die Polarkoordinaten A' (2|170°), B' (5|150°) und C' (4|180°).

Polarkoordinatenpapier kannst du selbst zeichnen. Wähle 1 cm als Abstand der Kreise zueinander. Auf der hinteren Umschlagseite innen findest du aber auch eine Kopiervorlage.

Aufgaben

15 Zeichne das Viereck ABCD mit A (3|170°), B (5|170°), C (5|210°) und D (2|200°) auf Polarkoordinatenpapier. Drehe es anschließend um 130°. Schreibe die Polarkoordinaten der Bildpunkte A', B', C' und D' auf.

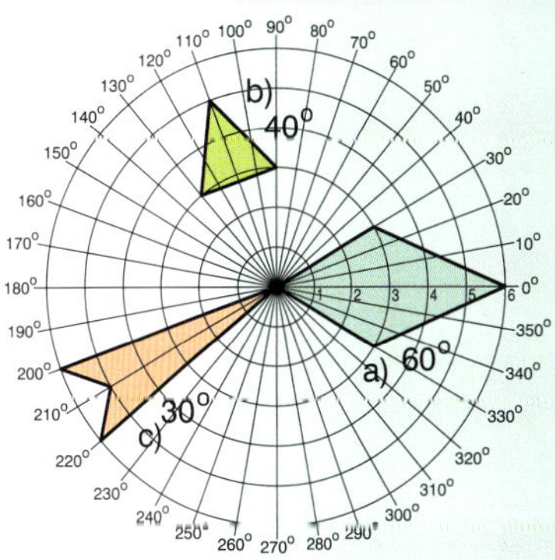

16 Auf Polarkoordinatenpapier lassen sich leicht drehsymmetrische Figuren konstruieren. Übertrage die Figuren a), b) und c) jeweils in ein eigenes Polarkoordinatensystem. Drehe dann mit dem angegebenen Drehwinkel und zeichne das Bild. Drehe das Bild nun wiederum um den gleichen Winkel usw. Jedesmal entsteht eine drehsymmetrische Figur, die du nach deinem Geschmack farbig ausmalen kannst.

Beobachtungen am Sternenhimmel

Schon seit Jahrtausenden versuchen Naturforscher die Geschehnisse am Himmel zu erklären. Das Sternbild „Orion" kann man bei uns nur im Winter sehen. Sterne verändern auch im Laufe einer Nacht ihre Stellung am Himmel. Betrachtet man in einer klaren Nacht den Himmel aufmerksam, so scheinen die Sterne sich um einen gewissen Punkt (Himmelsnordpol) zu drehen. Auch du kannst das beobachten. Dazu musst du zuerst den Großen Wagen suchen. Er ist durch seine sieben hellen Sterne fast immer zu sehen. Dann suchst du den Polarstern. Du triffst genau auf ihn, wenn du die Strecke zwischen den hinteren beiden Sternen des Großen Wagens um das Fünffache nach oben verlängerst. Der Polarstern steht genau im Himmelsnordpol und verändert deshalb seine Position im Laufe der Nacht nicht. Beobachte nun den Großen Wagen im Abstand von mehreren Stunden. Du siehst dann, dass er sich gegen den Uhrzeigersinn um den Polarstern dreht.

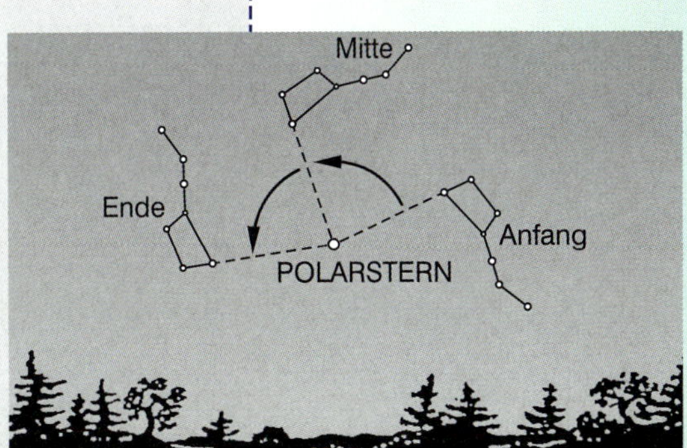

Bewegung des Großen Wagens im März

6.4 Verschiebung

Was dich erwartet

Viele Muster um uns herum sind Bandornamente. Bandornamente kannst du leicht mithilfe einer Schablone selber entwerfen. Es geht aber auch ohne Schablone durch die Konstruktion der Verschiebung. Auch beim Schachspiel spielt die Verschiebung eine Rolle. Hier werden Spielfiguren nach bestimmten Regeln verschoben. Mehr über Verschiebungen erfährst du in diesem Kapitel.

Aufgaben

Bandornamente, die zur Abgrenzung von Gebäudeflächen (Türen, Fenster usw.) dienen, bezeichnet man als „Fries“.

1 *Bandornamente, wohin man sieht*

a) Versuche, die verschiedenen Bandornamente mit Worten zu beschreiben. Was haben sie alle gemeinsam?
b) Sieh dich auf der Straße und bei dir zu Hause um. Findest du dort Bandornamente? Notiere Beispiele und fertige von zwei Bandornamenten eine Skizze an. Was fällt dir dabei schwer? Findest du nützliche Hilfen?

2 Bei vielen Brettspielen müssen Spielfiguren verschoben werden. Viele von euch können sicher Schach spielen. Beim Schachspiel gibt es für jede Spielfigur eine Regel, wie man sie verschieben darf. Einige Regeln findest du in den Abbildungen.

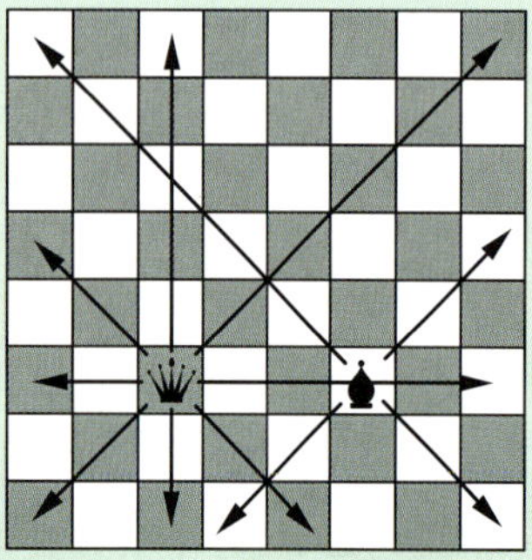

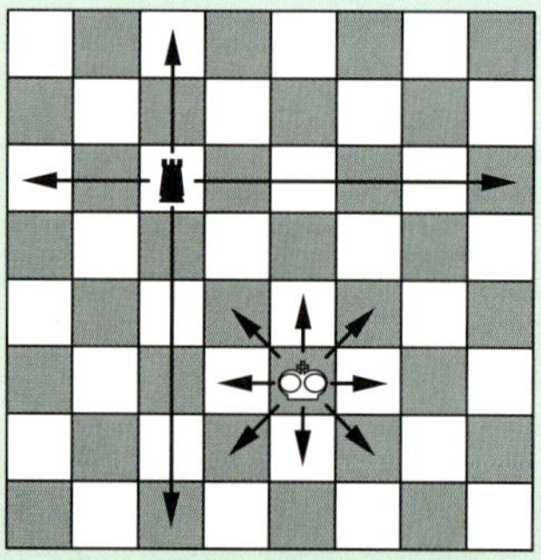

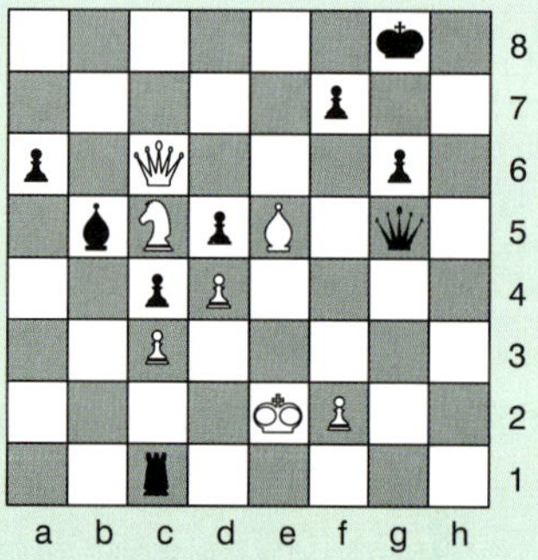

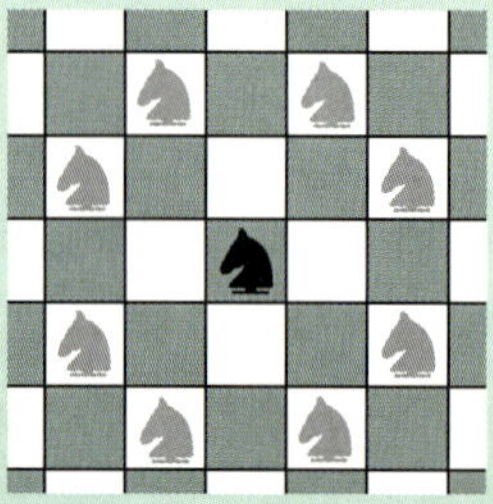

a) Die Dame darf man nach rechts, links, oben, unten oder in jede beliebige Diagonale um so viele Felder verschieben, wie man will, solange keine andere Figur im Weg ist.
Beschreibe wie man die anderen Figuren verschieben darf.
b) Sieh dir den Spielstand oben an. Wie muss der schwarze Turm verschoben werden, um einen weißen Bauern zu schlagen?
Wie muss die weiße Dame verschoben werden, um auf das Feld a8 zu gelangen?
Wie kann der schwarze Läufer verschoben werden?
Erfinde weitere Fragen und lasse sie von deinem Nachbarn lösen.
c) Die grauen Springer in der Abbildung links markieren die Felder, auf die der Springer ziehen darf. Beschreibe in Worten, wie man den Springer verschieben kann.

Basiswissen

Verschiebungen kann man mit Hilfe des Geodreiecks konstruieren.

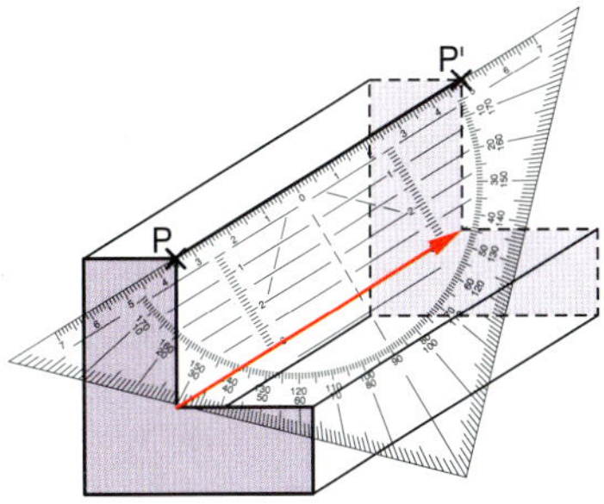

1. Konstruiere zu den Eckpunkten der Grundfigur die Bildpunkte:
   - Zeichne durch P eine Parallele zum Verschiebungspfeil.
   - Markiere auf der Parallelen den Punkt P′ im Abstand von der Länge des Verschiebungspfeils.
2. Verbinde die Bildpunkte entsprechend der Grundfigur.

Eine Verschiebung wird durch den Verschiebungspfeil beschrieben.
Jeder Punkt der Grundfigur wird durch den Verschiebungspfeil um die gleiche Strecke und in die gleiche Richtung verschoben.

Beispiele

A Mithilfe der Verschiebung kann man Bandornamente zeichnen. Hat man die Grundfigur einmal verschoben, so verschiebt man die Bildfigur mit dem gleichen Verschiebungspfeil usw.

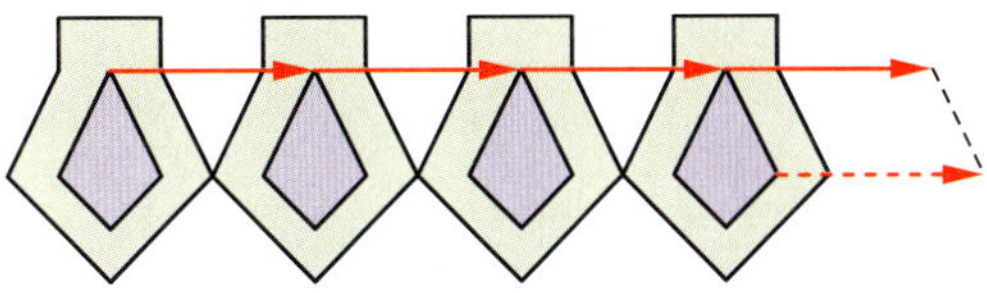

B Einfach ist eine Verschiebung auf Kästchenpapier. Man kann den Verschiebungspfeil durch Abzählen der Kästchen beschreiben.

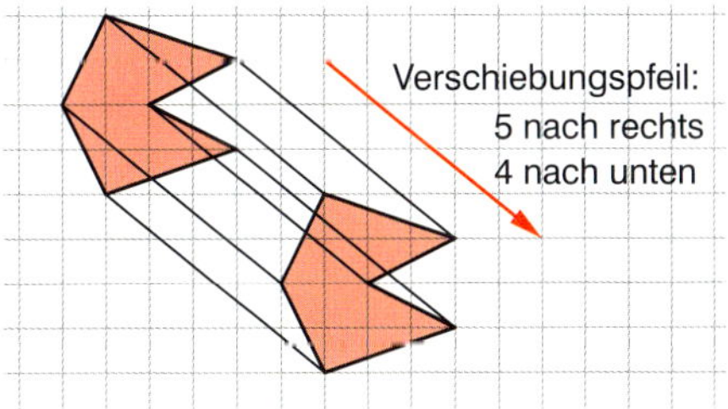

Übungen

3 Zeichne ein Bandornament aus der Grundfigur in dein Heft. Nutze die ganze Heftbreite. Erfinde selbst eine Grundfigur, gib einen Verschiebungspfeil vor und lasse deinen Nachbarn daraus ein Bandornament zeichnen.

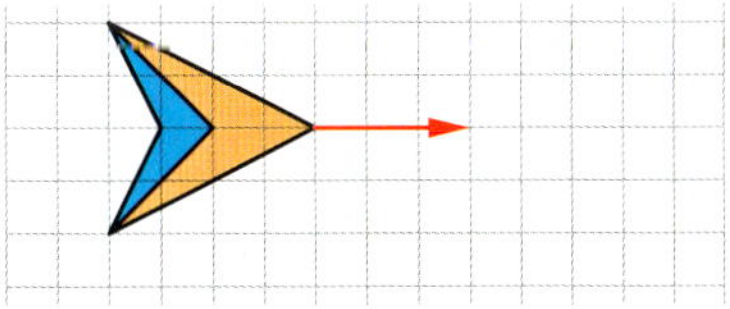

4 Übertrage die Figur so in dein Heft, dass der kleine Kreis einen Radius von 1 cm hat. Welchen Radius hat denn der Halbkreis?

Zeichne ein Bandornament über die ganze Heftbreite, indem du die Grundfigur immer wieder um 4 cm verschiebst. Wie viele Punkte der Grundfigur musst du jedesmal verschieben, um die Bildfigur konstruieren zu können?

5 In der Abbildung siehst du Gegenstände, die „beiseite geschoben“ wurden. Welche von ihnen wurden im mathematischen Sinn verschoben? Begründe.

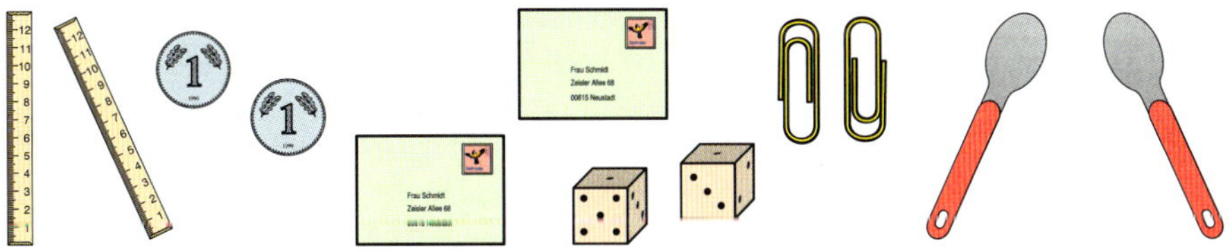

Übungen

6 Viele Teller haben am Rand ein Ornament. Achte einmal bei eurem Geschirr zu Hause darauf.
Beschreibe die Grundfigur, aus der das Ornament auf diesem Teller entstanden ist. Kann man das Ornament erzeugen, indem man die Grundfigur verschiebt? Begründe.

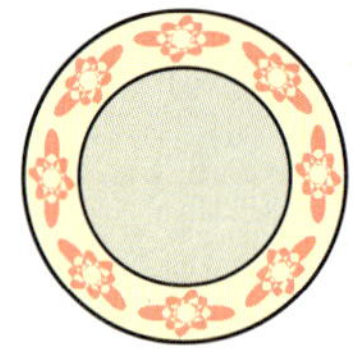

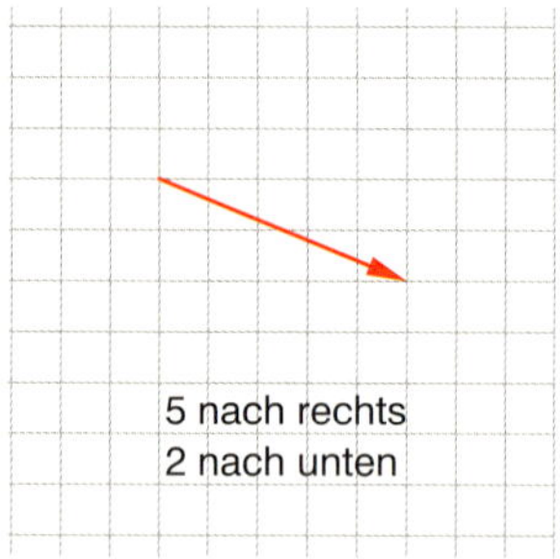

7 Paul, Maren, Greta, Jakob und Ellen spielen ein Spiel. Jeder darf einen Mühlestein um sieben Kästchen verschieben. Dabei ist es egal, wie viele Kästchen nach oben, unten, rechts oder links verschoben wird. Derjenige, dessen Figur die weiteste Strecke zurücklegt, gewinnt. Die Fünf ziehen folgendermaßen:
Paul: 4 nach rechts, 3 nach oben
Maren: 5 nach oben, 2 nach rechts
Greta: 6 nach links, 1 nach unten
Jakob: 3 nach unten, 4 nach links
Ellen: 1 nach links, 6 nach oben
Zeichne die Verschiebungspfeile und ermittle den Sieger.
Wie hättest du den Spielstein verschoben?

8 *Mit Koordinaten kann man rechnen*
a) Verschiebe das Dreieck A(1|1), B(4|2) und C(1|6) um zwei nach rechts und vier nach oben. Lies die Koordinaten der Bildpunkte ab und vergleiche mit denen der Grundfigur. Kann man die Koordinaten der Bildfigur errechnen?
b) Welche Koordinaten erwartest du für die Bildpunkte des Vierecks A(2|5), B(6|6), C(3|8) und D(4|9) bei Verschiebung um 1 nach rechts und 4 nach unten? Überprüfe dein Ergebnis mit einer Zeichnung.

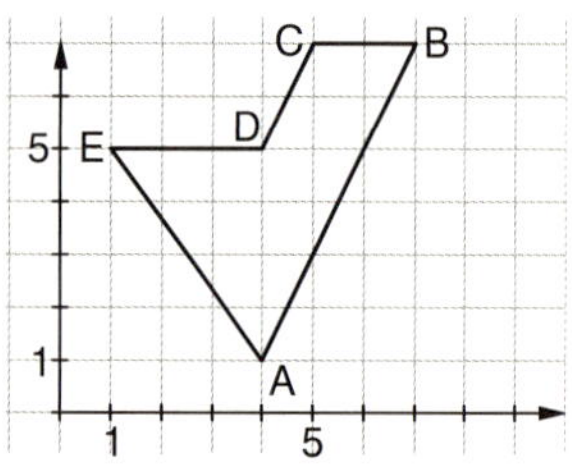

9 Die Punkte A bis E bilden nebenstehende Figur.
Lies die Koordinaten der einzelnen Punkte ab und notiere sie.
Mit welchem Verschiebungspfeil muss die Figur verschoben werden, damit A' die Koordinaten (16|1) hat?
Berechne auch die Koordinaten der anderen Bildpunkte, die bei dieser Verschiebung entstehen.

Die Konstruktion der Verschiebung ist hilfreich beim Zeichnen von Schrägbildern.

10 Zeichne aus den Grundformen Schrägbilder, indem du sie mit dem angegebenen Verschiebungspfeil verschiebst. Überlege dir vorher genau, welche Linien du gestrichelt zeichnen musst oder weglassen kannst.
Wie heißen die entstandenen Körper?

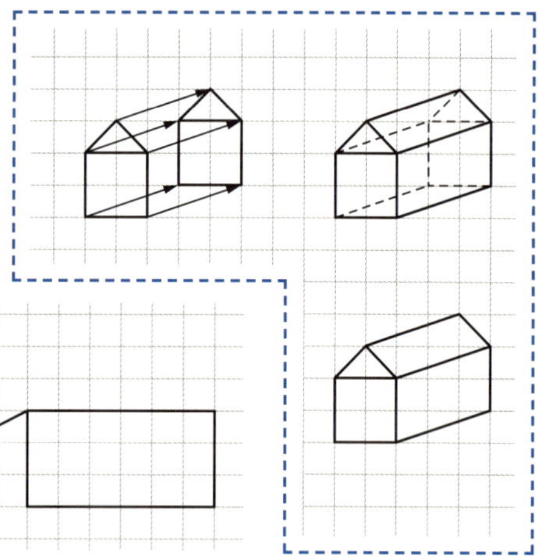

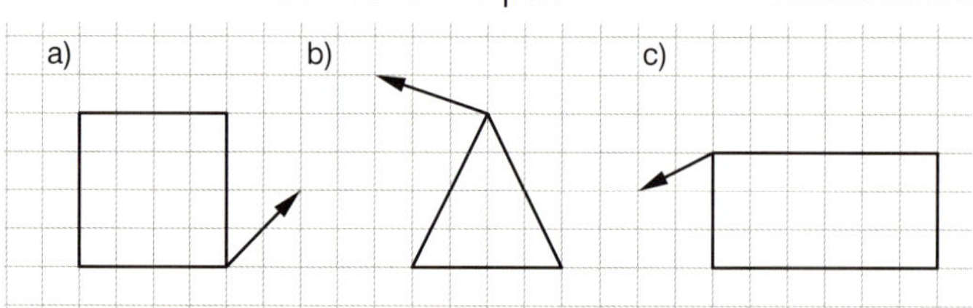

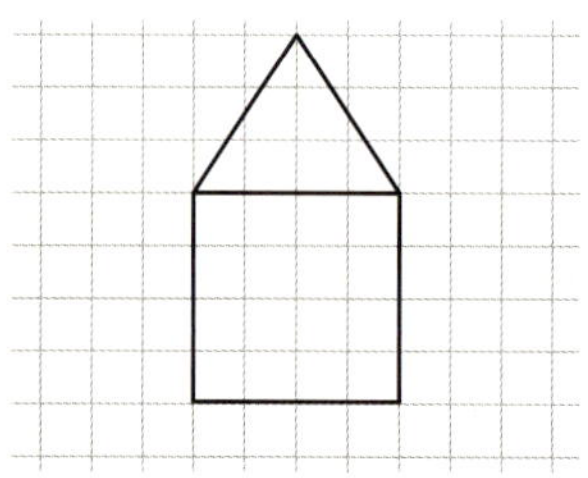

11 Übertrage die Abbildung dreimal in dein Heft. Konstruiere dann drei verschiedene Schrägbilder eines Hauses durch Verschiebung mit den Verschiebungspfeilen
(1) 6 nach links, 2 nach oben
(2) 2 nach rechts, 6 nach oben
(3) 3 nach rechts, 3 nach oben
Wie unterscheiden sich die Schrägbilder?
Macht es Sinn, bei der Konstruktion des Schrägbildes eines Hauses einen Verschiebungspfeil zu Hilfe zu nehmen, der nach unten zeigt? Begründe.

Übungen

12 *Symmetrien in Bandornamenten*

a) Untersuche die Ornamente auf Symmetrien. Unterscheide bei der Achsensymmetrie: Symmetrie zur Längsachse und Symmetrie zur Querachse.

b) Überprüfe die Bandornamente auf Seite 176 auf Symmetrien.

c) Erfinde selbst eine Grundfigur für ein Bandornament, das punktsymmetrisch aber nicht achsensymmetrisch ist. Zeichne es über eine ganze Heftbreite.

d) Gibt es drehsymmetrische Bandornamente, die nicht punktsymmetrisch sind?

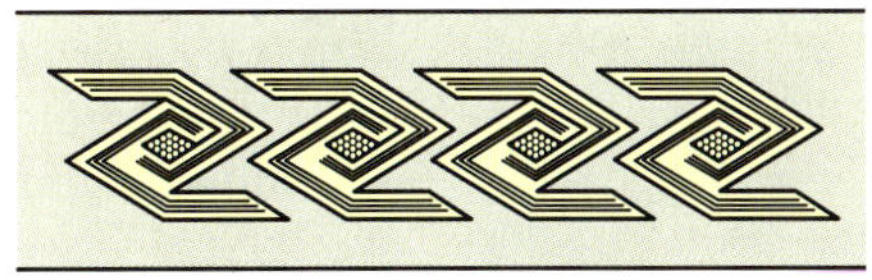

Um Achsensymmetrie aufzuspüren, kannst du einen Spiegel als Hilfsmittel benutzen.

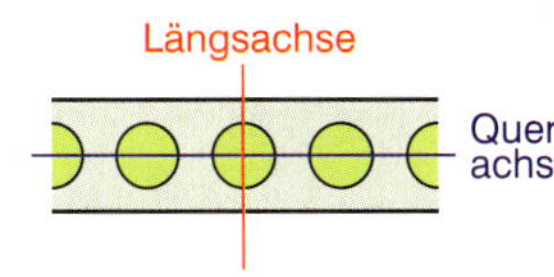

13 *Bandornamente selbst gemacht!*

Dieses Bandornament ist entstanden, indem die orange Grundfigur immer wieder nach einer sich wiederholenden Konstruktionsvorschrift abgebildet wurde:

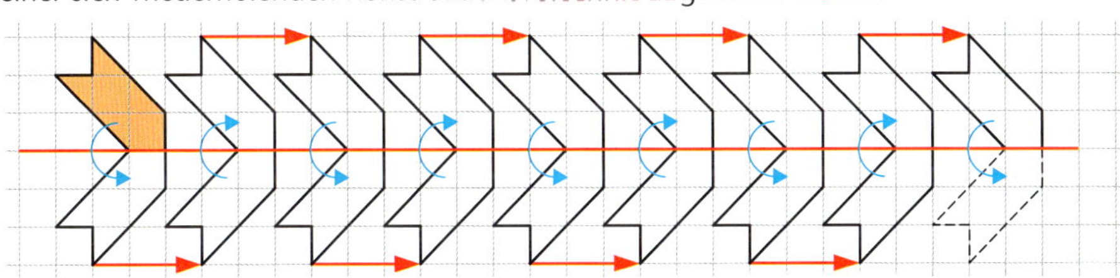

Nutzung eines Dynamischen Geometriesystems (**DGS**). Diese Programme verfügen über Befehle für Spiegeln, Drehen und Verschieben.

Schritt 1: Spiegele die Grundfigur an der rot eingezeichneten Spiegelachse.
Schritt 2: Verschiebe die Bildfigur mit dem eingezeichneten Verschiebungspfeil.
Kehre zurück zu Schritt 1.

a) Zeichne ein Bandornament nach der Konstruktionsvorschrift. Durchlaufe die Vorschrift dabei je fünfmal.

Schritt 1: Spiegele die Grundfigur an der roten Spiegelachse.
Schritt 2: Spiegele die Bildfigur an der nächsten blauen Spiegelachse.
Kehre zurück zu Schritt 1.

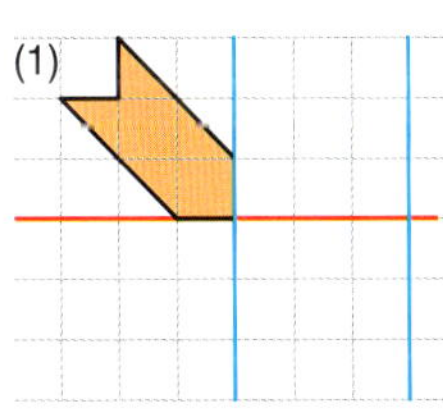

Schritt 1: Spiegele die Grundfigur am roten Spiegelpunkt.
Schritt 2: Verschiebe die Bildfigur mit dem blauen Verschiebungspfeil.
Kehre zurück zu Schritt 1.

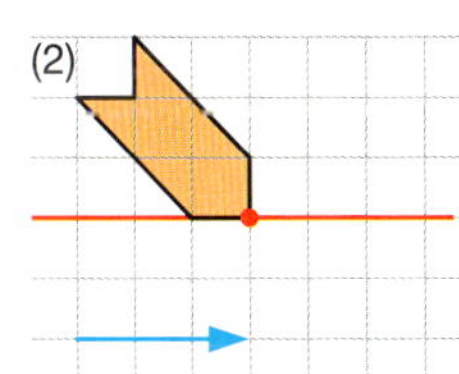

b) Finde heraus, durch welche Konstruktionsvorschrift sich die Bandornamente unten erzeugen lassen.

Manchmal gibt es mehrere mögliche Konstruktionsvorschriften!

(1)

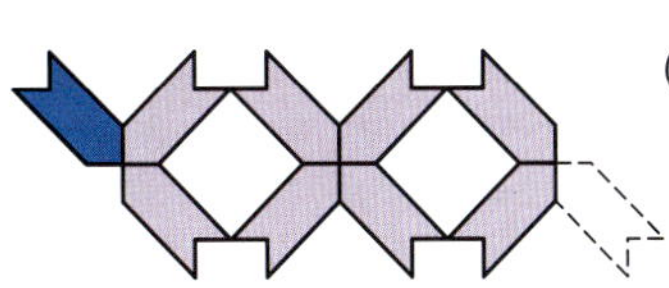

(2)

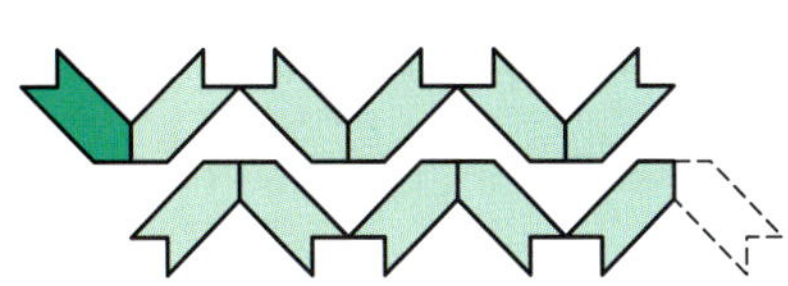

c) Erfinde selbst eine Grundfigur und eine Konstruktionsvorschrift. Zeichne das zugehörige Bandornament. Kann dein Nachbar oder deine Nachbarin deine Konstruktionsvorschrift herausfinden

14 *Ein Parkett durch Verschiebung*

Parkette kann man zeichnen, indem man eine geeignete Grundfigur immer wieder in mehrere bestimmte Richtungen verschiebt.

a) Übertrage die Grundfigur ohne die Verschiebungspfeile in dein Heft. Verschiebe sie mit den angegebenen Pfeilen. Verfahre ebenso mit den Bildfiguren bis du eine Fläche von mindestens 6 cm × 8 cm abgedeckt hast. Ergibt sich ein Parkett?

b) Färbe dein Parkett mit zwei Farben. Gleichfarbige Figuren dürfen sich nur an den Ecken berühren.

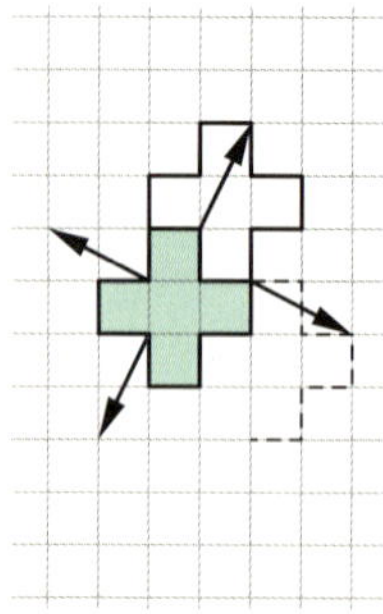

So erhältst du deine eigene Schablone: Übertrage die Vorlage auf Transparentpapier, klebe sie auf Pappe und schneide aus.

15 *Lebendige Parkette*

Martina möchte selbst ein „lebendiges Parkett“ entwerfen. Sie hat eine Schablone gebastelt und damit ein Parkett gezeichnet. Richtig schön wird es aber erst, wenn man die einzelnen Figuren ausmalt. Doch wie bekommt sie jetzt Mund und Augen bei allen Figuren an die gleiche Stelle? Kannst du ihr helfen?

14 *Die Buddhas des M. C. Escher*

Die Gesetzmäßigkeiten, die den holländischen Künstler M. C. ESCHER (1898-1972) sein ganzes Leben lang am meisten fasziniert haben, waren die der regelmäßigen Flächenaufteilung (Parkettierung). Die Abbildung links ist eine seiner ersten Studien zu diesem Thema und stammt vom Oktober 1936. Im Gegensatz zu der Flächenaufteilung mit den Vögeln oben, die auch von Escher stammt, lässt sich die Flächenaufteilung mit den Buddhas nicht mehr ausschließlich mit Hilfe von Verschiebungen erzeugen.

a) Beschreibe das Bild. Welche Besonderheiten fallen dir auf? Was haben die einzelnen Buddhas gemeinsam, wie unterscheiden sie sich?

b) Durch welche Bewegung kannst du Buddha 2 aus Buddha 1 erhalten, wie Buddha 3 aus Buddha 1? Kommst du auch mit einer einzigen Bewegung von Buddha 2 zu Buddha 3?

c) Wie kommst du von Buddha 5 zu Buddha 3 (4; 6)? Finde mehrere Möglichkeiten

Projekt

Symmetrische Muster erzeugen

Aus einfachen Figuren lassen sich vielfältige symmetrische Muster erzeugen, der Phantasie sind keine Grenzen gesetzt.

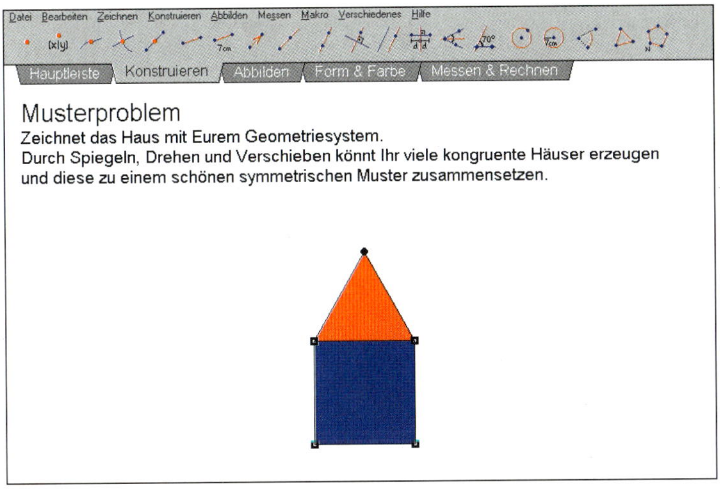

Mit einem dynamischen Geometriesystem (DGS) können die Ideen schnell umgesetzt werden.

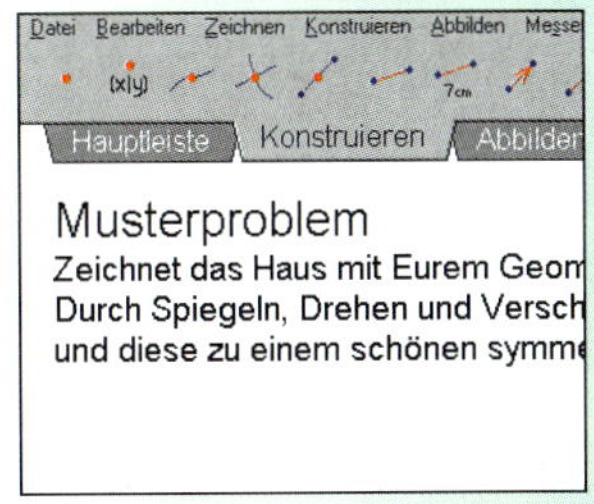

In einzelnen Gruppen könnt ihr euer persönliches Muster erzeugen und dies nach Eurem Geschmack einfärben. Zusätzlich lassen sich auch spezielle verschiedene vorgegebene Aufgaben bewältigen.

Ein Muster, das zwar eine Drehsymmetrie, aber keine Achsensymmetrie aufweist

Ein Muster, das nur Verschiebungssymmetrie aufweist

Ein Muster, das die ganze Fläche ohne Lücken ausfüllt

Was passiert mit dem Muster, wenn ihr das Ursprungshaus verändert?

Welche Muster entstehen, wenn ihr eine andere Grundfigur anstelle des Hauses wählt?

Welche Muster entstehen, wenn man mit zwei (drei) verschiedenen kongruenten Figuren arbeitet?

kongruent: deckungsgleich

Hier sind einige Beispiele mit „Konstruktionsspuren“, die natürlich in dem „Endprodukt“ verdeckt werden.

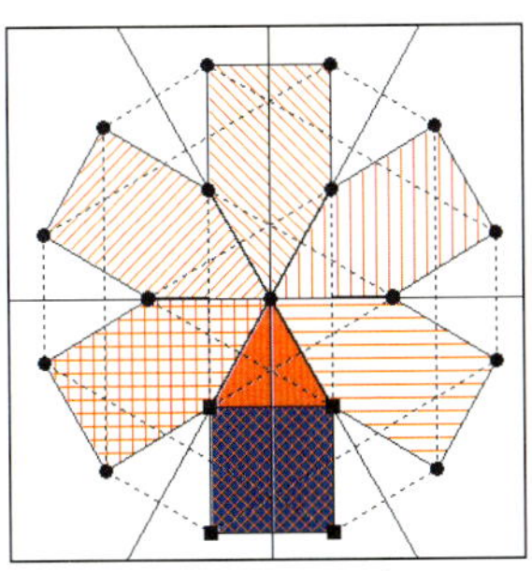

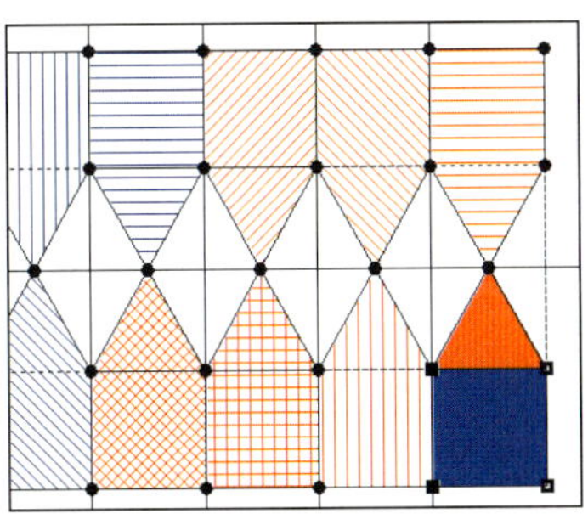

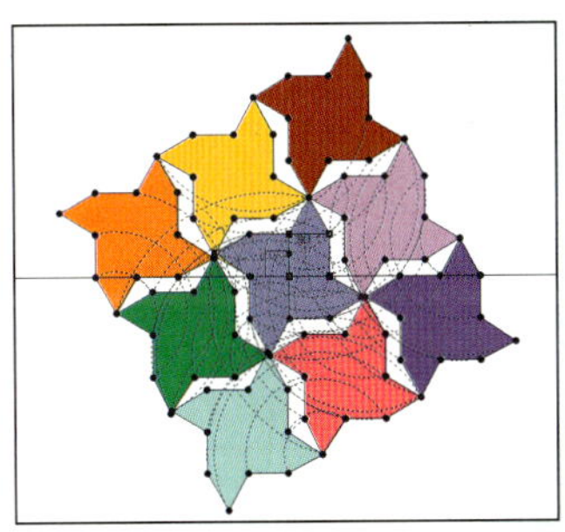

Die schönen Ergebnisse werden auf Plakaten oder mit dem Beamer präsentiert.

6.5 Raumvorstellung

Was dich erwartet

Delphine haben eine bessere Raumvorstellung als Menschen und das hat einen guten Grund: sie haben ein tägliches Training, denn im Meer bewegen sie sich nicht nur vor und zurück, nach links und rechts, genauso selbstverständlich bewegen sie sich nach oben oder unten. Auch wir Menschen können unsere Raumvorstellung trainieren. Wenn du Figuren in Gedanken spiegelst oder drehst, Körper aus Netzen bastelst und Schrägbilder zeichnest, verbesserst du auch deine Raumvorstellung.

Aufgaben

Musterkarten

1 In dieser Aufgabe kannst du dein Wissen über Spiegelungen vertiefen. Zeichne auf ein kariertes Blatt Papier 12 Quadrate mit einer Seitenlänge von *2 cm* und male sie wie rechts vorgemacht aus *(Figur 1)*. Beachte, dass du jedes Kärtchen zweimal herstellen sollst.

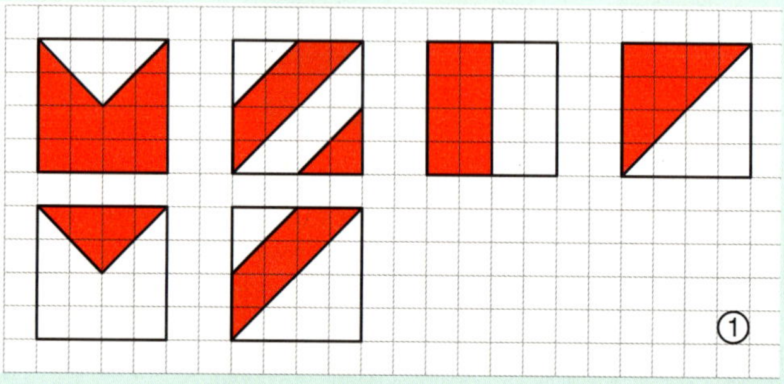

①

a) Versuche die dargestellten Figuren auf den Musterkarten mithilfe von zwei geeigneten Karten und eines Spiegels herzustellen. Für eine Musterkarte haben wir es vorgemacht *(Figur 2)*.

②

b) Kannst du mit den Kärtchen und dem Spiegel selbst neue Musterkarten erzeugen? Zeichne sie auf und tausche sie mit deinen Mitschülern aus.

Solche Bilder nennt man auch „Kipp-Bilder“, kannst du dir denken warum?

2 *Diese Treppe hat es in sich*

a) Erlaube dem roten Männlein in Gedanken die Treppe hinaufzugehen. Decke es anschließend mit einer Hand ab.

b) Versuche nun das grüne und anschließend das blaue Männlein die Treppe hinaufsteigen zu lassen. Drehe dazu das Buch. Was stellst du fest?

c) Übertrage das Schrägbild in dein Heft und versuche die Treppe in Gedanken „springen“ zu lassen.

Basiswissen

Schrägbilder und Netze helfen bei der Veranschaulichung geometrischer Körper. Durch Drehungen und Spiegelungen kann man viele weitere Eigenschaften der Körper entdecken.

Körper kannst du ...

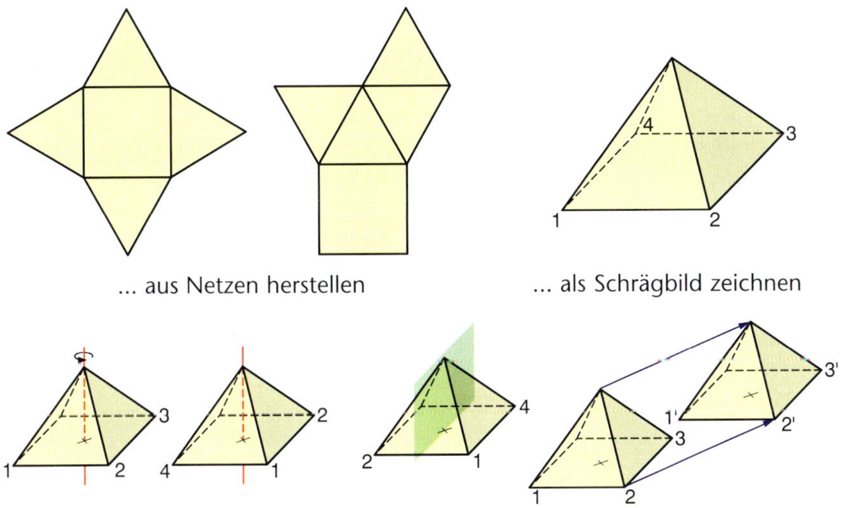

... aus Netzen herstellen ... als Schrägbild zeichnen

... drehen ... spiegeln und verschieben

Übungen

3 Der rote Merkkasten bezieht sich auf eine Pyramide. Wie sehen die Abbildungen im Kasten für einen Quader aus? Zeichne in dein Heft.

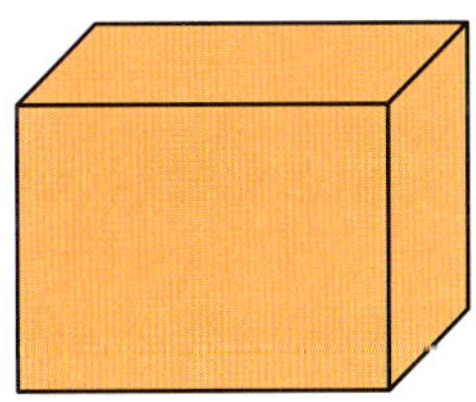

4 *Die Würfeltreppe*

a) Aus wie vielen Würfeln ist diese Treppe aufgebaut?

b) Wie viele Würfel kannst du sehen, wenn du in Gedanken um die Treppe herum gehst, wie viele sind im Innern der Treppe verborgen?

c) Übertrage das Schrägbild der Treppe in dein Heft.

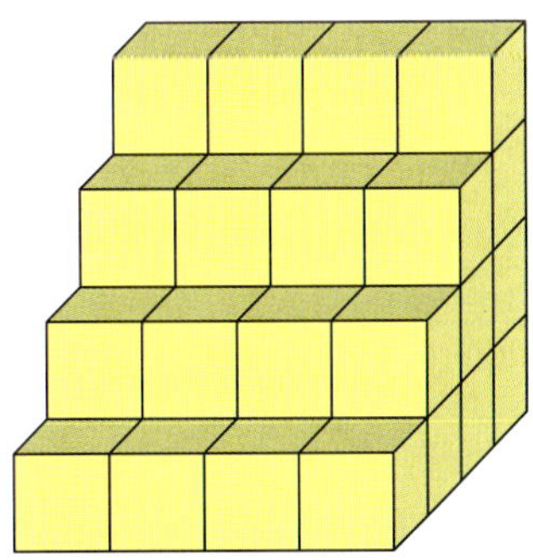

Die richtigen Lösungen zu **4** a) und b) sind dabei:
78 40 34
11 12 6

5 Ein Würfel hat acht Ecken. Wie sehen die Würfel aus *Abbildung 1* und *2* aus, wenn sie aus der Ausgangsposition um 90°, 180° oder gar 270° gedreht werden? Zeichne die zugehörigen Schrägbilder in dein Heft.

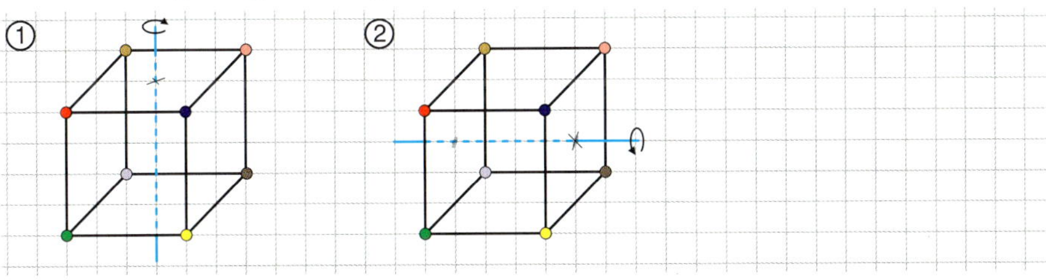

Hier lohnt sich der Bau eines Kantenmodells.

Übungen

6 Der Torbogen wurde um 90° um die rote Achse gedreht. Er soll nun auf die gleiche Weise noch zweimal gedreht werden.

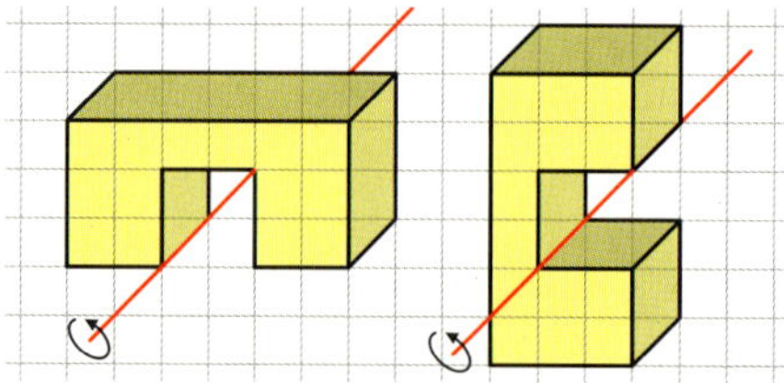

a) Zeichne die beiden Schrägbilder in dein Heft.
b) Zeichne die Schrägbilder für zwei weitere Drehungen um jeweils 90°.
c) Welches Schrägbild erhältst du, wenn du die letzte Figur aus b) noch einmal um 90° drehst?

7 Max hat aus vier Würfeln ein Siegertreppchen gebaut. Anschließend dreht und kippt er es in verschiedene Richtungen.
a) Übertrage die drei Ansichten in dein Heft.
b) Finde noch weitere Ansichten der Treppe und zeichne die zugehörigen Schrägbilder in dein Heft.

Überprüfe deine Ergebnisse durch Nachbauen mit vier Würfeln.

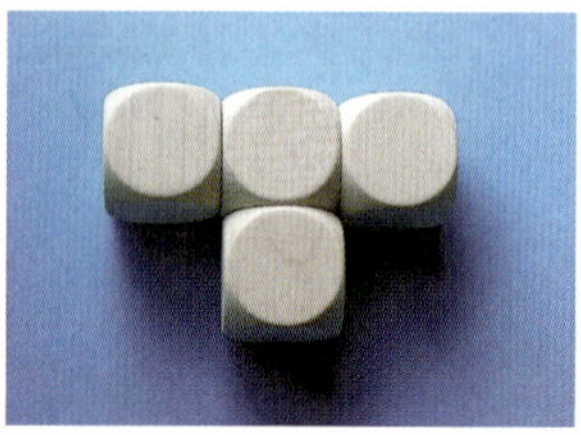

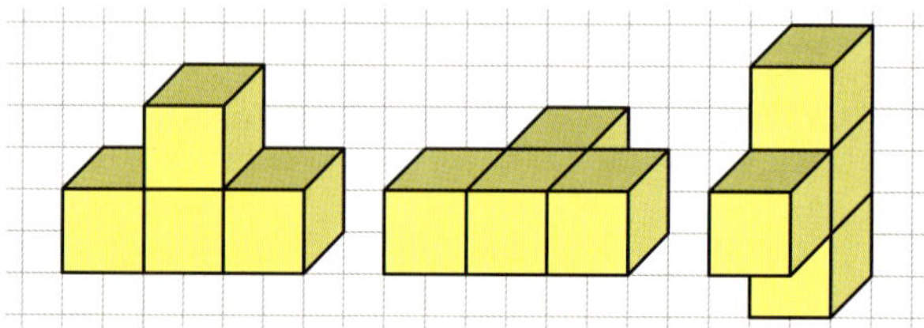

8 Sechs gleich gefärbte Würfel sollen aus den Würfelnetzen entstehen. Unser Zeichner hat beim Einfärben rasch die Lust verloren, kannst du ihm helfen? Übertrage die Netze in dein Heft und versuche die richtige Einfärbung zu finden. Beachte, es gibt manchmal mehrere Möglichkeiten.
Tipp: Zur Kontrolle kannst du die Netze ausschneiden und zusammenkleben.

Versuche es zuerst im Kopf, schneide anschließend die Netze aus und falte sie zusammen. So kannst du deine Ergebnisse überprüfen.

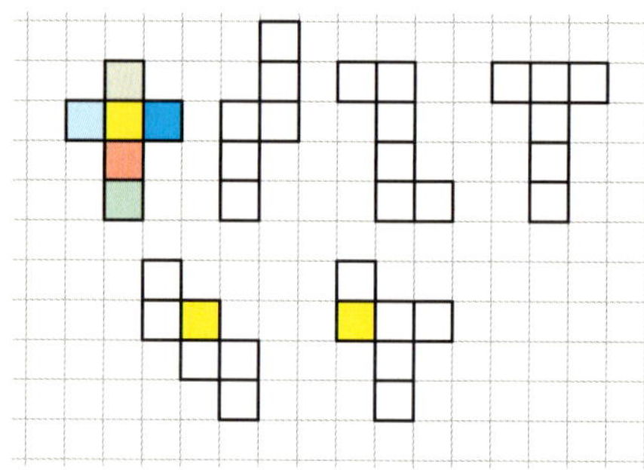

9 *Bauklötze haben es in sich*
Edda untersucht, welche verschiedenen Formen sie aus vier Würfeln bauen kann, und zeichnet die Schrägbilder dazu auf. Einige hat sie schon gefunden, doch sind sie wirklich verschieden?

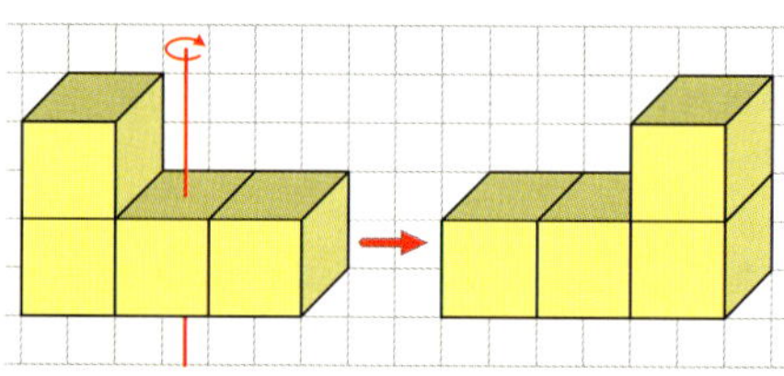

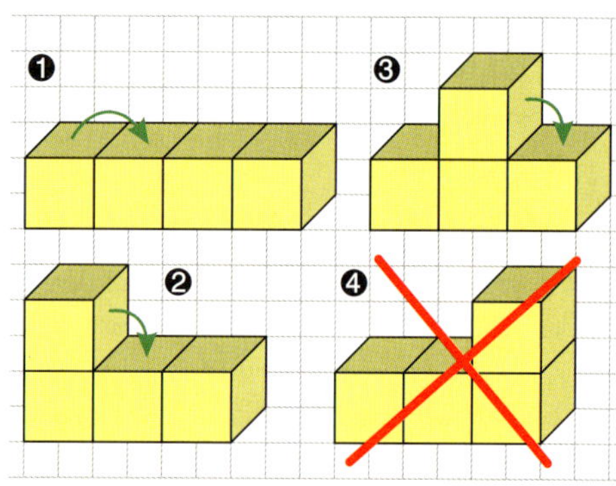

Übertrage die drei Schrägbilder in dein Heft.
Finde die weiteren verschiedenen Formen und zeichne die zugehörigen Schrägbilder in dein Heft. Tipp: Überprüfe mit vier Würfeln, ob du tatsächlich neue Zusammenstellungen gefunden hast.

Vergleiche deine Ergebnisse mit den Würfelblöcken in Aufgabe 7

Übungen

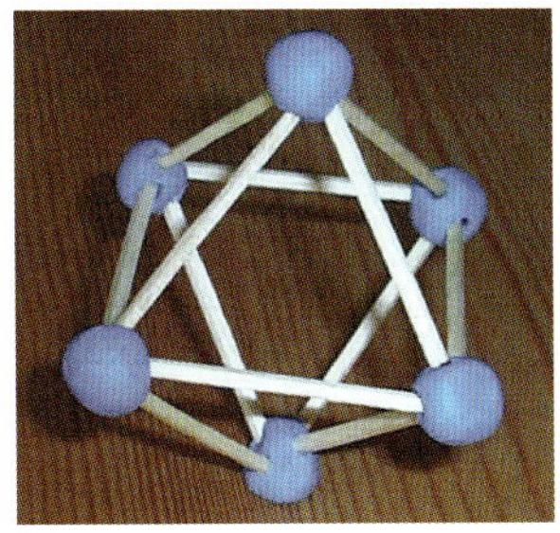

10 Im Würfel steckt ein Oktaeder.
Aus 12 Streichhölzern und sechs Knetkugeln kannst du ein Kantenmodell eines Oktaeders (Acht-Flächners) bauen ❶. Mithilfe eines Würfels gelingt dir auch ein Schrägbild des Oktaeders.

a) Zeichne das Schrägbild eines Würfels (❷).

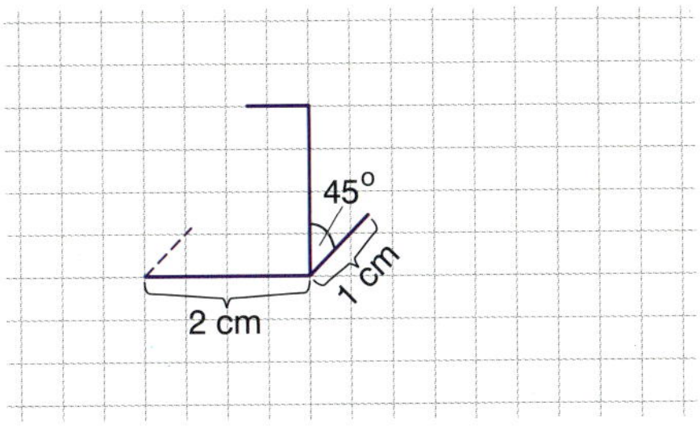

b) Bestimme alle Flächenmittelpunkte des Würfels. (Die Diagonalen helfen dir dabei.)

c) Verbinde jeden Mittelpunkt mit seinen vier Nachbarn ❸. Fertig ist das Schrägbild des Oktaeders ❹.

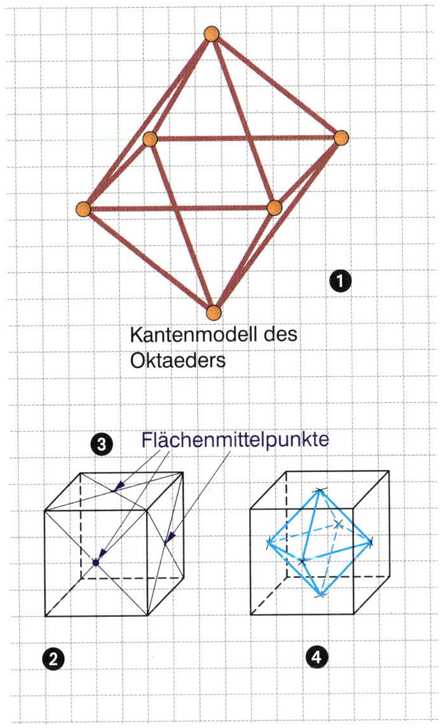

11 Eva und Raphael haben 18 verschiedene Würfelnetze gesammelt *(Abbildung 3 unten)*. Laura protestiert: *„Es gibt insgesamt nur 11 verschiedene Würfelnetze, ihr habt aber 18 gefunden!"*

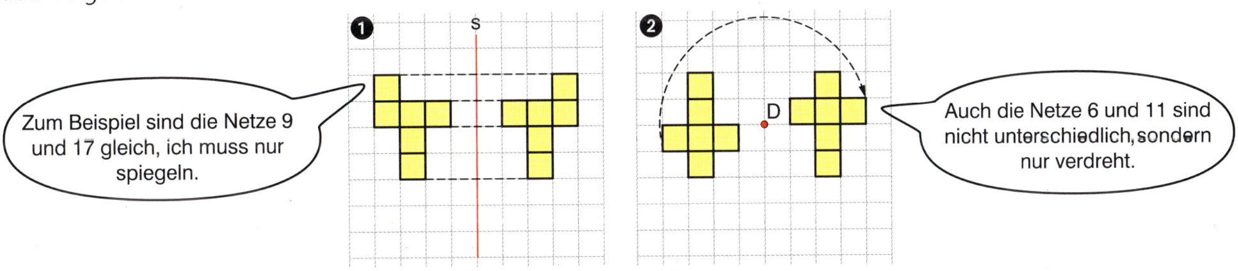

Welche weiteren Netze sind doppelt vorhanden? Begründe.

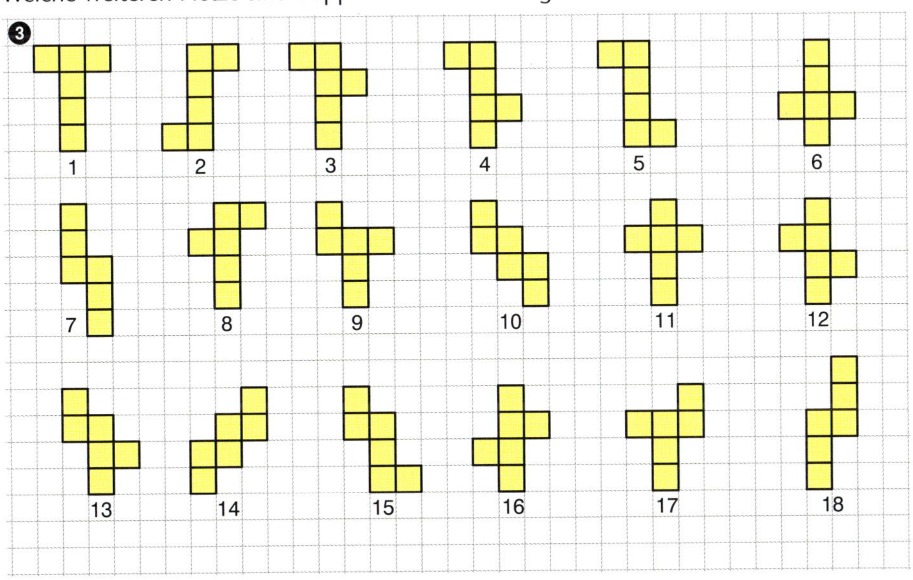

Versuche es zuerst im Kopf, schneide anschließend die Netze aus. Durch Drehen und Klappen kannst du deine Ergebnisse überprüfen.

Lösungen zu **11**

1
2 5
3 8
4
6 11
7 18
9 17
10 14
12 16
13
15

Projekt

Der Soma-Würfel – Ein dreidimensionales Puzzle

Dieses berühmte Knobelproblem stammt von dem dänischen Schriftsteller Piet Hein und hat schon viele Köpfe zum Rauchen gebracht. Was kann man mit diesen sieben Teilen wohl alles zusammensetzen...?

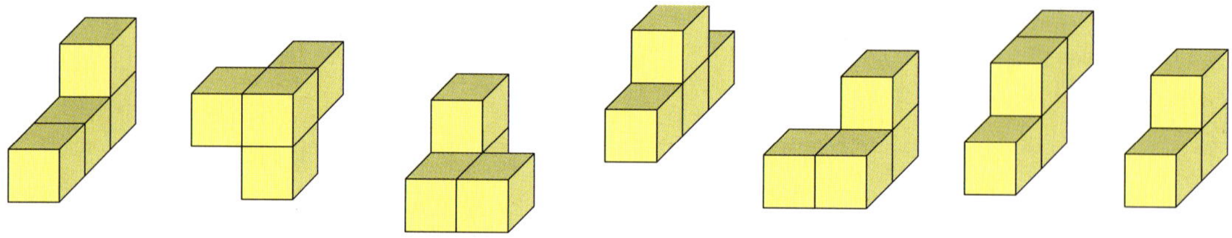

Bau der Puzzleteile

Betrachtet die Teile des Puzzles. Es sind alle „krummen" Möglichkeiten, auf die man drei oder vier Würfel zusammensetzen kann. Stellt zuerst die sieben Puzzleteile aus Würfeln selbst her. Für den Bau könnt ihr Holz- oder Plastikwürfel verwenden. Leim oder Kleber nicht vergessen!

Puzzle zum Aufwärmen

Versucht zunächst die folgenden einfachen Körper aus zwei, drei oder vier Puzzleteilen zusammenzubauen. Ihr könnt auch schon selbst Puzzle erfinden

Viele Wege führen zum Soma-Würfel

Alle Teile lassen sich zu einem Würfel mit der Kantenlänge 3 zusammenbauen! Mit der Explosionszeichnung, der Bilderfolge und dem Foto haben wir schon Tipps zu drei Möglichkeiten verraten. Baue diese nach!

Englische Mathematiker fanden 1961 heraus, dass es 240 verschiedene Möglichkeiten gibt, den Würfel zu bauen.

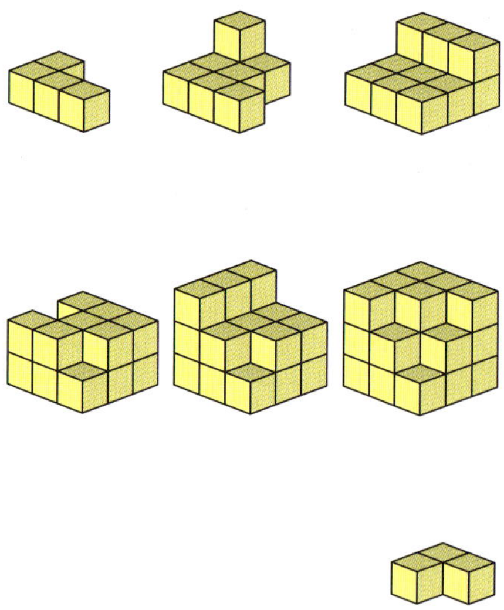

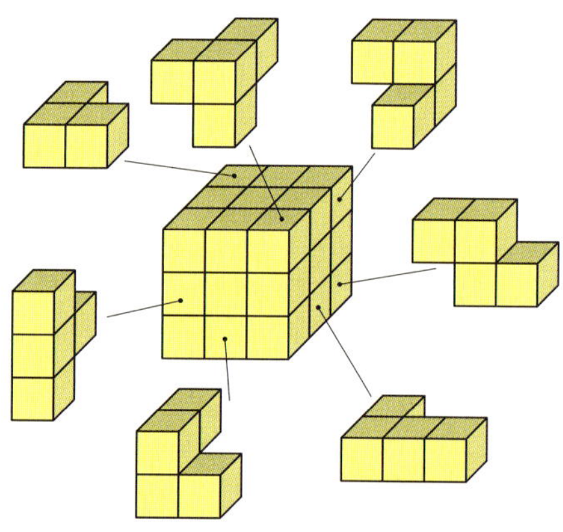

Lösungen sammeln und Baupläne erstellen

Wie viele verschiedene findet ihr? Wie könnt Ihr sicher sein, dass nicht zweimal die gleiche Lösung gefunden wurde?

Explosionszeichnungen

Explosionszeichnungen werden benutzt, um den Aufbau von Maschinen in Bauanleitungen, Wartungsanweisungen oder Ersatzteillisten darzustellen. Dabei werden die Ausrichtung der Teile und die Einbaureihenfolge berücksichtigt. Der Betrachter kann damit leicht die Lage der Einzelteile und deren Abhängigkeit voneinander erkennen. Das ist für eine Reparatur oder bei der Bestellung des passenden Ersatzteiles sehr nützlich. Häufig werden die Einzelteile mit Nummern versehen. Damit wird dann entweder der Zusammenhang mit einer Stückliste hergestellt oder die genaue Reihenfolge des Einbaus festgelegt. Früher war das Erstellen von Explosionszeichnungen eine sehr aufwändige und langwierige Arbeit für Graphiker. Heute gibt es Computerprogramme, mit denen das viel schneller und leichter geht.

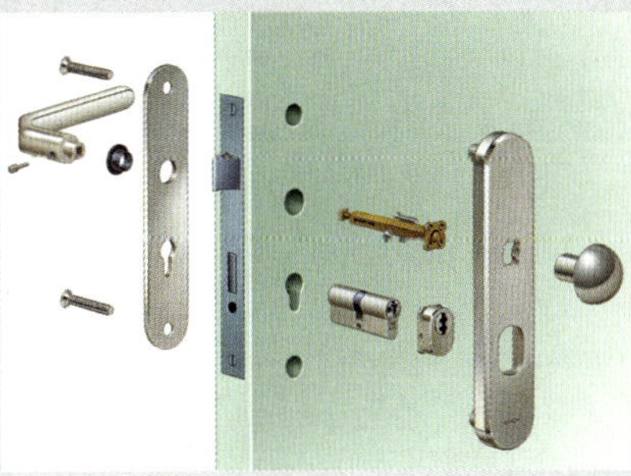

Explosionszeichnung eines Türbeschlages mit Schloss

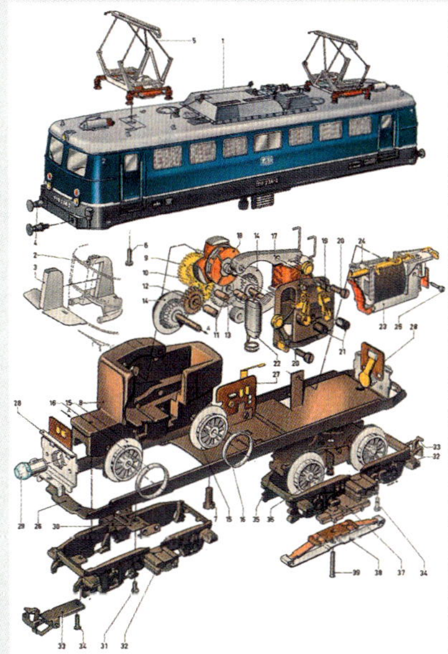

Explosionszeichnung einer Modelleisenbahn

Mit eurem Wissen über Schrägbilder könnt ihr auf kariertem Papier selbst solche Explosionszeichnungen für eure Soma-Puzzle herstellen.

Weitere Puzzles

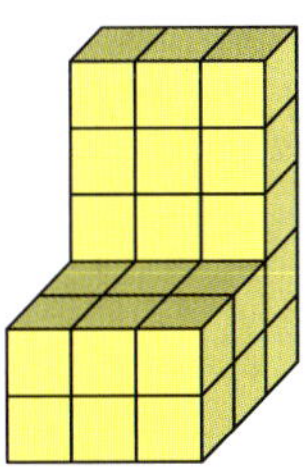

Stuhl

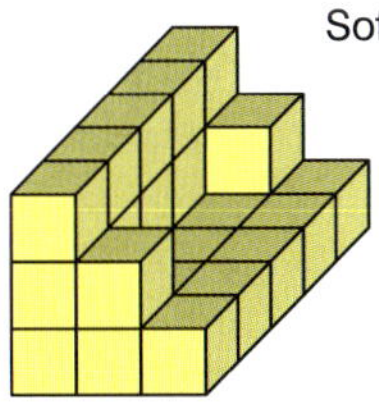

Sofa

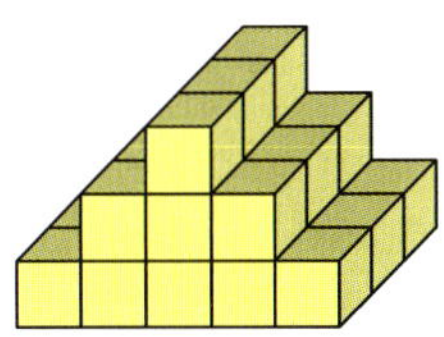

Treppe

Brunnen

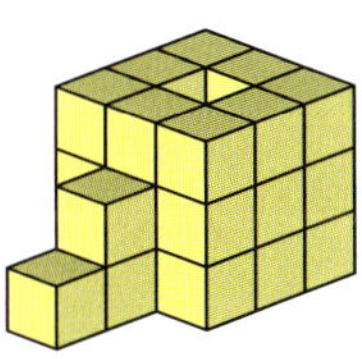

Kristall

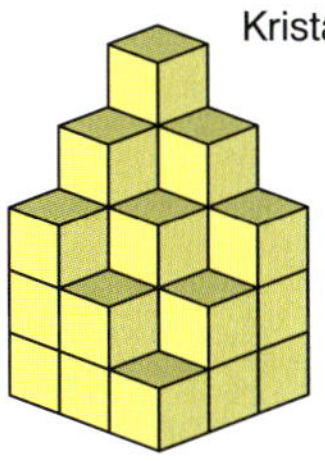

Schlange

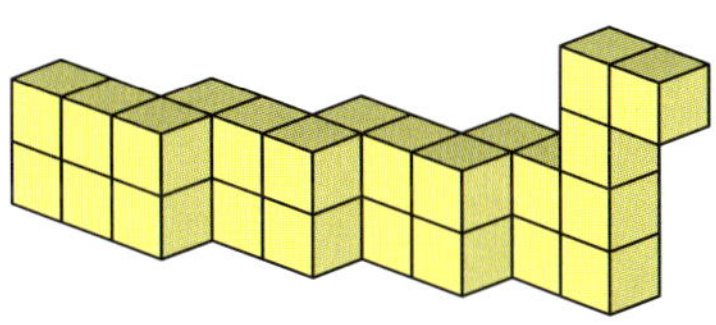

Mit der Klasse könnt ihr ein Soma-Heft mit Anleitungen zusammenstellen, in dem jeder sein Lieblingspuzzle mit Bauplan einstellt. Erfindet eigene Figuren oder schaut im Internet nach, welche Puzzleprobleme es dort noch gibt. Viel Spaß dabei!

Soma-Heft

CHECK-UP

Symmetrie

Symmetrische Figuren
Um eine Figur auf Symmetrie zu untersuchen, suche nach möglichen Spiegelachsen oder Drehzentren.

Die Figur verändert sich nicht nach der Spiegelung an einer Achse oder nach der Drehung um das Drehzentrum um einen Winkel kleiner als 360°

Spiegeln, drehen und verschieben
Du musst immer nur einzelne Punkte von Figuren (meistens Eckpunkte) spiegeln, drehen oder verschieben. Anschließend verbindest du die Bildpunkte wie in der Ausgangsfigur.

Spiegeln

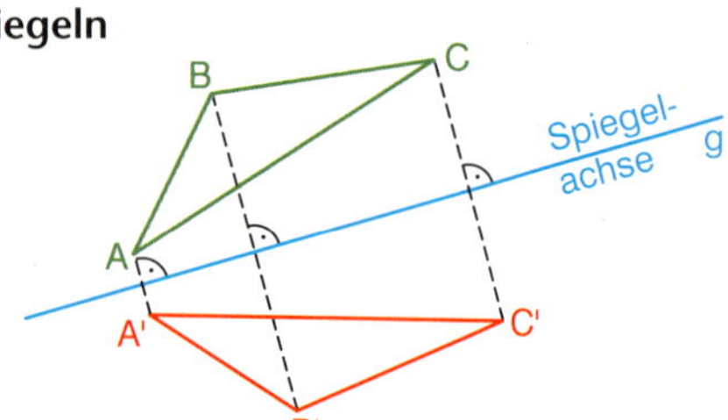

Drehen

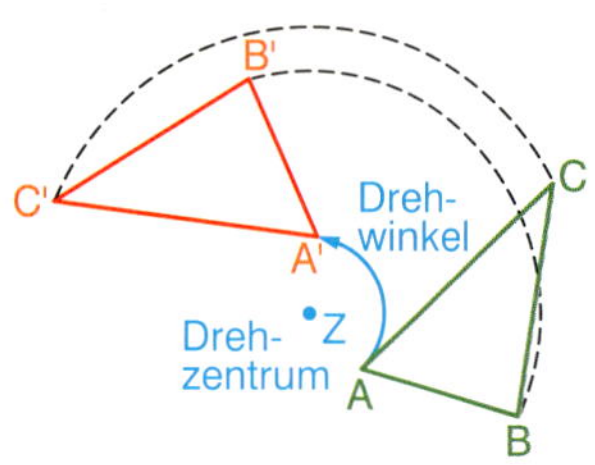

Verschieben

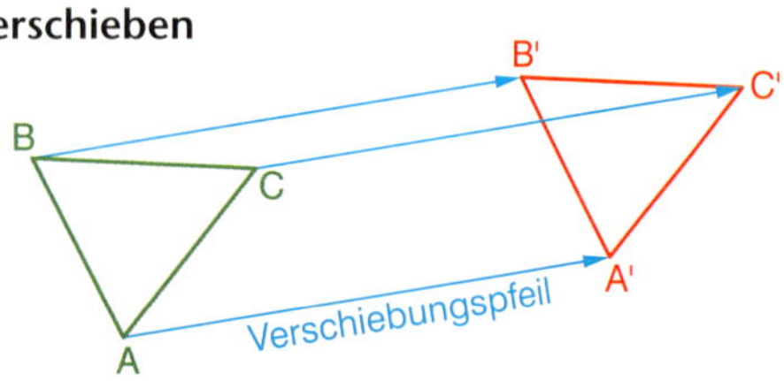

1 Untersuche die Muster auf Spiegelsymmetrie, Punktsymmetrie und Drehsymmetrie. Wenn du die Spiegelachsen und Drehzentren zeichnen möchtest, verwende Transparentpapier.

a)
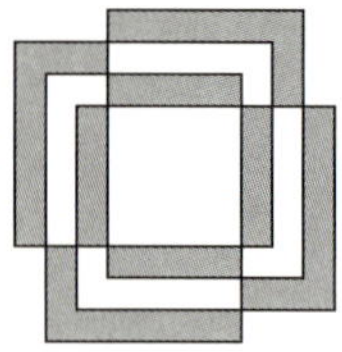

b)

c)

d)

e)

2 Jans Versuche, einen symmetrischen Weihnachtsbaum zu zeichnen, sind gescheitert. Nun zeichnet er nur die Hälfte eines Weihnachtsbaums und konstruiert die andere Hälfte mithilfe einer Achsenspiegelung. Versuche es selbst. Verwende dabei unliniertes Papier.

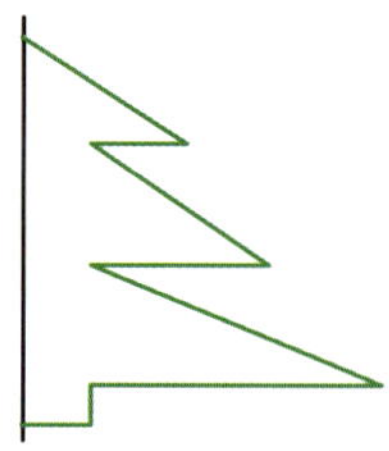

3 Katrin hat das grüne Dreieck gedreht und dabei das rote Dreieck erhalten.
a) Wo liegt das Drehzentrum und wie groß ist der Drehwinkel?
b) Drehe das rote Bilddreieck um das gleiche Drehzentrum um 135°. Kannst du die beiden Drehungen durch eine einzige Drehung ersetzen? Durch welche?

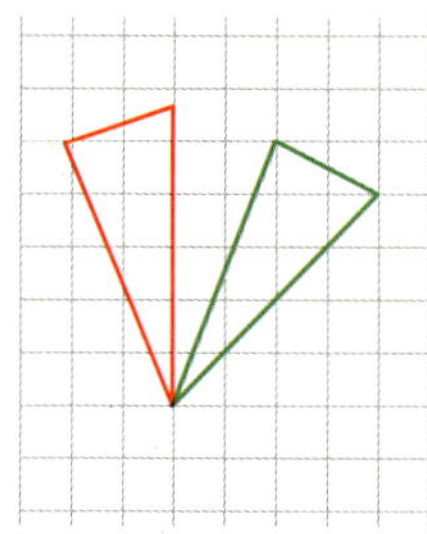

4 a) Verschiebe das Dreieck ABC um 3 nach rechts und um 4 nach oben. Gib dann die Koordinaten der Bildpunkte an.
b) Der Punkt D wird mit demselben Verschiebungspfeil verschoben. Kannst du die Bildkoordinaten voraussagen?

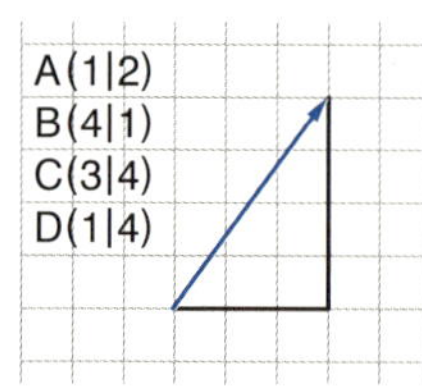

5 Der Buchstabe F wird am Punkt P gespiegelt. Welche Bildfigur ist die richtige?

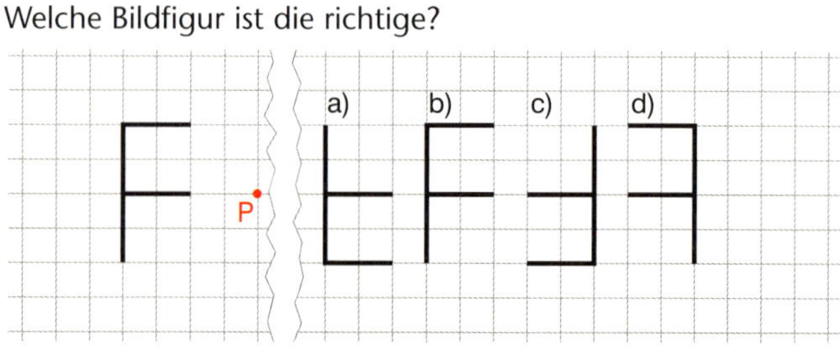

7 Rechnen mit Dezimalzahlen

7.1 Addition und Subtraktion

Was dich erwartet

Bestimmt hast du noch keinen Kassenzettel gesehen, auf dem z. B. $\frac{3}{4}$ € + $\frac{7}{5}$ € + $1\frac{3}{100}$ € addiert werden. In den meisten Situationen des Alltags wird mit Dezimalzahlen gerechnet, im Beispiel also 0,75 € + 1,40 € + 1,03 €. Die Rechenverfahren hierzu sind dir von den natürlichen Zahlen bereits bestens vertraut, jetzt muss nur zusätzlich das Komma beachtet werden.

Aufgaben

1 Beim alljährlichen Schwimmfest der Stadt gingen sechs Lagenstaffeln über 4 × 50 m an den Start. Die Siegerstaffel auf Bahn 3 schlug nach insgesamt 3:27,2 min an. Die Zeiten für die einzelnen Teilstrecken der Staffeln kannst du der Tabelle entnehmen.

a) Der Zeitnehmer der Siegerstaffel hat die Zeit der Rückenstrecke leider nicht gestoppt. Wie schnell wurden die ersten 50 m angeschwommen? Welchen Platz belegte die Staffel auf Bahn 4?

	Bahn 1	Bahn 2	Bahn 3	Bahn 4	Bahn 5	Bahn 6
Rücken	57,2	52,3		56,1	56,0	63,8
Schmetterling	72,4	54,8	49,2	51,9	57,9	62,5
Brust	65,3	57,1	56,3	55,2	59,6	60,4
Kraul	48,2	46,8	44,4	46,0	45,1	47,6
Endzeit in s Endzeit in min	243,1	211,0	207,2 3:27,2		218,6	234,3

b) Im Diagramm ist der Stab für Siegerstaffel auf Bahn 3 bereits eingetragen. Übertrage das Diagramm möglichst auf Millimeterpapier und ergänze es um die Stäbe der anderen Staffeln. Die Einzelzeiten der Lagenstrecken sind durch Teilstriche markiert. Stelle 10 Sekunden durch 1 cm dar. Du benötigst dazu ein ganzes Blatt.

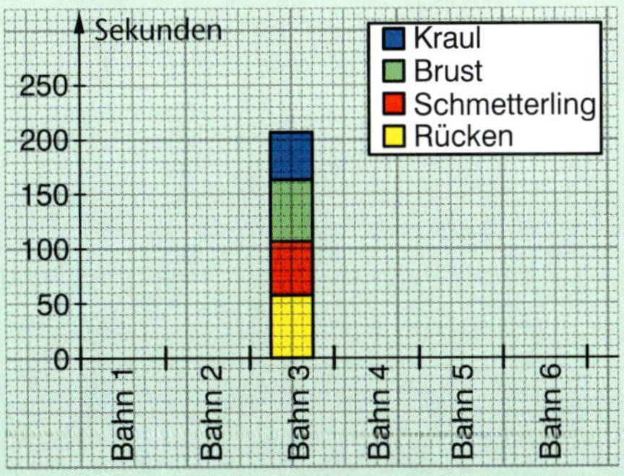

Das Staffelrennen auf einen Blick

c) Berechne die Zeitabstände der platzierten Staffeln zur Siegerstaffel.

Kasse 3	
Artikel 1	0,98
Artikel 2	1,38
Artikel 3	3,45
Artikel 4	0,99
Artikel 5	7,49
Artikel 6	2,95
Summe	
Bar	
R	2,76

2 *Bevor du einen Supermarkt verlässt, musst du an der Kasse deine Einkäufe bezahlen. Um sicherzustellen, ob dein Geld reicht, solltest du zuvor einen Überschlagswert ermitteln. Damit kannst du auch eventuelle Tippfehler „entlarven".*

a) Überschlage schnell die Summe der Preise der eingekauften Artikel.

b) Nach dem Einkauf willst du den Kassenbon genauer überprüfen. Dieser Kassenbon ist an einer wichtigen Stelle leider unlesbar geworden. Zum Glück stehen die Zahlen aber untereinander. Mit welchem Geldschein wurde bezahlt? Zur Sicherheit rechne noch einmal nach. Wie gut war dein Überschlagswert?

c) Wie ändert sich die Endsumme, wenn bei Artikel 2 das Komma eine Stelle zu früh oder eine Stelle zu spät gesetzt wurde? Werden diese Tippfehler durch einen Überschlag entlarvt?

Tippfehler:
Komma zu früh
0,138 statt 1,38

Komma zu spät
13,8 statt 1,38

3 *Addition am Zahlenstrahl*

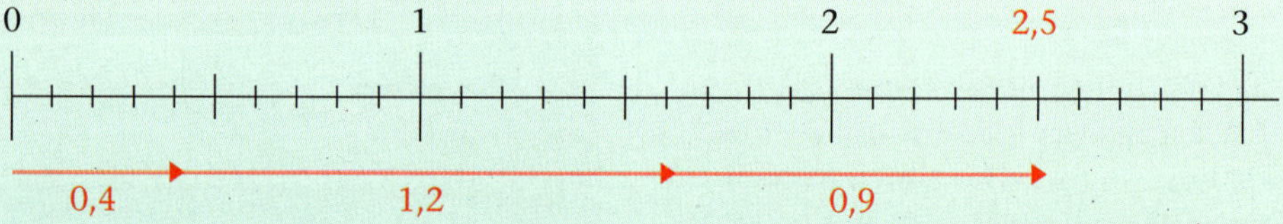

0,4 + 1,2 + 0,9 = 2,5

Zeichne entsprechende Bilder am Zahlenstrahl in dein Heft und gib das Ergebnis an.

a) 0,2 + 1,9 + 0,8 +1,2

b) 1,25 + 0,85 + 0,7 + 1,1

c) 2,4 + 1,7 – 1,8

Koffer 2,3 kg
Tims Kleidung 5,1 kg
Sarahs Kleidung 6,2 kg
Bücher 2,4 kg
Geschenke 1,7 kg
Spielsachen 2,1 kg
Getränke 1,25 kg

4 Sarah und Tim packen ihren Urlaubskoffer. Ihr Koffer darf am Flughafen maximal 20 kg schwer sein, da sie sonst für Übergewicht zuzahlen müssen. Ihren gepackten Koffer stellen sie auf eine Personenwaage: „So ist der Koffer zu schwer". Nun wiegen die beiden alle Sachen aus und müssen einige Dinge zurücklassen. Welche Gegenstände sollten zu Hause bleiben? Wie schwer ist dann ihr Koffer?

Basiswissen

Die Addition und Subtraktion von Dezimalzahlen kannst du in gleicher Weise durchführen wie bei natürlichen Zahlen.

Schriftliches Addieren

Schreibe die Summanden sorgfältig so untereinander, dass Komma unter Komma steht. Addiere dann stellenweise wie bei natürlichen Zahlen.

27,46 + 16,71 + 9,04
Überschlag: 27 + 17 + 9 = 53

	2	7	,	4	6
+	1	6	,	7	1
+		9	,	0	4
	2	1		1	
	5	3	,	2	1

Schriftliches Subtrahieren

Schreibe Minuend und Subtrahend sorgfältig so untereinander, dass Komma unter Komma steht. Subtrahiere dann stellenweise wie bei natürlichen Zahlen.

73,29 – 27,95 – 8,03
Überschlag: 73 – 28 – 8 = 37

	7	3	,	2	9
–	2	7	,	9	5
–		8	,	0	3
	2	1			
	3	7	,	3	1

Zur Überprüfung des Ergebnisses kannst du eine Überschlagsrechnung durchführen. Runde die Zahlen so, dass du leicht im Kopf mit ihnen rechnen kannst.

Beispiele

A Bei unterschiedlicher Anzahl von Nachkommastellen ist das richtige Untereinanderschreiben besonders wichtig.

1,57 + 1,318 + 0,4 + 0,9167

Überschlag 1,6 + 1,3 + 0,4 + 0,9 = 4,2

	1	,	5	7		
+	1	,	3	1	8	
+	0	,	4			
+	0	,	9	1	6	7
	2		1	1		
	4	,	2	0	4	7

Richtig untereinander schreiben

B Klaus geht mit seinen Eltern essen. Der Kellner schreibt auf seinen Rechnungszettel die Preise und verlangt 48,20 €. Klaus wundert sich, dass es so viel kostet. Um wie viel hat sich der Kellner verrechnet?

26,80
2
5,50
3,20
1,70

Klaus überschlägt und rechnet genau nach.

Überschlag: 27 + 2 + 6 + 3 + 2 = 40

Der Kellner hat sich um 9 € verrechnet.

	2	6	,	8	0
+		2	,	0	0
+		5	,	5	0
+		3	,	2	0
+		1	,	7	0
	1	2			
	3	9	,	2	0

Übungen

5 Bestimme den Endbetrag.

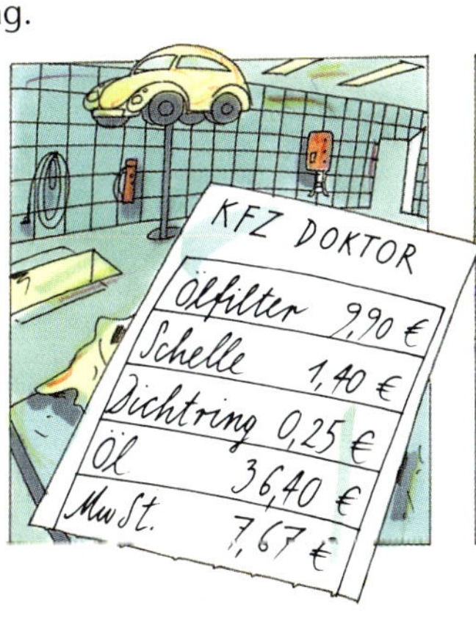

Beispiele für geschickte Strategien:

7,4 + 2,7 = 7,4 + 2,6 + 0,1 = 10,1
2,35 – 0,40 = 2,35 – 0,35 – 0,05 = 1,95
4,8 + 9,9 = 4,8 + 10 – 0,1 = 14,7

6 Rechne im Kopf möglichst schnell und geschickt.
Wenn du es in 3 min schaffst, liegst du ganz gut.

a) 1,4 +1,6
b) 25,3 + 4,7
c) 16,34 – 2,14
d) 2,6 + 1,0
e) 7,2 – 1,4
f) 1,30 – 0,01
g) 5,6 – 1,3
h) 5,5 + 4,5
i) 1000 – 1,1
j) 2,9 + 1,9
k) 7,67 – 0,68
l) 100 – 99,9

7 An der Kasse wird der Rechnungsbetrag häufig mit Scheinen ohne Kleingeld gezahlt. Wie viel Wechselgeld erhältst du, wenn du die angegebenen Beträge mit einem 10-€-Schein bezahlst?

a) 8,20 €
b) 6,85 €
c) 9,98 €
d) 1,87 €
e) 0,59 €
f) 5,07 €
g) 3,17 €
h) 0,99 €

8 Ergänze zu einer Folge aus 10 Zahlen, in dem du zum Startwert immer die angegebene Zahl addierst/subtrahierst.

+ 0,2

Startwert 0,3

0,3 →(+ 0,2) 0,5 →(+ 0,2) 0,7 → 0,9 → 1,1 → 1,3 → 1,5 → 1,7 → 1,9 → 2,1

a) + 0,7 Startwert 0,4
b) + 0,05 Startwert 4,2
c) – 0,3 Startwert 6,3
d) – 0,125 Startwert 4,5

9 Bei der Addition kannst du auch auf die Stellenwerttafel zurückgreifen.
12,5 + 0,71 + 0,075

z Zehntel
h Hundertstel
t Tausendstel

100 H	10 Z	1 E	1/10 z	1/100 h	1/1 000 t	
	1	2	5			12,5
		0	7	1		0,710
		0	0	7	5	0,075
	1	3	2	8	5	13,285

Übertrage die Stellenwerttafel in dein Heft. Rechne wie im Beispiel.

a) 17,95 + 4,005 + 109,98
b) 12,1 + 7,985 + 210,07
c) 34,791 – 12,1 – 2,45
d) 100,68 + 11,675 + 0,569
e) 0,8 – 0,15 – 0,005
f) 4,895 – 2,06 – 1,9

Begründe mit der Stellenwerttafel die im Kasten beschriebene sorgfältige Schreibweise bei Addition und Subtraktion („Komma unter Komma")

10 Berechne die fehlenden Zahlen.

a) 6,4 + ■ = 9,6
b) 23,45 – ■ = 9,9
c) 2,7 kg + ■ = 6,1 kg
d) 2,65 € – ■ = 0,93 €
e) ■ – 5,7 = –2,3
f) ■ – 1,2 = 18,9
g) ■ – 3,7 l = 15,8 l
h) ■ – 1,2 s = 10,2 s
i) –7,25 + ■ = –3,75

11 *Fehler erkennen*
Entscheide, ob richtig oder falsch gerechnet wurde und notiere jeweils den Buchstaben. Du erhältst ein Lösungswort.
Welche Fehler wurden gemacht?

Aufgabe	richtig	falsch
0,9 + 0,3 = 0,12	E	O
0,9 – 0,6 = 0,3	A	R
0,25 – 0,1 = 0,24	D	S
6,9 + 0,2 = 6,11	T	E

12 Suche Zahlkartenpaare deren Summe eine natürliche Zahl ergibt.
Welche Karte kann nicht benutzt werden?

Beispiel:
1,65 + 0,35 = 2,00

0,0988 | 0,0499 | 5,875 | 1,65 | 0,525 | 4,9501 | 0,35 | 0,65 | 0,125 | 0,9012

Übungen

13 Mit Hilfe der Tabellenkalkulation werden im Kaufhaus Patzig die Umsätze für vier Verkäufer alle zwei Stunden festgehalten.

Umsatz am Donnerstag in der Abteilung Sport

	Jürgen	Heiner	Oskar	Pit	
9 – 11	159,78	180,50	110,34	134,78	
11 – 13	180,05	149,02	95,65	178,99	+
13 – 15	174,79	83,70	175,98	156,81	+
15 – 17	176,84	143,45	220,90	170,34	+
17 – 19	166,53	148,99	132,48	162,98	+
		+	+	+	

a) In welchem Zeitraum (2-Stunden-Takt) wurde am meisten verkauft?
b) Welcher Verkäufer hat an dem Tag den größten Umsatz erzielt?
c) Welcher Gesamtumsatz wurde in der Abteilung erzielt? (Berechne dies zur Probe auf zwei verschiedenen Wegen!)

14 *Rechnen mit dem Zufall.* Spiele mit einem Nachbarn. Ihr benötigt einen Würfel. Übertrage in dein Heft.

■,■■
– ■,■■

Variation: Gewonnen hat der- oder diejenige mit der größten Differenz

Spielregel: Jeder würfelt sechsmal. Nach jedem Wurf schreibt man die gewürfelte Zahl in ein freies Kästchen. Gewonnen hat der- oder diejenige mit der kleinsten Differenz. Wer seine Differenz nicht bestimmen kann, hat sofort verloren. Also Vorsicht!

15 Zeichne das Muster und die Zahlen in dein Heft. Addiere die Zahlen auf benachbarten zwei „Backsteinen". Schreibe das Ergebnis auf den darüber liegenden Stein.

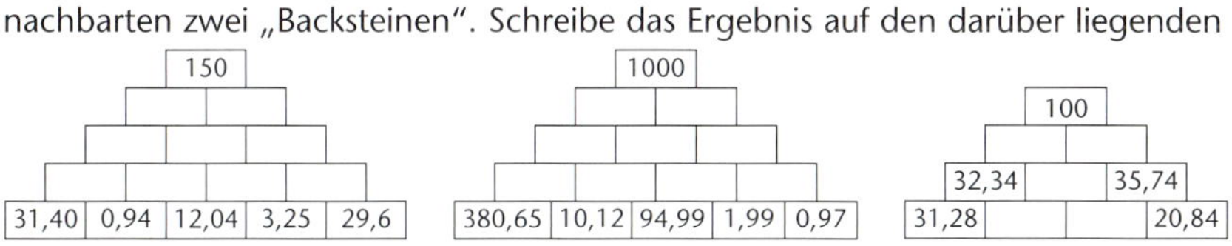

16 Trainiere deine Rechenfertigkeit.
Rechne einmal mit Brüchen, einmal mit Dezimalzahlen.

Beispiel: $\frac{3}{5} + 0{,}4$ — $\frac{3}{5} + \frac{2}{5} = \frac{5}{5} = 1$ — $0{,}6 + 0{,}4 = 1$

Mit welcher Methode bist du schneller?

a) $\frac{3}{4} + 0{,}75$ $\quad 0{,}6 - \frac{3}{5}$ $\quad 1{,}4 - \frac{1}{8}$ $\quad 1{,}1 + \frac{1}{5} + 0{,}7$
b) $2{,}3 - \frac{3}{10}$ $\quad \frac{2}{5} + 0{,}375$ $\quad 100 - \frac{1}{10}$ $\quad \frac{1}{4} + 0{,}125 + 1{,}1$
c) $2\frac{1}{2} - 2{,}2$ $\quad 10{,}3 - \frac{2}{5}$ $\quad \frac{3}{8} - 0{,}1$ $\quad 4\frac{3}{5} - 1{,}4 + 3\frac{1}{4}$
d) $0{,}7 + \frac{3}{4}$ $\quad 3\frac{1}{2} - 0{,}75$ $\quad 1{,}2 - \frac{5}{8}$ $\quad 2\frac{1}{4} + 1\frac{3}{4} - 0{,}6$

17 Familie Witt will ihr rechteckiges Grundstück (35,50 m lang und 27,75 m breit) mit Draht einzäunen. An einer Seite wird der Zaun durch eine 3,60 m breite Einfahrt unterbrochen. In der Garage steht noch eine 125 m lange Maschendrahtrolle. Reicht diese Rolle für das Vorhaben?

Übungen

18 *„Zielschießen"*. Wer kommt am nächsten an die 5?
Wähle aus der Zahlenkiste 3 Zahlen. Erlaubt sind Addieren und Subtrahieren.
Christin: 1,77 + 2,53 + 0,92 =
Björn: 5,47 – 3,21 + 2,89 =
a) Wer hat besser „gezielt"?
b) Suche selbst drei Zahlen aus. Versuche noch näher an die 5 zu kommen als Christin und Björn.

19 Am Monatsersten schreibt Frau Seemann die Zählerstände ihrer Wasseruhr auf. Zeichne ein Diagramm, aus dem man den Wasserverbrauch für jeden Monat ablesen kann. In welchem Monat war der Verbrauch am größten? Woran könnte es liegen?

1.4.	263,004 m³
1.5.	279,678 m³
1.6.	297,684 m³
1.7.	332,488 m³
1.8.	369,139 m³
1.9.	374,207 m³

20 Herr Krause möchte trotz seines Gewichtes von 96,8 kg am Köln-Marathon teilnehmen. Durch intensives Lauftraining nimmt er Woche für Woche ab. Jeden Montag stellt er sich auf seine Waage und trägt seine Gewichtsabnahme in ein Diagramm ein.
Bestimme sein Gewicht nach 7 Wochen. Wie viel hat Herr Krause insgesamt abgenommen?

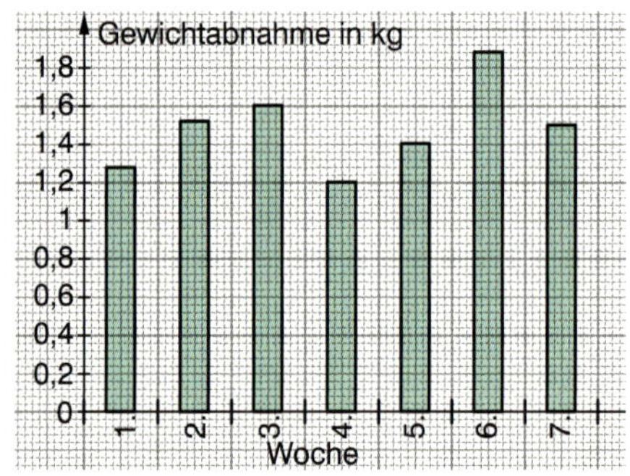

Klassenkasse 6a		*Anf. Febr. 42.20*	
		Ausgaben	*Einnahmen*
03.02.	*Geld einsammeln*		*25 €*
12.02.	*Getränke für das Klassenfest*	*23.70 €*	
	Rückgabe der Kästen		*6.50 €*
18.02.	*CD für Jutta*	*16.25 €*	
24.02.	*Blumenstrauß*	*12.20 €*	

21 Anja führt in ihrer Klasse die Klassenkasse. Sie notiert in einem Heft alle Einnahmen und Ausgaben.
Anfang März zählt sie das Geld in der Klassenkasse. Es sind 21,55 €. Stimmt die Klassenkasse? Überschlage zunächst das Ergebnis mit gerundeten Zahlen.

22 Das Konto von Herrn Fröhlich weist einen Stand von 453,75 €. auf. Seinen Großeinkauf im Supermarkt im Wert von 221,95 € bezahlt er mit seiner EC-Karte. Außerdem überweist er die Rechnung für die Autoreparatur in Höhe von 597,50 €. Zur gleichen Zeit erhält er die Zahlung des Kindergeldes in Höhe von 308 € auf sein Konto. Welchen Kontostand weist das Konto von Herrn Fröhlich auf, nachdem alle Posten verbucht sind?

23 Herr Willibald liegt im Krankenhaus und bekommt täglich fünf Spritzen eines Medikamentes mit jeweils unterschiedlicher Dosis A, B, C, D, E. Wie viel ml des Medikamentes erhält er im Laufe eines Tages?

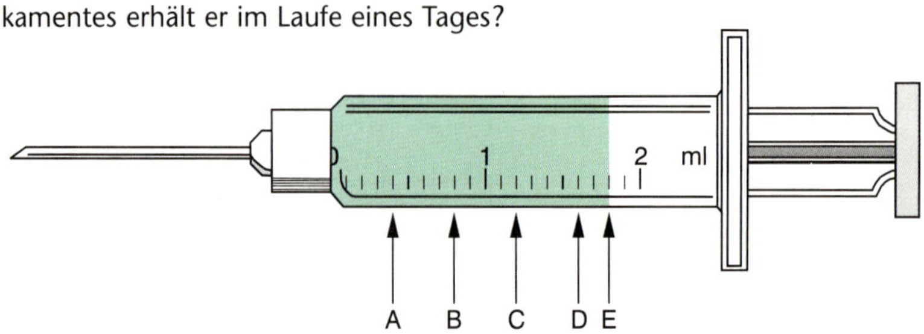

Projekt

Skispringen

Skispringen ist eine tolle Sportart. Am Fernseher kann man zwar sehen, wie die Athleten mutig zu Tal fliegen. Noch eindrucksvoller ist es allerdings, wenn man den Wettbewerb an der Schanze „live“ miterleben kann.

Einer der wichtigsten Wettbewerbe für Skispringer ist die Vierschanzen-Tournee. Informiert euch im Internet, wo die vier Springen stattfinden und wer im vergangenen Jahr gewonnen hat. Stellt die vier verschiedenen Sprungschanzen je auf einem Plakat vor.

Sprungschanzen der Vierschanzentournee

Punktewertung

Gewonnen hat nicht notwendigerweise der Springer, der am weitesten gesprungen ist, sondern der, der die höchste Punktzahl erreicht hat. Lest aus der Ergebnisliste vom Neujahrsspringen 2005 in Garmisch-Partenkirchen möglichst viele Informationen ab.

K-Point: 115 m Meter Value: 1,8 Points/m

Rank	Name	Nation	Distance (m)	Distance Points	Judges' Marks A	B	C	D	E	Judges' Points	Round Total	Total
1	Ahonen, Janne	FIN	124,0	76,2	18,0	18,5	18,0	17,5	17,0	53,5	129,7	260,1
			128,0	83,4	16,5	15,0	15,5	16,0	15,5	47,0	130,4	
2	Morgenstern, Thomas	AUT	119,5	68,1	18,5	19,0	18,0	18,	18,5	55,5	123,6	254,1
			122,5	73,5	19,0	19,0	19,0	18,5	19,0	57,0	130,5	
3	Spaeth, Georg	GER	120,5	69,9	18,5	19,0	18,0	18,5	18,5	55,5	125,4	247,2
			118,5	66,3	18,5	18,5	18,5	18,5	18,5	55,5	121,8	

Bewertung von Sprüngen

Und so werden die Punkte errechnet:

Es gibt *Entfernungspunkte (Distance Points):* Springt ein Springer so weit wie der K-Punkt, dann erhält er 60 Punkte. Für jeden Meter, den ein Springer weiter als der K-Punkt der Schanze springt, erhält er 1,8 Punkte mehr, für jeden halben Meter 0,9 Punkte. Für kürzere Sprünge als den K-Punkt erhält der Springer entsprechend weniger Punkte.

Zusätzlich erhält der Springer *Haltungspunkte (Judges' Points):* Der Springer erhält von fünf Sprungrichtern *Punkte (Judges' Marks).* Die höchste Punktzahl ist dabei jeweils 20 Punkte. Von diesen fünf Wertungen wird die höchste und die niedrigste gestrichen und die verbliebenen drei Wertungen addiert.

Die *Endpunktzahl (total)* ist die *Summe* der *Haltungspunkte* und der *Entfernungspunkte.* Verstanden? Dann rechne doch einmal die Punktewertung für die beiden Sprünge von Janne Ahonen, dem Sieger nach.

Ausstellung Skispringen

Informiere über Sprungschanzen und Bewertungen von Sprüngen in einer Ausstellung. Am besten rechnest du einmal ausführlich vor, wie die Endpunktzahl eines Athleten (z.B. Georg Späth) ermittelt wird.

7.2 Multiplikation

Was dich erwartet

Kannst du Dezimalzahlen auch multiplizieren? Du wandelst die Dezimalzahlen in Brüche um, und wie man Brüche multipliziert, weißt du ja bereits. Es gibt aber auch Verfahren, wie man Dezimalzahlen direkt, also ohne den Umweg über die Brüche, multiplizieren kann.

Aufgaben

1 *„Haarklein“*

Haartyp	Dicke
dünnes Haar	0,02 – 0,04 mm
normales Haar	0,05 – 0,07 mm
dickes Haar	>0,07 mm

Willst du dir etwas so Feines wie ein Haar genauer ansehen, so benutzt du eine Lupe oder ein Mikroskop.

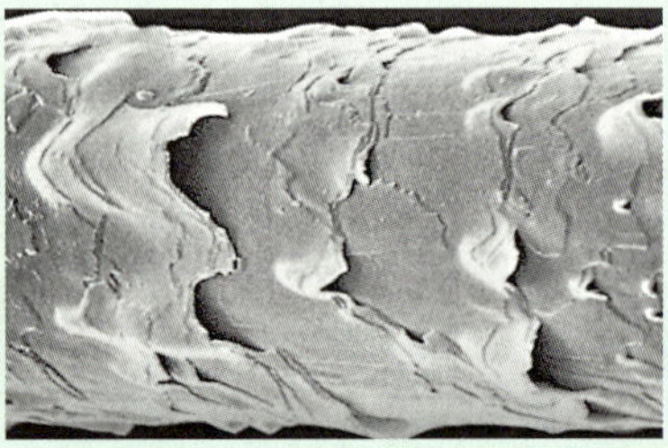

Haar unter einem Mikroskop

Unter einem Mikroskop mit 100-facher Vergrößerung erscheint dünnes Haar mit einer Dicke von 2–4 mm.

a) Wie dick erscheint es unter einer Lupe mit 1 000facher Vergrößerung?

b) Klara hat dicke Haare (0,085 mm). Wie dick erscheint ein Haar von ihr unter einer Lupe mit 20facher Vergrößerung?

c) Saschas Haartyp hat normale Dicke. Es erscheint bei 100facher Vergrößerung mit einer Dicke von 6,4 mm. Wie dick ist das Haar?

2 Hanna, Petra und Sven wollen für den Aufbau ihrer Modelleisenbahn eine rechteckige Holzplatte kaufen. Damit die Platte genau in die Ecke des Kellerraumes passt, muss sie 1,47 m breit und 1,6 m lang sein. Ein Quadratmeter der Holzplatte kostet 10 €.

Flächeninhalt = Länge · Breite

Also müssen die beiden Dezimalzahlen multipliziert werden. Multiplikation der Zahlen ohne Komma ist kein Problem:

$147 \cdot 16 = 2352$

Nebenrechnung

```
147 · 16
  147
   882
  11
  2352
```

„Aber wo steht das Komma?“

Hanna rechnet mit einem Überschlag: Da beide Seiten kleiner als 2 m lang sind, muß der Flächeninhalt kleiner als 4 m² sein. Also ist die Platte 2,352 m² groß.

Petra und Sven kommen auf andere Weise zu dem gleichen Ergebnis:

Petra:
$$\begin{aligned} &1{,}47\text{ m} \cdot 1{,}6\text{ m} \\ &= 147\text{ cm} \cdot 160\text{ cm} \\ &= 23\,520\text{ cm}^2 \\ &= 235{,}2\text{ dm}^2 \\ &= 2{,}352\text{ m}^2 \end{aligned}$$

Sven:
$$\begin{aligned} &1{,}47\text{ m} \cdot 1{,}6\text{ m} \\ &= \frac{147}{100} \cdot \frac{16}{10} \\ &= \frac{2\,352}{1\,000} \\ &= 2{,}352\text{ m}^2 \end{aligned}$$

a) Wie hat Petra gerechnet, wie Sven? Erkläre die beiden Verfahren.

b) Wie teuer ist die Holzplatte? Mache zunächst einen Überschlag und berechne dann genau.

c) Berechne den Flächeninhalt und den Preis einer größeren Platte (Breite 2,71 m, Länge 3,2 m).

Aufgaben

3 In der Praxis kommt es häufig vor, dass zwei Dezimalzahlen miteinander multipliziert werden müssen.
Durch Umwandeln in Brüche gelingt das.

Umwandeln in Brüche → Bruchmultiplikation → Umwandeln in Dezimalzahl

$$0{,}28 \cdot 3{,}7 = \frac{28}{100} \cdot \frac{37}{10} = \frac{28 \cdot 37}{100 \cdot 10} = \frac{1036}{1000} = 1{,}036$$

Nebenrechnung

2	8	·	3	7
		8	4	
		1	9	6
	1	1		
	1	0	3	6

a) Rechne ebenso: $0{,}64 \cdot 2{,}7$ $\quad 1{,}7 \cdot 0{,}9$ $\quad 3{,}17 \cdot 2{,}54$ $\quad 0{,}125 \cdot 1{,}3$
b) Vergleiche jeweils die Anzahl der Nachkommastellen bei beiden Faktoren mit der Anzahl der Nachkommastellen im Ergebnis. Was fällt dir auf?

Basiswissen

Für die Multiplikation von Dezimalzahlen ohne den Umweg über die Brüche brauchst du nur eine zusätzliche Regel zum Setzen des Kommas.

So multiplizierst du zwei Dezimalzahlen:

- Multipliziere die Zahlen zunächst ohne Berücksichtigung des Kommas
- Setze im Ergebnis das Komma so, dass dieses so viele Nachkommastellen hat wie die beiden Faktoren zusammen.

	①			②	
5,	1	·	4,	8	5
2	0	4			
	4	0	8		
			2	5	5
2	4,	7	3	5	
			③		

Probe durch Überschlag

$5{,}1 \cdot 4{,}85$
$5 \cdot 5 = 25$

Beispiele

A Berechne $3{,}4 \cdot 12{,}95$.
Multiplizieren ohne Komma:

```
3,4 · 12,95
     34
      68
      306
       170
    44,030
```

Das Ergebnis hat 1 + 2 = 3 Nachkommastellen.

Überschlag:
$3 \cdot 13 = 39$

Beispiele

Nebenrechnung

```
35 · 685
 210
  280
   175
 23975
```

B Welches Ergebnis ist richtig?

$3{,}5 \cdot 6{,}85 = ?$ → 2,3975 / 23,975 / 239,75

– Ziffern: In jedem Fall sind die Ziffern richtig.
– Überschlag: $4 \cdot 6 = 24$
– Nachkommastellen: 3,5 hat 1 Nachkommastelle
6,85 hat 2 Nachkommastellen
$3{,}5 \cdot 6{,}85$ hat 3 Nachkommastellen

Somit $3{,}5 \cdot 6{,}85 = 23{,}975$

C Berechne.
Multiplizieren ohne Komma:

$21{,}45 \cdot 100$ → 2145,00 (↑ 2 Nachkommastellen)

$21{,}45 \cdot 0{,}01$ → 0,2145 (↑ 4 Nachkommastellen)

Basiswissen

Besonders einfach lassen sich Dezimalzahlen mit 10; 100; 1 000 ... oder mit 0,1; 0,01; 0,001 ... multiplizieren. Hier wird nur das Komma nach rechts oder links verschoben.

Multiplikation einer Dezimalzahl mit		**Verschiebung des Kommas um**
		→
10	$3{,}125 \cdot 10 = 31{,}25$	eine Stelle nach rechts
100	$3{,}125 \cdot 100 = 312{,}5$	zwei Stellen nach rechts
1 000	$3{,}125 \cdot 1\,000 = 3\,125$	drei Stellen nach rechts
		←
0,1	$648{,}5 \cdot 0{,}1 = 64{,}85$	eine Stelle nach links
0,01	$648{,}5 \cdot 0{,}01 = 6{,}485$	zwei Stellen nach links
0,001	$648{,}5 \cdot 0{,}001 = 0{,}6485$	drei Stellen nach links

Beispiele

D $0{,}43 \cdot 10 = 4{,}3$
$0{,}43 \cdot 100 = 43$
$0{,}43 \cdot 1\,000 = 430$
Das Komma wird nach rechts verschoben.
Wenn die Anzahl der Ziffern nicht reicht, so werden Nullen angehängt.

E $12{,}5 \cdot 0{,}1 = 1{,}25$
$12{,}5 \cdot 0{,}01 = 0{,}125$
$12{,}5 \cdot 0{,}001 = 0{,}0125$
Das Komma wird nach links verschoben.
Wenn die Anzahl der Ziffern nicht reicht, so werden Nullen eingefügt.

Übungen

4 Berechne

a)	b)	c)	d)
0,5 kg · 100	4,02 cm^2 · 1 000	0,06 m · 10	1,1 dm^2 · 10
0,04 s · 1 000	10,7 g · 1 000	50,90 € · 100	0,15 km · 100
3,01 m^2 · 0,1	13 l · 0,01	1,2 m · 0,01	3,05 kg · 0,001

5 Jeweils zwei Produkte sind gleich. Berechne und entscheide.

a)	1,2 · 10	0,12 · 1 000	1,2 · 1 000	1,2 · 100	0,12 · 100
b)	23,4 · 10	23,4 · 100	0,234 · 100	0,234 · 1 000	2,34 · 10
c)	0,75 · 10	7,5 · 100	0,075 · 100	75,0 · 10	0,075 · 10
d)	0,026 · 10	0,0026 · 1 000	2,6 · 10	0,26 · 100	0,0026 · 100
e)	–1,42 · 1 000	0,142 · (–1 000)	–14,2 · (–100)	14,2 · (–100)	–0,142 · 1 000
f)	3,75 · (–10)	–0,375 · (–100)	–3,75 · 100	3,75 · 10	37,5 · (–100)

Übungen

6 Führe zunächst eine Überschlagsrechnung durch und berechne danach schriftlich in deinem Heft.

a) $3{,}8 \cdot 3$; $7{,}2 \cdot 1{,}3$; $5{,}23 \cdot 0{,}5$
b) $4{,}7 \cdot 4$; $4{,}8 \cdot 4{,}2$; $12{,}3 \cdot 0{,}47$
c) $5 \cdot 9{,}1$; $6{,}2 \cdot 2{,}7$; $4{,}17 \cdot 0{,}75$
d) $8 \cdot 8{,}2$; $7{,}2 \cdot 1{,}1$; $3{,}98 \cdot 0{,}25$
e) $7{,}4 \cdot 12$; $8{,}4 \cdot 7{,}9$; $0{,}064 \cdot 0{,}36$

7 Rechne möglichst schnell.

a) 16,85 m + 16,85 m + 16,85 m + 16,85 m + 16,85 m + 16,85 m + 16,85 m + 16,85 m + 16,85 m + 16,85 m
b) 2,045 kg + 2,045 kg + 2,045 kg + 2,045 kg + 2,045 kg
c) 0,67 € + 0,67 € + 0,67 € + 0,67 € + 0,67 € + 0,67 € + 0,67 € + 0,67 € + 0,67 €
d) 7,034 + 7,034 + 7,034 + 7,034 + 7,034

Etwas für Schnellrechner

Tipp für · 5
Rechne · 10 und dann die Hälfte.

8 Ein Stapel aus 100 Blatt Schreibmaschinenpapier ist 1,04 cm dick.
a) Wie dick ist ein Stapel aus 500 (1 000; 10 000) Blatt Papier?
b) Wie viel Blatt brauchst du für einen Stapel bis zur Decke deines Klassenzimmers?

9 Berechne die fehlenden Zahlen.

a) 6,4 · ■ = 640 b) ■ · 5,7 = 57 c) 10,2 · ■ = 1 020 d) ■ · 0,02 = 0,2
e) 2,04 · ■ = 204 f) ■ · 0,98 = 9,8 g) 54 · ■ = 5,4 h) ■ · 65,2 = 0,652

·	1,2	3,8	0,7
5,4	■	■	■
3,5	■	■	■
0,3	■	■	■

10 Übertrage die Multiplikationstabelle in dein Heft und fülle aus. Die Summen der Zeilenprodukte und der Spaltenprodukte findest du in der Lösungsbox.

10 Lösungen
1,71 34,96 30,78 19,95 6,44 11,04

11 Familie Reise möchte für ein neues Grundstück nicht mehr als 60 000 € ausgeben. Sie erhalten mehrere Angebote.

Ruhiges, 675,8 m² großes Grundstück. 80,50 € pro m², gute Verkehrsanbindung zur Innenstadt.

Schnäppchen: 79,99 € pro m² ideal für die junge Familie – 770,5 m² – Kindergarten, Schule in unmittelbarer Nähe.

Hier werden Wünsche wahr. Vollerschlossenes 595 m² Hanggrundstück für 86,75 € pro m² – mit Blick über unverbaubare Felder.

12 Für ihren Wandertag muss die Klasse 6 b an Fahrtkosten insgesamt 70,50 € zahlen. Die Klassenlehrerin sammelt von jedem der 27 Schülerinnen und Schüler 2,45 € ein. Reicht das Geld? Der Differenzbetrag soll in die Klassenkasse gezahlt oder ihr entnommen werden.

13 Ein Sportverein rechnet für das nächste Jahr mit Ausgaben in Höhe von 100 000 €. Der Verein hat als Mitglieder 205 Jugendliche und 642 Erwachsene. Ein Jugendlicher zahlt als Mitgliedsbeitrag im Monat 4,50 €, ein Erwachsener 11,75 €.
Sollte der Beitrag für das nächste Jahr erhöht werden?

Kommafehler kannst du durch einen Überschlag vermeiden.

Übungen

14 Michel hat Paprika gekauft. Der aufgedruckte Preis kommt ihm komisch vor.

15 An der Käsetheke wurden Käseecken abgepackt. Bestimme den Preis für jedes Stück.

16 Eine Schnecke legt höchstens 0,32 m pro Minute zurück. Wie viele Kilometer kann sie in einer Stunde zurücklegen?

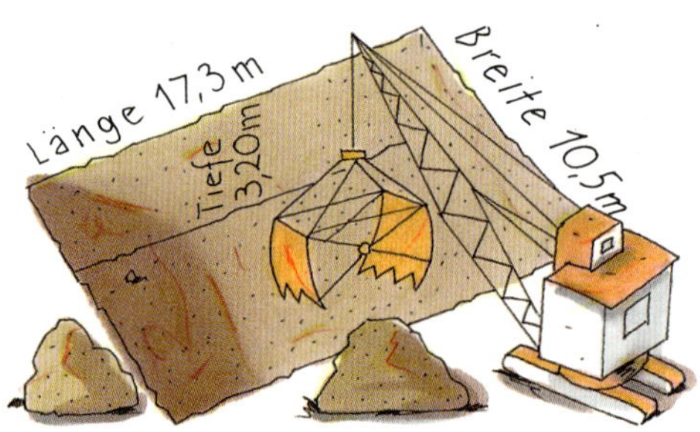

17 Für den Neubau eines Hauses muss eine Grube ausgebaggert werden.
a) Wie viel Kubikmeter Erde müssen ausgehoben werden?
b) Nach dem Kellerbau wird nur noch ein Fünftel des Aushubs zur Auffüllung benötigt. Wie viel muss abgefahren werden?

18 Finde richtige Aufgaben z. B. 0,2 · 2,1 = 0,42. Zu einigen Ergebnissen kannst du verschiedene Produkte finden.

1. Faktor	·	2. Faktor	=	Ergebnis
2, 0,21, **0,2**, 1,2, 0,12	·	0,6, 0,21, 40, **2,1**, 70, 16	=	0,12, 3,2, **0,42**, 0,48, 4,2, 8,4

– Überschlage
– letzte Ziffer
– Kommaregel

19 In der Klasse 6 b werden für das Produkt 23,4 · 315,6 folgende Ergebnisse genannt: a) 738,24 b) 7385,4 c) 7385,224 d) 7385,22 e) 7385,04
Bei vier Ergebnissen kann man „sofort" sehen, dass sie falsch sind. Begründe!

2,45	12,3
24,5	1,23

20 Bilde aus den gegebenen Zahlen alle Produkte mit zwei Faktoren. Es kann eine Zahl auch mit sich selbst multipliziert werden. Wie viele Produkte findest du?
Tipp: Schreibe die Ergebnisse in eine Multiplikationstabelle.

·	2,45	12,3	24,5	1,23
2,45	■	■	■	■
12,3	■	■	■	■
24,5	■	■	■	30,135
1,23	3,0135	■	■	■

Übungen

21 613,6 · 0,73 = 447,928. Bestimme die Ergebnisse folgender Aufgaben möglichst schnell ohne zu rechnen.
a) 61,36 · 7,3 b) 6,136 · 73 c) 61,36 · 0,73 d) 6136 · 0,073 e) 613,6 · 7,3

Eine erstaunliche Feststellung

22 Beim Multiplizieren natürlicher Zahlen ist das Produkt immer größer (oder zumindest gleich) als jeder der einzelnen Faktoren. Bei Dezimalzahlen kann das Produkt auch kleiner sein als ein Faktor oder sogar kleiner sein als beide Faktoren.
Welche Aufgaben bestätigen die Behauptung?

a) 0,5 · 16 b) 4 · 0,125 c) 0,5 · 0,25 d) 0,125 · 8
e) 1,7 · 1,5 f) 0,1 · 0,3 g) 0,2 · 0,2 h) 0,25 · 30
i) 0,1 · 3 j) 1,3 · 0,1 k) 1,2 · 7,5 l) 0,35 · 0,2

Findest du eine Erklärung?

23 *Fehler erkennen*
Entscheide, ob richtig oder falsch gerechnet wurde und notiere jeweils den Buchstaben. Du erhältst ein Lösungswort.

Aufgabe	richtig	falsch
0,4 · 0,3 = 0,12	R	L
3,1 · 10 = 30,10	E	A
0,5 · 0,6 = 0,3	S	I
0,2 · 0,2 = 0,4	S	E
0,5 · 1,2 = 0,6	N	E

24 Quadrate von Dezimalzahlen

0,9 · 0,9 = 0,81 0,2 · 0,2 = 0,04

Suche im rechten Kasten die passenden Quadrate.

0,6	0,1	1,2	0,5	1,5

0,1	3,6	14,4	0,01	2,25	0,25	0,225	0,36	1,44	2,5

Wiederholung:
Nenne alle Quadratzahlen zwischen 1 und 400
1, 4, 9, ...

25 Ein Quadrat mit der Seitenlänge 1 m hat den Flächeninhalt 1 m².
Wenn du eine Seite um 10 cm (20 cm; 50 cm) verlängerst und die andere um 10 cm (20 cm; 50 cm) verkürzt, so entsteht ein Rechteck mit dem gleichen Umfang wie das Quadrat. Wie ändert sich der Flächeninhalt? Berechne und zeichne auch die entsprechenden Bilder.

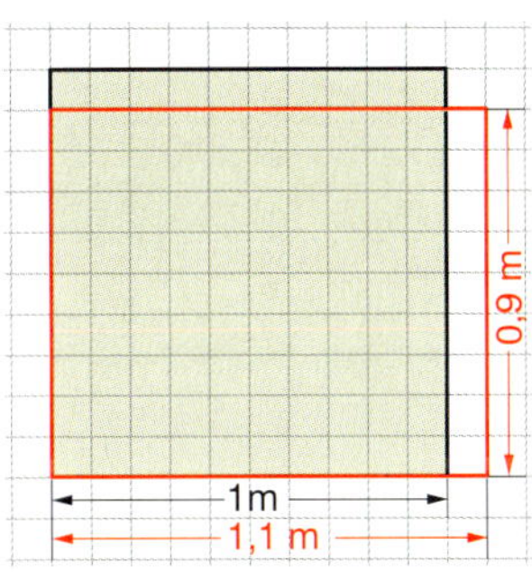

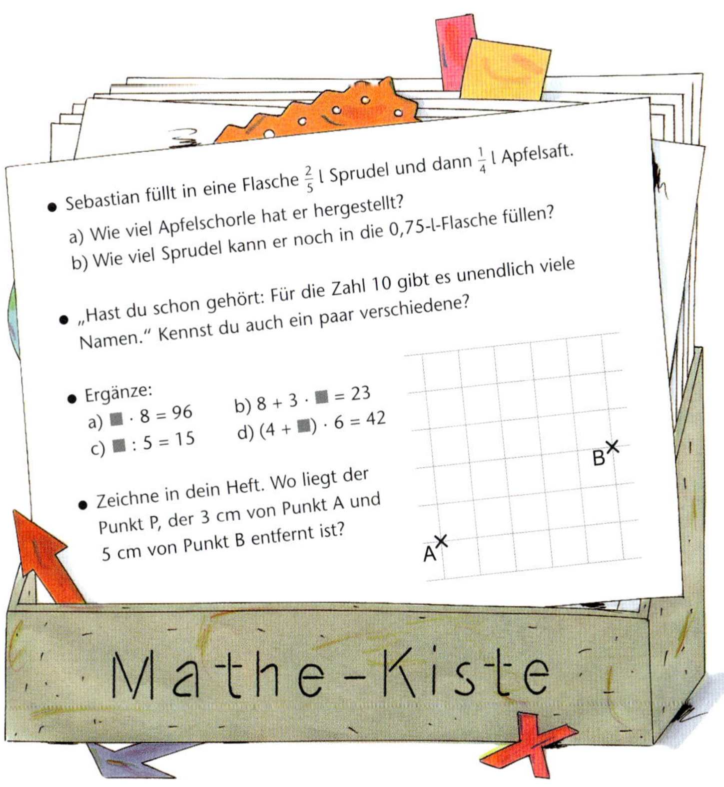

Aufgaben

Mit dem „Zoom" am Fotokopierer kannst du deine Ergebnisse nachprüfen!

26 Wird ein Bild auf einem DIN-A4-Blatt auf einem Kopiergerät mit dem Faktor 0,5 verkleinert, so werden die Kantenlängen des Blattes halbiert.

a) Welchen Flächeninhalt hat das verkleinerte Bild?

b) Welche Kantenlängen und welchen Flächeninhalt hat das Bild unter einer Verkleinerung mit dem Faktor 0,8?

c) Mit welchem Faktor muss man verkleinern, damit das Bild vom Flächeninhalt ungefähr halb so groß wird? Probier einfach mal mit 0,5; 0,6; 0,7; 0,8. Welcher Verkleinerungsfaktor passt am besten?

d) Welcher Faktor vergrößert eine Fläche ungefähr auf den doppelten Flächeninhalt?

27 In der Lehrmittelsammlung für Mathematik gibt es einen offenen Würfel aus Plexiglas mit genau 1 dm Kantenlänge. Tim will testen, ob in diesen Würfel wirklich ein Liter passt. Dazu gießt er aus einem Messbecher einen Liter in sein Modell. Es passt aber nicht alles hinein. Hast du eine Erklärung hierfür? Kannst du nachrechnen, wie viel Wasser der Würfel genau aufnehmen kann?

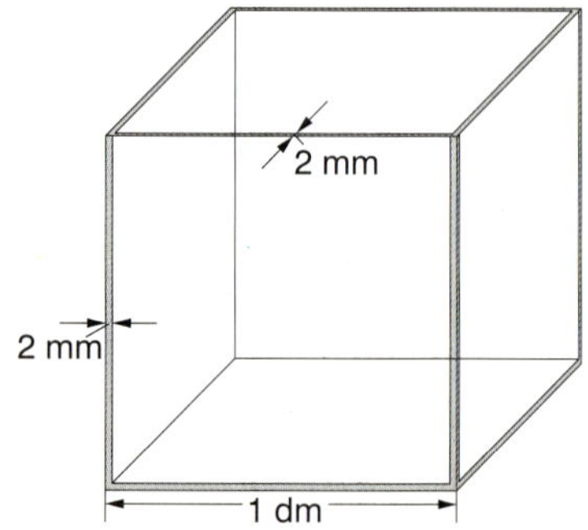

28 Beide Aquarien haben ungefähr das gleiche Volumen von etwa 8 l.
Ist die Glasoberfläche dann auch bei beiden etwa gleich groß?

a) Bestimme von beiden Aquarien das exakte Volumen.

b) Berechne für beide Aquarien die gesamte Größe der Glasoberfläche.
Zeichne dazu auch das „Netz" des zweiten Aquariums.

c) Durch Probieren findest du sicher die Kantenlänge eines würfelförmigen Aquariums, das auch etwa 8 l Volumen hat. Vergleiche die Glasfläche für diesen Würfel mit denen der anderen beiden Aquarien.

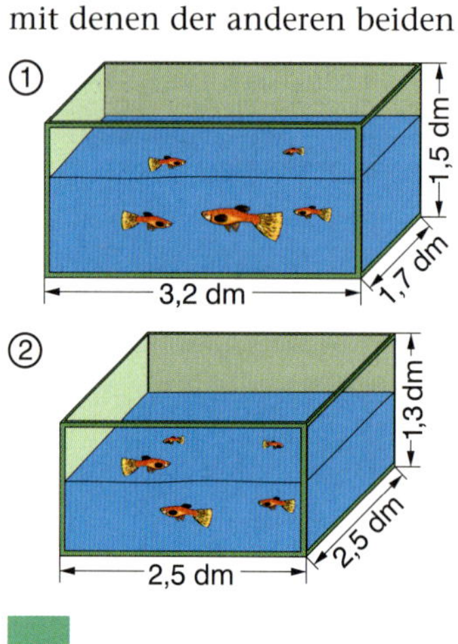

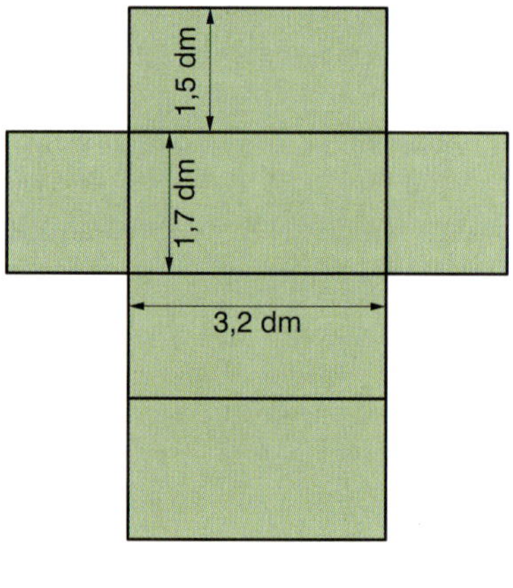

29 Herr Schmidt benötigt einen neuen Wagen. Nach einiger Zeit verbleiben drei Jahreswagen in der engeren Auswahl. Kannst du Herrn Schmidt einige Zahlen zur Entscheidungshilfe berechnen? Nimm dabei an, dass er im Jahr 20 000 km fährt und das Benzin 1,10 € pro Liter kostet.

Kauf 7890 € Verbrauch 6,4 l pro 100 km	Kauf 8100 € Verbrauch 5,8 l pro 100 km	Kauf 9990 € Verbrauch 3,1 l pro 100 km

Aufgaben

Die Marathonstrecke ist 42,195 km lang.

30 *Hamburger Hansemarathon*

Beim Hansemarathon kamen 9 657 Läuferinnen und Läufer ins Ziel.

a) Wie viele Kilometer liefen alle zusammen? Vergleiche das Ergebnis mit der Länge des Äquators (ungefähr 40 000 km).

b) Einer von den Teilnehmern war Dauerläufer Oskar. Er trainiert fast täglich und läuft in der Woche ungefähr 120 km. Im letzten Jahr hat er 8 Marathonläufe bestritten. Wie viele Wettkampfkilometer hat Oskar absolviert? Wie weit käme er von deinem Schulort aus? Vergleiche mit seinen Trainingskilometern pro Jahr.

31 Am 21. Juli 1969 betrat der Amerikaner Neil Armstrong als erster Mensch den Mond. Im Fernsehen konnte man seine ersten Schritte beobachten, seine Bewegungen waren ganz anders als auf der Erde. Dies liegt u. a. daran, dass auf dem Mond eine viel geringere Schwerkraft herrscht als auf der Erde. Ein 80 kg schwerer Mensch wiegt auf dem Mond nur noch 80 kg · 0,166 also ungefähr 13,3 kg.

a) Bestimme dein Gewicht auf dem Mond, indem du dein „Erdgewicht" mit 0,166 multiplizierst.

b) Vielleicht wird eines Tages ein Mensch auf dem Mars landen. Auf den verschiedenen Planeten unseres Sonnensystems hätten wir unterschiedliche Gewichte. In der Tabelle sind die Faktoren angegeben, mit denen das irdische Gewicht jeweils multipliziert werden muss.

Planet	Merkur	Venus	Erde	Mars	Jupiter	Saturn	Uranus	Neptun	Pluto
Faktor	0,37	0,90	1	0,38	2,53	1,07	0,91	1,14	0,08

Erstelle dein persönliches „Gewichtsprofil" für unser Sonnensystem. Schätze zuerst und vergleiche dann mit dem berechneten Wert.

NAME: ERDGEWICHT:

Planet	Merkur	Venus	Erde	Mars	Jupiter	Saturn	Uranus	Neptun	Pluto
Gewicht geschätzt	■	■	■	■	■	■	■	■	■
Gewicht berechnet	■	■	■	■	■	■	■	■	■

32 Auf dem Bild siehst du die Anzeige der Benzinpreise an einer Großtankstelle.

a) Was bedeutet die kleine 9 am Ende der Preisangabe? Warum rundet man den Preis nicht einfach auf 1,02 €?

b) Frau Kuballa tankt ungefähr einmal pro Woche 45 Liter Super.
Welche Bedeutung hat für sie die kleine 9?

c) Die Tankstelle liegt günstig in der Nähe der Autobahn, an jedem Tag werden ungefähr 20 000 Liter Superbenzin getankt. Was bedeutet die kleine 9 für die Tankstelle in einer Woche (in einem Jahr)?

Projekt

Spielfelder und Mannschaftssportarten

Es gibt viele Mannschaftssportarten. Eine besonders eigenartige Sportart ist „Elefantenpolo“. Könnt ihr euch darunter etwas vorstellen? Immerhin war im Jahre 2005 eine deutsche Mannschaft Weltmeister im Elefantenpolo.

Informationen zum Elefantenpolo findet ihr im Internet. Soviel sei allerdings bereits verraten: Das Spielfeld ist 100 m auf 300 m groß. Der Elefant darf den Ball nicht mit dem Rüssel spielen.

Mannschaftssport

Welche Mannschaftssportarten entdeckt ihr auf den Bildern?

Sportartensteckbrief:
- Wie viele Spieler, wie viele Ersatzspieler sind erlaubt?
- Wie lange ist die Spieldauer?
- Wie groß ist das Spielfeld?
- Bei einigen Sportarten gibt es Mindestmaße und Höchstmaße. Vergleicht jeweils die größte erlaubte Fläche mit der kleinsten erlaubten Fläche.

....

Spielflächen im Vergleich:
- Vergleicht die Flächen der Spielfelder der verschiedenen Sportarten.
- Berechnet die Flächeninhalte der Spielflächen. In welchem Verhältnis stehen sie zueinander?
- Zeichnet alle Spielflächen im gleichen Maßstab auf je ein Plakat.
- Welche Fläche steht für jeden aktiven Spieler zur Verfügung?
- Wie groß ist der Umfang der Spielfläche (wichtig z. B. für die Bandenwerbung)?

Präsentation

Stellt die Informationen zu den Mannschaftssportarten in einer Ausstellung aus. Vielleicht fällt euch weiteres Bemerkenswertes ein.

7.3 Division

Was dich erwartet

23,10 : 3 = 7,70 – Das geht ohne Probleme. So eine Rechnung kann z. B. bedeuten, dass 23,10 € unter drei Geschwistern aufgeteilt werden sollen. Aber 23,10 : 3,5? Wie geht das? Bei welchen Situationen kommen solche Divisionen vor? Und wie geht man dabei mit dem Komma um?

Aufgaben

1 Wie dick und wie schwer ist ein DIN-A4-Blatt? Ein Stapel Kopierpapier aus 1 000 Blatt ist 10,4 cm hoch und wiegt 5,13 kg. Berechne nacheinander die Dicke und das Gewicht zunächst für 100 Blatt, dann 10 Blatt und schließlich für ein Blatt.
Was passiert mit dem Komma? Kannst du eine „Kommaverschiebungsregel“ für die Division durch 10; 100; 1000 aufschreiben?

Idee:
$10{,}4 : 10 = 10{,}4 \cdot \frac{1}{10}$
$= 10{,}4 \cdot 0{,}1$

2 Die Klassensprecher der Klasse 6 a, Kai, Ulrike und Petra organisieren ein Klassenfest. Sie kaufen Getränke und Knabbersachen ein. Insgesamt haben sie 126,72 € ausgelegt. Nun soll jeder der 24 Schülerinnen und Schüler seinen Anteil zahlen. Wie viel muss jeder zahlen? Sie wollen es ganz genau wissen! Also einfach dividieren: 126,72 : 24 = ?

Wo steht das Komma?

```
12672 : 24 = 528
-120
  67
 -48
  192
 -192
    0
```

Petra: Ich rechne zunächst wieder ohne Komma. Mein Ergebnis ist dann 528.
Aber wo steht das Komma? Sind es 0,528 € oder 5,28 € oder 52,8 €?
Überschlag: 125 : 25 = 5.
Jeder muss 5,28 € bezahlen.

Kai und Ulrike gehen anders vor:

Kai:
126,72 € = 12 672 c

```
 1 2 6 7 2 : 2 4 = 5 2 8
-1 2 0
     6 7
   - 4 8
     1 9 2
   - 1 9 2
         0
```

528 c = 5,28 €

Ulrike:

$126{,}72 : 24 = \frac{12672}{100} : \frac{24}{1}$
$= \frac{12672 \cdot 1}{100 \cdot 24}$
$= \frac{528}{100}$
$= 5{,}28$

5,28 €

a) Wie hat Kai gerechnet, wie Ulrike? Erkläre die beiden Verfahren.
b) Berechne 74,56 € : 8 1,08 km : 3 27,450 kg : 9

3 Zu dem Bild a kannst du zwei Divisionsaufgaben finden:
6 : 5 = 1,2
Aufteilen in 5 gleich lange Streifen.
6 : 1,2 = 5
Hineinpassen von 1,2-cm-Streifen.
Schreibe zu den Bildern jeweils die zwei passenden Divisionsaufgaben.

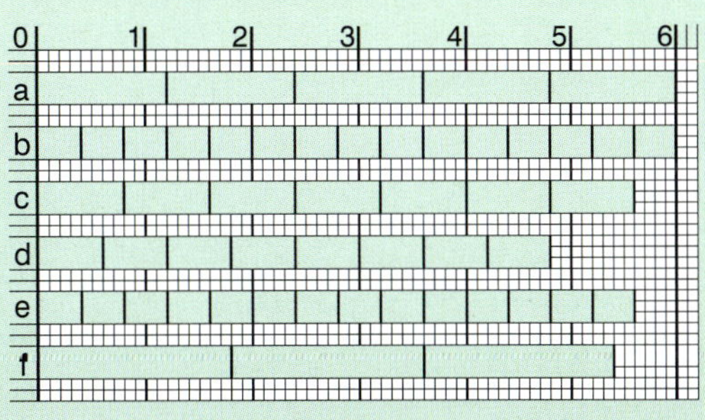

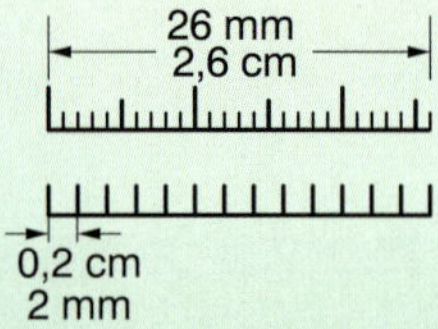

4 Schau dir die folgenden vier Quotienten an:

2,6 : 0,2   26 : 2   260 : 20   13 : 1

a) Wie verändern sich Dividend und Divisor in den letzten drei Quotienten gegenüber dem Dividenden und Divisor im ersten Quotient?

b) Berechne jedesmal den Quotienten. Was stellst du fest?

c) Was passiert bei einer Division, wenn du Dividend und Divisor mit der gleichen Zahl multiplizierst?

Basiswissen

Die Division von Dezimalzahlen lässt sich gut in zwei Schritten erklären. Im ersten Fall wird die Division einer Dezimalzahl durch eine natürliche Zahl erklärt. Dann wird die Division einer Dezimalzahl durch eine Dezimalzahl auf den 1. Fall zurückgeführt.

So dividierst du eine Dezimalzahl durch eine natürliche Zahl:

Dividiere wie bei natürlichen Zahlen.

Wenn du beim Rechnen im Dividenden das Komma überschreitest, musst du im Ergebnis das Komma setzen.

```
 6, 7 5 : 5 = 1, 3 5
-5
 1 7        Kommaüberschreitung
-1 5
   2 5
 - 2 5
```

Überschlag
Probe

Zur ersten Überprüfung des Ergebnisses kannst du eine Überschlagsrechnung durchführen. 7 : 5 = 1,4
Zur genauen Probe musst du die passende Multiplikation durchführen.

Dividend Divisor Quotient

6,75 : 5 = 1,35

Probe: 1,35 · 5 = 6,75

Beispiele

A Am Ende des Schuljahres ist noch ein Restbetrag von 54,60 € in der Klassenkasse. Er soll gleichmäßig an die 28 Schülerinnen und Schüler zurückgezahlt werden.

Überschlag: 56 : 28 = 2

Rechnung:
```
54,60 : 28 = 1,95
-28
 266
-252
  140
 -140
```

Jeder erhält 1,95 €.

Null ergänzen:
81,3 = 81,30

B 81,3 : 6 = ?

Überschlag: 84 : 6 = 14

Rechnung:
```
81,30 : 6 = 13,55
-6
 21
-18
  33       Kommaüberschreitung
 -30
   30
  -30
```

Probe: 13,55 · 6 = 81,30

Übungen

5 Ein Stapel aus 8 Streichholzschachteln ist genau 12,48 cm hoch. Wie hoch ist eine Streichholzschachtel?

6 Lege mit einem 2,85 m langen Seil ein gleichseitiges Dreieck. Wie lang ist eine Seite?

7 Wie viel kostet eine einzelne Flasche beim Kauf eines ganzen Kastens?

8 Die Sammelbestellung von 24 Taschenrechnern kostet 296 € + 6,40 € Versandkosten. Wie viel spart ein Schüler gegenüber dem Einzelkauf im Kaufhaus?

9 Rechne im Kopf. Führe stets eine Probe durch.

a)	b)
2,4 : 6	0,9 : 3
4,9 : 7	0,75 : 3
0,1 : 5	0,64 : 8
0,28 : 4	0,12 : 4

10 Führe zunächst eine Überschlagsrechnung durch. Berechne dann genau.

a)	b)
22,75 : 7	52,96 : 8
102,6 : 10	270,12 : 6
0,123 : 3	13,2 : 50

11 2790 : 6 = 465
Mit diesem Ergebnis kannst du die folgenden Quotienten schnell berechnen:

a)	b)
279 : 6	2790 : 60
27,9 : 6	279 : 60
2,79 : 6	27,9 : 60

Erkläre, wie du vorgegangen bist.

12 Auf dem Zettel sind beim Dividenden jeweils die Kommas verschwunden.

364 : 7 = 5,2
585 : 13 = 0,45
4732 : 28 = 1,69
104 : 20 = 0,052

Basiswissen

Die Division einer Dezimalzahl durch eine natürliche Zahl fällt nun nicht mehr schwer. In einem zweiten Schritt führen wir nun die Division durch eine Dezimalzahl auf die Division durch eine natürliche Zahl zurück. Wir wissen ja bereits (Aufgabe 4), dass die gleiche Kommaverschiebung im Dividenden und im Divisor den Wert eines Quotienten nicht ändert. Dies kannst du nun ausnutzen.

So dividierst du eine Dezimalzahl durch eine Dezimalzahl:

Verschiebe zunächst das Komma im Dividenden und im Divisor um gleich viele Stellen nach rechts, bis der Divisor eine natürliche Zahl ist.
Rechne nun wie bei der Divison durch eine natürliche Zahl.

Überschlag: 8 : 0,5 = 80 : 5 = 16

```
 8, 2 5 : 0, 5

 8 2, 5 :    5 = 1 6, 5
-5
 3 2
-3 0
   2 5   Kommaüberschreitung
 - 2 5
```

Beispiele

C 61,5 Liter Saft sollen auf 0,75-Liter-Flaschen umgefüllt werden.
Überschlag: Bei 1-l-Flaschen können 61 gefüllt werden. Nehmen wir kleinere Flaschen, so können wir mehr Flaschen füllen.

```
6 1, 5 : 0, 7 5

6 1 5 0 : 7 5 = 8 2
```

Es können 82 Flaschen gefüllt werden.

Beispiele

D 1,95 : 0,015

1950 : 15 = 130

Probe:

130 · 0,015
  130
   650
 1,950

Übungen

13 Eine Küchentücherrolle hat aufgerollt eine Länge von 13,5 m. Jedes Blatt ist 0,25 m lang. Wie viele Blätter sind auf der Rolle?

3 : 0,5 = 30 : 5 = 6

14 Berechne im Kopf.

a) 2 : 0,4 b) 2 : 0,2 c) 3 : 0,6 d) 2,4 : 0,3 e) 1 : 0,25 f) 1 : 0,05

15 Lösungen
0,8 4,55 6,2
17 17,5 145,8

15 Mache zunächst einen Überschlag und berechne dann genau:

a) 5,46 : 1,2
 1,92 : 2,4
 1,55 : 0,25

b) 348,25 : 19,9
 4,08 : 0,24
 4,374 : 0,03

16 Was ist größer: Produkt oder Quotient? Mache zunächst eine Vorhersage und rechne dann.

a) 45,6 · 1,9
 45,6 : 1,9

b) 54 · 0,91
 54 : 0,91

c) 0,6 · 100
 0,6 : 0,01

17 Welches ist die richtige Lösung? Bestimme die Lösung nur mithilfe des Überschlages. Überprüfe dein Ergebnis durch eine Probe.

a) 15,36 : 5,12	0,03	0,3	3	30	300
b) 21,44 : 1,6	0,134	1,34	13,4	134	1340
c) 17,1 : 0,9	0,019	0,19	1,9	19	190
d) 0,448 : 0,08	0,056	0,56	5,6	56	560

18 Mit diesen Zahlen kannst du 9 Divisionsaufgaben bilden:

[0,25; 1,2; 0,9] : [0,5; 4; 2,5] =

Ergebnisbox
0,0625 1,8 0,48 0,5 0,1
0,36 0,3 0,225 2,4

19 *Eine knifflige Sache*

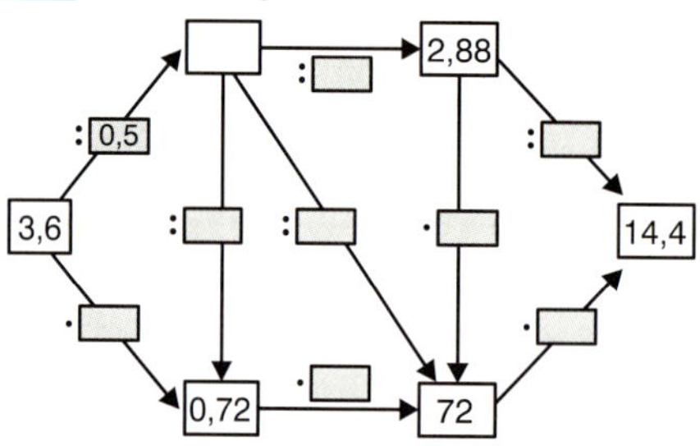

Zeichne das „Netzwerk" in dein Heft und fülle die richtigen Zahlen in die Kästen.

20 *Fehler erkennen*

Entscheide, ob richtig oder falsch gerechnet wurde und notiere jeweils den Buchstaben. Du erhältst ein Lösungswort.

Aufgabe	richtig	falsch
0,3 : 0,2 = 0,15	S	P
5,6 : 0,7 = 0,8	T	A
0,01 : 0,1 = 0,1	U	A
0,28 : 0,2 = 1,4	S	H
0,8 : 0,2 = 0,82	L	E

Brüche und Quotienten

21 Du weißt bereits, dass man Brüche auch als Dezimalzahlen schreiben kann, so z. B. $\frac{3}{4} = 0{,}75$. Wenn du das nicht mehr so genau im Gedächtnis hast, so kannst du dir einfach helfen, indem du die Division Zähler : Nenner ausführst.
a) Bestätige durch Division $\frac{1}{2} = 0{,}5$; $\frac{2}{5} = 0{,}4$; $\frac{5}{4} = 1{,}25$; $\frac{3}{20} = 0{,}15$
b) Rechne ebenso die Brüche in Dezimalzahlen um:
$\frac{4}{25}$; $\frac{5}{8}$; $\frac{21}{25}$; $\frac{7}{20}$; $\frac{13}{5}$; $\frac{140}{125}$; $\frac{4}{625}$

22 Schreibe $\frac{7}{12}$ als Dezimalzahl. Die Division Zähler : Nenner bringt Überraschendes:
7 : 12 = 0,5833…
a) Führe die schriftliche Division 7 : 12 selbst bis auf 6 Stellen hinter dem Komma durch. Warum lohnt es sich nicht, weiterzurechnen?
b) Auch bei den folgenden Quotienten führt die Division nicht zu einem Ende. Rechne so lange, bis du weißt wie es weitergeht.
1 : 3 5 : 6 11 : 12 12 : 11 22 : 15 4 : 7

Wie genau soll man rechnen?

23 Der Restbestand von 103 € aus der Klassenkasse soll an die 26 Schüler der 6b aufgeteilt werden.
a) Rechne auf Cent genau. Vergleiche mit der Anzeige deines Taschenrechners.
b) Genügt bei der Aufgabe auch ein Überschlag: 100 : 25 = 4?

24 Zur Lösung der folgenden Probleme muss jeweils die gleiche Division durchgeführt werden.
a) Drei Spieler teilen sich den Lottogewinn von 110 € untereinander auf. Rechne auf Cent genau. (Warum nicht genauer?)

b) Eine Kette von 110 g besteht zu einem Drittel aus Gold. Wie schwer ist der Goldanteil? Rechne auf mg genau, denn Gold ist sehr teuer.

c) Der Tacho zeigt an: Die 110 km lange Trainingsstrecke wurde von den Radfahrern in 3 Stunden zurückgelegt. Welche Durchschnittsgeschwindigkeit wurde gefahren? Rechne auf km/h genau,denn genauer sind die Tachoangaben nicht.

d) Ein Pizzarezept ist von der Menge her für 3 Personen beschrieben, dafür braucht man u. a. 110 g Fett. Petra will eine kleinere Pizza nur für eine Person backen. Rechne auf 10 g genau, denn genauer kann man mit der Küchenwaage nicht wiegen.

25 Familie Harder zieht nach Dortmund. Auf der Wohnungssuche bleiben zwei interessante Angebote übrig. Welche Wohnung ist kostengünstiger? Vergleiche die Kosten pro Quadratmeter.

Großzügige 4-Zimmer-Wohnung, 92,5 m², KM 550 € + NK 75 € + Hzg 60 €

4-Zimmer-Wohnung in ruhiger Wohngegend, 95,8 m², WM 690 € incl. NK

Übungen

$\frac{3}{4} = 3 : 4$
3 : 4 = 0,75
30
−28
20
−20

„Faustregeln" für die Genauigkeit bei Sachaufgaben:
- Rechne nicht genauer, als es von der Sache her Sinn macht!
- Rechne mit Größen nicht genauer, als du messen kannst!

Abkürzungen in der Zeitungsannonce sparen Platz und Geld!

KM	Kaltmiete
NK	Nebenkosten
Hzg	Heizung
WM	Warmmiete

Längen werden heute in fast allen Ländern der Welt in Meter (oder den daraus abgeleiteten Größen mm, cm, dm, km) gemessen. Das war nicht immer so, in früheren Zeiten gab es eine verwirrende Vielzahl von Längenmaßen, so z. B. Fuß, Elle, Klafter, Meile usw. In den englischsprachigen Ländern außer den USA wurde erst 1985 von dem eigenen System mit inch, foot, yard und mile auf das international nun verbindliche metrische System umgestellt. Das war nicht einfach, es bedeutete viele Umstellungen und kostete sehr viel Geld. Kannst du einige Gründe dafür aufzählen? Warum hat man trotzdem diese Mühe auf sich genommen? Dennoch findet man heute noch viele Spuren und Auswirkungen dieser anderen Längenmaße in vielen Lebensbereichen.

1 inch = 2,54 cm
1 foot = 30,48 cm
1 yard = 91,44 cm
1 mile = 1,609 km

Aufgaben

26 Ein großer Vorteil der Längenangaben in Meter liegt darin, dass die Umrechnung in größere oder kleinere Einheiten mit Zehnerpotenzen geschieht: Wie sehen diese Umwandlungen bei den früheren englischen Längenmaßen aus?

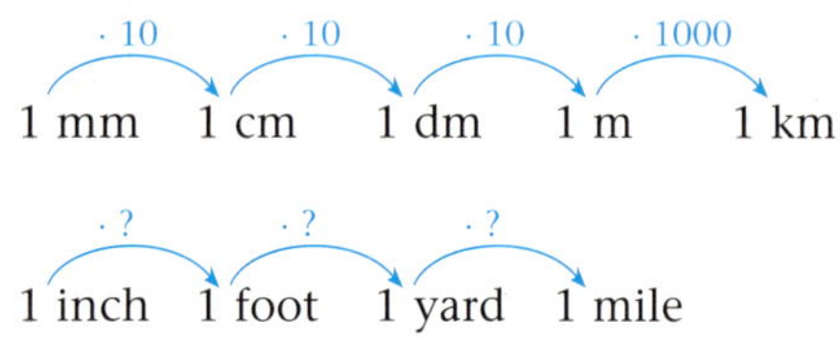

Mit den obigen Angaben kannst du dies herausfinden. Versuche es zunächst mit Überschlagsrechnungen. Für die genaue Überprüfung musst du schon aufwendigere Divisionen durchführen. (Vielleicht kannst du hier ausnahmsweise einmal den Taschenrechner einsetzen.)

30,48 : 2,54
Überschlag: 30 : 2,5 = 12
1 foot = 12 inch

27 Tennis und Fußball stammen aus dem Mutterland England. Viele „seltsame“ Abmessungen auf den Spielfeldern erklären sich daraus. So z. B. der Radius des Mittelfeldkreises beim Fußball: Er ist mit 9,15 m angegeben. Für die Umrechnung in yard dividieren wir 9,15 : 0,9144 = 10,006. Offenbar wurde der Radius ursprünglich auf 10 yard (oder 30 feet) festgelegt.

Bei solchen „Forschungsaufgaben“ ist der Taschenrechner ein nützliches Werkzeug.

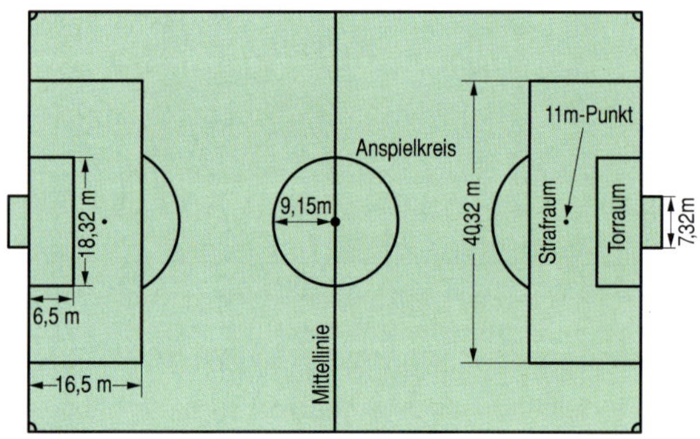

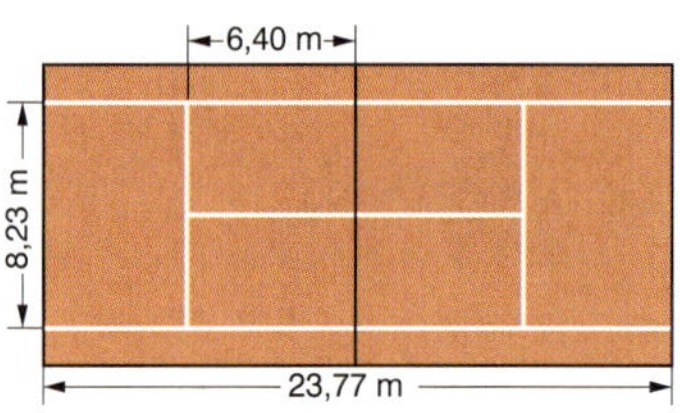

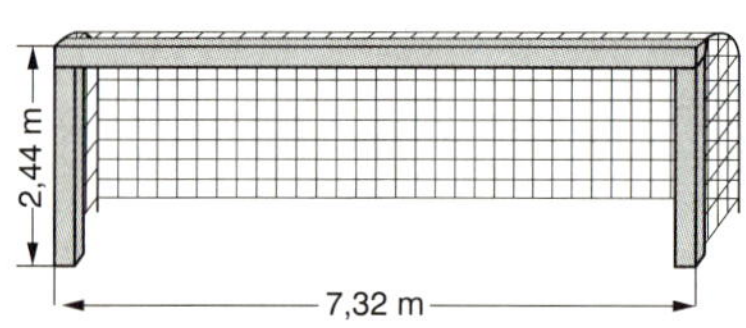

Findest du noch bei anderen Sportarten solche Spuren, die auf die englische Herkunft hinweisen?

a) Rechne nach, ob sich auch bei den anderen Längen im Fußballfeld und beim Fußballtor ganze Maßzahlen in yard oder foot ergeben.
b) Der Elfmeterpunkt war ursprünglich 12 yard von der Torlinie entfernt. Von welcher genauen Maßzahl in m hat man die 11 m gerundet?
c) Rechne die Länge und Breite beim Tennisspielfeld in yard um.

7.4 Brüche und periodische Dezimalzahlen

Was dich erwartet

Dezimalzahlen sind anders gekleidete Brüche. Sie sind deshalb so beliebt, weil man mit ihnen fast genauso rechnen kann wie mit natürlichen Zahlen. Das liegt daran, dass die Dezimalzahlen nur Zehnerpotenzen als Nenner haben und damit in die Stellenwerttafel passen. Daher ist es auch einfach, eine Dezimalzahl in einen Bruch umzuwandeln. Ist das umgekehrt genauso leicht? Für $\frac{1}{2}$ kann man 0,5 schreiben, für $\frac{1}{4}$ die Dezimalzahl 0,25. Wie ist das aber mit dem Bruch $\frac{1}{3}$ oder $\frac{5}{6}$? Beim Umwandeln erlebt man einige Überraschungen.

Aufgaben

Die Stellenwerttafel ist dabei eine gute Hilfe.

1 Wandle die Dezimalzahlen in einen Bruch um.
0,7   0,72   0,725   1,53   1,03
2,035   0,05   2,001   1,125

…	Z	E	,	z	h	t	…	
		0	,	8	5			→ $\frac{85}{100} = \frac{17}{20}$
		2	,	6	2	5		→ $\frac{2625}{1000} = \frac{21}{8}$

2 Herr Sorgsam möchte in seinem Testament das Bargeld gerecht an seine drei Töchter verteilen. Der Notar Penibel berät ihn dabei mit übertriebener Sorgfalt: „Bei 1200 € Erbschaft gibt es z. B. kein Problem, aber bei 1000 € gibt es keine absolute Gerechtigkeit, auch wenn ich noch so genau rechne.“ Was meint er wohl damit?

3 Die Strecke von 0 bis 1 auf dem Zahlenstrahl wird jeweils in 2, 3, 4 gleich große Stücke geteilt. Versuche, die angegebenen Brüche exakt durch Dezimalzahlen zu schreiben. Bei manchen ist es ganz leicht, bei anderen etwas schwerer, bei einigen gelingt es gar nicht.

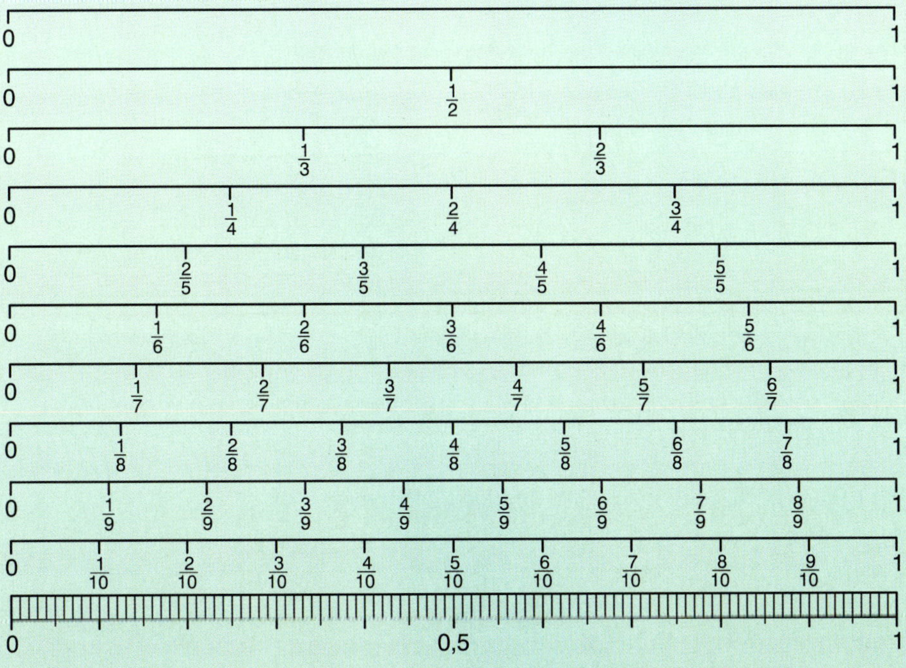

Aufgaben

4 Für die Umwandlung von $\frac{7}{8}$ in eine Dezimalzahl finden die Schüler der Klasse 6b drei verschiedene Methoden:

Daniela

```
7 · 0,125
      7
     14
      35
  0,875
```

Paul

```
7 : 8 = 0,875
70
64
 60
 56
  40
```

Franziska

$$\frac{7}{8} \overset{\cdot 125}{=} \frac{875}{1000}$$
$$= 0,875$$

a) Beschreibe die drei Methoden. Woran hat sich Daniela erinnert? Welche Methode hältst du für die beste? Warum?

b) Wandle $\frac{9}{20}$ in eine Dezimalzahl um.

c) Versuche nun, $\frac{2}{3}$ in eine Dezimalzahl umzuwandeln. Warum funktionieren hier die Methoden von Daniela und Franziska nicht. Was passiert, wenn du Pauls Methode anwendest?

Basiswissen

Die Umwandlung von Dezimalzahlen in Brüche geschieht leicht mit Hilfe der Stellenwerttafel. Wenn du umgekehrt einen Bruch in Dezimalschreibweise angeben möchtest, so kannst du den Bruch als Divisionsaufgabe schreiben und die Division durchführen. Dabei können verschiedene Fälle auftreten.

Umwandlung von Brüchen in Dezimalzahlen

abbrechende Dezimalzahl

$\frac{3}{4}$

```
3 : 4 = 0,75
30
28
 20
 20
  0
```

0,75 ist eine abbrechende Dezimalzahl, da die Division „endet“.

periodische Dezimalzahl

$\frac{2}{3}$

```
2 : 3 = 0,666...
20
18
 20
 18
  20
```

0,666… ist eine nicht abbrechende Dezimalzahl. Sie ist periodisch, bei der Division wiederholt sich die Ziffer 6 ständig.
Wir schreiben statt 0,666… einfach $0,\overline{6}$ und sagen „Null-Komma-Periode-sechs“

Mathematiker haben nachgewiesen, dass sich jeder Bruch entweder als abbrechende oder als periodische Dezimalzahl schreiben lässt. Dabei kann die Periode allerdings wesentlich komplizierter sein als z. B. bei $\frac{2}{3}$.

Beispiele

A Die Periode besteht aus einer längeren Ziffernfolge.

$\frac{5}{33} = 0,151515\ldots$
$= 0,\overline{15}$

„Null-Komma-Periode-Eins-Fünf“

$\frac{325}{999} = 0,325325325\ldots$
$= 0,\overline{325}$

„Null-Komma-Periode-Drei-Zwei-Fünf“

Beispiele

B Die Periode beginnt nicht direkt nach dem Komma.

$\frac{7}{6} = 1{,}1666\ldots$
$= 1{,}1\overline{6}$
„Eins-Komma-Eins-Periode-Sechs"

$\frac{1}{12} = 0{,}08333\ldots$
$= 0{,}08\overline{3}$
„Null-Komma-Null-Acht-Periode-Drei"

Übungen

5 Berechne zu den folgenden Brüchen die Dezimalzahlen. Schreibe die periodischen Dezimalzahlen besonders sorgfältig und gib auch die Sprechweise an.
Beispiel: $\frac{1}{6} = 0{,}16666\ldots = 0{,}1\overline{6}$ „Null-Komma-Eins-Periode-sechs"
a) $\frac{2}{9}$ b) $\frac{10}{8}$ c) $\frac{12}{9}$ d) $\frac{5}{12}$ e) $\frac{5}{16}$ f) $\frac{4}{7}$

6 Welche Ziffer steht an der 10. Stelle hinter dem Komma?
a) $\frac{1}{9} = 0{,}\overline{1}$ b) $\frac{5}{6} = 0{,}8\overline{3}$ c) $\frac{1}{99} = 0{,}\overline{01}$ d) $\frac{45}{990} = 0{,}0\overline{45}$ e) $\frac{1}{7} = 0{,}\overline{142857}$

$\frac{6}{5} = ?$
$6 : 5 = \ldots$

7 Welcher Bruch gehört zu welcher Dezimalzahl?

$\frac{6}{5}$ $\frac{1}{2}$ $\frac{4}{9}$ $\frac{1}{9}$ $\frac{1}{10}$ $\frac{5}{8}$ $\frac{1}{3}$ $\frac{2}{5}$

$0{,}1$ $0{,}625$ $0{,}\overline{1}$ $0{,}5$ $0{,}\overline{3}$ $1{,}2$ $0{,}4$ $0{,}\overline{4}$

8 Das Ordnen von Dezimalzahlen erfordert besondere Aufmerksamkeit, wenn periodische Dezimalzahlen vorkommen. Ordne im Folgenden der Größe nach:
a) $0{,}\overline{3}$ $0{,}34$
b) $0{,}1\overline{6}$ $0{,}\overline{16}$ $0{,}168$
c) $0{,}11$ $0{,}\overline{1}$ $0{,}\overline{10}$
d) $0{,}143$ $0{,}\overline{142857}$ $0{,}1428$
e) $0{,}8\overline{6}$ $0{,}86$ $0{,}\overline{86}$
f) $1{,}01$ $1{,}0\overline{1}$ $1{,}\overline{01}$
Tipp: Schreibe dazu für jede Dezimalzahl die ersten 6 Nachkommastellen auf.

9 Untersuche, welche der Stammbruche (Stammbrüche: Brüche mit Zähler 1)
$\frac{1}{2}$ $\frac{1}{3}$ $\frac{1}{4}$ $\frac{1}{5}$ $\frac{1}{6}$ $\frac{1}{7}$ $\frac{1}{8}$ $\frac{1}{9}$ $\frac{1}{10}$
$\frac{1}{11}$ $\frac{1}{12}$ $\frac{1}{13}$ $\frac{1}{14}$ $\frac{1}{15}$ $\frac{1}{16}$
in der Dezimalzahldarstellung abbrechend und welche periodisch sind.

10 Wandle um in Dezimalzahlen. Kannst du vor dem Rechnen schon erkennen, wie viel periodische Dezimalzahlen du erhältst? Woran erkennst du das?
$\frac{2}{5}$ $\frac{3}{8}$ $\frac{1}{10}$ $\frac{5}{6}$ $\frac{5}{3}$ $\frac{3}{4}$ $\frac{1}{12}$ $\frac{1}{16}$ $\frac{3}{11}$
$\frac{7}{20}$ $\frac{3}{50}$ $\frac{2}{14}$

11 *Periodenlängen*
$\frac{1}{3} = 0{,}\overline{3}$ hat die Periodenlänge 1, $\frac{1}{7} = 0{,}\overline{142857}$ die Periodenlänge 6.
a) Welche Periodenlängen treten bei den Dezimalzahlen für die Stammbrüche $\frac{1}{6}, \frac{1}{9}, \frac{1}{11}, \frac{1}{12}, \frac{1}{13}, \frac{1}{14}$ und $\frac{1}{15}$ auf? Ordne die Stammbrüche nach der Periodenlänge.

b) $\frac{1}{7}$ 1 : 7 = 0,142857 142…
```
0
10
 7
 30
 28
  20
  14
   60
   56
    40
    35
     50
     49
      1
```
gleiche Reste: Jetzt geht's von vorne los.

Wie lange kann die Periode höchstens sein? Bei der Division durch 7 gibt es höchstens 6 verschiedene Reste. Spätestens nach 6 Divisionsschritten erscheint wieder derselbe Rest. Die Periodenlänge kann also höchstens 6 sein (sie ist genau 6). Wie groß kann die Periodenlänge höchstens sein bei $\frac{1}{17}$; $\frac{1}{21}$; $\frac{1}{11}$?
c) Warum kann die Periodenlänge nie größer sein als der Nenner der Bruches?

Übungen

12 $\frac{1}{7}$ ist in der Dezimalschreibweise $0,\overline{142857}$.

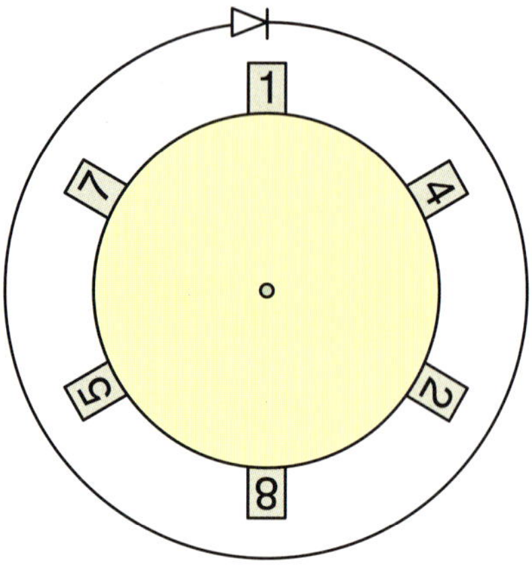

Wenn du die einzelnen Ziffern der Periode im Kreis anordnest, so kannst du durch Rundlaufen in diesem Kreis beliebig viele Stellen ablesen.

a) Die periodische Dezimalzahl für $\frac{2}{7}$ ist $0,\overline{285714}$. Wie findest du diese Periode in dem bereits gezeichneten Kreis?

b) Bestimme nun die periodischen Dezimalzahlen $\frac{3}{7}$ und $\frac{4}{7}$. (Arbeitsteilung mit dem Banknachbarn!) Findest du auch diese Perioden in dem Kreis?

c) Nun kannst du (ohne zu rechnen) eine Voraussage wagen, wie die Perioden bei den Dezimalzahlen zu $\frac{5}{7}$ und $\frac{6}{7}$ aussehen.

d) Welcher Bruch gehört zur Dezimalzahl $3,\overline{142857}$? Begründe!

Aufgaben

13 *Die andere Richtung:* Umwandlung von periodischen Dezimalzahlen in Brüche.

Welche Brüche gehören zu den periodischen Dezimalzahlen? Es gibt für die Umwandlung einer periodischen Dezimalzahl in einen Bruch kein einfaches Verfahren. Hier sind einige Ideen (Regeln), mit denen manche Umwandlungen dennoch gelingen.

$\frac{1}{9} = 0,\overline{1}$; $\frac{2}{9} = 0,\overline{2}$ …

$\frac{5}{9} = 0,\overline{5}$

Brüche mit dem Nenner 9 führen zu Dezimalzahlen, bei denen die Periode (der Länge 1) aus dem Zähler des Bruches gebildet wird.

$\frac{1}{99} = 0,\overline{01}$; $\frac{2}{99} = 0,\overline{02}$ …

$\frac{12}{99} = 0,\overline{12}$ … $\frac{56}{99} = 0,\overline{56}$

Brüche mit dem Nenner 99 führen zu Dezimalzahlen, bei denen die Periode (der Länge 2) aus den Ziffern des Zählers gebildet wird.

Gelten diese Regeln auch für Brüche, bei denen Zähler > Nenner?

a) Jetzt kannst du schon viele periodische Dezimalzahlen in Brüche umwandeln.
$0,\overline{4}$; $0,\overline{7}$; $0,\overline{8}$ $0,\overline{05}$; $0,\overline{17}$; $0,\overline{65}$; $0,\overline{98}$

b) Welcher Bruch könnte der folgenden periodischen Dezimalzahl entsprechen?
$0,\overline{001}$ $0,\overline{023}$ $0,\overline{356}$
Vergewissere dich, indem du den jeweiligen Bruch wieder in eine Dezimalzahl verwandelst.

c) Bestimme den entsprechenden Bruch
$0,0\overline{3}$ $0,0\overline{47}$ $0,00\overline{7}$

$$0,0\overline{1} = \frac{1}{10} \cdot 0,\overline{1} = \frac{1}{10} \cdot \frac{1}{9} = \frac{1}{90}$$

d) Mit den Regeln kannst du auch die Brüche finden, die zu den periodischen Dezimalzahlen $0,\overline{9}$ oder $0,\overline{99}$ gehören. Kürze soweit wie möglich. Was sagst du zu diesem überraschenden Ergebnis? Was meinen die anderen dazu?

Beim Umwandeln von Brüchen in Dezimalzahlen erhält man entweder abbrechende oder periodische Dezimalzahlen. Die Perioden beginnen nicht immer gleich nach dem Komma und sie können auch sehr lang sein. Es gibt keinen Bruch, der zu einer nicht abbrechenden Dezimalzahl führt, die nicht irgendwann zu einer Periode führt. Dennoch sind die Mathematiker schon früh auf Probleme gestoßen, bei denen nicht abbrechende Dezimalzahlen auftauchen, die nie in eine Periode laufen. Eines der berühmtesten Beispiele hierfür ist die Kreiszahl Pi (kurz π).

14 *Etwas zum Wundern:* Die Kreiszahl Pi
Messt den Umfang und den Durchmesser eines nicht zu kleinen kreisförmigen Gegenstands. Berechnet dann den Quotienten. Vergleicht die Quotienten für verschiedene Gegenstände. Ihr müsstet alle in etwa den gleichen Quotienten erhalten haben. Diesen nennt man die Kreiszahl Pi.

Freunde der Zahl π:
http://pi314.at

Die Kreiszahl Pi

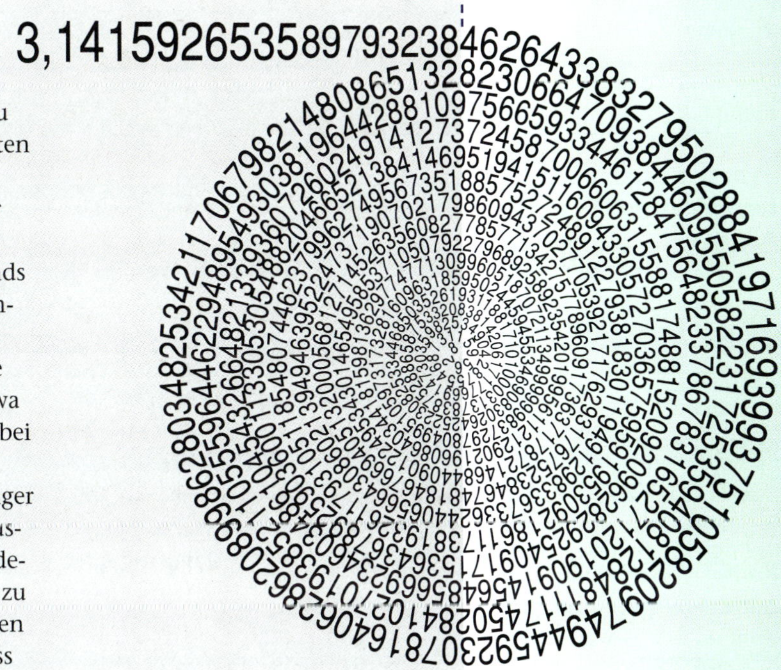

Wie oft passt der Durchmesser eines Kreises in den Umfang des Kreises? Du kannst diese Frage für einen bestimmten Kreis experimentell beantworten: Du misst mit einem Maßband (oder einer Schnur) den Umfang und den Durchmesser eines kreisförmigen Gegenstands und dividierst dann die Länge des Umfangs durch die Länge des Durchmessers. Dieser Quotient ist für alle Kreise gleich. Bei grober Messung liegt er etwa bei 3, bei genauerer Messung bei 3,1, bei noch genauerer Messung bei 3,14.
Natürlich kann man nicht mit beliebiger Genauigkeit messen. Aber man hat ausgeklügelte Verfahren entwickelt, mit denen man das Verhältnis von Umfang zu Durchmesser immer genauer berechnen kann. Und man konnte beweisen, dass dabei eine Dezimalzahl entsteht, die theoretisch nie abbricht und auch nicht periodisch wird. Man hat dieser Zahl den Namen Pi (π) gegeben.
Mathematiker aus allen Kulturkreisen beteiligten sich seit Jahrtausenden an der Suche nach einer immer genaueren Darstellung der Zahl Pi. Heute ist man durch den Einsatz von Computern bei einer Genauigkeit von mehr als zwei Milliarden Stellen hinter dem Komma angelangt und dieses Ergebnis wird in einer „Rekordjagd" noch ständig verbessert.

15 Wie genau sind die Näherungswerte?
- Archimedes (um 250 v. Chr.) gab den Bruch $\frac{22}{7}$ als Näherungswert an.
- In vielen Büchern findet man $\frac{355}{113}$ als Näherungswert für Pi, den man sich wegen der einfachen Ziffern leicht merken kann.

a) Auf wie viele Stellen nach dem Komma stimmen die Näherungswerte überein mit dem genaueren Wert von Pi aus der Abbildung?
b) Suche im Lexikon/Internet möglichst exakte Angaben für die Länge des Erdäquators und für den Erddurchmesser und berechne den Quotienten.

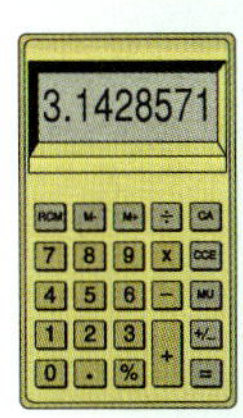

Hier ist der Taschenrechner nützlich

CHECK-UP

Rechnen mit Dezimalzahlen

Wo steht das Komma?

Überschlagsrechnung
Du brauchst die Überschlagsrechnung im Alltag für ein ungefähres Ergebnis, da du nicht immer Papier und Stift oder einen Taschenrechner bei dir hast. Damit weißt du auch, wo das Komma im exakten Ergebnis stehen muss.

$56{,}8 + 322{,}4$
Runden $60 + 320 = 380$

$46{,}3 \cdot 104{,}1$
Runden: $50 \cdot 100 = 5\,000$

Kommasetzung beim schriftlichen Addieren

```
   12,63
+   6,125
+ 200,4
+  95,22
---------
  314,375
```

genau untereinander schreiben!

Komma unter Komma!

Kommaverschiebung beim Rechnen mit Zehnerpotenzen
Kommaverschiebung nach rechts

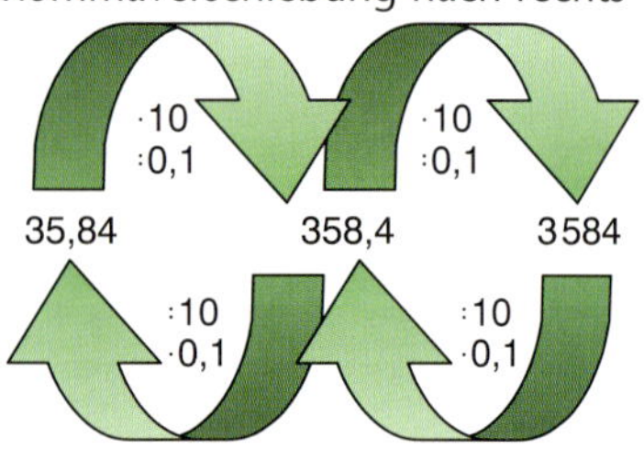

Kommaverschiebung nach links

Kommasetzung beim schriftlichen Multiplizieren

$32{,}\underline{8} \cdot 15{,}\underline{64}$

$512{,}\underline{992}$

Addiere die Anzahl der Nachkommastellen der einzelnen Faktoren.

Für das Rechnen mit Dezimalzahlen kannst du die gleichen Verfahren durchführen wie bei natürlichen Zahlen, du brauchst nur zusätzliche Regeln zum Setzen des Kommas.

1 Ordne den Aufgaben das richtige Ergebnis zu.

$8{,}64 + 3{,}26$ $\quad 15{,}3 \cdot 3$
$307{,}75 + 162{,}15$ $\quad 21{,}06 : 5{,}4$
$1\,245{,}09 - 617{,}19$
$156{,}28 + 52{,}62$ $\quad 101{,}1 \cdot 9$

909,9 45,9 627,9 469,9 11,9 208,9 3,9

2 Wie lang ist die Strecke BC?

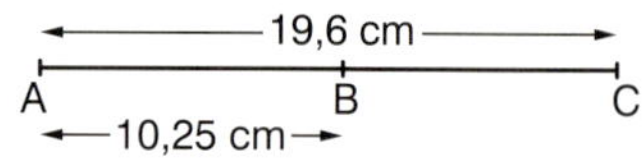

3 Kopfrechnen

a) $8{,}7 + 0{,}5$
$1{,}15 - 0{,}2$
$4{,}2 + 0{,}05$

b) $7{,}6 + 5{,}7$
$1{,}1 + 0{,}9$
$7{,}8 - 2{,}25$

c) $0{,}65 - 0{,}1$
$0{,}48 - 0{,}2$
$3{,}6 + 12{,}4$

d) $1 - 0{,}1$
$2 - 0{,}02$
$9{,}9 + 1{,}1$

4 Welche Kommaregel gehört zu welcher Rechenoperation?

Kommaverschiebung
Komma unter Komma
Summe der Nachkommastellen
Kommaüberschreitung

5 Schriftliches Rechnen

a) $132{,}78 + 67{,}05 + 370{,}69$
b) $45{,}8 + 12{,}7 + 107{,}5 + 0{,}7$
c) $206{,}81 - 23{,}13 - 56{,}66 - 0{,}3$
d) $1\,590 - 376{,}8 - 47{,}03 - 1{,}5$
e) $176{,}9 - 43{,}6 + 23{,}1 - 6{,}4$
f) $895{,}4 - (20{,}6 + 289{,}1 + 9{,}4)$

6 Können die vier in einer 4 × 400-m-Staffel mit ihren Bestzeiten unter 3 : 45 min laufen?

Name	Bestzeit über 400 m
Arne	55,7 s
Benno	56,8 s
Daniel	55,1 s
Lars	54,5 s

7 Übertrage in dein Heft und setze das Komma an die richtige Stelle

a) $0{,}92 \cdot 8{,}4 = 7728$
b) $327{,}5 \cdot 12{,}7 = 415925$
c) $4{,}67 \cdot 0{,}624 = 291408$
d) $0{,}042 \cdot 3{,}45 = 1449$
e) $562{,}7 \cdot 89{,}4 = 5030538$
f) $0{,}48 \cdot 0{,}2 = 96$

8 Johannas Zimmer ist 4,35 m lang und 3,07 m breit. Ulfs Zimmer ist 3,87 m lang und 3,53 m breit. Wer hat das größere Zimmer ?

9 Familie Fischer möchte im 24,9 m^2 großen Wohnzimmer den Fußbodenbelag erneuern. Reichen 500 €? Wir teuer würde jeweils das Vorhaben werden?

Angebote

Bodenbelag	Preis pro m^2
PVC-Belag	6,25 €
Auslegware	21,99 €
Laminat	19,90 €
Parkett	32,45 €

CHECK-UP

10 Berechne im Kopf durch Kommaverschiebung:

a) 17 : 0,1	b) 24 : 1,2	c) 1,4 : 0,7	d) 1,5 : 0,01
0,36 : 0,9	4,8 : 2,4	0,9 : 0,03	1,5 : 0,25
36 : 1,2	0,16 : 0,04	7 : 3,5	1,06 : 5,3

11 Ein Teebeutel enthält 2,6 g Tee. Wie viele Beutel können aus 20 kg Tee gefüllt werden?

12 Claudia kauft 1,820 kg Bananen für 1,24 €. Kai kauft 1,250 kg für 0,90 €. Wer hat günstiger eingekauft? Runde sinnvoll.

13 Simon nimmt an einem Lauf über 3,2 km teil. Wie viele Schritte macht er ungefähr, wenn seine Schrittlänge ungefähr 0,70 m beträgt.

14 Ein Marathon hat die Länge 42,195 km. In den USA wird diese Distanz aber in Meilen (1 Meile entspricht 1,609 km) angegeben.

a) Nach wie vielen Meilen hat ein Teilnehmer am New York Marathon das Ziel erreicht?

b) Ein Läufer absolviert seinen ersten Marathon. Pro Kilometer benötigt er im Durchschnitt 6 Minuten. Wie lange ist er unterwegs?

15 Berechne schriftlich

a) 16,54 : 2,5 b) 5,2104 : 1,04 c) 168,64 : 12,4 d) 9,72 : 10,8

16 Kreuz und quer:

	Aufgabe	Antwort 1	Antwort 2	Antwort 3
a)	67,8 + 264,25 =	335,82	330,825	332,05 cm
b)	52,6 · 4,8 =	252,48	25,248	2 524,8
c)	0,73 : 0,01 =	0,0073	0,073	73
d)	378,4 – 283,25 =	104,85	95,15	94,25
e)	46,85 : 12,5 =	4 685 : 125	468,5 : 125	46,85 : 125
f)	38,7 + ■ = 105	38,7 + 105	105 – 38,7	38,7 – 105
g)	14,3 · ■ = 36,61	36,61 – 14,3	14,3 : 36,61	36,61 : 14,3

17 Schreibe als Bruch:

a) 0,25 b) 1,6 c) 0,04 d) 0,007 e) 14,3

f) 2,125 g) 5,05 h) 0,375 i) 0,64 k) 6,001

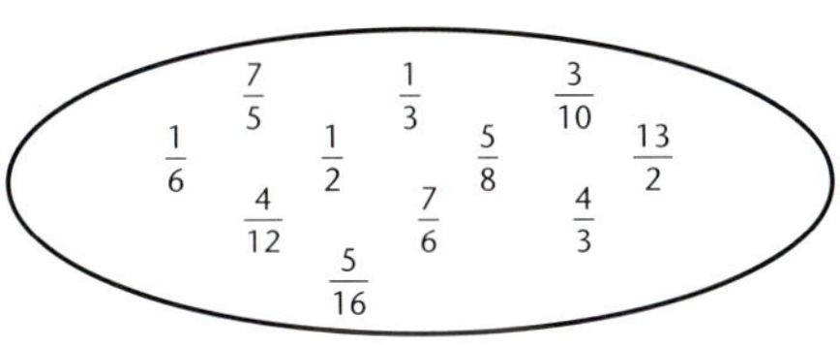

18 Welche Brüche sind in der Dezimaldarstellung abbrechend, welche periodisch?

19 Schreibe als Dezimalzahl:

a) $\frac{3}{4}$ b) $\frac{1}{6}$ c) $\frac{4}{5}$ d) $\frac{35}{10}$ e) $\frac{14}{3}$

f) $\frac{2}{7}$ g) $\frac{4}{9}$ h) $\frac{9}{250}$ i) $5\frac{7}{8}$ k) $\frac{51}{60}$

Dividieren durch Kommaverschiebung

2 Stellen nach rechts

$7{,}2 : 0{,}12$
$= 720 : 12 = 60$

Verschiebe das Komma bis der Divisor ohne Komma ist.

Kommasetzung beim schriftlichen Dividieren

$0{,}582 : 0{,}03 =$

```
  5 8, 2 : 3 = 1 9, 4
– 3
  2 8
– 2 7
    1 2
  – 1 2   Kommaüberschreitung
      0
```

Setze das Komma im Ergebnis nach Kommaüberschreitung des Dividenden.

Umwandlung abbrechende Dezimalzahl in Bruch

$0{,}351 = \frac{351}{1000}$

$1{,}64 = \frac{164}{100}$

Umwandlung Bruch in Dezimalzahl

Bruch

abbrechende	periodische
$\frac{3}{8} = 3 : 8 = 0{,}375$	$\frac{5}{6} = 5 : 6 = 0{,}8\overline{3}$

Dezimalzahl

8 Statistische Daten

8.1 Anteile, Prozente und Häufigkeiten

Was dich erwartet

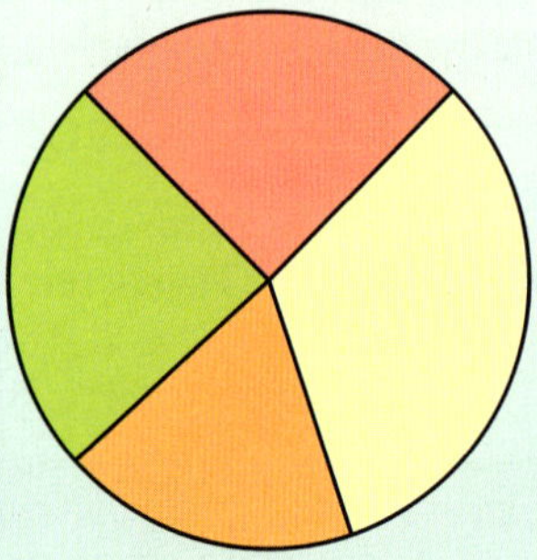

Kreisdiagramm

Anteile werden häufig als Prozentzahlen angegeben, weil man diese leichter vergleichen kann als Brüche. Du musst schon etwas überlegen, um herauszubekommen, dass $\frac{3}{4}$ mehr ist als $\frac{18}{25}$. Dass aber 75 % mehr ist als 72 % sieht man sofort. Noch anschaulicher kann man Prozentzahlen mit Grafiken darstellen. Besonders beliebt sind Kreisdiagramme, wie du sie sicher aus dem Fernsehen oder der Zeitung kennst. Diagramme zu „lesen" und zu zeichnen, Häufigkeiten zu ermitteln und zu veranschaulichen, kurz Ordnung in Daten zu bringen, will gelernt sein. Wir werden uns darin üben. Und auch einige eigene Befragungen durchführen und Statistiken erstellen.

Aufgaben

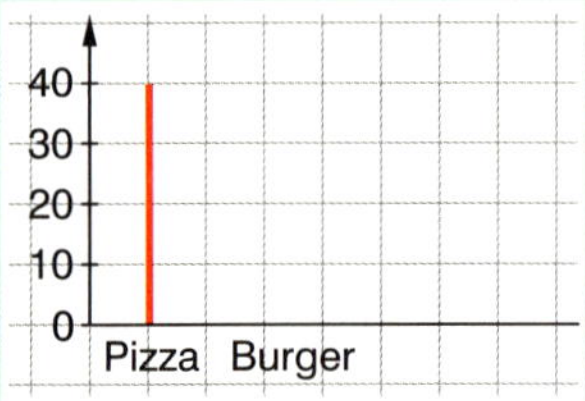

Stabdiagramm

Pizza	40
Burger	25
Spaghetti	10
Sonstige	5
keine Antwort	20

1 Bei einer Umfrage in der Schule wurden 100 Kinder nach ihrem Lieblingsessen befragt.
a) Veranschauliche die Ergebnisse in einem Stabdiagramm.
b) Der Anteil der Pizza-Esser beträgt $\frac{40}{100}$ = 40 %. Berechne die anderen Anteile in Prozent und zeichne ein Kreisdiagramm.
c) Führt in eurer Klasse eine Untersuchung zu den Lieblingsspeisen durch und stellt die Ergebnisse im Diagramm dar.

2 Fünf verschiedene Parteien haben sich zur Wahl gestellt. Nach der Auszählung wird die Verteilung der abgegebenen Stimmen mit einem Kreisdiagramm dargestellt.
a) Schätze, wie groß die Stimmenanteile der Parteien sind.
b) Welche beiden Parteien haben zusammen mehr als 50 % der Stimmen?
c) Was hältst du davon, dass die Parteien B, D und E überlegen, ob sie zusammenarbeiten wollen?

Stimmverteilung

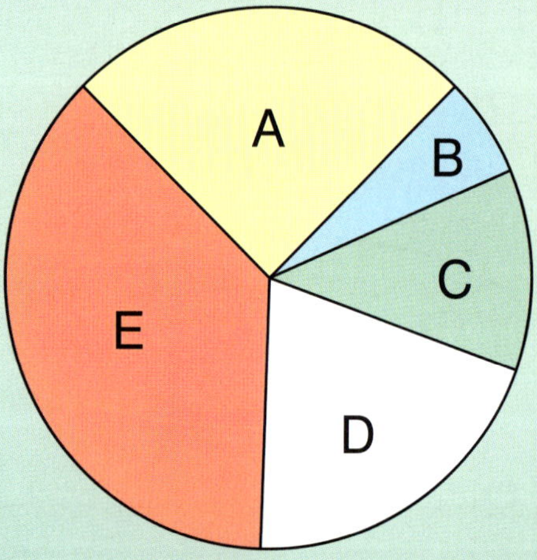

Aufgaben

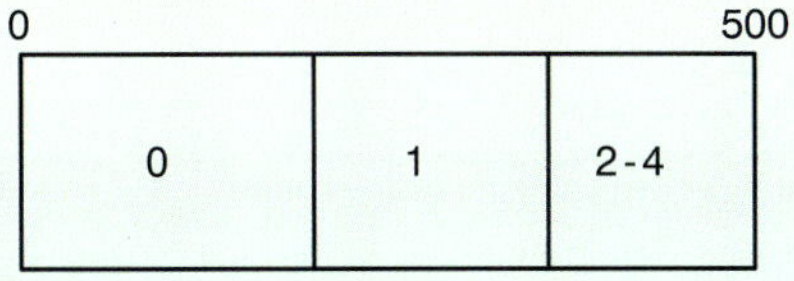

3 Förster Hasenau hat 500 Bäume in seinem Wald kontrolliert. Wenn ein Baum keine Schäden zeigt, so wird er in Schadstufe 0 einsortiert. Bei geringen Schäden ist es Schadstufe 1. Bei deutlichen Schäden kommt er in die Schadstufen 2–4.

a) Schätze die Prozentzahlen für die einzelnen Schadstufen in Förster Hasenaus Wald und zeichne ein Kreisdiagramm.

b) Im Jahr 1997 waren in Nordrhein-Westfalen 42 % der Bäume ohne Schäden, 38 % hatten geringe Schäden. Zeichne ein Kreisdiagramm für die Waldschäden von 1997 in Nordrhein-Westfalen. Vergleiche mit Förster Hasenaus Wald.

Basiswissen

Prozentzahlen lassen sich besonders gut vergleichen. In Diagrammen kann man häufig mit einem Blick erfassen, welcher Anteil am größten ist.

In der Klasse 6 b wurde gefragt, wie die Schülerinnen und Schüler zur Schule kommen. Die Daten sind in einer Tabelle zusammengefasst und in einem Stabdiagramm dargestellt.

Absolute Häufigkeit

	Anzahl
zu Fuß	12
Fahrrad	4
Auto	3
Bus	6
gesamt	25

$\Longrightarrow$

Relative Häufigkeit $= \frac{\text{absolute Häufigkeit}}{\text{Gesamtzahl}}$

	Anteil	Prozent
zu Fuß	12/25	48 %
Fahrrad	4/25	16 %
Auto	3/25	12 %
Bus	6/25	24 %
gesamt	25/25	100 %

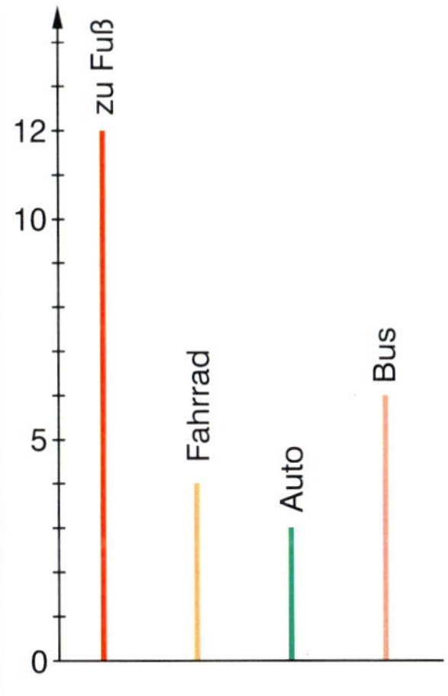

Stabdiagramm

Für das **Kreisdiagramm** werden die Winkel berechnet.
1 % entspricht einem Winkel von $\frac{360°}{100} = 3{,}6°$.
Die Winkelmaße werden gerundet.

48 %	173°
16 %	58°
12 %	43°
24 %	86°
100 %	360°

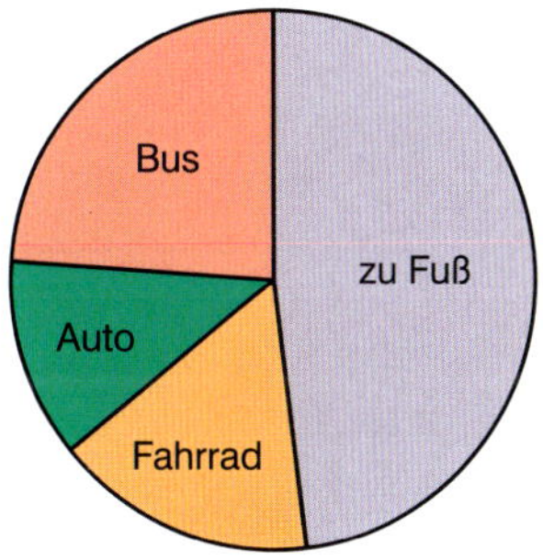

Kreisdiagramm

Für „entspricht" schreiben Mathematiker „$\hat{=}$".
Also 1 % $\hat{=}$ 3,6°

Beispiele

Häufigkeitstabelle → Prozentzahlen

A Sven fragt seine Mitschülerinnen und Mitschüler, wie lange sie in der Woche vor dem Computer sitzen. Die Ergebnisse seiner Befragung fasst er in einer Tabelle zusammen. Er möchte die relativen Häufigkeiten in Prozent ermitteln.

Zeit	Anzahl
0 bis 1 Stunde	6
1 bis 2 Stunden	9
2 bis 4 Stunden	4
2 bis 6 Stunden	2
mehr als 6 Stunden	3

Gesamtzahl: $6 + 9 + 4 + 2 + 3 = 24$

Berechnung der Prozentzahlen: Erweitern des Nenners auf 100 oder schriftlich dividieren.

Zeit	Anteil	Prozente
0 bis 1 Stunde	$\frac{6}{24} = \frac{1}{4}$	25 %
1 bis 2 Stunden	$\frac{9}{24} = \frac{3}{8}$	37,5 %
2 bis 4 Stunden	$\frac{4}{24} = \frac{1}{6}$	16,7 %
4 bis 6 Stunden	$\frac{2}{24} = \frac{1}{12}$	8,3 %
mehr als 6 Stunden	$\frac{3}{24} = \frac{1}{8}$	12,5 %

Berechnung der Prozentzahlen:

$\frac{1}{4} = \frac{25}{100} = 25\,\%$

$\frac{1}{6} \approx 0{,}167 \approx 16{,}7\,\%$ (gerundet)

Bei gerundeten Zahlen verwendet man das „≈"-Zeichen und sagt: „ungefähr gleich".

Prozentzahlen → Kreisdiagramm

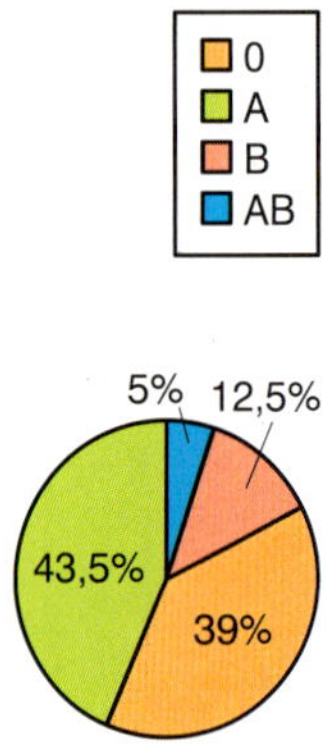

B Kennst du deine Blutgruppe? Es gibt vier Blutgruppen: 0, A, B und AB. Veranschauliche die Verteilung in einem Kreisdiagramm.

Verteilung der Blutgruppen in Europa

Blutgruppe	0	A	B	AB
rel. Häufigkeit	39 %	43,5 %	12,5 %	5 %

Die Winkel im Kreisdiagramm erhält man, wenn man die Prozentangaben mit 3,6° multipliziert.

$39 \cdot 3{,}6° = 140{,}4° \approx 140°$ $\quad 12{,}5 \cdot 3{,}6° = 45°$

$43{,}5 \cdot 3{,}6° = 156{,}6° \approx 157°$ $\quad 5 \cdot 3{,}6° = 18°$

Kreisdiagramm → Prozentzahlen

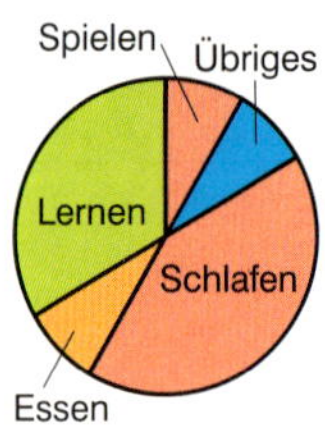

C Ramona hat ermittelt, wie viel Zeit sie mit Lernen, Essen, Schlafen und Spielen verbringt. Bestimme die Prozentzahlen. Gewöhnlich schätzt man die Winkel.

Lernen	Essen	Schlafen	Spielen	Übriges
120°	30°	150°	30°	30°
33 %	8 %	42 %	8 %	8 %

Das Runden der Prozentzahlen führt dazu, dass als Summe nicht immer 100 % herauskommt.

Übungen

4 Wie kommst du zur Schule, zu Fuß, mit dem Fahrrad, mit dem Bus oder wirst du mit dem Auto mitgenommen?

a) Fertige ein Kreisdiagramm an, wie deine Klasse heute zur Schule gekommen ist.

b) Wie ist es an Regentagen, wie an Sonnentagen, wie im Winter, wie im Sommer? Teilt euch die Arbeit zum Anfertigen der Kreisdiagramme auf.

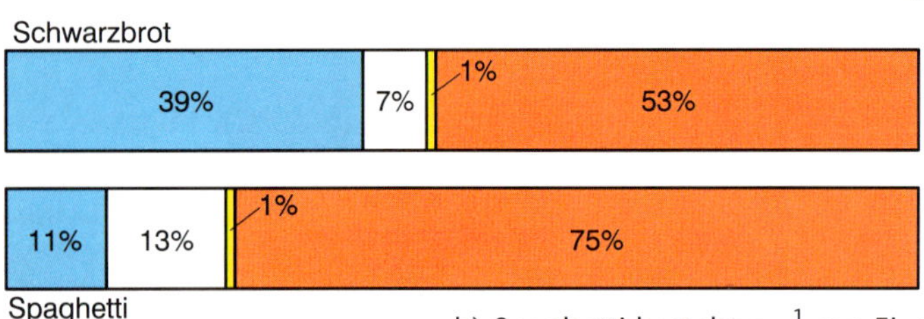

5 Schwarzbrot soll ja so gesund sein. Oder isst du lieber Spaghetti? Jan und Petra unterhalten sich über die Bestandteile der beiden Lebensmittel. Passen die folgenden Aussagen zu den Diagrammen?

a) Bei Spaghetti ist $\frac{1}{10}$ Anteil Wasser, während Schwarzbrot mehr als $\frac{7}{20}$ enthält.

b) Spaghetti besteht zu $\frac{1}{8}$ aus Eiweiß und zu $\frac{3}{4}$ aus Kohlenhydraten.

c) Bei Schwarzbrot machen Eiweiß und Fett zusammen ungefähr $\frac{1}{9}$ aus.

Übungen

Blutgruppe	0	A	B	AB
Eskimos	54 %	38,5 %	5 %	2,5 %
Ainu	17 %	32 %	32,5 %	18,5 %

6 Die Blutgruppen sind auf der Welt nicht gleichmäßig verteilt.
Zeichne Kreisdiagramme für die relativen Häufigkeiten der Blutgruppen bei den Eskimos und den Ainu (Ureinwohner Japans) und vergleiche mit Beispiel B.

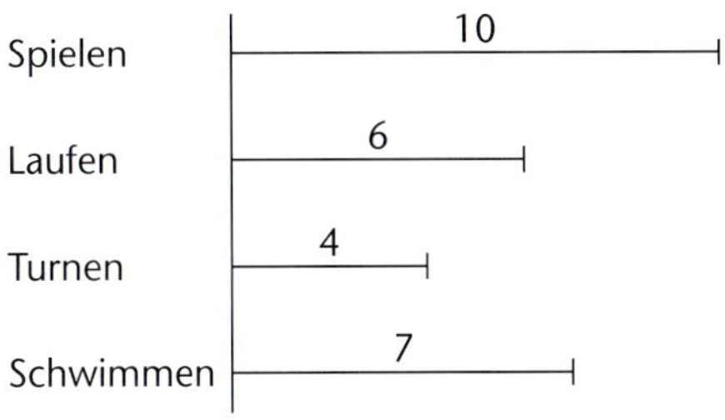

7 Im Sportunterricht wird abgestimmt, was in den nächsten Stunden gemacht werden soll. Mindestens 20 % müssen dafür sein.
a) Ermittle welche Sportarten gemacht werden und welche ausscheiden.
b) Führe eine Abstimmung in deiner Klasse durch.

8 Trinkst du gerne Milch? Die Muttermilch, die Menschenbabys trinken, ist ähnlich zusammengesetzt wie die Kuhmilch. Daher kann man aus Kuhmilch eine Ersatznahrung herstellen. Delfinbabys bekommen aber eine ganz andere Milch.

	Wasser	Eiweiß	Fett	Kohlenhydrate
Menschenmilch	87,7 %	1 %	4,4 %	6,9 %
Kuhmilch	88,5 %	3,2 %	3,7 %	4,6 %
Delfinmilch	51 %	4 %	44 %	1 %

Veranschauliche die Zusammensetzung von Kuh- und Delfinmilch durch Kreisdiagramme.

9 Frauen frieren schneller als Männer. Mediziner haben festgestellt, dass dies an der unterschiedlichen Zusammensetzung der Körper liegt. In der Tabelle sind die Anteile für Muskeln, Fett und Knochen aufgelistet.

	Muskeln	Fett	Knochen
Mann	$\frac{21}{50}$	$\frac{9}{50}$	$\frac{4}{25}$
Frau	$\frac{9}{25}$	$\frac{7}{25}$	$\frac{3}{20}$

a) Verwandele die Brüche in Prozentzahlen.
b) Bestimme den Anteil, den jeweils der Rest ausmacht.

9 Alle Prozentzahlen liegen zwischen 15 % und 42 %.

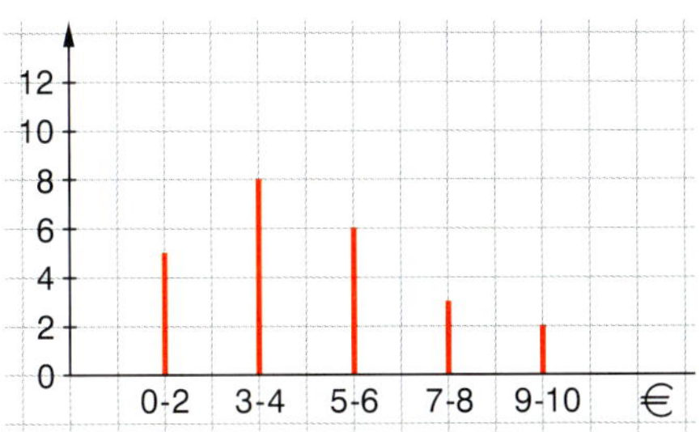

10 Lorina möchte gern eine Taschengelderhöhung bekommen. Sie hat in ihrer Klasse nachgefragt, wie viel Taschengeld die Kinder pro Woche bekommen.
a) Welchen Anteil der Klasse machen die fünf Gruppen jeweils aus?
b) Verwandele die Anteile in Prozentangaben.

11 Weißt du eigentlich, dass in den drei Bundesländern Nordrhein-Westfalen, Bayern und Baden-Württemberg fast die Hälfte der Einwohner der Bundesrepublik Deutschland lebt? So viele Einwohner wurden am 31.12.1999 gezählt:
a) Runde die Einwohnerzahlen auf ganze Millionen und stelle die Zahlen in einem Liniendiagramm dar.
b) Berechne den Anteil der drei Bundesländer an der Gesamtbevölkerung der Bundesrepublik. Auf wie viel Prozent kommen die Länder zusammen?
c) Bremen hat nur 678 000 Einwohner. Wie viel Prozent der Einwohnerzahl der Bundesrepublik sind das?

Land	Einwohner
Nordrhein-Westfalen	17 948 Tsd
Bayern	12 044 Tsd
Baden-Württemberg	10 375 Tsd
Deutschland	82 012 Tsd

Übungen

12 Marios Pizza-Express läuft zur Zeit sehr gut. Um die Einkäufe besser planen zu können, hat Mario die Verkaufszahlen in der dritten Märzwoche notiert.

Pizza	Anzahl
Käse	60
Salami	80
Schinken	90
Pilze	65
Sonstige	105

a) Wie viele Pizzas wurden während der Woche verkauft?
b) Bestimme die Prozentzahlen für die einzelnen Pizzasorten.
c) Zeichne eine Geschäftsgrafik. Trage die Pizzasorten gemäß ihrem Anteil ein.
d) Stimmt es, dass Salami, Schinken und Pilze zusammen mehr als 50 % aller verkauften Pizzas ausmachen?

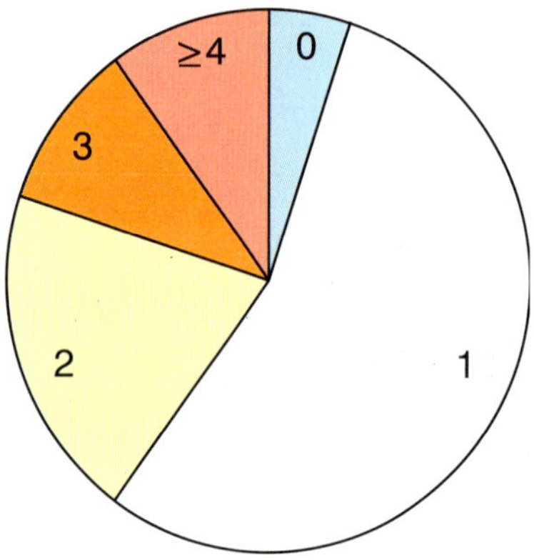

13 Bei einer Befragung wurden 1 000 Personen nach der Anzahl der Telefone im Haushalt befragt. Das Kreisdiagramm zeigt die Auswertung der Befragung. Lies die Anteile aus dem Kreisdiagramm ab.
a) Schreibe einen Zeitungsartikel zu der Grafik, in der die wichtigsten Ergebnisse aufgezählt werden. Wie wäre es mit der folgenden Überschrift: „Das Telefon – fast jeder hat eins, mancher braucht 2, 3, 4 oder mehr!“
b) Führe eine Befragung in deiner Klasse durch. Veranschauliche die Ergebnisse in einem Kreisdiagramm.

14 Bei einer Mathematikarbeit erreichten die Schülerinnen und Schüler die folgenden Punktzahlen: 24, 17, 20, 20, 26, 19, 22, 18, 23, 28, 10, 23, 25, 20, 15, 30, 24, 5, 17, 12, 21, 21, 25, 20, 18. Die Zensuren wurden so festgelegt:

Punkte	28 bis 30	24 bis 27	20 bis 23	15 bis 19	9 bis 14	0 bis 8
Zensur	1	2	3	4	5	6

a) Wie viele Einsen, Zweien, ... gab es? (Notenspiegel)
b) Berechne den Anteil der Einsen und Zweien.
c) Berechne den Anteil der Noten unter ausreichend.

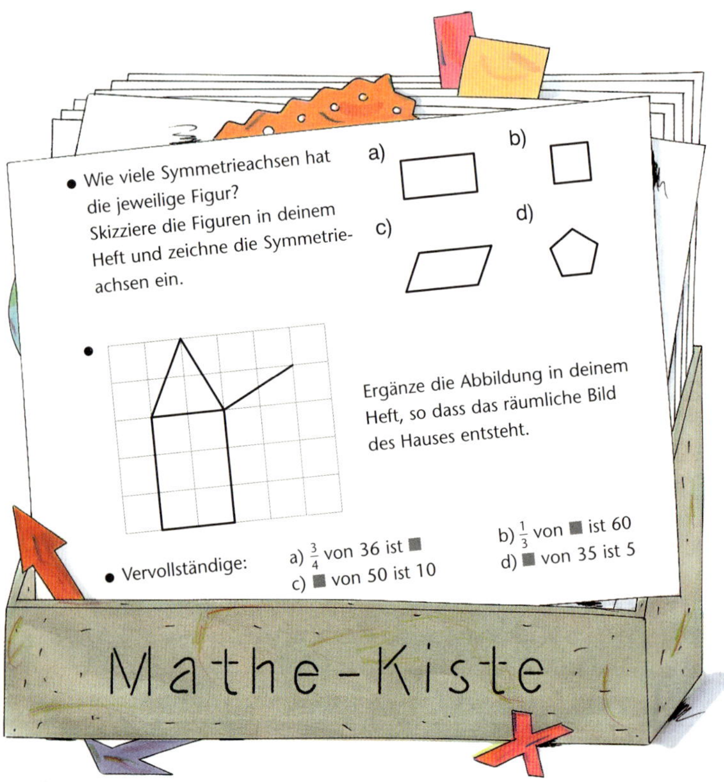

15 In der Gemeinde Unratshausen wurde kontrolliert, welches Müllvolumen im letzten Monat anfiel.

a) Zeichne ein Kreisdiagramm.
b) Müllaufkommen pro Familie im Jahr ungefähr 500 kg. Wie viel kg entfallen auf Papier, Plastik, ...?

16 So spielt der Musiksender „Hear!“:

Rock	Pop	Disco	Klassik
20 %	25 %	40 %	5 %

a) Wie viel Prozent macht der Rest aus?
b) Zeichne ein Kreisdiagramm.

Aufgaben

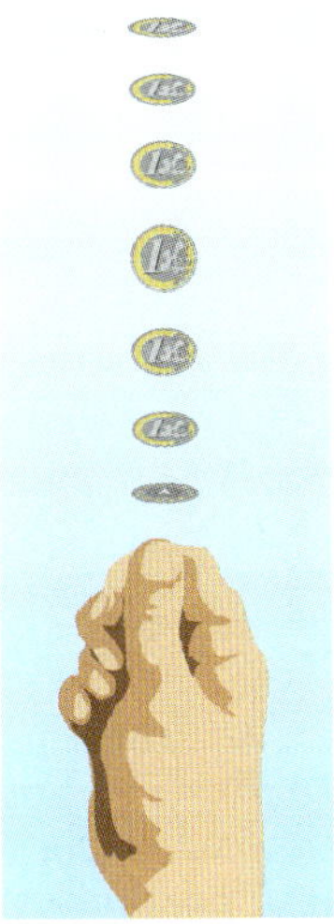

17 *Kopf oder Zahl*

Wenn du eine Münze wirfst, dann kann „Kopf (K)“ oder „Zahl (Z)“ kommen. Du erwartest sicher, dass die Chance für „Kopf“ in etwa 50 % beträgt. Wir wollen einmal sehen, was in Wirklichkeit geschieht.

Das Spiel mit dem Zufall

Experimentiere zunächst allein.
a) Wirf eine Münze 10-mal. Wie häufig kommt dabei „K“ vor? Berechne die relative Häufigkeit.
b) Wer in eurer Klasse erzielte die größte relative Häufigkeit?
c) Nun etwas zum Überlegen. Wirst du die gleiche Häufigkeit erzielen, wenn du die Münze erneut 10-mal wirfst? Begründe deine Antwort.
d) Wiederhole das Experiment nochmals mit 50 Münzwürfen und beantworte alle Fragen von a) bis c) erneut.

Arbeitet in Gruppen zu dritt oder zu viert.
e) Zählt alle Ergebnisse des 50-maligen Münzwurfes der Gruppenmitglieder zusammen. Wie oft habt ihr insgesamt die Münze geworfen? Mit welcher absoluten und welcher relativen Häufigkeit ist „K“ insgesamt aufgetreten?
f) Wenn ihr als Gruppe das ganze Experiment wiederholt, werdet ihr dann zum Schluss die gleiche relative Häufigkeit erhalten?

Arbeitet als Klasse zusammen.
g) Zählt alle Gruppenergebnisse zusammen. Wie häufig wurde die Münze insgesamt geworfen? Welche relative Häufigkeit für „K“ erhält man?
h) Was meint ihr, was wird man für die relative Häufigkeit von „K“ bei sehr, sehr vielen Versuchen erhalten?

Zufall und Wahrscheinlichkeit

Für den Zufall haben sich die Menschen schon seit Jahrtausenden interessiert. Man wollte ihn überlisten, beeinflussen oder zumindest berechnen und voraussagen. Wenn man schon nicht genau weiß, was geschieht, so versucht man doch anzugeben, mit welcher Chance, welcher **Wahrscheinlichkeit** ein Ereignis eintreten kann.
– Die Wahrscheinlichkeit ist eine Zahl zwischen 0 % und 100 %.
– Eine Wahrscheinlichkeit von 0 % bedeutet, dass das Ereignis nicht eintreten kann.
– Eine Wahrscheinlichkeit von 100 % bedeutet, dass das Ereignis sicher eintritt.

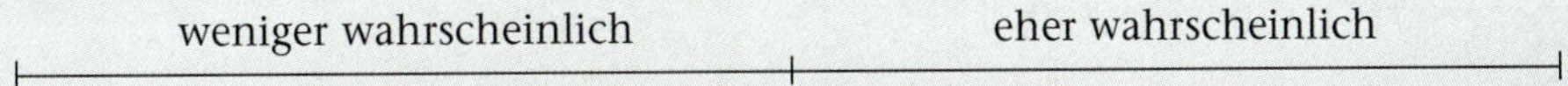

18 Beurteile die Wahrscheinlichkeit, mit der das Ereignis eintritt
a) Münze, Ereignis: „Zahl“
b) Würfel, Ereignis: „Würfeln einer Sechs“
c) Glücksrad, Ereignis: „Erzielen einer Sieben“
d) Kartenspiel mit 32 Karten, Ereignis: „Ziehen eines Asses“
e) Erläutere an den Beispielen in a) bis d) die Formel:

$$\text{Wahrscheinlichkeit} = \frac{\text{Anzahl der günstigen Fälle}}{\text{Anzahl der möglichen Fälle}} \cdot 100\,\%$$

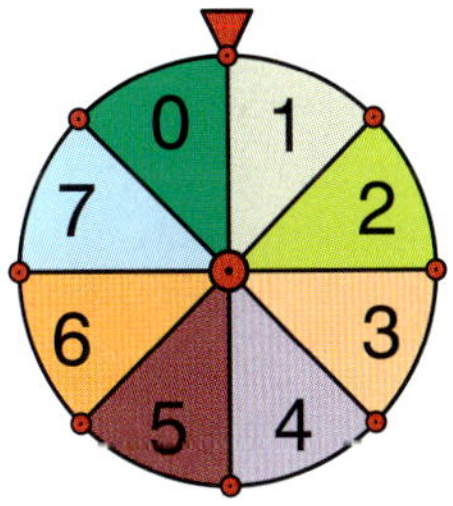

Aufgaben

19 Zeichnet einen „Wahrscheinlichkeits-Zollstock“ in euer Heft. Tragt dort die Ereignisse gemäß der Wahrscheinlichkeit, mit der sie eintreten, ein.
a) Münze werfen, Ereignis: „K“,
b) Lotto, Ereignis: „Sechser“ (Chancen sind ungefähr 1 : 14 000 000),
c) Stein hochwerfen, Ereignis: „Stein fällt zu Boden“,
d) Würfeln mit einem Würfel, Ereignis: „Augenzahl größer als 2“,
e) Karte aus einem Kartenspiel mit 32 Karten ziehen, Ereignis: „Kreuz“.

Wahrscheinlichkeits-Zollstock

0 % 50 % 100 %

20 Anna fährt mit ihrer Familie in den Sommerferien nach Bayern. Ihre Freundin Petra fährt mit. Die Freundinnen unterhalten sich darüber, welches die beliebtesten Pkw-Farben sind. Beide beschließen, die Farben der Autos, die ihnen begegnen, aufzuschreiben.
a) Die beiden Freundinnen waren unterschiedlich fleißig. Welche der Listen sollten wir verwenden, um die Anteile der verschiedenen Farben zu schätzen? Begründe deine Antwort.
b) Berechne die relative Häufigkeit der vier häufigsten Farben.

Farbe	Anzahl
Schwarz	31
Silber	16
Weiß	32
Rot	58
Blau	45
Sonstige	118

Annas Liste

Farbe	Anzahl
Schwarz	2
Silber	0
Weiß	3
Rot	8
Blau	6
Sonstige	9

Petras Liste

Projekt

Turnschuhe sind sehr beliebt.
Peters Schulklasse plant eine Umfrage: Sie will ermitteln, wie groß der Anteil der Schülerinnen und Schüler in der Schule ist, die stets Turnschuhe tragen. In der Klasse ist dieser Anteil schnell ermittelt und als Diagramm dargestellt. Wie ist das heute in eurer Klasse?

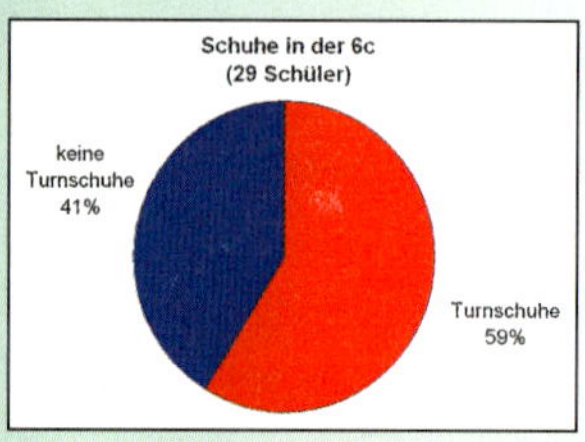

Es wäre sehr aufwändig, alle Schüler eurer Schule zu befragen. Also befragt ihr nur eine Stichprobe aller Schüler. Diskutiert über die folgenden Vorschläge:

- Wir nehmen einfach als Stichprobe unsere eigene Klasse
- Wir befragen in der nächsten Pause unsere Freundinnen aus den anderen Klassen
- Wir befragen aus jeder Klassenstufe 5 zufällig ausgewählte Personen.
- Aus jeder Klassenstufe befragen wir 3 Mädchen und 3 Jungen
- Wir stellen uns am Ende der Pause an die Schultür und zählen bei den ersten 100 Schülern, die in die Pause gehen.

An dieser Stelle könnt ihr auch unterschiedliche Methoden auswählen und in verschiedenen Gruppen weiter arbeiten. Dann tragt ihr die Ergebnisse mit einer Wandzeitungen, mit Folien oder dem Beamer vor. Vergleicht eure Ergebnisse. Überlegt Euch andere interessante Fragen und führt dazu eine Umfrage durch.

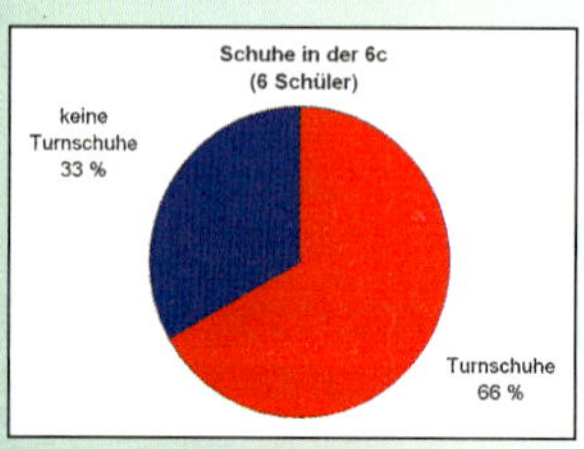

Peter hat 6 Schüler aus seiner Klasse ausgelost und die Turnschuhträger gezählt. Vergleiche sein Diagramm mit dem ursprünglichen Diagramm.

8.2 Mittelwerte

Was dich erwartet

„Familie Muster hat 0,8 Kinder!“, so kann man in der Zeitung lesen. Dies ist doch unmöglich, so wirst du denken. Und dennoch beschreiben Mathematiker damit die Durchschnittsfamilie in Deutschland. Etwas weiter kann man lesen: „Der Trend zur Ein-Kind-Familie ist ungebrochen. In den meisten Familien wachsen Einzelkinder auf.“ Könnte passen, denkt ihr, obwohl in eurer Nachbarschaft zwei Familien drei Kinder haben und eine andere Familie sogar vier.
Mit so genannten „Kenngrößen“, wie z. B. dem Durchschnitt oder dem häufigsten Wert, kann man bei vielen Daten wichtige Eigenschaften beschreiben. Dies kann hilfreich aber auch verwirrend sein. Wir wollen ein bisschen Ordnung in die Berechnung und die Benutzung von Kenngrößen bringen.

Aufgaben

1 Martin, Florian und Dennis sind gute Weitspringer. Aber nur einer von ihnen kann an einem Schulvergleichskampf teilnehmen. Herr Delfs, ihr Sportlehrer, hat die besten Weitsprungergebnisse der letzten 5 Wochen aufgeschrieben.

Martin	Florian	Dennis
3,84 m	3,95 m	3,87 m
3,92 m	3,97 m	4,05 m
3,94 m	3,76 m	3,72 m
3,82 m	4,02 m	3,81 m
3,98 m	3,80 m	3,80 m

Herr Delfs überlegt zusammen mit der Sportgruppe, wen er zum Wettkampf mitnehmen soll. Claudia: „Dennis ist am weitesten gesprungen.“ Sabine: „Aber zuletzt war Martin der beste.“ Daniel: „Ich würde erst mal den Durchschnitt ausrechnen.“ Herr Delfs nimmt Daniels Vorschlag auf und berechnet die Durchschnitte. Für wen entscheidet er sich? Wie hättest du dich entschieden?

2 Peter und Anja schauen einem Spiel der Schulbasketballmannschaft zu. „Mensch, da ist ein langer Lulatsch dabei“, sagt Anja. Peter kennt aus einem Vorbericht in der Schülerzeitung die Größen der „Starting 5“, der 5 Spieler, die das Spiel beginnen. „Im Durchschnitt sind die Fünf 1,84 m groß“, weiß Peter. Anja meint: „Die Größe der Spieler wird besser durch die Angabe 1,76 m beschrieben.“
a) Wie hat Peter gerechnet, was hat Anja als Mittelwert verwendet?
b) Diskutiert, welchen der beiden Werte ihr als Kenngröße für die Größe der Spieler nehmen würdet.

3 Die Mathematiklehrerin hat die erzielten Punktzahlen der Schülerinnen und Schüler der Klasse 6c in der letzten Klassenarbeit in Form eines Stängel-Blatt-Diagramms aufgetragen.
a) Erstelle eine Tabelle der Punktzahlen der Mädchen und der Jungen.
b) Berechne für die Mädchen und die Jungen die Durchschnittspunktzahl.
c) Wer hat deiner Meinung nach besser abgeschnitten, die Mädchen oder die Jungen?

4	1 4 5 5 8 9 9
3	0 2 4 4 5 6 8 9 9
2	2 7 8 9 9
1	7 9 9
0	8

● Jungen ● Mädchen

Aufgaben

4 Annika möchte herausbekommen, wie viele Kinder die Durchschnittsfamilie in ihrer Klasse hat. Dazu hat sie alle Mitschülerinnen und Mitschüler befragt. In ihrer Klasse gibt es 13 Einzelkinder. Bei 11 Familien sind es 2 Kinder und bei 2 Familien sind es jeweils 3 Kinder und bei einer Familie 4 Kinder.

Annika beginnt zu rechnen:

$(1+1+1+1+1+1+1+1+1+1+1+1+1+2+2+2+2+2+2+2+2+2+2+2+3+3+4):27$

a) Hilf Annika beim Rechnen.

b) Wie viele Kinder hat die Durchschnittsfamilie in deiner Klasse?

Basiswissen

Um Mittelwerte zu berechnen, benötigst du zunächst eine Liste der Ergebnisse. Wenn du z. B. wissen möchtest, wie lange du im Mittel für bestimmte Kopfrechenaufgaben brauchst, so misst du die Zeiten zunächst einige Male und notierst die Werte. Mit Diagrammen kannst du dir einen guten Überblick über die Werte verschaffen.

Ergebnisliste: 15 s 20 s 15 s 10 s 25 s 45 s 35 s 15 s 25 s

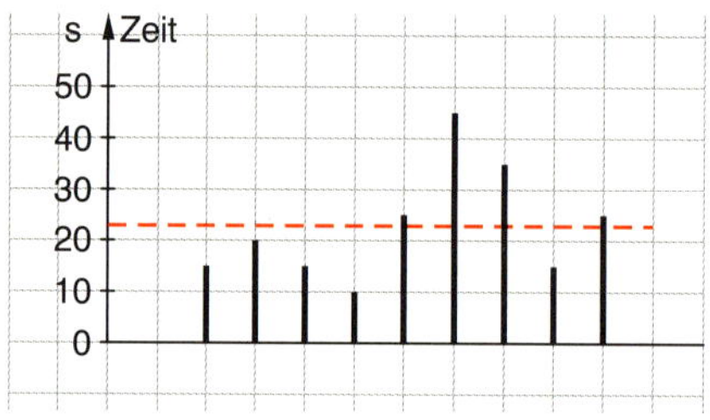

Um den **Durchschnitt** der Werte zu berechnen, musst du zunächst die Summe der Werte bilden. Dividiere die Summe dann durch die Anzahl der Werte. Das Ergebnis nennt man auch **arithmetisches Mittel.** Im Diagramm gibt die gestrichelte Linie den Durchschnitt an.

$$\frac{15\,s + 20\,s + 15\,s + 10\,s + 25\,s + 45\,s + 35\,s + 15\,s + 25\,s}{9} = \frac{205\,s}{9} = 22\tfrac{7}{9}\,s \approx 22{,}8\ s \text{ (gerundet)}$$

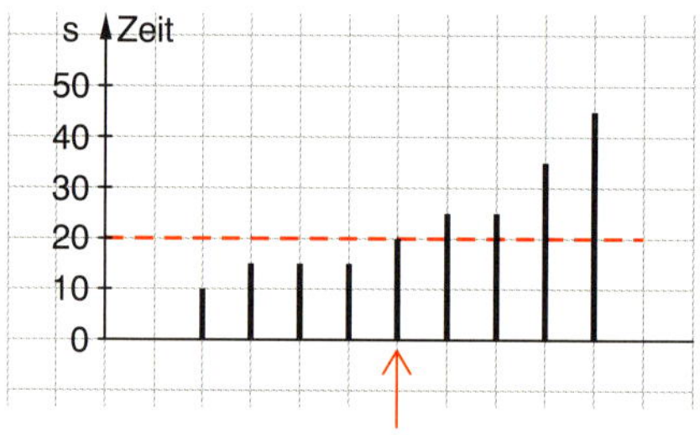

Wenn du die Werte der Größe nach ordnest, erkennst du, welcher Wert genau in der Mitte steht. Es ist der **Zentralwert**. Es stehen gleich viele Werte vor dem Zentralwert wie hinter dem Zentralwert. Statt Zentralwert sagt man häufig auch **Median**.

| 10 s 15 s 15 s 15 s | 20 s | 25 s 25 s 35 s 45 s |

↑ Zentralwert

Der **häufigste Wert** in einer Liste heißt **Modalwert**. In der Ergebnisliste ist der Modalwert 15 s. Er kommt 3-mal vor. Alle anderen Werte kommen weniger häufig vor.

Beispiele

A Kai hat folgende Zeiten im 50-m-Lauf erzielt: 8,5 s 8,3 s 8,6 s 8,3 s 8,7 s.

Durchschnitt = $\frac{8{,}5\,s + 8{,}3\,s + 8{,}6\,s + 8{,}3\,s + 8{,}7\,s}{5} = \frac{42{,}4\,s}{5} = 8{,}48\,s$

Rangfolge: 8,3 s 8,3 s 8,5 s 8,6 s 8,7 s

Zentralwert = 8,5 s häufigster Wert = 8,3 s

Der Durchschnitt und der Zentralwert beschreiben gut ein mittleres Ergebnis, während der häufigste Wert in diesem Fall am Rand liegt.

Bei wenigen Daten ist der häufigste Wert oft nichtssagend.

B Petra langweilt sich während einer langen Autofahrt und zählt, wie viele Personen in den vorbeifahrenden Pkw sitzen. Am häufigsten sitzt nur eine Person im Auto.

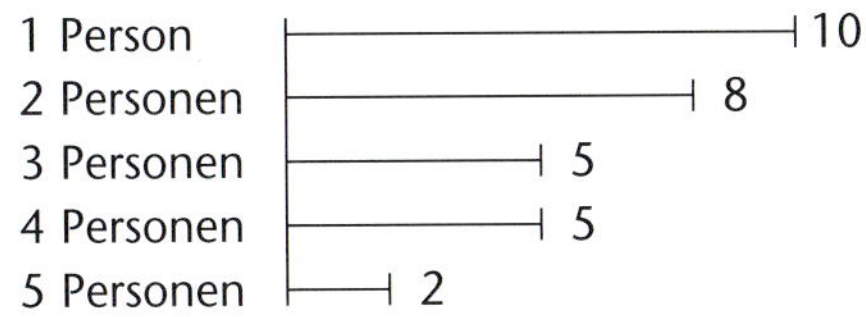

Zentralwert

Zur Berechnung des Zentralwertes ordnet Petra alle Daten der Größe nach:

1 1 1 1 1 1 1 1 1 1 2 2 2 2 **2** **2** 2 2 3 3 3 3 3 4 4 4 4 4 5 5

↑ ↑ Werte in der Mitte

Der Zentralwert der Personenzahl beträgt also 2.

Durchschnitt

Berechnung des Durchschnitts (arithmetisches Mittel):

$\frac{10 \cdot 1 + 8 \cdot 2 + 5 \cdot 3 + 5 \cdot 4 + 2 \cdot 5}{30} = \frac{71}{30} = 2\frac{11}{30} \approx 2{,}4$ (gerundet)

Im Durchschnitt sitzen also 2,4 Personen in den 30 Autos.

C Sportlehrer Delfs vergleicht die Leistungen der beiden Klassen 6 a und 6 b im Schlagballweitwurf. Die geworfenen Meter sind in Stängel-Blatt-Diagrammen notiert.

6 a	
2	2588
3	02244788
4	(0)01333577
5	144
6	0

6 b	
2	446
3	0133358
4	0(02)2226678
5	2466

Lies aus den Diagrammen so viel Informationen wie möglich ab.

Die Klassen im Vergleich:

	6 a	6 b
größte Weite	60 m	56 m
kleinste Weite	22 m	24 m
häufigste Weite	43 m	42 m
Zentralwert	40 m	41 m
Durchschnitt	39,44 m	40 m

Zentralwert: Bei 25 Werten ist es der 13. Wert. Bei 24 Werten ist es der Durchschnitt aus dem 12. und 13. Wert.

Durchschnitt

6 a: $\frac{22\,m + 25\,m + 2 \cdot 28\,m + 30\,m + \ldots + 60\,m}{25} = \frac{986\,m}{25} = 39{,}44\,m$

6 b: $\frac{2 \cdot 24\,m + 26\,m + 30\,m + \ldots + 2 \cdot 56\,m}{24} = \frac{960}{24} = 40\,m$

Übungen

5 Sind die Mathe-Hausaufgaben zu umfangreich? Julians Lehrerin meint, dass man im Durchschnitt mit 15 Minuten auskommen müsste. Julian hat folgende Minutenwerte notiert: 17, 20, 0, 15, 12, 25, 0, 12, 17, 10, 20, 16.

a) Wie viel Minuten braucht Julian im Durchschnitt für die Hausaufgaben?

b) Bastian, Julians Freund, meint, dass man die beiden Tage, an denen es keine Hausaufgaben gab, eigentlich nicht mitzählen darf. Welchen Durchschnitt rechnet Bastian aus?

c) Meint ihr, dass Bastian mit seiner Überlegung Recht hat?

5 Bastians Wert ist um 164 Sekunden größer als Julians Wert.

6 Melanie und Patrick sind im Schießverein. Sie wollen herausbekommen, wer im Durchschnitt besser trifft. Beide schießen jeweils 20-mal. Die Treffer tragen sie in ein Diagramm ein. Überlege, wie du aus dem Diagramm ersehen kannst, dass beide gleich gut geschossen haben. Berechne auch den Durchschnittswert.

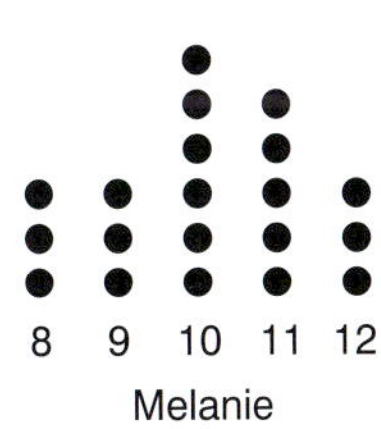

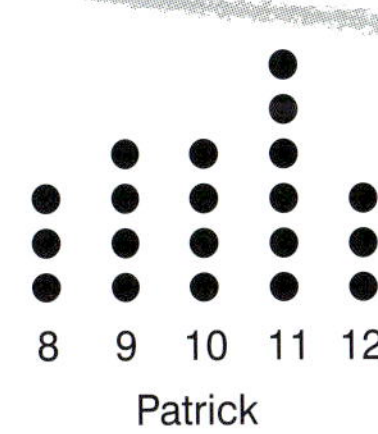

Übungen

7 *Aus der letzten Jahresstatistik eines Autohauses:*

	Jan	Feb	März	April	Mai	Juni	Juli	Aug	Sep	Okt	Nov	Dez
Zahl der verkauften Pkws	11	8	15	18	35	21	17	13	10	15	12	23

a) Was war die kleinste monatliche Absatzzahl, was die größte?
b) Stelle die Verkaufszahlen in einem Stabdiagramm dar.
c) Im vorletzten Jahr wurden monatlich im Schnitt 21 Pkw verkauft. Wie liegen die Verkaufszahlen im letzten Jahr im Vergleich zum vorletzten Jahr?

8 *Notenstatistik – aus dem Notenbuch der Deutschlehrerin*

Wir werten die Noten statistisch aus.
a) Ermittle die absoluten Häufigkeiten der einzelnen Noten. Ist der Anteil der Noten unter „ausreichend" kleiner als $\frac{1}{3}$?
b) Erstelle ein Stabdiagramm für die Noten.
c) Welche Note kommt am häufigsten vor? Was ist der Notendurchschnitt?

9 Nochmals Noten. Corinna hat in den Klassenarbeiten im ersten Halbjahr die Noten 2, 2, 5, 2 geschrieben. Was spricht für eine Halbjahresnote 2, was für eine Halbjahresnote 3? Verwende bei deinen Begründungen auch die Begriffe Zentralwert und Durchschnittswert.

10 Frau Spiess ist Mitglied im „Lauftreff 98". Sie trainiert fleißig. Ihr Ziel ist es, einmal an einem Stadtmarathon teilzunehmen. Gewissenhaft notiert sie ihre Trainingskilometer.
a) Berechne für die angegebenen 11 Tage
– den am häufigsten gelaufenen Kilometerwert
– den Zentralwert
– die durchschnittliche tägliche Laufleistung.
b) Frau Spiess stellt fest, dass sie beim Eintragen in das Trainingsbuch einen Fehler gemacht hat. Am 19.9. ist sie 18 km gelaufen. Auf welchen der in a) berechneten Werte hat dies Einfluss?

Trainingsbuch	
10.09.	5 km
11.09.	7 km
12.09.	7 km
13.09.	5 km
14.09.	10 km
15.09.	4 km
16.09.	7 km
17.09.	9 km
18.09.	4 km
19.09.	11 km
20.09.	7 km

11 Wie viel Taschengeld bekommen Sechstklässler pro Woche?
Statistik von Anjas Klasse nach einer anonymen Befragung

Taschengeld	5 €	6 €	7 €	8 €	9 €	10 €	20 €
Anzahl der Schüler/innen	2	2	7	6	4	3	1

a) Übernimm das unvollständige Diagramm der absoluten Häufigkeiten in dein Heft und vervollständige es.
b) Berechne den häufigsten Wert, den Zentralwert und den Durchschnitt beim Taschengeld in Anjas Klasse.

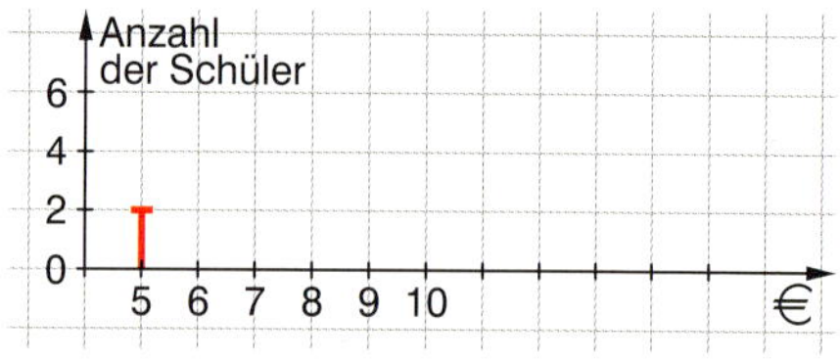

c) Peter erhält zur Zeit 7 € wöchentliches Taschengeld. Wie liegt er im Vergleich zu seinen Mitschülerinnen und Mitschülern? Mit welchen Argumenten könnte er versuchen, seine Eltern zu überzeugen, dass sie ihm mehr Taschengeld geben sollten. Verwende dabei die Ergebnisse der Untersuchung aus Teilaufgabe a) und b).

Übungen

Wo genau liegt Maiduguri in Nigeria? Schau im Atlas nach!

12 *Vorsicht beim Umgang mit Mittelwerten*
a) Berechne den durchschnittlichen monatlichen Niederschlag für Maiduguri und Frankfurt. Vergleiche.
b) Zeichne für beide Städte ein Stabdiagramm der Niederschlagsmengen. Vergleiche.
c) Warum sollte man aus durchschnittlichen Niederschlagsmengen (Durchschnittstemperaturen) keine voreiligen Schlüsse ziehen?

	Maiduguri	Frankfurt
Januar	–	57
Februar	–	44
März	–	36
April	4	43
Mai	33	54
Juni	77	72
Juli	180	68
August	220	77
September	100	58
Oktober	22	50
November	–	53
Dezember	–	53

1	89
2	45557778899
3	000244457
4	22566
5	039

13 Die Polizei führt vor der Lise-Meitner-Schule eine Geschwindigkeitskontrolle durch. Man darf dort höchstens mit 30 km/h fahren. Die gemessenen Werte werden in einem Stängel-Blatt-Diagramm erfasst. Schreibe einen Zeitungsartikel über das Ergebnis der Messung. Verwende dabei die Begriffe durchschnittliche Geschwindigkeit, Zentralwert, kleinste, größte Geschwindigkeit.

14 Oliver will einmal ein berühmter Skispringer werden. Er hat seine letzten Trainingsweiten in einem Diagramm veranschaulicht.
a) Ordne die einzelnen Weiten der Größe nach und stelle sie in einem Stängel-Blatt-Diagramm dar.
b) Schätze zunächst den Durchschnittswert und berechne ihn dann exakt.
c) Ermittle auch den Zentralwert und den häufigsten Wert.

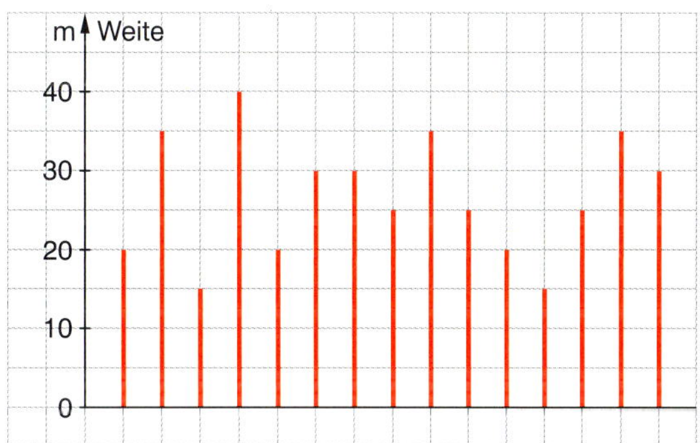

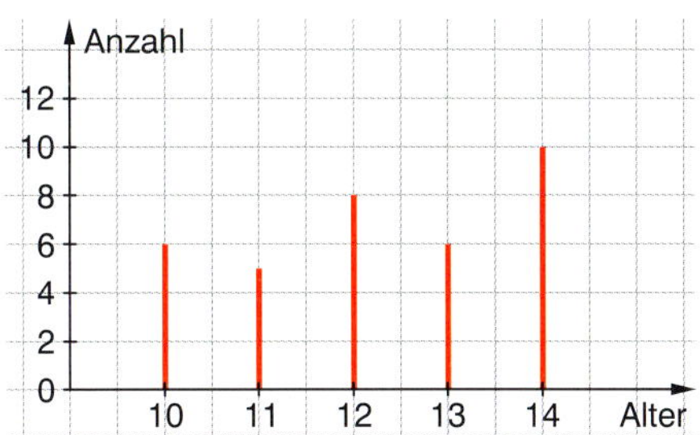

15 Kathrin singt in einem Kinderchor mit. Für eine Festzeitschrift möchte sie eine Statistik über die Chorkinder machen. Sie hat von allen das Alter erfragt.
a) Wie hoch ist das Durchschnittsalter?
b) Welches Alter ist am häufigsten?
c) Kathrin ist 13 Jahre alt. Wo liegt sie bez. des Zentralwertes und des Durchschnittswertes des Chors.

16 Weißt du eigentlich, wie viele Bundesländer die Bundesrepublik hat? Einige Bundesländer grenzen nur an wenige Nachbarbundesländer (das Saarland grenzt z. B. nur an Rheinland-Pfalz), andere wie Niedersachsen haben viele Nachbarn.
a) Stelle eine Häufigkeitstabelle auf, wie viele Bundesländer es mit 1, 2, ... Nachbarbundesländern gibt, und veranschauliche die Häufigkeiten in einem Stabdiagramm.
b) Welches ist der häufigste Wert? Wie viele Nachbarländer sind es im Durchschnitt? Welche Bundesländer liegen beim Zentralwert?

Übungen

17 Hast du schon einmal deine Reaktionszeit getestet?
In einer Physikstunde haben Ricarda, Sabrina und Florian ihre Reaktionszeit gemessen. Eine Lampe wurde eingeschaltet, die dann von der Testperson möglichst schnell wieder ausgeschaltet werden musste. Die Reaktionszeit wurde in Hundertstelsekunden gemessen.

Ricarda	24	28	20	32	28	22	34	26	22	28	25	32
Sabrina	27	30	25	28	30	32	25	24	30	25	27	31
Florian	24	29	34	28	39	32	25	28	24	26	38	25

a) Ordne die Daten für jeden der drei der Größe nach.
b) Bestimme die kürzeste und die längste Reaktionszeit von Ricarda, Sabrina und Florian und vergleiche.
c) Berechne die durchschnittliche Reaktionszeit und den Zentralwert der drei Testpersonen in diesem Experiment.

Für Ricarda ergibt sich als **durchschnittliche Reaktionszeit:**
$(24+28+20+32+28+22+34+26+22+28+25+32):12 = 321:12 \approx 26{,}8$
Bestimmung des **Zentralwertes**: Die Daten der Größe nach ordnen.

20	22	22	24	25	26	28	28	28	32	32	34

2 mittlere Werte, Durchschnitt: $(26+28):2 = 27$
Für Ricarda erhält man als Zentralwert 27 Hundertstelsekunden.

1. Zentralwert bestimmen
2. Maximum und Minimum bestimmen
3. Daten in obere und untere Hälfte teilen
4. Zentralwerte der oberen und der unteren Hälfte bestimmen

Boxplots

Statistiker sind Mathematiker, die Daten lieben. Je mehr Daten es sind, umso wohler fühlen sie sich. Allerdings wollen sie die wichtigsten Eigenschaften großer Datenmengen auf einen Blick darstellen. Dazu haben sie besondere Verfahren entwickelt. Ein ganz modernes Verfahren, das aus den USA stammt, verwendet Boxplots (Boxplot = Kastenbild).

Wie sieht ein Boxplot aus? Wie liest man einen Boxplot?

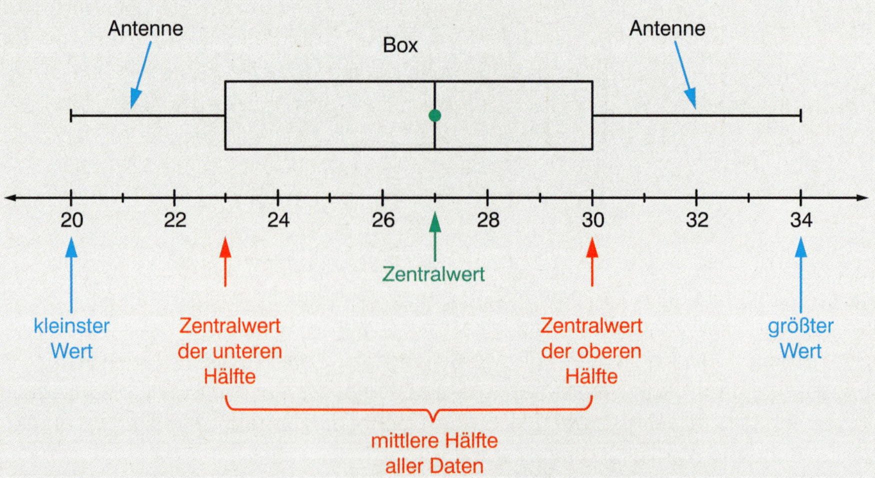

Aufgaben

18 In dem Boxplot im Exkurs sind wichtige Eigenschaften einer Statistik auf einen Blick dargestellt. Obwohl man die einzelnen Daten nicht kennt, kann man diese Eigenschaften ablesen.

a) Bestimme mit dem Boxplot
- den kleinsten und den größten Wert
- den Zentralwert
- den Zentralwert der unteren und den der oberen Hälfte der Daten.

b) Die Reaktionszeiten von Ricarda wurden 12-mal gemessen. Die Ergebnisse sind der Größe nach geordnet aufgeschrieben. Bestimme
- den kleinsten (größten) Wert
- den Zentralwert der 12 Daten
- den Zentralwert der unteren (oberen) Hälfte der Daten.

20	22	22	24	25	26	28	28	28	32	32	34

Wenn du alles richtig gemacht hast, dann müssen die Ergebnisse aus a) und b) übereinstimmen. Der Boxplot im Exkurs stellt die Daten aus dem Experiment mit Ricarda dar.

c) Zeichne Boxplots für Sabrina und für Florian. (Übung 17)

19 Was kann man über die Daten aussagen, wenn ein Boxplot
- kurze (lange) Antennen hat,
- eine kurze (lange) Box besitzt?

20 Vergleiche Boxplots – Experten sagen: Interpretiere Boxplots

a) Bestimme das Alter des jüngsten (ältesten) Spielers und den Zentralwert. In welchem Altersbereich liegt die „mittlere Hälfte" der Spieler? Vergleiche die Männer- mit der Frauenmannschaft.

b) Skizziere einen Boxplot einer Fußballmannschaft, die wenig junge Spieler und wenig alte Spieler hat, aber sehr viele Spieler mittleren Alters.

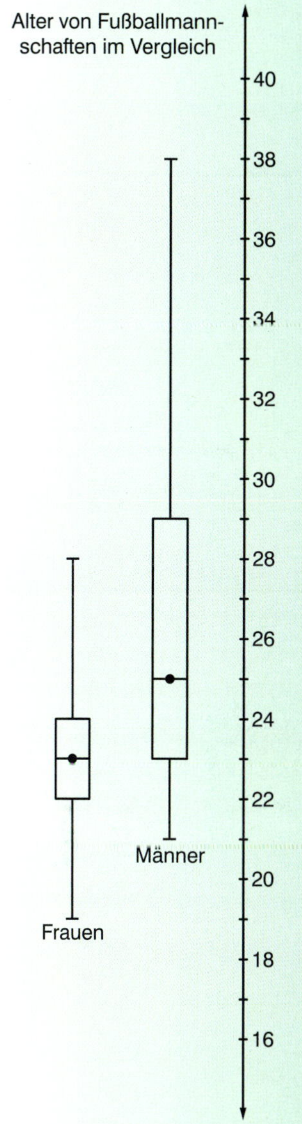

21 Mareike hat ausprobiert, wie viel Mal sie würfeln muss, bis eine Sechs fällt. Ihre Ergebnisse: 6, 9, 11, 1, 6, 1, 4, 11, 4, 2, 6, 1, 3, 7, 6, 2, 13, 8, 2, 7.

a) Wie häufig musste Mareike im Durchschnitt würfeln, bis eine Sechs kam?

b) Bestimme auch den Zentralwert.

c) Zeichne einen Boxplot für die Ergebnisse.

d) Wie ist es bei deinem Würfel? Würfele so lange, bis eine Sechs fällt und schreibe auf, wie oft du würfeln musstest. Wiederhole dieses Experiment 20-mal. Vergleiche deinen Boxplot mit dem von Mareike.

22 Im Jahre 1995 hat der Schachweltmeister Kasparow seinen Titel in einem Kampf über 18 Partien gegen Anand verteidigt. Im Stängel-Blatt-Diagramm ist die Anzahl der Züge für die 18 Partien eingetragen. Welcher Boxplot gibt die Ergebnisse richtig wieder? Begründe deine Entscheidung.

1	2 6
2	0 1 2 5 5 7 7 8 9
3	1 5 6 8
4	1 3
5	
6	3

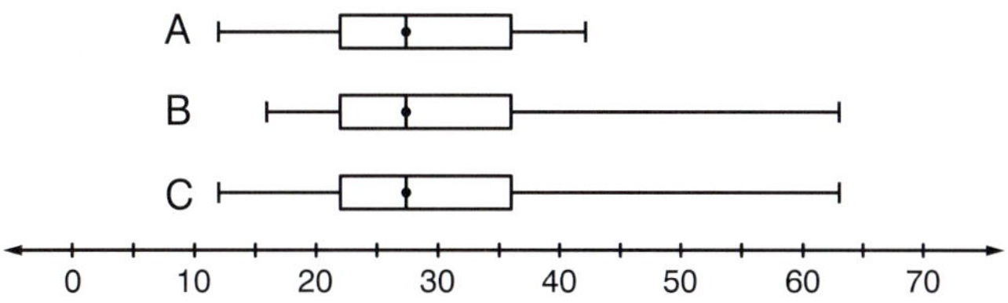

8.3 Diagramme richtig deuten

Was dich erwartet

Wenn man statistische Daten sammelt, erhält man zunächst lange Zahlenkolonnen oder Strichlisten – diese Rohdaten haben wenig Aussagekraft. Deswegen haben wir schon früher aus den Daten Stab- oder Bilddiagramme hergestellt. Aus den Diagrammen kann man meist auf einen Blick seine Schlüsse ziehen. Sind die Diagramme aber irreführend dargestellt, kannst du leicht zu falschen Folgerungen kommen. In der Werbung werden solche Manipulationen manchmal ganz bewusst eingesetzt, um dich z. B. zum Kauf eines Produkts zu überreden. Worauf man bei der richtigen Deutung von Diagrammen achten muss, und wie man mit Diagrammen in die Irre geführt werden kann, wirst du in diesem Abschnitt erfahren

Aufgaben

1 In zwei Tageszeitungen findet Sabine unter derselben Unterschrift „Ladendiebstahl in unserer Stadt bei Jugendlichen" verschiedene Stabdiagramme.
a) Diskutiere, ob die beiden Diagramme dieselben Daten darstellen?
b) Ein Reporter schreibt: *„Zahl der Ladendiebstähle explosionsartig angestiegen."*
Mit welchem Diagramm hat er wohl seine Behauptung unterstützt? Ist seine Aussage richtig?

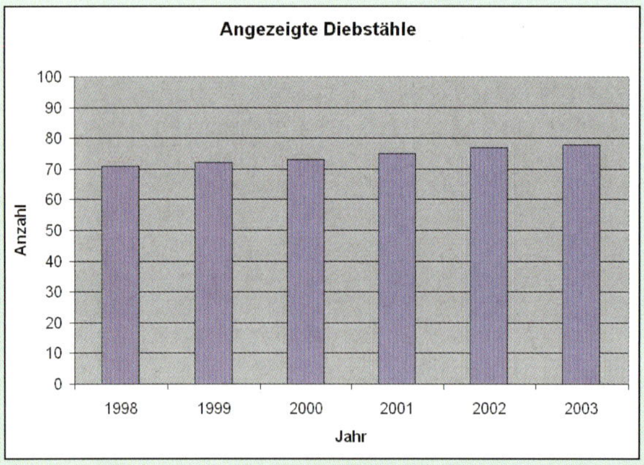

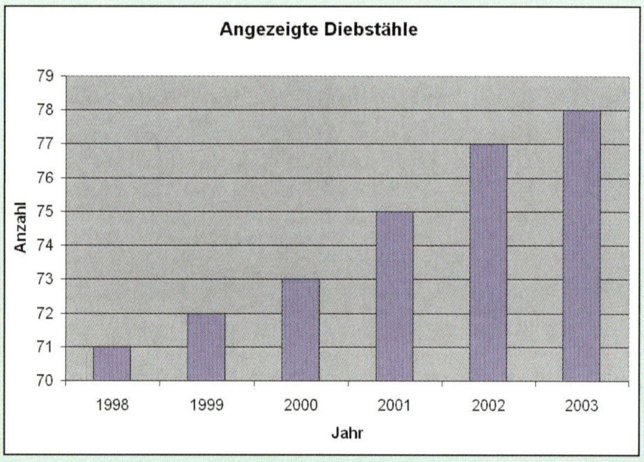

2 Verkaufszahlen der Schülerzeitung „Pepo" im vergangenen Jahr

Monat	Jan.	Feb.	März	April	Mai	Juni	Juli	Aug.	Sep.	Okt.	Nov.	Dez.
Anzahl	425	396	405	275	320	220	195	198	207	243	261	280

a) Erstelle je ein Stabdiagramm für das ganze Jahr und für die Zeit vom Juli bis Dezember, wobei die Hochachse erst bei 190 verkauften Exemplaren beginnt. Vergleiche den Eindruck, den die Diagramme hervorrufen.
b) Hans und Maria, die Chefredakteure von „Pepo", wollen demnächst in der Sprechstunde beim Direktor der Schule einen höheren Zuschuss für die Schülerzeitung beantragen.
Während Hans das Diagramm von Juli bis Dezember verwenden möchte, ist Maria strikt gegen die Verwendung dieses Diagramms.
Überlegt euch Argumente pro und contra des jeweiligen Diagramms.

Spielt in einem Rollenspiel die Situation in der Sprechstunde nach. Überlegt euch schlagkräftige Argumente, wie ihr das ausgewählte Diagramm in eure Begründung mit einbezieht. Wird dabei dem Schulleiter ein korrektes Bild der Situation vermittelt?

Basiswissen

Um Diagramme richtig deuten zu können musst du genau darauf achten,

- **welche Größen auf den Achsen abgetragen sind:**

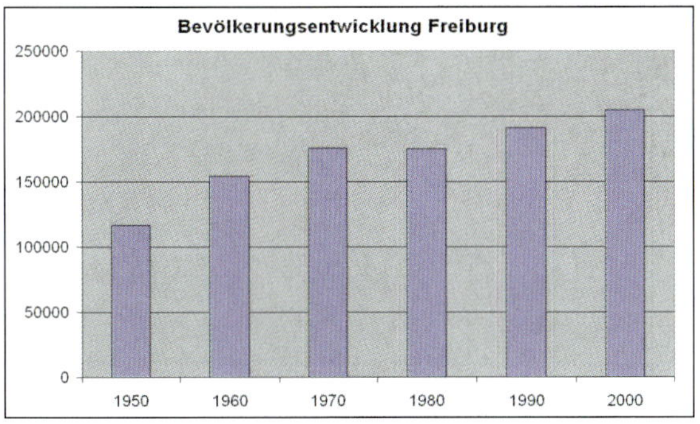

Auf der Hochachse ist die Einwohnerzahl in Schritten von Fünfzigtausend aufgetragen, auf der Rechtsachse die Jahre von 1950 bis 2000 in 10er Schritten.

- **wo die Hochachse beginnt:**

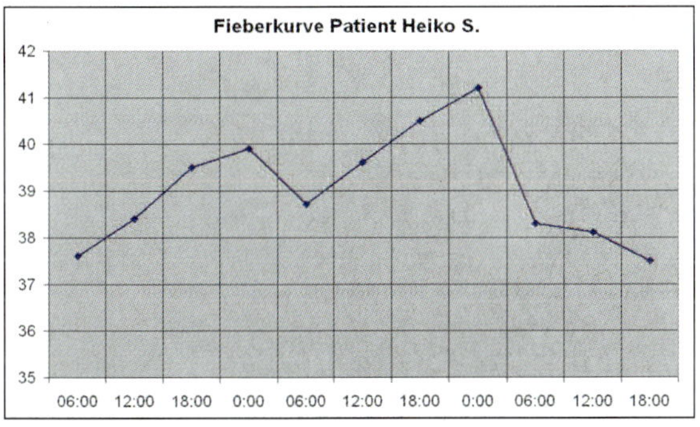

Bei Fieberkurven im Krankenhaus beginnt die Skala nicht bei 0 °C sondern bei 35 °C. Dadurch kann man den Anstieg der Körpertemperatur um fast 4 °C sehr deutlich darstellen.

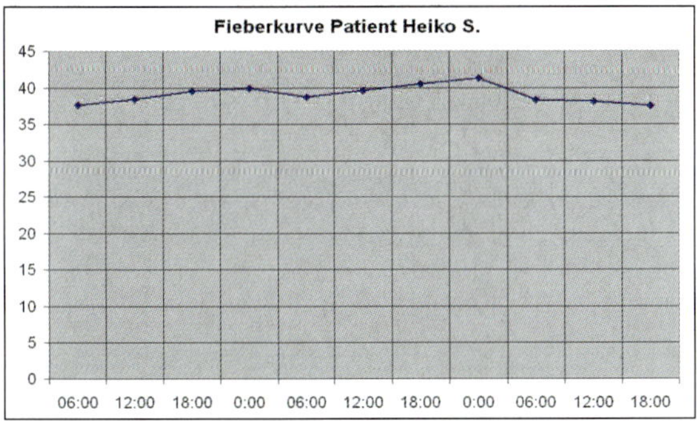

Hätte man die Hochachse bei 0 °C beginnen lassen, wäre die Änderung der Temperatur kaum zu sehen gewesen.

- **Genau hingeschaut – Diagramme können auch einen falschen Eindruck hervorrufen.**

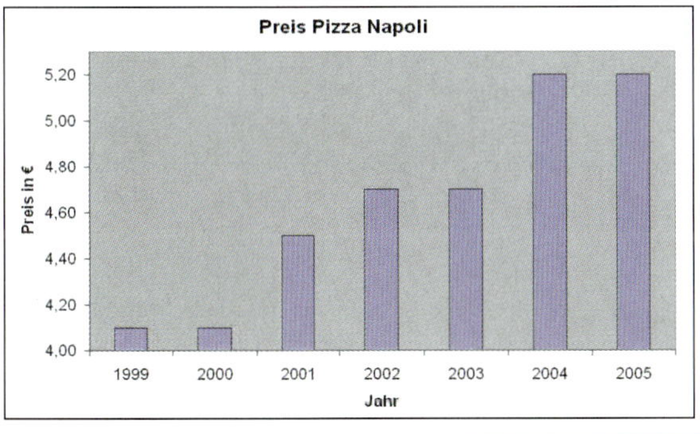

Auf den ersten Blick scheint es, als ob der Preis für die Pizza in den sechs Jahren sehr stark gestiegen sei. Schaut man genauer hin, dann sieht man, dass der Preisanstieg 1,10 € beträgt. Der falsche Eindruck entsteht dadurch, dass die Skala bei 4,00 € beginnt.

Beispiele

A Vor zwei Monaten wurde Sabines kleiner Bruder Mike geboren. Der Kinderarzt möchte, dass Mike jede Woche einmal gewogen wird. Sabine hat die Ergebnisse in einer Tabelle festgehalten:

Geburt	1. Woche	2. Woche	3. Woche	4.Woche	5. Woche	6. Woche	7. Woche
3420 g	3260 g	3450 g	3600 g	3620 g	3980 g	4160 g	4480 g

Verbindet man die Messpunkte durch Strecken, entsteht ein **Liniendiagramm**

a) Ein Diagramm bietet einen ersten Überblick. Man sieht, dass in der ersten Woche das Gewicht von Mike etwas zurückging. Dies ist bei Säuglingen normal! Die Ursache dafür sind der Stress bei der Geburt und die Anpassung auf die völlig veränderte Lebenswelt des Kindes nach der Geburt.

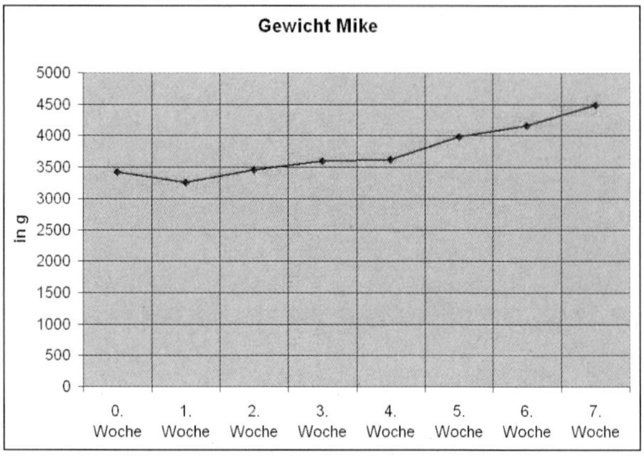

b) Will man die Gewichtsveränderung deutlicher hervortreten lassen, kann man den Nullpunkt der Hochachse auf 3200 g legen. Nun erkennt man die Gewichtszunahme sehr gut. Bei genauem Hinsehen fällt auf, dass auch in der 4. Woche das Gewicht kaum zunahm. Sabine erinnert sich, dass Mike in dieser Zeit erkältet war. Dem Gewichtsdiagramm kann ein Kinderarzt also wichtige Hinweise auf mögliche Erkrankungen entnehmen!

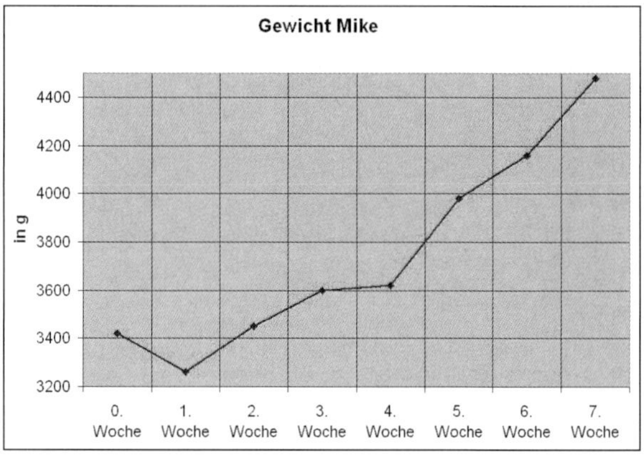

B *Interpretation eines Diagramms*

Finde mithilfe des Diagramms heraus, wie sich der Jahresumsatz der Firma MVG vom Jahr 2000 zum Jahr 2004 verändert hat

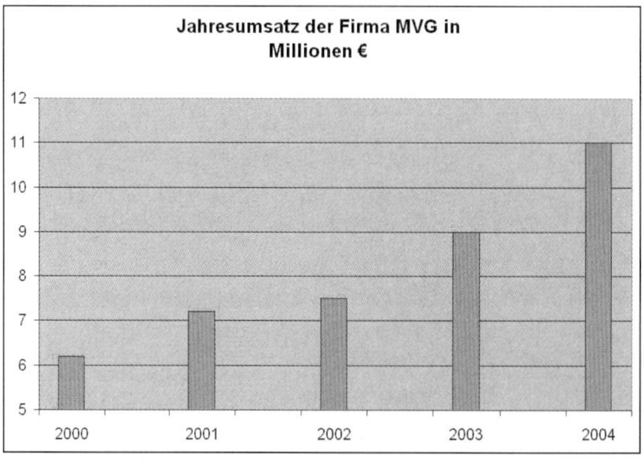

Die Länge der Balken lässt auf den ersten Blick vermuten, dass sich der Umsatz im Jahre 2004 im Vergleich zu dem Umsatz im Jahre 2000 ungefähr vervierfacht hat. Beachtet man die Skalen in dem Diagramm, stellt man fest, dass sich der Umsatz in Wirklichkeit in etwa verdoppelt hat.

Übungen

3 *Lesen von Diagrammen*

Lies aus den beiden Diagrammen soviel Informationen wie möglich ab. Gib eine knappe Zusammenfassung der wichtigsten Aussagen. Belege sie mit Zahlen.

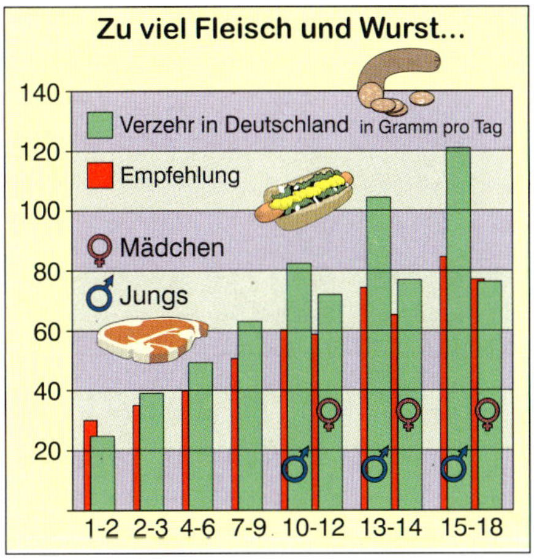

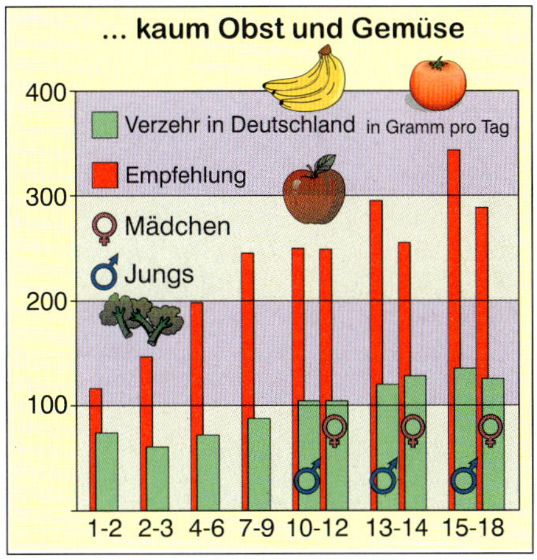

4 *Optischer Eindruck und tatsächliche Größe!*

a) Decke die Skala an der Hochachse ab. Vergleiche die Höhe des Stabes im 2. Monat mit der Höhe im 3. Monat. Wievielmal höher erscheinen dir die entsprechenden Balken

b) Benutze nun die Skala zu dem Vergleich. Was stellst du fest?

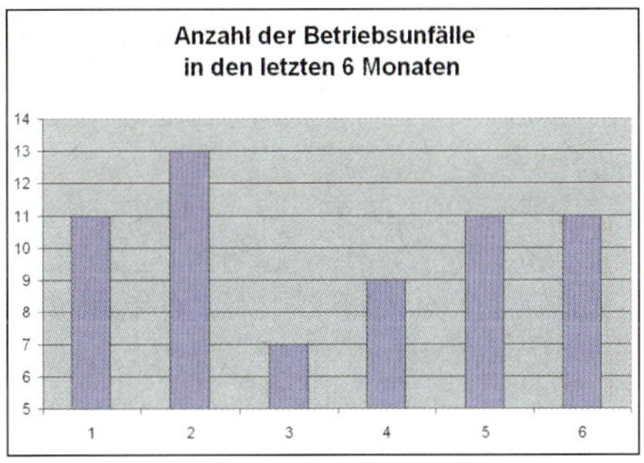

Etwas zum Nachdenken und diskutieren! „Ein Bild (Diagramm) sagt mehr als 1 000 Worte."

5 Die Besucherzahlen im Jugendclub in den letzten Monaten:

Jan.	Feb.	März	April	Mai	Juni	Juli	Aug.	Sep.	Okt.
120	114	105	95	91	94	96	93	106	112

a) Zeichne ein Diagramm und schreibe zum Diagramm eine kurze Zeitungsnotiz.

b) Frauke besucht den Jugendclub regelmäßig und gerne. Sie hat nebenstehendes Diagramm entworfen und an die Lokalzeitung geschickt. Wahrscheinlich sieht Fraukes Diagramm anders aus als das von dir gezeichnete. Was hat sie bei ihrem Diagramm anders gemacht? Kannst du dir denken, weshalb Frauke das gemacht hat?

c) Im „Stadtspiegel" stand der nebenstehende Artikel.
Nimm Stellung zu den dort gemachten Aussagen.

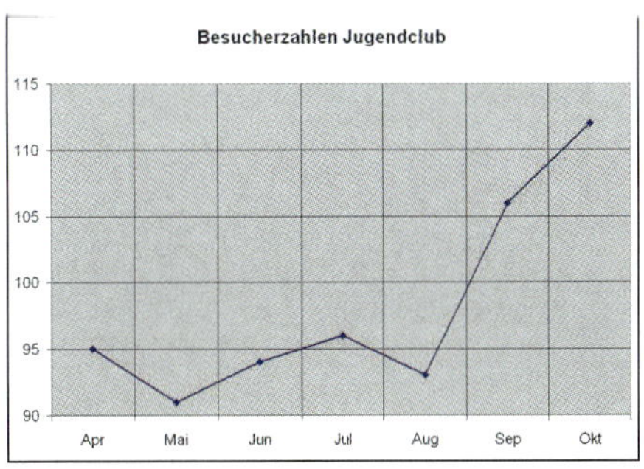

> ***Jugendzentrum zu klein!***
> Seit Herbst gibt es über dreimal so viele Besucher im Jugendzentrum wie zuvor. Bis Jahresende werden über 300 Besucher im Monat erwartet. Das Jugendzentrum muss dringend erweitert werden.

Übungen

6 *Passende Schlagzeile gesucht!*
Im Jahre 2004 beschäftigt sich eine Zeitschrift mit dem Taschengeld Jugendlicher.

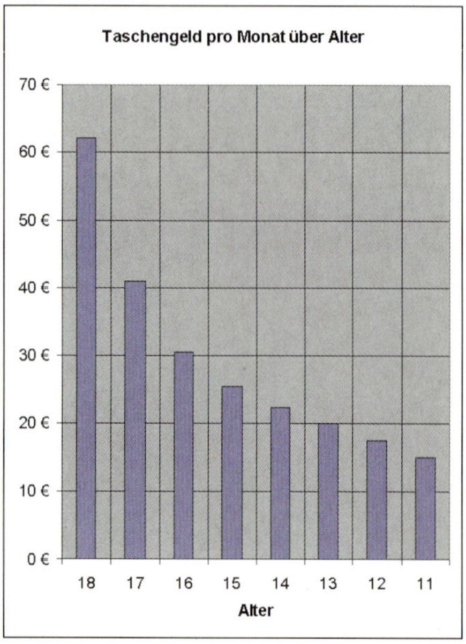

a) Welche Überschrift passt am besten dazu:
- Jugendliche erhalten immer weniger Taschengeld;
- Deutsche Jugendliche erhalten bis zu 62 € Taschengeld im Monat;
- Ältere Jugendliche bekommen deutlich mehr Taschengeld;
- Schüler erhalten durchschnittlich 30 € Taschengeld pro Monat.

b) Schreibe für eine Jugendzeitschrift einen Artikel über Taschengeld. Verwende Aussagen, die du aus dem Diagramm abliest.

7 Wer wird welches Diagramm verwenden und warum?

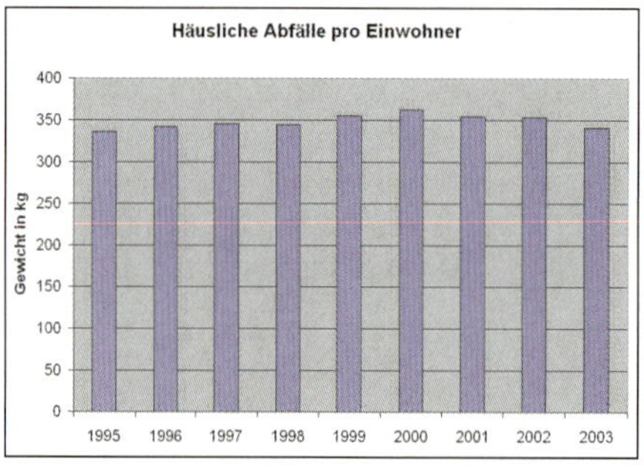

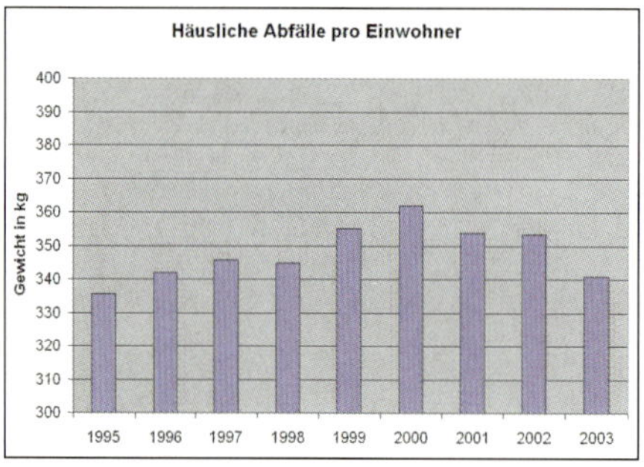

Herr Mehringer von der Regierungspartei stellt fest: „Uns ist es in den letzten Jahren gelungen durch entsprechende Maßnahmen die häuslichen Abfälle pro Kopf drastisch zu senken."
Frau Reininger von den „Grünen": Wir haben noch einen weiten Weg bei der Vermeidung von häuslichem Abfall vor uns. In den letzten Jahren ist das Pro-Kopf-Müllaufkommen kaum gesunken."

8 *Diagramme findet man auf Schritt und Tritt!*
Suche im Erdkunde/Biologiebuch oder in Zeitschriften und Illustrierten Stab- und Liniendiagramme.

a) Welche Größen sind jeweils auf den Achsen dargestellt?

b) Nimm ein besonders interessantes Diagramm und
- lies den kleinsten und den größten Wert ab
- beschreibe die Kernaussage des Diagramms in Worten.

c) Gibt es unter den Diagrammen ein irreführendes? Wenn ja, so erläutere woher der falsche Eindruck kommt. Stelle die Daten in einem weniger irreführenden Diagramm dar.

Aufgaben

9 *Darf man so mit Zahlen umgehen?*

Die Besitzer der Wanderhütte „Feldbergblick“ hat die Übernachtungszahlen im vergangenen Jahr festgehalten:

März	April	Mai	Juni	Juli	Aug.	Sep.	Okt.	Nov.	Dez.	Jan.	Feb.
58	44	112	102	76	137	169	120	17	48	187	51

Tabellenkalkulation

a) Erstelle mit einer Tabellenkalkulation (z. B. Excel) zwei verschiedene Stabdiagramme für dieselben Daten. Wähle auf der Hochachse erst einen Bereich von 0 bis 190 und in dem anderen Diagramm einen Bereich von 0 bis 400. Hilfe dazu bietet dir das Programm unter dem Stichwort „Skalierung der Achsen“. Beschreibe den unterschiedlichen Eindruck, den beide Diagramme auf dich machen.

b) Hast du eine Erklärung für die starken Schwankungen bei den Übernachtungszahlen?

c) Der Besitzer möchte die Hütte verkaufen. Er hat für die Verkaufsunterlagen ein anderes Diagramm erstellt. Wodurch unterscheidet sich dieses Diagramm von deinen Diagrammen? Weshalb wurden die Änderungen wohl vorgenommen? Sind diese Änderungen deiner Meinung nach erlaubt?

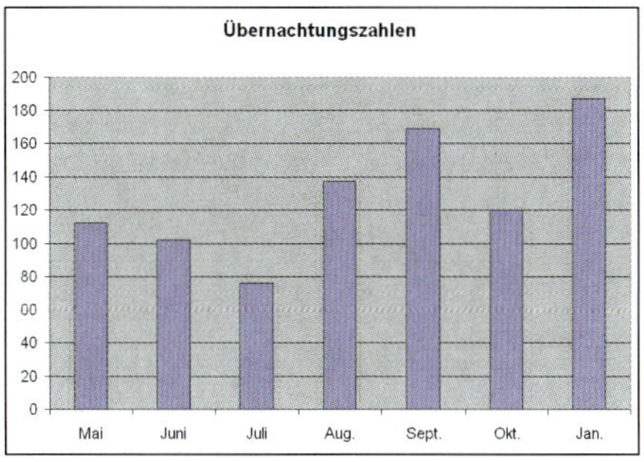

10 *Wir schauen in die Zukunft!*

In einer Sportillustrierten finden sich nebenstehendes Diagramm und folgender Artikel:

> „Von 1900 bis 1960 ist die Zeit des Siegers bei den Olympischen Spielen im 100-m-Lauf beständig gesunken. Insgesamt nahm die Siegerzeit von 1900 bis 1960 um fast 1 s ab. Der Gewinner der Goldmedaille bei den Spielen 2020 wird also unter 9,5 s laufen müssen!“

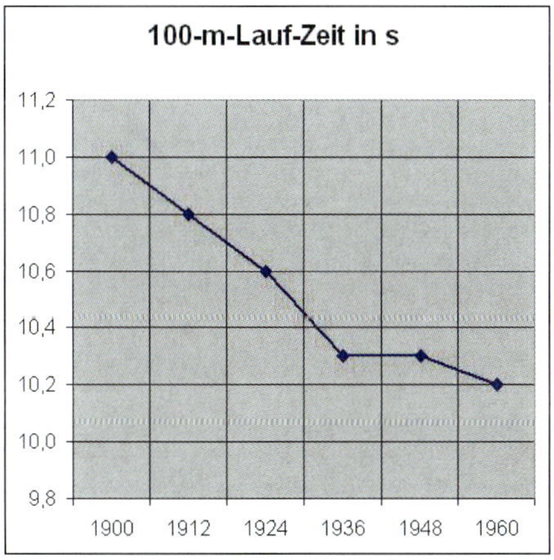

Nimm Stellung zu den Aussagen des Artikels.

11 *Gold wird immer wertvoller?*

In einer Anzeige wird für den Kauf von Gold geworben:

> „Kaufen Sie Gold, denn der Wert von Gold steigt beständig. Eine Unze Feingold kostete im April 2001 lediglich 250 \$. Nach $2\frac{1}{2}$ Jahren hatte sich der Wert des Goldes fast verdoppelt. Kaufen sie noch heute Gold für 1000 € und sie können in $2\frac{1}{2}$ Jahren 1000 € Gewinn einstreichen.“

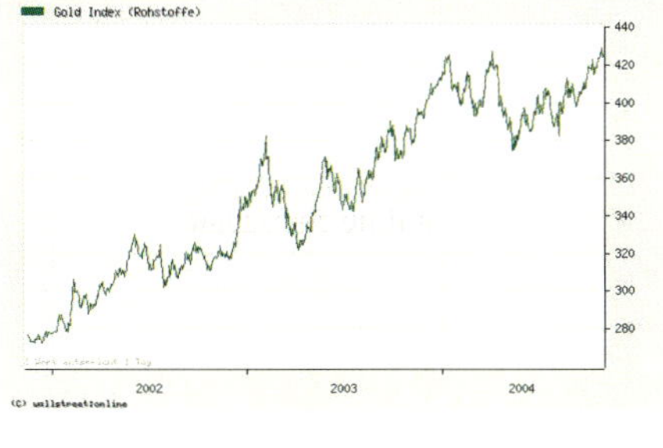

1 Unze Gold entspricht 31,104 g Gold

Nimm Stellung zu dem Text!

CHECK-UP

Vermittelte Daten

Prozentzahlen sind wichtig beim Vergleichen. Du kannst sie aus Brüchen oder aus Dezimalzahlen erhalten:

$\frac{3}{20} = \frac{15}{100} = 15\,\%$

$0{,}58 = \frac{58}{100} = 58\,\%$

Manchmal musst du den Bruch erst in eine Dezimalzahl verwandeln:

$\frac{11}{40} = \frac{275}{1000} = 0{,}275 = 27{,}5\,\%$

$\frac{5}{6} = 5 : 6 \approx 0{,}833 = 83{,}3\,\%$

0
50
48
20
18
2

Hier siehst du wichtige Prozentzahlen:

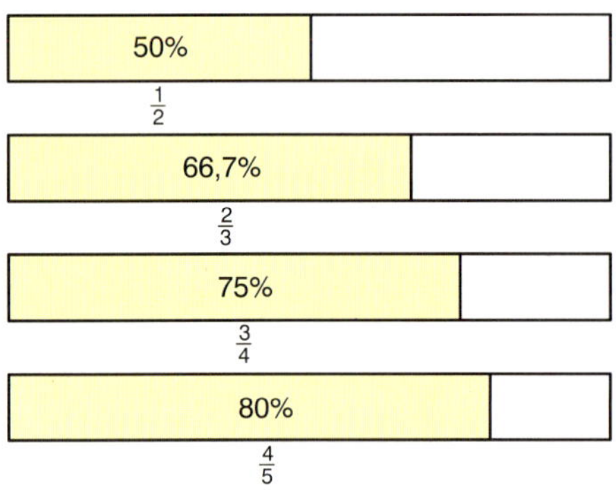

Prozentzahlen werden häufig in einem **Kreisdiagramm** veranschaulicht.
100 % ≙ 360°, also 1 % ≙ 3,6°.
Dann z. B.: 20 % ≙ 20 · 3,6° = 72°.

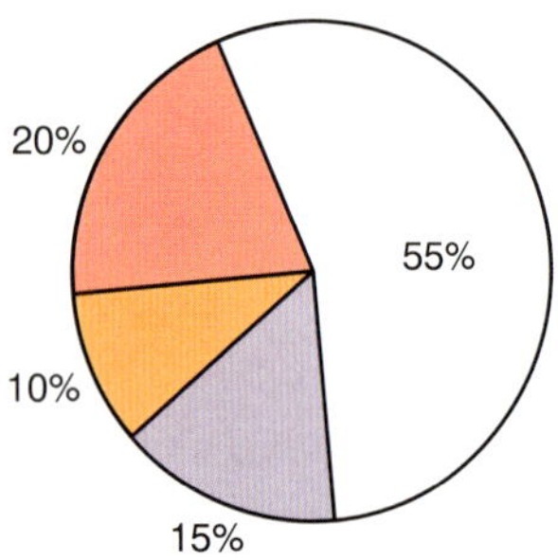

1 Verwandle die Dezimalzahlen in Prozentzahlen:
a) 0,26 0,17 0,225 0,33 0,333 0,3333 0,3 0,26 0,514
b) 0,27 0,323 0,518 1,45 2,3 0,123 0,0123 0,00123
c) 0,01 0,001 0,011 0,101 0,0101 1,01010

2 Verwandle die Brüche in Prozentzahlen:
a) $\frac{17}{100}$ $\frac{9}{20}$ $\frac{4}{25}$ $\frac{3}{50}$ $\frac{7}{10}$ $\frac{2}{5}$ $\frac{3}{4}$ $\frac{7}{20}$ $\frac{21}{25}$
b) $\frac{1}{8}$ $\frac{5}{8}$ $\frac{10}{125}$ $\frac{13}{200}$ $\frac{17}{40}$ $\frac{197}{1000}$ $\frac{39}{250}$
c) $\frac{1}{3}$ $\frac{4}{9}$ $\frac{1}{6}$ $\frac{7}{11}$ $\frac{4}{15}$ $\frac{5}{12}$ $\frac{2}{3}$ $\frac{11}{9}$
d) $\frac{50}{75}$ $\frac{7}{9}$ $\frac{7}{4}$ $\frac{15}{45}$ $\frac{70}{280}$ $\frac{5}{11}$ $\frac{11}{18}$

3 Verwandle die Prozentzahlen in Dezimalzahlen:
a) 31 % 42 % 6 % 9 % 0,3 % 117 % 32,5 % 44,4 %
b) $15\frac{1}{2}\,\%$ $80\frac{1}{2}\,\%$ 0,8 % 0,88 % $\frac{3}{4}\,\%$ $\frac{1}{2}\,\%$

4 Verwandle die Prozentzahlen in Brüche (kürzen!):
a) 50 % 20 % 25 % 40 % 80 % 75 % 10 % 70 % 90 %
b) 33,3 % 66,6 % 33 % 99 % 27,5 % 10,5 % 12,5 %

5 Veranschauliche die Prozentzahlen an einem Zahlenstrahl. Stelle dabei die Strecke von 0 bis 1 durch 10 cm dar.
70 % 25 % 5 % 50 % 17 % 80 % 0 % 100 % 120 %

6 Eine Lottogemeinschaft hat einen Hauptgewinn erzielt. Da die Mitspieler unterschiedliche Anzahlen an Tippreihen bezahlt haben, soll der Gewinn nach den jeweiligen Einsätzen aufgeteilt werden.

Name	Schmidt	Haas	Vogt	Martin	Klaus
Reihenzahl	6	5	4	3	2

a) Bestimme die einzelnen Anteile am Gewinn.
b) Wie viel Prozent bekommt jeder Mitspieler jeweils vom Gewinn?

7 Anteil der Automarken an den verkauften Autos in den ersten 3 Monaten des Jahres

Audi	Ford	Opel	Honda	BMW	Fiat
20 %	10 %	15 %	5 %	30 %	20 %

Zeichne ein Kreisdiagramm.

8 Im Musikhaus Belcanto wurden Verkaufszahlen ermittelt:

	CD	LP	Single	Kassette	Sonstige
Anzahl	90	30	45	90	45

a) Ermittle die jeweiligen Anteile in Bruchform.
b) Gib die jeweiligen Prozentzahlen an.
c) Zeichne das Kreisdiagramm.

9 Bestimme jeweils den Durchschnitt der Ergebnisse:
a) 10 m 12 m 8 m 7 m 11 m 12 m 9 m 13 m 8 m
b) 5,2 s 8,8 s 6,4 s 5,4 s 7,2 s 6,6 s 5,5 s 6,1 s
c) 12 kg 17 kg 14 kg 15 kg 13 kg 12 kg

10 Bei einer Zeitmessung gab es 5 Werte, die aber mehrfach vorkamen.

Zeit	4 s	5 s	6 s	7 s	8 s
Absolute Häufigkeit	3	5	7	4	1

a) Bestimme die Gesamtzahl der Messungen.
b) Ermittle den Durchschnitt der gemessenen Zeiten.

4	7
5	001447799
6	006
7	0027
8	
9	
10	2
11	00

11 Das Stängel-Blatt-Diagramm zeigt die Anzahl der Stockwerke bei den 20 höchsten Gebäuden von New York.
a) Bestimme den Durchschnitt der Stockwerkzahlen.
b) Gib auch den Zentralwert an.
c) Kannst du erklären, warum es viele Gebäude mit 50 bis 60 Stockwerken gibt und keine mit 80 bis 100?
d) Das „One Worldwide Plaza" hat 47 Stockwerke und ist 237 m hoch. Der „Carnegie Tower" hat 60 Stockwerke und ist 231 m hoch. Kannst du dir das erklären?

12 Dies sind die Ergebnisse einer Gewichtsmessung:
30 kg 32 kg 25 kg 28 kg 30 kg 29 kg 32 kg 35 kg
28 kg 30 kg 29 kg 27 kg 30 kg 32 kg 34 kg 30 kg
27 kg 30 kg 33 kg 31 kg
a) Ordne die Werte der Größe nach.
b) Trage die Werte in eine Häufigkeitstabelle ein.
c) Bestimme den Zentralwert.
d) Bestimme den Durchschnittswert.
e) Welches ist der häufigste Wert?

13 Eine Zeitung hat in 30 verschiedenen Geschäften den Preis für einen bestimmten Fernseher ermittelt. In dem Boxplot im Kasten findest du die Auswertung. Was war der
– niedrigste/höchste Preis
– der Zentralwert?

Boxplot: Viele Informationen auf einen Blick

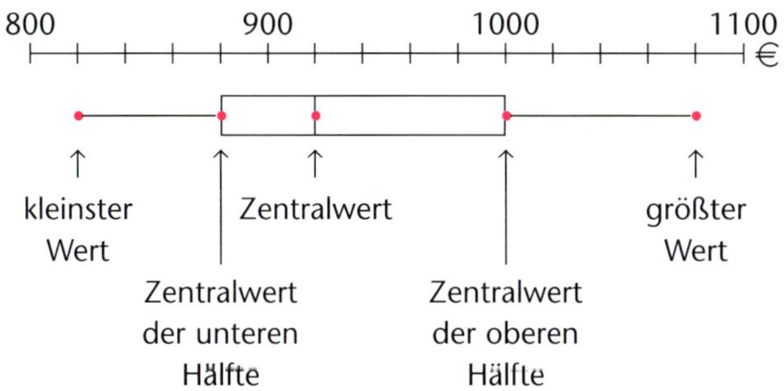

CHECK-UP

Wenn man eine große Liste von Werten hat, so gibt es kleine Werte und große Werte und Werte, die ungefähr in der Mitte liegen. **Mittelwerte** geben meistens gut an, um welche typischen Ergebnisse die anderen Werte schwanken. Es gibt ganz unterschiedliche Arten von Mittelwerten.

Meistens wird als Mittelwert der **Durchschnitt** verwendet. Man nennt ihn auch **arithmetisches Mittel**.

$$\text{Durchschnitt} = \frac{\text{Summe aller Werte}}{\text{Anzahl der Werte}}$$

Der Durchschnitt schafft einen Ausgleich zwischen großen und kleinen Werten.
Durchschnitt der Werte 1, 2, 3, 10:

$$\text{Durchschnitt} = \frac{1+2+3+10}{4} = \frac{16}{4} = 4$$

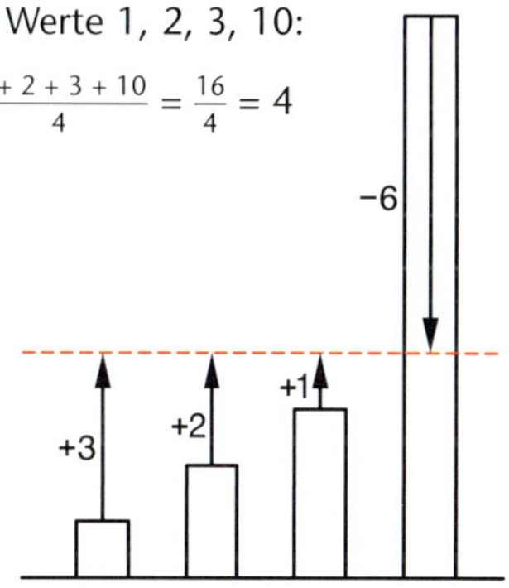

Wenn man die Ergebnisse der Größe nach ordnet, so gibt es einen Wert, der genau in der Mitte steht, der **Zentralwert**.

2 5 7 8 12
↑ Zentralwert (7)

2 5 7 8 12 14
7,5 Zentralwert

Da Werte in der Mitte typisch sind für die Liste, kommen sie als Ergebnis meistens häufig vor. Der **häufigste Wert** ist daher oft auch ein guter Mittelwert. Man nennt diesen Wert auch **Modalwert**.

Wert	3 s	4 s	5 s	6 s	7 s	8 s
Anzahl	2	5	10	11	6	4

häufigster Wert: 6 s

9 Flächeninhalte von Dreiecken und Vierecken

9.1 Besondere Dreiecke und Vierecke

Was dich erwartet

Dreiecke, Vierecke, Sechsecke usw. siehst du überall. Bei genauerem Hinsehen fallen dir auch besondere Vielecke auf. Welche gibt es und wie kann man sie unterscheiden? An welchen Eigenschaften erkennt man ihre besondere Form und wie kann man sie möglichst genau beschreiben?

Aufgaben

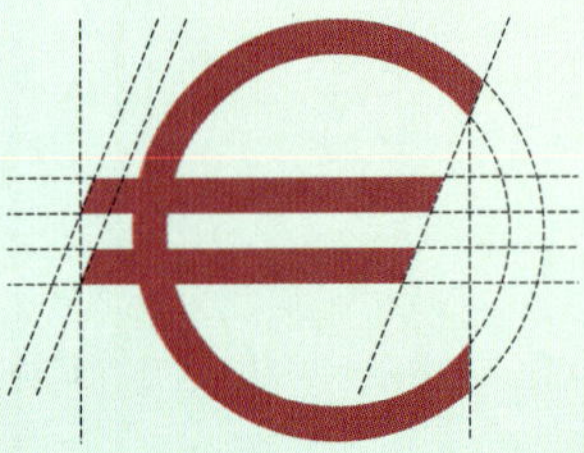

1 An den Banknoten kannst du viele geometrische Formen erkennen.

a) Welche Dreiecksformen findest du? Wie unterscheiden sie sich?
b) Welche Vierecksformen findest du? Wie unterscheiden sie sich?

2 *Zugeschnittene Vierecke*
Besorge dir ca. acht Blätter eines Notizblockwürfels.
a) Falte das erste Blatt wie in Bild (1), du erhältst zwei Symmetrieachsen. Stelle durch Abschneiden mit Schere oder Cuttermesser ein Viereck her, das ebenfalls genau diese zwei Symmetrieachsen hat (Bild (2) und (3)).

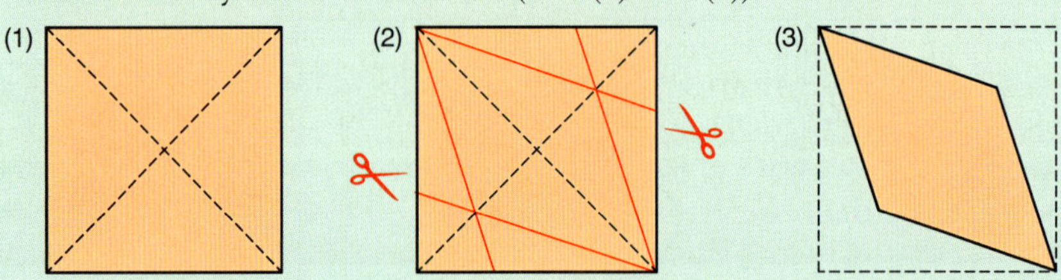

Das neue Viereck ist eine Raute. Welche Eigenschaften hat eine Raute?
Gibt es weitere Möglichkeiten mit zwei Symmetrieachsen? Wie heißen die dann entstehenden Vierecke und welche Eigenschaften haben sie?
b) Nimm die anderen Blätter und falte am Anfang eine, drei oder vier Symmetrieachsen. Welche Vierecke kannst du nun entstehen lassen? Notiere.

Aufgaben

3 *Zugeschnittene Dreiecke*
a) Zeichne ein Dreieck auf ein Blatt Papier und schneide es aus. Kannst du es so falten, dass die beiden entstehenden Teildreiecke genau aufeinander passen? Wenn nicht, hilf mit der Schere nach. Beschreibe, wie du dabei vorgehst.
b) Kannst du ein Dreieck zeichnen, bei dem du nichts abschneiden musst? Kannst du sogar ein Dreieck zeichnen, bei dem es mehrere Faltmöglichkeiten gibt?

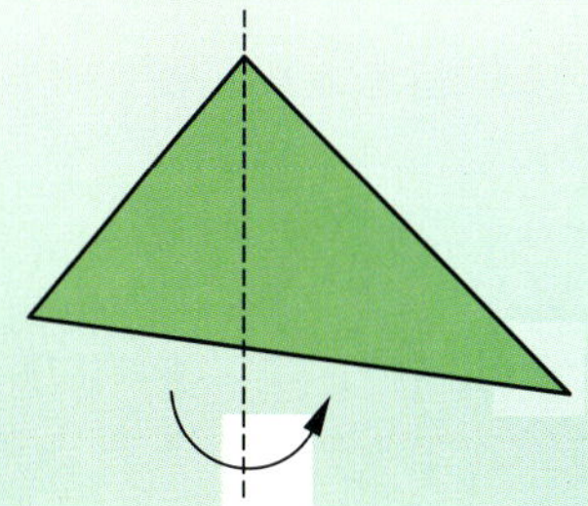

Basiswissen

Unter den Dreiecken gibt es besondere Formen, die sich durch die Längen der Seiten und die Größe der Winkel kennzeichnen lassen

Kennzeichnung von Dreiecken nach Seitenlängen

gleichschenkliges Dreieck

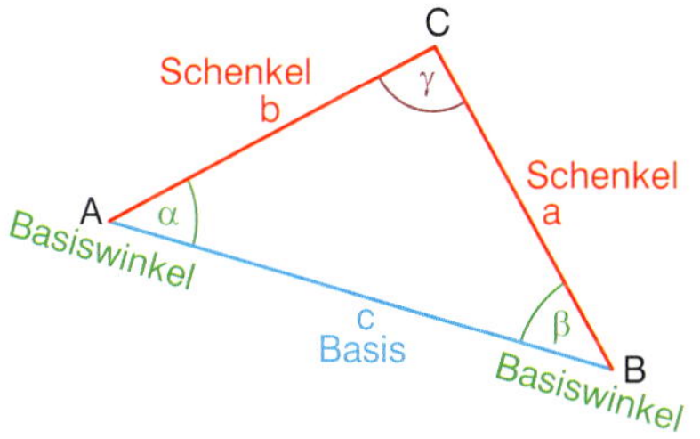

Mindestens zwei Seiten sind gleich lang.

gleichseitiges Dreieck

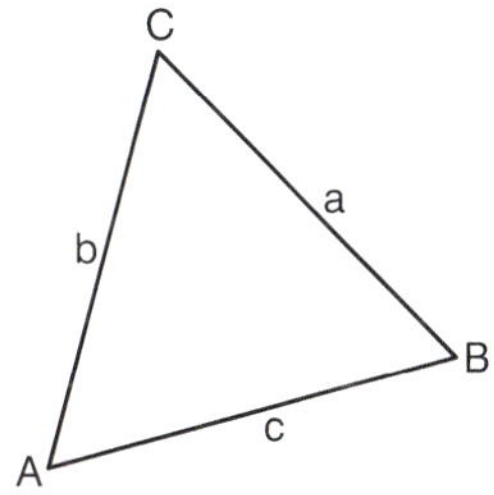

Alle drei Seiten sind gleich lang.

Kennzeichnung von Dreiecken nach Winkeln

spitzwinkliges Dreieck

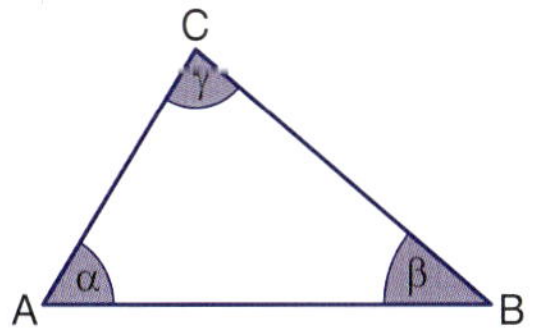

Alle Winkel sind spitze Winkel.

rechtwinkliges Dreieck

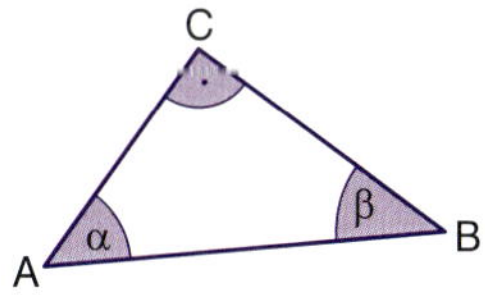

Ein Winkel hat 90°.

stumpfwinkliges Dreieck

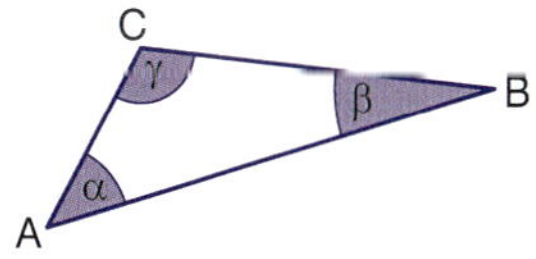

Ein Winkel ist ein stumpfer Winkel.

Bezeichnungen am Dreieck

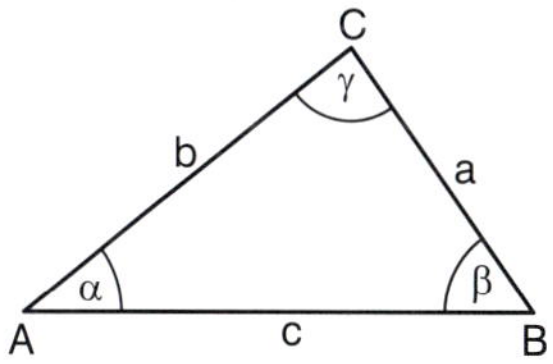

Beispiele

A Um die Punkte A und B einer Strecke $\overline{AB}$ wird jeweils ein Kreis mit dem gleichen Radius r gezeichnet. Einer der Schnittpunkte der beiden Kreise wird mit C bezeichnet. Welche besondere Form hat das Dreieck ABC?
Das Dreieck ist auf jeden Fall gleichschenklig. Wenn $r = \overline{AB}$ gilt, so ist das Dreieck sogar gleichseitig.

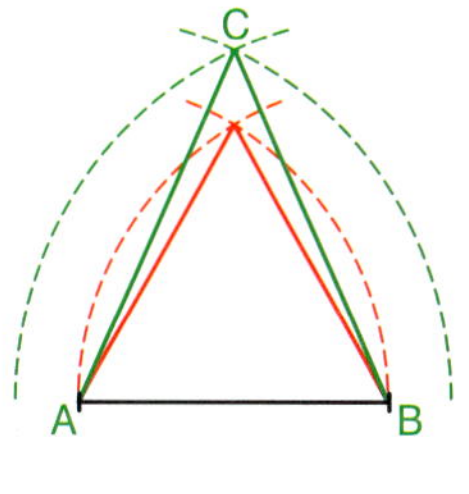

B Was lässt sich über die Winkel am gleichschenkligen Dreieck und am gleichseitigen Dreieck aussagen?
Am gleichschenkligen Dreieck sind die Basiswinkel gleich groß.
Am gleichseitigen Dreieck haben alle drei Winkel das gleiche Winkelmaß von 60°.

Basiswissen

Auch bei den Vierecken gibt es besondere Formen. Mithilfe der Längen, der Lage von Seiten und Winkel lassen sie sich exakt kennzeichnen.

Bezeichnungen im Viereck

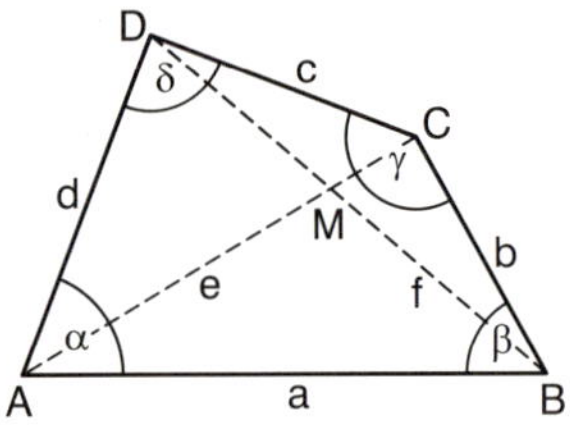

Auch das ist ein Drachenviereck!

Ein Viereck mit vier gleich langen Seiten und vier rechten Winkeln heißt **Quadrat**.

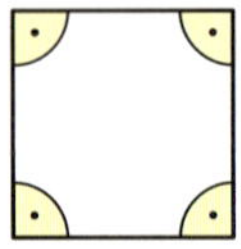

Ein Viereck mit vier rechten Winkeln heißt **Rechteck**.

Ein Viereck mit vier gleich langen Seiten heißt **Raute**.

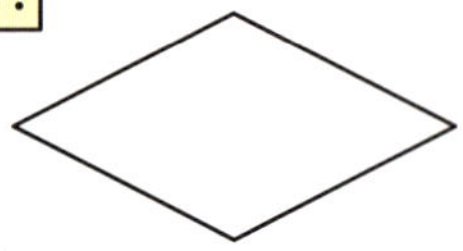

Ein Viereck mit mindestens zwei parallelen Seiten heißt **Trapez**.

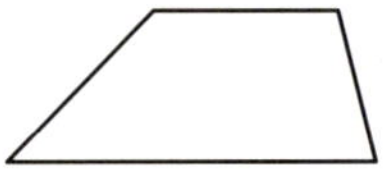

Spezialfall:
Ein Trapez mit gleich großen Basiswinkeln heißt **gleichschenkliges Trapez**.

Ein Viereck mit zwei Paaren aneinanderstoßender gleich langer Seiten heißt **Drachenviereck**.

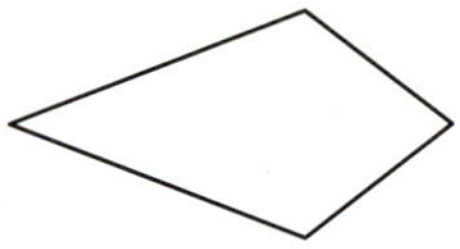

Ein Viereck, bei dem gegenüberliegende Seiten parallel zueinander sind, heißt **Parallelogramm**.

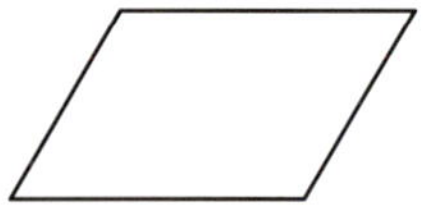

Beispiele

C Welche Vierecke besitzen die folgenden Eigenschaften:
a) Alle Seiten sind gleich lang,
b) zwei Seiten sind parallel, aber nicht gleich lang,
c) alle Winkel sind rechte Winkel?

Lösung zu a): Quadrat und Raute
zu b): Trapez
zu c): Quadrat und Rechteck

Übungen

4 In Band 5 wurden die besonderen Vierecke möglichst genau durch viele Eigenschaften beschrieben; für das Parallelogramm ist ein solcher „Steckbrief" aufgeführt. Erstellt solche Steckbriefe nochmals für alle besonderen Vierecke.
a) Überprüft die Steckbriefe möglichst genau mithilfe von Beispielen, vielleicht könnt ihr die aus Band 5 jetzt noch erweitern.
b) Erstellt solche Steckbriefe auch für die besonderen Dreiecke.

Name: **Parallelogramm**

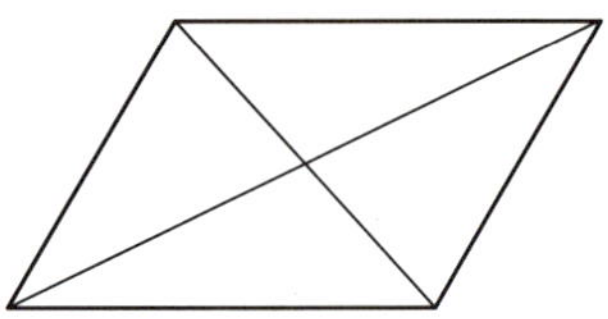

Eigenschaften:
- Gegenüberliegende Seiten gleich lang
- Gegenüberliegende Seiten parallel
- Diagonalen halbieren sich

Übungen

5 a) Übertrage die abgebildeten Dreiecke in dein Heft und zeichne alle Symmetrieachsen ein.
b) Übertrage die Tabelle in dein Heft und ergänze sie für alle abgebildeten Dreiecke.
c) Verfasse einen Bericht über die gemeinsamen Eigenschaften und die Symmetrie der besonderen Dreiecke.

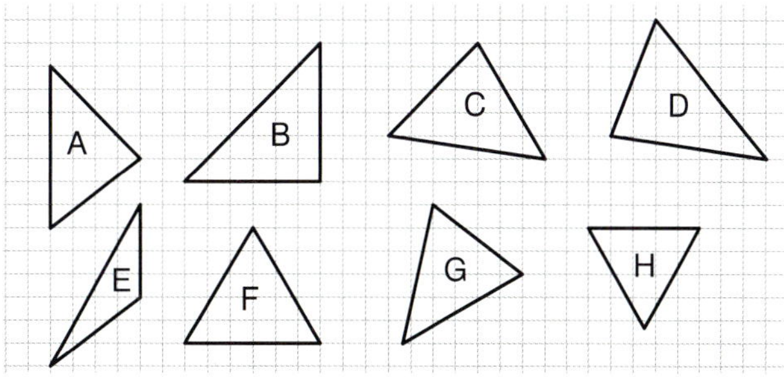

Dreieck	Bezeichnung	Anzahl der Symmetrieachsen	Eigenschaften
A	„gewöhnliches" Dreieck	0	…
B	gleichschenkliges Dreieck	1	2 Seiten sind gleich lang, 2 Winkel sind gleich groß
C	…	…	…
…	…	…	…

6 a) Bestimme den Namen jedes Vierecks.

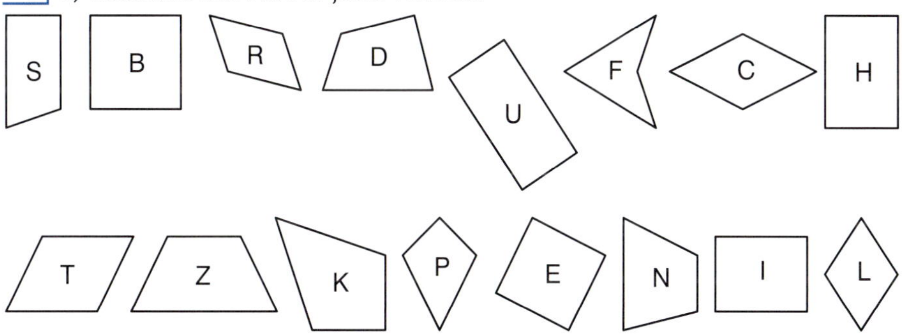

b) Ordne die Vierecke nach der Anzahl ihrer Symmetrieachsen. Welche Vierecke haben die meisten Symmetrieachsen? Um welche besonderen Vierecke handelt es sich dabei?
c) Unter den Vierecken mit zwei Symmetrieachsen gibt es zwei „Sorten", die sich durch die Lage ihrer Symmetrieachsen unterscheiden. Um welche besonderen Vierecke handelt es sich dabei jeweils?
d) Vierecke mit einer Symmetrieachse: Gibt es auch hier zwei „Sorten"?
e) Welche der Vierecke sind punktsymmetrisch? Welche gemeinsamen Eigenschaften weisen sie auf? Um welche besonderen Vierecke handelt es sich dabei?
f) Gibt es Vierecke, die achsensymmetrisch, aber nicht punktsymmetrisch sind? Gibt es Vierecke, die punktsymmetrisch, aber nicht achsensymmetrisch sind?

> **6** c)
> Die Buchstaben der Vierecke mit Symmetriepunkt ergeben ein mathematisches Lösungswort.

7 *Gelenkige Vierecke*
a) Nimm vier gleich lange Trinkhalme. Kürze einen davon um etwa ein Drittel. Markiere bei allen Trinkhalmen die Mitte und spieße je zwei der Trinkhalme nacheinander auf eine Reißzwecke.
Du kannst die Halme nun in verschiedenen Lagen zueinander bewegen, sodass die Endpunkte A, B, C und D unterschiedliche Vierecke erzeugen.
b) Markiere für verschiedene Positionen die Endpunkte A, B, C, D im Heft und verbinde sie. Welche besonderen Vierecke entstehen dabei? Welche gemeinsamen Eigenschaften weisen sie auf?

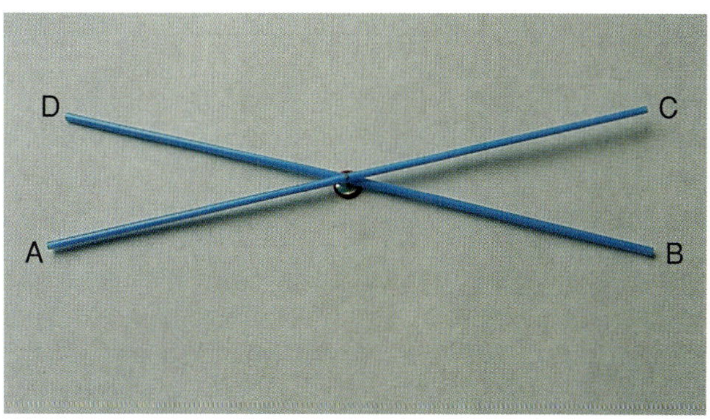

Basiswissen

Die besonderen Vierecke lassen sich nach der Anzahl und der Lage ihrer Symmetrieachsen ordnen.

Bei einem **Quadrat** sind die beiden Mittellinien und die beiden Diagonalen Symmetrieachsen. Ihr Schnittpunkt ist Symmetriezentrum.

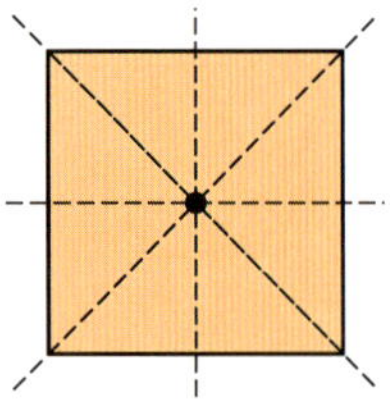

Bei einem **Rechteck** sind die beiden Mittellinien Symmetrieachsen. Ihr Schnittpunkt ist Symmetriezentrum.

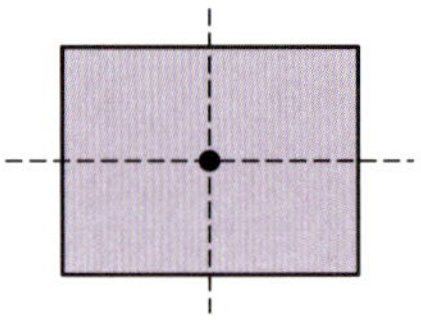

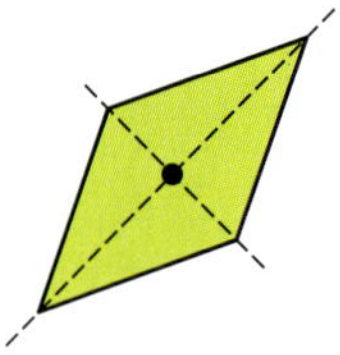

Bei einer **Raute** sind die beiden Diagonalen Symmetrieachsen. Ihr Schnittpunkt ist Symmetriezentrum.

Bei einem **gleichschenkligen Trapez** ist (mindestens) eine Mittellinie Symmetrieachse.

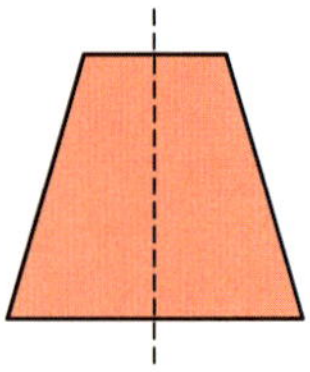

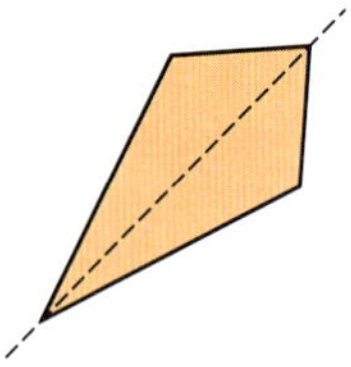

Bei einem **Drachenviereck** ist (mindestens) eine Diagonale Symmetrieachse.

Bei einem **Parallelogramm** ist der Schnittpunkt der Diagonalen Symmetriezentrum.

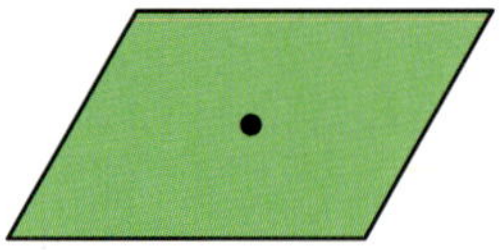

Beispiele

D Vergleiche die Symmetrieachsen des Rechtecks und der Raute mit den Symmetrieachsen des Quadrats. Was fällt dir auf?

Das Quadrat hat sowohl die Symmetrieachsen des Rechtecks als auch die der Raute.
Das liegt daran, dass das Quadrat sowohl vier rechte Winkel hat und damit ein Rechteck ist als auch vier gleich lange Seiten hat und damit eine Raute ist.

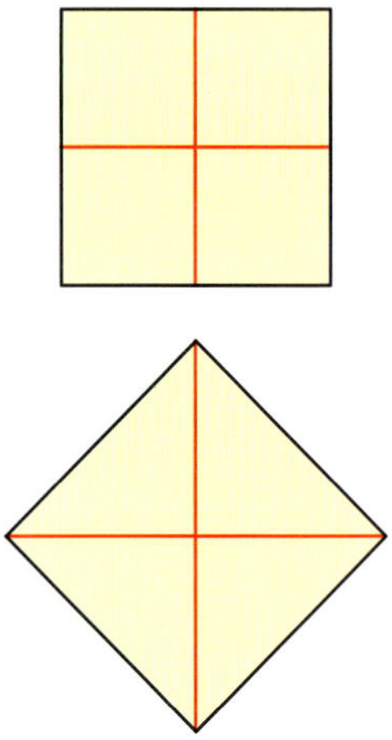

Übungen

8 Nimm Stellung zu den Behauptungen:

a) „Jedes gleichseitige Dreieck hat mindestens zwei Symmetrieachsen."
b) „Jedes Dreieck mit mindestens zwei Symmetrieachsen ist gleichseitig."
c) „Jedes achsensymmetrische Dreieck ist gleichschenklig."
d) „Jedes gleichschenklige Dreieck ist gleichseitig."

Übungen

9 *Ein besonders symmetrisches Vieleck*
Das Streichholzsechseck verrät dir, wie du durch Abtragen mit dem Zirkel die Eckpunkte eines regelmäßigen Sechsecks auf einer Kreislinie erhalten kannst.
Zeichne in einen Kreis mit Radius 5 cm ein solches regelmäßiges Sechseck mit den drei Diagonalen. Wie viele Symmetrieachsen hat dieses Sechseck? Zeichne sie in dein Sechseck ein.

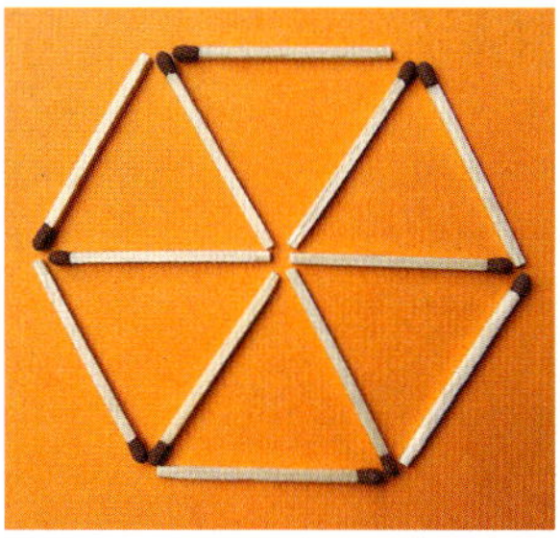

10 *Besondere Dreiecke und Vierecke im Streichholzsechseck*
Kira behauptet: „Durch Wegnehmen von zwei Streichhölzern kann ich aus dem Streichholzsechseck vier gleichseitige Dreiecke darstellen."
Ingemar kontert: „Durch Wegnehmen von vier Streichhölzern kann ich aus dem Streichholzsechseck zwei gleichschenklige Trapeze darstellen."
Überprüfe die Behauptungen. Finde selbst solche Verwandlungen in besondere Dreiecke oder Vierecke und stelle sie deinen Nachbarn als Rätsel.

11 Aus den Symmetrieeigenschaften der besonderen Vierecke ergeben sich charakteristische Eigenschaften. Für die Raute z. B. sind einige in einem Merkkasten zusammengefasst:

Eigenschaften der Raute

- Gegenüberliegende Winkel sind gleich groß.
- Alle Seiten sind gleich lang.
- Die Diagonalen sind orthogonal zueinander und halbieren sich sowie die Innenwinkel.

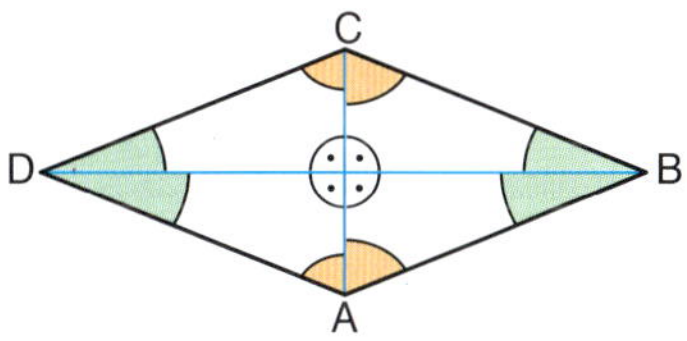

Erstellt solche Merkkästen auch für das Quadrat, das Rechteck und das Parallelogramm. Bei welchem dieser Vierecke findet ihr die meisten charakteristischen Eigenschaften?

Gruppenarbeit

12 Erforscht zu zweit Eigenschaften von achsensymmetrischen Trapezen:
(1) Zeichnet unabhängig voneinander je ein achsensymmetrisches Trapez.
(2) Bestimmt durch Messung alle Winkel, Seiten- und Diagonalenlängen usw.
(3) Sucht nach Auffälligkeiten und vergleicht anschließend eure Ergebnisse.
(4) Versucht aus den Gemeinsamkeiten einen Merkkasten zu erstellen, ähnlich wie ihr ihn bei der Raute gesehen habt.

Partnerarbeit

13 Ein allgemeines Drachenviereck (das nicht gerade eine Raute darstellt) hat nur eine Symmetrieachse. Wie muss man daher den Merkkasten über die Eigenschaften der Raute abändern, damit er für jedes Drachenviereck gilt?
Erstellt in Partnerarbeit einen solchen Merkkasten.

14 Eine Raute ist ein spezielles Parallelogramm. Welche Eigenschaften gelten für jede Raute, aber nicht unbedingt für jedes Parallelogramm? Wie muss man daher den Merkkasten über die Eigenschaften einer Raute abändern, damit er für jedes Parallelogramm gilt? Erstellt in Partnerarbeit einen solchen Merkkasten.

15 a) Ein Quadrat ist ein spezielles Rechteck. Alle Eigenschaften, die für jedes Rechteck gelten, müssen somit auch auf ein Quadrat zutreffen. Überprüfe dies.
b) Welche Eigenschaft eines Quadrats muss nicht auf jedes Rechteck zutreffen?

Du kannst die Steckbriefe aus Aufgabe 4 oder deine Merkkästen aus Aufgabe 11 als Hilfe benutzen.

Aufgaben

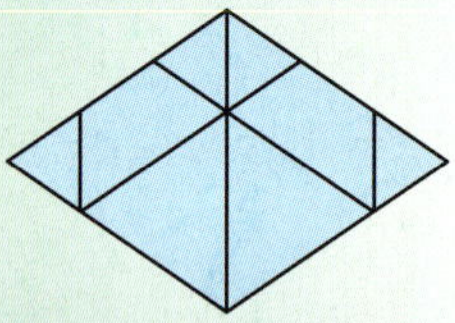

16 *Zählknobel*

Wie viele Dreiecke, Quadrate, Rechtecke, Rauten, Trapeze, Drachenvierecke, Parallelogramme erkennst du in der Figur auf der Randspalte?

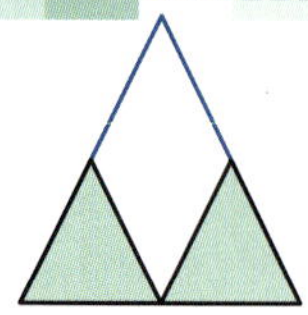

Tipp:
Die Figur links enthält 3 Dreiecke:
2 kleine und
1 großes Dreieck!

17 *Symmetrischer Adventsstern*

Manche Adventssterne werden aus regelmäßigen Pyramiden und einem Würfel zusammengesetzt. Entwirf passende Netze zu den angegebenen Maßen und baue daraus einen solchen Stern.

Wie viele gleichschenklige Dreiecke enthalten deine Netze? Wie ändern sich die angegebenen Maße, wenn die Pyramiden aus gleichseitigen Dreiecken zusammengesetzt sind?

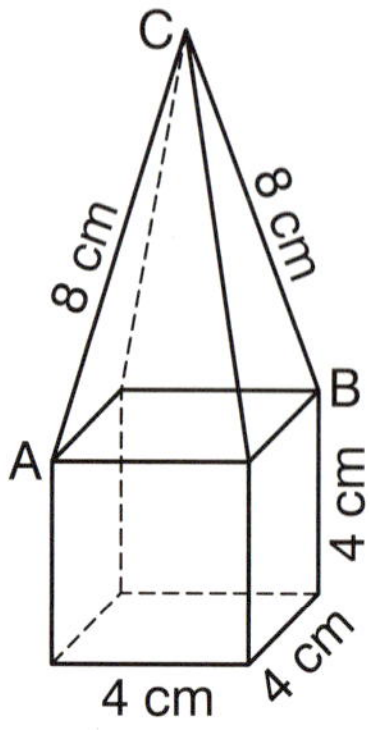

18 *Regelmäßige Dreiecke und Vierecke als Konstruktionshilfe*

Schau dich in deiner Umgebung um. Du findest bestimmt solche und noch weitere Muster in Fenstern.

Vielleicht hast du solche Figuren schon einmal in Kirchenfenstern gesehen. Man nennt sie „Dreipass" und „Vierpass". Ihre Konstruktionen gehen von einem gleichseitigen Dreieck und von einem Quadrat aus.

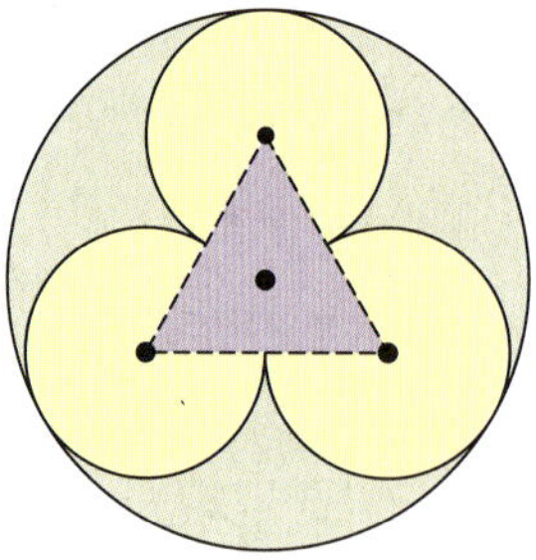

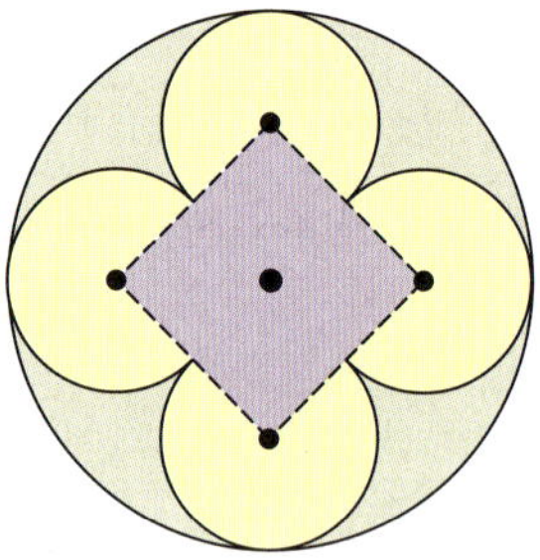

a) Konstruiere selbst einen solchen Dreipass oder Vierpass. Welche Symmetrien weisen die Bilder auf?

b) Wie sieht wohl ein „Sechspass" aus?

c) Versuche die Konstruktion eines ganzen Kirchenfensters. Du kannst dich dabei an den obigen Bildern orientieren oder ein eigenes Fenster entwerfen.

9.2 Umfang und Flächeninhalt

Was dich erwartet

Den Flächeninhalt von Quadraten und Rechtecken kannst du leicht bestimmen, hierfür stehen dir die bekannten Formeln bereit. Wie sieht dies bei anderen Figuren aus, z. B. bei einem Dreieck oder einem Parallelogramm? Mit etwas Fantasie und Geometrie kannst du viele Figuren durch Zerschneiden und Zusammenpuzzeln in ein flächengleiches Rechteck verwandeln und so den Flächeninhalt bestimmen und vergleichen.

Aufgaben

1 *Viele Teile machen ein Ganzes*

In einer ungewöhnlichen Quizshow werden den Kandidaten folgende Aufgaben gestellt. Die Antwort muss begründet werden.

200-Punkte-Frage: Ist der Flächeninhalt der Figur größer oder kleiner als 25 cm^2?

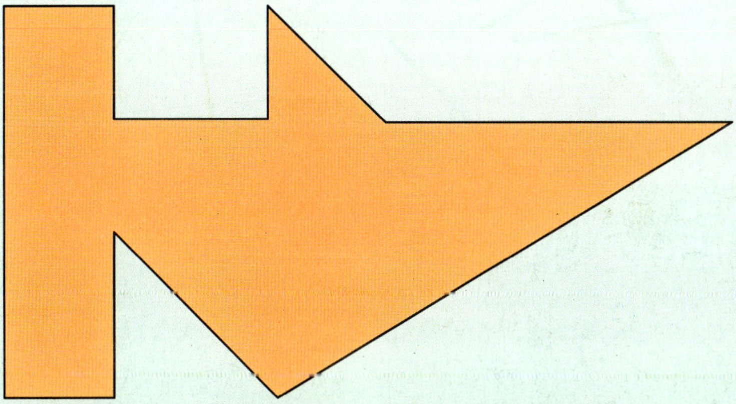

500-Punkte-Frage: Welche der beiden Figuren hat den größeren Flächeninhalt?

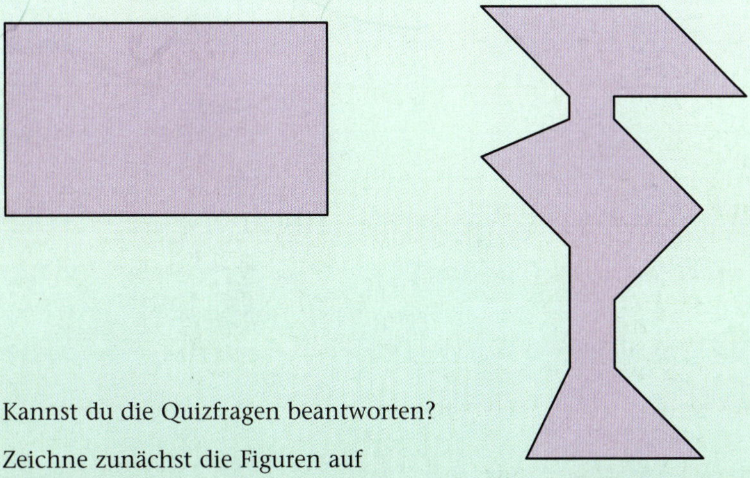

Kannst du die Quizfragen beantworten?

Zeichne zunächst die Figuren auf ein Blatt. Dann ist „alles“ erlaubt: Ausschneiden, Zerlegen, Puzzeln, Messen, …

Beschreibe deine Ideen. Vergleiche mit den anderen. Wer liefert eine überzeugende Begründung?

Aufgaben

2 *Grundstücksvergleich*

Die Stadt hat die Fläche zwischen drei großen Straßen als Bauland freigegeben. Drei Grundstücke wurden daraufhin abgesteckt.

a) Welches ist das größte Grundstück?

b) Welches würdest du nehmen? Welche Gründe außer der Flächengröße würdest du bei deiner Entscheidung heranziehen?

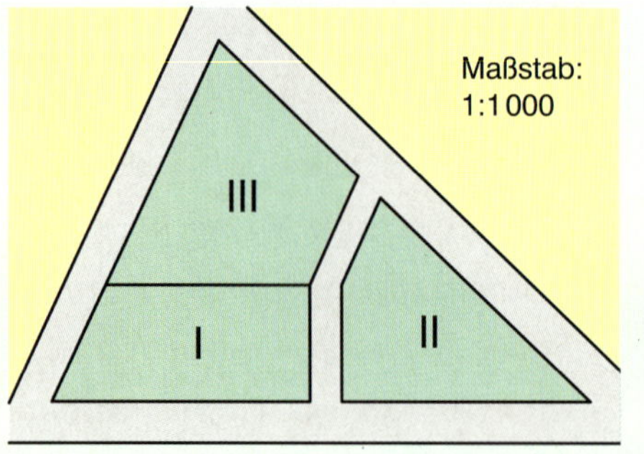

3 *Rechtecke überall*

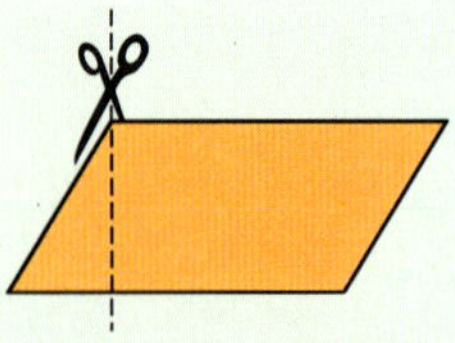

Kann man jedes Vieleck so zerschneiden, dass sich die Teile anschließend zu einem Rechteck zusammenlegen lassen?

a) Probiere es für Parallelogramme, Dreiecke, Trapeze, ... aus. Zeichne die Vielecke dazu auf Papier oder dünne Pappe und schneide sie aus.

b) Klebe anschließend deine Ergebnisse in dein Heft und beschreibe, wie du vorgegangen bist.

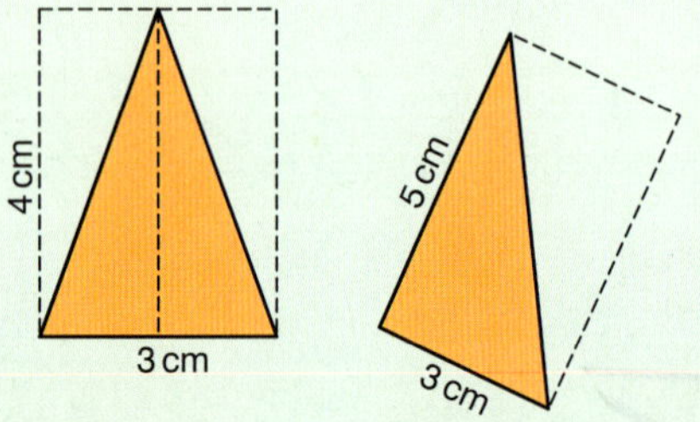

4 *Rechtecke „sehen" – durch Verdoppeln wird's leichter!*

a) Übertrage das abgebildete rechtwinklige Dreieck in dein Heft.
Wie groß ist sein Flächeninhalt?

b) Zeichne ein gleichschenkliges Dreieck in dein Heft. Kannst du auch davon die Fläche bestimmen? Wie gehst du vor?

c) Und wie sieht es bei einem beliebigen Dreieck aus? Auch hier hilft „verdoppeln", sodass ein Rechteck entsteht!

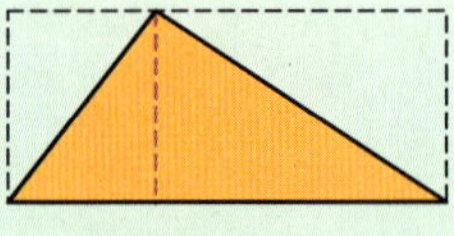

5 *Rechtecke falten*

Zeichne ein spitzwinkliges Dreieck auf ein Blatt Papier und schneide es aus.

a) Kannst du das Dreieck so falten, dass ein Rechteck entsteht und das Papier überall doppelt liegt? Versuche es wie in der Bildfolge.

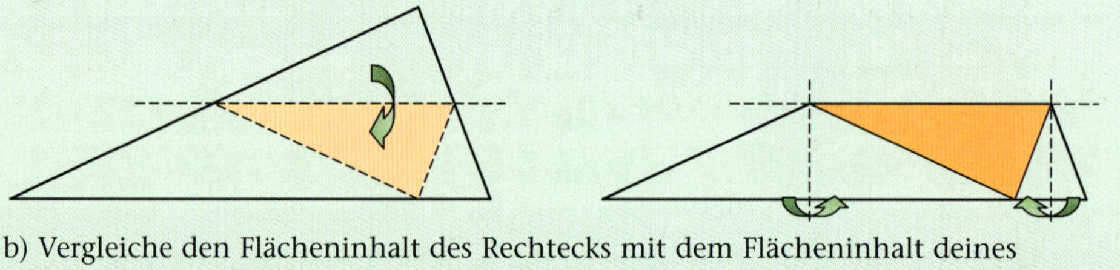

b) Vergleiche den Flächeninhalt des Rechtecks mit dem Flächeninhalt deines Ausgangsdreiecks.

c) Schaffst du es auch, ein Trapez (ein Parallelogramm) zu einem Rechteck zu falten?

6 Auf dem Geobrett sind ein rotes Dreieck und ein blaues Rechteck gespannt.

a) Begründe, dass beide den gleichen Flächeninhalt haben.

b) Versuche auch jeweils ein flächengleiches Rechteck zu einem Parallelogramm (Trapez, Drachenviereck) aufzuspannen. Begründe.

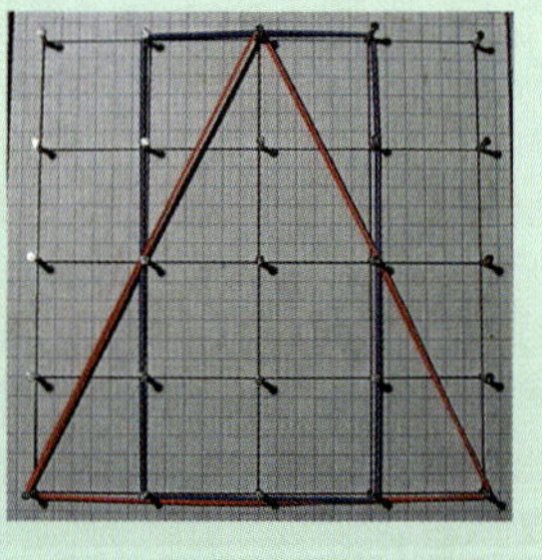

Basiswissen

Bei Rechtecken kannst du den Umfang und den Flächeninhalt leicht berechnen:
Umfang = Summe aller Seitenlängen
$U = 2 \cdot a + 2 \cdot b$
Flächeninhalt = Länge mal Breite
$F = a \cdot b$

Bei Dreiecken und anderen Vierecken gilt weiterhin *Umfang = Summe der Seitenlängen.* Dreiecke, Parallelogramme und Trapeze kann man in flächeninhaltsgleiche Rechtecke verwandeln. Zur Berechnung muss man mindestens die Länge einer Seite und der dazugehörigen „Höhe" kennen.

Jedes **Dreieck** kann man zu einem Rechteck mit doppeltem Flächeninhalt ergänzen:

Flächeninhalt = $\frac{1}{2}$ · (Grundseite mal Höhe)

$A_{Dreieck} = \frac{g \cdot h}{2}$

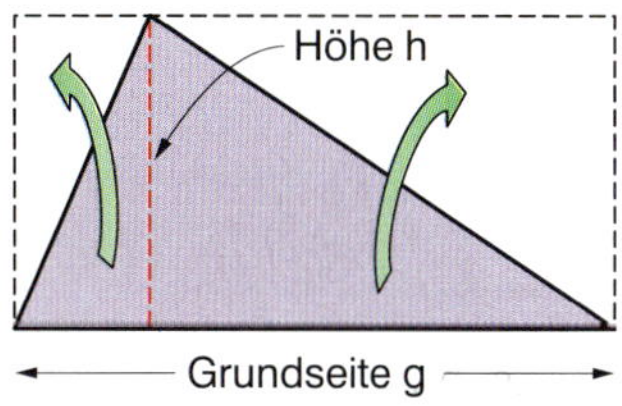

Als Grundseite kannst du jede Seitenlänge des Dreiecks nehmen. Die zugehörige Höhe ist der Abstand von dieser Seite zur gegenüberliegenden Ecke.

Jedes **Parallelogramm** kann man durch Abschneiden und Anfügen eines Dreiecks in ein Rechteck mit gleichem Flächeninhalt verwandeln:
Flächeninhalt = Grundseite mal Höhe

$A_{Parallelogramm} = g \cdot h$

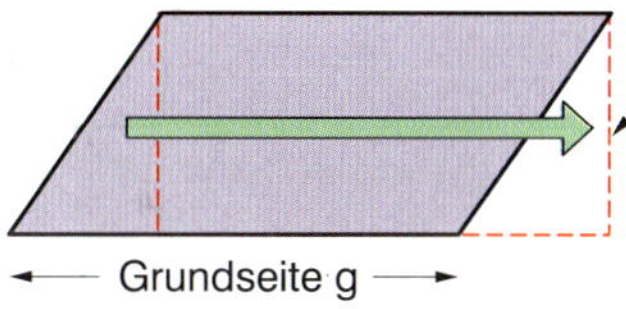

Jedes **Trapez** kann man durch Abschneiden und Anfügen von zwei Dreiecken in ein Rechteck mit gleichem Flächeninhalt verwandeln:

Flächeninhalt = Mittellinie mal Höhe

$A_{Trapez} = m \cdot h$

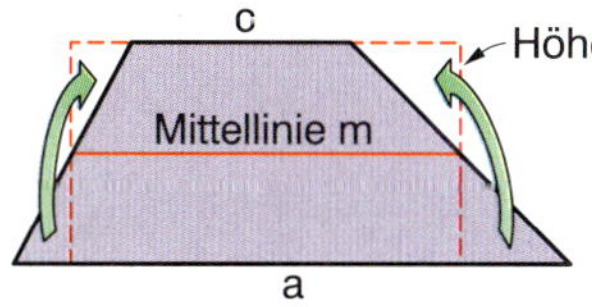

Die Länge der Mittellinie erhält man als Mittelwert der Längen der beiden parallelen Trapezseiten.

Beispiele

A Wie groß ist der Flächeninhalt des Dreiecks?
Wir verwandeln das Dreieck in ein flächengleiches Rechteck und berechnen
$A = \frac{1}{2} \cdot (\text{Grundseite} \cdot \text{Höhe}) = \frac{1}{2} \cdot (4\text{ cm} \cdot 2\text{ cm}) = 4\text{ cm}^2$

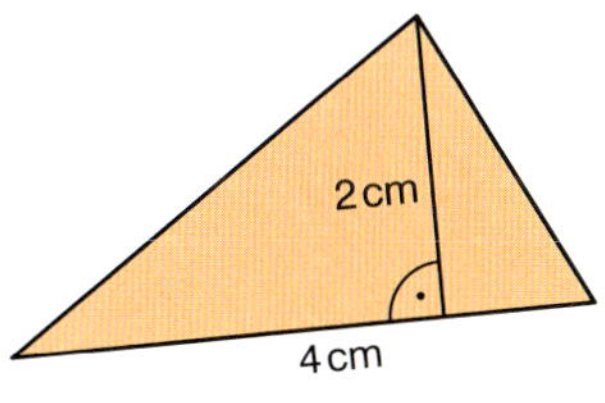

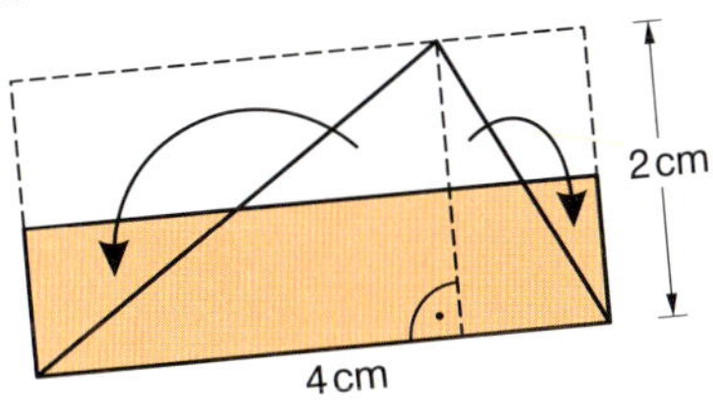

Beispiele

Messen erlaubt

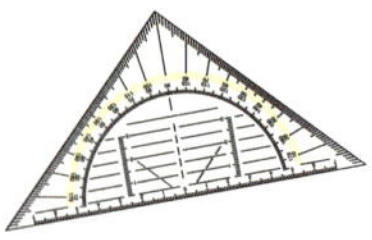

B Wie groß ist der Flächeninhalt des Parallelogramms?
Das Parallelogramm kann in ein flächengleiches Rechteck mit den Seitenlängen 5 cm und 3 cm umgeformt werden. Der Flächeninhalt beträgt also
A = Grundseite · Höhe = 5 cm · 3 cm = 15 cm².

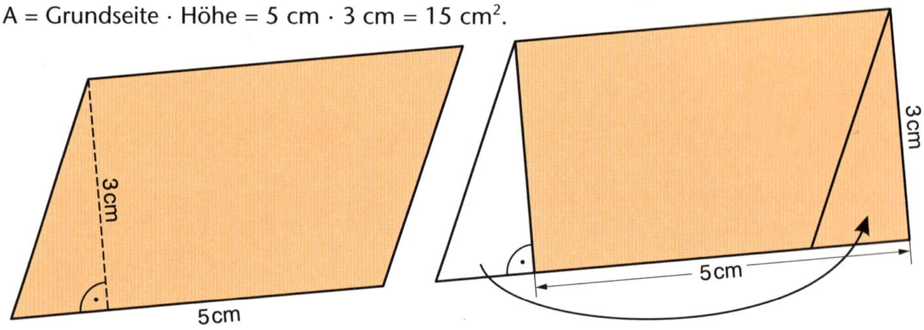

Ein anderer Rechenweg für die Trapezfläche?

C Mit diesem Trick kannst du die Fläche eines Trapezes auch auf die Fläche eines Parallelogramms zurückführen: Schneide das Trapez zweimal aus und füge es geschickt aneinander:

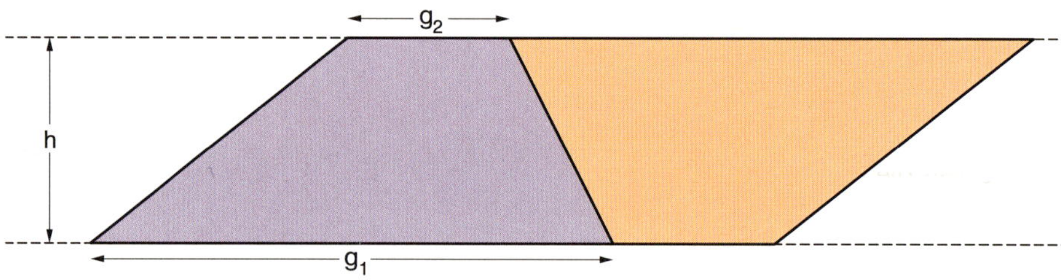

Zeichne in die Trapeze die Mittellinien ein. Die parallelen Seiten sind zusammen doppelt so lang wie die Mittellinie.

Übungen

7 Bestimme den Flächeninhalt der Figuren, indem du sie abzeichnest, zerlegst und zu einem Rechteck ergänzt. Zwei Kästchen entsprechen 1 cm.

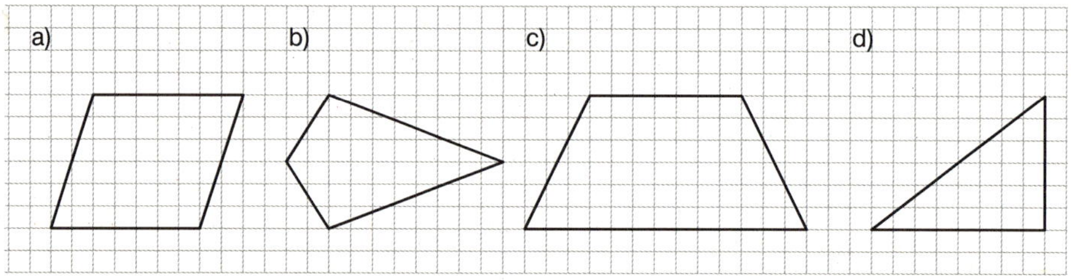

8 Betrachte die Höhe in folgenden Dreiecken.

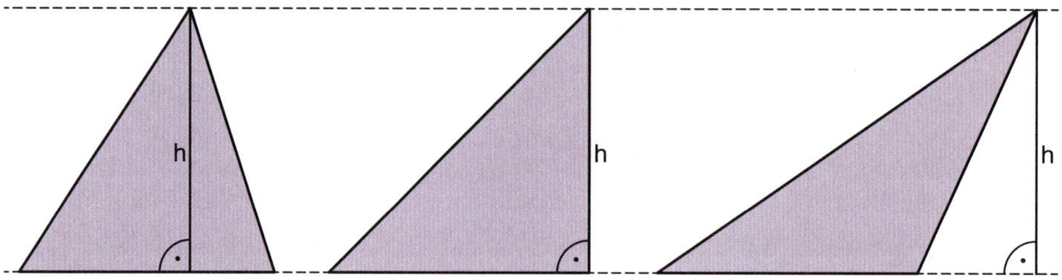

Die Höhe eines Dreiecks liegt also nicht immer im Dreieck.
a) Wann liegt sie auf einer Dreiecksseite?
b) Wann liegt sie außerhalb des Dreiecks?
c) Vergleiche die Flächeninhalte und die Umfänge der Dreiecke. Schätze zunächst und überprüfe dann durch Rechnen.

Übungen

9 Bestimme den Flächeninhalt der folgenden Figuren

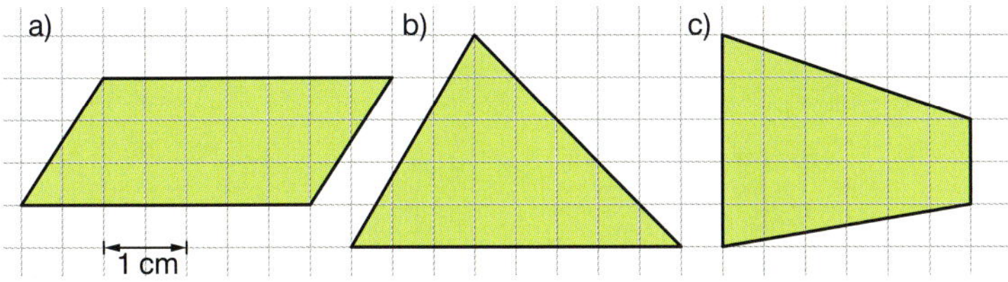

10 Bestimme den Umfang und den Flächeninhalt der Figuren. Miss dazu die benötigten Größen auf mm genau.

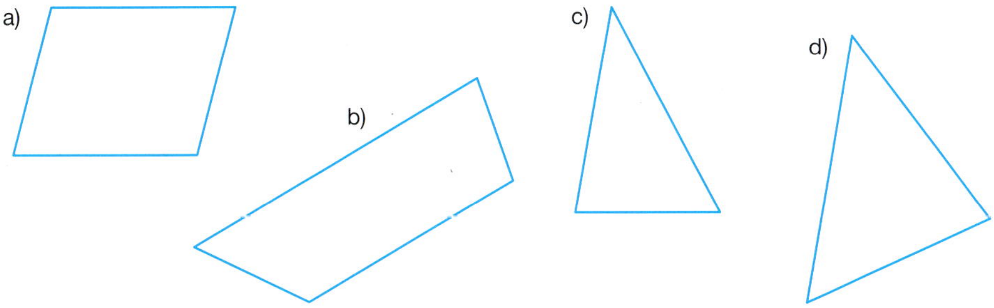

10 Die richtigen Ergebnisse für die Flächeninhalte sind dabei:
4,1   7,4   2,3
4,6   3,4   3,1
(alles gerundet und mit der Einheit cm^2)

Welche Figur hat den größten Umfang? Schätze zunächst und überprüfe dann durch Messen.

11 Zeichne die Figuren in dein Heft ab und errichte auf der rot gezeichneten Grundseite jeweils die Höhe. Berechne den Flächeninhalt der Figuren.

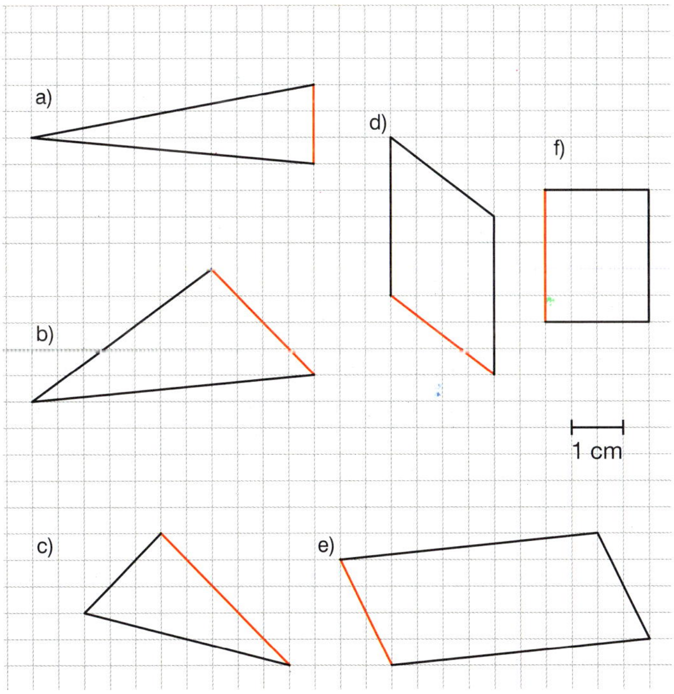

12 Gegeben ist ein Dreieck ABC mit
a) $\overline{BC}$ = 5 cm und h = 2 cm (Höhe auf BC)
b) $\overline{AB}$ = 40 mm und h = 55 mm (Höhe auf AB).
Bestimme den Flächeninhalt der Dreiecke.
Zeichne jeweils zwei verschiedene Dreiecke mit diesen Angaben.

13 Von einem Dreieck sind die folgenden Größen bekannt.
a) A = 12 cm^2, g = 2 cm b) A = 24 cm^2, g = 8 cm c) A = 60 dm^2, h = 60 cm.
Bestimme jeweils die Höhe bzw. die Grundseite des Dreiecks.

Übungen

alle Längenangaben in cm, die Flächeninhalte A in cm^2

14 Fülle die Lücken in den Tabellen aus.

Parallelogramm

g	h	A
3	5	■
■	5	20
■	■	12

Dreieck

g	h	A
■	4	12
3	4	■
■	■	18

Trapez

a	c	m	h	A
■	3	■	5	20
2,4	3,2	■	1,4	■
■	■	■	■	48

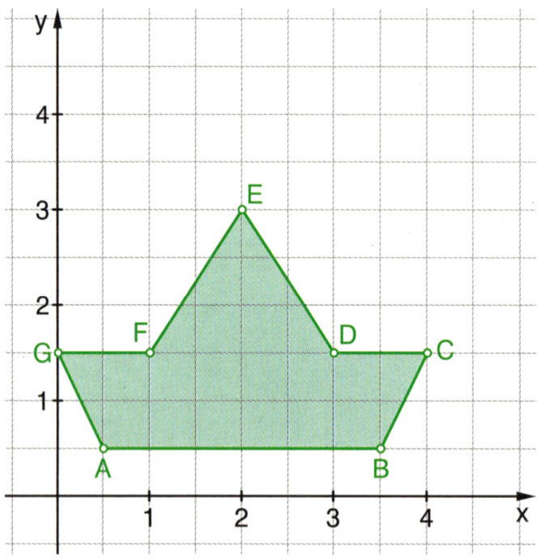

15 a) Bestimme den Flächeninhalt der abgebildeten Figur.
b) Zeichne jeweils die folgenden Punkte in ein Koordinatensystem ein, verbinde sie wie in a) und bestimme den Flächeninhalt.
① A(1 | 4,5), B(3,5 | 2,5), C(8 | 2,5) und D(6 | 4,5)
② A(2 | 1), B(8 | 3), C(2 | 5)

16 Bestimme den Flächeninhalt der Figuren. Du kannst sie zerlegen und zu einem Rechteck ergänzen. Miss geeignete Strecken.

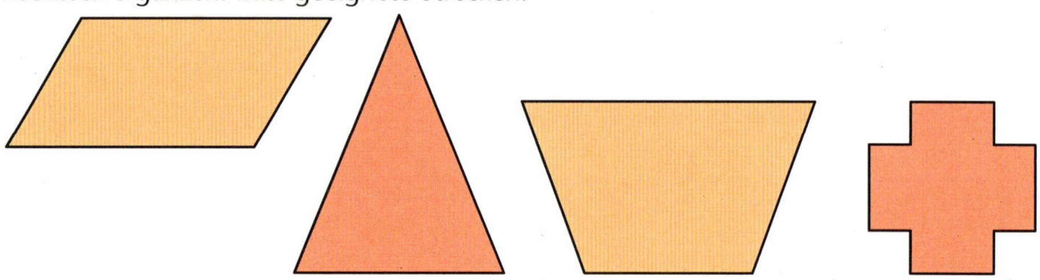

17 Welcher Drachen hat die größere Fläche?
Beschreibe die Strategie, mit der du zu deiner Entscheidung gekommen bist.

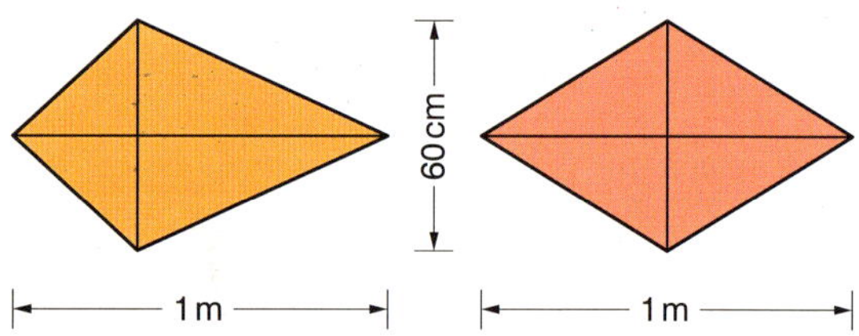

18 Übertrage die abgebildeten Vielecke in dein Heft und bestimme ihren Flächeninhalt durch geschickte Zerlegung der Figur. Beschreibe dein Vorgehen.

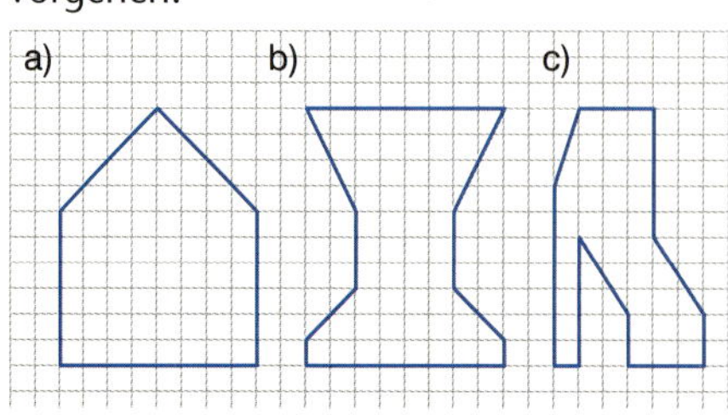

19 Was ist hier passiert? Vergleiche Flächeninhalt und Umfang der Figuren.

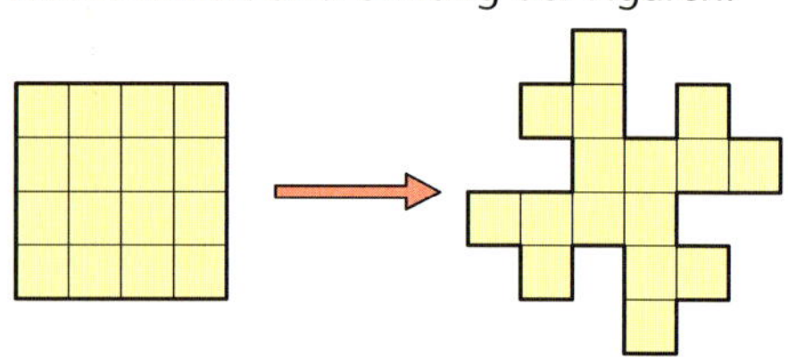

Übungen

20 Es gibt verschiedene Möglichkeiten ein Dreieck in ein flächengleiches Rechteck zu verwandeln. Die gestrichelten Linien deuten zwei verschiedene Möglichkeiten an.
a) Welche Seitenlängen haben die Rechtecke in den beiden Fällen?

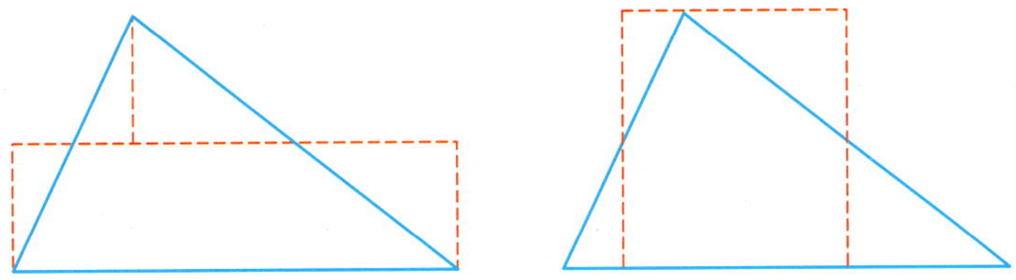

b) Führe beide Verwandlungen mit einem selbst gezeichneten Dreieck durch. Wie groß ist der Flächeninhalt deines Dreiecks?
c) Findest du noch andere Möglichkeiten der Flächenverwandlung?

Vergleiche die Umfänge der beiden flächengleichen Rechtecke.

21 A, B und C sind Eckpunkte eines Dreiecks im Koordinatensystem. Bestimme den Flächeninhalt des Dreiecks. Beschreibe dein Vorgehen.
a) A (0|0), B (5|1), C (5|4) b) A (0|0), B (5|2), C (2|7)
c) A (2|1), B (6|4), C (4|7)

22 Zeichne ein gleichseitiges Dreieck. Finde zwei verschiedene Möglichkeiten, dieses durch Zerlegen und Ergänzen in ein flächengleiches Parallelogramm zu verwandeln.

23 Berechne den Oberflächeninhalt der folgenden Schachteln.

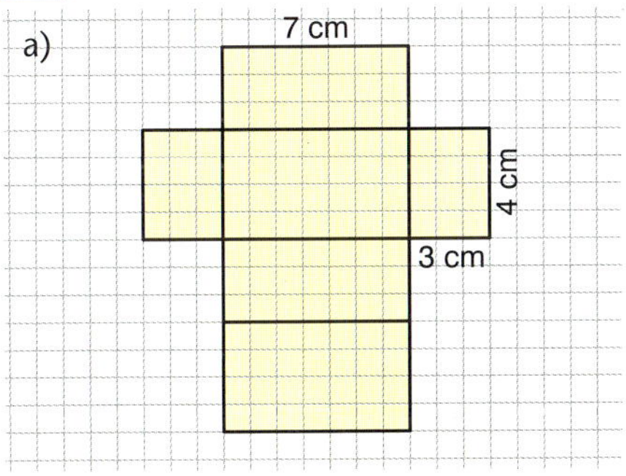

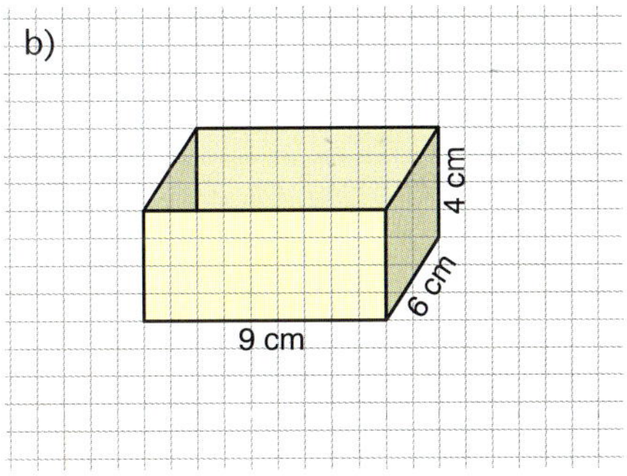

Oberflächeninhalte von Quadern hast du schon in Klasse 5 bestimmt. Kannst du dich erinnern?

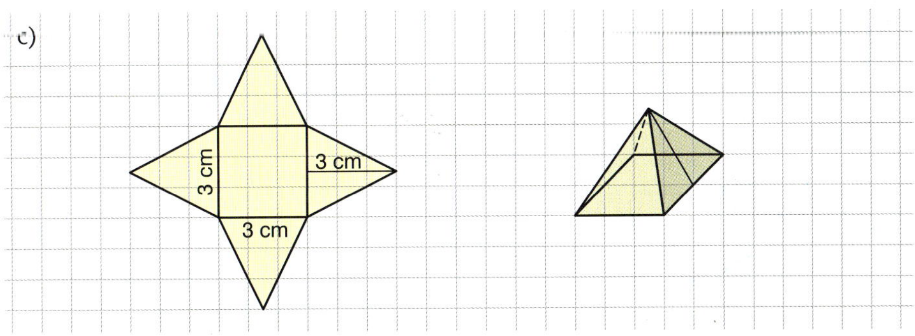

Hier hilft die neue Formel für den Flächeninhalt eines Dreiecks.

24 Welcher Körper hat das größere Volumen, der Quader oder der Würfel? Bestimme auch die beiden Oberflächeninhalte und vergleiche. Was fällt dir auf?

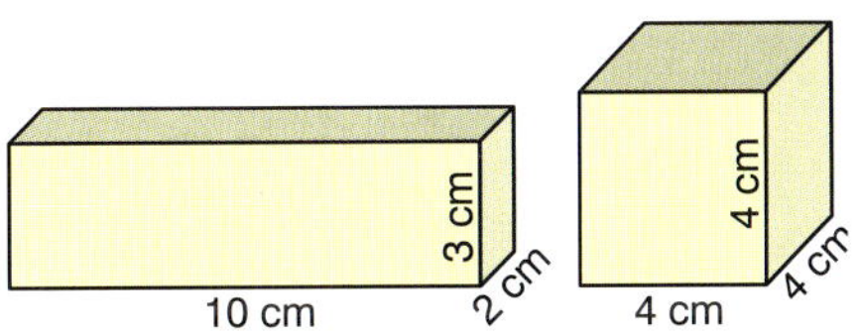

Aufgaben

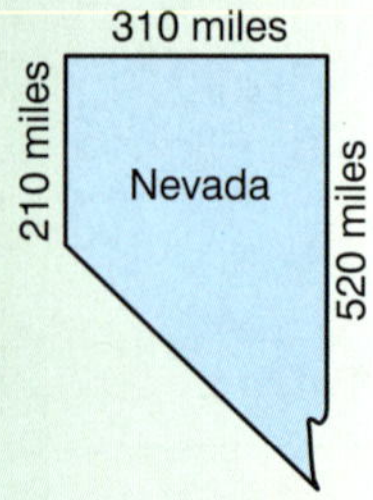

1 mile = 1,609 km

25 Die Grenzen des Bundesstaates Nevada in den USA markieren fast exakt ein Trapez. Berechne die Fläche von Nevada in km^2.
Suche im Lexikon oder im Internet eine Angabe über den Flächeninhalt und vergleiche mit deinem errechneten Wert. Vergleiche auch mit der Fläche deines Bundeslandes.

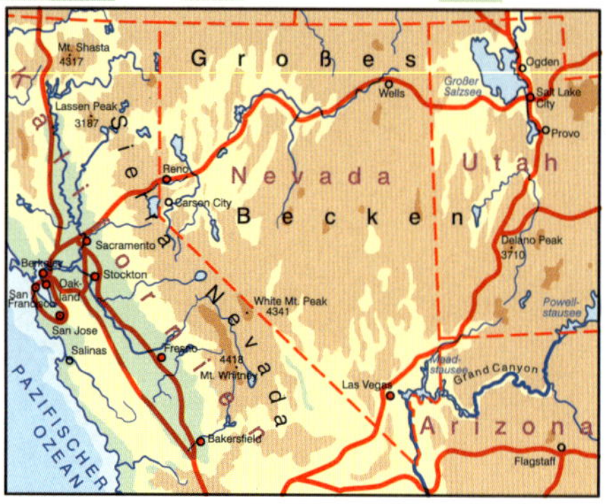

26 Die 10 m breite Frontseite des Friesenhauses ist mit Klinkern verkleidet. Wie viele Klinker wurden ungefähr benötigt?

Klinker:

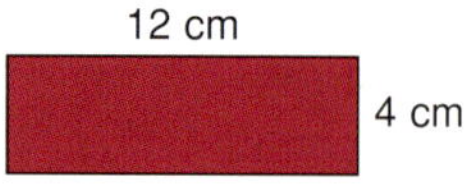

Beschreibe, wie du zu deinem Schätzwert gekommen bist. Vergleicht eure Ergebnisse.

27 Am Strand von Farm Cove in Australien soll zum Schutz vor Haifischen ein Schwimmbereich von ca. 3200 m^2 Wasserfläche durch Netze abgesteckt werden.
Die ursprünglich vorgesehenen Wasserbefestigungen für die Netze können aufgrund einer starken Unterströmung nicht angebracht werden, sondern müssen um 30 m nach Osten verschoben werden.

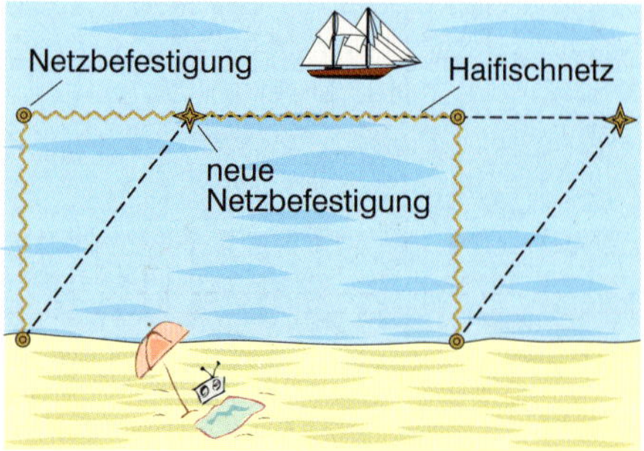

a) Bestimme die ursprünglichen und die neuen Abmessungen des Schwimmbereichs (Maßstab 1:2000).
b) Ist die vorgesehene Wasserfläche von 3200 m^2 mit den neuen Markierungen überhaupt gewährleistet? Begründe.
c) Worauf muss man bei der Verlegung der Markierungen achten, wenn die Fläche gleich groß bleiben soll?

28 *Zerlegen in Teilfiguren mithilfe eines Quadratgitters*
a) Die folgenden Figuren sollen jeweils in vier gleich große Teilflächen zerlegt werden. Du kommst leichter zur Lösung, wenn du ein passendes Quadratgitter einzeichnest.
b) Findest du auch jeweils eine Zerlegung in vier deckungsgleiche Teilfiguren?

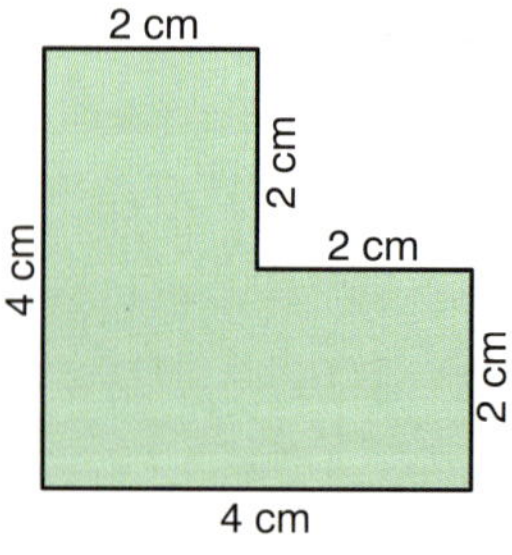

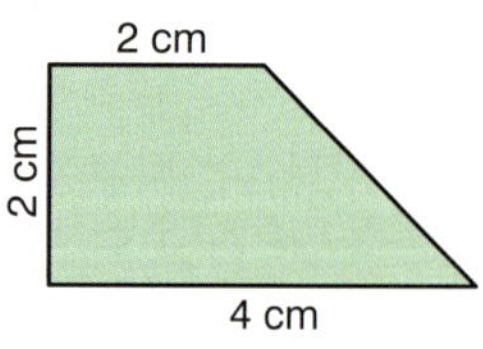

Tangram

Aus China ist ein interessantes Puzzle überliefert: das Tangram. Im Chinesischen wird es „Chi'i Chi'iao Pan" genannt, das bedeutet „Siebenschlau". Wir wissen nicht, wer es erfunden hat, aber es gibt eine hübsche Legende dazu:
Ein alter chinesischer Philosoph wollte seinem Mandarin eine wunderschöne quadratische Platte als Geschenk überreichen. Doch er stolperte am Eingang des Palastes, die Platte fiel zu Boden und zerbrach in sieben Stücke. Als er versuchte, die Teile wieder zusammenzusetzen, entstanden interessante geometrische Figuren, Symbole, Brücken, Bäume und Tiere.

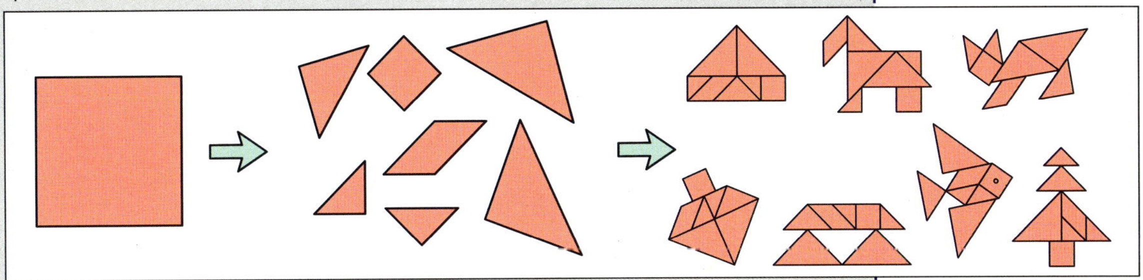

Aufgaben

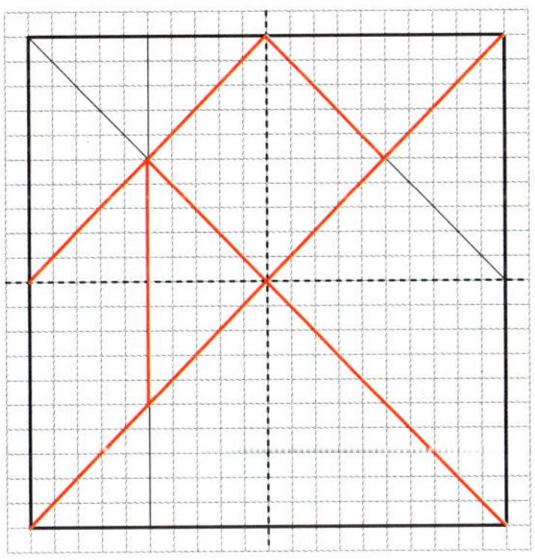

29 Schneide aus einem Pappquadrat (10 cm Seitenlänge) die sieben Teile des Tangrams aus.
Zeichne dazu zunächst die Hilfslinien ein und schneide dann längs der roten Kanten. Auf kariertem Papier ist es ganz leicht. Mithilfe des Geodreiecks kannst du die Hilfslinien aber auch exakt auf bunte Pappe zeichnen.
Versuche nun die oben abgebildeten Figuren nachzulegen.

Mit ein bisschen Geschick kannst du das Tangram auch aus Sperrholz sägen.

30 Die Vierecke sind jeweils aus allen sieben Teilen des Tangrams zusammengefügt. Versuche es selbst.
Findest du noch andere geometrische Figuren?

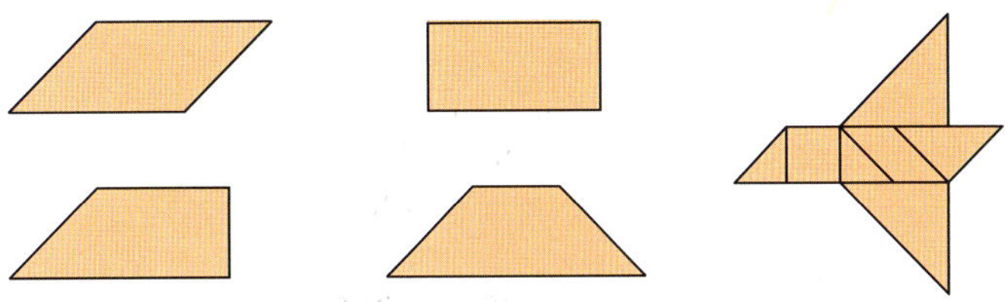

31 a) Welchen Flächeninhalt haben die einzelnen Puzzleteile des Tangram?
b) Kannst du die nebenstehenden Figuren unter Verwendung aller 7 Puzzleteile zusammenlegen?
c) Erfinde selbst schöne Figuren nach deiner Fantasie. Spielregel: Benutze alle 7 Teile.

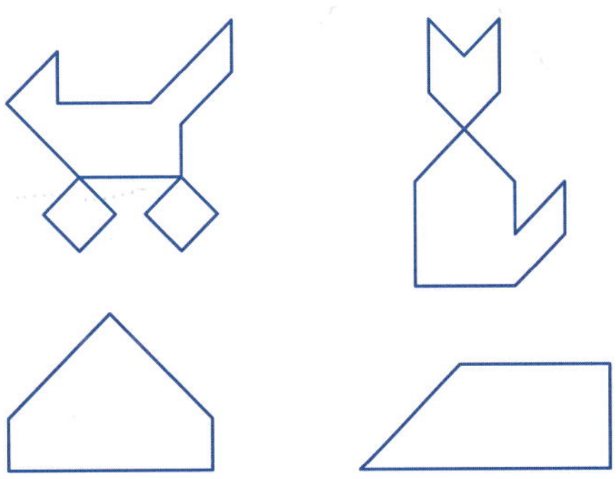

CHECK-UP

Dreiecke und Vierecke

Kennzeichnen und Berechnen von Dreiecken und Vierecken

Besondere Dreiecke

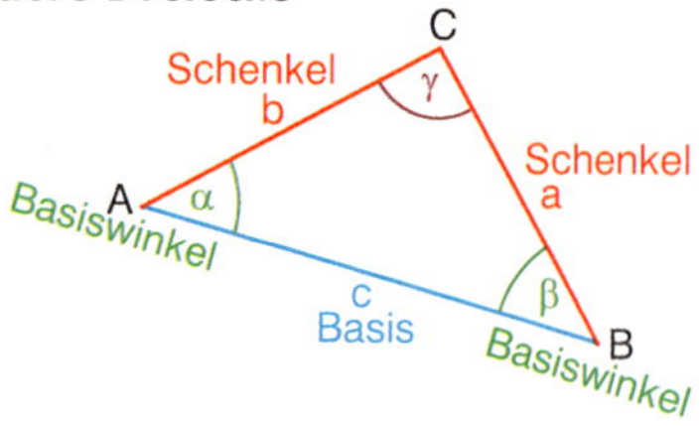

gleichschenklig: $\overline{AC} = \overline{BC}$

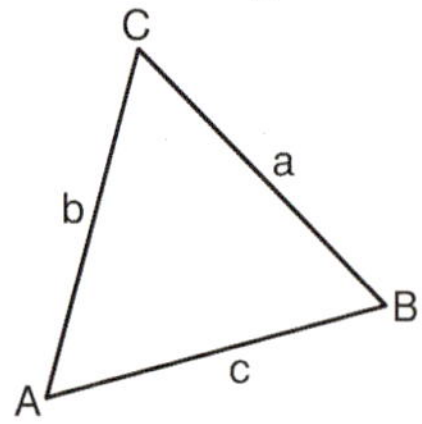

gleichseitig: $\overline{AC} = \overline{BC} = \overline{CA}$

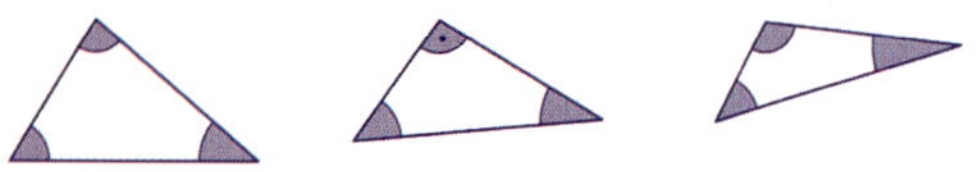

spitzwinklig | rechtwinklig | stumpfwinklig

Besondere Vierecke

Quadrat

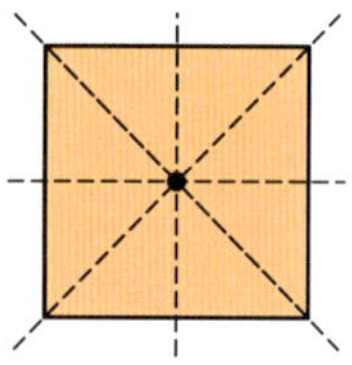

Rechteck

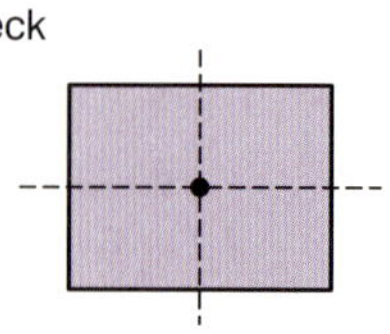

Raute

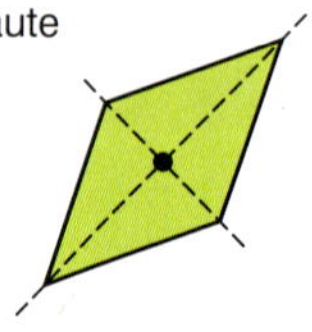

gleichschenkliges Trapez

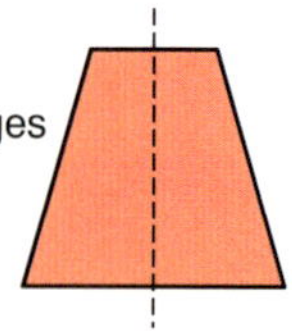

Drachen

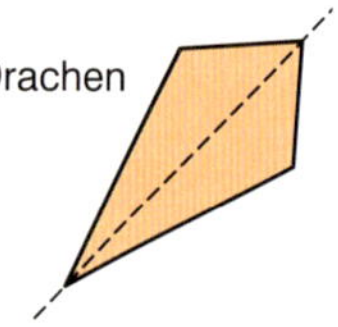

Parallelogramm

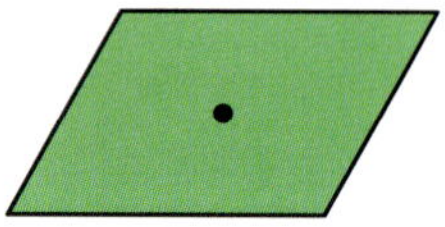

1 Das folgende Vermessungs-Foto findet man auf einer Tafel auf dem Rigi-Berg am Vierwaldstätter See in der Schweiz.
a) Wie viele Dreiecke erkennst du in dem Streckennetz?
b) Welche Dreiecke sind spitzwinklig, welche stumpfwinklig.
c) Kannst du jeweils drei Punkte finden, die (annähernd) ein gleichschenkliges (gleichseitiges, rechtwinkliges) Dreieck bilden?

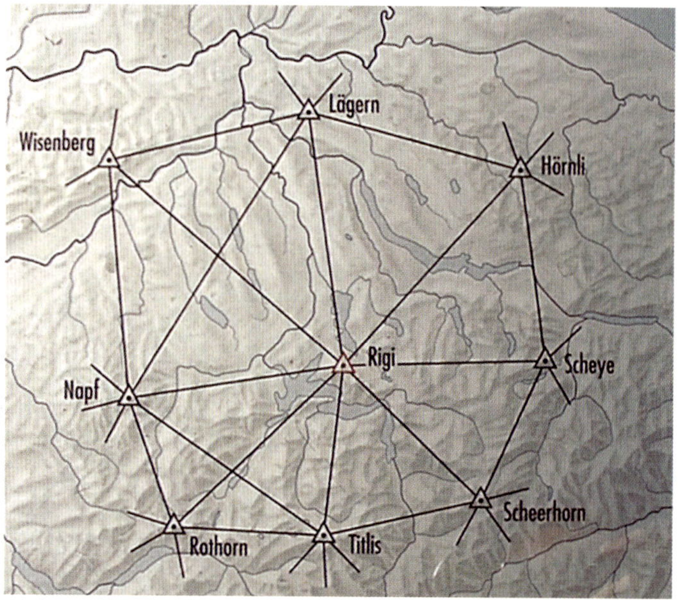

2 Welche besonderen Dreiecke entstehen, wenn du ein Quadrat längs einer Diagonale durchschneidest?

3 Welche Vierecke besitzen die folgenden Eigenschaften?
a) Je zwei gegenüberliegende Seiten sind parallel zueinander.
b) Die beiden Diagonalen sind gleich lang.
c) Die Diagonalen stehen senkrecht aufeinander.
d) Gegenüberliegende Winkel sind gleich groß.
e) Die Diagonalen sind Symmetrieachsen.

4 Stimmt das?
a) Jedes Quadrat ist auch ein Rechteck.
b) Jedes Rechteck ist auch ein Quadrat.

5 a) Wie viele Dreiecke findest du in der Zeichnung, deren Flächeninhalt genau so groß ist wie der des dick umrandeten Quadrats?
b) Suche Parallelogramme und Trapeze in der Figur und vergleiche deren Flächeninhalt mit dem des dick umrandeten Quadrats.

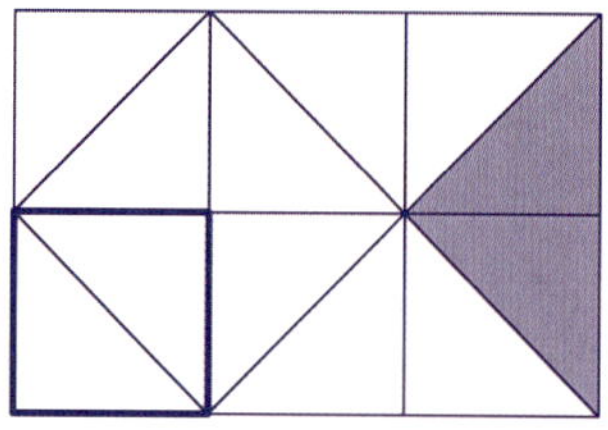

CHECK-UP

6 Ein Kellerraum soll gefliest werden. Das Fliesen des Fußbodens kostet 46 € pro Quadratmeter, der Meter Fußleiste kostet 8 €. Wie teuer wird das Vorhaben?

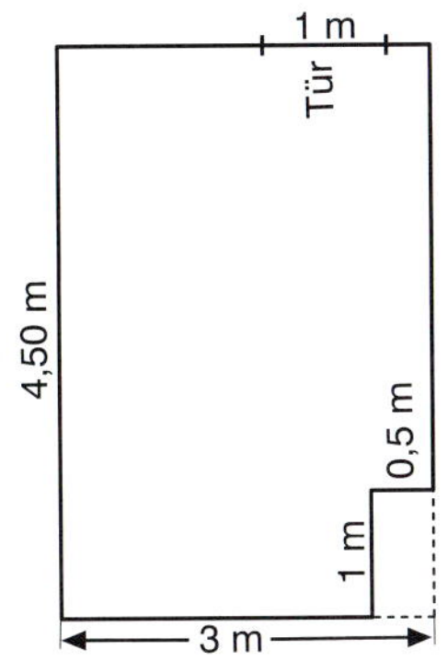

7 Drei Geschwister erben ein 23,1 a großes Grundstück. Wie viel sollte jeder erhalten?

8 Verwandle die Figuren jeweils in ein Rechteck und vergleiche die Flächeninhalte.

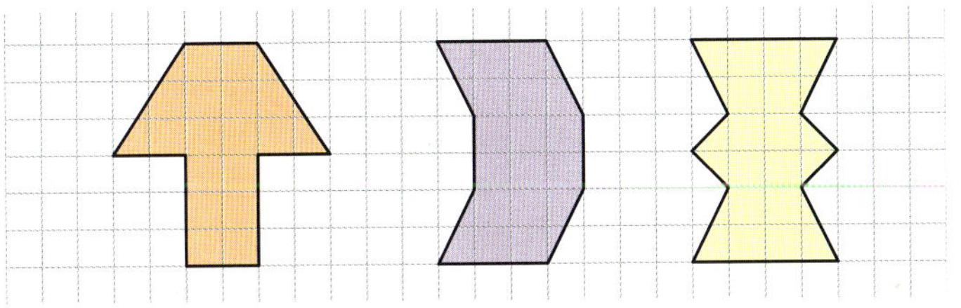

9 Zeichne die folgenden Figuren in ein Koordinatensystem und berechne jeweils den Flächeninhalt:
a) A(2 | 1), B(5 | 6), C(0 | 4)
b) A(1 | 1), B(7 | 0), C(6,5 | 2), D(0,5 | 3)
c) A(2 | 5), B(7 | 5), C(8 | 7), D(1 | 7)

10 Alle drei Seitenlängen a = 3 cm, b = 4 cm und c = 5 cm eines rechtwinkligen Dreiecks werden verdoppelt. Was geschieht dabei
a) mit dem Umfang des Dreiecks
b) mit dem Flächeninhalt des Dreiecks?

11 Die Fläche des regelmäßigen Sechsecks kann man auf verschiedene Arten berechnen:

$A \approx 6 \cdot (\frac{1}{2} \cdot 2 \cdot 1{,}7)$

$A \approx 3 \cdot (2 \cdot 1{,}7)$

$A \approx 2 \cdot \left[\frac{1}{2} \cdot (4 + 2) \cdot 1{,}7\right]$

Erläutere die drei Rechenverfahren.

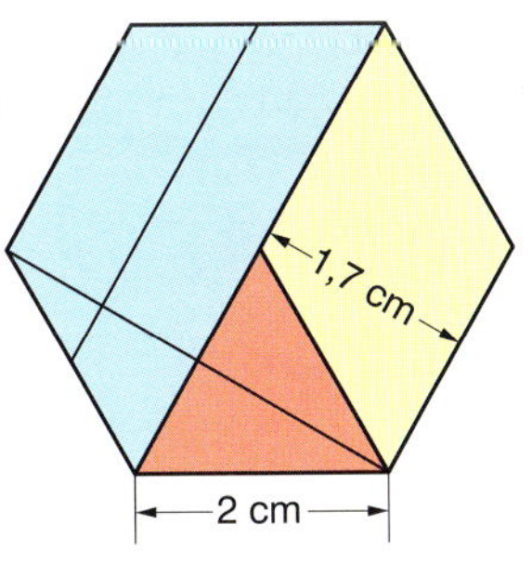

12 Ein Park soll neu angelegt werden. Pro Quadratmeter entstehen folgende Kosten:

Rosenbeet:	30 €	Gehweg:	40 €
Rasen:	20 €	Teich:	50 €

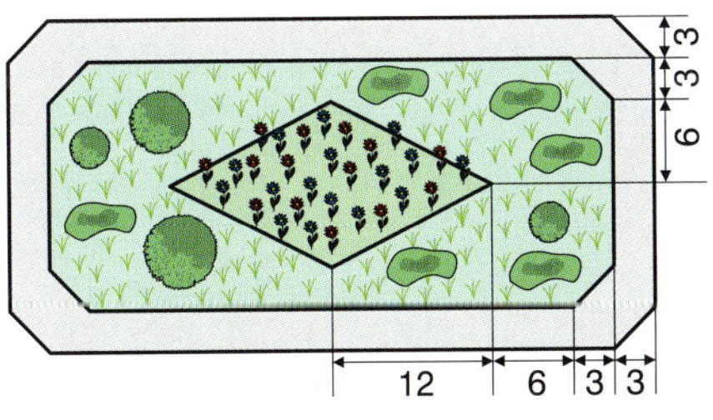

Umfang bestimmen
Bei vielen Vielecken lässt sich der Umfang als Summe der Seitenlängen berechnen.

Flächeninhalt bestimmen
Besonders einfach kann der Flächeninhalt bestimmt werden, wenn die Fläche in Rechtecke zerlegt werden kann.

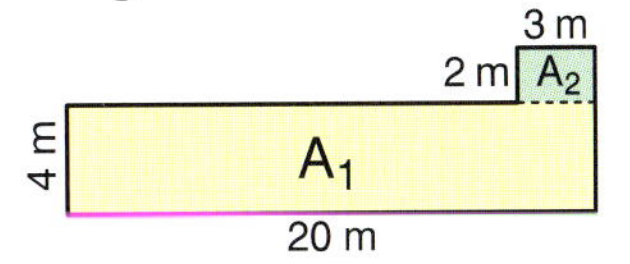

$A_1 = 20\text{ m} \cdot 4\text{ m} = 80\text{ m}^2$
$A_2 = 2\text{ m} \cdot 3\text{ m} = 6\text{ m}^2$
$A = A_1 + A_2$
$= 80\text{ m}^2 + 6\text{ m}^2 = 86\text{ m}^2$

Dreieck, Parallelogramm und Trapez kann man in Rechtecke verwandeln und darüber den Flächeninhalt bestimmen.

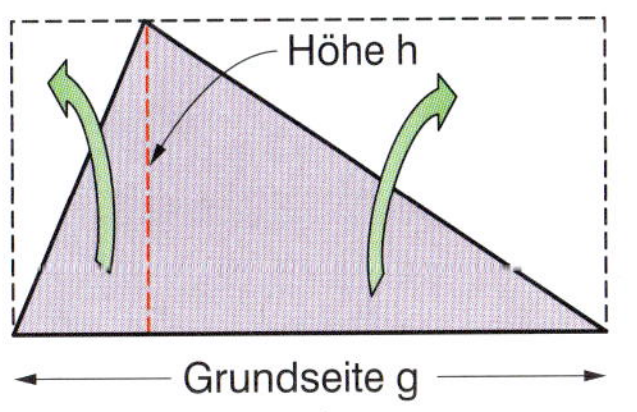

Flächeninhalt = (Grundseite mal Höhe)/2

$A_{Dreieck} = \frac{g \cdot h}{2}$

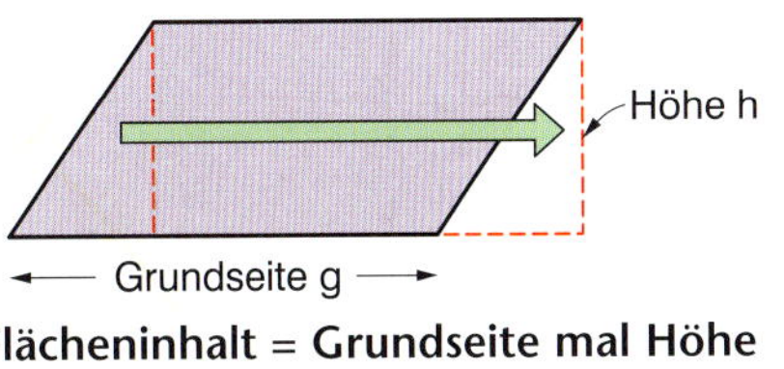

Flächeninhalt = Grundseite mal Höhe

$A_{Parallelogramm} = g \cdot h$

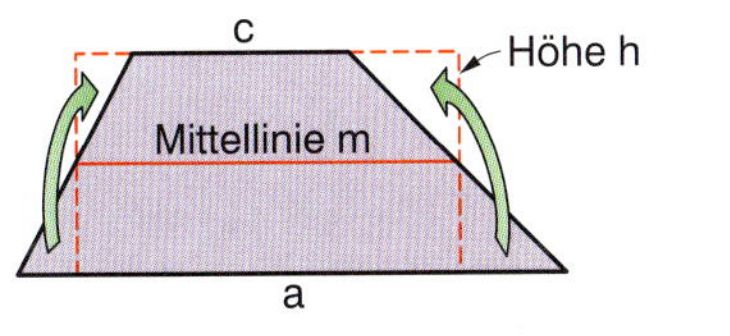

Flächeninhalt = Mittellinie mal Höhe

$A_{Trapez} = m \cdot h$

Zum Erinnern und Wiederholen

Schneller Zugriff zum Basiswissen aus den vorhergehenden Jahrgangsbänden

Daten – Diagramme

Manchmal sind Zahlenwerte nicht genau bekannt oder der genaue Wert ist nicht wichtig. Dann werden die Zahlen gerundet. Gerundete Zahlen sind übersichtlicher und man kann sie sich leichter merken. Sie eignen sich gut für Überschlagsrechnungen.

Runden

Beim Runden musst du zunächst entscheiden, auf welche Ziffer (z. B. Einer, Zehner oder Hunderter) gerundet werden soll.
Betrachte die Ziffer, die nach der zu rundenden Ziffer folgt:
Bei 5, 6, 7, 8, 9 → aufrunden
Bei 0, 1, 2, 3, 4 → abrunden

In einer Statistik findet man, dass Unna 64 964 Einwohner hat.

Runden auf Tausender
$64\,964 \approx 65\,000$
Runden auf Hunderter
$64\,964 \approx 65\,000$

Diagramme: Daten „auf einen Blick"

Stabdiagramm

Bilddiagramm

Stabdiagramm

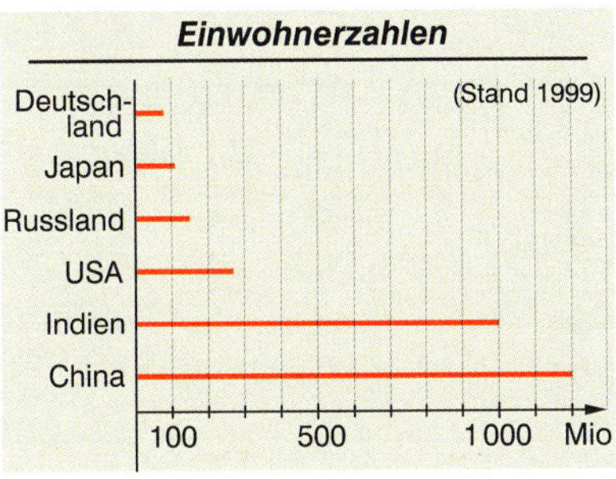

In einem Stabdiagramm entspricht die Länge des Striches der Größe der Zahl.

Bilddiagramm

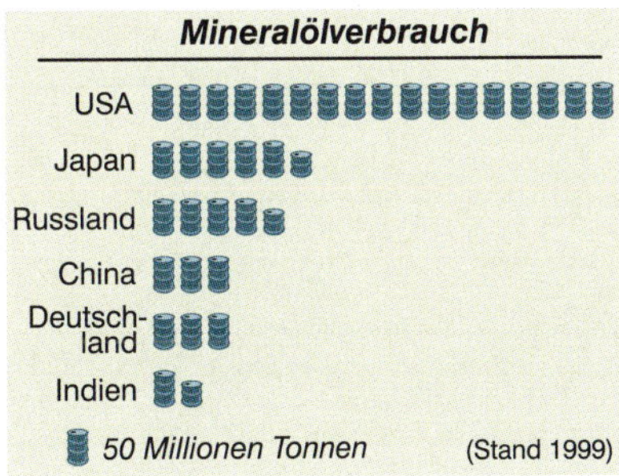

In einem Bilddiagramm stellt die Anzahl oder die Größe des Zeichens die Zahl dar.

Daten kannst du auch in einem Stängel-Blatt-Diagramm darstellen. In der Tabelle findest du die höchste Punktzahl, die jeder Basketballspieler in einem Spiel erzielt hat. Der Trainer möchte die Daten so darstellen, dass er schnell die höchste und die kleinste Punktzahl ablesen kann. Zudem möchte er sehen, welche Punktzahlen häufig vorkamen.

Name	Punkte
Alex	5
Aynur	9
Daniel	20
Hauke	14
Jan	18
Kim	31
Max	6
Michael	50

Name	Punkte
Nadim	18
Nils	11
Pascal	25
Robert	32
Stefan	10
Sven	46
Till	17
Tobias	21

Stängel-Blatt-Diagramm

In dem Stängel-Blatt-Diagramm sind die Zehner die „Stängel". Die Einer werden als „Blätter" hinzugefügt.
Es gibt drei Ergebnisse bei den Zwanzigern: 20, 25, 21. Das notieren wir so: 2 | 0 1 5
Die Zahlen sind in jedem Blatt der Größe nach geordnet.

Stängel-Blatt-Diagramm

Stängel	Blätter
5	0
4	6
3	1 2
2	0 1 5
1	0 1 4 7 8 8
0	5 6 9

Arithmetik – Schriftliche Rechenverfahren

Addition

Summand			4	9	2	0
Summand	+			8	7	5
	+		6	9	4	2
		1	2	1		
Summe		1	2	7	3	7

Überschlagsrechnung
4 920 + 875 + 6 942
Runden
5 000 + 900 + 7 000 = 12 900

Subtraktion

Minuend		7	3	2	9
Subtrahend	–	2	3	9	8
		1	1		
Differenz		4	9	3	1

Überschlagsrechnung
7 329 – 2 398
Runden
7 300 – 2 400 = 4 900

Probe
  4 931
+ 2 398
  7 329

Multiplikation

Faktoren	3	4	1	·	2	7
			6	8	2	
			2	3	8	7
			1	1		
Produkt			9	2	0	7

Überschlagsrechnung
341 · 27
Runden
300 · 30 = 9 000

Division

Dividend Divisor Quotient

	3	4	7	4	:	6	=	5	7	9
–	3	0								
		4	7							
	–	4	2							
			5	4						
		–	5	4						
				0						

Überschlagsrechnung
3 474 : 6
Runden
3 600 : 6 = 600

Probe
579 · 6
3 474

	4	9	6	6	:	1	3	=	3	8	2
–	3	9	↓								
	1	0	6								
–	1	0	4	↓							
			2	6							
		–	2	6							
				0							

Überschlagsrechnung
4966 : 13
Runden
4800 : 12 = 400

Probe
382 · 13
382
1146
4966

Arithmetik – Regeln und Gesetze

Beim Berechnen von Rechenausdrücken musst du, wie im Straßenverkehr, Vorfahrtsregeln beachten. Dadurch kannst du manchmal auch Rechenvorteile erlangen und somit geschickt rechnen.

„Vorfahrtsregeln"

Rechne von links nach rechts, dann machst du nichts falsch.

$37 - 18 + 12$
$= 19 + 12$
$= 31$

Nur Strichrechnungen

Rechne von links nach rechts, dann machst du nichts falsch.

$36 : 4 \cdot 2$
$= 9 \cdot 2$
$= 18$

Nur Punktrechnungen

Punktrechnungen werden vor Strichrechnungen ausgeführt.

$13 + 6 \cdot 9$
$= 13 + 54$
$= 67$

Punkt- vor Strichrechnung

Was in Klammern steht, wird zuerst ausgerechnet.

$8 \cdot (25 - 16)$
$= 8 \cdot 9$
$= 72$

Klammern zuerst

Beim Addieren darfst du die Reihenfolge der Summanden vertauschen.

$16 + 23 = 23 + 16$

Kommutativgesetz

Beim Multiplizieren darfst du die Reihenfolge der Faktoren vertauschen.

$8 \cdot 24 = 24 \cdot 8$

Beim Addieren darfst du die Reihenfolge, in der du addierst, selbst festlegen.

$37 + 16 + 24$
$= 37 + 40$
$= 77$

Assoziativgesetz

Beim Multiplizieren darfst du die Reihenfolge, in der du multiplizierst, selbst festlegen.

$13 \cdot 20 \cdot 5$
$= 13 \cdot 100$
$= 1300$

Mit dem Verteilungsgesetz kann man sich Rechenvorteile verschaffen. Du kannst eine Summe mit einer Zahl multiplizieren, indem du jeden Summanden mit der Zahl multiplizierst und die Produkte addierst.

$(10 + 7) \cdot 6$
$= 10 \cdot 6 + 7 \cdot 6$
$= 60 + 42$
$= 102$

Verteilungsgesetz (Distributivgesetz)

Es geht auch „umgekehrt".

$43 \cdot 356 + 57 \cdot 356$
$= (43 + 57) \cdot 356$
$= 100 \cdot 356$
$= 35\,600$

Beim Multiplizieren von Potenzen mit gleicher Grundzahl darfst du die Hochzahlen addieren.

$2^3 \cdot 2^4$
$= (2 \cdot 2 \cdot 2) \cdot (2 \cdot 2 \cdot 2 \cdot 2)$
$= 2^7$

Potenzen

Arithmetik – Stellenwertsysteme – Zahlenmuster

Bei einem **Stellenwertsystem** kommt es nicht nur auf den Wert der Ziffer an, sondern auch darauf, an welcher Stelle die Ziffer steht.

Dezimalsystem

Beim **Dezimalsystem** verzehnfachen sich die Stellenwerte von Stelle zu Stelle. Bei der Zahl 555 gibt die 5 vorn 5 Hunderter an, zählt also 500. Die mittlere 5 gibt 5 Zehner an, zählt also 50. Nur die letzte Ziffer zählt wirklich 5. Am deutlichsten kannst du das in einer Stellenwerttabelle erkennen.

Stellenwert	10^4	10^3	10^2	10^1	10^0
Dezimalzahl	7	2	4	2	6

2 Tausender (↗ zur Stelle 10^3) 2 Zehner (↖ zur Stelle 10^1)

Dualsystem

Beim **Dualsystem** werden nur die Ziffern 0 und 1 verwendet. Als Stellenwerte treten die Zweierpotenzen auf: 1, 2, 4, 8, 16, 32, …

Stellenwert	2^4	2^3	2^2	2^1	2^0
Dezimalzahl	1	1	0	0	1

$\mathbf{(11001)_2}$
$= 1 \cdot 16 + 1 \cdot 8 + 0 \cdot 4 + 0 \cdot 2 + 1 \cdot 1$
$= 25$

Römische Zahlzeichen bilden kein Stellenwertsystem. Sie werden auch heute noch benutzt. Du musst dir die Werte von sieben Zeichen merken:

M	D	C	L	X	V	I
1000	500	100	50	10	5	1

XIV = X + V – I
= 10 + 5 – 1
= 14

MDXXI = M + D + X + X + I
= 1000 + 500 + 10 + 10 + 1
= 1521

Quadratzahl

Quadratzahlen entstehen, wenn du eine Zahl mit sich selbst multiplizierst.

$1 \cdot 1 = 1^2 = 1$
$2 \cdot 2 = 2^2 = 4$
$3 \cdot 3 = 3^2 = 9$ usw.

Die ersten 25 Quadratzahlen:

1	4	9	16	25	36	49	64	81	100
121	144	169	196	225	256	289	324	361	400
441	448	529	576	625					

Potenz

2^5 ist eine **Potenz.** Die Hochzahl 5 gibt an, wie oft die Grundzahl 2 mit sich selbst multipliziert wird.

$2^5 = 2 \cdot 2 \cdot 2 \cdot 2 \cdot 2 = 32$

Vereinbarung: $2^0 = 1$

Beispiel zur Multiplikation von Potenzen:

$3^2 \cdot 3^4 = (3 \cdot 3) \cdot (3 \cdot 3 \cdot 3 \cdot 3) = 3^6$

Größen – Längen, Gewichte, Zeitspannen

Übersicht über die Einheiten der Länge

Längen

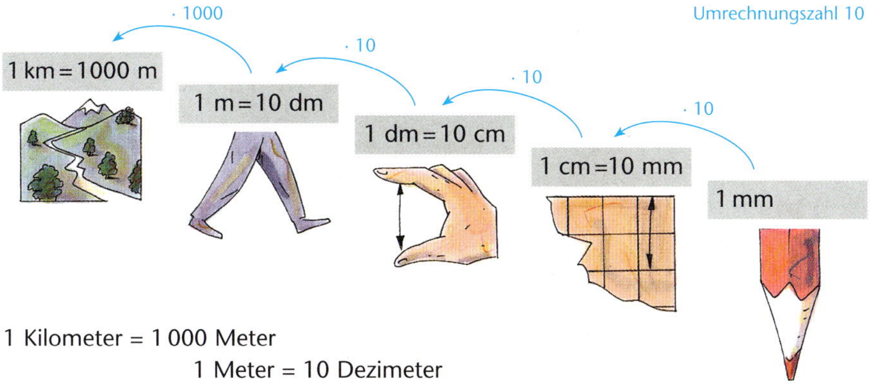

1 Kilometer = 1 000 Meter
1 Meter = 10 Dezimeter
1 Dezimeter = 10 Zentimeter
1 Zentimeter = 10 Millimeter

Übersicht über die Einheiten des Gewichts

Gewichte

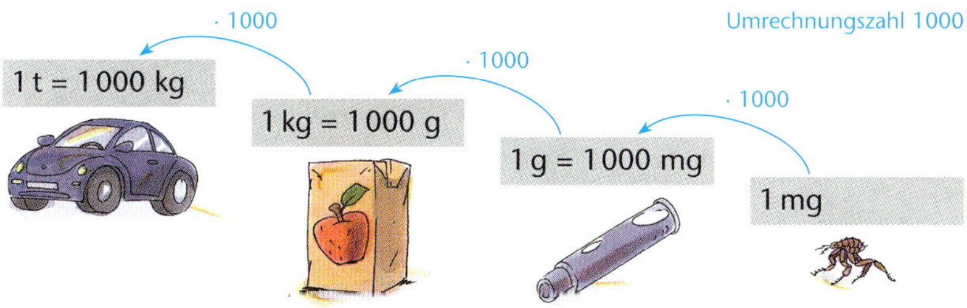

1 Tonne = 1 000 Kilogramm
1 Kilogramm = 1 000 Gramm
1 Gramm = 1 000 Milligramm

Übersicht über die Einheiten von Zeitspannen

Zeitspannen

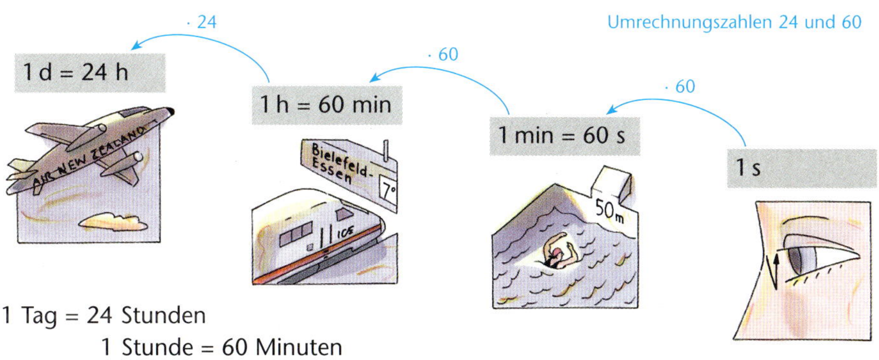

1 Tag = 24 Stunden
1 Stunde = 60 Minuten
1 Minute = 60 Sekunden

Größen – Flächeninhalte, Rauminhalte

Übersicht über die Einheiten von Flächeninhalten

Umrechnungszahl 100

Flächeninhalte

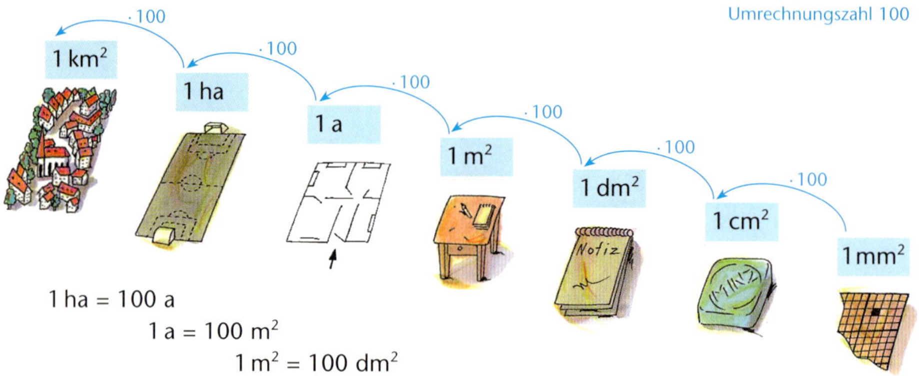

1 ha = 100 a

$1\ a = 100\ m^2$

$1\ m^2 = 100\ dm^2$

$1\ dm^2 = 100\ cm^2$

$1\ cm^2 = 100\ mm^2$

Flächeninhalt eines Rechtecks

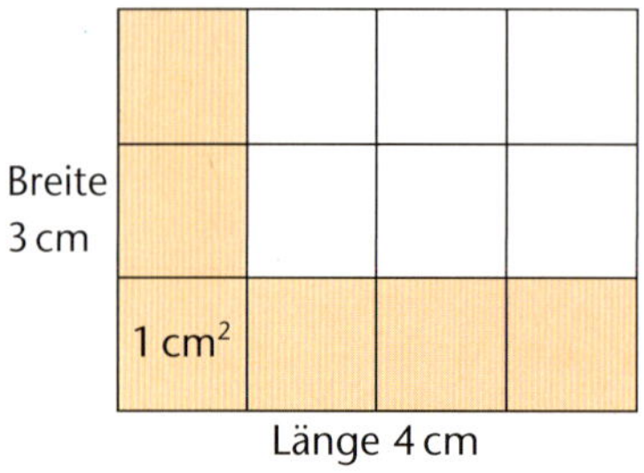

Den Flächeninhalt eines Rechtecks kannst du mit der Formel berechnen:

Flächeninhalt = Länge mal Breite

$A = 4\,cm \cdot 3\,cm$

$= 12\,cm^2$

Übersicht über die Einheiten von Rauminhalten

Umrechnungszahl 1 000

Rauminhalte

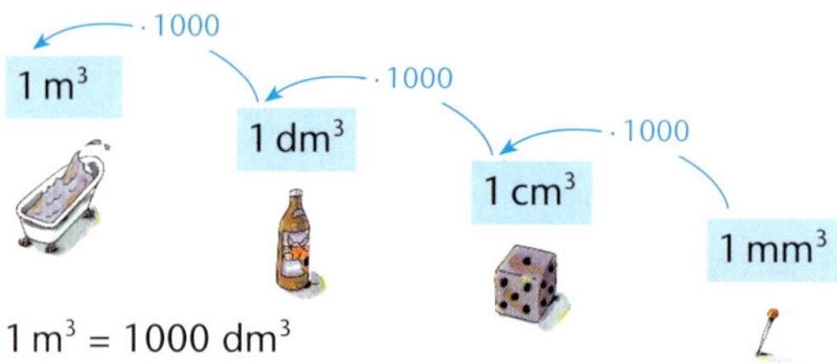

$1\ m^3 = 1000\ dm^3$

$1\ dm^3 = 1000\ cm^3$

$1\ cm^3 = 1000\ mm^3$

Rauminhalt eines Quaders

Den Rauminhalt eines Quaders kannst du mit der Formel berechnen:

Rauminhalt = Länge mal Breite mal Höhe

$V = 4\,cm \cdot 2\,cm \cdot 3\,cm$

$= 24\,cm^3$

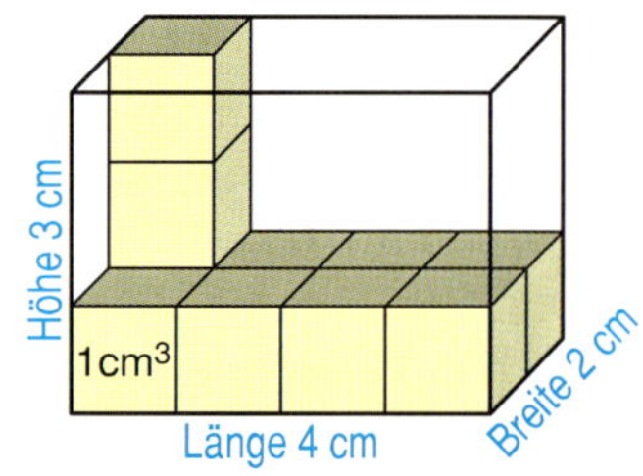

Flüssigkeiten

Das Volumen von Flüssigkeiten wird in Litern gemessen.

$1\ l = 1\ dm^3$

$1\ ml = 1\ cm^3$

Größen – Problemlösen mit Größen

Um Dinge gerecht aufzuteilen, musst du wissen, wie viel jeder Einzelne bekommt. Achte auf eine günstige Einheit, wenn du Größen aufteilst.

Ein 1,5-kg-Stück Käse soll in vier gleichgroße Stücke aufgeteilt werden,

Umwandlung: 1,5 kg = 1 500 g
Rechnung: 1 500 g : 4 = 375 g
Antwort: Jeder bekommt 375 g Käse.

Größen aufteilen
Portionsgrößen

Häufig musst du Größen in viele gleich große Portionen aufteilen.
Achte auf eine günstige Einheit.

5 t Reis sollen in Säcken zu 25 kg abgepackt werden.

Umwandlung: 5 t = 5000 kg
Rechnung: 5 000 kg : 25 kg = 200
Antwort: Man erhält 200 Säcke Reis.

Größen aufteilen
Anzahl der Portionen

Gegenstände werden oft verkleinert oder vergrößert dargestellt. Der Maßstab gibt an, wievielmal größer oder kleiner eine Strecke in Wirklichkeit ist.

Der Maßstab 1:130 verkleinert das Original.
1 cm im Modell (Bild) entspricht 130 cm in der Wirklichkeit.

Maßstab

De Havilland D. 88 (Post- und Rennflugzeug) aus dem Jahr 1937.
Originallänge des Flugzeuges 8,84 m.
Besatzung 2 Mann

Verschiedene Karten – verschiedene Anwendungen – verschiedene Maßstäbe

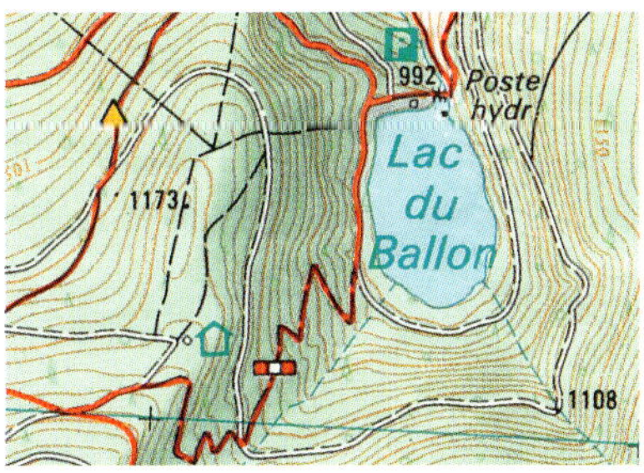

Wanderkarte 1 : 25 000

1 cm auf der Karte entpricht 250 m.

Straßenkarte 1 : 200 000

1 cm auf der Karte entspricht 2 km.

Topographische Karte 1 : 3 000 000

1 cm auf der Karte entspricht 30 km.

Entfernung vom Parkplatz am Lac du Ballon zur Schutzhütte:
Auf der Wanderkarte 3 cm Luftlinie – in Wirklichkeit 750 m.
Lass dich nicht täuschen: Der Wanderweg könnte erheblich länger sein.

Entfernung von Rimbach zum Grand Ballon:
Auf der Straßenkarte 2 cm Luftlinie – in Wirklichkeit 4 km.

Entfernung von Freiburg bis Mulhouse:
Auf der Topographischen Karte 1,5 cm – in Wirklichkeit 45 km.

Geometrie – Körper und ebene Figuren

Grundformen geometrischer Körper

Körper

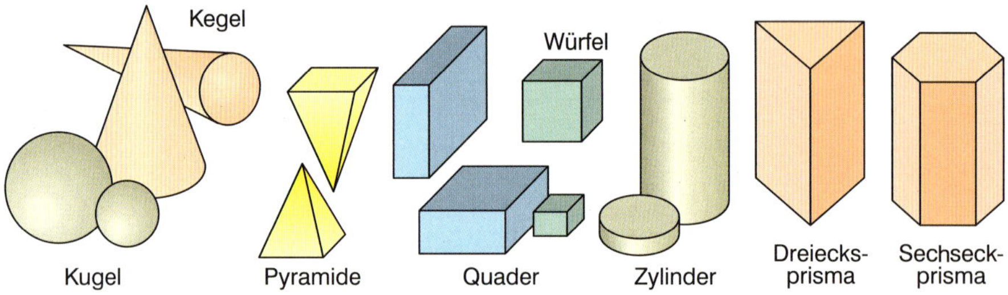

Grundformen ebener geometrischer Figuren (Flächen)

ebene geometrische Figuren (Flächen)

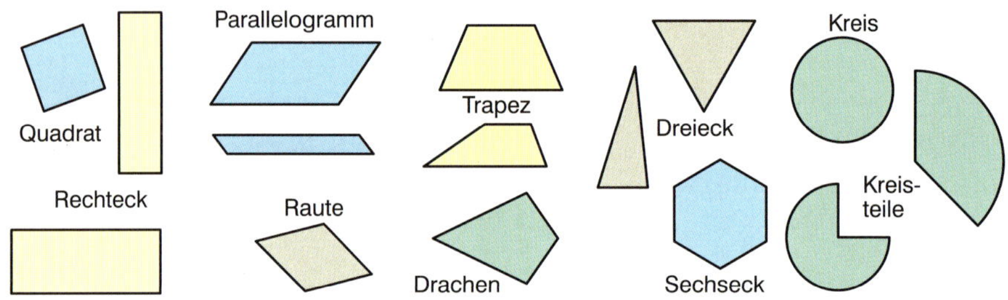

Kantenmodelle von Körpern

Kantenmodelle Körper

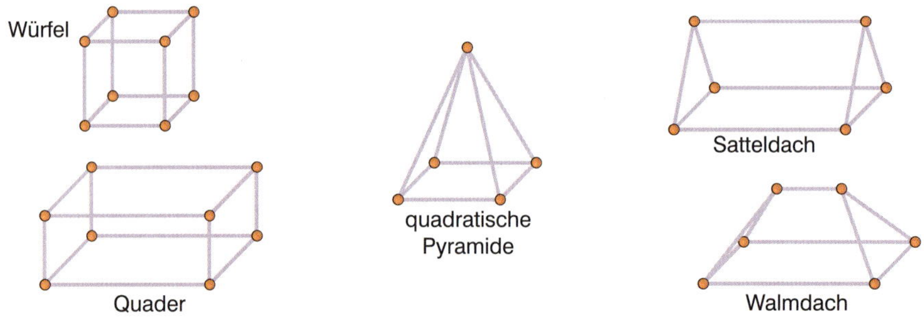

„Kantenmodelle" von ebenen Vielecken

Kantenmodelle Vielecke

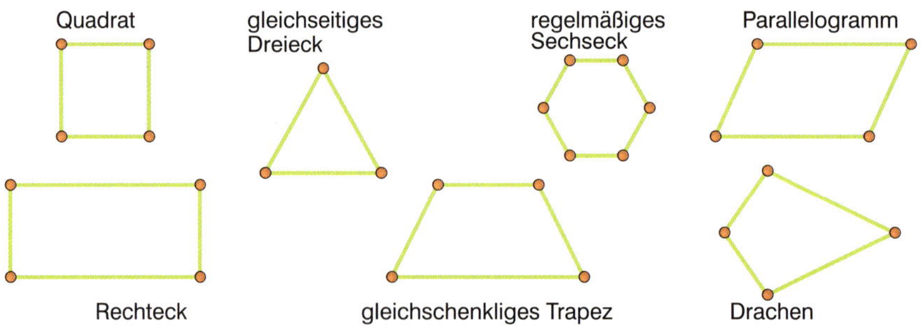

Geometrie – Grundbegriffe und Konstruktionen

Punkte
Geraden
Strecken

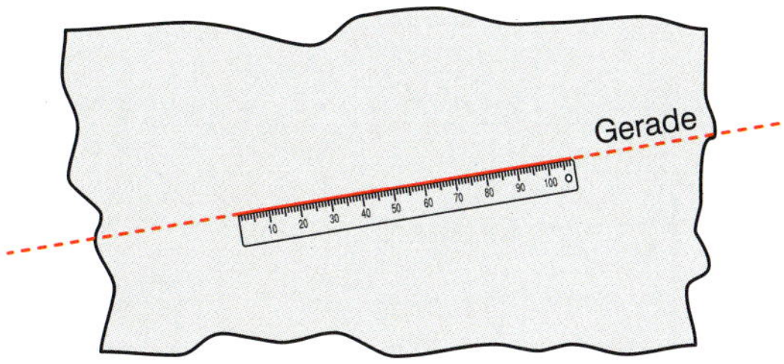

Eine Gerade hat keinen Anfangspunkt und keinen Endpunkt.

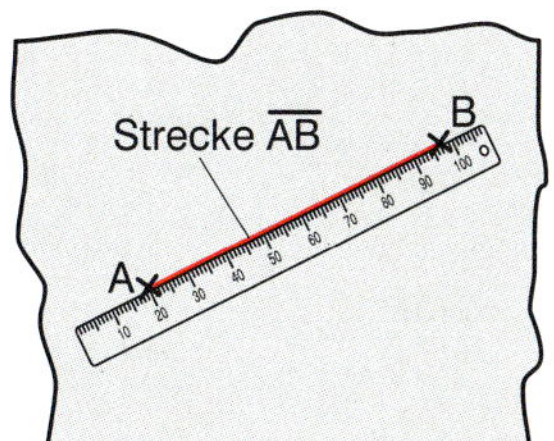

Eine Strecke ist von zwei Punkten begrenzt. Die Länge einer Strecke können wir mit dem Lineal messen.

Bezeichnungen

Punkte bezeichnen wir mit großen Buchstaben A, B, … P, Q, …
Geraden bezeichnen wir mit kleinen Buchstaben a, b, … g, h, …
Die Gerade durch die Punkte A und B bezeichnen wir mit AB
Die Strecke zwischen den Punkten P und Q bezeichnen wir mit $\overline{PQ}$

---

senkrecht
parallel

Die Geraden g und h stehen senkrecht aufeinander.

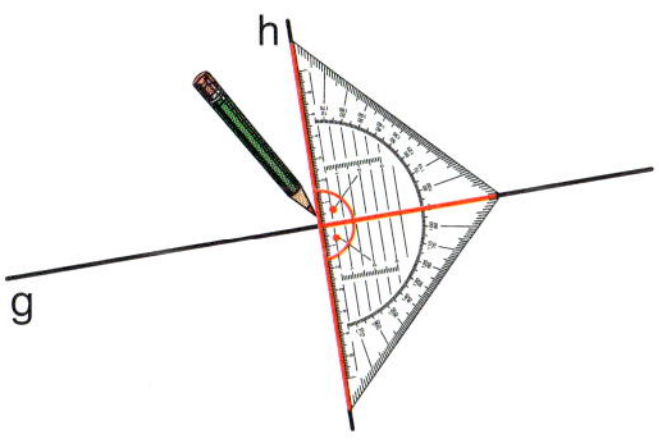

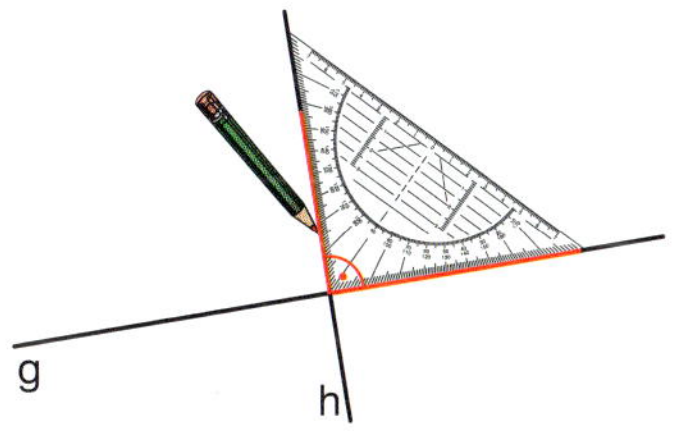

Die Geraden k und l sind parallel zueinander.

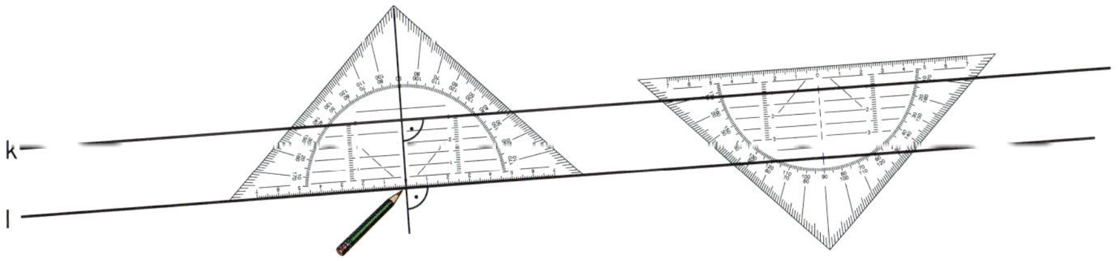

Bezeichnungen

g ist senkrecht zu h: $g \perp h$ a ist parallel zu b: $a \parallel b$

Abstände

Wir messen Abstände.
Abstand zwischen den Punkten A und B:
Miss die Länge der Strecke $\overline{AB}$.

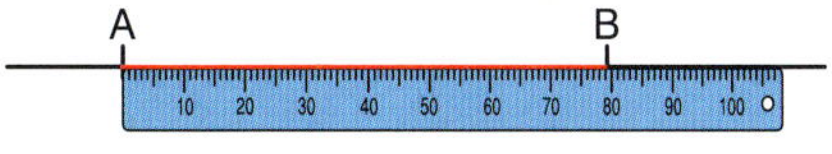

Abstand vom Punkt P zur Geraden g:
Zeichne eine Gerade l durch P, die senkrecht zu g ist. Markiere den Fußpunkt F als Schnittpunkt von l mit g.
Miss die Länge der Strecke $\overline{PF}$.

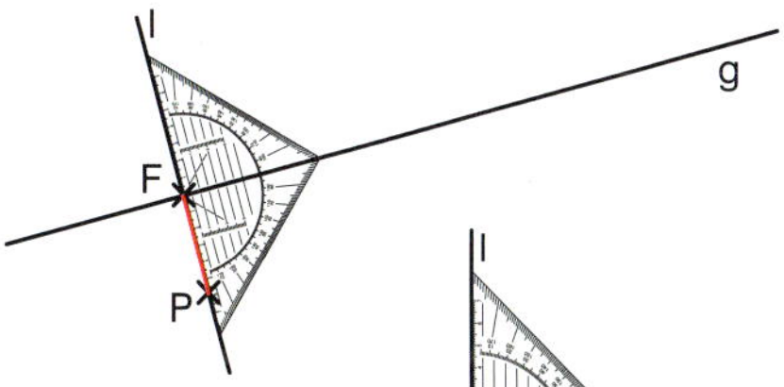

Abstand zweier Parallelen g und h:
Zeichne eine Gerade l, die senkrecht zu g und h ist. Markiere die Schnittpunkte P und Q mit den Parallelen.
Miss die Länge der Strecke $\overline{PQ}$.

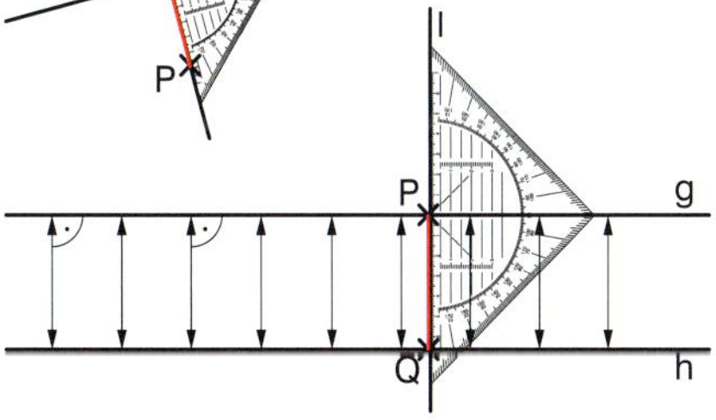

Geometrie – Steckbriefe von Vierecken

Bei den Vierecken gibt es viele besondere Formen, die alle einen eigenen Namen haben. Mithilfe der Längen und der Lage von Seiten und Diagonalen lassen sich die verschiedenen Viereckstypen genau beschreiben und kennzeichnen. Man erhält genaue „Steckbriefe" der Vierecke.

Besondere Vierecke

Name: **Quadrat**

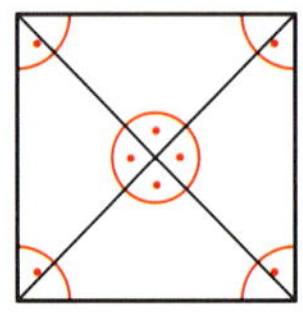

Eigenschaften:
- Alle vier Seiten gleich lang
- Gegenüberliegende Seiten parallel
- Aneinanderstoßende Seiten senkrecht (rechtwinklig) zueinander

- Diagonalen gleich lang und senkrecht zueinander
- Diagonalen halbieren sich

Name: **Rechteck**

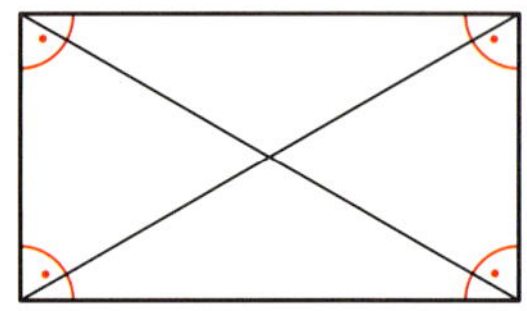

Eigenschaften:
- Gegenüberliegende Seiten gleich lang
- Gegenüberliegende Seiten parallel
- Aneinanderstoßende Seiten senkrecht (rechtwinklig) zueinander

- Diagonalen gleich lang
- Diagonalen halbieren sich

Name: **Raute**

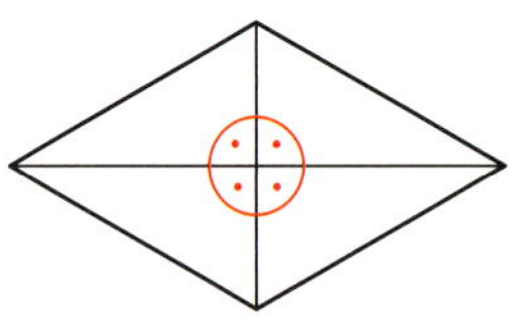

Eigenschaften:
- Alle vier Seiten gleich lang
- Gegenüberliegende Seiten parallel

- Diagonalen senkrecht zueinander
- Diagonalen halbieren sich

Name: **Parallelogramm**

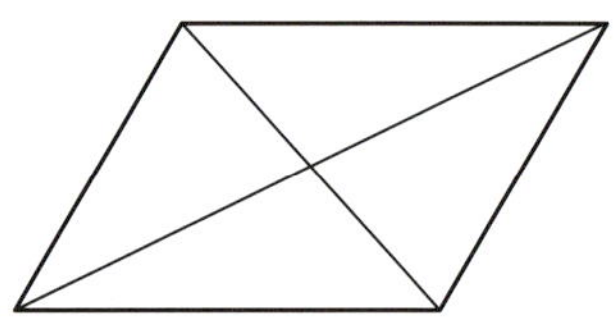

Eigenschaften:
- Gegenüberliegende Seiten gleich lang
- Gegenüberliegende Seiten parallel

- Diagonalen halbieren sich

Name: **Gleichschenkliges Trapez**

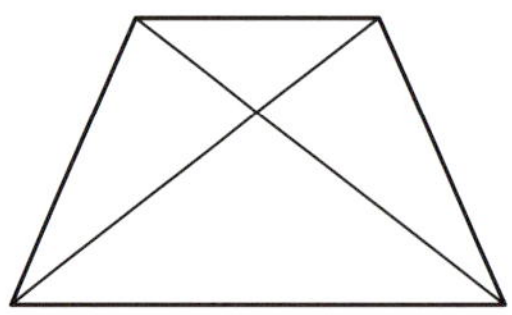

Eigenschaften:
- Ein Paar gleich langer Seiten (gegenüberliegend)
- Ein Paar paralleler Seiten (gegenüberliegend)

- Diagonalen gleich lang

Name: **Drachen**

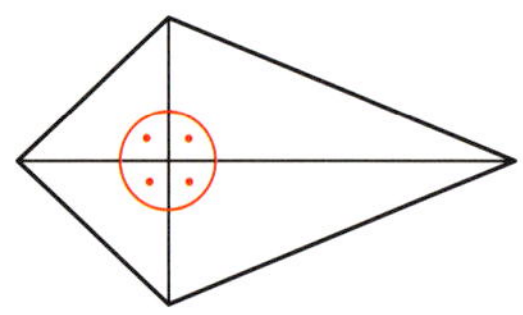

Eigenschaften:
- Zwei Paare gleich langer Seiten (aneinander stoßend)

- Diagonalen senkrecht zueinander

- Eine Diagonale wird halbiert.

Geometrie – Schrägbilder und Netze

Das Schrägbild eines Würfels entsteht

Schrägbilder zeichnen

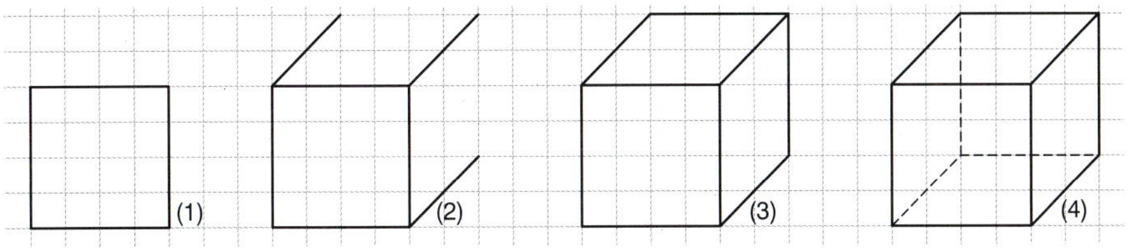

1. Schritt: Zeichne die Vorderfläche des Würfels.
2. Schritt: Zeichne die Kanten, die von vorne nach hinten zeigen, schräg und verkürzt wie im Bild.
3. und 4. Schritt: Ergänze die fehlenden Kanten der hinteren Fläche des Würfels. Die verdeckten Kanten werden nur gestrichelt gezeichnet.

Soll der Würfel undurchsichtig sein, so lässt man alle verdeckten Kanten weg. (3)

Körper entstehen aus ihren Netzen

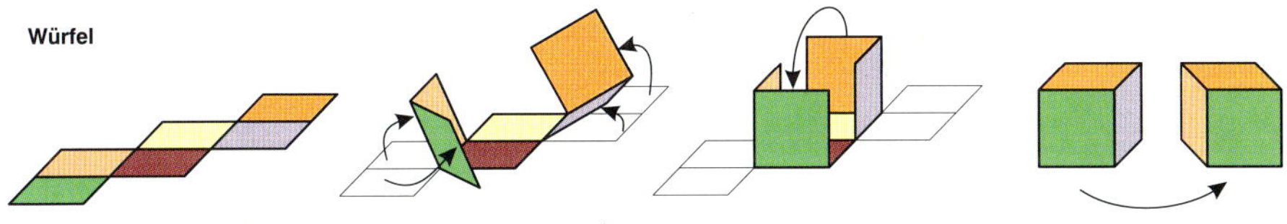

Würfel

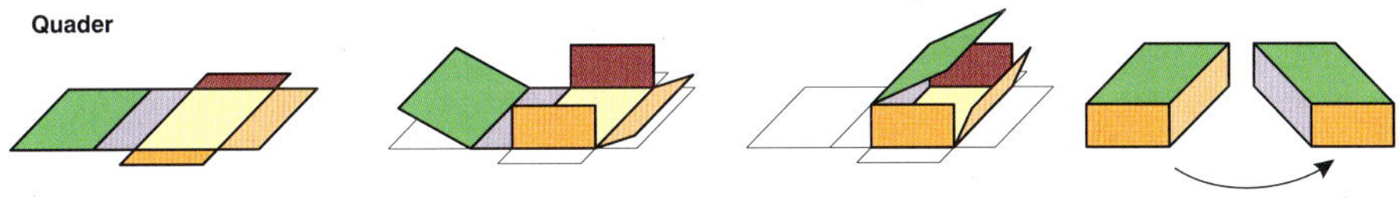

Quader

Netz	**Schrägbild**

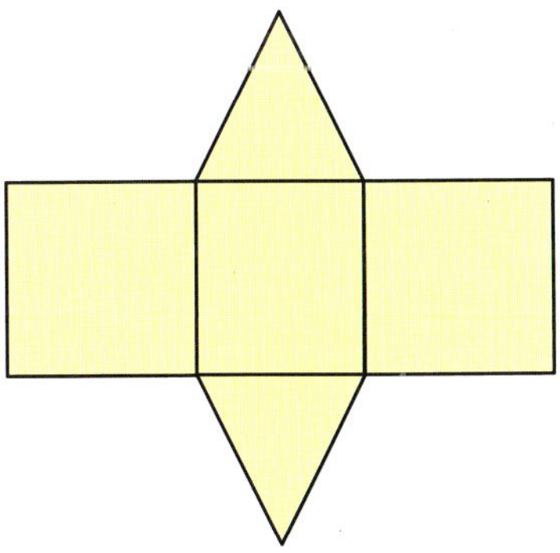

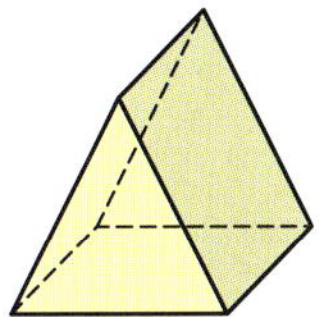

Prisma

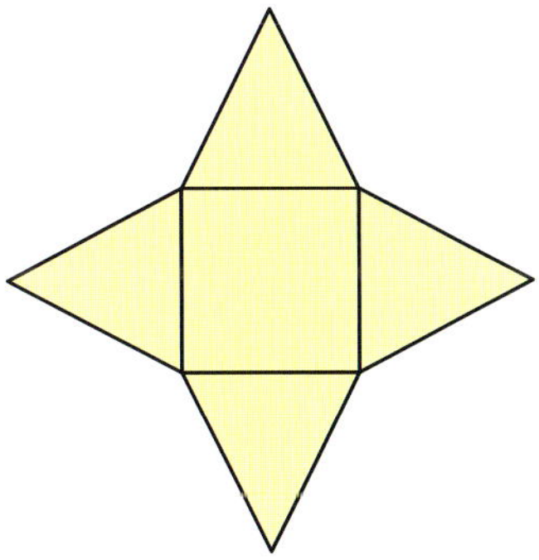

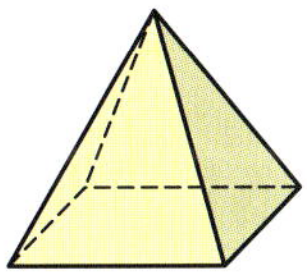

Pyramide

Lösungen zu den Check-ups

Lösungen zu Seite 31

1 a) Tauchtiefe –5 341 m und b) Temperatur –15 °C sind Angaben von Zuständen.

2 See Genezareth: 212 m u. NN

3 a) –3 b) –20 c) –9 d) 5

4 5 + 3 = 8 Wende dich nach rechts, gehe 3 Einheiten vorwärts.
7 + (–5) = 2 Wende dich nach rechts, gehe 5 Einheiten rückwärts.
Weitere Beispiele siehe Seite 22.

5

Alter Kontostand	–493	–701	1119	1109
Buchung	–162	+689	–243	–3279
Neuer Kontostand	–655	–12	876	–2170

6

+	–10	–112	–167
67	57	–45	–100
–200	–210	–312	–367

–	–32	45	1000
–450	–418	–495	–1450
800	832	755	–200

7 a) $P_1(-2|-3)$; $P_2(4|-3)$; $P_3(-1|1)$; $P_4(-4|1)$; $P_5(-1|0)$; $P_6(0|-2)$
b) Punkt D hat die Koordinaten (–2|0).

8 a) –30 b) 49 c) –11 d) 0 e) 61 f) 1

9 a) 15 · (–4) = –60 b) (–4) · (–4) = 16 c) 99 · (–1) = –99
d) 1 · 0 = 0 e) 20 · (–50) = –1 000 f) (–5) · (–25) = 125

Lösungen zu Seite 49

1 a) $T_{49} = \{1, 7, 49\}$; $T_{60} = \{1, 2, 3, 4, 5, 6, 10, 12, 15, 20, 30, 60\}$;
$T_{81} = \{1, 3, 9, 27, 81\}$; $T_{67} = \{1, 67\}$; $T_{126} = \{1, 2, 3, 6, 7, 9, 14, 18, 21, 42, 63, 126\}$;
$T_{220} = \{1, 2, 4, 5, 10, 11, 20, 22, 44, 55, 110, 220\}$; $T_{45} = \{1, 3, 5, 9, 15, 45\}$
b) 1, 2, 3, 4, 5; 8, 16, 24, 32, 40; 17, 34, 51, 68, 85; 69, 138, 207, 276, 345;
142857, 285714, 428571, 571428, 714285

2 1.) Eine Zahl ist durch 2 teilbar, wenn sie gerade ist.
2.) Eine Zahl ist durch 6 teilbar, wenn sie durch 2 und 3 teilbar ist.
3.) Eine Zahl ist durch 8 teilbar, wenn ihre letzten drei Ziffern eine durch 8 teilbare Zahl bilden.
4.) Eine Zahl ist durch 9 teilbar, wenn ihre Quersumme durch 9 teilbar ist.

3 a) 132, 108, 72, 1104, 12, 18, 714, 36, 702, 84, 60, 6327, 141, 96, 756, 2328
b) 132, 108, 72, 1104, 12, 36, 84, 3556, 60, 416, 96, 756, 2328
c) 132, 108, 72, 1104, 12, 18, 714, 36, 702, 84, 60, 96, 756, 2328
d) 72, 1104, 416, 96, 2328
e) 108, 72, 18, 36, 702, 6327, 756
f) 91, 35, 714, 84, 3556, 98, 756 (714, 323)

4 Nein, 146 ist nicht durch 28 teilbar.

5 –

6 a) 105 = 3 · 5 · 7 b) $48 = 2^4 \cdot 3$ c) $169 = 13^2$
d) 389 = 389 e) $588 = 2^2 \cdot 3 \cdot 7^2$ f) $3717 = 3^2 \cdot 7 \cdot 59$

7 a) 3 · 16 · 25 = 15 · 4 · 20 b) 6 · 10 · 91 = 4 · 13 · 21 · 5
c) 88 · 6 · 15 = 4 · 180 · 11

8 a) 7 b) 35 c) 13 d) 84 e) 2 f) 210 g) 17

9 a) ggT: 12; kgV: 180 b) ggT: 45; kgV: 630 c) ggT: 72; kgV: 432
d) ggT: 36; kgV: 2592 e) ggT: 2; kgV: 600

10 –

11 40 Cent.

12 Alle 90 cm.

Lösungen zu Seite 74

1

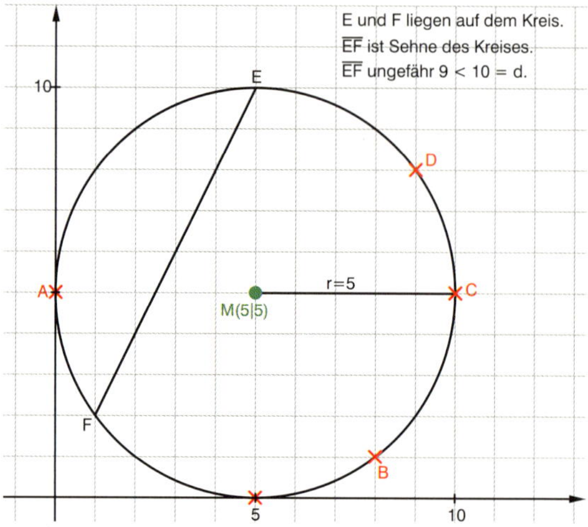

2 Kreis um Essen mit Radius 50 km; Dortmund, Wuppertal, Köln, Düsseldorf und Duisburg im Innern des Kreises.

3 a) Aussage falsch: $\overline{AB}$ ist Durchmesser.
b) Aussage wahr: $\overline{DE}$ ist Sehne des Kreises, die nicht durch den Mittelpunkt geht.
c) Aussage wahr: $\overline{FC}$ ist Radius, $\overline{AB}$ ist Durchmesser.

4 Der ebene Schnitt muss durch den Mittelpunkt gehen. Der Radius des Schnittkreises ist 5 cm.

5 V = 11,4 cm · 3,8 cm · 3,8 cm ≈ 164,6 cm^3.

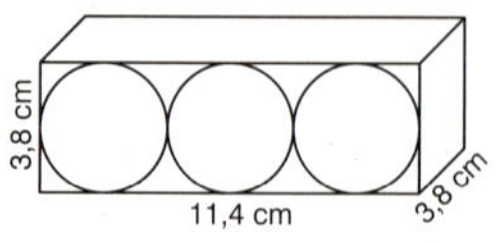

6 a) $\overline{M_1M_2} < 7$ cm
b) $\overline{M_1M_2} > 7$ cm
c) $\overline{M_1M_2} = 7$ cm

7 –

Lösungen zu Seite 75

8 a)

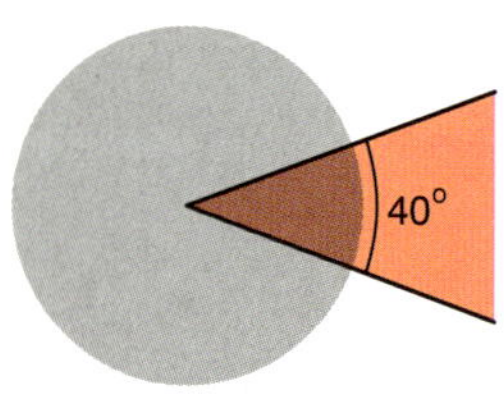

b)

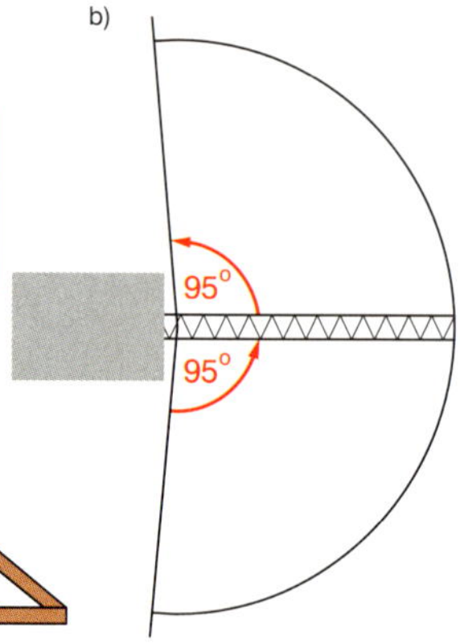

c)

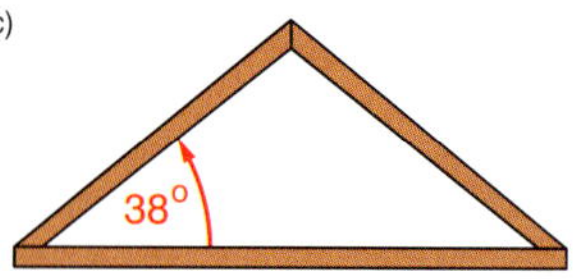

Lösungen zu Seite 75

8 d)

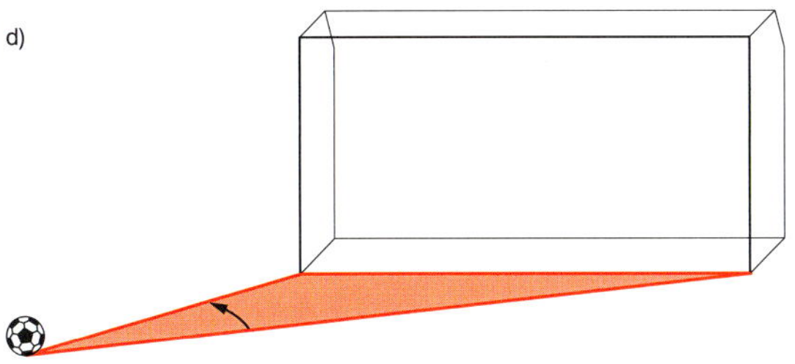

9

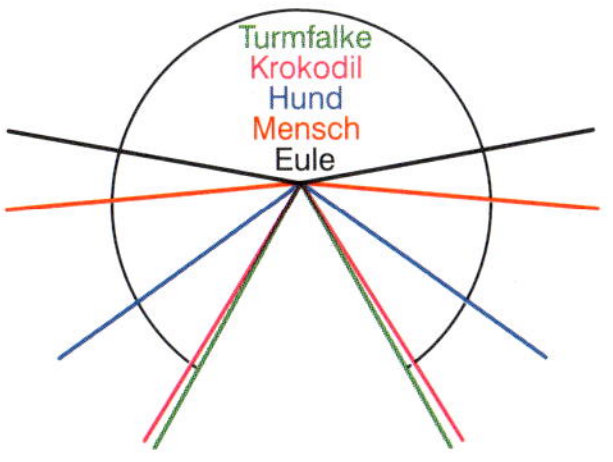

10 $\alpha = 60°$, $\beta = 105°$, $\gamma = 125°$, $\delta = 90°$
$\alpha < \delta < \beta < \gamma$

11

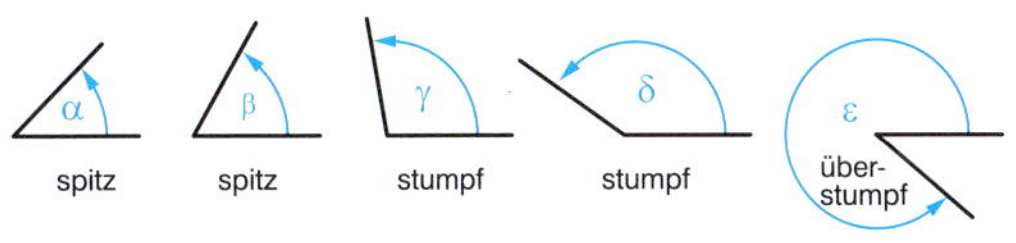

12 $\beta = \delta = 125°$

13 z. B. $\alpha = 210°$, gestreckten Winkel zeichnen, dann 30° nach unten abtragen

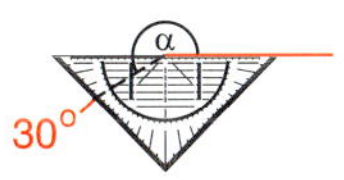

14 Winkel gleich groß, 17°

15 $\beta = 145°$

Lösungen zu Seite 108

1 a) $\frac{5}{6}$ sind gefärbt, $\frac{1}{6}$ weiß
b) $\frac{7}{20}$ sind gefärbt, $\frac{13}{20}$ weiß
c) $2\frac{3}{4}$ sind gefärbt, $\frac{1}{4}$ weiß
d) $\frac{4}{7}$ sind gefärbt, $\frac{3}{7}$ weiß
e) $\frac{9}{17}$ sind gefärbt, $\frac{8}{17}$ weiß
f) $\frac{1}{2}$ ist gefärbt, $\frac{1}{2}$ weiß

2 a)

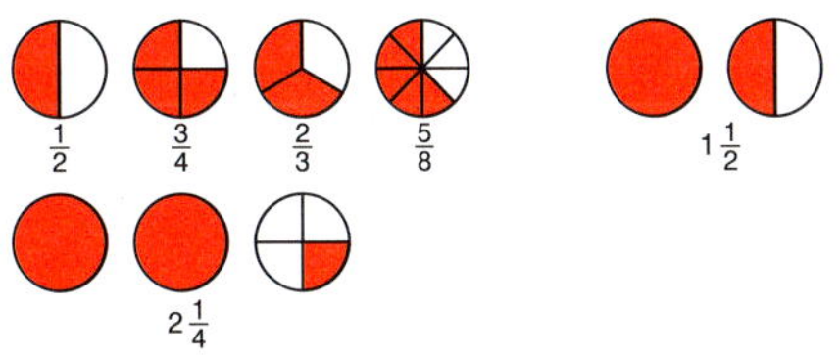

b) Es gibt verschiedene Möglichkeiten.

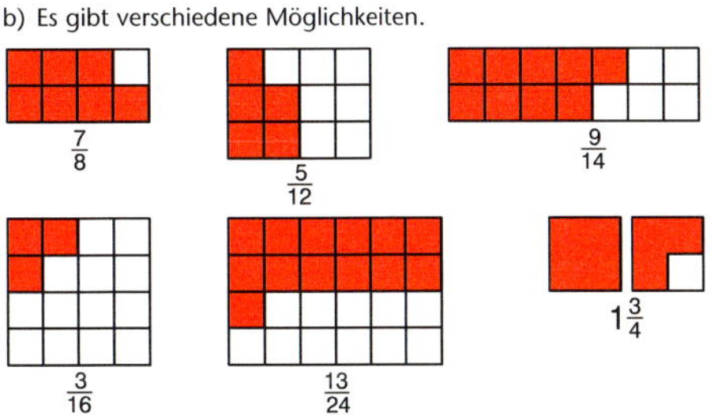

c)

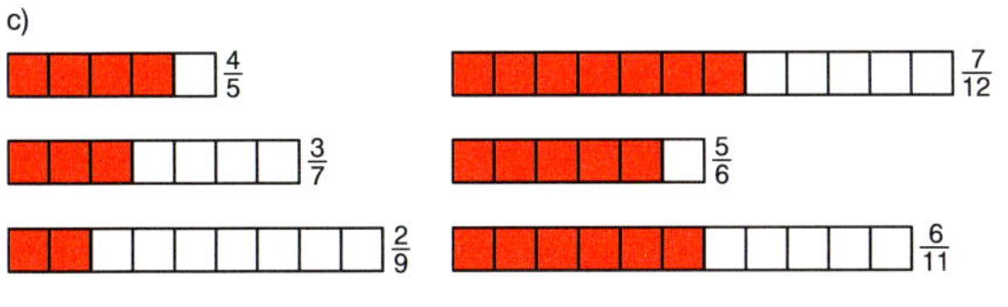

Lösungen zu Seite 108

3 $\frac{2}{3}$: 20 l, 32 km, 40 Minuten
$\frac{4}{5}$: 160 cm, 44,8 kg, 96 m²
$\frac{1}{10}$: 32 cm, 30 Minuten, 450 g
$\frac{1}{100}$: 16 mm, 15 g, 5 mm²

4 a) $\frac{5}{8}$, $\frac{5}{6}$, $\frac{7}{6}$
b) 75 l (4500 l), 100 l (6000 l), 140 l (8400 l)

5

Originallänge	1 : 200	1 : 5000	1 : 10 000
10 m	5 cm	2 mm	1 mm
1 km	5 m	20 cm	10 cm
50 km	250 m	10 m	5 m

6 a) weiß zu rot 3 : 1
$\frac{3}{4}$ weiß, $\frac{1}{4}$ rot
b) Sirup zu Wasser 1 : 16
$\frac{1}{17}$ Sirup, $\frac{16}{17}$ Wasser
c) Öl zu Benzin 1 : 25
$\frac{1}{26}$ Öl, $\frac{25}{26}$ Benzin

7

	25 km	500 g	16 kg	3,8 t	2 m	120 cm²	30 min	75 kg
50 %	12,5 km	250 g	8 kg	1,9 t	1 m	60 cm²	15 min	37,5 kg
25 %	6,25 km	125 g	4 kg	950 kg	50 cm	30 cm²	7:30 min	18,75 kg
10 %	2,5 km	50 g	1,6 kg	380 kg	20 cm	12 cm²	3 min	7,5 kg

	18 m²	4,5 km	$1\frac{1}{2}$ h
50 %	9 m²	2,25 km	45 min
25 %	4,5 m²	1,125 km	22:30 min
10 %	1,8 m²	450 m	9 min

Lösungen zu Seite 109

8 a) $\frac{6}{16} < \frac{7}{16}$
b) $\frac{4}{5} = \frac{16}{20}$
c) $\frac{27}{63} < \frac{28}{63}$
d) $\frac{81}{90} > \frac{80}{90}$
e) $\frac{1}{4} > \frac{1}{5}$
f) $\frac{77}{56} < \frac{104}{56}$
g) $\frac{77}{33} > \frac{69}{33}$
h) $4\frac{1}{5} < 4\frac{1}{3}$
i) $1\frac{1}{2} = \frac{6}{4}$

9 a) $\frac{1}{2} = \frac{5}{10} = 0{,}5$ $\quad \frac{3}{4} = \frac{75}{100} = 0{,}75$ $\quad \frac{5}{8} = \frac{625}{1000} = 0{,}625$ $\quad 1\frac{1}{2} = 1{,}5$
$2\frac{1}{4} = 2{,}25$ $\quad \frac{1}{5} = \frac{2}{10} = 0{,}2$ $\quad \frac{5}{10} = 0{,}5$ $\quad \frac{7}{10} = 0{,}7$ $\quad \frac{9}{5} = \frac{18}{10} = 1{,}8$
b) $\frac{8}{25} = \frac{32}{100} = 0{,}32$ $\quad \frac{3}{125} = \frac{24}{1000} = 0{,}024$ $\quad \frac{7}{4} = 1\frac{3}{4} = 1{,}75$
$\frac{13}{20} = \frac{65}{100} = 0{,}65$ $\quad \frac{17}{40} = \frac{425}{1000} = 0{,}425$ $\quad \frac{17}{50} = \frac{34}{100} = 0{,}34$
$\frac{12}{1000} = 0{,}012$ $\quad \frac{31}{1000} = 0{,}031$ $\quad 10\frac{4}{5} = 10\frac{8}{10} = 10{,}8$

10 a) $0{,}2 = \frac{2}{10} = \frac{1}{5}$ $\quad 0{,}35 = \frac{35}{100} = \frac{7}{20}$ $\quad 0{,}48 = \frac{48}{100} = \frac{12}{25}$
$1{,}25 = \frac{125}{100} = \frac{5}{4}$ $\quad 0{,}75 = \frac{75}{100} = \frac{3}{4}$ $\quad 3{,}4 = \frac{34}{10} = \frac{17}{5} = 3\frac{2}{5}$
b) $0{,}25 = \frac{25}{100} = \frac{1}{4}$ $\quad 0{,}9 = \frac{9}{10}$ $\quad 1{,}75 = 1\frac{75}{100} = 1\frac{3}{4}$
$3{,}25 = 3\frac{25}{100} = 3\frac{1}{4}$ $\quad 2{,}25 = 2\frac{25}{100} = 2\frac{1}{4}$ $\quad 0{,}18 = \frac{18}{100} = \frac{9}{50}$
c) $0{,}375 = \frac{375}{1000} = \frac{3}{8}$ $\quad 0{,}005 = \frac{5}{1000} = \frac{1}{200}$ $\quad 0{,}08 = \frac{8}{100} = \frac{2}{25}$
$0{,}8 = \frac{8}{10} = \frac{4}{5}$ $\quad 0{,}0025 = \frac{25}{10\,000} = \frac{1}{400}$

11

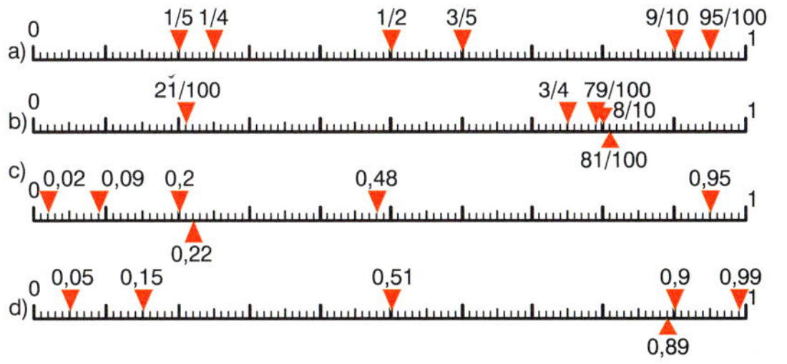

12 a) $0{,}7 > \frac{6}{9}$
b) $1\frac{1}{2} > 1{,}12$
c) $2{,}3 > 2\frac{1}{4}$
d) $\frac{1}{5} < 1{,}5$
e) $\frac{1}{3} > 0{,}3$
f) $\frac{2}{9} > 0{,}18$

13 a) 1,6 b) 0,755 c) 3,795 d) 0,945

Lösungen zu Seite 109

14 a) $\frac{51}{10} > 5{,}01 > \frac{10}{2} > \frac{51}{100} > \frac{1}{2} > 0{,}051$

b) $\frac{895}{100} > \frac{99}{100} > \frac{9}{10} > 0{,}89 > 0{,}88 > 0{,}09$

15 0,501, 0,502, 0,503, 0,504, 0,505, 0,506, 0,507, 0,508, 0,509, 05095
0,505 liegt genau in der Mitte.

16 Die erste Aussage ist falsch, die zweite richtig. Zwischen je zwei verschiedenen Bruchzahlen liegen beliebig viele weitere Bruchzahlen.

Lösungen zu Seite 150

1 a) $\frac{1}{2}$ b) $\frac{4}{5}$ c) $1\frac{1}{8}$ d) 1 e) $\frac{5}{8}$ f) $\frac{1}{2}$ g) 1
h) $1\frac{1}{3}$ i) $\frac{1}{3}$ j) $\frac{7}{8}$ k) $1\frac{2}{5}$

2 a) $\frac{2}{3} + \frac{1}{2} = \frac{4}{6} + \frac{3}{6} = \frac{7}{6} > 1$ b) $\frac{3}{8} - \frac{1}{4} = \frac{3}{8} - \frac{2}{8} = \frac{1}{8}$

3

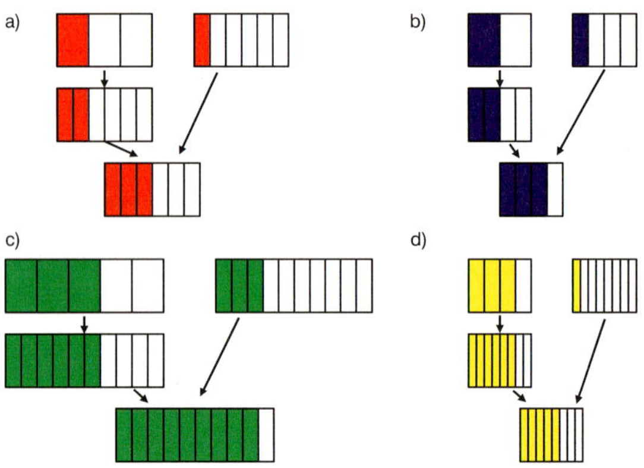

4 a) $\frac{13}{24}$ b) $1\frac{5}{12}$ c) $\frac{4}{5}$ d) $\frac{5}{24}$ e) $\frac{17}{24}$ f) $\frac{19}{20}$ g) $1\frac{1}{18}$

5 a) $\frac{3}{10}$ b) $\frac{3}{8}$ c) $\frac{5}{6}$ d) $\frac{1}{2}$

6

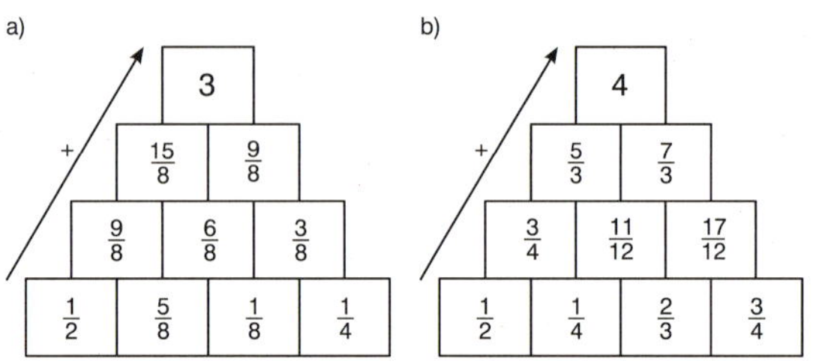

7 Es fehlt noch $\frac{1}{6}$, also 40 €.

8 a) $2\frac{1}{2}$ b) 9 c) $\frac{3}{7}$ d) $\frac{8}{15}$ e) $\frac{5}{16}$
f) $1\frac{3}{4}$ g) $\frac{1}{2}$ h) $\frac{7}{12}$ i) $8\frac{1}{3}$ j) $\frac{4}{9}$

Lösungen zu Seite 151

9 a) $\frac{2}{5}$ b) $\frac{3}{8}$ c) $\frac{1}{8}$ d) $1\frac{7}{25}$

10 a) $\frac{3}{4}$ b) $\frac{1}{6}$ c) $\frac{3}{8}$ d) $\frac{4}{3}$

Lösungen zu Seite 151

11

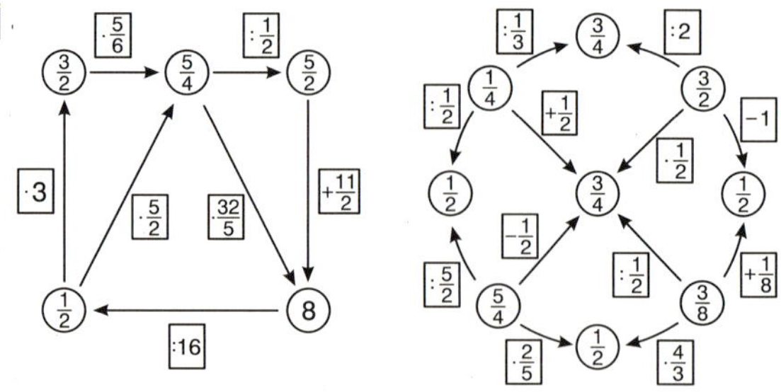

12 Seitenlängen: 20,8 cm und 14,7 cm.
Verkleinerungsfaktor der Fläche: 0,49.

13 Silber haben $\frac{3}{8}$ der Schüler (12), Gold $\frac{3}{16}$ (6).

14 70

15 a) $\frac{5}{24}$ b) $\frac{5}{8}$ c) $\frac{9}{20}$ d) 1 e) $\frac{5}{9}$ f) $\frac{13}{30}$

16 a) Zusammenfassen: $\frac{3}{7} \cdot \frac{7}{5} = \frac{3}{5}$

b) Verteilen: $\frac{6}{7} \cdot \frac{21}{12} - \frac{6}{7} \cdot \frac{7}{18} = \frac{3}{2} - \frac{1}{3} = \frac{7}{6}$

c) Zusammenfassen: $6 \cdot \left(\frac{3}{4} + \frac{1}{4}\right) = 6$

17 Eine Monatsrate beträgt $\frac{1}{40}$ des Kaufpreises: $\left(1 - \frac{2}{5}\right) : 24 = \frac{1}{40}$

Lösungen zu Seite 188

1 a) punktsymmetrisch, drehsymmetrisch (90°, 180°, 270°)
b) punktsymmetrisch, spiegelsymmetrisch (2 Achsen)
c) spiegelsymmetrisch (1 Achse)
d) punktsymmetrisch, drehsymmetrisch (90°, 180°, 270°)
e) drehsymmetrisch (120°, 240°)

2

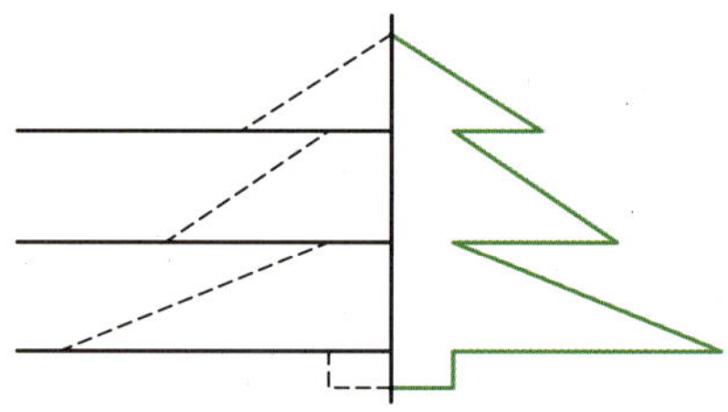

3

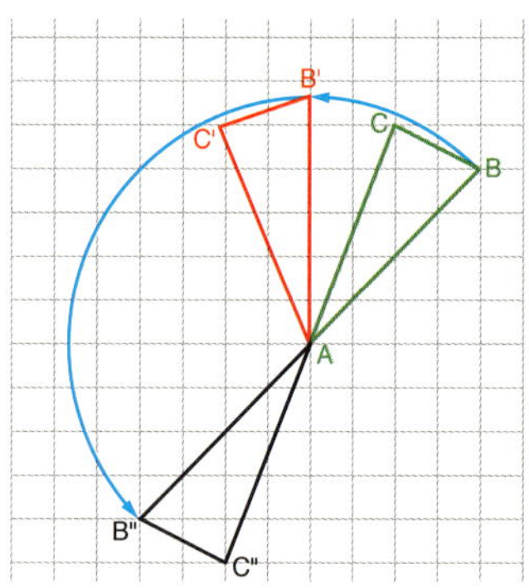

a) Drehzentrum A, Drehwinkel 45°
b) Ersetzen durch 1 Drehung um 180°

4 a) A′(4|6) B′(7|5) C′(6|8) b) D′(4|8)

5 c) ist die richtige Antwort.

Lösungen zu Seite 216

1 $8{,}64 + 3{,}26 = 11{,}9$ $\quad 15{,}3 \cdot 3 = 45{,}9$ $\quad 307{,}75 + 162{,}15 = 469{,}9$
$21{,}06 : 5{,}4 = 3{,}9$ $\quad 1245{,}09 - 617{,}19 = 627{,}9$
$156{,}28 + 52{,}62 = 208{,}9$ $\quad 101{,}1 \cdot 9 = 909{,}9$

2 Die Strecke $\overline{BC}$ ist 9,35 cm lang.

3 a) 9,2 0,95 4,25 b) 13,3 2 5,55
c) 0,55 0,28 16 d) 0,9 1,98 11

4

Addition/Subtraktion	Komma unter Komma
Multiplikation	Summe der Nachkommastellen
Division	Kommaverschiebung, Kommaüberschreitung

5 a) 570,52 b) 166,7 c) 126,72 d) 1164,67 e) 150 f) 576,3

6 Wenn alle ihre Bestzeit laufen, dann laufen sie 222,1 s = 3 : 42,1 min

7 a) 7,728 b) 4159,25 c) 2,91408 d) 0,1449 e) 50305,38 f) 0,096

8 Johanna: ungefähr 13,35 m^2 Ulf: ungefähr 13,66 m^2. Ulfs Zimmer ist größer.

9

PVC-Belag	155,63 €
Auslegware	547,55 €
Laminat	495,51 €
Parkett	808,01 €

Lösungen zu Seite 217

10 a) 170 0,4 30 b) 20 2 4 c) 2 30 2 d) 150 6 0,2

11 7692 Teebeutel können gefüllt werden.

12 Der Kilopreis für Claudias Bananen beträgt 0,68 €. Der für Kais 0,72 €, die damit teuerer sind.

13 ca. 4571 Schritte

14 a) 26,224 Meilen b) 253,17 min, also 4 h 13 min

15 a) 6,616 b) 5,01 c) 13,6 d) 0,9

16 a) 3 b) 1 c) 3 d) 2 e) 2 f) 2 g) 3

17 a) $\frac{1}{4}$ b) $1\frac{3}{5}$ c) $\frac{1}{25}$ d) $\frac{7}{1000}$ e) $14\frac{3}{10}$
f) $2\frac{1}{8}$ g) $5\frac{1}{20}$ h) $\frac{3}{8}$ i) $\frac{16}{25}$ k) $6\frac{1}{1000}$

18 abbrechend: $\frac{7}{5}$ $\frac{3}{10}$ $\frac{1}{2}$ $\frac{5}{8}$ $\frac{13}{2}$ $\frac{5}{16}$
periodisch: $\frac{1}{3}$ $\frac{1}{6}$ $\frac{4}{12}$ $\frac{7}{6}$ $\frac{4}{3}$

19 a) 0,75 b) $0{,}1\overline{6}$ c) 0,8 d) 3,5 e) $4{,}\overline{6}$
f) $0{,}\overline{285714}$ g) $0{,}\overline{4}$ h) 0,036 i) 5,875 k) 0,85

Lösungen zu Seite 238

1 a) 26 % 17 % 22,5 % 33 % 33,3 % 33,33 % 30 % 26 % 51,4 %
b) 27 % 32,3 % 51,8 % 145 % 230 % 12,3 % 1,23 % 0,123 %
c) 1 % 0,1 % 1,1 % 10,1 % 1,01 % 101,01 %

2 a) 17 % 45 % 16 % 6 % 70 % 40 % 75 % 35 % 84 %
b) 12,5 % 62,5 % 8 % 6,5 % 42,5 % 19,7 % 15,6 %
c) 33,3 % 44,4 % 16,7 % 63,6 % 26,7 % 41,7 % 66,7 % 122,2 %
d) 66,7 % 77,8 % 175 % 33,3 % 25 % 45,5 % 61,1 %

3 a) 0,31 0,42 0,06 0,09 0,003 1,17 0,325 0,444
b) 0,155 0,805 0,008 0,0088 0,0075 0,005

Lösungen zu Seite 238

4 a) $\frac{1}{2}$ $\frac{1}{5}$ $\frac{1}{4}$ $\frac{2}{5}$ $\frac{4}{5}$ $\frac{3}{4}$ $\frac{1}{10}$ $\frac{7}{10}$ $\frac{9}{10}$
b) $\frac{333}{1000} \approx \frac{1}{3}$ $\frac{666}{1000} \approx \frac{2}{3}$ $\frac{33}{100}$ $\frac{99}{100}$ $\frac{11}{40}$ $\frac{21}{200}$ $\frac{1}{8}$

5

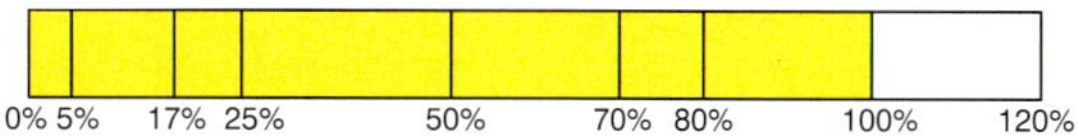

6

Name	Schmidt	Haas	Vogt	Martin	Klaus
Anteil	$\frac{6}{20} = \frac{3}{10}$	$\frac{5}{20} = \frac{1}{4}$	$\frac{4}{20} = \frac{1}{5}$	$\frac{3}{20}$	$\frac{2}{20} = \frac{1}{10}$
Prozent	30 %	25 %	20 %	15 %	10 %

7

Audi	Ford	Opel	Honda	BMW	Fiat
72°	36°	54°	18°	108°	72°

8

	CD	LP	Single	Kassette	Sonstige
Anteil	$\frac{90}{300} = \frac{3}{10}$	$\frac{30}{300} = \frac{1}{10}$	$\frac{45}{300} = \frac{3}{20}$	$\frac{90}{300} = \frac{3}{10}$	$\frac{45}{300} = \frac{3}{20}$
Prozent	30 %	10 %	15 %	30 %	15 %
Winkel	108°	36°	54°	108°	54°

Lösungen zu Seite 239

9 a) 90 m : 9 = 10 m b) 51,2 s : 8 = 6,4 s c) 83 kg : 6 = $13\frac{5}{6}$ kg ≈ 13,8 kg

10 a) 20 b) $(3 \cdot 4\,s + 5 \cdot 5\,s + 7 \cdot 6\,s + 4 \cdot 7\,s + 1 \cdot 8\,s) : 20 = 115\,s : 20 = 5{,}75\,s$

11 a) $(47 + 2 \cdot 50 + 51 + 2 \cdot 54 + \ldots + 77 + 102 + 2 \cdot 110) : 20 = 1335 : 20 = 66{,}75$
b) $(59 + 60) : 2 = 59{,}5$
c) Häuser mit 50 bis 60 Stockwerken sind „normale" Wolkenkratzer, die anderen sollten besonders hoch werden, um Rekorde aufzustellen.
d) Die Stockwerke im Carnegie Tower sind niedriger: 237 m : 47 ≈ 5,04 m, 231 m : 60 = 3,85 m

12 a) 25 27 27 28 28 29 29 30 30 30 30 30 30 31 32 32 32 33 34 35
b)

Gewicht	25 kg	27 kg	28 kg	29 kg	30 kg	31 kg	32 kg	33 kg	34 kg	35 kg
Anzahl	1	2	2	2	6	1	3	1	1	1

c) 30 kg
d) $(25\,kg + 2 \cdot 27\,kg + \ldots + 34\,kg + 35\,kg) : 20 = 602\,kg : 20 = 30{,}1\,kg$
e) 30 kg

13 kleinster Wert: 820 €, größter Wert: 1080 €
Zentralwert: 920 €

Lösungen zu Seite 256

1 a) Insgesamt 20 Dreiecke sind eingezeichnet.
b) spitzwinklig: Napf-Rigi-Wisenberg, Rigi-Hörnli-Lägern, Rigi-Scheye-Hörnli, Rigi-Scheerhorn-Scheye, Titlis-Scheerhorn-Rigi
stumpfwinklig: Rothorn-Titlis-Napf, Rothorn-Titlis-Rigi, Napf-Lägern-Wisenberg
Ferner sind jeweils zwei von vier Teildreiecken innerhalb der Vierecke Napf-Rigi-Lägern-Wisenberg und Rothorn-Titlis-Rigi-Napf spitzwinklig bzw. stumpfwinklig.
c) annähernd gleichschenklig: Hörnli-Lägern-Rigi sowie die beiden Teildreiecke von Napf-Rigi-Lägern
annähernd rechtwinklig: Napf-Rigi-Lägern
Von den eingezeichneten Dreiecken ist keines gleichseitig, aber die Punkte Titlis-Hörnli-Wisenberg bilden annähernd ein gleichseitiges Dreieck.

2 Es entstehen zwei gleichschenklig-rechtwinklige Dreiecke.

3 a) Parallelogramme b) Rechtecke c) Rauten
d) Parallelogramme e) Rauten

4 a) Ja b) Nein

5 a) Insgesamt sieben Dreiecke b) –

Lösungen zu Seite 257

6 Fußbodenfläche des Zimmers
$A = 4{,}5\text{ m} \cdot 3\text{ m} - 1\text{ m} \cdot 0{,}5\text{ m}$
$= 13\text{ m}^2$
Das Fliesen kostet 13 · 46 € = 598 €.
Umfang der Fußbodenfläche u = 15 m; 14 m Fußleiste werden benötigt (Tür!).
Die Kosten für die Fußleiste betragen 14 · 8 € = 112 €.
Insgesamt kostet das Vorhaben 710 €.

7 Das Grundstück ist 23,1 a = 2 310 m^2 groß. Jeder sollte 2 310 : 3 = 770 m^2 erhalten.

8 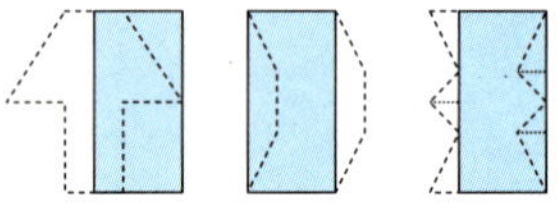
Der Flächeninhalt beträgt bei allen drei Figuren 4,5 cm^2.

9 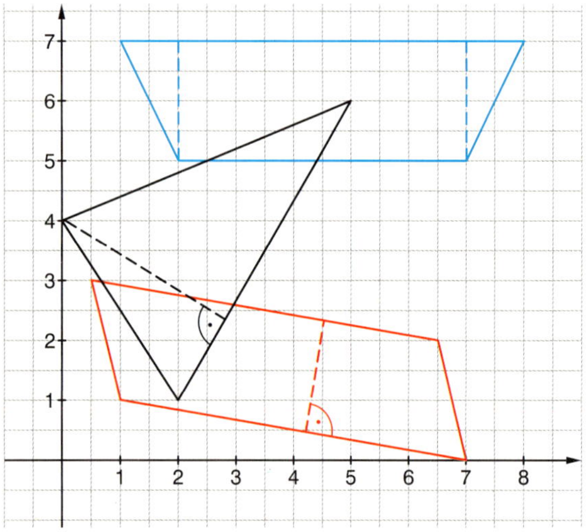

a) $A = \frac{1}{2} \cdot 5{,}8\text{ cm} \cdot 3{,}3\text{ cm} \approx 9{,}6\text{ cm}^2$
b) $A = 6\text{ cm} \cdot 1{,}9\text{ cm} = 11{,}4\text{ cm}^2$
c) $A = 2\text{ cm} \cdot 5\text{ cm} + 1\text{ cm} \cdot 2\text{ cm} = 12\text{ cm}^2$

Lösungen zu Seite 257

10 a) $U = 2 \cdot a + 2 \cdot b + 2 \cdot c = 24$ cm. Der Umfang des Dreiecks wird verdoppelt.
b) $A = 2 \cdot a \cdot 2 \cdot b = 2 \cdot 3 \cdot 2 \cdot 4\text{ cm}^2 = 48\text{ cm}^2$. Der Flächeninhalt des Dreiecks wird vervierfacht.

11 1. Möglichkeit: 6 gleichseitige Dreiecke mit Grundseite 2 cm und Höhe 1,7 cm
2. Möglichkeit: 3 Rauten mit den Diagonalen 4 cm und 1,7 cm
3. Möglichkeit: 2 gleichschenklige Trapeze mit den Seiten 4 cm und 2 cm

12 Flächeninhalt Rosenbeete: $4 \cdot 4{,}5\text{ m}^2 = 18\text{ m}^2$
Flächeninhalt Gehweg: $2 \cdot 48 \cdot 3\text{ m}^2 + 2 \cdot 18 \cdot 3\text{ m}^2 = 396\text{ m}^2$
Flächeninhalt Teich: $(24 \cdot 12) : 2\text{ m}^2 = 144\text{ m}^2$
Flächenihnalt Rasen: $42 \cdot 18\text{ m}^2 - 18\text{ m}^2 - 144\text{ m}^2 = 594\text{ m}^2$
(Gesamtfläche: $48 \cdot 24\text{ m}^2 = 1152\text{ m}^2$)
Kosten: 18 · 30 € + 396 · 40 € + 144 · 50 € + 594 · 20 € = 35 460 €

Stichwortverzeichnis

Fotoverzeichnis:
akg-images, Berlin: 15, 48, 88 Dürer; Mit freundlicher Genehmigung der ASSA ABLOY Sicherheitstechnik GmbH: 187 Türbeschlag; Astrofoto, Sörth: 46 Jupiter, 55 Erdkugel; blickwinkel, Witten: 67 (M. Willemeit), 154 Eiskristall (H. Schmidbauer); Die Braunschweig Lions, Braunschweig: 204 football; citypress24 Partnerdesign, Braunschweig: 204 Basketball (Ingo Hoffmann); Corbis, Düsseldorf: 12, 72 Flugzeug (Kehrer); Deutsches Museum, München: 47; dpa, Frankfurt/M.: 189, 194, 195 (Picture Alliance), 203 Marathon, Armstrong (Picture Alliance), 204 Elefantenpolo (Vinai Dithajohn), 204 Fußball; Les Edition Albert René/Goscinny-Uderzo: 32, 81; M. C. Escher's „E3", „Symmetry Drawing E128" © 2006 The M. C. Escher Company. All rights reserved. www.mcescher.com, Baarn/Holland: 180; Focus, Hamburg: 18 Polarforscher (David Vaughn/SPL); Aloisius Görg, Frechen: 132; Goldwell GmbH, Griesheim: 196 o.; HBL GmbH, Dortmund: 204 Handball; Arno Lergenmüller, Roxheim: 27; Mauritius, Mittenwald: 54 (Benelux Press), 58 (Westlight), 117 (Günter Rossenbach), 146 Eiffelturm (ACE Stock Ltd.), 148 Autobahnkreuz (Haag + Kropp), 161 (PowerStock), 183 (Matassa), 190 (O'Brien), 245 u.; Tom Menzel, Rohlsdorf: 97 u.; Courtesy NASA/JPL-Caltech: 19; Credit Provided by the SeaWiFS Project, NASA/Goddard Space Flight Center, and ORBIMAGE: 18 Baikalsee; Okapia, Frankfurt/M.: 72 Bussard (F. Vidal/BIOS), 80 Eisberg (Barret & MacKay), 146 Blauwal (Mark Carwardine/Still Pictures); Kerstin Peuser, Roetgen: 154 Efeublatt, 155 Autologos, 158 Blüten, 159 Faltbilder, 167, 168, 169 ; Presse- und Informationsamt, Hamburg: 44; Prosvesenie, Moskau: 158 o. li., o. re; Revell AG, Bünde: 85, 96; Klaus-Peter Schrage, Braunschweig: 156 Computermaus, Tasse; Silvestris, Kastl: 72 Möve, 236 (Kerscher); Sven Simon, Mülheim/Ruhr: 72 Skispringer; Staatl. Graphische Sammlung, München: 167 Handschrift; TG2: 224 (Powell); Thomas Vogt, Bad Kreuznach: 21, 77, 184 o. r, 185 o. r., 186 Soma-Würfel; Volkswagen AG, Wolfsburg: 147

Übrige Fotos: G. Schmidt, Stromberg

Es war uns nicht in allen Fällen möglich, die Inhaber der Bildrechte ausfindig zu machen. Berechtigte Ansprüche werden selbstverständlich im Rahmen der üblichen Konditionen abgegolten.